W0259828

Willi Törnig   Peter Spellucci

Numerische Mathematik für Ingenieure und Physiker

Band 2: Numerische Methoden der Analysis

Zweite, überarbeitete und ergänzte Auflage

Mit 50 Abbildungen

Springer-Verlag Berlin Heidelberg GmbH 1990

Prof. Dr. rer. nat. WILLI TÖRNIG
Prof. Dr. rer. nat. PETER SPELLUCCI

Technische Hochschule Darmstadt
Fachbereich Mathematik
Schloßgartenstraße 7
6100 Darmstadt

ISBN 978-3-540-51891-4 ISBN 978-3-642-87672-1 (eBook)
DOI 10.1007/978-3-642-87672-1

CIP-Titelaufnahme der Deutschen Bibliothek
Törnig, Willi:
Numerische Mathematik für Ingenieure und Physiker/Willi Törnig; Peter Spellucci.
Berlin ; Heidelberg ; New York ; London ; Paris ; Tokyo ; Hong Kong : Springer.
1. Aufl. verf. von Willi Törnig.
Teilw. mit d. Erscheinungsorten Berlin, Heidelberg, New York.
Teilw. mit d. Erscheinungsorten Berlin, Heidelberg, New York, Tokyo.
NE: Spellucci, Peter:
Bd. 2. Numerische Methoden der Analysis. - 2., überarb. u. erw. Aufl. - 1990

2160/3020-543210

Vorwort zur zweiten Auflage

Die erste Auflage dieses Bandes erschien vor zehn Jahren. Wir haben uns daher entschlossen, das Buch weitgehend neu zu überarbeiten. Dies um so mehr, als in den letzten zehn Jahren die Numerische Mathematik eine schnelle Entwicklung erfahren hat. Einige wichtige numerische Methoden sind in dieser Zeit so ausgebaut worden, daß sie auch auf schwierige Ingenieurprobleme anwendbar sind. Man denke etwa nur an die Mehrgitterverfahren zur schnellen Lösung von diskretisierten Randwertproblemen oder an die Integrationsverfahren zur Lösung steifer Differentialgleichungssysteme.

Durch die Hinzunahme weiterer numerischer Verfahren und zahlreicher Ergänzungen hat der Umfang des Bandes erheblich zugenommen. Trotzdem wird mancher wichtige Gebiete der Numerischen Mathematik vermissen. So konnten wir z.B. auf das umfangreiche Gebiet der numerischen Optimierungsmethoden aus Platzmangel nicht eingehen.

Teil V wurde unter anderem durch Verfahren zur numerischen Differentiation sowie zur zweidimensionalen Approximation und numerischen Integration erweitert. Daneben finden sich, wie auch in anderen Teilen, zahlreiche Ergänzungen, Erweiterungen und Hinweise. Teil VI enthält jetzt auch Mehrschritt–Verfahren und Lösungsmethoden für die wichtigen Systeme steifer Differentialgleichungen. Die numerische Lösung von Randwertproblemen wurde durch eine kurze Einführung in die Schießverfahren ergänzt.

Die stärkste Erweiterung erfuhr Teil VII. Für die numerische Lösung parabolischer Differentialgleichungen wurde die Linienmethode aufgenommen und die aufwendige Lösung von zwei– und dreidimensionalen Problemen behandelt. Bei der numerischen Lösung von Randwertproblemen elliptischer Differentialgleichungen wurde der Abschnitt über die Methode der finiten Elemente erheblich ausgeweitet. Insbesondere wurde auf isoparametrische Elemente eingegangen. Ein eigenes einführendes Kapitel ist den Mehrgitterverfahren gewidmet. Diese iterativen Methoden sind die derzeit schnellsten zur Lösung diskretisierter Randwertprobleme, d.h. zur Lösung von sehr großen schwach besetzten Gleichungssystemen. Um den Umfang des Buches nicht noch mehr anwachsen zu lassen, mußten wir darauf verzichten, Verfahren zur Lösung von Integralgleichungen und die wichtigen Randelementmethoden ausführlich zu behandeln. In Kapitel 20 wird deshalb darüber nur kurz berichtet und auf Literatur hingewiesen.

Das Studium der im Inhaltsverzeichnis mit einem * gekennzeichneten Abschnitte erfordert etwas tieferes Eindringen in mathematische Gebiete. Diese Teile können beim ersten Lesen des Buches zunächst überschlagen werden.

Unser Dank gilt vor allem Frau Gudrun Schumm, die, wie bereits für Band 1, unter Verwendung des LATEX-Systems auch das reproduktionsfähige Manuskript für den vorliegenden Band 2 geschrieben hat. Herzlicher Dank gebührt Frau Dr. Sabine Zimmermann, die fast das gesamte Manuskript kritisch geprüft und uns mit wertvollen Hinweisen unterstützt hat. Herrn Prof. Dr. Michael Krätzschmar und den Herren Dipl.-Math. Dietmar Hietel, Georg Lill und Jörg Wittekindt danken wir für das Lesen von Korrekturen. Nicht zuletzt danken wir dem Springer-Verlag für die stets gute Zusammenarbeit und sein Verständnis dafür, daß infolge starker beruflicher Belastung sich die Fertigstellung des Manuskriptes erheblich verzögert hat.

Darmstadt, August 1989

W. Törnig
P. Spellucci

Vorwort zur ersten Auflage

Der vorliegende zweite Band „Numerische Mathematik für Ingenieure und Physiker" soll wie der erste mit einer Auswahl von wichtigen numerischen Verfahren vertraut machen. Dabei werden nur solche Verfahren betrachtet, die für technische und physikalische Anwendungen von Bedeutung sind. Die zugehörigen theoretischen Untersuchungen werden nur so weit geführt, wie es für das Verständnis notwendig ist. Trotzdem hoffe ich, daß das Buch, das ebenso wie der bereits erschienene erste Band ein Lehr– und Nachschlagewerk sein will, auch manchen an den Anwendungen interessierten Mathematiker anspricht.

Der Band enthält in fortlaufender Numerierung mit Band 1 vier Teile. In Teil IV werden einige Verfahren zur numerischen Abschätzung und Berechnung der Eigenwerte und Eigenvektoren von Matrizen beschrieben. Dabei ist, wie auch in anderen Teilen des Buches, eine Beschränkung auf nur wenige grundlegende und bewährte Methoden notwendig. Das Kapitel 10 enthält neben dem Jacobi– und dem LR–Verfahren auch Methoden zur Berechnung der Eigenwerte einer Hessenberg–Matrix. Vor allem im Hinblick auf die Berechnung der Eigenwerte großer Matrizen wird ferner ein Verfahren zur Reduktion einer Matrix auf Hessenbergform beschrieben. Der Teil V enthält Methoden zur Interpolation, Approximation und numerischen Integration von Funktionen. Die klassische Interpolation und Approximation durch Polynome wird knapp dargestellt, da ihre Bedeutung für technische und physikalische Anwendungen nicht sehr weitreichend ist. In Kapitel 12 werden die Grundlagen der Spline–Interpolation für lineare und kubische Splines untersucht. Das Kapitel 13 enthält relativ ausführlich numerische Quadratur– und Kubatur–Verfahren, wobei auch kurz auf die Berechnung uneigentlicher Integrale eingegangen wird.

Ein für Ingenieure und Physiker besonders wichtiges Gebiet ist die numerische Lösung von gewöhnlichen und partiellen Differentialgleichungsproblemen. In Teil VI werden Verfahren zur Lösung von Anfangs–, Rand– und Eigenwertproblemen von gewöhnlichen Differentialgleichungen beschrieben. Bei den Anfangswertproblemen beschränken wir uns auf die Betrachtung von Systemen gewöhnlicher Differentialgleichungen erster Ordnung, auf die sich gewöhnliche Differentialgleichungen beliebiger Ordnung stets leicht reduzieren lassen. Außerdem untersuchen wir nur Einschritt–Verfahren. Bei den Rand– und Eigenwertproblemen beschreiben wir Differenzenverfahren und Variationsmethoden, wobei besonders auf die Methode der finiten Elemente eingegangen wird. Das Gebiet der numerischen Lösung partieller Differentialgleichungsprobleme wird in Anbetracht seiner hervorragenden Bedeutung für viele technische Bereiche in Teil VII zwar relativ ausführlich behandelt, dennoch kann nur auf wenige grundlegende Methoden eingegangen werden. An geeigneten Stellen wird daher auf weitergehende Literatur hingewiesen. Zur numerischen Lösung von Anfangs- und Anfangs-Randwert-Problemen hyperbolischer und parabolischer Differentialgleichungen betrachten wir ausschließlich Differenzenverfahren. Bei Randwertproblemen elliptischer Differentialgleichungen untersuchen wir neben den Differenzenverfahren vorwiegend Ritz-Verfahren und die Methode der finiten Elemente. Dabei wird auch die Anwendung dieser Methode bei nichtlinearen Randwertproblemen beschrieben. Wegen ihrer Bedeutung für die Strömungsmechanik werden Anfangswertprobleme quasilinearer hyperbolischer Systeme erster Ordnung in Kapitel 17 betrachtet. Zu ihrer numerischen Lösung werden sowohl Charakteristikenverfahren als auch Differenzenverfahren in gleichmäßigen Gittern entwickelt. Erfahrungsgemäß erwerben nur wenige Ingenieure während ihres Studiums an Technischen Hochschulen fundierte Kenntnisse über partielle Differentialgleichungen. Daher werden die zum Verständnis der numerischen Verfahren notwendigen theoretischen Grundlagen jeweils kurz erklärt oder zitiert.

Um das Verständnis zu erleichtern, werden wie im ersten Band reichlich erläuternde Beispiele und Skizzen in den Text eingestreut.

Die FORTRAN-Programme wurden von Frau G. Schumm geschrieben, Prof. Dr. K. Graf Finck v. Finckenstein und die Herren Dr. W. Höhn, Dipl.-Math. R. Bock, Dipl.-Math. M. Gipser, Dipl.-Math. E. Wilzek haben mir mit vielen Hinweisen geholfen und die Korrekturen mitgelesen, Frau B. Schulte zur Surlage und Fräulein H. Krämer haben das maschinengeschriebene Manuskript hergestellt. Ihnen allen gilt mein herzlicher Dank.

Darmstadt, Mai 1979 W. Törnig

Inhaltsverzeichnis

Teil V

Interpolation, Approximation und numerische Integration

Die Aufgabe, eine empirische oder formelmäßig gegebene Funktion durch eine andere, einfach zu handhabende Funktion zu approximieren, kann mit der Methode der numerischen Approximation gelöst werden. Dieser Aufgabe steht man z.B. oft bei der Auswertung von Experimenten gegenüber, wenngleich sie hier vor allem bei größeren Versuchen infolge der Entwicklung der Datenverarbeitung bei weitem nicht mehr die frühere Bedeutung hat. Die numerische Interpolation und Approximation ist jedoch auch Grundlage für die meisten Verfahren der numerischen Integration, und diese ist für die Praxis von besonderer Bedeutung. Da nur wenige Integrale exakt ausgewertet werden können, ist man in der Regel beim Auftreten von bestimmten Integralen auf numerische Verfahren angewiesen.

11 Interpolation und Approximation

11.1 Interpolation durch Polynome

11.1.1 Das Lagrangesche Interpolationspolynom

Wir betrachten hier die „Interpolation im engeren Sinne". Darunter versteht man eine Vorschrift, nach der eine Funktion f aus vorgegebenen Funktionswerten $f(x_i)$ rekonstruiert wird. Entsprechend lautet die Aufgabe bei Funktionen in mehreren Veränderlichen.

Nun kann man natürlich im allgemeinen aus endlich vielen vorgegebenen Funktionswerten die Funktion selbst nicht eindeutig bestimmen. Aus diesem Grunde berechnet man als Interpolierende eine Näherung $\tilde{f}$ dieser Funktion, was auf verschiedene Art geschehen kann. Wir wollen hier die Interpolation durch Polynome beschreiben.

Wenn über die Funktion f nichts Näheres bekannt ist, wird man zur Interpolation oft ein Polynom verwenden. Dies umso mehr, als man nach dem Approximationssatz von Weierstraß jede stetige Funktion f durch ein Polynom beliebig genau approximieren kann. Genau sagt dieser Satz aus: Sei $f \in C^0([a,b])$ und $\varepsilon > 0$ beliebig klein vorgegeben. Dann gibt es eine natürliche Zahl n und ein Polynom n-ten Grades P_n, so daß für jedes $x \in [a,b]$ die Ungleichung

$$|f(x) - P_n(x)| < \varepsilon$$

gilt.

Es ist daher auch sinnvoll, f durch Polynome zu approximieren. Allerdings werden die im folgenden zu konstruierenden Interpolationspolynome in der Regel für entsprechendes n nicht mit dem optimalen Polynom des Weierstraß'schen Satzes übereinstimmen.

Wir betrachten das Intervall $I = [a,b]$ und $n+1$ Punkte $x_0, x_1, \ldots, x_n, \quad x_i \in I$, die wir als Stützstellen bezeichnen. Wir denken uns diese der Größe nach geordnet: $x_0 < x_1 < \cdots < x_n$. In der Regel wird man $a = x_0$, $b = x_n$ wählen, jedoch ist dies nicht notwendig. An den Stützstellen seien die Funktionswerte $f(x_i) = f_i$ vorgegeben.

Als Interpolationspolynom wählen wir das eindeutig bestimmte Polynom n-ten Grades P_n mit der Eigenschaft

$$P_n(x_i) = f(x_i), \qquad i = 0, 1, \ldots, n. \tag{11.1}$$

Daß dieses Polynom in der Tat eindeutig ist, erkennt man so: Mit

$$P_n(x) = a_0 + a_1 x + \cdots + a_n x^n$$

gilt nach (11.1)

$$P_n(x_i) = a_0 + a_1 x_i + \cdots + a_n x_i^n = f_i, \qquad i = 0, 1, \ldots, n,$$

und dies ist ein lineares Gleichungssystem mit $n + 1$ Gleichungen in den $n + 1$ Unbekannten $a_0, a_1, \ldots, a_n$. Die Matrix dieses Systems lautet

$$V(x_0, x_1, \ldots, x_n) = \begin{bmatrix} 1 & x_0 & x_0^2 & \cdots & x_0^n \\ 1 & x_1 & x_1^2 & \cdots & x_1^n \\ \vdots & \vdots & \vdots & & \vdots \\ 1 & x_n & x_n^2 & \cdots & x_n^n \end{bmatrix}. \tag{11.2}$$

Sie heißt *Vandermondesche Matrix* und ist für paarweise verschiedene x_i, wie hier vorausgesetzt, stets nichtsingulär, denn man errechnet

$$\det V = \prod_{0 \le i < j \le n} (x_j - x_i) \ne 0. \tag{11.3}$$

Daher sind die a_k, $k = 0, 1, \ldots, n$, und somit auch das Polynom P_n eindeutig bestimmt.

Es ist nun weder erforderlich noch im allgemeinen zweckmäßig, das Interpolationspolynom auf die eben beschriebene Art zu berechnen. Vielmehr gibt es eine Reihe von Verfahren, die das Interpolationspolynom in einer dem Problem angepaßten Gestalt liefern. Als erstes betrachten wir das *Lagrangesche Interpolationspolynom*

$$P_n(x) = \sum_{k=0}^{n} f_k L_k(x), \qquad L_k(x) = \prod_{\substack{l=0 \\ l \ne k}}^{n} \frac{x - x_l}{x_k - x_l}. \tag{11.4}$$

P_n ist das gesuchte eindeutig bestimmte Interpolationspolynom. Da nämlich die Lagrangeschen Polynome L_k von n-tem Grad sind, gilt dies auch für P_n.

Weiter ist

$$\begin{aligned} L_k(x_i) &= \prod_{\substack{l=0 \\ l \ne k}}^{n} \frac{x_i - x_l}{x_k - x_l} = 0, \qquad i \ne k, \\ L_k(x_k) &= \prod_{\substack{l=0 \\ l \ne k}}^{n} \frac{x_k - x_l}{x_k - x_l} = 1, \end{aligned}$$

also

$$L_k(x_i) = \delta_{ik}.$$

Mit (11.4) ist somit

$$P_n(x_i) = \sum_{k=0}^{n} f_k L_k(x_i) = \sum_{k=0}^{n} f_k \delta_{ik} = f_i, \qquad i = 0, 1, \ldots, n.$$

Das Polynom n–ten Grades (11.4) hat daher die Eigenschaft (11.1) und ist somit das eindeutig bestimmte Interpolationspolynom.

Für $n = 1$ spricht man auch von linearer, für $n = 2$ von quadratischer, usw., Interpolation. Man kann Interpolationspolynome auch dazu verwenden, aus Funktionentafeln Zwischenwerte zu errechnen. In früheren Zeiten kam dieser Aufgabe größere Bedeutung zu, da mangels Rechenkapazität die Funktionswerte nur für relativ große Abszissenabstände angegeben wurden. Ist etwa $f(\bar{x})$ mit $x_i < \bar{x} < x_{i+1}$ gesucht, so ersetzt man diesen Wert durch den Wert $P_n(\bar{x})$ eines passend gewählten Interpolationspolynoms.

Beispiel 11.1. *Es ist zu folgender empirisch gegebener Funktion das Lagrangesche Interpolationspolynom zu bestimmen:*

i	x_i	f_i
0	0.5	0.606531
1	1.0	0.367879
2	5.0	0.006738 .

Nach (11.4) berechnet man

$$\begin{aligned} L_0(x) &= \frac{(x-x_1)(x-x_2)}{(x_0-x_1)(x_0-x_2)} = \frac{(x-1)(x-5)}{2.25}, \\ L_1(x) &= \frac{(x-x_0)(x-x_2)}{(x_1-x_0)(x_1-x_2)} = \frac{(x-0.5)(x-5)}{-2}, \\ L_2(x) &= \frac{(x-x_0)(x-x_1)}{(x_2-x_0)(x_2-x_1)} = \frac{(x-0.5)(x-1)}{18}. \end{aligned}$$

Das Lagrangesche Interpolationspolynom lautet daher

$$P_2(x) = 0.269569(x-1)(x-5) - 0.183939(x-0.5)(x-5) + 0.000374(x-0.5)(x-1).$$

□

11.1.2 Das Restglied bei der Lagrange–Interpolation

Wir wollen jetzt die Frage der Genauigkeit der Interpolation erörtern und insbesondere den Fehler

$$f(x) - P_n(x)$$

für beliebiges $x \in I$ untersuchen. Hohe Grade des Interpolationspolynoms führen fast immer zu einer starken „Welligkeit" von P_n, so daß die Genauigkeit zwischen den Stützstellen recht niedrig sein kann. Dies gilt verstärkt, wenn die Stützstellen weit auseinander liegen, d.h. wenn I groß ist. Wir werden später in der Spline–Approximation ein Verfahren kennenlernen, das die hier geschilderten Nachteile vermeidet.

Zunächst wollen wir einen geschlossenen Ausdruck für den Fehler angeben, es gilt der

Satz 11.1. *Sei $f \in C^{n+1}(I)$, dann gibt es zu jedem $x \in I$ einen Punkt $\xi_x \in [\alpha, \beta]$ mit $\alpha = \min(x_0, x)$, $\beta = \max(x_n, x)$, so daß*

$$f(x) - P_n(x) = \frac{1}{(n+1)!} L(x) f^{(n+1)}(\xi_x) \tag{11.5}$$

mit

$$L(x) = \prod_{i=0}^{n} (x - x_i) \tag{11.6}$$

gilt.

Beweis: *Wir betrachten irgendein festes $x \in I$. Ist $x = x_i$, $i = 0, 1, \ldots, n$, so folgt wegen $L(x_i) = 0$ sofort die Behauptung (11.5). Wir setzen daher $x \neq x_i$ voraus und definieren die Hilfsfunktion*

$$F(t) = f(t) - P_n(t) - c\, L(t) \tag{11.7}$$

mit der (wegen der fest gewählten Stelle x) konstanten Zahl

$$c = \frac{f(x) - P_n(x)}{L(x)}.$$

Dann ist

$$F(x_i) = f(x_i) - P_n(x_i) - c\, L(x_i) = 0, \qquad i = 0, 1, \ldots, n,$$

und

$$F(x) = f(x) - P_n(x) - \frac{f(x) - P_n(x)}{L(x)} L(x) = 0.$$

Die Hilfsfunktion F hat daher in I mindestens die $n+2$ Nullstellen $x_0, x_1, \ldots, x_n, x$. Wegen $F \in C^{n+1}(I)$ besitzt ihre $(n+1)$-te Ableitung in $[\alpha, \beta]$ mindestens eine Nullstelle ξ_x, und nach (11.7) ist

$$F^{(n+1)}(t) = f^{(n+1)}(t) - P_n^{(n+1)}(t) - c\, L^{(n+1)}(t). \tag{11.8}$$

L ist ein Polynom $(n+1)$-ten Grades, wobei 1 der Koeffizient von t^{n+1} ist. Daher gilt $L^{(n+1)}(t) = (n+1)!$. P_n ist ein Polynom n-ten Grades, so daß $P_n^{(n+1)}(t) \equiv 0$. Wegen $F^{(n+1)}(\xi_x) = 0$ folgt endlich

$$0 = F^{(n+1)}(\xi_x) = f^{(n+1)}(\xi_x) - c\,(n+1)!,$$

d.h.

$$c = \frac{f^{(n+1)}(\xi_x)}{(n+1)!} = \frac{f(x) - P_n(x)}{L(x)},$$

und somit die Behauptung. □

Die Gleichung (11.5) gilt für jedes $x \in I$ unter den Voraussetzungen des Satzes. Eine Fehlerabschätzung erhält man hieraus mit

$$\max_{\xi \in [\alpha,\beta]} |f^{(n+1)}(\xi)| = M$$

zu

$$|f(x) - P_n(x)| \leq \frac{M}{(n+1)!} |L(x)|. \tag{11.9}$$

Die Aussagen (11.5) und (11.9) gelten auch für andere Formen des Interpolationspolynoms, das ja stets eindeutig bestimmt ist.

Da man ξ_x, außer in trivialen Fällen, nicht kennt, wird man die Fehlerabschätzung (11.9) verwenden. Die Güte dieser Abschätzung hängt entscheidend von der Größe der Differenz

$$d(f) = \max_{z \in [\alpha,\beta]} |f^{(n+1)}(z)| - \min_{z \in [\alpha,\beta]} |f^{(n+1)}(z)|$$

ab. Ist diese klein, variiert $f^{(n+1)}$ in $[\alpha, \beta]$ also nur wenig, so liefert (11.9) gute Resultate. Man kann dies oft durch die Wahl eines hinreichend kleinen Intervalls I erreichen.

Beispiel 11.2. *Die in Beispiel 11.1 angegebenen Funktionswerte sind Näherungen der Werte von $f(x) = e^{-x}$ an den angegebenen Stützstellen x_i. Wählen wir etwa $I = [0.5, 5]$, so wird*

$$\begin{aligned} d(f) &= e^{-0.5} - e^{-5} = 0.599793, \\ M &= e^{-0.5} = 0.606531. \end{aligned}$$

Dann ist z.B. nach (11.9)

$$|f(3) - P_2(3)| \leq \tfrac{0.606531}{6} \cdot 10 = 1.01089.$$

Andererseits rechnet man in diesem Fall $|f(3) - P_2(3)| = 0.206438$ *aus, d.h. die Fehlerabschätzung liefert eine rund 5–fache Überschätzung.* □

11.1.3 Das Newtonsche Interpolationspolynom

Das Lagrangesche Interpolationspolynom ist numerisch recht unhandlich. So erfordert z.B. die Auswertung der Formel (11.4), wie man sich überlegen kann, bei gegebenem x einen zu n^2 proportionalen Rechenaufwand. Ein weiterer gravierender Nachteil ist der folgende: Hat man P_n für die $n+1$ Stützstellen $x_0, \ldots, x_n$ berechnet und fügt eine weitere Stützstelle x_{n+1} hinzu, so muß das dann eindeutig bestimmte Lagrangesche Interpolationspolynom P_{n+1} praktisch neu berechnet werden. Zumindest diesen Nachteil vermeidet man bei der folgenden Konstruktion.

Wir wählen für das Interpolationspolynom den Ansatz

$$\begin{aligned} P_n(x) &= \gamma_0 + \gamma_1(x - x_0) + \gamma_2(x - x_0)(x - x_1) + \cdots + \gamma_n(x - x_0)\cdots(x - x_{n-1}) \\ &= \sum_{i=0}^{n} \gamma_i \prod_{j=0}^{i-1}(x - x_j). \end{aligned} \tag{11.10}$$

Wegen $P_n(x_k) = f(x_k) = f_k, \quad k = 0, 1, \ldots, n$, folgt hieraus das lineare Gleichungssystem

$$f_k = \sum_{i=0}^{k} \gamma_i \prod_{j=0}^{i-1}(x_k - x_j), \qquad k = 0, 1, \ldots, n, \tag{11.11}$$

mit der Matrix

$$\begin{bmatrix} 1 & 0 & \cdots & \cdots & 0 \\ 1 & x_1 - x_0 & \ddots & & \vdots \\ \vdots & & \ddots & \ddots & \vdots \\ \vdots & & & \ddots & 0 \\ 1 & x_n - x_0 & \cdots & & \prod_{j=0}^{n-1}(x_n - x_j) \end{bmatrix},$$

deren Determinante wegen $x_i \neq x_k$, für $i \neq k$, den Wert

$$D = 1 \cdot [(x_1 - x_0)] \cdot [(x_2 - x_0)(x_2 - x_1)] \cdots [(x_n - x_0)(x_n - x_1) \cdots (x_n - x_{n-1})] \neq 0$$

hat. Daher sind die $\gamma_i, \quad i = 0, \ldots, n$, durch (11.11) eindeutig bestimmt.

Um sie bequem darstellen zu können, führen wir rekursiv die *dividierten Differenzen* ein: Für beliebige ganze i ist die 0. dividierte Differenz durch $f[x_i] = f_i$,

die 1. dividierte Differenz durch $f[x_{i+1}, x_i] = \dfrac{f_{i+1} - f_i}{x_{i+1} - x_i} = \dfrac{f[x_{i+1}] - f[x_i]}{x_{i+1} - x_i}$

und allgemein die k. dividierte Differenz durch

$$\begin{aligned} f[x_{i+k}, x_{i+k-1}, \cdots, x_i] &= \frac{f[x_{i+k}, x_{i+k-1}, \cdots, x_{i+1}] - f[x_{i+k-1}, x_{i+k-2}, \cdots, x_i]}{x_{i+k} - x_i}, \\ & k = 1, 2, \ldots, \end{aligned} \tag{11.12}$$

definiert. Die dividierte Differenz ist eine symmetrische Funktion ihrer Argumente in dem Sinne, daß diese beliebig permutiert werden können, ohne daß der Wert der Funktion sich ändert.

Mit Hilfe dieser dividierten Differenzen lassen sich die Koeffizienten des Interpolationspolynoms (11.10) nun bequem darstellen, man erhält

$$\gamma_j = f[x_j, x_{j-1}, \cdots, x_1, x_0], \qquad j = 0, 1, \ldots, n. \tag{11.13}$$

Zu ihrer Berechnung kann man folgendes Schema verwenden:

i	x_i	$f[x_i] = f_i$	$f[x_{i+1}, x_i]$	$f[x_{i+2}, \ldots, x_i]$	$f[x_{i+3}, \ldots, x_i]$	$\cdots$
0	x_0	$\underline{f[x_0]}$				
1	x_1	$f[x_1]$	$\underline{f[x_1, x_0]}$			
2	x_2	$f[x_2]$	$f[x_2, x_1]$	$\underline{f[x_2, x_1, x_0]}$		
3	x_3	$f[x_3]$	$f[x_3, x_2]$	$f[x_3, x_2, x_1]$	$\underline{f[x_3, x_2, x_1, x_0]}$	
$\vdots$	$\vdots$	$\vdots$	$\vdots$	$\vdots$	$\vdots$	$\vdots$

Dabei sind die unterstrichenen Größen von links oben nach rechts unten gemäß (11.13) gerade die $\gamma_0, \gamma_1, \gamma_2, \gamma_3, \ldots$.

Setzt man in (11.10) für die γ_j die entsprechenden dividierten Differenzen ein, so erhält man das *Newtonsche Interpolationspolynom*

$$\begin{aligned} P_n(x) = f[x_0] + f[x_1, x_0](x - x_0) + f[x_2, x_1, x_0](x - x_0)(x - x_1) + \cdots \\ \cdots + f[x_n, x_{n-1}, \ldots, x_0](x - x_0) \cdots (x - x_{n-1}), \end{aligned} \tag{11.14}$$

oder

$$P_n(x) = \sum_{i=0}^{n} f[x_i, x_{i-1}, \ldots, x_0] \prod_{j=0}^{i-1} (x - x_j).$$

Für den Fehler $f(x) - P_n(x)$ gilt natürlich wieder (11.5) sowie die Abschätzung (11.9).

Nimmt man zu den $x_0, x_1, \ldots, x_n$ die Stützstelle x_{n+1} hinzu, so ist das Newtonsche Interpolationspolynom P_{n+1} aus dem Polynom P_n leicht zu berechnen. Nach (11.14) gilt

$$P_{n+1}(x) = P_n(x) + f[x_{n+1}, x_n, \ldots, x_0](x - x_0)\cdots(x - x_{n-1})(x - x_n).$$

Man braucht also nur das obige Schema zu ergänzen und daraus $\gamma_{n+1} = f[x_{n+1}, x_n, \ldots, x_0]$ zu entnehmen. Das Newtonsche Interpolationspolynom hat daher nicht den oben aufgezeigten Mangel des Lagrangeschen.

Beispiel 11.3. *Es soll das Newtonsche Interpolationspolynom aus folgenden Daten der Funktion $f(x) = \mathrm{e}^{-x}$ berechnet werden:*

x_i	0	0.4	1.0	2.5	5.0
$f(x_i)$	1.000000	0.670320	0.367879	0.082085	0.006738

Das Rechenschema lautet:

i	x_i	$f[x_i]$	$f[x_{i+1}, x_i]$	$f[x_{i+2}, \ldots, x_i]$	$f[x_{i+3}, \ldots, x_i]$	$f[x_{i+4}, \ldots, x_i]$
0	0	1.000000				
1	0.4	0.670320	−0.824200			
2	1.0	0.367879	−0.504068	0.320132		
3	2.5	0.082085	−0.190529	0.149304	−0.068331	
4	5.0	0.006738	−0.030139	0.040098	−0.023740	0.008918

Das gesuchte Polynom ist dann

$$\begin{aligned} P_4(x) = 1.000000 - 0.824200\,x &+ 0.320132\,x(x-0.4) \\ &- 0.068331\,x(x-0.4)(x-1.0) \\ &+ 0.008918\,x(x-0.4)(x-1.0)(x-2.5). \end{aligned}$$

Wegen $M = 1$ errechnet man nach (11.9) für den Fehler

$$|f(x) - P_4(x)| \le \tfrac{1}{120}|x(x-0.4)(x-1)(x-2.5)(x-5.0)|.$$

So ist z.B.

$$|f(3) - P_4(3)| \le \tfrac{15.6}{120} = 0.13 \quad .$$

□

Für die automatische Rechnung sind besondere Interpolationsformeln entwickelt worden (vgl. etwa [9] und die dort angegebene Literatur). Da größere Interpolationsprobleme der bisher betrachteten Art in der Praxis heute kaum noch vorkommen, verzichten wir auf eine Darstellung.

11.2 Gleichabständige Stützwerte. Interpolation in zwei Variablen

Wir betrachten jetzt den Fall, daß $x_i = x_0 + ih, \quad i = 0, 1, \ldots, n$, gilt, d.h. alle Stützstellen voneinander den gleichen Abstand h haben. Das Newtonsche Interpolationspolynom vereinfacht sich dann beträchtlich.

11.2.1 Das Newtonsche Interpolationspolynom

Zuerst berechnen wir die dividierten Differenzen und setzen für beliebige i

$$\begin{aligned} \Delta^0 f_i &= f_i, \\ \Delta^1 f_i &= f_{i+1} - f_i, \\ \Delta^2 f_i &= f_{i+2} - 2f_{i+1} + f_i, \end{aligned}$$

und allgemein

$$\Delta^{k+1} f_i = \Delta^k f_{i+1} - \Delta^k f_i, \qquad k = 0, 1, \ldots \quad .$$

Dann wird nach (11.12) mit $\Delta^0 f_i = f[x_i] = f_i$, wie man durch vollständige Induktion zeigen kann, wegen $x_{i+j} - x_i = jh$

$$f[x_{i+k}, x_{i+k-1}, \ldots, x_i] = \frac{\Delta^k f_i}{k!h^k}, \qquad k = 0, 1, \ldots \quad .$$

Insbesondere folgt hieraus

$$\begin{aligned} f[x_{i+1}, x_i] &= \frac{\Delta f_i}{h}, \\ f[x_{i+2}, x_{i+1}, x_i] &= \frac{\Delta^2 f_i}{2!h^2}. \end{aligned} \tag{11.15}$$

Nach (11.13) haben die Koeffizienten des Interpolationspolynoms dann die einfache Gestalt

$$\gamma_j = \frac{\Delta^j f_0}{j!h^j}, \qquad j = 0, 1, \ldots, n.$$

$P_n(x)$ kann durch Einführung der neuen Variablen

$$t = \frac{x - x_0}{h}$$

noch weiter vereinfacht werden. Es ist dann

$$x - x_r = x_0 + th - x_0 - rh = (t - r)h, \qquad r = 0, 1, \ldots, n - 1,$$

und

$$(x-x_0)(x-x_1)\cdots(x-x_{k-1}) = h^k t(t-1)\cdots(t-(k-1)) = h^k \binom{t}{k} k!\,. \quad (11.16)$$

Mit $P_n(x) = P_n(x_0+th) = Q_n(t)$ gilt dann nach (11.14)

$$P_n(x) = Q_n(t) = \sum_{i=0}^{n} \frac{\Delta^i f_0}{i!h^i} h^i \binom{t}{i} i!,$$

also

$$P_n(x) = Q_n(t) = \sum_{i=0}^{n} \binom{t}{i} \Delta^i f_0. \quad (11.17)$$

11.2.2 Darstellung des Fehlers

Auch für den Fehler ergibt sich eine einfachere Darstellung: Nach (11.5), (11.6) ist mit $f(x) = f(x_0+th) = \varphi(t)$ wegen (11.16)

$$\varphi(t) - Q_n(t) = \frac{1}{(n+1)!} h^{n+1} \binom{t}{n+1} (n+1)! f^{(n+1)}(\xi_x).$$

Wegen $h^k f^{(k)}(x) = \varphi^{(k)}(t)$ und mit

$$\tau_t = \frac{\xi_x - x_0}{h}$$

ergibt sich somit

$$f(x) - P_n(x) \;=\; \varphi(t) - Q_n(t) = \binom{t}{n+1} \varphi^{(n+1)}(\tau_t), \qquad \tau_t \in [\gamma, \delta], \quad (11.18)$$

wobei $\gamma = \min(t,0)$, $\delta = \max(t,n)$, und daraus wieder mit

$$\max_{\tau \in [\gamma,\delta]} |\varphi^{(n+1)}(\tau)| = h^{n+1} \max_{\xi \in [\alpha,\beta]} |f^{(n+1)}(\xi)| = h^{n+1} M$$

die Abschätzung

$$\begin{aligned} |f(x) - P_n(x)| &= |\varphi(t) - Q_n(t)| \le M \left| \binom{t}{n+1} \right| h^{n+1} \\ &= \frac{M h^{n+1}}{(n+1)!} |t(t-1)\cdots(t-n)|. \quad (11.19) \end{aligned}$$

Die Berechnung der $\Delta^i f_j$ kann wieder nach folgendem Schema durchgeführt werden, wobei weniger Rechenarbeit zu leisten ist als beim oben angegebenen Schema für beliebig verteilte Stützstellen, da der Algorithmus jetzt divisionsfrei ist.

i	f_i	Δf_i	$\Delta^2 f_i$	$\Delta^3 f_i$	$\cdots$
0	$\underline{f_0}$				
1	f_1	$\underline{\Delta f_0}$			
2	f_2	Δf_1	$\underline{\Delta^2 f_0}$		
3	f_3	Δf_2	$\Delta^2 f_1$	$\underline{\Delta^3 f_0}$	
$\vdots$	$\vdots$	$\vdots$	$\vdots$	$\vdots$	$\vdots$

Beispiel 11.4. *Wir betrachten wieder $f(x) = e^{-x}$, jetzt aber an den äquidistanten Stützstellen 0, 0.5, 1.0, 1.5, 2.0. Das ergibt folgendes Schema:*

i	f_i	Δf_i	$\Delta^2 f_i$	$\Delta^3 f_i$	$\Delta^4 f_i$
0	$\underline{1.000000}$				
1	0.606531	$\underline{-0.393469}$			
2	0.367879	−0.238652	$\underline{0.154817}$		
3	0.223130	−0.144749	0.093903	$\underline{-0.060914}$	
4	0.135335	−0.087795	0.056954	−0.036949	$\underline{0.023965}$

Das Interpolationspolynom Q_4 lautet dann nach (11.17)

$$\begin{aligned} Q_4(t) &= 1.000000 - 0.393469\,t + \frac{0.154817}{2!}\,t(t-1) \\ &\quad - \frac{0.060914}{3!}\,t(t-1)(t-2) + \frac{0.023965}{4!}\,t(t-1)(t-2)(t-3). \end{aligned}$$

Wegen $M = 1$ und $h = 0.5$ erhält man nach (11.19) die Fehlerabschätzung

$$|\varphi(t) - Q_4(t)| \le \tfrac{1}{120}|t(t-1)(t-2)(t-3)(t-4)(0.5)^5|.$$

Will man etwa den Fehler an der Stelle $x = 1.2$ abschätzen, so bestimmt man zunächst das zugehörige

$$t = \frac{x - x_0}{h} = \frac{1.2 - 0}{0.5} = 2.4$$

und erhält dann

$$\begin{aligned}|f(1.2) - P_n(1.2)| &= |\varphi(2.4) - Q_n(2.4)| \\ &\leq \frac{|2.4(2.4-1)(2.4-2)(2.4-3)(2.4-4)|}{120 \cdot 32} = 0.000336.\end{aligned}$$

□

Aus den Interpolationspolynomen kann man im Prinzip die Werte $P_n(x)$ bzw. $Q_n(t)$ für beliebige x und t entnehmen. Es liegt auf der Hand, daß diese die entsprechenden Funktionswerte der empirisch oder in geschlossener Form gegebenen Funktion f nicht oder nur sehr ungenau approximieren, wenn x außerhalb des Intervalls $[x_0, x_n]$ liegt. Man wird daher stets $x \in [x_0, x_n]$ bzw. $t \in [0, n]$ wählen. Nur dann kann man von einer Interpolation sprechen, andernfalls handelt es sich um eine *Extrapolation*. Neben der Newtonschen Interpolationsformel mit „aufsteigenden Differenzen" $\Delta^k f_0$ gibt es andere Formen von $Q_n(t)$, die z.T. für bestimmte Interpolationsprobleme besondere Vorteile bieten. Es seien hier nur die Formeln von *Gauß, Bessel, Everett und Stirling* genannt. Man vergleiche hierzu etwa [9, S. 257 ff.] und die dort angegebene Literatur.

11.2.3 Interpolation bei Funktionen von zwei unabhängigen Veränderlichen

Schließlich sei noch kurz auf die Interpolation bei Funktionen von zwei unabhängigen Veränderlichen eingegangen. Die allgemeine Interpolationsaufgabe lautet hier: In der (x, y)-Ebene sind $n+1$ Punkte (x_k, y_k) mit zugehörigen Funktionswerten $z_k = f(x_k, y_k)$ gegeben. Man konstruiere ein Polynom

$$P(x, y) = \sum_{i,j} a_{ij} x^i y^j,$$

so daß

$$P(x_k, y_k) = f(x_k, y_k), \qquad k = 0, 1, \ldots, n,$$

gilt.

Im Gegensatz zum eindimensionalen Fall ist die Lösbarkeit dieser Aufgabe im allgemeinen keineswegs gesichert, wie man an folgendem Beispiel erkennt:

Man bestimme

$$P(x, y) = a + bx + cy + dxy$$

aus

$$f(1,0) = 0, \qquad f(3,1) = -1, \qquad f(4,0) = 1, \qquad f(5,0) = -1.$$

Zur Bestimmung der Koeffizienten a, b, c, d des Interpolationspolynoms erhält man das lineare Gleichungssystem

$$\begin{aligned} a + b &= 0 \\ a + 3b + c + 3d &= -1 \\ a + 4b &= 1 \\ a + 5b &= -1 \end{aligned} \tag{11.20}$$

Der Rang der Matrix dieses Systems ist 3, der der erweiterten Matrix aber 4, so daß (11.20) keine Lösungen besitzt und die Interpolationsaufgabe nicht lösbar ist. Die Stützstellen dürfen daher in der Regel nicht beliebig gewählt werden.

Man kann Bedingungungen bezüglich der Lage der Stützstellen und der Gestalt des Polynoms für die Lösbarkeit der Interpolationsaufgabe angeben, jedoch sind diese recht kompliziert. Wir beschränken uns daher auf den Fall, daß die Stützstellen (x_k, y_l) ein rechteckiges Tableau ausfüllen, daß also $k = 0, 1, \ldots, m,\ \ l = 0, 1, \ldots, n,$ gilt.

Das Polynom schreiben wir dann in der Gestalt

$$P_{mn}(x, y) = \sum_{i=0}^{m} \sum_{j=0}^{n} a_{ij} x^i y^j. \tag{11.21}$$

Man kann zeigen, daß die Interpolationsaufgabe

$$P_{mn}(x_k, y_l) = f(x_k, y_l) = f_{kl} \tag{11.22}$$

eindeutig lösbar ist, indem man nachprüft, daß die Determinante des aus (11.21) und (11.22) resultierenden linearen Gleichungssystems für paarweise verschiedene Stützstellen nicht verschwindet.

Wir betrachten hier nun das *Lagrangesche Interpolationspolynom* . Bezeichnet man entsprechend (11.4)

$$\begin{aligned} L_k^1(x) &= \prod_{\substack{l=0 \\ l \neq k}}^{m} \frac{x - x_l}{x_k - x_l}, \\ L_k^2(y) &= \prod_{\substack{l=0 \\ l \neq k}}^{n} \frac{y - y_l}{y_k - y_l}, \end{aligned}$$

so lautet es

$$P_{mn}(x, y) = \sum_{i=0}^{m} \sum_{j=0}^{n} L_i^1(x) L_j^2(y) f(x_i, y_j).$$

Setzt man weiter entsprechend (11.6)

$$L^1(x) = \prod_{i=0}^{m} (x - x_i), \qquad L^2(y) = \prod_{i=0}^{n} (y - y_i),$$

so erhält man für den Fehler, wie wir ohne Beweis anmerken wollen,

$$\begin{aligned} f(x,y) - P_{mn}(x,y) &= \frac{1}{(m+1)!} L^1(x) \left(\frac{\partial^{m+1} f}{\partial x^{m+1}} \right) (\xi_x^1, y) \\ &+ \frac{1}{(n+1)!} L^2(y) \left(\frac{\partial^{n+1} f}{\partial y^{n+1}} \right) (x, \eta_y^1) \\ &- \frac{1}{(m+1)!} \cdot \frac{1}{(n+1)!} L^1(x) \cdot L^2(y) \left(\frac{\partial^{m+n+2} f}{\partial x^{m+1} \partial y^{n+1}} \right) (\xi_x^2, \eta_y^2). \end{aligned} \tag{11.23}$$

Dabei bedeutet die Schreibweise

$$\left(\frac{\partial^{m+1} f}{\partial x^{m+1}} \right) (\xi_x^1, y)$$

die $(m+1)$–te Ableitung von f nach x an der Stelle (ξ_x^1, y). Entsprechend sind die anderen Ableitungen zu lesen.

Die $\xi_x^1, \eta_y^1, \xi_x^2, \eta_y^2$ in (11.23) sind wie im eindimensionalen Fall Zwischenwerte, es gilt

$$\xi_x^1, \xi_x^2 \in [\alpha_x, \beta_x], \qquad \eta_y^1, \eta_y^2 \in [\alpha_y, \beta_y]$$

mit

$$\begin{aligned} \alpha_x &= \min(x, x_0), \qquad & \beta_x &= \max(x, x_m), \\ \alpha_y &= \min(y, y_0), \qquad & \beta_y &= \max(y, y_n). \end{aligned}$$

Bei beliebiger Lage der Stützwerte wird man im allgemeinen versuchen, über das resultierende lineare Gleichungssystem ein Interpolationspolynom zu konstruieren.

Man kann auch für die Funktionen von zwei (und mehr) Veränderlichen andere Formen des Interpolationspolynoms angeben, etwa solche, die dem Newtonschen entsprechen. Wegen der geringen Bedeutung dieser Fragen für die Praxis wollen wir hierauf jedoch nicht eingehen und verweisen auf die Literatur, etwa auf [9].

11.3 Ergänzungen zur Interpolation. Numerische Differentiation

11.3.1 Hermite–Interpolation

In Abschnitt 11.1.3 wurde das Newtonsche Interpolationspolynom mit Hilfe der dividierten Differenzen (11.13) dargestellt. Diese dividierten Differenzen sind zunächst nur für paarweise verschiedene Stützstellen definiert. Wir wollen nun zeigen, daß sie gewissermaßen als Taylorkoeffizienten der interpolierten Funktion f interpretiert und auch sinnvoll für zusammenfallende Stützstellen definiert werden können.

Sei P_n das Interpolationspolynom zu den Daten $(x_0, f(x_0)), \ldots, (x_n, f(x_n))$, d.h. in der Darstellung (11.14)

$$P_n(z) = \sum_{i=0}^{n} f[x_i, \ldots, x_0] \prod_{j=0}^{i-1} (z - x_j).$$

Wir setzen nun zu beliebigem x im Definitionsbereich von f, $x \neq x_i$ für $i = 0, \ldots, n$, formal $x_{n+1} = x$ und betrachten daneben das Interpolationspolynom P_{n+1} zu den Daten $(x_0, f(x_0)), \ldots, (x_{n+1}, f(x_{n+1}))$. Dazu wird

$$P_{n+1}(z) = P_n(z) + f[x_{n+1}, \ldots, x_0] \prod_{i=0}^{n} (z - x_i).$$

Setzen wir nun $z = x_{n+1} = x$, so ergibt sich wegen $P_{n+1}(x_{n+1}) = f(x)$

$$f(x) - P_n(x) = f[x,\, x_n, \ldots, x_0] \prod_{i=0}^{n} (x - x_i).$$

Andererseits ist nach (11.5) mit $\xi_x = \xi$

$$f(x) - P_n(x) = \frac{f^{(n+1)}(\xi)}{(n+1)!} \prod_{i=0}^{n} (x - x_i),$$

d.h. wir erhalten, da x beliebig war,

$$f[x_{n+1}, \ldots, x_0] = \frac{f^{(n+1)}(\xi)}{(n+1)!}, \tag{11.24}$$

wobei ξ im kleinsten Intervall liegt, das alle x_i enthält. ξ hängt natürlich von den x_i ab.

Diese Überlegung ist für jeden Wert von n, für den $f^{(n+1)}$ existiert und stetig ist, gültig. Eine Tabelle von dividierten Differenzen kann also interpretiert werden als eine Tabelle von Taylorkoeffizienten von f an Stellen, deren Lage nur ungefähr bekannt ist. Wenn man sich nun für die Größenordnung von gewissen Ableitungen von f auf einem Intervall interessiert, kann man sich also durch Aufstellung einer Tabelle dividierter Differenzen leicht einen Überblick verschaffen.

Beispiel 11.5. *In Tabelle 11.1 ist ein Ausschnitt einer Tabelle dividierter Differenzen der Funktion* $f(x) = \arctan x$ *mit gleichabständigen Stützstellen in* $[-1, 1]$ *mit Abstand* $h = 0.05$ *angegeben.*

Wegen

$$|f^{(k)}(x)| \leq (k-1)! \frac{1}{(1+x^2)^{k/2}}$$

mit Gleichheit für $x = 0$ und k gerade müssen hier in Spalte k Werte bis maximal $1/k$ auftreten, was tatsächlich auch sehr gut reproduziert wird. Man beachte, daß hier die dividierten Differenzen nicht diagonal, sondern horizontal angeordnet sind. So steht der Wert $0 = f[x_{i-j}, \ldots, x_{i+j}]$ für $x_i = 0$ und $j = 0, 1, 2, \ldots$ auf einer ansteigenden Diagonale.

$k=0$	$k=1$	$k=2$	$k=3$	$k=4$	$k=5$	$k=6$	$k=7$
-.4229	.847	.2968	-.1301	-.1921	1.2E-3	.1244	.0305
-.3805	.8766	.2773	-.1685	-.1918	.0385	.1351	-4.3E-3
-.3367	.9044	.252	-.2068	-.1822	.0791	.1336	-.0452
-.2915	.9296	.221	-.2433	-.1624	.1192	.1178	-.0845
-.245	.9517	.1845	-.2758	-.1326	.1545	.0882	-.1172
-.1974	.9701	.1431	-.3023	-.094	.1809	.0472	-.1348
-.1489	.9844	.0978	-.3211	-.0488	.1951	0	-.1348
-.0997	.9942	.0496	-.3309	0	.1951	-.0472	-.1172
-.05	.9992	0	-.3309	.0488	.1809	-.0882	-.0846
0	.9992	-.0496	-.3211	.094	.1545	-.1178	-.0451
.05	.9942	-.0978	-.3023	.1326	.1192	-.1336	-4.3E-3
.0997	.9844	-.1431	-.2758	.1624	.0791	-.1351	.0305
.1489	.9701	-.1845	-.2433	.1822	.0385	-.1244	.0557
.1974	.9517	-.221	-.2068	.1918	1.2E-3	-.1049	.0696
.245	.9296	-.252	-.1685	.1921	-.0303	-.0806	.0732
.2915	.9044	-.2773	-.1301	.1846	-.0544	-.055	.0689
.3367	.8766	-.2968	-.0931	.171	-.0709	-.0308	.0576

Tabelle 11.1

□

Allerdings muß man bedenken, daß bei den höheren dividierten Differenzen ein erheblicher Rundungsfehlereinfluß auftreten kann, nämlich bis zu $k!/((k/2)!)^2 h^{-k}\varepsilon$ in der k-ten dividierten Differenz, wenn die x_i gleichabständig sind mit Abstand h und ε der maximale Fehler in den Funktionswerten ist. Darauf kommen wir in Abschnitt 11.3.4 noch zurück.

Die Gleichung (11.24) gilt für beliebige x_i. Lassen wir alle x_i gegen einen Punkt $\bar{x}$ laufen, so ergibt sich in der rechten Seite von (11.24) der Grenzwert $f^{(n+1)}(\bar{x})/(n+1)!$, d.h. wir können sinnvoll definieren

$$f[\underbrace{x_0, \ldots, x_0}_{(k+1)-\text{mal}}] = \frac{f^{(k)}(x_0)}{k!}. \tag{11.25}$$

Das Taylorpolynom von f an der Stelle x_0

$$\sum_{k=0}^{n} \frac{f^{(k)}(x_0)}{k!}(x - x_0)^k$$

können wir also etwa als Grenzfall $\varepsilon \to 0$ des Polynoms $P_n(x)$, das die Daten $(x_0 + i\varepsilon, f(x_0 + i\varepsilon))$, $i = 0, \dots, n$, interpoliert, ansehen.

In einigen Anwendungen spielt folgende spezielle Interpolationsaufgabe, die sogenannte *Hermite-Interpolation*, eine Rolle:

Gesucht ist ein Polynom H_{2n+1} vom Höchstgrad $2n+1$, mit

$$H_{2n+1}(x_i) = f(x_i), \qquad H'_{2n+1}(x_i) = f'(x_i), \qquad i = 0, \dots, n. \tag{11.26}$$

Dabei sind die x_i wieder paarweise verschiedene Stützstellen.

Zur einfachen Konstruktion dieses Polynoms betrachten wir die folgende zugeordnete Hilfsaufgabe:

Sei $P_{2n+1}(\cdot;\varepsilon)$ das Newtonsche Interpolationpolynom zu den Daten $(x_0, f(x_0)), (x_0+\varepsilon, f(x_0+\varepsilon)), (x_1, f(x_1)), \dots, (x_n+\varepsilon, f(x_n+\varepsilon))$ wobei $\varepsilon > 0$ hinreichend klein ist. Wegen

$$\frac{P_{2n+1}(x_i+\varepsilon;\varepsilon) - P_{2n+1}(x_i;\varepsilon)}{\varepsilon} = \frac{f(x_i+\varepsilon) - f(x_i)}{\varepsilon}$$

gilt dann für $\varepsilon \to 0$

$$\begin{aligned} P'_{2n+1}(x_i;0) &= f'(x_i), \\ P_{2n+1}(x_i;0) &= f(x_i), \end{aligned}$$

d.h.
$$P_{2n+1}(x\,;0) \equiv H_{2n+1}(x).$$

$P_{2n+1}(x;0)$ kann man aber wegen (11.25) auch direkt konstruieren: Man bildet unter Verdoppelung der Stützstellen und Stützwerte das Schema dividierter Differenzen

$$\begin{array}{llll}
x_0 & f_0 & & \\
x_0 & f_0 & f[x_0,x_0] = f'(x_0) & \\
x_1 & f_1 & f[x_1,x_0] & f[x_0,x_0,x_1] = \dfrac{f[x_1,x_0] - f'(x_0)}{x_1 - x_0} \\
x_1 & f_1 & f[x_1,x_1] = f'(x_1) & f[x_1,x_1,x_0] = \dfrac{f'(x_1) - f[x_1,x_0]}{x_1 - x_0} \\
x_2 & f_2 & f[x_2,x_1] & \vdots \qquad\qquad \ddots \\
x_2 & f_2 & f[x_2,x_2] = f'(x_2) & \vdots \qquad\qquad \ddots \\
\vdots & \vdots & &
\end{array}$$

wobei außer der speziellen Behandlung der Spalte für die ersten dividierten Differenzen genau wie im Falle des Newtonschen Polynoms gerechnet wird. Für $H_{2n+1}(x)$ erhält man damit die Darstellung

$$H_{2n+1}(x) = \sum_{i=0}^{2n+1} f[\tilde{x}_i, \dots, \tilde{x}_0] \prod_{j=0}^{i} (x - \tilde{x}_j)$$

mit

$$\bar{x}_{2i} = \bar{x}_{2i+1} = x_i \quad \text{für} \quad i = 0, \ldots, n.$$

Ebenso beweist man die Fehlerabschätzung

$$f(x) - H_{2n+1}(x) = \frac{f^{(2n+2)}(\xi)}{(2n+2)!} \prod_{i=0}^{n} (x - x_i)^2 \tag{11.27}$$

für $f \in C^{2n+2}[a,b]$ mit $x \in [a,b]$, $\quad x_i \in [a,b]$, $i = 0, \ldots, n$.

Beispiel 11.6. *Es soll zu den Daten* $(f(x) = e^{-x})$ *das Hermitesche Interpolationspolynom gebildet werden:*

i	x_i	f_i	f_i'
0	0.5	0.606531	−0.606531
1	1.0	0.367879	−0.367879
2	5.0	0.006738	−0.006738

Die Tabelle der dividierten Differenzen lautet:

0.5	0.606531					
0.5	0.606531	−0.606531				
1	0.367879	−0.477304	0.258454			
1	0.367879	−0.367879	0.218850	−0.079208		
5	0.006738	−0.090285	0.069399	−0.033211	0.010222	
5	0.006738	−0.006738	0.020887	−0.012128	0.004685	−0.001230

Somit ergibt sich

$$\begin{aligned} H_5(x) = 0.606531 - 0.606531(x-0.5) + 0.258454(x-0.5)^2 - 0.079208(x-0.5)^2(x-1) \\ +0.010222(x-0.5)^2(x-1)^2 - 0.00123(x-0.5)^2(x-1)^2(x-5). \end{aligned}$$

Hiermit errechnet man leicht $H_5(3) = 0.032491$.

Weiter ist $f(x) = e^{-x}$ *, d.h.* $f^{(2n+2)}(x) = f^{(6)}(x) = e^{-x}$ *, und somit*

$$M = \max_{\xi \in [0.5,5]} |e^{-\xi}| = e^{-0.5} = 0.606531 \quad .$$

Daraus folgt aus (11.27) die Fehlerabschätzung

$$|f(3) - H_5(3)| \leq \frac{0.606531}{6!} \cdot 2.5^2 \cdot 2^2 \cdot 2^2 = 0.084240 \quad .$$

Da andererseits $|f(3) - H_5(3)| = 0.017296$ *gilt, wie man in diesem Fall natürlich sofort ausrechnen kann, ergibt sich eine ungefähr fünffache Überschätzung, ähnlich wie bei Beispiel 11.2.* □

Eine analoge Konstruktion kann auch bei der verallgemeinerten Hermite–Interpolation angewendet werden, bei der an jeder Stützstelle eine gewisse Anzahl von Ableitungen (ohne Lücken) vorgeschrieben werden, d.h. gesucht wird ein Polynom P_m mit

$$P_m^{(k)}(x_i) = f^{(k)}(x_i), \quad k = 0, \dots, m_i, \quad i = 0, \dots, n, \quad x_i \text{ paarweise verschieden.}$$

Als Höchstgrad m ergibt sich hier

$$m = \sum_{i=0}^{n} m_i + n.$$

11.3.2 Inverse Interpolation

Recht häufig sind in den Anwendungen nicht Näherungen für Funktionswerte einer gewissen Funktion f, sondern für deren Umkehrfunktion f^{-1} gesucht. Ist z.B. f eine auf ihrem Definitionsgebiet umkehrbar eindeutige reelle Funktion und besitzt f eine Nullstelle (die dann natürlich eindeutig ist):

$$f(x^*) = 0,$$

so kann man die Bestimmung von x^* formulieren als Bestimmung des Wertes der Umkehrfunktion an der Stelle 0:

$$x^* = f^{-1}(0).$$

Mit einer Tabelle von f–Werten hat man aber auch zugleich eine Tabelle von Werten der Umkehrfunktion. Man braucht ja nur die Rolle von Stützstelle und Stützwert zu vertauschen:

Beispiel 11.7. *Gegeben ist folgender Tabellen–Ausschnitt für die Langevin–Funktion*

$$f(x) = \frac{1}{x} - \ln x,$$

x	0.7	0.8	0.9	1.0	1.1	1.2	1.3
$f(x)$	1.7852	1.4731	1.2165	1.0	0.81378	0.65102	0.50687

Gesucht ist der Wert von $f^{-1}(y)$ *für* $y = 1.05$. *Es wird die kubische Interpolation angewendet. Geeignete Stützstellen sind* 1.4731, 1.2165, 1.0, 0.81378.

Das Schema der dividierten Differenzen lautet:

$$
\begin{array}{llll}
1.4731 & 0.8 & -0.389712 = \dfrac{0.9-0.8}{1.2165-1.4731} & 0.15272 \quad -0.051226 \\[2ex]
1.2165 & 0.9 & -0.461894 = \dfrac{1.0-0.9}{1.0-1.2165} & 0.186494 \\[2ex]
1.0 & 1.0 & -0.536999 = \dfrac{1.1-1.0}{0.81378-1} & \\[2ex]
0.81378 & 1.1 & &
\end{array}
$$

Die Berechnung des Funktionswertes ergibt

$$
\begin{aligned}
f^{-1}(1.05) &\approx 0.8+(1.05-1.4731)(-0.389712+(1.05-1.2165)(0.152572+ \\
&\quad +(1.05-1)(-0.051226))) \\
&= 0.975454
\end{aligned}
$$

(wahrer Wert: 0.975462*)* □

Will man eine Fehlerabschätzung durchführen, so benötigt man die Ableitungen der Umkehrfunktion.

Aus der Identität

$$\frac{d}{dy} f^{-1}(y) = \frac{1}{f'(x)}, \qquad x = f^{-1}(y)$$

kann man diese Ableitung mit Hilfe der Kettenregel leicht erhalten, z.B.

$$\left(\frac{d}{dy}\right)^2 f^{-1}(y) = -\frac{1}{(f'(x))^3} f''(x), \qquad x = f^{-1}(y)$$

usw. Eine Abschätzung dieser Ableitungen a-priori gestaltet sich oft recht mühsam. Wesentlich einfacher ist die Anwendung einer a-posteriori-Abschätzung. Ist $\bar{x}$ der aus der inversen Interpolation erhaltene Näherungswert für $f^{-1}(y)$, dann wird

$$f(\bar{x}) - f(f^{-1}(y)) = f(\bar{x}) - y = f'(\xi)(\bar{x} - f^{-1}(y)),$$

wobei ξ zwischen $\bar{x}$ und $f^{-1}(y)$ liegt. Hat man also eine untere Schranke α für $|f'(\xi)|$, so kann man abschätzen:

$$|\bar{x} - f^{-1}(y)| \le \frac{|f(\bar{x}) - y|}{\alpha}.$$

Beispiel 11.7–Fortsetzung: Aus der Tabelle ergibt sich $f^{-1}(1.05) \in [0.9, 1.0]$. Nun ist $f'(x) = -\frac{1}{x^2} - \frac{1}{x}$, d.h.

$$\alpha = 2,$$

und somit wegen $f(0.975454) = 1.050015943$

$$|0.975454 - f^{-1}(1.05)| \leq |1.05 - 1.050015943|/2 \leq 8 \cdot 10^{-6},$$

also eine sehr gute Fehlerabschätzung. □

Fortgesetzte inverse Interpolation wird gerne zur Nullstellenbestimmung angewendet. Dabei setzt man z.B.

$$x_{k+1} = p_n\Big(0; (f(x_k), x_k), \ldots, (f(x_{k-n}), x_{k-n})\Big)$$

mit fest gewähltem n, d.h. p_n ist im k-ten Schritt das Interpolationspolynom zu den letzten $n+1$ Werten der Umkehrfunktion zu f.

11.3.3 Interpolation als Approximationsprozeß

Unter allen Funktionen sind Polynome am bequemsten zu handhaben. Andererseits kann nach dem bereits beschriebenen Weierstraß'schen Approximationssatz jede auf einem kompakten Intervall stetige Funktion durch Polynome beliebig genau approximiert werden. Dies legt es nahe, beim numerischen Rechnen jede auftretende Funktion durch ein geeignetes Polynom zu ersetzen und eventuelle Genauigkeitsprobleme durch die Steigerung des Polynomgrades zu beheben. Nun sind insbesondere Interpolationspolynome leicht zu beschaffen. Man könnte deshalb auf die Idee kommen, solche Polynome mit einem sehr hohen Polynomgrad zu konstruieren, um eine besonders gute Approximation an die zu behandelnde Funktion zu erhalten. Diese Vorgehensweise ist aber nicht zu empfehlen, sie kann in manchen Fällen sogar zu katastrophalen Fehlern führen. Um dies zu verstehen, muß man sich die Größenordnung der beiden Terme im Interpolationsfehler klarmachen, nämlich einmal $f^{(n+1)}(\xi)/(n+1)!$ (wobei ξ von $x, x_0, \ldots, x_n$ abhängt) und $\prod_{i=0}^{n}(x - x_i)$. Den zweiten Term kann man recht genau einschränken, es gilt nämlich für $x_i \in [a,b]$, $i = 0, \ldots, n$,

$$\left(\frac{b-a}{2}\right)^{n+1} 2^{-n} \leq \max_{x\in[a,b]} \left|\prod_{i=0}^{n}(x - x_i)\right| \leq (b-a)^{n+1},$$

wobei die untere Schranke für genau eine spezielle Konstruktion, nämlich

$$x_i = x_i^{*(n)} = \frac{b-a}{2}\cos\left(\frac{2i+1}{n+1}\cdot\frac{\pi}{2}\right) + \frac{b+a}{2}, \qquad i = 0, \ldots, n, \tag{11.28}$$

die sogenannten *Tschebyscheffabszissen*, angenommen wird. Über die Größenordnung der Taylorkoeffizienten einer Funktion f kann man leicht Aussagen machen, wenn diese in eine Potenzreihe entwickelbar ist.

Bekanntlich ist

$$R = \frac{1}{\limsup\limits_{n\to\infty} |f^{(n)}(x_0)/n!|^{1/n}}$$

der Konvergenzradius der Potenzreihenentwicklung für die (unendlich oft differenzierbar angenommene) Funktion f an der Stelle x_0. Ist also ε die kleinste Distanz zwischen einer singulären Stelle von f und dem Intervall $[a, b]$, so kann erwartet werden, daß

$$|f^{(n+1)}(\xi)|/(n+1)! \quad \text{wie} \quad \varepsilon^{-(n+1)}$$

mit n wächst. Dies ist natürlich nur eine sehr grobe Argumentation, da insbesondere ξ noch von n, x und der Konstruktion der x_i abhängt. Wenn man etwa auf eine äquidistante Verteilung der x_i angewiesen ist, wird man nur dann „mit gutem Gewissen“ n sehr groß wählen, wenn $(b-a)/\varepsilon \ll 1$ gilt. Die Praxis bestätigt diese Regel, vgl. Beispiel 11.9.

Für einige spezielle Konstruktionen von Interpolationspolynomen kann man dennoch recht günstige Approximationsaussagen machen, z.B.

Satz 11.2. *Es sei $f \in C^1[a, b]$ und f' sei hölderstetig mit Index α, d.h. es gelte*

$$|f'(x) - f'(y)| \le K|x-y|^\alpha, \qquad x, y \in [a, b]$$

mit einer Konstanten K und $0 < \alpha \le 1$. P_n sei das Interpolationspolynom zu den Daten $(x_i^{*(n)}, f(x_i^{*(n)}))$, $i = 0, \dots, n$, mit $x_i^{*(n)}$ aus (11.28).

Dann gilt

$$\max_{x\in[a,b]} |f(x) - P_n(x)| \underset{n\to\infty}{\longrightarrow} 0,$$

und

$$\max_{x\in[a,b]} |f(x) - P_n(x)| \le \begin{cases} 4\,E_n(f) & n \le 20 \\ 5\,E_n(f) & n \le 100 \\ (\frac{2}{\pi}\ln n + \frac{C}{n})\,E_n(f) & n \text{ bel.} \end{cases}$$

wobei $E_n(f)$ der minimale Approximationsfehler für f durch Polynome vom Grad n in der Maximumnorm auf $[a, b]$ ist, d.h.

$$E_n(f) = \min_{P\in\Pi_n} \max_{x\in[a,b]} |f(x) - P(x)|.$$

C ist eine Konstante. Zum Beweis dieses Satzes vgl. man etwa [78]. □

Satz 11.2 besagt also, daß unter recht schwachen Voraussetzungen an f die Interpolation an den Tschebyscheffabszissen ein „fast optimales“ Approximationsergebnis liefert. Allerdings muß man dazu f an den nicht äquidistant liegenden Tschebyscheffabszissen kennen.

Bemerkung 11.1. *Definiert man F_{2n+1} als das Hermite–Interpolationspolynom zu den Tschebyscheffabszissen auf $[a,b]$ und den Daten $f(x_i^{*(n)})$ und 0, d.h. $F_{2n+1} \in \Pi_{2n+1}$,*

$$\begin{aligned} F_{2n+1}(x_i^{*(n)}) &= f(x_i^{*(n)}), & i &= 0,\ldots,n, \\ F'_{2n+1}(x_i^{*(n)}) &= 0, & i &= 0,\ldots,n, \end{aligned}$$

dann erhält man sogar

$$\max_{x\in[a,b]} |f(x) - F_{2n+1}(x)| \underset{n\to\infty}{\longrightarrow} 0$$

für jede auf $[a,b]$ stetige Funktion f. □

Beispiel 11.8. *Wir betrachten die Approximation der Funktion $f(x) = 1/(1+25x^2)$ durch Interpolationspolynome, und zwar zunächst auf $[-1,1]$. f hat Polstellen bei $\pm\frac{1}{5}$i, d.h. es ist $b-a=2$, $\varepsilon = \frac{1}{5}$. Aufgrund unserer obigen Überlegungen können wir also jedenfalls für eine äquidistante Stützstellenverteilung keine vernünftigen Resultate erwarten, wenn wir einen hohen Interpolationsgrad wählen. Tatsächlich ergeben sich katastrophale Fehler nahe bei ± 1. (P_n konvergiert für $n\to\infty$ auch nicht punktweise gegen f) Die Interpolation an den Tschebyscheffabszissen liefert hingegen, nach Satz 11.2 erwartungsgemäß, vernünftige Resultate (siehe Abb. 11.1–11.3).*

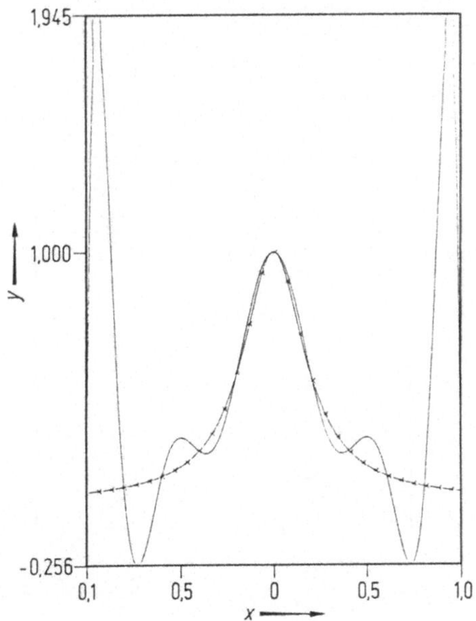

Abbildung 11.1: Äquidistante Abszissen $n = 10$

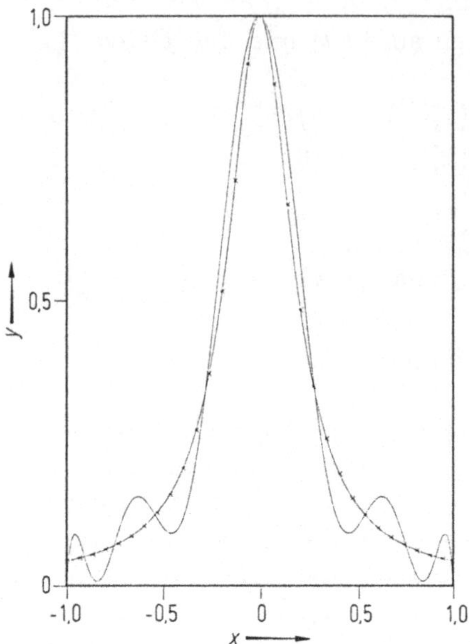

Abbildung 11.2: Tschebyscheff–Abszissen $n = 10$

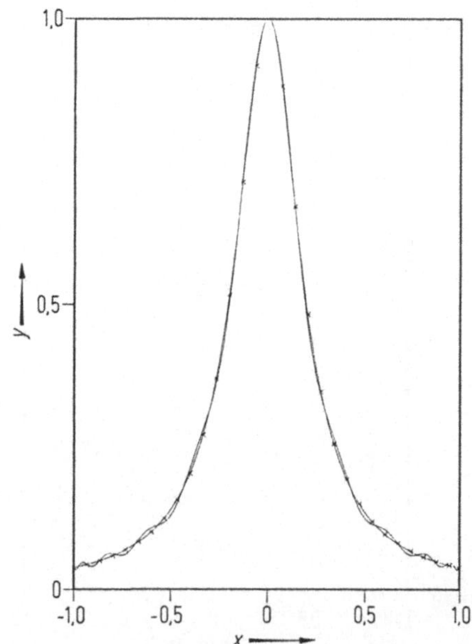

Abbildung 11.3: Tschebyscheff–Abszissen $n = 20$

Wählen wir für die gleiche Funktion als Intervall $[0.5, 1]$, *dann wird mit den obigen Bezeichnungen* $b - a = 0.5$, $\varepsilon = \sqrt{0.2^2 + 0.5^2}$, *d.h. jetzt sollte auch die Interpolation an äquidistanten Stützstellen vernünftige Resultate liefern. Tatsächlich sind schon bei* $n = 10$ *Funktion und Interpolationspolynom im Rahmen der Zeichengenauigkeit nicht mehr unterscheidbar, und zwar für beide Stützstellenanordnungen.* □

Viele in den Anwendungen auftretenden Funktionen besitzen reelle singuläre Stellen oder konstante Asymptoten. In diesem Fall sind rationale Funktionen zur Annäherung solcher Funktionen sehr viel brauchbarer. Aus Platzgründen können wir hier auf die rationale Interpolation und Approximation nicht eingehen. Man informiere sich dazu in [78].

11.3.4 Numerische Differentiation

Oft ist man darauf angewiesen, Näherungswerte für die Ableitungen einer Funktion (in der Regel partielle Ableitungen einer Funktion mehrerer Veränderlicher) numerisch zu bestimmen, sei es, daß die Funktion selbst nur in Form diskreter Werte bekannt oder berechenbar ist, oder daß die formelmäßige Berechnung, obwohl im Prinzip möglich, zu aufwendig erscheint.

Wegen des einfachen Zusammenhanges zwischen den dividierten Differenzen und den Ableitungen von f erscheint die Beschaffung von Näherungswerten für die letzteren zunächst unproblematisch. Wegen der bei der Berechnung unvermeidlich auftretenden Rundungsfehler ist dies aber keineswegs der Fall, wenn eine höhere Genauigkeit angestrebt wird. Im folgenden beschränken wir die Diskussion auf die Berechnung erster und zweiter Ableitungen, bei höheren Ableitungen hat man analog vorzugehen.

Wegen

$$\frac{f(x_0 + h) - f(x_0)}{h} = f[x_0 + h, x_0] = f'(x_0) + \tfrac{h}{2} f''(\xi)$$

würde man also erwarten, daß mit kleiner werdendem h auch $f'(x_0)$ immer besser durch $f[x_0 + h, x_0]$ angenähert wird. Tatsächlich ist dies jedoch nicht der Fall.

Beispiel 11.9. $f(x) = e^x$, $x = 2.22$, *Rechengenauigkeit* $\varepsilon = 5 \cdot 10^{-13}$, $f'(x) = 9.207330866$. *Bezeichnet* $\tilde{f}[x + h, x]$ *den tatsächlich berechneten Wert, so* *ergibt sich*

h	$\tilde{f}[x+h,x]$	h	$\tilde{f}[x+h,x]$	h	$\tilde{f}[x+h,x]$
10^{-1}	9.683	10^{-6}	9.207336	10^{-11}	9.3
10^{-2}	9.253	10^{-7}	9.207340	10^{-12}	10.0
10^{-3}	9.2119	10^{-8}	9.20740	10^{-13}	0
10^{-4}	9.20779	10^{-9}	9.208	10^{-14}	0
10^{-5}	9.207377	10^{-10}	9.21		

Die beste Annäherung mit einem Fehler von $6 \cdot 10^{-6}$ wird für $h = 10^{-6}$, also $h \approx \sqrt{\varepsilon}$ erreicht. □

Man kann ganz allgemein zeigen, daß beim Rechnen mit Gleitpunktarithmetik und der Genauigkeit ε der Gesamtfehler bei der numerischen Differentiation unter einigen unwesentlichen Vernachlässigungen abgeschätzt werden kann durch

$$M_{p+n} C_1 h^p + C_2 \delta(\varepsilon)/h^n, \tag{11.29}$$

wobei die C_i von der Formel abhängende Konstanten, h der kleinste Abstand der benutzten Abszissenwerte, p die Genauigkeitsordnung der Formel und n die Ordnung der angenäherten Ableitung sind. M_{p+n} ist das Betragsmaximum der $(p+n)$-ten Ableitung von f. Die Genauigkeitsordnung ist dabei so definiert, daß die Formel (ohne Rundungsfehler) exakt ist für Polynome vom Höchstgrad $p+n-1$. $\delta(\varepsilon)$ ist der größte auftretende Fehler in den Funktionswerten.

Im Beispiel 11.9 ist $p = n = 1, \quad C_1 = \frac{1}{2}, \quad C_2 = 2$.

Man erkennt an (11.29), daß die Annäherung höherer Ableitungen immer schwieriger wird. Das Optimum der Schranke (11.29) liegt bei

$$h_{\text{opt}} = (nC_2\delta(\varepsilon)/(M_{n+p}C_1 p))^{1/(n+p)},$$

die erreichbare Genauigkeit also in der Größenordnung $\delta(\varepsilon)^{p/(n+p)}$, wobei im günstigsten Fall $\delta(\varepsilon) = \varepsilon \max |f(x)|$ ist. In der Praxis wird man sich mit der „Daumenregel"

$$h \approx \varepsilon^{1/(n+p)}$$

begnügen, wenn man nicht ohne wesentlichen Aufwand Information über M_{n+p} und $\delta(\varepsilon)$ gewinnen kann. Man muß sich allerdings darüber im Klaren sein, daß schon einfache Transformationen wie z.B. $\xi = 10x$ auf die Ableitungen einen enormen Einfluß haben können, im vorliegenden Fall also die Multiplikation mit 10 pro Differentiation. In einer kritischen Anwendung sollte man deshalb versuchen, z.B. über dividierte Differenzen M_{n+p} wenigstens zu schätzen. Offenbar sollte man versuchen, Formeln mit großem p zu verwenden, was auch möglich ist. Denn für $p \to \infty$ erhalten wir als Genauigkeit in der Ableitung ebenfalls $C_2\delta(\varepsilon)$. Dies bedingt allerdings eine erhebliche Aufwandsteigerung, weil größeres p nur durch die Verwendung von zusätzlichen Funktionswerten zu erzielen ist.

Im folgenden begnügen wir uns mit der Angabe zweier einfacher Konstruktionen für die erste und zweite Ableitung.

Bekanntlich gilt nach der Taylorschen Formel für $f \in C^{2m+3}[x_0 - h_0, x_0 + h_0]$ und $h \le h_0$

$$f[x_0 - h, x_0 + h] = f'(x_0) + \sum_{k=1}^{m} \frac{f^{(2k+1)}(x_0)}{(2k+1)!} h^{2k} + h^{2m+2} \frac{f^{(2m+3)}(x_0 + \vartheta h)}{(2m+3)!}. \quad (11.30)$$

Die rechte Seite von (11.30) können wir interpretieren als Summe eines Polynoms in h^2 vom Grad m und (gesuchtem) Absolutglied $f'(x_0)$ mit einem Störglied der Ordnung h^{2m+2}.

Den Polynomanteil könnten wir mittels $m + 1$ Polynomwerten exakt reproduzieren. Als Ersatz für die (unbekannten) Polynomwerte nehmen wir die um die Störglieder verfälschten Werte, d.h. die Werte $f[x_0 + h_i, x_0 - h_i]$ für Schrittweiten $0 < h_m < h_{m-1} < \cdots < h_0$. Die Werte h_i^2, $i = 0, \ldots, m$, werden also unsere neuen Interpolationsabszissen und die Werte $f[x_0 + h_i, x_0 - h_i]$ unsere Interpolationsordinaten. Hierzu konstruieren wir das eindeutig bestimmte Interpolationspolynom. Den Wert dieses Polynoms an der Stelle 0 (also sein Absolutglied) nehmen wir als Näherung für $f'(x_0)$.

Weil der Wert des Interpolationspolynoms außerhalb des Stützstellenintervalls $[h_m^2, h_0^2]$ genommen wird, spricht man von der *Extrapolation auf die Schrittweite 0*.

Der gesuchte Polynomwert läßt sich ohne explizite Aufstellung des Interpolationspolynoms direkt berechnen durch den Nevilleschen Algorithmus, den wir hier nur für die spezielle Stelle 0 formulieren:

1. $p_{0,0} := f[x_0 + h_0, x_0 - h_0]$

   $i = 1, \ldots, m$:

2. $p_{i,0} := f[x_0 + h_i, x_0 - h_i]$

3. $k = 1, \ldots, i$:
   $p_{i,k} := p_{i,k-1} + (p_{i,k-1} - p_{i-1,k-1})/((h_{i-k}/h_i)^2 - 1)$

Es ist dann $|p_{m,m} - f'(x_0)| = \mathcal{O}(h_0^{2m+2})$, d.h. in den Bezeichnungen von (11.29) ist $n = 1$, $p = 2m + 2$. Die Konstanten in den Fehlerabschätzungen hängen auch stark von der Wahl der Schrittweitenfolgen $h_0, h_1, \cdots, h_m$ ab. Günstig ist z.B. fortgesetzte Schrittweitenhalbierung. Wenn f nur tabellarisch gegeben ist, ist man in der Auswahl der h_i–Werte natürlich gebunden.

Beispiel 11.10. $f(x) = \ln x$, $x = 3$, $f'(x) = \frac{1}{3}$, $h_0 = 0.05$, $m = 2$, $\varepsilon = 2^{-48}$ *liefert mit obigem Algorithmus bei* $h_i = h_{i-1}/2$ *bereits*

$$p_{2,2} = 0.33333333333318,$$

d.h. die im Rahmen der Rundungsfehler erreichbare Genauigkeit von mehr als 12 Stellen.

$i =$	$h =$	$k =$ 0	1	2
0	$.5000E-1$	.33336420267595		
1	$.2500E-1$	.33334104970407	.33333333204678	
2	$.1250E-1$	.33333526236561	.33333333325278	.33333333333318

□

Für die zweite Ableitung kann man wegen

$$2f[x_0 + h, x_0, x_0 - h] = f''(x_0) + 2\sum_{k=1}^{m} \frac{f^{(2k+2)}(x_0)}{(2k+2)!} h^{2k} + 2\frac{h^{2m+2}}{(2m+4)!} f^{(2m+4)}(x_0 + \vartheta h)$$

genauso vorgehen, wobei lediglich die Werte $p_{i,0}$ in obigem Algorithmus gleich $2f[x_0 + h, x_0, x_0 - h]$ zu setzen sind, während der Rest der Rechnung unverändert bleibt. Man bekommt dann

$$|p_{m,m} - f''(x_0)| = \mathcal{O}(h^{2m+2}),$$

und in den Bezeichnungen von (11.29) $\quad n = 2, \quad p = 2m + 2.$

Beispiel 11.11. *Berechnung von* $J_0''(0.7)$ *mit* $J_0 := \frac{1}{\pi}\int_0^\pi \cos(x \sin\vartheta)d\vartheta$ *aus einer 4-stelligen Tabelle von* J_0 : $\quad h_0 = 0.4, \quad h_1 = 0.3, \quad h_2 = 0.2.$

x	0.3	0.4	0.5	0.6	0.7	0.8	0.9	1.0	1.1
$J_0(x)$	0.9776	0.9604	0.9385	0.9120	0.8812	0.8463	0.8075	0.7652	0.7196

h_j^2	$2f[x_0 + h, x_0, x_0 - h]$	$p_{j,1}$	$p_{j,2}$
0.16	−0.4075		
0.9	−0.4089	−0.4107	
0.04	−0.4100	−0.4109	−0.4110

wahrer Wert: $J_0''(0.7) = -0.4112.$ □

11.4 Approximation durch Polynome

In den vorangegangenen Ziffern haben wir zu einer gegebenen Funktion ein Näherungspolynom konstruiert, indem wir die Übereinstimmung von Funktion und Näherung und eventuell deren Ableitungen an gewissen Stützstellen forderten. Wir wollen diese Forderung der Interpolation jetzt fallenlassen und statt dessen verlangen, daß das Näherungspolynom die gegebene Funktion über ein endliches Intervall möglichst gut approximiert. Dabei muß natürlich noch definiert werden, was unter „möglichst gut" verstanden werden soll.

Nun ist es keineswegs immer ratsam, eine gegebene Funktion f durch ein Polynom zu approximieren. Ist die Funktion etwa periodisch, so wird man auch periodische Funktionen zur Approximation verwenden. Wo es auf hohe Genauigkeit ankommt, wird man spezielle Eigenschaften von f bei der Approximation berücksichtigen müssen.

11.4.1 Das allgemeine Approximationsproblem

Man kann das Approximationsproblem allgemeiner wie folgt beschreiben:

Im Intervall $I = [\alpha, \beta]$ soll eine gegebene Funktion f durch eine Funktion $\Phi_n(x; a_0, a_1, \ldots, a_n)$ approximiert werden. Dabei sind die Parameter a_i, $i = 0, 1, \ldots, n$, so zu bestimmen, daß die Approximation möglichst gut, d.h. der „Abstand" zwischen f und Φ_n in $[\alpha, \beta]$ möglichst klein wird. Als Abstand kann man etwa das mittlere Fehlerquadrat zwischen f und Φ_n über $[\alpha, \beta]$ wählen, also die Zahl

$$\|f - \Phi_n\|_2 = \left[\int_\alpha^\beta (f(x) - \Phi_n(x; a_0, \ldots, a_n))^2 \, dx\right]^{1/2}, \tag{11.31}$$

und die Forderung, daß dieser Abstand möglichst klein werden soll, führt zu

$$\|f - \Phi_n\|_2^2 = \int_\alpha^\beta (f(x) - \Phi_n(x; a_0, \ldots, a_n))^2 \, dx = \min. \tag{11.32}$$

Man kann auch andere Abstände wählen, etwa in Verallgemeinerung von (11.31) mit $p \geq 1$

$$\|f - \Phi_n\|_p = \left[\int_\alpha^\beta (f(x) - \Phi_n(x; a_0, \ldots, a_n))^p \, dx\right]^{1/p},$$

wobei die Existenz der Integrale für alle genannten p vorausgesetzt wird. Für $p \to \infty$ entsteht hieraus die sogenannte *Maximumnorm*: Setzen wir etwa die Funktion $f - \Phi_n$ als stetig bezüglich x in $[\alpha, \beta]$ voraus, so lautet sie

$$\|f - \Phi_n\|_\infty = \max_{x \in [\alpha, \beta]} |f(x) - \Phi_n(x; a_0, \ldots, a_n)|.$$

Wir verwenden hier jedoch ausschließlich den Abstand (11.31), der in den Anwendungen die weitaus größte Bedeutung hat.

11.4.2 Die Polynomapproximation

In dieser Ziffer nehmen wir nun an, daß Φ_n ein Polynom P_n der Gestalt

$$\Phi_n(x; a_0, \ldots, a_n) = P_n(x) = a_0 + a_1 x + \cdots + a_n x^n$$

ist. Die Minimalforderung (11.32) lautet dann

$$Q(a_0, \ldots, a_n) = \int_\alpha^\beta [f(x) - (a_0 + a_1 x + \cdots + a_n x^n)]^2 \, dx = \min .$$

Wir setzen weiter voraus, daß f und f^2 über $[\alpha, \beta]$ integrierbar sind. Das ist z.B. der Fall, wenn f stetig oder stetig mit Ausnahme endlich vieler Stellen und beschränkt in $[\alpha, \beta]$ ist. Man kann dann zeigen, daß es zu jeder Funktion dieser Art ein eindeutig bestimmtes Approximationspolynom vom Höchstgrad n gibt, so daß das mittlere Fehlerquadrat (11.31) minimal wird, (vgl. etwa [43, S. 203]). Diejenigen Parameter a_i, für die das Minimum angenommen wird, müssen dann notwendig den Bedingungen

$$\tfrac{1}{2} \cdot \frac{\partial Q}{\partial a_i} = \int_\alpha^\beta [f(x) - (a_0 + a_1 x + \cdots + a_n x^n)] \, x^i dx = 0, \qquad i = 0, \ldots, n,$$

genügen, und dieses lineare Gleichungssystem kann auch in der Form

$$\sum_{j=0}^{n} \left(\int_\alpha^\beta x^{i+j} dx \right) a_j = \int_\alpha^\beta x^i f(x) dx, \qquad i = 0, 1, \ldots, n, \tag{11.33}$$

geschrieben werden. Die Matrix des Systems ist

$$\boldsymbol{A} = [A_{ij}] = \left[\int_\alpha^\beta x^{i+j} dx \right] = \left[\frac{1}{i+j+1} [\beta^{i+j+1} - \alpha^{i+j+1}] \right], \tag{11.34}$$

und es gilt der

Satz 11.3. *Die Matrix (11.34) ist für alle $n \geq 1$ symmetrisch und positiv definit, also auch nichtsingulär.*

Beweis: *Wegen $A_{ij} = A_{ji}$ ist $\boldsymbol{A}$ symmetrisch. Weiter gilt mit den reellen Zahlen p_k, $k = 0, \ldots, n$,*

$$\sum_{i,j=0}^{n} A_{ij} p_i p_j = \int_\alpha^\beta \left(\sum_{i,j=0}^{n} p_i p_j x^{i+j} \right) dx = \int_\alpha^\beta \left(\sum_{i=0}^{n} p_i x^i \right)^2 dx \geq 0. \tag{11.35}$$

Das Gleichheitszeichen gilt genau dann, wenn $p_0 = p_1 = \cdots = p_n = 0$ ist. Daher folgt für beliebige $p_0, \ldots, p_n \neq 0, \ldots, 0$

$$\sum_{i,j=0}^{n} A_{ij} p_i p_j > 0,$$

d.h. $\boldsymbol{A}$ ist positiv definit und det $\boldsymbol{A} \neq 0$. □

Setzt man $p_i = a_i$, so folgt aus (11.35) die Gleichung

$$\sum_{i,j=0}^{n} A_{ij} a_i a_j = \int_\alpha^\beta (P_n(x))^2 dx = \|P_n\|_2^2.$$

Ist insbesondere $[\alpha, \beta] = [0, 1]$, nach (11.34) also

$$A_{ij} = \frac{1}{i+j+1},$$

so ist $\boldsymbol{A}$ eine *Hilbert-Matrix*

$$\boldsymbol{H}_n = \begin{bmatrix} 1 & \frac{1}{2} & \cdots & \frac{1}{n+1} \\ \frac{1}{2} & \frac{1}{3} & \cdots & \frac{1}{n+2} \\ \vdots & \vdots & & \vdots \\ \frac{1}{n+1} & \frac{1}{n+2} & \cdots & \frac{1}{2n+1} \end{bmatrix}. \tag{11.36}$$

Sie ist für große n extrem schlecht konditioniert (siehe Band 1, Abschnitt 4.4), so daß für größere n bei der Auflösung des zugehörigen Gleichungssystems Fehler infolge von Rundungen auftreten können. In Abschnitt 11.5 werden wir untersuchen, wie dies durch eine andere Wahl der Approximation vermieden werden kann.

Eine Schwierigkeit bei der Auflösung des linearen Gleichungssystems (11.33) stellt im allgemeinen auch die Berechnung der Integrale auf der rechten Seite dar. Da f als komplizierte Funktion angenommen werden muß – sonst wird man sie in der Regel nicht approximieren – müssen zu ihrer Auswertung oft numerische Verfahren herangezogen werden. Die wichtigsten unter ihnen werden wir in Kapitel 13 kennenlernen.

Beispiel 11.12. *Die Funktion $f(x) = \mathrm{e}^x$ soll über $[0, 1]$ durch ein Polynom vom Höchstgrad 2 approximiert werden. Mit der Hilbert-Matrix (11.36) für $n = 2$ lautet das Gleichungssystem (11.33)*

$$\begin{aligned} a_0 + \tfrac{1}{2}a_1 + \tfrac{1}{3}a_2 &= \int_0^1 \mathrm{e}^x\,dx \\ \tfrac{1}{2}a_0 + \tfrac{1}{3}a_1 + \tfrac{1}{4}a_2 &= \int_0^1 x\,\mathrm{e}^x\,dx \\ \tfrac{1}{3}a_0 + \tfrac{1}{4}a_1 + \tfrac{1}{5}a_2 &= \int_0^1 x^2\,\mathrm{e}^x\,dx. \end{aligned}$$

Wegen

$$\int_0^1 \mathrm{e}^x\,dx = \mathrm{e} - 1 = 1.718282,$$

$$\int_0^1 x\, e^x\, dx = 1.000000,$$
$$\int_0^1 x^2\, e^x\, dx = e - 2 = 0.718282$$

lautet die Lösung dieses Gleichungssystems

$$a_0^* = 1.012998, \qquad a_1^* = 0.851088, \qquad a_2^* = 0.839220.$$

Es ist dann

$$P_2(x) = 1.012998 + 0.851088\, x + 0.839220\, x^2.$$

□

11.5 Approximation durch allgemeinere Funktionen

11.5.1 Approximation durch eine Linearkombination von Funktionen

Es seien g_1, g_2 zwei beliebige stetige, über $[\alpha, \beta]$ mitsamt ihren Quadraten integrierbare Funktionen. Dann können wir das *skalare Produkt*

$$(g_1, g_2) = \int_\alpha^\beta g_1(x) g_2(x) dx$$

definieren. Insbesondere ist

$$(g_1, g_1) = \|g_1\|_2^2 = \int_\alpha^\beta [g_1(x)]^2 dx, \quad \text{d.h.} \quad \|g_1\|_2 = \sqrt{(g_1, g_1)} \quad .$$

Entsprechendes gilt für g_2. Man prüft leicht nach, daß das so definierte skalare Produkt folgende Eigenschaften hat:

1. $(cg_1, g_2) = c(g_1, g_2)$ für jede reelle Zahl c,
2. $(g_1 + g_2, g_3) = (g_1, g_3) + (g_2, g_3)$, wobei g_3 eine weitere Funktion mit den Eigenschaften von g_1, g_2 ist,
3. $(g_1, g_2) = (g_2, g_1)$,
4. $(g_1, g_1) \geq 0$ und $(g_1, g_1) = 0$ genau dann, wenn $g_1(x) \equiv 0$ auf $[\alpha, \beta]$.

Durch $\|g_1\| = \sqrt{(g_1, g_1)}$ ist dann eine *Norm* von g_1 definiert. Aus 1. bis 4. kann man noch eine Reihe weiterer Eigenschaften des skalaren Produkts herleiten, als wichtigste die sogenannte *Schwarzsche Ungleichung*

$$|(g_1, g_2)| \leq \|g_1\|\, \|g_2\|$$

und die *Dreiecksungleichung*

$$\|g_1 + g_2\| \le \|g_1\| + \|g_2\|.$$

Auf $[\alpha, \beta]$ seien nun die Funktionen $\varphi_0, \varphi_1, \ldots, \varphi_n$ vorgegeben, und wir wählen als Approximierende von f jetzt

$$\Phi_n(x; a_0, a_1, \ldots, a_n) = \sum_{j=0}^{n} a_j \varphi_j(x). \tag{11.37}$$

Dann lautet die Minimalforderung (11.32)

$$Q(a_0, \ldots, a_n) = \|f - \Phi_n\|_2^2 = \int_\alpha^\beta \left(f(x) - \sum_{j=0}^{n} a_j \varphi_j(x) \right)^2 dx = \min, \tag{11.38}$$

die Parameter a_i, $i = 0, 1, \ldots, n$, müssen daher dem linearen Gleichungssystem

$$\begin{aligned} \tfrac{1}{2} \cdot \frac{\partial Q}{\partial a_i} &= \int_\alpha^\beta \left(f(x) - \sum_{j=0}^{n} a_j \varphi_j(x) \right) \varphi_i(x) dx \\ &= (f, \varphi_i) - \sum_{j=0}^{n} (\varphi_i, \varphi_j) a_j = 0, \qquad i = 0, \ldots, n, \end{aligned} \tag{11.39}$$

genügen. Ist die Matrix

$$\boldsymbol{A} = [A_{ij}] = [(\varphi_i, \varphi_j)]$$

dieses Systems nichtsingulär, so können die a_j, $j = 0, 1, \ldots, n$, aus (11.39) eindeutig berechnet werden, so daß auch die Approximierende Φ_n eindeutig bestimmt ist.

Wie man zeigen kann, ist $\boldsymbol{A}$ genau dann nichtsingulär, wenn die Funktionen φ_i auf $[\alpha, \beta]$ linear unabhängig sind. Das ist wiederum genau dann der Fall, wie wir in Erinnerung rufen, wenn aus

$$\sum_{i=0}^{n} c_i \varphi_i(x) \equiv 0 \quad \text{auf} \quad [\alpha, \beta]$$

notwendig $c_i = 0$, $i = 0, 1, \ldots, n$, folgt. (Gibt es dagegen von x unabhängige Konstante c_i, die nicht sämtlich verschwinden, so heißen die φ_i linear abhängig).

Nach (11.38) gilt

$$Q = (f - \Phi_n, f - \Phi_n) = (f, f) - 2(f, \Phi_n) + (\Phi_n, \Phi_n). \tag{11.40}$$

Wir nehmen an, daß die φ_i linear unabhängig sind und die beste Approximation im Sinne von (11.38) für die Parameterwerte $a_i = a_i^*$ erreicht wird. Wegen (11.37) kann dann (11.40) wie folgt geschrieben werden:

$$\begin{aligned} Q &= (f,f) - 2\left(f, \sum_{j=0}^{n} a_j^* \varphi_j\right) + \left(\sum_{j=0}^{n} a_j^* \varphi_j, \sum_{k=0}^{n} a_k^* \varphi_k\right) \\ &= (f,f) - 2\sum_{j=0}^{n} a_j^*(f,\varphi_j) + \sum_{j,k=0}^{n} a_j^* a_k^* (\varphi_j, \varphi_k). \end{aligned}$$

Setzt man hierin die aus (11.39) resultierende Gleichung

$$(f,\varphi_j) = \sum_{k=0}^{n} (\varphi_j, \varphi_k) a_k^*$$

ein, so folgt

$$Q = (f,f) - \sum_{j,k=0}^{n} a_j^* a_k^* (\varphi_j, \varphi_k), \tag{11.41}$$

und wegen $Q \geq 0$

$$\sum_{j,k=0}^{n} a_j^* a_k^* (\varphi_j, \varphi_k) \leq (f,f).$$

11.5.2 Approximation durch eine Linearkombination von Orthogonalfunktionen

Ist die Matrix A eine Diagonalmatrix mit nichtverschwindenden Diagonalelementen, so erhält man wegen $(\varphi_i, \varphi_j) = 0, \quad i \neq j$, aus (11.39) sofort die Auflösung

$$a_k^* = \frac{(f,\varphi_k)}{(\varphi_k,\varphi_k)}, \qquad k = 0,1,\ldots,n, \tag{11.42}$$

d.h. man erspart sich die Auflösung eines Gleichungssystems.

Definition 11.1. *Die Funktionen* $\varphi_i, \quad i = 0,1,\ldots,n$, *heißen* orthogonal *bzgl. des Skalarproduktes* $(\cdot,\cdot)$, *wenn*

$$(\varphi_i, \varphi_j) = \begin{cases} 0, & i \neq j \\ \neq 0, & i = j, \end{cases}$$

sie heißen orthonormal, *wenn*

$$(\varphi_i, \varphi_j) = \delta_{ij}$$

gilt. Man sagt dann, daß die $\varphi_i, \quad i = 0,1,\ldots,n$, *ein* Orthogonal- bzw. Orthonormalsystem *bilden.* □

Sind die Funktionen φ_i orthogonal, so sind die

$$\psi_i = \frac{\varphi_i}{\sqrt{(\varphi_i, \varphi_i)}}, \qquad i = 0, 1, \dots, n,$$

orthonormal, denn es gilt für $i \neq j$

$$(\psi_i, \psi_j) = \int_\alpha^\beta \frac{\varphi_i(x)\varphi_j(x)}{\sqrt{\int_\alpha^\beta \varphi_i(t)\varphi_i(t)\,dt} \cdot \sqrt{\int_\alpha^\beta \varphi_j(s)\varphi_j(s)\,ds}}\,dx = \frac{(\varphi_i, \varphi_j)}{\sqrt{(\varphi_i, \varphi_i)}\sqrt{(\varphi_j, \varphi_j)}} = 0,$$

und

$$(\psi_i, \psi_i) = \frac{(\varphi_i, \varphi_i)}{(\varphi_i, \varphi_i)} = 1.$$

Mit einem Orthogonalsystem der beschriebenen Art kennt man also auch stets ein Orthonormalsystem. Die Matrix A ist dann eine Diagonalmatrix und für orthonormale φ_i sogar die Einheitsmatrix. Aus (11.41) folgt weiter

$$Q = (f, f) - \sum_{j=0}^{n} (a_j^*)^2 (\varphi_j, \varphi_j), \qquad \varphi_j \text{ orthogonal},$$

$$Q = (f, f) - \sum_{j=0}^{n} (a_j^*)^2, \qquad \varphi_j \text{ orthonormal}.$$

11.6 Approximation mit Orthogonalpolynomen

11.6.1 Konvergenzfragen

Wir nehmen jetzt an, daß die Funktionen φ_i Polynome p_i, $i = 0, \dots, n$, vom genauen Grade i sind. Dann ist die Funktion Φ_n aus (11.37) ein Polynom höchstens n-ten Grades der Gestalt

$$Q_n(x) = a_0 p_0(x) + a_1 p_1(x) + \cdots + a_n p_n(x). \tag{11.43}$$

Weiter setzen wir die p_i als orthogonal bzw. orthonormal voraus. Dann gilt nach (11.42)

$$a_k^* = \frac{(f, p_k)}{(p_k, p_k)}, \qquad k = 0, 1, \dots, n, \tag{11.44}$$

wobei die a_k^* wieder diejenigen Parameterwerte sind, die zur besten Approximation im Sinne von (11.38) gehören.

Wir werden weiter unten ein Orthogonal- bzw. Orthonormalsystem von Polynomen konstruieren. Hat man ein solches gefunden, so erhebt sich die Frage, wie genau das Polynom Q_n die Funktion f approximiert, und weiter, welchen Wert schließlich

$$\lim_{n \to \infty} \sqrt{(f - Q_n, f - Q_n)} = \lim_{n \to \infty} \|f - Q_n\|_2 \tag{11.45}$$

annimmt.

Die erste Frage kann leicht beantwortet werden. Setzen wir die p_i als orthonormal voraus, so gilt wegen (11.43) und (11.44)

$$f(x) - Q_n(x) = f(x) - \sum_{j=0}^{n}(p_j, f)p_j(x) = f(x) - \int_\alpha^\beta \sum_{j=0}^{n} p_j(\xi)f(\xi)p_j(x)d\xi.$$

Mit der Schreibweise

$$\sum_{j=0}^{n} p_j(\xi)p_j(x) = F_n(x,\xi)$$

folgt weiter

$$f(x) - Q_n(x) = f(x) - \int_\alpha^\beta F_n(x,\xi)f(\xi)\, d\xi.$$

Die Polynome p_i sind orthonormal und vom Grad i, insbesondere ist p_0 eine Konstante, etwa $p_0 \equiv c$. Wegen

$$(p_0, p_0) = \int_\alpha^\beta c^2 dx = c^2(\beta - \alpha) = 1$$

folgt $c = 1/\sqrt{\beta - \alpha}$. Man erhält dann

$$\begin{aligned}\int_\alpha^\beta F_n(x,\xi)d\xi &= \sum_{j=0}^{n} p_j(x) \int_\alpha^\beta p_j(\xi)\frac{1}{\sqrt{\beta-\alpha}} \cdot \sqrt{\beta - \alpha}\, d\xi \\ &= \sum_{j=0}^{n} \sqrt{\beta - \alpha}\, p_j(x) \cdot (p_j, p_0) \\ &= \sum_{j=0}^{n} \sqrt{\beta - \alpha}\, p_j(x)\delta_{0,j} = \sqrt{\beta - \alpha} \cdot p_0(x) = 1,\end{aligned}$$

so daß der Fehler schließlich die Gestalt

$$f(x) - Q_n(x) = \int_\alpha^\beta F_n(x,\xi)(f(x) - f(\xi))d\xi$$

hat, die für die praktische Rechnung allerdings nicht besonders geeignet ist. Man kann aus ihr offensichtlich Abschätzungen erhalten, jedoch soll darauf im Moment nicht weiter eingegangen werden.

Bezüglich des Grenzwertes (11.45) gilt folgender

Satz 11.4. *Die $p_i(x)$ seien orthonormal, $f \in C^0[\alpha,\beta]$ und Q_n approximiere f im Sinne von (11.38) am besten. Dann gilt*

$$\begin{aligned}&1. \quad \lim_{n\to\infty} \|f - Q_n\|_2^2 = \lim_{n\to\infty} \int_\alpha^\beta [f(x) - Q_n(x)]^2 dx = 0, \\ &2. \quad (f,f) = \|f\|_2^2 = \int_\alpha^\beta [f(x)]^2 dx = \sum_{i=0}^{\infty}(a_i^*)^2. \qquad (11.46)\end{aligned}$$

Dabei sind die a_i^* wieder die Parameter aus (11.44). □

Zum Beweis dieses Satzes vergleiche man etwa [43, S. 207 ff.]. Die Gleichung (11.46) wird in der Literatur entweder als *Besselsche* oder als *Parsevalsche Gleichung* bezeichnet.

11.6.2 Legendresche Polynome

Wir bezeichnen jetzt die über das Intervall $[\alpha, \beta]$ orthonormalen Polynome $p_i(x)$ mit

$$P_i(x; \alpha, \beta), \qquad i = 0, 1, \ldots \quad .$$

Insbesondere sind also $P_i(z; -1, 1)$, $i = 0, 1, \ldots$, die über $[-1, 1]$ orthonormalen Polynome in der Variablen z. Man errechnet dann

$$P_i(x; \alpha, \beta) = \sqrt{\frac{2}{\beta - \alpha}}\, P_i\left(\frac{2x - (\alpha + \beta)}{\beta - \alpha}; -1, 1\right),$$

d.h. bei der Konstruktion orthonormaler Polynome kann man sich auf solche über das Intervall $[-1, 1]$ beschränken. Man zeigt weiter, daß diese die Darstellung

$$P_i(z; -1, 1) = (i + \tfrac{1}{2})^{1/2} \frac{1}{i!2^i} \cdot \frac{d^i}{dz^i}[(z^2 - 1)^i] \tag{11.47}$$

besitzen. Die Polynome

$$L_i(x) = \frac{1}{i!2^i} \cdot \frac{d^i}{dx^i} \cdot [(x^2 - 1)^i]$$

heißen *Legendresche Polynome.* Sie sind über $[-1, 1]$ orthogonal, denn es gilt wegen der Orthonormalität der $P_i(x; -1, 1)$ und

$$L_i(x) = (i + \tfrac{1}{2})^{-1/2} P_i(x; -1, 1)$$

offenbar

$$\begin{aligned}
\int_{-1}^{1} L_i(x) L_j(x) dx &= 0, \\
\int_{-1}^{1} [L_i(x)]^2 dx &= \frac{2}{2i + 1} \int_{-1}^{1} [P_i(x; -1, 1)]^2 dx \\
&= \frac{2}{2i + 1}.
\end{aligned}$$

Auf einige Eigenschaften der Legendreschen Polynome werden wir später bei der Beschreibung von Verfahren der numerischen Integration zurückkommen.

Beispiel 11.13. *Die Funktion $f(x) = e^x$ soll über $[0,1]$ durch ein Polynom 2. Grades der Gestalt (11.43) approximiert werden (vgl. Beispiel 11.12). Die im Sinne von (11.38) beste Approximation lautet dann mit (11.44) und wegen $(p_k, p_k) = 1$*

$$Q_2(x) = (f, p_0)\, p_0(x) + (f, p_1)\, p_1(x) + (f, p_2)\, p_2(x),$$

wobei wir

$$p_i(x) \equiv P_i(x; 0, 1), \qquad i = 0, 1, 2,$$

setzen.

Das Polynom p_0 ist oben bereits explizit berechnet worden, es ist

$$p_0(x) \equiv 1.$$

Zur Berechnung von $p_1(x)$ und $p_2(x)$ verwenden wir (11.47): Es ist

$$\begin{aligned} P_1(z; -1, 1) &= \sqrt{\tfrac{3}{2}} \cdot \tfrac{1}{2} \cdot 2z = \sqrt{\tfrac{3}{2}}\, z, \\ P_1(x; 0, 1) &= \sqrt{2}\, P_1(2x - 1; -1, 1) = 2\sqrt{3} \cdot (x - \tfrac{1}{2}) \equiv p_1(x), \\ P_2(z; -1, 1) &= \sqrt{\tfrac{5}{2}} \cdot \frac{1}{2^3} \cdot \frac{d^2}{dz^2}[(z^2 - 1)^2] = \sqrt{\tfrac{5}{2}} \cdot \tfrac{1}{2}(3z^2 - 1), \end{aligned}$$

somit

$$P_2(2x - 1; -1, 1) = \sqrt{\tfrac{5}{2}} \cdot \tfrac{1}{2}[3(2x - 1)^2 - 1] = \sqrt{\tfrac{5}{2}}(6x^2 - 6x + 1),$$

und weiter

$$p_2(x) \equiv P_2(x; 0, 1) = \sqrt{2} \cdot \sqrt{\tfrac{5}{2}} \cdot (6x^2 - 6x + 1) = \sqrt{5} \cdot (6x^2 - 6x + 1).$$

Die Koeffizienten in P_2 sind

$$\begin{aligned} (f, p_0) &= \int_0^1 e^x \, dx = e - 1 = 1.718282\,, \\ (f, p_1) &= \int_0^1 e^x \left[2\sqrt{3}(x - \tfrac{1}{2})\right] dx = \sqrt{3}(3 - e) = 0.487950\,, \\ (f, p_2) &= \int_0^1 e^x \left[\sqrt{5}(6x^2 - 6x + 1)\right] dx = \sqrt{5}(7e - 19) = 0.062549\,. \end{aligned}$$

Daher ist

$$\begin{aligned} Q_2(x) &= 1.718282\, p_0(x) + 0.487950\, p_1(x) + 0.062549\, p_2(x) \\ &= 1.718282 + 0.487950 \cdot (3.464102\, x - 1.732051) \\ &\quad + 0.062549 \cdot (13.416408\, x^2 - 13.416408\, x + 2.236068)\,. \end{aligned}$$

Ordnet man dieses Polynom nach Potenzen von x, so erhält man natürlich (eventuell durch Rundungsfehler etwas verfälscht) wieder das Approximationspolynom des Beispiels 11.12, denn die beste Approximation im Sinne von (11.38) ist ja eindeutig bestimmt. □

11.6.3 Orthogonalpolynome bezüglich einer Gewichtsfunktion

In Abschnitt 11.5 haben wir das skalare Produkt

$$(g_1, g_2) = \int_\alpha^\beta g_1(x)\, g_2(x)\, dx$$

eingeführt, jedoch ist dies nicht die einzige Möglichkeit, ein solches Produkt zu definieren. Sei etwa I ein endliches oder unendliches Intervall und w eine über I integrierbare und nichtnegative Funktion mit nur endlich vielen Nullstellen. Ferner sei $\int_I w(x)\, x^k\, dx < \infty$ für jedes natürliche k. Dann ist u.a.

$$\int_I w(x)\, dx > 0$$

und

$$(g_1, g_2)_w = \int_I g_1(x)\, g_2(x)\, w(x)\, dx$$

ebenfalls ein skalares Produkt mit den in Abschnitt 11.5 angegebenen Eigenschaften. Man nennt w dabei *Gewichts-* oder *Belegungs-Funktion.* In Analogie zur Definition 11.1 nennt man die Funktionen $\varphi_i, \quad i = 0, 1, \ldots, n$, bezüglich der Gewichtsfunktion w orthogonal, wenn

$$(\varphi_i, \varphi_j)_w = \begin{cases} 0, & i \neq j \\ \neq 0, & i = j \end{cases},$$

bezüglich der Gewichtsfunktion w orthonormal, wenn

$$(\varphi_i, \varphi_j)_w = \delta_{ij}$$

gilt. In diesem Fall lauten die Koeffizienten des nach (11.43) konstruierten Approximationspolynoms

$$a_k^* = (f, p_k)_w, \qquad k = 0, 1, \ldots, n.$$

Wichtige Orthogonalpolynome dieser Art sind u.a.

1. In $[-1, 1]$ die *Tschebyscheff-Polynome 1. Art*

$$T_i(x) = \frac{(-1)^i 2^i i!}{(2i)!}(1 - x^2)^{1/2} \frac{d^i}{dx^i}[(1 - x^2)^{i-1/2}]$$

   mit der Gewichtsfunktion $w(x) = (1 - x^2)^{-1/2}$.

2. In $]-\infty, \infty[$ die *Hermite-Polynome*

$$H_i(x) = (-1)^i \, \mathrm{e}^{\frac{x^2}{2}} \, \frac{d^i}{dx^i} \left(\mathrm{e}^{-\frac{x^2}{2}} \right)$$

   mit der Gewichtsfunktion $\mathrm{e}^{-\frac{x^2}{2}}$.

3. In $[0,\infty[$ die *Laguerre-Polynome*

$$L_i^{(\alpha)}(x) = \frac{1}{i!}\,\mathrm{e}^x\,x^{-\alpha}\,\frac{d^i}{dx^i}(\mathrm{e}^{-x}\,x^{\alpha+i})$$

mit der Gewichtsfunktion $w(x) = x^\alpha\,\mathrm{e}^{-x}, \quad \alpha > -1.$

Bezüglich anderer Orthogonalpolynome, die vor allem in der klassischen Mathematischen Physik von Bedeutung sind, aber auch bei den hier untersuchten Approximationsfragen Anwendung finden, vergleiche man etwa [63, S. 175 ff.].

Für die Orthogonalpolynome bezüglich einer Belegungsfunktion w kann man eine einfache rekursive Berechnungsformel angeben. Man setzt

$$p_0 \equiv 1.$$

Dann wird

$$p_1(x) = x - \delta_1$$

mit

$$\delta_1 = (x,1)_w/(1,1)_w.$$

Dabei bedeutet

$$\begin{aligned}(1,1)_w &= \int_I w(x)\,dx,\\ (x,1)_w &= \int_I x\,w(x)\,dx\,.\end{aligned}$$

Für die übrigen $p_i(x)$ erhält man eine Rekursionsformel

$$p_{i+1}(x) = (x-\delta_i)p_i(x) - (\gamma_i)^2 p_{i-1}(x), \qquad i \geq 1,$$

mit

$$\begin{aligned}\delta_i &= (x\,p_i,p_i)_w/(p_i,p_i)_w,\\ (\gamma_i)^2 &= (\,p_i,p_i)_w/(p_{i-1},p_{i-1})_w.\end{aligned}$$

Zum Beweis vergleiche etwa bei [70].

11.7 Approximation periodischer Funktionen

11.7.1 Trigonometrische Approximation

Eine periodische Funktion mit der Periode 2π kann unter wenig einschränkenden Voraussetzungen in eine konvergente Fourier–Reihe entwickelt werden. Es ist daher zu erwarten, daß eine solche Funktion unter bestimmten Voraussetzungen durch eine endliche Fourier–Reihe, die wir als *trigonometrisches Polynom* bezeichnen wollen, hinreichend genau approximiert werden kann.

Als trigonometrisches Polynom oder *Fourier-Polynom* bezeichnet man den Ausdruck

$$S_n(x) = \tfrac{1}{2}a_0 + \sum_{k=1}^{n}(a_k \cos kx + b_k \sin kx), \tag{11.48}$$

wobei a_0, a_k, b_k, $k = 1, \ldots, n$, die *Fourierkoeffizienten* genannt werden. Wegen $S_n(x) = S_n(x + 2\pi)$ ist das Fourier–Polynom periodisch mit der Periode 2π.

Wir wollen mit solchen Polynomen 2π–periodische Funktionen f approximieren. Ist allgemeiner f eine $2p$–periodische Funktion, so ist $g(t) = f(p/\pi\, t)$ 2π–periodisch. Bei der Approximation periodischer Funktionen kann man sich daher auf 2π–periodische beschränken.

Dann gilt zunächst der

Satz 11.5. *Die Funktion f sei periodisch mit der Periode 2π und über $[-\pi, \pi]$ quadratisch integrierbar. Ist dann S_n im Sinne von (11.38) Bestapproximation von f auf $[-\pi, \pi]$, so gilt*

$$\left.\begin{aligned} a_0 &= \tfrac{1}{\pi}\int_{-\pi}^{\pi} f(x)\, dx, \\ a_j &= \tfrac{1}{\pi}\int_{-\pi}^{\pi} f(x)\cos jx\, dx, \\ b_j &= \tfrac{1}{\pi}\int_{-\pi}^{\pi} f(x)\sin jx\, dx, \qquad j = 1, \ldots, n. \end{aligned}\right\} \tag{11.49}$$

Beweis: *Es ist*

$$\begin{aligned} Q(a_0, a_1, \ldots, a_n, b_1, \ldots, b_n) &= \|f - S_n\|_2^2 \\ &= \int_{-\pi}^{\pi}(f(x) - S_n(x))^2 dx \\ &= \int_{-\pi}^{\pi}[f(x)]^2 dx - 2\int_{-\pi}^{\pi} f(x)S_n(x)dx + \int_{-\pi}^{\pi}[S_n(x)]^2 dx. \end{aligned} \tag{11.50}$$

Aus der Forderung $Q = \min$ folgt notwendig

$$\tfrac{1}{2}\cdot\frac{\partial Q}{\partial a_j} = -\int_{-\pi}^{\pi} f(x)\frac{\partial S_n(x)}{\partial a_j}dx + \int_{-\pi}^{\pi} S_n(x)\frac{\partial S_n(x)}{\partial a_j}dx = 0, \qquad j = 0, \ldots, n, \tag{11.51}$$

sowie ein entsprechender Ausdruck für $\partial Q/\partial b_j = 0$, $j = 1, \ldots, n$. Nun ist

$$\frac{\partial S_n(x)}{\partial a_0} = \tfrac{1}{2}, \qquad \frac{\partial S_n(x)}{\partial a_j} = \cos jx, \qquad \frac{\partial S_n(x)}{\partial b_j} = \sin jx, \qquad j = 1, \ldots, n,$$

so daß nach (11.51) folgt

$$\begin{aligned}
\tfrac{1}{2}\cdot\frac{\partial Q}{\partial a_0} &= -\tfrac{1}{2}\int_{-\pi}^{\pi} f(x)dx + \tfrac{1}{4}\cdot a_0\int_{-\pi}^{\pi} dx \\
&\quad +\tfrac{1}{2}\sum_{k=1}^{n}\left(a_k\int_{-\pi}^{\pi}\cos kx\,dx + b_k\int_{-\pi}^{\pi}\sin kx\,dx\right) = 0, \\
\tfrac{1}{2}\cdot\frac{\partial Q}{\partial a_j} &= -\int_{-\pi}^{\pi} f(x)\cos jx\,dx + \tfrac{1}{2}\cdot a_0\int_{-\pi}^{\pi}\cos jx\,dx \\
&\quad +\sum_{k=1}^{n}\left(a_k\int_{-\pi}^{\pi}\cos kx\cos jx\,dx + b_k\int_{-\pi}^{\pi}\sin kx\cos jx\,dx\right) = 0, \\
&\qquad j = 1,\ldots,n, \\
\tfrac{1}{2}\cdot\frac{\partial Q}{\partial b_j} &= -\int_{-\pi}^{\pi} f(x)\sin jx\,dx + \tfrac{1}{2}\cdot a_0\int_{-\pi}^{\pi}\sin jx\,dx \\
&\quad +\sum_{k=1}^{n}\left(a_k\int_{-\pi}^{\pi}\cos kx\sin jx\,dx + b_k\int_{-\pi}^{\pi}\sin kx\sin jx\,dx\right) = 0, \\
&\qquad j = 1,\ldots,n.
\end{aligned}$$

Weiter ist für ganze l, m

$$\begin{aligned}
\int_{-\pi}^{\pi}\sin lx\cos mx\,dx &= 0, \\
\int_{-\pi}^{\pi}\cos lx\cos mx\,dx &= \begin{cases} 0, & l \neq m, \\ \pi, & l = m \neq 0, \end{cases} \\
\int_{-\pi}^{\pi}\sin lx\sin mx\,dx &= \begin{cases} 0, & l \neq m, \\ \pi, & l = m \neq 0\,. \end{cases}
\end{aligned}$$

Daher erhält man aus obigen Gleichungen

$$\begin{aligned}
\tfrac{1}{4}a_0 2\pi &= \tfrac{1}{2}\int_{-\pi}^{\pi} f(x)\,dx, \\
\pi a_j &= \int_{-\pi}^{\pi} f(x)\cos jx\,dx, \\
\pi b_j &= \int_{-\pi}^{\pi} f(x)\sin jx\,dx, \qquad j = 1,\ldots,n,
\end{aligned}$$

d.h. die Behauptung (11.49). □

Läßt sich f in eine konvergente Fourier–Reihe entwickeln, gilt also

$$f(x) = \tfrac{1}{2}a_0 + \sum_{k=1}^{\infty}(a_k\cos kx + b_k\sin kx),$$

so sind (11.49), wie aus der Analysis bekannt, für n beliebig, gerade die Fourierkoeffizienten von f. Wir können also auch sagen: Der Ausdruck $\|f - S_n\|_2^2$ erreicht sein Minimum, wenn für $a_0, a_1, \ldots, a_n$, $b_1, \ldots, b_n$ die Fourierkoeffizienten der Funktion f eingesetzt werden. Damit haben wir eine Minimaleigenschaft der Fourierkoeffizienten nachgewiesen.

Man kann die Fourierkoeffizienten a_i, b_i auch in der Gestalt

$$\left.\begin{aligned} a_0 &= \tfrac{1}{\pi}\int_0^{2\pi} f(x)dx, \\ a_j &= \tfrac{1}{\pi}\int_0^{2\pi} f(x)\cos jx\,dx, \\ b_j &= \tfrac{1}{\pi}\int_0^{2\pi} f(x)\sin jx\,dx \end{aligned}\right\} \tag{11.52}$$

schreiben. Sei nämlich h eine 2π–periodische Funktion, so gilt

$$\Delta I = \int_{-\pi}^{\pi} h(x)dx - \int_0^{2\pi} h(x)dx = \int_{-\pi}^{0} h(x)dx - \int_{\pi}^{2\pi} h(x)\,dx\,.$$

Setzen wir $x = z - 2\pi$, so folgt

$$\int_{\pi}^{2\pi} h(x)\,dx = \int_{-\pi}^{0} h(z-2\pi)\,dz = \int_{-\pi}^{0} h(z)\,dz = \int_{-\pi}^{0} h(x)\,dx.$$

Daher ist $\Delta I = 0$ und es gilt (11.52).

11.7.2 Näherungsformeln für die Fourierkoeffizienten

In der Regel wird man die Fourierkoeffizienten (11.49) nicht exakt berechnen können, sondern ein geeignetes numerisches Integrationsverfahren verwenden müssen. Hierbei gibt es viele Möglichkeiten, auf die wir in Kapitel 13 eingehen werden.

Hier wollen wir nur auf einen einfachen, aber sehr wichtigen Spezialfall eingehen. Zur Approximation der Fourierkoeffizienten verwenden wir die später zu untersuchende *summierte Sehnen–Trapezregel* (13.15).

Mit $x_k = a + k \cdot \frac{b-a}{N}$, $\quad k = 0, 1, \ldots, N$, und für eine integrierbare Funktion F gilt dabei

$$\int_a^b F(x)\,dx \approx \tfrac{b-a}{N}\left[\tfrac{1}{2}(F(a) + F(b)) + \sum_{k=1}^{N-1} F(x_k)\right]\,. \tag{11.53}$$

Mit $a = 0$, $b = 2\pi$, $F(x) = \frac{1}{\pi} f(x)\cos(kx)$ folgt daher mit (11.49)

$$\begin{aligned} a_k &= \frac{1}{\pi}\int_0^{2\pi} f(x)\cos(kx)\,dx \\ &\approx \tfrac{1}{\pi}\cdot\tfrac{2\pi}{N}\left[\tfrac{1}{2}(f(0)\cos 0 + f(2\pi)\cos 2\pi) + \sum_{j=1}^{N-1} f(x_j)\cos(kx_j)\right] = \tilde{a}_k\,. \end{aligned}$$

Wegen $f(0)\cos 0 = f(2\pi)\cos 2\pi = f(0)$ folgt daher

$$\tilde{a}_k = \frac{2}{N}\sum_{j=0}^{N-1} f(x_j)\cos(kx_j), \qquad k = 0,1,\dots,n. \tag{11.54}$$

Entsprechend gilt als Näherung für b_k

$$\tilde{b}_k = \frac{2}{N}\sum_{j=0}^{N-1} f(x_j)\sin(kx_j), \qquad k = 1,\dots,n. \tag{11.55}$$

Die numerische Berechnung der Näherungen $\tilde{a}_k$ und $\tilde{b}_k$ der exakten Fourierkoeffizienten a_k, b_k scheint zunächst recht aufwendig zu sein. Wir werden jedoch im nächsten Abschnitt 11.8 ein Verfahren kennenlernen, das zunächst in wichtigen Fällen eine schnelle Berechnung dieser Koeffizienten erlaubt.

11.7.3 Komplexe Form der trigonometrischen Approximation

Das Fourier–Polynom (11.48), d.h.

$$S_n(x) = \tfrac{1}{2}a_0 + \sum_{k=1}^{n}(a_k\cos kx + b_k\sin kx), \tag{11.56}$$

läßt sich auch in der komplexen Form

$$S_n(x) = \sum_{k=-n}^{n} c_k\,\mathrm{e}^{\mathrm{i}\,kx}$$

mit den komplexen Fourierkoeffizienten c_k darstellen. Setzt man in (11.56) die bekannten Relationen

$$\cos kx = \tfrac{1}{2}(\mathrm{e}^{\mathrm{i}\,kx} + \mathrm{e}^{-\mathrm{i}\,kx}), \qquad \sin kx = \tfrac{1}{2\mathrm{i}}(\mathrm{e}^{\mathrm{i}\,kx} - \mathrm{e}^{-\mathrm{i}\,kx})$$

ein, so errechnet man auf einfache Weise

$$c_k = \begin{cases} \tfrac{1}{2}(a_k - \mathrm{i}\,b_k), & k > 0, \\ \tfrac{1}{2}a_0, & k = 0, \\ \tfrac{1}{2}(a_{-k} + \mathrm{i}\,b_{-k}), & k < 0\,. \end{cases}$$

Umgekehrt ergibt sich hieraus eindeutig

$$a_k = c_k + c_{-k}, \qquad b_k = \mathrm{i}\,(c_k - c_{-k})\,.$$

Kennt man daher die a_k, b_k, so auch die c_k, und umgekehrt.

Man überlegt sich übrigens leicht, daß auch für die Näherungen (11.54) und (11.55) entsprechende Darstellungen gelten.

11.8 Approximation empirischer Funktionen

11.8.1 Die Methode der kleinsten Fehlerquadratsumme

Zu den paarweise verschiedenen Abszissen $x_0, x_1, \ldots, x_N$ seien die Werte $f_0, f_1, \ldots, f_N$ gegeben. Eine solche Situation hat man z.B. bei Messungen, wo die f_i die zu x_i gehörigen Meßwerte sind. Wir sprechen dann, wie schon bei der Interpolation, von einer durch den Datensatz $(x_0, f_0), \ldots, (x_N, f_N)$ gegebenen empirischen Funktion f. Diese ist natürlich durch den Datensatz nicht eindeutig bestimmt, wir nehmen jedoch an, daß es eine solche eindeutig bestimmte Funktion gibt, der bei genauer Messung die Daten genügen. Mit Hilfe der gegebenen Daten soll die empirische Funktion durch eine vorgegebene, noch $n+1$ freie Parameter enthaltende Funktion $\Phi_n(x; a_0, \ldots, a_n)$ möglichst gut approximiert werden.

Dazu fordern wir

$$Q(a_0, \ldots, a_n) = \sum_{i=0}^{N} (\Phi_n(x_i; a_0, \ldots, a_n) - f_i)^2 = \min,$$

d.h. das diskrete mittlere Fehlerquadrat soll minimal werden. Deshalb nennt man das Verfahren auch *Methode der kleinsten Fehlerquadratsumme*. Sei Φ_n nach allen Parametern stetig differenzierbar, so genügen diejenigen Parameterwerte a_j, für die das Minimum angenommen wird, den Bedingungen

$$\tfrac{1}{2} \cdot \frac{\partial Q}{\partial a_k} = \sum_{i=0}^{N} (\Phi_n(x_i; a_0, \ldots, a_n) - f_i) \left(\frac{\partial \Phi_n}{\partial a_k} \right) (x_i; a_0, \ldots, a_n) = 0, \qquad (11.57)$$
$$k = 0, 1, \ldots, n.$$

Dies ist ein (im allgemeinen nichtlineares) Gleichungssystem zur Bestimmung der a_j. Wählt man wieder den Ansatz (11.37), d.h.

$$\Phi_n(x; a_0, \ldots, a_n) = \sum_{j=0}^{n} a_j \varphi_j(x)$$

mit vorgegebenen Funktionen φ_j, so ist das System (11.57) linear und lautet

$$\tfrac{1}{2} \cdot \frac{\partial Q}{\partial a_k} = \sum_{i=0}^{N} \left(\sum_{j=0}^{n} a_j \varphi_j(x_i) - f_i \right) \varphi_k(x_i) = 0, \qquad k = 0, 1, \ldots, n.$$

Mit

$$\sum_{i=0}^{N} \varphi_k(x_i) \varphi_j(x_i) = (\varphi_k, \varphi_j), \qquad \sum_{i=0}^{N} f_i \varphi_k(x_i) = (f, \varphi_k), \qquad j, k = 0, 1, \ldots, n,$$

lautet es

$$\sum_{j=0}^{n}(\varphi_k,\varphi_j)a_j=(f,\varphi_k),\qquad k=0,1,\ldots,n. \tag{11.58}$$

Setzt man schließlich

$$\boldsymbol{A}=[A_{kj}]=[A_{jk}]=[(\varphi_k,\varphi_j)],\qquad \boldsymbol{a}=[a_0,\ldots,a_n]^T,\qquad \boldsymbol{c}=\Big[(f,\varphi_0),\ldots,(f,\varphi_n)\Big]^T,$$

so hat das Gleichungssystem die Gestalt

$$\boldsymbol{A}\boldsymbol{a}=\boldsymbol{c}. \tag{11.59}$$

Offenbar ist die Matrix A symmetrisch. Ist sie auch noch positiv definit, so kann (11.59) eindeutig nach $\boldsymbol{a}$ aufgelöst und damit Φ_n eindeutig bestimmt werden.

Es gilt aber der

Satz 11.6. *Die Funktionen $\varphi_0(x),\ldots,\varphi_n(x)$ seien in den x_i, $i=0,\ldots,N$, punktweise linear unabhängig. (Dies erfordert u.a. $N\geq n$.) Dann ist $\boldsymbol{A}$ positiv definit und somit nichtsingulär.*

Beweis: *Mit den reellen Zahlen p_k gilt*

$$\begin{aligned}\sum_{i,j=0}^{n}A_{ij}p_ip_j &= \sum_{i,j=0}^{n}\left(\sum_{k=0}^{N}\varphi_i(x_k)\varphi_j(x_k)\right)p_ip_j\\ &= \sum_{k=0}^{N}\left(\sum_{i,j=0}^{n}(\varphi_i(x_k)p_i)(\varphi_j(x_k)p_j)\right)\\ &= \sum_{k=0}^{N}\left(\sum_{i=0}^{n}\varphi_i(x_k)p_i\right)^2\geq 0.\end{aligned}$$

Dabei gilt in der letzten Gleichung das Gleichheitszeichen genau dann, wenn

$$\sum_{i=0}^{n}p_i\varphi_i(x_k)=0,\qquad k=0,1,\ldots,N, \tag{11.60}$$

ist. Wegen der angenommenen linearen Unabhängigkeit der φ_i auf $\{x_0,\ldots,x_N\}$ bedeutet dies $p_0=p_1=\cdots=p_n=0$. □

Das Gleichungssystem (11.59) heißt das zur Approximationsaufgabe gehörende Normalgleichungssystem. Seine explizite Aufstellung sollte vermieden werden. Zur numerischen Lösung der Aufgabe vgl. man Band 1, Abschnitt 5.4.3.

11.8.2 Approximation durch Polynome

Wenn über die empirische Funktion f nichts weiter bekannt ist, wird man zur Approximation in der Regel ein Polynom n-ten Grades verwenden. Es ist dann

$$\varphi_i(x) = x^i, \qquad i = 0, 1, \ldots, n,$$

und das lineare Gleichungssystem (11.58) lautet

$$\sum_{j=0}^{n} (x^k, x^j) a_j = (f, x^k), \qquad k = 0, 1, \ldots, n. \tag{11.61}$$

Beispiel 11.14. *Es sei der Datensatz*

$$\begin{aligned}
(x_0, f_0) &= (0, 1.000000),\\
(x_1, f_1) &= (0.500000, 1.648721),\\
(x_2, f_2) &= (0.750000, 2.117000),\\
(x_3, f_3) &= (1.000000, 2.718282)
\end{aligned}$$

gegeben. Die empirische Funktion f soll durch ein Polynom von höchstens 2-tem Grad approximiert werden.

Man errechnet

$$\begin{array}{rclrclrcl}
(x^0, x^0) &=& 4.000000, & (x^1, x^0) &=& 2.250000, & (x^2, x^0) &=& 1.812500,\\
(x^3, x^0) &=& 1.546875, & (x^4, x^0) &=& 1.378906, & & & \\
(f, x^0) &=& 7.484003, & (f, x^1) &=& 5.130393, & (f, x^2) &=& 4.321275 \quad .
\end{array}$$

Wegen $(x^{k+j}, x^0) = (x^k, x^j)$ lautet dann das lineare Gleichungssystem (11.61)

$$\begin{aligned}
4.000000\, a_0 + 2.250000\, a_1 + 1.812500\, a_2 &= 7.484003\\
2.250000\, a_0 + 1.812500\, a_1 + 1.546875\, a_2 &= 5.130393\\
1.812500\, a_0 + 1.546875\, a_1 + 1.378906\, a_2 &= 4.321275 \quad .
\end{aligned}$$

Es hat die Lösung

$$a_0 = 1.001011, \quad a_1 = 0.852346, \quad a_2 = 0.861893 \quad .$$

Nun stammen die anfangs gegebenen Daten von der Funktion $f(x) = e^x$, für die also das Approximationspolynom lautet

$$P_2(x) = 1.001011 + 0.852346\, x_2 + 0.861893\, x^2 \quad .$$

Dieses Polynom unterscheidet sich nicht wesentlich von dem in Beispiel 11.12. □

11.8.3 Approximation periodischer Funktionen, schnelle Fourierapproximation

Ist die empirisch gegebene Funktion periodisch mit der Periode 2π (evtl. nach geeigneter Koordinatentransformation), so kann man sie durch ein trigonometrisches Polynom der Gestalt

$$S_n(x) = \frac{\alpha_0}{2} + \sum_{k=1}^{n} (\alpha_k \cos(kx) + \beta_k \sin(kx)) \tag{11.62}$$

approximieren. Dabei verwendet man zweckmäßigerweise Stützstellen mit einer geraden Zahl $N = 2M$:

$$x_k = \frac{2\pi}{N}k, \qquad k = 0, 1, \ldots, N, \quad N = 2M.$$

Die Koeffizienten $\alpha_0, \alpha_k, \beta_k$ errechnen sich wieder aus dem linearen Gleichungssystem (11.58) bzw. (11.59), wobei man folgende *Orthogonalitätsrelationen* zu beachten hat:

$$\sum_{j=1}^{N} \cos(kx_j)\cos(lx_j) = \begin{cases} 0, & (k+l)/N \text{ und } (k-l)/N \text{ nicht ganz} \\ \frac{N}{2}, & \text{entweder } (k+l)/N \text{ ganz oder } (k-l)/N \text{ ganz} \\ N, & (k+l)/N \text{ und } (k-l)/N \text{ ganz} \end{cases}$$

$$\sum_{j=1}^{N} \sin(kx_j)\sin(lx_j) = \begin{cases} 0, & (k+l)/N \text{ und } (k-l)/N \text{ nicht ganz} \\ & \text{oder } (k+l)/N \text{ und } (k-l)/N \text{ ganz} \\ -\frac{N}{2}, & (k+l)/N \text{ ganz und } (k-l)/N \text{ nicht ganz} \\ \frac{N}{2}, & (k+l)/N \text{ nicht ganz und } (k-l)/N \text{ ganz} \end{cases}$$

$$\sum_{j=1}^{N} \cos(kx_j)\sin(lx_j) = 0 \qquad \text{für alle ganzen } k, l.$$

Man erhält dann für die Koeffizienten die Werte

$$\begin{aligned} \alpha_k &= \frac{2}{N}\sum_{j=0}^{N-1} f_j \cos(kx_j), \qquad k = 0, 1, \ldots, n, \\ \beta_k &= \frac{2}{N}\sum_{j=0}^{N-1} f_j \sin(kx_j), \qquad k = 1, \ldots, n. \end{aligned} \tag{11.63}$$

Dabei ändern sich diese Koeffizienten nicht, wenn n erhöht wird, d.h. man kann bei notwendig werdender genauerer Approximation die bereits berechneten Koeffizienten weiter verwenden. Außerdem läßt sich zeigen, daß für $N = 2n$, d.h. $n = M$, das trigonometrische Polynom

$$S_M(x) = \frac{\alpha_0}{2} + \sum_{k=1}^{M-1} \big(\alpha_k \cos(kx) + \beta_k \sin(kx)\big) + \frac{\alpha_M}{2} \cos(Mx)$$

das eindeutig bestimmte Interpolationspolynom der periodischen Funktion f bezüglich der Stützstellen x_i ist, es gilt also

$$S_n(x_i) = f_i, \qquad i = 1, \ldots, N.$$

Dabei ist bereits $f_0 = f_N$ berücksichtigt. Ferner ist natürlich $\beta_M = 0$. Man vergleiche hierzu etwa [67, S. 148 f.].

Ein Vergleich der Koeffizienten (11.63) mit den $\tilde{a}_k, \tilde{b}_k$ nach (11.54), (11.55) zeigt die Übereinstimmung

$$\alpha_k = \tilde{a}_k, \qquad \beta_k = \tilde{b}_k,$$

die α_k, β_k sind also auch als Approximationen der exakten Fourierkoeffizienten a_k, b_k anzusehen.

Entsprechend den Überlegungen in Abschnitt 11.7.3 kann auch (11.62) wieder in komplexer Form dargestellt werden:

$$S_n(x) = \sum_{k=-n}^{n} \gamma_k \, e^{\mathrm{i}\,kx}$$

mit

$$\gamma_k = \begin{cases} \frac{1}{2}(\alpha_k - \mathrm{i}\,\beta_k), & k > 0 \\ \frac{1}{2}\alpha_0, & k = 0 \\ \frac{1}{2}(\alpha_{-k} + \mathrm{i}\,\beta_{-k}), & k < 0 \end{cases} . \tag{11.64}$$

Hieraus erhält man umgekehrt

$$\alpha_k = \gamma_k + \gamma_{-k}, \qquad \beta_k = \mathrm{i}\,(\gamma_k - \gamma_{-k}).$$

Für $k > 0$ errechnet man mit (11.63), (11.64)

$$\begin{aligned} \gamma_k &= \frac{1}{2} \cdot \frac{2}{N} \sum_{j=0}^{N-1} f_j(\cos(kx_j) - \mathrm{i}\sin(kx_j)) \\ &= \frac{1}{N} \sum_{j=0}^{N-1} f_j \, e^{-\mathrm{i}\,kx_j} . \end{aligned}$$

Nach (11.64) gilt

$$\gamma_{-k} = \bar{\gamma}_k = \frac{1}{N} \sum_{j=0}^{N-1} f_j \, e^{\mathrm{i}\,kx_j}$$

und

$$\gamma_0 = \tfrac{1}{2}\alpha_0 = \tfrac{1}{N}\sum_{j=0}^{N-1} f_j.$$

Mit $x_j = 2\pi j/N$ können die komplexen Fourierkoeffizienten daher generell in folgender Gestalt geschrieben werden:

$$\gamma_k = \tfrac{1}{N}\sum_{j=0}^{N-1} f_j\, \mathrm{e}^{-\frac{2\pi\mathrm{i}}{N}kj}, \qquad k = -n,\ldots,n.$$

Die Auswertung der Formel (11.63) für $n = M$ erfordert $4M^2$ Multiplikationen. In einem Spezialfall kann man den Rechenaufwand wesentlich reduzieren.

Im folgenden sei $n = M$ und

$$x_i = i\tfrac{2\pi}{2M}, \qquad i = 0,\ldots,2M-1, \qquad M = 2^{r-1}.$$

Gegeben sind also die Werte (x_i, f_i), $i = 0,\ldots,2M-1$. Gesucht ist (man beachte die geänderte Normierung von a_M)

$$S_M(x) = \tfrac{a_0}{2} + \sum_{j=1}^{M-1}(a_j\cos jx + b_j\sin jx) + a_M\cos Mx$$

mit

$$S_M(x_i) = f_i, \qquad i = 0,\ldots,2M-1.$$

Wir führen diese Aufgabe zunächst auf eine gewöhnliche Polynominterpolation im Komplexen zurück und zeigen dann, daß für die vorliegenden speziellen Abszissen diese Interpolationsaufgabe besonders effizient gelöst werden kann.

Sei dazu gesetzt

$$b_0 = 0, \qquad b_M = 0$$

und

$$\left.\begin{aligned} c_j &= \tfrac{1}{2}(a_j - \mathrm{i}\, b_j),\\ c_{-j} &= \tfrac{1}{2}(a_j + \mathrm{i}\, b_j), \end{aligned}\right\} \quad j = 0,\ldots,M,$$

$$z = z(x) = \exp(\mathrm{i}\, x).$$

Damit ergibt sich

$$\begin{aligned} S_M(x) &= c_0 + \sum_{j=1}^{M}\{(c_j + c_{-j})\cos jx + \mathrm{i}\,(c_j - c_{-j})\sin jx\}\\ &= \sum_{j=-M}^{M} c_j\exp(\mathrm{i}\, jx) = \sum_{j=-M}^{M} c_j z^j = z^{-M}\sum_{j=0}^{2M} c_{j-M}z^j\\ &= z^{-M}\sum_{j=0}^{2M}\alpha_j z^j \end{aligned}$$

mit $\alpha_j = c_{j-M}$, wobei noch $\alpha_0 = \alpha_{2M}$ gilt.

Gesucht ist das Polynom P_{2M} vom Höchstgrad $2M$ mit den komplexen Koeffizienten $\alpha_j = c_{j-M}, \quad j = 0, \ldots, 2M$, das die Interpolationsforderung

$$P_{2M}(z_k) = y_k = z_k^M f_k, \qquad k = 0, \ldots, 2M-1,$$

erfüllt, wo

$$\begin{aligned} z_k &= \exp(\mathrm{i}\,\frac{k2\pi}{2M}) \\ &= \omega^k \end{aligned}$$

mit

$$\omega = \exp\Big(\mathrm{i}\,2\pi/(2M)\Big).$$

Somit ist

$$z_k^M = \exp(\mathrm{i}\,k\pi) = \pm 1. \quad \text{d.h. } y_k = \pm f_k.$$

Ferner hat man noch die Bedingung $\alpha_0 = \alpha_{2M}$ (wegen $b_M = 0$). Sind die α_j bestimmt, so erhält man die ursprünglich gesuchten Koeffizienten $a_0, \ldots, a_M$ und $b_1, \ldots, b_M$ aus den Beziehungen

$$\begin{aligned} a_0 &= 2c_0 = 2\alpha_M, \\ a_j &= c_j + c_{-j} = \alpha_{j+M} + \alpha_{M-j}, \\ b_j &= \mathrm{i}\,(c_j - c_{-j}) = \mathrm{i}\,(\alpha_{j+M} - \alpha_{M-j}), \quad j = 1, \ldots, M. \end{aligned}$$

Damit ist die Aufgabe zurückgeführt auf die Lösung der Polynominterpolationsaufgabe

$$\begin{aligned} \sum_{j=0}^{2M} \alpha_j(\omega^k)^j &= y_k, \qquad k = 0, \ldots, 2M-1, \\ \alpha_0 - \alpha_{2M} &= 0, \end{aligned}$$

wobei ω eine sogenannte primitive Einheitswurzel der Ordnung $2M$ ist, d.h.

$$\omega^{2M} = 1 \quad \text{und} \quad \omega^i \neq 1, \quad i = 1, \ldots, 2M-1.$$

Wegen $(\omega^k)^{2M} = 1$ erhält man mit $\tilde{\alpha_0} := 2\alpha_0$ und $\tilde{\alpha_i} := \alpha_i, \quad i = 1, \ldots, 2M-1$, die neuen Bedingungen

$$\sum_{j=0}^{2M-1} \tilde{\alpha}_j(\omega^k)^j = y_k, \qquad k = 0, \ldots, 2M-1.$$

Formal kann die Bestimmung der $\tilde{\alpha}_j$ geleistet werden durch Inversion der Vandermonde–Matrix

$$V = \left[\omega^{kj}\right]_{\left\{\begin{smallmatrix} 0\le k\le 2M-1 \\ 0\le j\le 2M-1 \end{smallmatrix}\right\}}.$$

Diese Matrix kann elementar invertiert werden, da ihre Spalten im euklidischen Skalarprodukt in $\mathbb{C}^{2M}$ paarweise orthogonal sind.

Es gilt nämlich

Satz 11.7. *Sei ω eine primitive Einheitswurzel der Ordnung $m+1$, d.h. $\omega^{m+1} = 1, \quad \omega^i \neq 1, \quad 1 \le i \le m$. Dann ist*

$$\sum_{j=0}^{m} \omega^{js} = \begin{cases} m+1 & \text{wenn} \quad s = 0 \bmod m+1, \\ 0 & \text{sonst.} \end{cases}$$

Beweis: Sei $s = 0 \bmod m+1$. Dann gibt es ein l mit $s = l(m+1)$ und somit ist

$$\omega^{sj} = \omega^{(m+1)lj} = 1^{lj} = 1, \quad \text{also} \sum_{j=0}^{m} \omega^{sj} = m+1.$$

Sei $s \neq 0 \bmod m+1$. Setze $z = \omega^s$, dann ist $z \neq 1, \quad z^{m+1} = 1$. Also gilt

$$\sum_{j=0}^{m} \omega^{js} = \sum_{j=0}^{m} z^j = \frac{z^{m+1}-1}{z-1} = 0.$$

□

Somit haben wir

$$V^{-1} = \left[\omega^{-ij}/(2M)\right]_{\left\{\begin{smallmatrix} 0\le i\le 2M-1 \\ 0\le j\le 2M-1 \end{smallmatrix}\right\}},$$

denn durch Ausmultiplizieren ergibt sich unter Ausnutzung von Satz 11.7:

$$(V^{-1}V)_{i,j} = \frac{1}{2M}\Big(\sum_{s=0}^{2M-1} \omega^{-is}\omega^{sj}\Big) = \frac{1}{2M}\Big(\sum_{s=0}^{2M-1} \omega^{s(j-i)}\Big) = \delta_{ij},$$

weil $i - j \neq 0 \bmod 2M$, falls $i \neq j$ und $0 \le i,j \le 2M-1$. Dabei ist δ_{ij} das Kronecker–Symbol.

Für die gesuchten Koeffizienten $\tilde{\alpha}_0, \dots, \tilde{\alpha}_{2M-1}$ erhalten wir damit die Formel

$$\tilde{\alpha}_k = \frac{1}{2M} \sum_{i=0}^{2M-1} y_i(\omega^{-k})^i =: Q(\omega^{-k}), \qquad k = 0, \dots, 2M-1.$$

Mit ω ist aber auch $\frac{1}{\omega}$ eine primitive Einheitswurzel der Ordnung $2M$. Die Bestimmung der Koeffizienten $\tilde{\alpha}_0, \ldots, \tilde{\alpha}_{2M-1}$ ist damit zurückgeführt auf die Bestimmung der $2M$ Polynomwerte $Q(z^k)$, $\quad k = 0, \ldots, 2M-1$, wobei $z = \frac{1}{\omega}$ Einheitswurzel der Ordnung $2M$ ist und $y_i/(2M)$ die Koeffizienten des Polynoms Q sind.

Es bleibt somit zu zeigen, wie diese spezielle Polynomauswertung effizient bewerkstelligt werden kann. Wir schreiben

$$Q(x) = \sum_{i=0}^{2M-1} \beta_i x^i, \qquad \beta_i = y_i/(2M).$$

Dann ist

$$\begin{aligned} Q(x) &= \sum_{i=0}^{M-1} \beta_{2i} x^{2i} + \sum_{i=0}^{M-1} \beta_{2i+1} x^{2i+1} \\ &= \sum_{i=0}^{M-1} \beta_{2i} x^{2i} + x \sum_{i=0}^{M-1} \beta_{2i+1} x^{2i} \\ &= Q_1(x^2) + x Q_2(x^2) \end{aligned}$$

mit Q_1 und Q_2 vom Höchstgrad $M-1$.

Um also die $2M$ Werte $Q(\omega^{-k})$, $\quad k = 0, \ldots, 2M-1$, zu berechnen, genügt es, die Werte $Q_1((\omega^2)^{-k})$ und $Q_2((\omega^2)^{-k})$ zu kennen und $2M$ Additionen und M Multiplikationen auszuführen.

M Multiplikationen kann man einsparen, weil

$$\omega^M = \exp(\mathrm{i}\frac{2\pi M}{2M}) = \exp(\mathrm{i}\pi) = -1$$

und somit

$$\omega^{-k} = -\omega^{-k-M}, \qquad k = 0, \ldots, M-1.$$

Nun benutzen wir die Tatsache, daß ω Einheitswurzel der Ordnung $2M$ ist. Unter den Werten $(\omega^2)^{-k}$, $\quad k = 0, \ldots, 2M-1$ gibt es deshalb nur M verschiedene, z.B. bei $M = 4$

$$\omega = \frac{1+\mathrm{i}}{\sqrt{2}}.$$

$k=0$	$k=1$	$k=2$	$k=3$	$k=4$	$k=5$	$k=6$	$k=7$
$\omega^0 = 1$,	$\omega^2 = \mathrm{i}$,	$\omega^4 = -1$,	$\omega^6 = -\mathrm{i}$,	$\omega^8 = 1$,	$\omega^{10} = \mathrm{i}$,	$\omega^{12} = -1$,	$\omega^{14} = -\mathrm{i}$.

Man hat also nur M Werte der Polynome

$$Q_1(x) = \sum_{i=0}^{M-1} \beta_{2i} x^i, \qquad Q_2(x) = \sum_{i=0}^{M-1} \beta_{2i+1} x^i$$

an den Stellen $x = (\omega^2)^{-k}$, $\quad k = 0, \ldots, M-1$ zu berechnen.

Aber (ω^2) ist Einheitswurzel der Ordnung M, d.h. die gleiche Überlegung wie oben für Q kann nun für Q_1 und Q_2 wiederholt werden. Bezeichnen wir mit $\mathcal{A}(r)$ den Aufwand zur Berechnung der $\tilde{\alpha}_i$, $\quad i = 0, \dots, 2M-1$, wo $2M = 2^r$ und bewerten wir eine komplexe Addition als 2 reelle Additionen und eine komplexe Multiplikation als 10 reelle Additionen, was bei den meisten modernen Rechnern realistisch ist, so erhalten wir als Formel für $\mathcal{A}(r)$ die Rekursion

$$\begin{aligned} \mathcal{A}(r) &= 2\mathcal{A}(r-1) + (2 \cdot 2^r + 10 \cdot 2^{r-1}), \\ \mathcal{A}(0) &= 0. \end{aligned}$$

Dies ergibt

$$\mathcal{A}(r) = 7r2^r = 14M \log_2(2M)$$

reelle Additionen als Aufwandsäquivalent. Auch für große Stützstellenzahlen, etwa $2M = 16384$, ist der Rechenaufwand sehr gering, während die direkte Anwendung der Formel (11.63) dann völlig undiskutabel wäre.

Ein Rechenprogramm für diese *schnelle Fouriertransformation* (FFT) findet man bei [65].

Die FFT findet mannigfache Anwendung, u.a. in der Signalverarbeitung und bei der Inversion der Laplacetransformation. Man kann die Rechentechnik auch auf allgemeine Stützstellenzahl N verallgemeinern, wobei dann mit der Primfaktorzerlegung von N gearbeitet wird [79].

11.9 Zweidimensionale Approximation

Die in den Abschnitten 11.4. bis 11.8. beschriebenen Methoden lassen sich unmittelbar auf Funktionen mehrerer Veränderlicher übertragen. Hat man etwa eine Funktion f auf einem Gebiet $G \subset \mathbb{R}^2$ zu approximieren und sind φ_i geeignete Ansatzfunktionen auf G, so liefert die Forderung

$$\|f - \Phi_n\|_2^2 = \int_G \Big(f(x,y) - \sum_{i=1}^{n} \alpha_i \varphi_i(x,y)\Big)^2 dx\, dy = \min$$

ein Gleichungssystem mit den gleichen Eigenschaften wie (11.39). Allerdings sind nun die Matrixkoeffizienten und die Koeffizienten der rechten Seite Bereichsintegrale und ihre numerische Auswertung kann sehr aufwendig werden, insbesondere wenn G kein Rechteckgebiet ist.

Die Konstruktion von Orthogonalbasen ist auch hier im Prinzip möglich, allerdings wegen des damit verbundenen Aufwandes nicht gebräuchlich.

Die trigonometrische Approximation auf Rechteckgebieten ist völlig unproblematisch, insbesondere gibt es auch eine Übertragung des FFT-Algorithmus auf mehrere Veränderliche.

Besonders einfach gestaltet sich die mehrdimensionale Approximation empirischer Funktionen. Hat man etwa einen Datensatz (x_i, y_i, f_i) mit $f_i = f(x_i, y_i) + \varepsilon_i$, $i = 1, \ldots, m$, vorliegen (wobei die ε_i die unbekannten Meßfehler sind) und will die zugrundeliegende Funktion f durch einen Ansatz

$$f(x,y) = \sum_{j=1}^{n} \alpha_j \varphi_j(x,y) \tag{11.65}$$

beschreiben, so hat man in den Bezeichnungen von Band 1, Abschnitt 5.4.3 lediglich die Matrix

$$A = \begin{bmatrix} \varphi_1(x_1, y_1), \ldots, \varphi_n(x_1, y_1) \\ \vdots \qquad\qquad \vdots \\ \varphi_1(x_m, y_m), \ldots, \varphi_n(x_m, y_m) \end{bmatrix}$$

und die rechte Seite $b = [f_1, \ldots, f_m]^T$ aufzustellen und dann $\|Aa - b\|_2$ etwa mit Hilfe der Househoulder-QR–Zerlegung von A zu minimieren. Die Meßstellen (x_i, y_i) unterliegen dabei lediglich der Voraussetzung, daß die entstehende Matrix A den vollen Spaltenrang behält, können ansonsten aber beliebig verstreut liegen.

In vielen Anwendungen benötigt man die durch die Meßdaten gegebene Funktion f als glatte Fläche über einem Gebiet G der (x,y)–Ebene, das die Meßpunkte (x_i, y_i) enthält, ist aber nicht an eine spezielle Form der Entwicklung (11.65) gebunden. In diesem Zusammenhang sind verschiedene Ansätze gebräuchlich, z.B.

$$f(x,y) = \gamma_1 + \sum_{i=1}^{n} \alpha_i (r_i^2(x,y) + \delta^2)^{1/2}, \tag{11.66}$$

$$f(x,y) = \gamma_1 + \sum_{i=1}^{n} \alpha_i \ln(r_i^2(x,y) + \delta^2), \tag{11.67}$$

$$f(x,y) = \gamma_1 + \gamma_2 x + \gamma_3 y + \sum_{i=1}^{n} \alpha_i r_i^2(x,y) \ln r_i(x,y), \tag{11.68}$$

jeweils mit

$$r_i^2(x,y) = (x - x_i^{\text{ref}})^2 + (y - y_i^{\text{ref}})^2$$

und geeignet gewählten „Referenzpunkten" $(x_i^{\text{ref}}, y_i^{\text{ref}})$. $\delta > 0$ wird meist als mittlerer quadratischer Abstand zwischen den „Referenzpunkten" gewählt, doch haben die Autoren auch mit größeren Werten von δ gute Erfahrungen gemacht. Man kann zeigen, daß die Interpolationsaufgabe mit diesen Ansätzen, d.h. $n = m$ und $x_i = x_i^{\text{ref}}$, $y_i = y_i^{\text{ref}}$, $i = 1, \ldots, n$, eindeutig lösbar ist, wenn man zusätzlich fordert, daß

$$\begin{aligned} &\sum_{i=1}^{n} \alpha_i = 0 && \text{bei (11.66), (11.67),} \\ &\sum_{i=1}^{n} \alpha_i = 0, \quad \sum_{i=1}^{n} \alpha_i x_i^{\text{ref}} = 0, \quad \sum_{i=1}^{n} \alpha_i y_i^{\text{ref}} = 0 && \text{bei (11.68),} \end{aligned} \tag{11.69}$$

vgl. [54].

Es ist keineswegs erforderlich, $n = m$ zu setzen. Vielmehr kann man auch etwa das Gitter der Referenzpunkte $(x_i^{\text{ref}}, y_i^{\text{ref}})$ regulär und $n \ll m$ wählen, während die Meßpunkte (x_j, y_j) beliebig gestreut liegen. Insbesondere mit dem Ansatz (11.68) liegen gute Erfahrungen vor. Man fordert dann wieder, daß die Fehlerquadratsumme der Anpaßfehler minimal wird.

Oft begnügt man sich nicht mit einer „guten" Anpassung im Sinne einer möglichst kleinen Fehlerquadratsumme, sondern möchte auch eine „möglichst glatte" Fläche erzielen. In diesem Fall definiert man etwa

$$I(u) = \int_G \sum_{i=0}^{2} \binom{2}{i} \left(\frac{\partial^2 u}{\partial x^i \partial y^{2-i}} \right)^2 dx\, dy \tag{11.70}$$

als Maß für die „Gesamtkrümmung" der Fläche $u = u(x, y)$, wobei G das Gebiet bezeichnet, auf dem die Approximation der Fläche benötigt wird. Liegen etwa die Meßpunkte (x_i, y_i) verstreut in $[0,1] \times [0,1]$, so wird man die $(x_i^{\text{ref}}, y_i^{\text{ref}})$, $i = 1, \ldots, N^2 = n$, als reguläres Gitter wählen und $G = [0,1] \times [0,1]$ setzen.

Man fordert dann ($\Phi_n(\ldots)$ bezeichnet einen der Ansätze (11.66)–(11.68))

$$I(\Phi_n(.; \boldsymbol{g}, \alpha_1, \ldots, \alpha_n)) \stackrel{!}{=} \min_{\boldsymbol{g}, \alpha_1, \ldots, \alpha_n} \tag{11.71}$$

mit der Nebenbedingung

$$\sum_{i=1}^{m} (f_i - \Phi_n(x_i, y_i; \boldsymbol{g}, \alpha_1, \ldots, \alpha_n))^2 \leq \beta \tag{11.72}$$

mit geeignet gewähltem β und den Nebenbedingungen (11.69). Zur Definition von $\boldsymbol{g}$ vgl. unten.

Diese Aufgabe kann vollständig mit den in Band 1, Kapitel 2, Abschnitt 5.4.3 und Kapitel 10 dargestellten numerischen Methoden gelöst werden.

Sei

$$\boldsymbol{E} = \begin{bmatrix} 1 \\ \vdots \\ 1 \end{bmatrix}, \qquad \text{bzw.} \quad \boldsymbol{E} = \begin{bmatrix} 1 & x_1 & y_1 \\ \vdots & \vdots & \vdots \\ 1 & x_m & y_m \end{bmatrix},$$

$$\boldsymbol{g} = [\gamma_1], \qquad \text{bzw.} \quad \boldsymbol{g} = [\gamma_1, \gamma_2, \gamma_3]^T,$$

$$\boldsymbol{a} = [\alpha_1, \ldots, \alpha_n]^T, \qquad \boldsymbol{y} = [f_1, \ldots, f_m]^T,$$

$$\boldsymbol{A} = \begin{bmatrix} \varphi(r_1(x_1, y_1)), \ldots, \varphi(r_n(x_1, y_1)) \\ \vdots \qquad\qquad \vdots \\ \varphi(r_1(x_m, y_m)), \ldots, \varphi(r_n(x_m, y_m)) \end{bmatrix},$$

$$\tilde{E} = \begin{bmatrix} 1 \\ \vdots \\ 1 \end{bmatrix}, \qquad \text{bzw.} \qquad \tilde{E} = \begin{bmatrix} 1 & x_1^{\text{ref}} & y_1^{\text{ref}} \\ \vdots & \vdots & \vdots \\ 1 & x_n^{\text{ref}} & y_n^{\text{ref}} \end{bmatrix}$$

mit $\varphi(r) = (r^2 + \delta^2)^{1/2}$ bzw. $\varphi(r) = \ln(r^2 + \delta^2)$, $\varphi(r) = r^2 \ln r$.

Dann lauten die Nebenbedingungen (11.69)

$$\tilde{E}^T a = 0 \tag{11.73}$$

und (11.72) wird zu

$$\|y - (Eg + Aa)\|_2^2 \le \beta. \tag{11.74}$$

Wir setzen voraus, daß $\tilde{E}$ den vollen Rang besitzt (d.h. die Referenzpunkte befinden sich in allgemeiner Lage). Dann kann man mittels einer QR–Zerlegung von $\tilde{E}$ die Restriktion (11.73) umformulieren:

$$\begin{aligned} \tilde{Q}\tilde{E} &= \begin{bmatrix} \tilde{R} \\ 0 \end{bmatrix}, \\ a &= \tilde{Q}^T \tilde{a} \end{aligned}$$

mit $\tilde{Q} \in \mathsf{R}^{n \times n}$ orthonormal und $\tilde{R}$ obere Dreiecksmatrix ergibt

$$[\tilde{R}^T, 0]\, \tilde{a} = 0,$$

d.h. die erste bzw. die ersten drei Komponenten von $\tilde{a}$ sind notwendig gleich null. Also ist

$$a = \tilde{Q}^T \begin{bmatrix} 0 \\ \tilde{a}_2 \end{bmatrix}, \qquad 0 \in \mathsf{R} \quad \text{bzw.} \quad 0 \in \mathsf{R}^3.$$

Einsetzen in (11.74) ergibt

$$\|y - (Eg + A\tilde{Q}^T \begin{bmatrix} 0 \\ \tilde{a}_2 \end{bmatrix})\|_2^2 \le \beta. \tag{11.75}$$

Mit den Bezeichnungen

$$\begin{aligned} B &= [E, A\tilde{Q}^T \begin{bmatrix} 0 \\ I_k \end{bmatrix}], \qquad k = n-1 \quad \text{bzw.} \quad k = n-3, \\ b &= \begin{bmatrix} g \\ \tilde{a}_2 \end{bmatrix} \end{aligned}$$

wird (11.75) zu

$$\|y - Bb\|_2^2 \le \beta.$$

Mit Hilfe der Singulärwertzerlegung von B (vgl. Band 1, Abschnitt 10.5)

$$B = U \begin{bmatrix} \Sigma \\ 0 \end{bmatrix} V^T$$

kann man diese Restriktion weiter vereinfachen zu

$$\begin{aligned} \|\tilde{y} - \begin{bmatrix} \Sigma \\ 0 \end{bmatrix} \tilde{b}\|_2^2 &\leq \beta, \\ \tilde{y} = U^T y, \qquad \tilde{b} &= V^T b. \end{aligned} \tag{11.76}$$

Aus der Darstellung (11.76) kann man nun unmittelbar die zulässigen Werte für die Schranke β ablesen. Gilt für die Singulärwerte von B

$$\sigma_1 \geq \sigma_2 \geq \cdots \geq \sigma_r > \sigma_{r+1} = 0 = \cdots$$

mit $r \leq n$, und zerlegt man $\tilde{y}$ entsprechend:

$$\tilde{y}^T = (\tilde{y}_1^T, \tilde{y}_2^T) \qquad \text{mit } \tilde{y}_1 \in \mathbb{R}^r, \tag{11.77}$$

dann ist

$$\|\tilde{y}_2\|_2^2 \leq \beta \tag{11.78}$$

zu wählen. Wie schon in Band 1, Abschnitt 10.5 und 5.4.3 erwähnt, wird man aber in der Praxis auch sehr kleine σ_i–Werte als null ansehen und entsprechend größere β–Werte ins Auge fassen. Wählt man β sehr groß, so ist schließlich die Wahl $\tilde{a}_2 = 0$ möglich, um (11.76) zu erfüllen. In diesem Fall erhält dann das Krümmungsintegral (11.70) seinen kleinstmöglichsten Wert 0 und die Anpassung entartet zu einer Anpassung durch eine konstante bzw. eine lineare Funktion. Um die Diskussion zu vereinfachen, setzen wir im folgenden voraus, daß Σ invertierbar ist und

$$0 < \beta - \|\tilde{y}_2\|_2^2 < \|\tilde{y}_1\|_2^2.$$

Dann führt die Minimierungsforderung für I unter den Nebenbedingungen (11.69) und (11.74) dazu, daß im Optimum (11.76) mit Gleichheit erfüllt ist. Die Optimalstelle kann also mit der Multiplikatorregel von Lagrange ermittelt werden.

Da die Ansätze (11.66) – (11.68) linear in den unbekannten Koeffizienten α_i sind, kann das Krümmungsintegral I (11.71) als quadratische Form in $\alpha_1, \ldots, \alpha_n$ geschrieben werden:

$$I(\Phi_n(.; \boldsymbol{g}, \alpha_1, \ldots, \alpha_n)) = \boldsymbol{a}^T \boldsymbol{H} \boldsymbol{a} \tag{11.79}$$

mit einer positiv semidefiniten symmetrischen Matrix $\boldsymbol{H}$. Wegen

$$\frac{\partial^2}{\partial x^k \partial y^{2-k}} \Phi_n(\cdots) = \sum_{i=1}^{n} \alpha_i \frac{\partial^2}{\partial x^k \partial y^{2-k}} \varphi(r_i(x, y))$$

ist

$$H_{i,j} = \sum_{k=0}^{2} \binom{2}{k} \int_G \left(\frac{\partial^2}{\partial x^k \partial y^{2-k}} \varphi(r_i(x,y)) \right) \left(\frac{\partial^2}{\partial x^k \partial y^{2-k}} \varphi(r_j(x,y)) \right) dx\, dy,$$

man muß also die Gebietsintegrale über die Produkte der zweiten partiellen Ableitungen der Ansatzfunktionen bilden, was in der Regel erneut nur mit numerischen Methoden möglich ist, vgl. Abschnitt 13.5.

Wir wenden nun die oben eingeführten orthonormalen Transformationen an, um auch (11.79) in eine quadratische Form in $\bar{b}$ umzuschreiben:

Mit

$$a = \tilde{Q}^T \begin{bmatrix} 0 \\ I_k \end{bmatrix} \tilde{a}_2$$

erhalten wir zunächst

$$\begin{aligned} a^T H a &= \tilde{a}_2^T [0, I_k] \tilde{Q} H \tilde{Q}^T \begin{bmatrix} 0 \\ I_k \end{bmatrix} \tilde{a}_2 \\ &= \tilde{a}_2^T \tilde{H} \tilde{a}_2, \end{aligned}$$

wobei

$$\tilde{H} = [0, I_k] \tilde{Q} H \tilde{Q}^T \begin{bmatrix} 0 \\ I_k \end{bmatrix}$$

die rechte untere Hauptuntermatrix der Dimension k von $\tilde{Q} H \tilde{Q}^T$ ist. ($k = n-1$ bzw. $k = n-3$).

Dies ergibt mit $b^T = (g^T, \tilde{a}_2^T) = \bar{b}^T V^T$

$$\begin{aligned} I = a^T H a &= b^T \begin{bmatrix} 0 & 0 \\ 0 & \tilde{H} \end{bmatrix} b \\ &= \bar{b}^T V^T \begin{bmatrix} 0 & 0 \\ 0 & \tilde{H} \end{bmatrix} V \bar{b} \\ &= \bar{b}^T \hat{H} \bar{b} \ . \end{aligned}$$

Dabei ist

$$\hat{H} = V^T \begin{bmatrix} 0 & 0 \\ 0 & \tilde{H} \end{bmatrix} V \qquad \in \mathbb{R}^{n \times n}.$$

Die Nullmatrizen in dieser Darstellung haben die Dimensionen $(n-k) \times (n-k)$, $(n-k) \times k$ und $k \times (n-k)$. $\hat{H}$ ist also symmetrisch und semidefinit. Nach der Multiplikatorregel von Lagrange gilt unter unseren obigen Voraussetzungen für β

mit einer reellen Zahl μ und dem Optimalvektor $\tilde{b}_{\text{opt}}$:

$$\begin{aligned} \hat{H}\tilde{b}_{\text{opt}} - \mu\left(-[\Sigma,0](\tilde{y} - \begin{bmatrix} \Sigma \\ 0 \end{bmatrix} \tilde{b}_{\text{opt}})\right) &= 0, \\ \|\tilde{y} - \begin{bmatrix} \Sigma \\ 0 \end{bmatrix} \tilde{b}_{\text{opt}}\|_2^2 &= \beta. \end{aligned} \tag{11.80}$$

Hat man aus diesem System $\tilde{b}_{\text{opt}}$ errechnet, so kann man aufgrund der oben dargestellten Zusammenhänge die Koeffizientenvektoren g und a unmittelbar zurückrechnen.

(11.80) stellt ein nichtlineares System von $n+1$ Gleichungen für die $n+1$ Unbekannten $\tilde{b}_{\text{opt}}$ und μ dar.

Wegen der vorausgesetzten Invertierbarkeit von Σ können wir substituieren:

$$\hat{b}_{\text{opt}} = \Sigma\tilde{b}_{\text{opt}} \quad .$$

Damit wird (11.80) mit (11.77) nach Multiplikation mit Σ^{-1} zu

$$\begin{aligned} (\Sigma^{-1}\hat{H}\Sigma^{-1} - \mu I)\hat{b}_{\text{opt}} &= -\mu\tilde{y}_1, \\ \|\tilde{y}_1 - \hat{b}_{\text{opt}}\|_2^2 &= \beta - \|\tilde{y}_2\|_2^2. \end{aligned} \tag{11.81}$$

Ist W ein orthonormales Eigenvektorsystem von $\Sigma^{-1}\hat{H}\Sigma^{-1}$ und Λ die Diagonalmatrix aus den (nichtnegativen) Eigenwerten λ_i dieser Matrix, dann können wir weiter vereinfachen:

$$(\lambda_i - \mu)\varrho_i = -\mu\eta_i, \qquad i = 1,\ldots,n,$$

mit

$$W^T\hat{b}_{\text{opt}} = (\varrho_1,\ldots,\varrho_n)^T, \qquad W^T\tilde{y}_1 = (\eta_1,\ldots,\eta_n)^T$$

und

$$\sum_{i=1}^{n}(\eta_i - \varrho_i)^2 = \beta - \|\tilde{y}_2\|_2^2 < \sum_{i=1}^{n}\eta_i^2. \tag{11.82}$$

In diesen neuen Variablen lautet der Wert des Krümmungsintegrals

$$I = \sum_{i=1}^{n}\lambda_i\varrho_i^2.$$

$\mu = 0$ impliziert $\lambda_i = 0$ oder $\varrho_i = 0$, d.h. $I = 0$. Diese Lösung ist jedenfalls nicht möglich, wenn

$$\sum_{\substack{i=1 \\ \lambda_i > 0}}^{n} \eta_i^2 > \beta - \|\tilde{y}_2\|_2^2 \quad .$$

Aus der Theorie der konvexen Optimierung (Kuhn–Tucker–Bedingung) folgt, daß dann $\mu < 0$ gelten muß, so daß man auflösen kann (wegen $\lambda_i - \mu > 0$)

$$\varrho_i = \frac{-\mu}{\lambda_i - \mu}\eta_i, \qquad i = 1, \ldots, n, \tag{11.83}$$

und

$$\sum_{i=1}^{n} \frac{\lambda_i^2}{(\lambda_i - \mu)^2}\eta_i^2 = \beta - \|\tilde{y}_2\|_2^2 \quad . \tag{11.84}$$

Die linke Seite dieser Gleichung ist monoton in μ, geht gegen null für $\mu \to -\infty$ und ist größer als die rechte Seite für $\mu \to 0$. Es gibt somit eine eindeutig bestimmte negative Lösung μ^* von (11.84). Ist diese gefunden, etwa mit den in Band 1, Kapitel 2 beschriebenen Verfahren, kann man aus (11.83) die ϱ_i, dann mittels

$$\hat{b}_{\text{opt}} = W \begin{bmatrix} \varrho_1 \\ \vdots \\ \varrho_n \end{bmatrix}$$

$\hat{b}_{\text{opt}}$ und durch weitere Rücksubstitution schließlich die optimalen Koeffizienten a und g finden.

Wenn Σ schlecht konditioniert oder sogar singulär wird, muß man anders vorgehen, weil auf dem hier beschriebenen Weg die Inverse Σ^{-1} explizit eingesetzt wird.

Gilt etwa

$$\sigma_1 \geq \cdots \geq \sigma_r > \varepsilon \geq \sigma_{r+1} \cdots$$

und will man alle Singulärwerte $\leq \varepsilon$ als null ansehen, so kann man sich eine Ersatzlösung des Problems dadurch definieren, daß man die Komponenten $r+1$ bis n von $\tilde{b}_{\text{opt}}$ von $\hat{b}_{\text{opt}}$ zu null setzt und die obige Rechnung mit den verbleibenden r Komponenten durchführt, wobei die Matrix $\Sigma^{-1}\hat{H}\Sigma^{-1}$ durch $\Sigma_1^{-1}\hat{H}_{rr}\Sigma_1^{-1}$ ersetzt wird mit

$$\begin{aligned} \Sigma_1 &= \text{diag}(\sigma_1, \ldots, \sigma_r), \\ \hat{H}_{rr} &= \text{linke obere Hauptuntermatrix von } \hat{H} \text{ der Dimension } r \times r. \end{aligned}$$

Bemerkung 11.2. *Für den Fall des Ansatzes (11.68) und die Interpolation, d.h.* $m = n$, $x_i = x_i^{\text{ref}}$, $y_i = y_i^{\text{ref}}$, $i = 1, \ldots, n$, *hat Duchon [26] bewiesen, daß die Interpolierende das Krümmungsintegral minimiert, wenn* $G = \mathbb{R}^2$. □

Beispiel 11.15. *Das oben dargestellte Verfahren wird im folgenden an dem Ansatz (11.68) demonstriert. Der Approximationsbereich ist das Einheitsdreieck*

$$T = \{\, (x,y): \quad 0 \leq x \leq 1, \quad 0 \leq y \leq 1 - x \}.$$

Die Referenzpunkte $(x_i^{\text{ref}}, y_j^{\text{ref}})$ *erhalten die Koordinaten*

$$\begin{aligned} x_i^{\text{ref}} &= \frac{i}{N}, \qquad i = 0, \dots, N, \\ y_j^{\text{ref}} &= \frac{j}{N}, \qquad j = 0, \dots, N - i, \end{aligned}$$

mit $N = 9$, *d.h.* $n = (N+1)(N+2)/2 = 55$. *In (11.72) ist bereits eine eindimensionale Numerierung dieser Punkte angenommen. Das Krümmungsintegral* $I(f)$ *(11.70) wird durch numerische Kubatur angenähert. Die Details der anzuwendenden Formeln sind etwas verwickelt, weil man berücksichtigen muß, daß die zweiten partiellen Ableitungen von* f *logarithmische Singularitäten an den Stellen* $(x_i^{\text{ref}}, y_j^{\text{ref}})$ *besitzen. Wir wollen deshalb an dieser Stelle darauf nicht eingehen (siehe [49]). Die ausgewählte Funktion erhält die Parameter* $\boldsymbol{a}$ *und* $\boldsymbol{g}$ *mit*

$$\boldsymbol{a} = \tilde{\boldsymbol{Q}}^T \tilde{\boldsymbol{a}}, \quad \tilde{\boldsymbol{a}} = [0, 0, 0, 1, \dots, 1]^T, \quad \boldsymbol{g} = [1, 1, 1]^T.$$

Es wurden $m = 150$ *Datenpunkte* $(x_i, y_i) \in T$ *mittels eines Pseudozufallszahlengenerators erzeugt und die Datenwerte*

$$f_i = f(x_i, y_i) + \varepsilon_i$$

berechnet, mit

$$\varepsilon_i = \text{eps} \cdot f(x_i, y_i)\xi_i,$$

wobei $\xi_i \in [-1, 1]$ *durch einen Pseudozufallszahlengenerator (gleichverteilt) erzeugt wurde. Die relativen Fehler der berechneten* f_i*–Werte sind also höchstens eps.*

Sodann wurde das Minimierungsproblem (11.71) mit der Restriktion (11.72) gelöst. β *wurde dabei in der Form*

$$\beta = \hat{\beta} \sum_{i=1}^{m} f_i^2$$

gewählt. Bei diesem Beispiel betrug $\text{cond}_{\|\cdot\|_2}(\Sigma) = 2.196 \cdot 10^5$. *Dies ist noch ein relativ günstiger Wert, bei größerem* n *steigt die Konditionszahl stark an. Es wurde dann eps und* $\hat{\beta}$ *variiert, eps= 0,* $\hat{\beta} = 0$ *bedeutet also Interpolation der exakten Daten. Wie oben dargelegt, können die Werte von* β *nur in einem gewissen Intervall sinnvoll gewählt werden. In den Beispiel–Zeichnungen sind dies*

$$\begin{aligned} \text{eps} &= 0\,, & 0 &\le \beta \le 10.55\,, \\ \text{eps} &= 0.05\,, & 0.273 &\le \beta \le 11.39\,, \\ \text{eps} &= 0.1\,, & 1.093 &\le \beta \le 13.16\,. \end{aligned}$$

In den Zeichnungen ist als Parameter b *der Wert*

$$b = \frac{\beta - \beta_{\min}}{\sum_{i=1}^{m} f_i^2}$$

angegeben. „Krümmung“ bedeutet den ermittelten Optimalwert für $I(f)$. Man erkennt unmittelbar, daß Werte $b >$eps eine gute Reproduktion der ursprünglichen unverfälschten Fläche (eps= 0, $b = 0$) ergeben. Allerdings darf man aus der guten Reproduktion des optischen Erscheinungsbildes der Fläche nicht auch auf eine gute Reproduktion der einzelnen Koeffizienten schließen. Wie aufgrund der großen Konditionszahl von Σ nicht anders zu erwarten, ergeben sich in den Koeffizienten erhebliche Abweichungen, sie liegen für eps = 0.1 im günstigsten Fall verstreut in $[-2, 3]$.

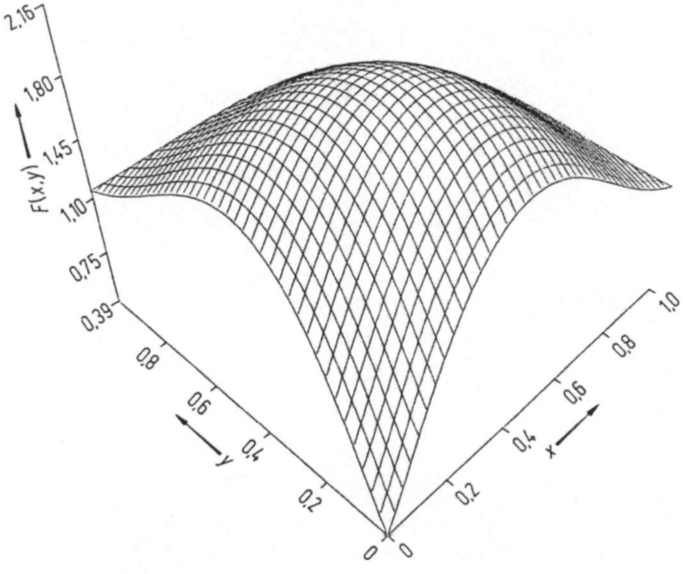

Abbildung 11.4: eps $= 0$, $b = 0$, $I = 85.56$

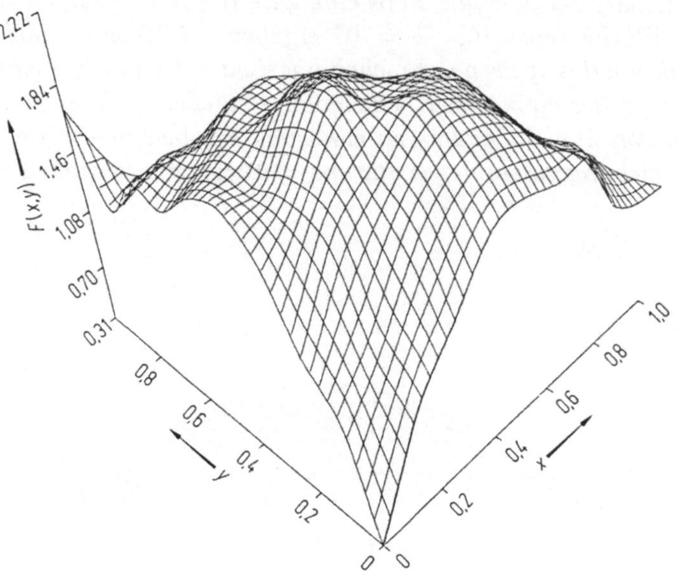

Abbildung 11.5: eps $= 0.05$, $b = 0$, $I = 704.31$

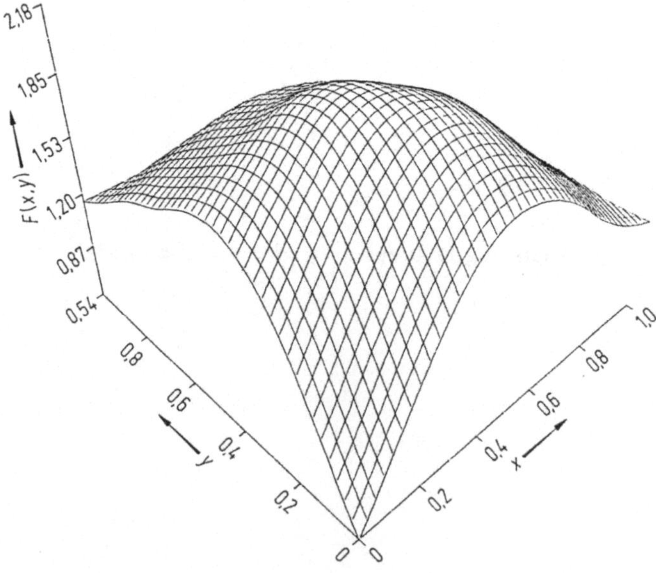

Abbildung 11.6: eps $= 0.05$, $b = 0.1$, $I = 84.10$

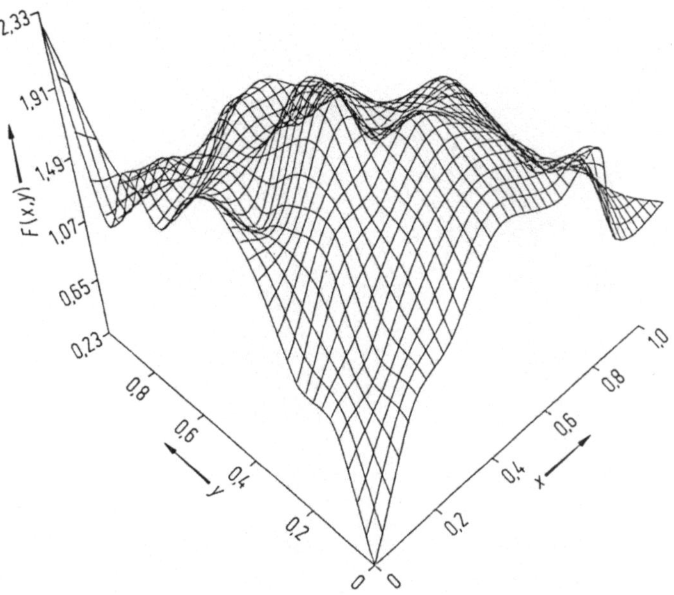

Abbildung 11.7: eps $= 0.1$, $b = 0$, $I = 2584.66$

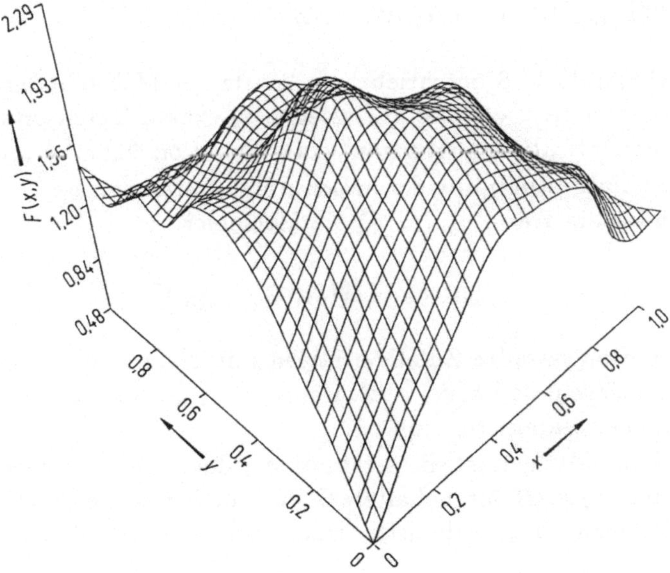

Abbildung 11.8: eps $= 0.1$, $b = 0.1$, $I = 558.74$

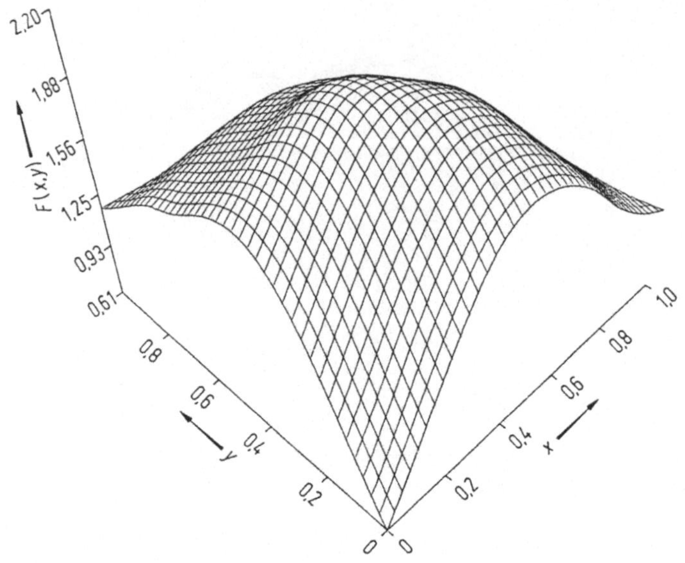

Abbildung 11.9: eps $= 0.1$, $b = 0.5$, $I = 84.10$

11.10 Orthogonale Anpassung

Bei dem in Abschnitt 11.8 beschriebenen Ansatz der Methode der kleinsten Quadrate wird angenommen, daß die Stützstellen x_i exakte Daten und die Stützwerte y_i meßfehlerbehaftete „Beobachtungen" einer Funktion $\Phi_n(x; a_0, \ldots, a_n)$ sind.

Aufgabe ist die Bestimmung der unbekannten Parameter $a_0, \ldots, a_n$. Wenn man annimmt, daß für die Werte $a_0^*, \ldots, a_n^*$ die Meßfehler

$$\varepsilon_i = y_i - \Phi(x_i; a_0^*, \ldots, a_n^*)$$

unabhängige normalverteilte Zufallsvariablen mit $\mathcal{E}(\varepsilon_i) = 0$, $\mathrm{Var}(\varepsilon_i) = \sigma^2$ sind, dann kann man zeigen, daß $\mathcal{E}(a_i) = a_i^*$, wobei die a_i die aus der Fehlerquadratminimierung erhaltenen Parameter sind.

In vielen Anwendungen ist diese Situation jedoch nicht gegeben, vielmehr sind sowohl x_i als auch y_i meßfehlerbehaftete Größen und spezielle Verteilungsannahmen über die Meßfehler sind unrealistisch. Dann kann es sehr viel sinnvoller sein, eine Kurve

$$\mathfrak{C}: \quad \begin{bmatrix} \Psi_n(u; a_0, \ldots, a_n) \\ \Phi_n(u; a_0, \ldots, a_n) \end{bmatrix}, \qquad \mathfrak{C}: \quad \mathsf{R} \to \mathsf{R}^2$$

zu konstruieren, die den Abstand

$$\sum_{i=1}^{m} \left\{ (x_i - \Psi_n(u_i; a_0, \ldots, a_n))^2 + (y_i - \Phi_n(u_i; a_0, \ldots, a_n))^2 \right\}$$

unter den Nebenbedingungen

$$(x_i - \Psi_n(u_i; a_0, \ldots, a_n))\Psi_n'(u_i; a_0, \ldots, a_n)) +$$
$$(y_i - \Phi_n(u_i; a_0, \ldots, a_n))\Phi_n'(u_i; a_0, \ldots, a_n) = 0, \qquad i = 1, \ldots, m,$$

minimiert. Die Nebenbedingungen drücken die Orthogonalität des Abstandes des Punktes (x_i, y_i) von dem zum Parameter $u = u_i$ gehörenden Kurvenpunkt aus. Auch wenn der Ansatz bezüglich der Parameter $a_0, \ldots, a_n$ linear ist, ist das entstehende Problem nichtlinear.

Beispiel 11.16. *Lineare orthogonale Regression.*
Zu gegebenen (x_i, y_i), $i = 1, \ldots, m$, machen wir den Ansatz

$$\mathfrak{C}: \quad \begin{bmatrix} \alpha u & -\delta\gamma \\ \gamma u & +\delta\alpha \end{bmatrix}, \qquad \alpha^2 + \gamma^2 = 1, \quad u \in \mathbf{R}.$$

Jede Gerade in $\mathbf{R}^2$ kann durch diesen Ansatz beschrieben werden. Der Punkt $(-\delta\gamma, \delta\alpha)$ ist der Fußpunkt des Lotes vom Punkt $(0,0)$ auf die Gerade, $|\delta|$ der Abstand der Geraden vom Nullpunkt. Der Parameter u_i, der zum Fußpunkt des Lotes von (x_i, y_i) (siehe Abb. 11.10) auf die Gerade gehört, errechnet sich zu

$$u_i = x_i\alpha + y_i\gamma, \qquad i = 1, \ldots, m.$$

Es verbleibt somit das Minimierungsproblem

$$\sum_{i=1}^{m} \left\{ (x_i - \alpha(x_i\alpha + y_i\gamma) + \delta\gamma)^2 + (y_i - \gamma(x_i\alpha + y_i\gamma) - \delta\alpha)^2 \right\} \stackrel{!}{=} \min_{\alpha,\beta,\delta},$$
$$\alpha^2 + \gamma^2 = 1.$$

Die Restriktion kann man noch eliminieren durch die Substitution

$$\alpha = \cos\varphi, \qquad \gamma = \sin\varphi,$$

und es verbleibt die unrestringierte Minimierung einer Quadratsumme bzgl. der Parameter φ und δ, für die z.B. das Gauß–Newton–Verfahren eingesetzt werden kann. □

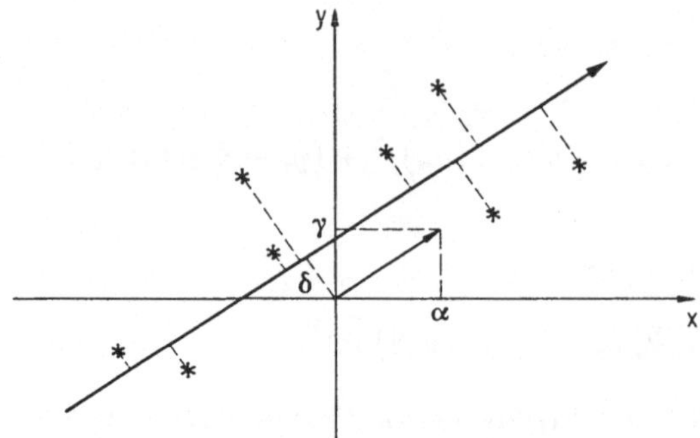

Abbildung 11.10: Lineare orthogonale Regression

Speziell für

$$\begin{aligned} \Psi_n(\ldots) &\equiv u, \\ u_i &= x_i + \delta_i \end{aligned}$$

erhält man die allgemeine nichtlineare Ausgleichsaufgabe

$$\sum_{i=1}^{m}\{\delta_i^2 + (y_i - \Phi_n(x_i + \delta_i; a_0, \ldots, a_n))^2\} \stackrel{!}{=} \min_{\delta_1,\ldots,\delta_m,a_0,\ldots,a_n} .$$

Boggs, Byrd und Schnabel haben in [6] einen auf diese spezielle Aufgabenstellung angepaßten Algorithmus beschrieben, bei dem Φ_n eine beliebige nichtlineare Funktion sein darf.

Aufgaben

A 11.1 Man berechne das Newtonsche Interpolationspolynom aus folgenden Daten der Funktion $f(x) = \sin x$:

x_i	0	$\pi/16$	$\pi/6$	$3\pi/8$	$\pi/2$
$f(x_i)$	0.000000	0.195090	0.500000	0.923880	1.000000

Mit Hilfe von (11.9) errechne man Fehlerschranken an den Stellen $x = \pi/10, \quad \pi/5$.

A 11.2 Mit den Daten

y_j \ x_i	0	1/4	1/2
0	0	0	0
$\pi/10$	0.309017	0.240663	0.187428

der Funktion $f(x, y) = e^{-x} \sin y$ berechne man das zugehörige zweidimensionale Interpolationspolynom und gebe eine Fehlerabschätzung für die Stelle $(3/8, \pi/20)$ an.

A 11.3 Zu folgenden Daten der Funktion $f(x) = \sin x$ bestimme man das Hermitesche Interpolationspolynom:

x_i	0	$\pi/4$	$\pi/2$
$f(x_i)$	0.000000	0.707107	1.000000
$f'(x_i)$	1.000000	0.707107	0.000000

Man gebe eine obere Schranke für den Fehler im Intervall $0 < x < \frac{\pi}{2}$ an.

A 11.4 Man approximiere die Funktion $f(x) = \sin x$ im Intervall $[0, \pi/2]$ durch Polynome 2. und 3. Grades und vergleiche beide Näherungen miteinander.

A 11.5 Man berechne in $[0, \pi/2]$ Approximationen $P_2(x)$ und $P_3(x)$ der Funktion $f(x) = \sin x$ mit Orthogonalpolynomen gemäß Abschnitt 11.6.2 und vergleiche die Näherungen jeweils mit denen aus A 11.4

A 11.6 Man bestimme zur Funktion

$$f(x) = \begin{cases} x, & 0 \leq x < \pi \\ -x, & -\pi < x \leq 0 \\ 0, & x = \pm\pi \end{cases}$$

und $f(x) = f(x + 2\pi)$, $x \in (-\infty, \infty)$, die Fourier–Polynome $S_2(x)$, $S_4(x)$, $S_6(x)$ und untersuche deren Verhalten in der Umgebung von $x = \pm\pi$.

A 11.7 Es sei die Meßreihe

x_i	−3	−2	−1	0	1	2	3
f_i	0.050	0.135	0.368	1.000	2.718	7.389	20.086

vorgelegt. Man approximiere die hierdurch gegebene empirische Funktion durch ein Poynom 4. Grades.

A 11.8

a) Es soll eine 4–stellige Tafel der Funktion

$$g(x) = \sqrt[3]{x}$$

in $1 \le x \le 1000$ erstellt werden. Dabei soll in $10^i \le x \le 10^{i+1}$ die konstante Schrittweite h_i für $i = 0, 1, 2$ gelten. Wie groß darf man die Schrittweiten h_i in der Tafel wählen, damit man

i) bei linearer

ii) bei quadratischer

Interpolation die volle Tafelgenauigkeit ausnutzt, d.h. daß der Fehler kleiner als $5 * 10^{-4}$ ist?

b) Man gebe geeignete Schrittweiten h_i an, welche den Bedingungen aus i) bzw. ii) genügen mit der Form

$$h_i = x10^y, \quad x \in \{1, 2, 5\}, \quad y \in \mathbb{Z}.$$

A 11.9

a) Man berechne einen Näherungswert zu $\sqrt[3]{3}$, indem man die Funktion $f(x) = x^3 - 3$ an den Stellen $x_i = 1.3 + 0.1i$ für $i = 0, 1, 2$ tabelliere und für deren Inverse das Interpolationspolynom $p_2(y)$ aufstelle.

b) Man schätze mit Hilfe des Ausdruckes:

$$\frac{d^3 f^{-1}}{dz^3} = -\frac{f^{(3)} f' - 3(f'')^2}{(f')^5}\Big|_{x=f^{-1}(z)}$$

den Fehler zwischen Näherungswert und $\sqrt[3]{3}$ ab.

A 11.10

a) Man berechne für eine Funktion $f(x)$ das Interpolationspolynom $p_1(x)$ zu den Stützstellen $x = -h$ und $x = h$ mit $h \in \mathbb{R}, h > 0$.

b) Man gebe eine Abschätzung des Fehlers $|f(0) - p_1(0)|$ in Abhängigkeit vom Parameter h an.

c) Man bestimme $p_1'(0)$. Man interpretiere diesen Ausdruck mit Hilfe einer Taylor-Entwicklung von $f(h)$ und $f(-h)$ um die Stelle $x = 0$ bis zum 4. Glied.

d) Wie würde man die Ableitung $f'(x)$ an einer beliebigen Stelle $x \in \mathbb{R}$ approximieren? Man gebe eine Abschätzung für den Fehler dieser Approximation in Abhängigkeit des Parameters h an.

e) Man berechne das Integral von $p_1(x)$ über dem Intervall $[-h,h]$ und gebe eine Abschätzung für die Differenz

$$\left|\int_{-h}^{h} f(x)dx - \int_{-h}^{h} p_1(x)dx\right|$$

in Abhängigkeit vom Parameter h an.

A 11.11

a) Man interpoliere die Funktion $f(x)$ an den Knoten $-h, 0, h$ durch ein Polynom vom Grad 2.

b) Man berechne $p_2''(0)$ und interpretiere den erhaltenen Ausdruck.
Hinweis: Taylor–Entwicklung der Funktion f bis zum 5. Glied.

c) Man integriere das Polynom $p_2(x)$ über dem Intervall $[-h,h]$.

A 11.12 Man bezeichnet die Approximation $G(x;h)$ an eine Funktion $F(x)$ von n–ter Ordnung bezüglich des Parameters h im Punkt x, falls mit einer Konstanten $c > 0$ eine Ungleichung der Form

$$|F(x) - G(x;h)| \leq ch^n$$

gilt.

a) Man zeige: Für eine Funktion $f \in C^4(\mathbb{R})$ ist

$$G(x;h) := \frac{2f(x) - 5f(x+h) + 4f(x+2h) - f(x+3h)}{h^2}$$

eine Approximation der zweiten Ableitung $f''(x)$ von 2. Ordnung.

b) Man zeige: Für Funktionen $A \in C^3(\mathbb{R})$ und $u \in C^4(\mathbb{R})$ ist

$$G(x;h) := \frac{1}{h^2}\left\{A(x+\frac{h}{2})[u(x+h) - u(x)] - A(x-\frac{h}{2})[u(x) - u(x-h)]\right\}$$

eine Approximation 2. Ordnung zu $\{A(x)u'(x)\}'$.

A 11.13 Die Funktion $g(x,y) = x^2y^2$ soll im Einheitsquadrat in den beiden Dreiecken $(1,3,9)$ und $(1,9,7)$ jeweils durch eine quadratische Funktion

$$U_i(x,y) = a_i + b_ix + c_iy + d_ix^2 + e_ixy + f_iy^2, \quad i = 1,2,$$

interpoliert werden. Die aus den beiden Teilen zusammengesetzte Funktion U soll in den angegebenen Knoten $1,\ldots,9$ mit g übereinstimmen. Ist sie (insbesonders an der Naht, der Strecke $\overline{159}$) stetig?

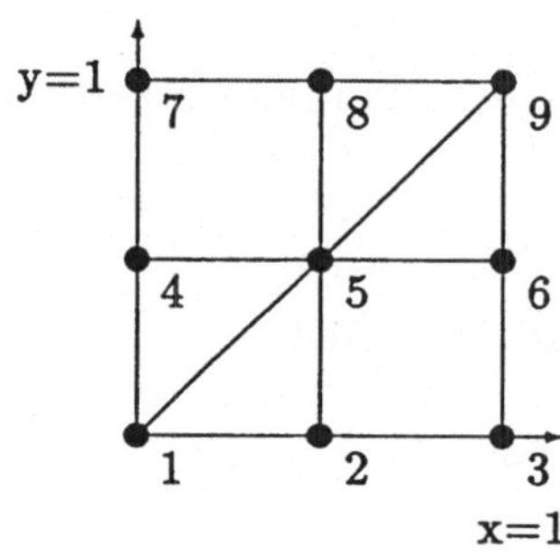

12 Spline–Interpolation

Mit den in Abschnitt 11.1 bis 11.3 beschriebenen Interpolations–Methoden wurde die Funktion f über einem Intervall $[a, b]$ approximiert, das unter Umständen recht groß ist. Zur Erzielung hinreichender Genauigkeit muß der Grad des Interpolationspolynoms dann oft entsprechend hoch gewählt werden. Dies führt aber, wie bereits früher erwähnt, in der Regel zu einer starken „Welligkeit" dieses Polynoms zwischen den Stützstellen, so daß die Approximationseigenschaften dort ausgesprochen schlecht sein können.

Aus diesem Grund kann man versuchen, die Funktion f nicht über $[a, b]$ durch ein einziges Polynom, sondern über Teilintervallen stückweise durch Polynome zu approximieren. Wenn die Teilintervalle hinreichend klein sind, wird man dabei auch den Grad dieser Polynome niedrig wählen können. Außerdem wird man darauf achten, daß die Polynome an den Enden der Teilintervalle zumindest stetig ineinander übergehen und daß die Welligkeit der gesamten Approximation möglichst gering ist. Diese Gedanken führen zur Spline–Interpolation.

12.1 Interpolation durch stückweise lineare Funktionen

12.1.1 Die Konstruktion des Polygonzuges

Wir unterteilen das Intervall $I = [a, b]$ in n Teilintervalle mit Stützstellen $a = x_0, x_1, \ldots, x_n = b$ und nennen

$$\Delta = \{a = x_0 < x_1 < \cdots < x_n = b\} \tag{12.1}$$

eine Unterteilung von I. In den Stützstellen x_i, $\quad i = 0, 1, \ldots, n$, seien die Werte $f_i = f(x_i)$ einer gegebenen Funktion f, die auch eine durch Meßwerte gegebene empirische Funktion sein kann, vorgegeben. Auf I soll f stückweise durch Polynome im Sinne der Interpolation approximiert werden.

Besonders einfach, aber in der Regel recht grob, kann man die Funktion durch stückweise lineare Funktionen, also durch stückweise Geraden, approximieren. Dabei ersetzt man f in $[x_i, x_{i+1}]$, $i = 0, 1, \ldots, n-1$, durch die Gerade

$$y = \frac{f_{i+1} - f_i}{x_{i+1} - x_i}(x - x_i) + f_i, \tag{12.2}$$

die also in den Punkten x_i, x_{i+1} die Werte f_i, f_{i+1} annimmt. Dann wird $f(x)$ über $[a, b]$ durch einen Polygonzug S_Δ approximiert, und zwar gilt für $i = 0, 1, \ldots, n-1$

$$S_\Delta(x) = \frac{f_{i+1} - f_i}{x_{i+1} - x_i}(x - x_i) + f_i, \quad x \in [x_i, x_{i+1}].$$

Wegen $S_\Delta(x_k) = f_k$, $k = 0, 1, \ldots, n$, ist S_Δ eine stetige Interpolationsfunktion, die an den Stellen x_i im allgemeinen nicht mehr differenzierbar ist (siehe Abb. 12.1).

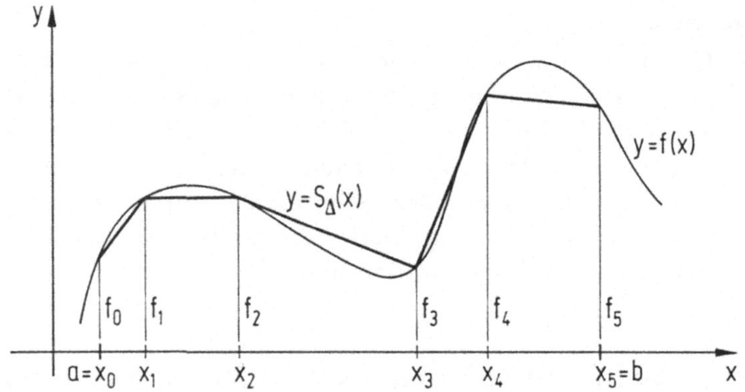

Abbildung 12.1: Verlauf von S_Δ

Der Polygonzug S_Δ erfüllt trivialerweise die Forderung $\int_a^b (S''_\Delta)^2 dx = \min$, ist also in diesem Sinn von minimaler Welligkeit. Wir setzen jetzt

$$h_{i+1} = x_{i+1} - x_i, \qquad h = \max_i (x_{i+1} - x_i), \quad i = 0, 1, \ldots, n-1.$$

Satz 12.1. *Es sei $f \in C^2([a, b])$. Dann gibt es eine Konstante $L \geq 0$, so daß für jedes $x \in [a, b]$*

$$|S_\Delta(x) - f(x)| \leq Lh^2, \qquad |S'_\Delta(x) - f'(x)| \leq 2Lh \tag{12.3}$$

gilt. Dafür wird

$$S'_\Delta(x_i) = (S'_\Delta(x_i - h_i/2) + S'_\Delta(x_i - h_{i+1}/2))/2$$

gesetzt.

Beweis: *Für $x \in [x_i, x_{i+1}]$ ist mit $0 \le \vartheta \le 1$ nach dem Taylorschen Satz*

$$\begin{aligned} S_\Delta(x) - f(x) &= f(x_i) + \frac{f(x_{i+1}) - f(x_i)}{h_{i+1}}(x - x_i) \qquad (12.4)\\ &\quad -f(x_i) - f'(x_i)(x - x_i) - \tfrac{1}{2}f''(x_i + \vartheta(x - x_i))(x - x_i)^2. \end{aligned}$$

Mit $0 \le \vartheta_i \le 1$ und wegen $f \in C^2([a,b])$ gilt weiter

$$\frac{f(x_{i+1}) - f(x_i)}{h_{i+1}} = f'(x_i) + \tfrac{1}{2}f''(x_i + \vartheta_i h_{i+1})h_{i+1}.$$

Aus (12.4) erhält man hiermit für $x \in [x_i, x_{i+1}]$

$$S_\Delta(x) - f(x) = \tfrac{1}{2}\{f''(x_i + \vartheta_i h_{i+1})(x - x_i)h_{i+1} - f''(x_i + \vartheta(x - x_i))(x - x_i)^2\}. \qquad (12.5)$$

Da f'' im abgeschlossenen Intervall $[a,b]$ stetig und damit beschränkt ist, gibt es eine Konstante L, so daß

$$\max_{x \in [a,b]} |f''(x)| \le L\,. \qquad (12.6)$$

Daher ist nach (12.5)

$$|S_\Delta(x) - f(x)| \le Lh^2.$$

Da die rechte Seite dieser Ungleichung nicht mehr von x und i abhängt, gilt sie für alle $x \in [a,b]$, womit die erste Aussage des Satzes bewiesen ist.

Weiter ist für $x \in (x_i, x_{i+1})$

$$\begin{aligned} S'_\Delta(x) - f'(x) &= \frac{f(x_{i+1}) - f(x_i)}{h_{i+1}} - f'(x)\\ &= f'(x_i + \eta_i h_{i+1}) - f'(x)\\ &= f'(x + x_i - x + \eta_i h_{i+1}) - f'(x)\\ &= f''(x + \rho_i(x_i - x + \eta_i h_{i+1}))(x_i - x + \eta_i h_{i+1}),\\ &\quad 0 \le \rho_i, \eta_i \le 1. \end{aligned}$$

Wegen $|x_i - x| \le h, \quad h_{i+1} \le h$ und (12.6) folgt hieraus die Abschätzung

$$|S'_\Delta(x) - f'(x)| \le 2Lh.$$

Auch hier hängt die rechte Seite nicht mehr von x und i ab, die Ungleichung gilt für alle $x \in [a,b]$ mit der obigen Definition von $S'_\Delta(x_i)$. Damit ist der Satz bewiesen.

□

Beispiel 12.1. *Die Funktion* $y = \sin x$ *soll in* $[0, \pi/2]$ *durch stückweise lineare Funktionen approximiert werden, und zwar bei Unterteilung des Intervalls in 4 gleiche Teile. Es ist dann*

i	x_i	f_i	$f_i - f_{i-1}$	$f_i - 2f_{i-1} + f_{i-2}$
0	0	0.000000		
1	$\pi/8$	0.382683	0.382683	
2	$\pi/4$	0.707107	0.324424	−0.058259
3	$3\pi/8$	0.923880	0.216773	−0.107651
4	$\pi/2$	1.000000	0.076120	−0.140653

Wegen $h = x_{i+1} - x_i = \pi/8$ *lautet die Approximierende im Teilintervall* $[x_i, x_{i+1}]$, $i = 0, 1, 2, 3$,

$$S_\Delta(x) = f_i + \frac{f_{i+1} - f_i}{\pi/8}(x - x_i), \qquad x_i = i\pi/8, \quad i = 0, 1, 2, 3.$$

Das ergibt

$$S_\Delta(x) = \begin{cases} 0.974494\, x, & 0 \le x \le \pi/8 \\ 0.826139\, x + 0.058259, & \pi/8 \le x \le \pi/4 \\ 0.552008\, x + 0.273561, & \pi/4 \le x \le 3\pi/8 \\ 0.193838\, x + 0.695520, & 3\pi/8 \le x \le \pi/2 \end{cases} .$$

□

12.1.2 Darstellung mit Hilfe von Basisfunktionen

Wir betrachten den Fall gleichabständiger Stützstellen

$$x_{i+1} - x_i = h, \qquad i = 0, 1, \ldots, n-1,$$

und wollen die Funktion S_Δ für das genannte Intervall $[a, b]$ in geschlossener Form darstellen. Dazu definieren wir die *Basisfunktionen* (siehe Abb. 12.2)

$$\varphi_i(x) = \begin{cases} \frac{x-a}{h} - i + 1, & x_{i-1} \le x \le x_i \\ -\frac{x-a}{h} + i + 1, & x_i \le x \le x_{i+1} \\ 0, & \text{sonst} \end{cases} \qquad i = 1, 2, \ldots, n-1, \tag{12.7}$$

ferner

$$\begin{aligned} \varphi_0(x) &= -\frac{x-a}{h} + 1, & x_0 \le x \le x_1, \\ \varphi_n(x) &= \frac{x-a}{h} - n + 1, & x_{n-1} \le x \le x_n. \end{aligned}$$

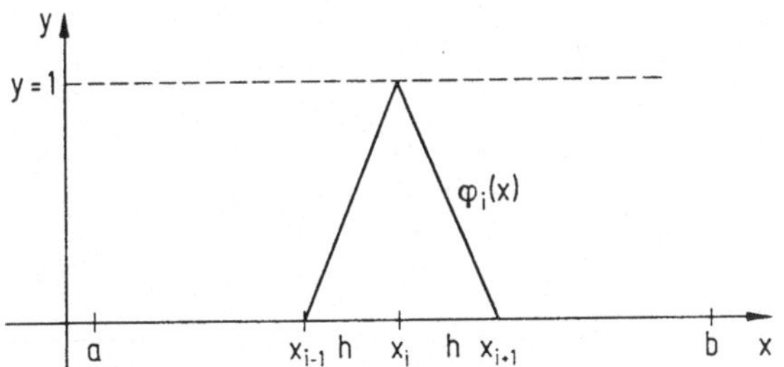

Abbildung 12.2: Die Basisfunktion φ_i

Es gilt

$$\varphi_i(x_j) = \delta_{ij}, \qquad i, j = 0, 1, \ldots, n.$$

Die Funktion $S_\Delta(x)$ hat dann in $[a, b]$ die Gestalt

$$S_\Delta(x) = \sum_{i=0}^{n} f_i \varphi_i(x) \tag{12.8}$$

mit

$$S_\Delta(x_j) = \sum_{i=0}^{n} f_i \varphi_i(x_j) = \sum_{i=0}^{n} f_i \delta_{ij} = f_j, \qquad j = 0, 1, \ldots, n.$$

Für theoretische Untersuchungen ist die Gestalt (12.8) nützlich, für die praktische Rechnung hat sie weniger Bedeutung.

12.2 Definition der kubischen Splines

12.2.1 Eigenschaften der Spline–Funktion

Eine gegebene Funktion kann man im Prinzip durch stückweise Polynome beliebigen Grades approximieren. Es zeigt sich aber, daß hierbei aus mehreren Gründen Polynome ungeraden Grades vorzuziehen sind. Besondere Vorteile bietet die Approximation durch stückweise Polynome dritten Grades, der wir uns jetzt zuwenden wollen. Sie wird bei praktischen Berechnungen häufig verwendet und stellt die eigentliche klassische Spline–Interpolation dar. Der Name stammt von der Bezeichnung eines alten Bootsbauer–Werkzeuges. Es dient dazu, den Verlauf der Außenplanken eines Bootes bei vorgegebenen Spanten zu zeichnen bzw. zu berechnen: Dazu seien die Außenplanken jeweils homogene isotrope Stäbe mit rechteckigem Querschnitt. Der Verlauf der Planke wird dann durch den Verlauf ihrer Biegelinie (elastische Linie) bestimmt. Sie möge die Darstellung $y = S(x)$ haben. Die Biegelinie kann dann angenähert durch eine dünne elastische Latte, *den Spline*, dargestellt werden. Er wird durch Lager, die nur Kräfte senkrecht zur Biegelinie aufnehmen können, in den Punkten (x_i, f_i), $i = 0, \ldots, n$, mit $x_0 = a, \quad x_n = b$, festgehalten.

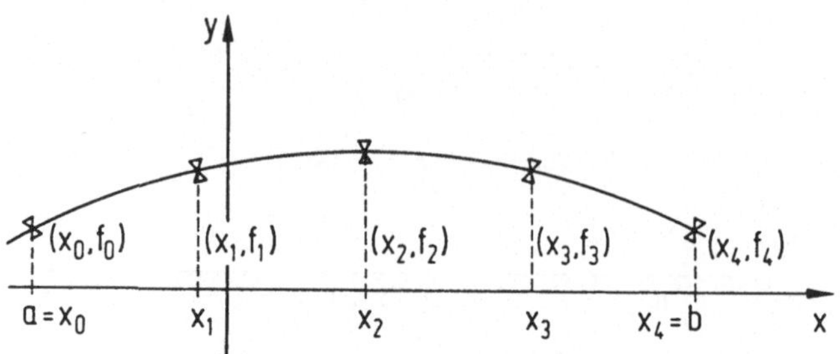

Abbildung 12.3: Der Spline

12.2.2 Die mathematische Definition des Splines

Die Lage des Splines ist dadurch bestimmt, daß in diesen Punkten Querkräfte, in keinem Punkt aber äußere Längskräfte oder äußere Biegemomente wirksam sind. Die Gleichung der Biegelinie, also des Splines, ist bekanntlich

$$\frac{S''(x)}{[1+(S'(x))^2]^{3/2}} = \alpha M(x), \tag{12.9}$$

wobei $M(x)$ das Biegemoment im Punkt x ist, das aus den Querkräften resultiert, und α eine passende Konstante bedeutet. Bei geringer Steigung ist $(S'(x))^2 \ll 1$, und man erhält mit $(S'(x))^2 \approx 0$ die in der Mechanik oft verwendete linearisierte Gleichung

$$S''(x) = \alpha\, M(x).$$

Da $M(x)$ zwischen zwei Stützstellen, also für $x_i < x < x_{i+1}$, $i = 0, \ldots, n-1$, eine lineare Funktion von x ist, gilt

$$S^{(4)}(x) \equiv 0, \quad x \neq x_i, \quad i = 0, 1, \ldots, n.$$

Daher ist $S(x)$ stückweise ein kubisches Polynom. Da der Spline nicht knicken soll, ist $S \in C^2([a,b])$, nach der beschriebenen Konstruktion gilt außerdem $S(x_i) = f_i$, $i = 0, 1, \ldots, n$. Ferner wird der Spline nach links über a und nach rechts über b als gerades Stück herausragen, da dort keine Querkräfte mehr angreifen. Dies bedeutet

$$S''(a) = S''(b) = 0. \tag{12.10}$$

Um den ursprünglichen geraden Spline in die Endlage zu verbiegen, ist eine Biegeenergie

$$\gamma \int_a^b (S''(x))^2\, dx$$

mit einer bestimmten Konstanten γ aufzuwenden. Die Endlage des Splines kann aber dadurch gefunden werden, daß man das Variationsproblem

$$I[\Phi] = \int_a^b (\Phi''(x))^2 dx = \min \tag{12.11}$$

unter den Nebenbedingungen

$$\Phi \in C^2([a,b]), \quad \Phi''(a) = \Phi''(b) = 0, \quad \Phi(x_i) = f_i, \quad i = 0, 1, \ldots, n, \tag{12.12}$$

löst. Die eindeutige Lösung ist dann gerade $\Phi \equiv S$, wie wir weiter unten noch sehen werden, d.h. unter allen möglichen Funktionen, welche den angegebenen Nebenbedingungen genügen, wird $I[\Phi]$ minimal für $\Phi = S$. Schließlich ist $I[\Phi]$ bei kleinem $(\Phi')^2$ ein Maß für die Gesamtkrümmung und damit für die Welligkeit der Funktion Φ über das Intervall $[a,b]$. Dieses Maß ist daher minimal für $\Phi = S$.

Funktionen mit den Eigenschaften eines Splines heißen *Spline-Funktionen*.

Definition 12.1. *Durch*

$$\Delta = \{a = x_0 < x_1 < \cdots < x_n = b\}$$

(vgl. (12.1)) sei eine Unterteilung von $I = [a,b]$ definiert. Die Funktion S_Δ heißt dann eine zu Δ gehörige kubische Spline–Funktion, wenn sie folgende Eigenschaften besitzt:

1. *$S_\Delta \in C^2\,[a,b]$.*
2. *Auf $[x_i, x_{i+1}]$, $i = 0, 1, \ldots, n-1$, stimmt S_Δ mit einem Polynom 3. Grades überein.*

□

Nach dieser Definition sind die Werte von S_Δ an der Stelle x_i noch nicht festgelegt. Es wird jedoch gefordert, daß die Spline–Funktion an diesen Stellen zweimal stetig differenzierbar ist.

12.3 Der kubische Interpolationsspline

12.3.1 Berechnung des Splines

In den Stützstellen x_i, $i = 0, 1, \ldots, n$, von Δ seien die Werte $f_i = f(x_i)$ einer gegebenen Funktion f, die auch eine durch Messungen gegebene empirische Funktion sein kann, gegeben. Diese Funktion soll auf $[a,b]$ durch eine interpolierende kubische Spline–Funktion approximiert werden. Dazu fordern wir, daß diese in den Punkten von Δ mit den Werten f_i übereinstimmt. Eine solche Spline–Funktion nennen wir *kubischen Interpolationsspline* $S_\Delta(f;\cdot)$.

Definition 12.2. *Eine kubische Spline-Funktion* $S_\Delta(f;\cdot)$ *heißt kubischer Interpolationsspline der Funktion* f *bezüglich* Δ, *wenn*

$$S_\Delta(f;x_i) = f_i, \qquad i = 0,1,\ldots,n. \tag{12.13}$$

□

Einen solchen Interpolationsspline wollen wir jetzt berechnen und setzen dazu wieder

$$h_{i+1} = x_{i+1} - x_i, \qquad i = 0,1,\ldots,n-1.$$

Für $x \in [x_i, x_{i+1}]$ ist $S_\Delta(f;\cdot)$ ein kubisches Polynom, $S''_\Delta(f;\cdot)$ also eine lineare Funktion, die wir in der Gestalt

$$S''_\Delta(f;x) = a_i \frac{x_{i+1}-x}{h_{i+1}} + a_{i+1}\frac{x-x_i}{h_{i+1}} \tag{12.14}$$

annehmen können. Hieraus folgt unmittelbar

$$a_i = S''(f;x_i), \qquad a_{i+1} = S''(f;x_{i+1}),$$

also generell

$$a_i = S''(f;x_i), \qquad i = 0,1,\ldots,n. \tag{12.15}$$

Durch Integration von (12.14) und passende Wahl der Integrationskonstanten folgt

$$S'_\Delta(f;x) = -a_i\frac{(x_{i+1}-x)^2}{2h_{i+1}} + a_{i+1}\frac{(x-x_i)^2}{2h_{i+1}} + b_i, \tag{12.16}$$

$$S_\Delta(f;x) = a_i\frac{(x_{i+1}-x)^3}{6h_{i+1}} + a_{i+1}\frac{(x-x_i)^3}{6h_{i+1}} + b_i(x-x_i) + c_i. \tag{12.17}$$

Wegen $S_\Delta(f;x_j) = f_j$, $j = 0,1,\ldots,n$, ergibt sich hieraus weiter

$$\begin{aligned} S_\Delta(f;x_i) &= a_i\frac{h_{i+1}^2}{6} \qquad\qquad + c_i = f_i, \\ S_\Delta(f;x_{i+1}) &= a_{i+1}\frac{h_{i+1}^2}{6} + b_i h_{i+1} + c_i = f_{i+1}, \end{aligned}$$

und somit für $i = 0,1,\ldots,n-1$

$$c_i = f_i - a_i\frac{h_{i+1}^2}{6}, \qquad b_i = \frac{f_{i+1}-f_i}{h_{i+1}} - \frac{h_{i+1}}{6}(a_{i+1}-a_i). \tag{12.18}$$

Zur Berechnung der a_i, $i = 0,1,\ldots,n$, nutzen wir zunächst die Stetigkeit von S'_Δ an den Stellen x_i, $i = 1,2,\ldots,n-1$, aus. Setzt man den Ausdruck für b_i nach (12.18) in (12.16) ein, so folgt für $x \in [x_i, x_{i+1}]$

$$S'_\Delta(f;x) = -a_i\frac{(x_{i+1}-x)^2}{2h_{i+1}} + a_{i+1}\frac{(x-x_i)^2}{2h_{i+1}} + \frac{f_{i+1}-f_i}{h_{i+1}} - \frac{h_{i+1}}{6}(a_{i+1}-a_i) \tag{12.19}$$

und entsprechend für $x \in [x_{i-1}, x_i]$

$$S'_\Delta(f;x) = -a_{i-1}\frac{(x_i - x)^2}{2h_i} + a_i\frac{(x - x_{i-1})^2}{2h_i} + \frac{f_i - f_{i-1}}{h_i} - \frac{h_i}{6}(a_i - a_{i-1}). \qquad (12.20)$$

Aus (12.19) errechnet man

$$S'_\Delta(f;x_i) = -a_i\frac{h_{i+1}}{2} + \frac{f_{i+1} - f_i}{h_{i+1}} - \frac{h_{i+1}}{6}(a_{i+1} - a_i),$$

entsprechend aus (12.20)

$$S'_\Delta(f;x_i) = a_i\frac{h_i}{2} + \frac{f_i - f_{i-1}}{h_i} - \frac{h_i}{6}(a_i - a_{i-1}).$$

Da wegen der Stetigkeit von S'_Δ im Punkt $x = x_i$ die rechten Seiten einander gleich sein müssen, folgt hieraus nach einfacher Rechnung

$$\frac{h_i}{6}a_{i-1} + \frac{h_i + h_{i+1}}{3}a_i + \frac{h_{i+1}}{6}a_{i+1} = \frac{f_{i+1} - f_i}{h_{i+1}} - \frac{f_i - f_{i-1}}{h_i}, \qquad (12.21)$$
$$i = 1, 2, \ldots, n-1.$$

Das ist ein lineares Gleichungssystem von $n-1$ Gleichungen in den $n+1$ Unbekannten $a_0, a_1, \ldots, a_n$. Zwei weitere Bedingungen erhält man, wenn die Forderung (12.10) realisiert wird. Sie besagt in unserem Fall

$$a_0 = S''_\Delta(f;a) = 0, \qquad a_n = S''_\Delta(f;b) = 0.$$

Der dadurch definierte Spline wird als *natürlicher Spline* bezeichnet.

Setzen wir für $i = 1, 2, \ldots, n-1$ noch

$$\begin{aligned} p_i &= \frac{h_i}{h_i + h_{i+1}}, \\ q_i &= 1 - p_i = \frac{h_{i+1}}{h_i + h_{i+1}}, \\ g_i &= \frac{6}{h_i + h_{i+1}}\left(\frac{f_{i+1} - f_i}{h_{i+1}} - \frac{f_i - f_{i-1}}{h_i}\right), \end{aligned} \qquad (12.22)$$

so kann das Gleichungssystem (12.21) in folgender Form geschrieben werden:

$$\begin{array}{llllll} 2a_1 + & q_1 a_2 & & & & = g_1 \\ p_2 a_1 + & 2a_2 + & q_2 a_3 & & & = g_2 \\ \ddots & \ddots & \ddots & & & \vdots \\ & \ddots & \ddots & \ddots & & \vdots \\ & & p_{n-2}a_{n-3} + & 2a_{n-2} + & q_{n-2}a_{n-1} & = g_{n-2} \\ & & & p_{n-1}a_{n-2} + & 2a_{n-1} & = g_{n-1} \end{array} \qquad (12.23)$$

Die Matrix des Systems ist die Tridiagonalmatrix

$$\begin{bmatrix} 2 & q_1 & & & 0 \\ p_2 & 2 & q_2 & & \\ & \ddots & \ddots & \ddots & \\ & & p_{n-2} & 2 & q_{n-2} \\ 0 & & & p_{n-1} & 2 \end{bmatrix}. \tag{12.24}$$

Sie ist wegen $|p_i| + |q_i| = 1$ strikt diagonaldominant (vgl. Band 1, Abschnitt 1.3) und daher nicht singulär. Es gilt somit der

Satz 12.2. *Das lineare Gleichungssystem (12.23) ist für jede Unterteilung Δ eindeutig lösbar.*

Ist Δ eine gleichabständige Unterteilung, gilt also $h_i = h, \quad i = 1, 2, \ldots, n$, so folgt aus (12.22)

$$p_i = q_i = \tfrac{1}{2}, \qquad g_i = \frac{3}{h^2}(f_{i+1} - 2f_i + f_{i-1}), \quad i = 1, 2, \ldots, n-1,$$

die Matrix (12.24) ist zusätzlich symmetrisch und lautet

$$\begin{bmatrix} 2 & \frac{1}{2} & & & 0 \\ \frac{1}{2} & 2 & \frac{1}{2} & & \\ & \ddots & \ddots & \ddots & \\ & & \ddots & \ddots & \ddots \\ & & \frac{1}{2} & 2 & \frac{1}{2} \\ 0 & & & \frac{1}{2} & 2 \end{bmatrix}$$

□

12.3.2 Der Algorithmus

Wir fassen den gesamten Algorithmus noch einmal zusammen:

1. Man berechnet p_i, q_i, g_i, $i = 1, \ldots, n-1$, nach (12.22).

2. Man bestimmt aus dem linearen Gleichungssystem (12.23) die $a_1, \ldots, a_{n-1}$ und setzt $a_0 = a_n = 0$.

3. Man berechnet b_i, c_i, $i = 0, 1, \ldots, n-1$, nach (12.18) und erhält den Spline (12.17) jeweils für $x \in [x_i, x_{i+1}]$. □

Man kann den Spline für $x \in [x_i, x_{i+1}]$ auch nach Potenzen von $x - x_i$ entwickeln:

$$S_\Delta(f;x) = \alpha_i + \beta_i(x - x_i) + \gamma_i(x - x_i)^2 + \delta_i(x - x_i)^3. \qquad (12.25)$$

Wegen

$$\alpha_i = S_\Delta(f;x_i), \qquad \beta_i = S'_\Delta(f;x_i),$$
$$\gamma_i = \tfrac{1}{2}S''_\Delta(f;x_i), \qquad \delta_i = \tfrac{1}{6}S'''_\Delta(f;x_i)$$

errechnet man nach (12.13), (12.19), (12.15) und (12.14)

$$\begin{aligned} \alpha_i &= f_i, & \beta_i &= \frac{f_{i+1} - f_i}{h_{i+1}} - \frac{2a_i + a_{i+1}}{6}h_{i+1}, \\ \gamma_i &= \frac{a_i}{2}, & \delta_i &= \frac{a_{i+1} - a_i}{6h_{i+1}}. \end{aligned} \qquad (12.26)$$

Beispiel 12.2. *Wir betrachten wieder wie in Beispiel 12.1 die Funktion* $y = \sin x$ *und wollen diese in* $[0, \pi/2]$ *durch den kubischen Interpolationsspline approximieren. Die Unterteilung erfolgt wie dort in 4 gleiche Teile mit* $h = \pi/8$. *Unter Verwendung der Tabelle des Beispiels 12.1 errechnet man*

1. $p_i = q_i = \frac{1}{2}, \quad i = 1, 2, 3,$

$$g_1 = \frac{192}{\pi^2}(f_2 - 2f_1 + f_0) = -1.133372,$$

$$g_2 = \frac{192}{\pi^2}(f_3 - 2f_2 + f_1) = -2.094199,$$

$$g_3 = \frac{192}{\pi^2}(f_4 - 2f_3 + f_2) = -2.736203\,.$$

2. *Das Gleichungssystem zur Bestimmung der* a_1, a_2, a_3 *lautet*

$$\begin{aligned} 2a_1 + \tfrac{1}{2}a_2 \quad &= -1.133372 \\ \tfrac{1}{2}a_1 + 2a_2 + \tfrac{1}{2}a_3 &= -2.094199 \\ \tfrac{1}{2}a_2 + 2a_3 &= -2.736203\,. \end{aligned}$$

Hieraus ergibt sich
$a_1 = -0.405714, \quad a_2 = -0.643889, \quad a_3 = -1.207129\,.$

3. *Nach (12.18) ist wegen* $a_0 = a_4 = 0$

$$b_0 = \frac{8}{\pi}(f_1 - f_0) - \frac{\pi}{48}(a_1 - a_0) = 1.001049,$$

$$b_1 = \frac{8}{\pi}(f_2 - f_1) - \frac{\pi}{48}(a_2 - a_1) = 0.841726,$$

$$b_2 = \frac{8}{\pi}(f_3 - f_2) - \frac{\pi}{48}(a_3 - a_2) = 0.588871,$$

$$b_3 = \frac{8}{\pi}(f_4 - f_3) - \frac{\pi}{48}(a_4 - a_3) = 0.114833$$

und weiter

$$\begin{aligned} c_0 &= f_0 = 0, \\ c_1 &= f_1 - \frac{\pi^2}{384} a_1 = 0.393111, \\ c_2 &= f_2 - \frac{\pi^2}{384} a_2 = 0.723656, \\ c_3 &= f_3 - \frac{\pi^2}{384} a_3 = 0.954905\,. \end{aligned}$$

Der Spline kann jetzt nach (12.17) ohne Schwierigkeiten für die einzelnen Intervalle $[x_i, x_{i+1}]$, $i = 0, 1, 2, 3$, *hingeschrieben werden, worauf wir hier jedoch verzichten wollen.* □

An die Stelle der Bedingungen (12.21) können andere treten, die ebenfalls die eindeutige Bestimmtheit des Splines sichern. Man vergleiche hierzu etwa [21]. So verlangt man z.B. häufig

$$S'_\Delta(f;a) = f'(a), \qquad S'_\Delta(f;b) = f'(b). \tag{12.27}$$

Der dadurch gegebene Spline wird auch *hermitescher Spline* genannt. Er besitzt die günstigsten Approximationseigenschaften für $f \in C^4[a,b]$, aber sonst beliebig. Wenn man $f'(a)$ bzw. $f'(b)$ nicht kennt, kann man genausogut die Ableitung des kubischen Interpolationspolynoms zu den Punkten $(x_0, y_0), \ldots, (x_3, y_3)$ an der Stelle a (bzw. $(x_{n-3}, y_{n-3}), \ldots, (x_n, y_n)$ an der Stelle b) statt $f'(a)$ bzw. $f'(b)$ in (12.27) einsetzen. Schließlich hatten wir in Abschnitt 12.2 bemerkt, daß der Spline auch durch die Variationsaufgabe (12.11) unter den Nebenbedingungen (12.12) eindeutig bestimmt ist. Um dies einzusehen, betrachten wir eine Funktion y, die in jedem Teilintervall (x_i, x_{i+1}) viermal differenzierbar ist, den Bedingungen (12.12) genügt und das Integral (12.11) minimiert. Es gilt dann $I[y] \leq I[\Phi]$ für alle Φ mit den Differenzierbarkeitseigenschaften von y, die (12.12) genügen. Aus der Variationsrechnung ist bekannt, daß y notwendig in jedem Teilintervall (x_i, x_{i+1}), $i = 0, 1, \ldots, n-1$, der zu (12.11) gehörigen Eulerschen Differentialgleichung genügen muß. Diese lautet hier einfach

$$y^{(4)} = 0.$$

Da dies für alle $x \in (x_i, x_{i+1})$ gelten muß, ist y in jedem Teilintervall notwendig ein Polynom 3. Grades. Diese Forderung kann daher auch durch die Minimalforderung (12.11) ersetzt werden.

12.4 Fehlerbetrachtungen

Wir wollen jetzt den Fehler abschätzen, der bei der Approximation der Funktion f durch den zugehörigen kubischen Interpolationsspline entsteht. Dabei fragen wir insbesondere, ob auch noch Ableitungen der Funktion durch entsprechende Ableitungen des Splines approximiert werden und welcher Fehler dabei auftritt. Alle Fehler hängen natürlich von der Wahl der Unterteilung Δ des Intervalls $[a,b]$ ab. Verfeinert man diese, verringert also die Abstände zwischen den Stützstellen, so darf man auch eine höhere Approximationsgenauigkeit des Splines erwarten. Bei fortlaufender Verfeinerung der Unterteilung, also bei fortlaufender Verringerung der Abstände der Stützstellen, wird man sogar vermuten, daß der Spline und einige seiner Ableitungen gegen f und ihre entsprechenden Ableitungen konvergieren. Man nennt ihn dann einen *konvergenten Spline.*

Wir betrachten eine Folge von Unterteilungen

$$\Delta^{(k)} = \{a = x_0^{(k)} < x_1^{(k)} < \cdots < x_{n_k}^{(k)} = b\}, \quad k = 1, 2, \ldots \quad . \tag{12.28}$$

Weiter setzen wir

$$\varepsilon_k = \max_j \left(x_{j+1}^{(k)} - x_j^{(k)}\right).$$

Dann gilt der

Satz 12.3. *Es sei* $f \in C^4([a,b])$ *mit* $|f^{(4)}(x)| \leq L$ *und für die Folge von Unterteilungen (12.28) gelte mit der Konstanten* N

$$\varepsilon_k \leq N\left(x_{j+1}^{(k)} - x_j^{(k)}\right), \quad j = 0, 1, \ldots, n_k - 1; \quad k = 1, 2, \ldots \quad . \tag{12.29}$$

$S_{\Delta^{(k)}}$ *sei der interpolierende kubische Spline mit (12.27) auf dem Gitter* $\Delta^{(k)}$. *Dann gibt es von* ε_k *unabhängige Konstanten* $M_i \leq 2$, *so daß für* $x \in [a,b]$

$$\left|f^{(i)}(x) - S_{\Delta^{(k)}}^{(i)}(f;x)\right| \leq M_i N L \varepsilon_k^{4-i}, \quad i = 0, 1, 2, 3, \tag{12.30}$$

gilt.

Auf den Beweis *dieses* Satzes, *der einige Schwierigkeiten bereitet, wollen wir nicht eingehen. Man vergleiche hierzu etwa [7], [70].* □

Der Satz 12.3 beantwortet die oben gestellten Fragen und bestätigt die Vermutungen über die Konvergenz des Splines. Vorausgesetzt wird dabei allerdings, daß $f \in C^4([a,b])$, weshalb die Aussage für empirisch gegebene Funktionen, über deren Verlauf keine weiteren Informationen vorliegen, nicht gelten muß. Da die Fehler

$$f^{(i)}(x) - S_{\Delta^{(k)}}^{(i)}(f;x)$$

bei fortlaufender Verfeinerung der Unterteilung, d.h. für $k \to \infty$, wie ε_k^{4-i} gegen null streben, so sagt man, die Approximation $S_{\Delta^{(k)}}^{(i)}(f;x)$ konvergiere von der Ordnung $4-i$ gegen $f^{(i)}(x)$. Obwohl die dritten Ableitungen des Splines in den Stützstellen x_j im allgemeinen nicht mehr stetig sind, gilt im gesamten Intervall $[a,b]$

$$|f'''(x) - S_{\Delta^{(k)}}'''(f;x)| \leq M_3 N L \varepsilon_k.$$

Hierbei ist zu beachten, daß $S'''_{\Delta^{(k)}}$ in jedem Teilintervall $[x_j^{(k)}, x_{j+1}^{(k)}]$ gleich einer Konstanten $\delta_j^{(k)}$ ist. In den Punkten $x_j^{(k)}$ sind dann jeweils die links– oder rechtsseitigen Grenzwerte, d.h. die konstanten Werte von $S'''_{\Delta^{(k)}}$ links und rechts von $x_j^{(k)}$, zu nehmen.

Gilt

$$x_{j+1}^{(k)} - x_j^{(k)} = \varepsilon_k, \qquad j = 0, 1, \ldots, n_k - 1,$$

sind die Stützstellen jeder Unterteilung also jeweils äquidistant, so ist nach (12.29) $N = 1$. Wegen $M_i \leq 2$ gilt dann nach (12.30) die Abschätzung

$$\left|f^{(i)}(x) - S_{\Delta^{(k)}}^{(i)}(f;x)\right| \leq 2L\varepsilon_k^{4-i}, \quad i = 0, 1, 2, 3. \tag{12.31}$$

Sie hängt nur von der Größe ε_k und der Schranke L für die Funktion $|f^{(4)}|$ in $[a, b]$, nicht vom Spline selbst ab, ist also eine a–priori–Fehlerabschätzung.

Will man den Fehler der Spline–Interpolation bei einer festen vorgegebenen Unterteilung

$$\Delta = \{a = x_0 < x_1 < \cdots < x_n = b\}$$

mit

$$h = \max_j(x_{j+1} - x_j), \qquad j = 0, 1, \ldots, n - 1,$$

abschätzen, so erhält man aus (12.30) und (12.31)

$$\left|f^{(i)}(x) - S_{\Delta}^{(i)}(f;x)\right| \leq M_i N L h^{4-i}$$

und

$$\left|f^{(i)}(x) - S_{\Delta}^{(i)}(f;x)\right| \leq 2Lh^{4-i}. \tag{12.32}$$

Beispiel 12.3. *Wie in Beispiel 12.2 betrachten wir wieder $f(x) = \sin x$ mit $h = \pi/8$. Es gilt $f^{(4)}(x) = \sin x$, also $|f^{(4)}(x)| \leq L = 1$. Nach (12.32) erhalten wir dann z.B. die a–priori–Fehlerabschätzung*

$$|f(x) - S_\Delta(f;x)| \leq 2(\tfrac{\pi}{8})^4 \approx 0.0476.$$

□

Wir haben uns hier auf die Darstellung der für die Anwendungen wichtigen linearen und kubischen Splines beschränkt. Allgemeiner kann man Polynomsplines vom Grad $2m - 1$, $m = 1, 2, \ldots$, betrachten und sie durch entsprechende Forderungen eindeutig bestimmen. Die hieraus resultierende allgemeinere Theorie ist recht kompliziert und erfordert weitergehende mathematische Hilfsmittel. Eine Darstellung findet sich in [1].

Die Spline–Interpolation findet auch Anwendung bei der numerischen Lösung von Randwertproblemen gewöhnlicher Differentialgleichungen. Wir werden darauf in Kapitel 15 eingehen. In Abschnitt 12.7 werden wir auch (12.7) entsprechende Basisfunktionen für kubische Splines angeben.

12.5 Weitere Splinekonstruktionen

Obwohl der kubische interpolierende Spline, wie in Abschnitt 12.2 dargelegt, das „Gesamtkrümmungsintegral“ $\int_a^b (\Phi''(x))^2 dx$ unter den Interpolations- und den beiden zusätzlichen Randbedingungen minimiert, kommt es in den Anwendungen häufig vor, daß $S_\Delta(f;x)$ immer noch zu wellig ist. Oft sind die Ausgangsdaten (x_i, y_i) monoton, d.h.

$$x_0 < x_1 < \cdots \quad \text{und} \quad y_0 < y_1 < \cdots$$

bzw. konvex, d.h.

$$f[x_{i+2}, x_{i+1}, x_i] \geq 0 \quad \text{für} \quad i = 0, \ldots, n-2,$$

und der Anwender möchte eine approximierende glatte Kurve erhalten, die diese Eigenschaften reproduziert. Unter gewissen einschränkenden Voraussetzungen an die Daten ist eine entsprechende Konstruktion leicht möglich, vgl. [17], wo auch ein vollständiges FORTRAN-Programm zu finden ist.

Bei beliebigen Daten kann man zum *Tension-Spline* übergehen. Im entsprechenden mechanischen Modell dieses Splines wird zusätzlich an den Spline-Enden eine Zugspannung angelegt. Mit wachsender Zugspannung geht der Spline dann mehr und mehr in die stückweise lineare stetige Interpolierende zu den Daten über. Während der gewöhnliche Spline zwischen den Punkten x_i und x_{i+1} der Differentialgleichung

$$S''(x) = a_i \frac{x_{i+1} - x}{h_{i+1}} + a_{i+1} \frac{x - x_i}{h_{i+1}}, \qquad x_i \leq x \leq x_{i+1},$$

genügt, lautet die entsprechende Differentialgleichung jetzt

$$S''(x) - \sigma^2 S(x) = (a_i - \sigma^2 y_i) \frac{x_{i+1} - x}{h_{i+1}} + (a_{i+1} - \sigma^2 y_{i+1}) \frac{x - x_i}{h_{i+1}}, \qquad x_i \leq x \leq x_{i+1},$$

d.h. $S(x)$ ist zwischen zwei Gitterpunkten jeweils eine Linear-Kombination der Funktionen $1, \quad x, \quad \exp(\sigma x), \quad \exp(-\sigma x)$.

H. Späth [69] hat diesen Ansatz dahingehend ausgedehnt, daß der Parameter σ von Intervall zu Intervall variieren kann. Bei Späth findet man auch FORTRAN-Programme zur Konstruktion dieses Splines.

Stammen die Daten (x_i, y_i) aus Messungen, so ist eine Interpolation in der Regel nicht sinnvoll. Man wird vielmehr auch hier versuchen, durch eine stückweise polynomiale, möglichst glatte Funktion die Fehlerquadratsumme

$$\sum_{i=0}^{n} \Big((y_i - S(x_i))/w_i \Big)^2$$

möglichst klein zu machen. Die Gewichte $w_i > 0$ sollten dabei in der Größenordnung der Meßungenauigkeit von y_i liegen, in der Sprache der Statistik $\mathrm{Var}(y_i/w_i) = 1$ für alle i. Die ungefähre Größenordnung der w_i ist dem Anwender in der Regel bekannt. Hier hat man nun zwei konkurrierende Ziele, denn durch Interpolation kann man die Fehlerquadratsumme zu null machen, während aber gleichzeitig das Krümmungsintegral dann sehr groß werden wird. Ein brauchbarer Ansatz zur Lösung dieses Konflikts besteht darin,

$$\int_a^b (S''(x))^2 dx \tag{12.33}$$

zu minimieren unter der Restriktion

$$\sum_{i=0}^{n} \Big((y_i - S(x_i))/w_i\Big)^2 \leq \beta \tag{12.34}$$

mit sinnvoll vorgegebenem Parameter β.

Sind die w_i gewählt wie oben beschrieben, liegen brauchbare Werte für β im Intervall $[\sqrt{2n}, n]$ für $(n \geq 2)$ (Reinsch [59]). Den so definierten Spline nennt man *Ausgleichsspline*. Eine vernünftige Wahl von β und der Gewichte w_i ist natürlich wesentlich für die Qualität der Approximation. Die Lösung dieses Problems ist wieder ein kubischer Spline auf dem Gitter der x_i mit den Randbedingungen $S''(x_0) = S''(x_n) = 0$. Diesen Spline kann man, wie wir in Abschnitt 12.3 dargelegt haben, vollständig durch die beiden Koeffizientenvektoren $\boldsymbol{a} = [a_1, \ldots, a_n]^T$ mit $a_i = s''(x_i)$ und $\bar{\boldsymbol{s}} = (s_0, \ldots, s_n)^T$, $\quad s_i = S(x_i)$, beschreiben, wobei zwischen $\boldsymbol{a}$ und $\bar{\boldsymbol{s}}$ ein linearer Zusammenhang besteht: (12.21)

$$\begin{aligned} \frac{h_i}{6}a_{i-1} + \frac{h_i + h_{i+1}}{3}a_i + \frac{h_{i+1}}{6}a_{i+1} = \frac{s_{i+1} - s_i}{h_{i+1}} - \frac{s_i - s_{i-1}}{h_i}, \quad i = 1, \ldots, n-1, \\ a_0 = a_n = 0. \end{aligned} \tag{12.35}$$

(12.35) ist ein lineares Gleichungssystem, das die a_i als Funktionen der s_i ausdrückt:

$$\boldsymbol{A}\boldsymbol{a} = \boldsymbol{B}\bar{\boldsymbol{s}}$$

mit der symmetrischen, positiv definiten Matrix

$$\boldsymbol{A} = \text{tridiag}\,(h_i, 2(h_i + h_{i+1}), h_{i+1}) \qquad \in \mathbb{R}^{(n-1)\times(n-1)}$$

und

$$\boldsymbol{B} = 6 \begin{bmatrix} \frac{1}{h_1}, & -\frac{1}{h_1} - \frac{1}{h_2}, & \frac{1}{h_2}, & 0 & \cdots & 0 \\ 0 & \ddots & & \ddots & \ddots & \vdots \\ \vdots & & \ddots & & \ddots & 0 \\ 0 & \cdots & 0 & \frac{1}{h_{n-1}}, & -\frac{1}{h_{n-1}} - \frac{1}{h_n}, & \frac{1}{h_n} \end{bmatrix} \qquad \in \mathbb{R}^{(n-1)\times(n+1)}.$$

Das Quadratintegral (12.33) wird exakt integriert und ergibt sich als quadratische Form im Vektor $\boldsymbol{a}$:

$$\begin{aligned}\int_{x_0}^{x_n}(S''(x)^2)dx &= \sum_{i=0}^{n-1}\int_{x_i}^{x_{i+1}}(S''(x))^2dx \\ &= \tfrac{1}{3}\sum_{i=0}^{n-1}h_i(a_i^2+a_ia_{i+1}+a_{i+1}^2) \\ &= \tfrac{1}{3}a^TAa.\end{aligned}$$

Die Aufgabe der Minimierung von (12.33) unter der Restriktion (12.34) lautet damit

$$\tfrac{1}{3}\boldsymbol{a}^T A\boldsymbol{a} = \min\,, \qquad (12.36)$$

$$A\boldsymbol{a} = B\bar{\boldsymbol{s}}\,, \qquad (12.37)$$

$$(\boldsymbol{y}-\bar{\boldsymbol{s}})^T D(\boldsymbol{y}-\bar{\boldsymbol{s}}) \le \beta\,, \qquad (12.38)$$

wobei $D = \text{diag}\,(1/w_i^2)$, $\boldsymbol{y} = [y_0, \ldots, y_n]^T$.

Ist β hinreichend klein, dann wird die Restriktion (12.38) mit Gleichheit erfüllt, so daß die Multiplikatorregel von Lagrange zur Bestimmung der Optimallösung anwendbar ist.

Wir erhalten mit einem noch unbekannten Lagrange–Multiplikator μ das nichtlineare Gleichungssystem in $\bar{\boldsymbol{s}}$ und μ:

$$\begin{aligned}\tfrac{2}{3}B^T A^{-1}B\bar{\boldsymbol{s}} - 2\mu D(\boldsymbol{y}-\bar{\boldsymbol{s}}) &= 0\,, \\ (\boldsymbol{y}-\bar{\boldsymbol{s}})^T D(\boldsymbol{y}-\bar{\boldsymbol{s}}) &= \beta.\end{aligned}$$

Wegen $\boldsymbol{a} = A^{-1}B\bar{\boldsymbol{s}}$ kann man dies weiter umformen zu

$$2\mu D(\boldsymbol{y}-\bar{\boldsymbol{s}}) = \tfrac{2}{3}B^T\boldsymbol{a}, \qquad (12.39)$$

bzw.

$$D^{1/2}(\boldsymbol{y}-\bar{\boldsymbol{s}}) = \tfrac{1}{3\mu}D^{-1/2}B^T\boldsymbol{a}.$$

Die Fehlerquadratsumme kann also bei gegebenem Wert von μ auch unmittelbar als Funktion von $\boldsymbol{a}$ ausgedrückt werden :

$$(\boldsymbol{y}-\bar{\boldsymbol{s}})^T D(\boldsymbol{y}-\bar{\boldsymbol{s}}) = \tfrac{1}{9\mu^2}\boldsymbol{a}^T BD^{-1}B^T\boldsymbol{a}. \qquad (12.40)$$

Die Multiplikation von (12.39) mit BD^{-1} ergibt

$$\tfrac{1}{3\mu}BD^{-1}B^T\boldsymbol{a} = B\boldsymbol{y} - B\bar{\boldsymbol{s}} = B\boldsymbol{y} - A\boldsymbol{a}$$

bzw.

$$(A + \tfrac{1}{3\mu}BD^{-1}B^T)\boldsymbol{a} = B\boldsymbol{y}. \qquad (12.41)$$

Zu gegebenem $\mu > 0$ ist somit $\boldsymbol{a}$ eindeutig bestimmt. Die Matrix des Systems (12.41) ist für jedes $\mu > 0$ eine positiv definite symmetrische 7–Band–Matrix. Man überlegt sich leicht, daß tatsächlich nur der Bereich $\mu > 0$ für den Lagrangemultiplikator von Interesse ist. Wegen des Zusammenhangs (12.41) und (12.21) strebt $\boldsymbol{a}$ für $\mu \to \infty$ gegen den entsprechenden Koeffizientenvektor des interpolierenden kubischen Splines, während für $\mu \to 0$ die Fehlerquadratsumme gegen den Wert

$$\boldsymbol{y}^T \boldsymbol{B}^T (\boldsymbol{B}\boldsymbol{D}^{-1}\boldsymbol{B}^T)^{-1} \boldsymbol{B}\boldsymbol{y}$$

strebt, von dem wir annehmen, daß er $> \beta$ ist. Man kann weiter zeigen, daß die Fehlerquadratsumme eine monoton fallende Funktion von μ ist. Dies ergibt folgendes Lösungskonzept zur Bestimmung des optimalen μ und des zugehörigen Koeffizientenvektors $\boldsymbol{a}$:

Man bestimme, ausgehend von einem kleinen positiven Wert für μ, durch Halbierung bzw. Verdoppelung von μ ein Intervall $[\mu_1, \mu_2]$ mit $0 < \mu_1 < \mu_2$, so daß

$$F(\mu_1) > \beta > F(\mu_2),$$

wo

$$\begin{aligned} F(\mu) &= \tfrac{1}{9\mu^2} \boldsymbol{a}(\mu)^T \boldsymbol{B}\boldsymbol{D}^{-1}\boldsymbol{B}^T \boldsymbol{a}(\mu), \\ (\boldsymbol{A} + \tfrac{1}{3\mu}\boldsymbol{B}\boldsymbol{D}^{-1}\boldsymbol{B}^T)\boldsymbol{a}(\mu) &= \boldsymbol{B}\boldsymbol{y}. \end{aligned}$$

Man bestimme sodann z.B. mit dem Illinois–Verfahren (vgl. Band 1, Kapitel 2) oder inverser quadratischer Interpolation (etwa dem Programm ZEROIN aus [27]) die Nullstelle μ^* von $F(\mu^*) - \beta$ und den dazugehörigen Koeffizientenvektor $\boldsymbol{a}(\mu^*)$. (Jede Auswertung von $F(\mu)$ erfordert dabei die erneute Lösung von (12.41), was aber wegen der Bandstruktur der Matrix nur wenig aufwendig ist.) Hat man $\boldsymbol{a}(\mu^*)$ gefunden, dann erhält man schließlich auch

$$\tilde{\boldsymbol{s}}(\mu^*) = \boldsymbol{y} - \tfrac{1}{3\mu^*}\boldsymbol{D}^{-1}\boldsymbol{B}^T \boldsymbol{a}(\mu^*),$$

womit der Spline vollständig bestimmt ist.

Ein Programm, das diese Vorgehensweise realisiert, findet man bei de Boor [21]. Der hier vorgestellte Spline hat als Knoten alle Meßstellen x_i. Dies ist nicht unbedingt sinnvoll. Man kann die entsprechende Konstruktion auch vornehmen, wenn man als Knoten „Referenzpunkte" x_i^{ref}, $i = 0, \ldots, n_{\text{ref}}$, mit $n_{\text{ref}} \ll n$ wählt. Der Spline ist dann bezüglich des Gitters der Referenzpunkte definiert, während die Fehlerquadratsumme die Abweichung dieses Splines von den Meßdaten beschreibt. Man kann dann sogar noch die Referenzpunkte x_i^{ref} selbst zu Optimierungsvariablen machen („Spline mit freien Knoten") und versuchen, durch eine optimale Wahl der Lage der Knoten das Krümmungsintegral bzw. die Fehlerquadratsumme zu verbessern. Details dazu findet man z.B. bei de Boor [21].

12.6 Darstellung differenzierbarer Kurven durch Splinefunktionen

In manchen Anwendungen tritt die Aufgabe auf, durch eine gegebene Punktreihe (x_i, y_i), $i = 0, \dots, n$, eine differenzierbare Kurve zu legen. Wir zeigen im folgenden, wie man diese Aufgabe mittels zweier kubischer Splines lösen kann. Dabei wird allerdings vorausgesetzt, daß die Reihenfolge, mit der die parametrisierte Kurve $(s_1(t), s_2(t))$ die Punkte (x_i, y_i) durchläuft, durch die Numerierung dieser Punkte festgelegt ist, d.h. es gibt Parameter

$$t_0 < t_1 < \cdots < t_n,$$

so daß

$$s_1(t_i) = x_i, \qquad s_2(t_i) = y_i \qquad i = 0, \dots, n. \tag{12.42}$$

Die Parametrisierung der Kurve ist zunächst weitgehend beliebig, die Wahl der Parameter t_i bestimmt aber entscheidend das „Aussehen“ der Kurve.

Eine vernünftige Kurvenparametrisierung ist bekanntlich die Bogenlänge. Da wir ja die genaue Form der Kurve noch nicht kennen, wählen wir als Parameterwerte

$$t_0 = 0, \quad t_{i+1} = t_i + \left((x_{i+1} - x_i)^2 + (y_{i+1} - y_i)^2\right)^{1/2}, \quad i = 0, \dots, n-1,$$

d.h. die Bogenlänge des die Kurvenpunkte (x_i, y_i) verbindenden Streckenzuges. Sodann konstruieren wir zwei kubische interpolierende Splinefunktionen s_1 und s_2 mit (12.42). Dazu kann der Algorithmus aus Abschnitt 12.3 unmittelbar angewendet werden. Wenn die Kurve geschlossen sein soll, muß man den Ansatz leicht modifizieren.

Zunächst setzt man Endpunkt gleich Anfangspunkt, indem man zusätzlich einführt

$$x_{n+1} = x_0, \qquad y_{n+1} = y_0.$$

Nun muß man noch dafür sorgen, daß erste und zweite Ableitung am Kurvenende mit erster und zweiter Ableitung am Kurvenanfang übereinstimmen:

$$s_j^{(k)}(x_0) = s_j^{(k)}(x_{n+1}), \qquad j = 1, 2, \quad k = 1, 2.$$

Diese Zusatzbedingungen ersetzen die Zusatzbedingungen $s''(x_0) = s''(x_{n+1}) = 0$ bzw. $s'(x_0) = f'(x_0)$, $s'(x_{n+1}) = f'(x_{n+1})$. Man nennt die so definierten kubischen Splinefunktionen *periodische kubische Splinefunktionen.*

Das zugehörige Gleichungssystem für die Momente a_i ist gegenüber Abschnitt 12.3 ein wenig modifiziert. Es lautet $\boldsymbol{Aa} = \boldsymbol{b}$ mit

$$a_{n+1} = a_0$$

$$A = \begin{bmatrix} 2(h_1+h_2) & h_2 & 0 & \cdots & \cdots & 0 & h_1 \\ h_2 & 2(h_2+h_3) & h_3 & \ddots & & & 0 \\ 0 & h_3 & \ddots & \ddots & \ddots & & \vdots \\ \vdots & \ddots & \ddots & \ddots & & \ddots & 0 \\ 0 & & \ddots & \ddots & 2(h_m+h_{m+1}) & & h_{n+1} \\ h_1 & 0 & \cdots & \cdots & 0 & h_{n+1} & 2(h_1+h_{n+1}) \end{bmatrix},$$

$$b = 6\left[\frac{f_2-f_1}{h_2} - \frac{f_1-f_0}{h_1}, \frac{f_3-f_2}{h_3} - \frac{f_2-f_1}{h_2}, \ldots \right.$$
$$\left. \ldots, \frac{f_{n+1}-f_n}{h_{n+1}} - \frac{f_n-f_{n-1}}{h_n}, \frac{f_1-f_0}{h_1} - \frac{f_{n+1}-f_n}{h_{n+1}}\right]^T,$$

$$a = [a_1, \ldots, a_{n+1}]^T.$$

Dieses Gleichungssystem kann jedoch fast genauso effizient gelöst werden wie im Falle einer Tridiagonalmatrix.

Beispiel 12.4. *Die sechs Punkte* $(0,0)$, $(1,0)$, $(1,1)$, $(0,1)$, $(-1,1)$, $(-1,0)$ *sollen durch eine geschlossene Kurve* $(s_1(t), s_2(t))$ *verbunden werden, wobei die* $s_i(t)$ *periodische kubische Splines sind. Es ergibt sich* $t_i = i, \quad i = 0, \ldots, 6$, *und somit* $h_i = 1$ *für alle* i.

Die Matrix des linearen Gleichungssystems für die Berechnung der Momente a_i *der Splines ist also*

$$A = \begin{bmatrix} 4 & 1 & 0 & 0 & 0 & 1 \\ 1 & 4 & 1 & 0 & 0 & 0 \\ 0 & 1 & 4 & 1 & 0 & 0 \\ 0 & 0 & 1 & 4 & 1 & 0 \\ 0 & 0 & 0 & 1 & 4 & 1 \\ 1 & 0 & 0 & 0 & 1 & 4 \end{bmatrix}.$$

Die rechten Seiten, jeweils mit $f_i = x_i$ *bzw.* $f_i = y_i$ *gebildet, ergeben*

$$[-6,\ -6,\ 0,\ 6,\ 6,\ 0]^T, \qquad [6,\ -6,\ 0,\ -6,\ 6,\ 0]^T,$$

und man vermutet, daß der Spline s_1 *ungerade sein wird bzgl.* $t-3$ *und* s_2 *gerade bzgl.* $t-3$. *Dadurch vereinfacht sich die Lösung des Gleichungssystems beträchtlich.*

Für s_1 *ergeben sich die Momente*

$$a_0 = a_6 = 0, \quad a_1 = a_2 = -a_4 = -a_5 = -1.2, \quad a_3 = 0,$$

und für s_2

$$a_0 = a_6 = -1.2, \quad a_1 = a_5 = 2.4, \quad a_3 = 1.2, \quad a_2 = a_4 = -2.4 \quad .$$

Die Koeffizienten b_i *und* c_i *der Darstellung (12.17) lassen sich jetzt unmittelbar aus (12.18) angeben. Die Kurve* $(s_1(t), s_2(t))$ *hat folgende Gestalt:*

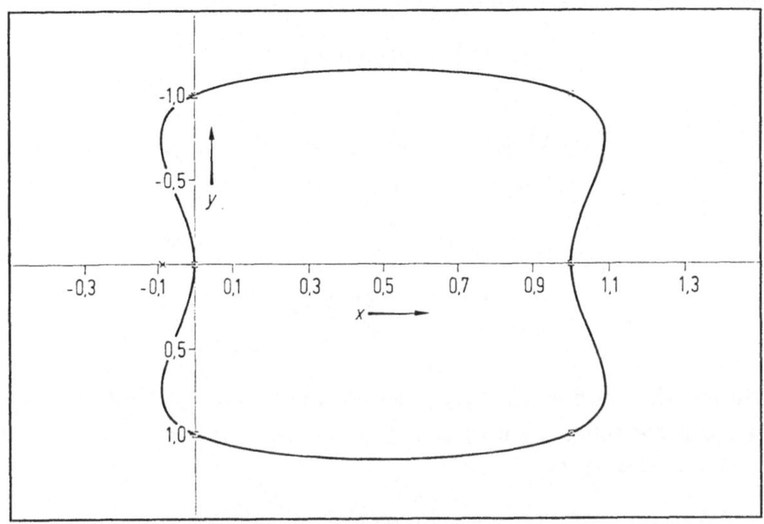

Abbildung 12.4. Die Kurve $(s_1(t), s_2(t))$

□

Man beachte, daß man bei dieser Konstruktion nicht ohne weiteres auch eine glatte (d.h. $(s_1'(t))^2 + (s_2'(t))^2 \neq 0$) und doppelpunktfreie Kurve erhält.

12.7 Basis–Darstellung der kubischen Spline–Funktionen

Wir suchen jetzt eine zu (12.8) analoge Darstellung der kubischen Splinefunktionen, d.h.

$$S_\Delta(f;x) = \sum_{i=-1}^{n+1} \alpha_i \varphi_{\Delta,i}(x). \tag{12.43}$$

In der Summation (12.43) haben wir bereits berücksichtigt, daß der Spline S_Δ durch die Vorgabe der $n+1$ Funktionswerte $f_0, \ldots, f_n$ noch nicht eindeutig bestimmt ist, man vielmehr zwei weitere Bedingungen, entsprechend zwei weiteren Basisfunktionen, benötigt.

Die Funktionen $\varphi_{\Delta,i}$ sind selbst Splinefunktionen relativ zum Gitter

$$\Delta = \{\, x_{-1} < x_0 < \cdots < x_n < x_{n+1} \},$$

wobei die beiden äußeren Gitterpunkte x_{-1} und x_{n+1} willkürlich gewählt sind. Man möchte erreichen, daß die $\varphi_{\Delta,i}$ außerhalb eines möglichst kleinen Bereichs um x_i identisch verschwinden, ähnlich wie die „Dachfunktionen" in Abschnitt 12.1.2. Für den äquidistanten Fall

$$x_{i+1} - x_i = h = \text{const}$$

ergibt sich folgende einfache Konstruktion:

$$\varphi_{\Delta,i}(x) = \psi((x - x_i)/h)$$

mit

$$\psi(x) = \begin{cases} \frac{1}{6}(x^3 + 6x^2 + 12x + 8), & -2 \le x \le -1 \\ \frac{1}{6}(-3x^3 - 6x^2 + 4), & -1 \le x \le 0 \\ \frac{1}{6}(3x^3 - 6x^2 + 4), & 0 \le x \le 1 \\ \frac{1}{6}(-x^3 + 6x^2 - 12x + 8), & 1 \le x \le 2 \\ 0, & \text{sonst.} \end{cases}$$

$\varphi_{\Delta,i}$ verschwindet also außerhalb $[x_{i-2}, x_{i+2}]$ identisch, ist überall zweimal stetig differenzierbar und zwischen x_j und x_{j+1} jeweils ein Polynom vom genauen Grad 3. Die Funktion ψ hat die Werte

$$\psi(-2) = 0, \quad \psi(-1) = \tfrac{1}{6}, \quad \psi(0) = \tfrac{2}{3}, \quad \psi(1) = \tfrac{1}{6}, \quad \psi(2) = 0.$$

Die Koeffizienten α_i der Darstellung (12.43) erhält man für den natürlichen Spline und im äquidistanten Fall also aus dem linearen Gleichungssystem

$$6 \begin{bmatrix} 0 \\ y_0 \\ \vdots \\ \vdots \\ y_n \\ 0 \end{bmatrix} = \begin{bmatrix} 1 & -2 & 1 & 0 & \cdots & 0 \\ 1 & 4 & 1 & 0 & & \vdots \\ 0 & \ddots & \ddots & \ddots & \ddots & \vdots \\ \vdots & \ddots & \ddots & \ddots & \ddots & 0 \\ \vdots & & 0 & 1 & 4 & 1 \\ 0 & \cdots & 0 & 1 & -2 & 1 \end{bmatrix} \begin{bmatrix} \alpha_{-1} \\ \vdots \\ \vdots \\ \vdots \\ \vdots \\ \alpha_{n+1} \end{bmatrix}. \tag{12.44}$$

Die Matrix dieses Systems ist erwartungsgemäß regulär, die Koeffizienten der Darstellung (12.43) sind lineare Funktionen der Funktionswerte $y_0, \ldots, y_n$. Zwei der Freiheitsgrade der Darstellung (12.43) sind durch die Vorgabe

$$S''_\Delta(f; x_0) = S''_\Delta(f; x_n) = 0$$

verbraucht.

Wenn die Gittereinteilung nicht äquidistant ist, ist die Konstruktion etwas komplizierter.

Zunächst beachten wir, daß die Funktion

$$g(x;t) = \begin{cases} (t-x)^3, & t \geq x \\ 0, & t < x \end{cases}$$

eine kubische Splinefunktion auf dem Gitter mit dem einzigen Gitterpunkt $\{t\}$ ist. x hat hier die Funktion der freien Variablen, t ist ein Parameter. Sowohl rechts als auch links von t ist g ein Polynom in x vom Höchstgrad 3 mit Koeffizienten, die selbst Polynome in t vom Höchstgrad 3 sind. An der „Klebestelle" t sind

$$g(x;t), \qquad \frac{d}{dx}g(x;t) \qquad \text{und} \quad \frac{d^2}{dx^2}g(x;t)$$

stetig. Eine Linearkombination von solchen Funktionen

$$\Phi(x) = \sum_j \beta_j g(x;t_j) = \sum_{j:\, t_j > x} \beta_j g(x;t_j)$$

ist also eine kubische Splinefunktion auf dem Gitter aller t_j:

$$\Delta = \bigcup_j \{t_j\}.$$

Ist $t_j < t_{j+1} < \cdots$ für alle j, dann wird Φ zwischen t_j und t_{j+1} durch ein Polynom in x vom Höchstgrad 3 dargestellt, dessen Koeffizienten Linearkombinationen von Polynomen in t vom Höchstgrad 3 sind, ausgewertet an der Stelle t_{j+1}. (Man beachte, daß man Polynome von der Entwicklungsstelle t_k mit $k > j+1$ nach dem vollständigen Hornerschema auch an der Stelle t_{j+1} entwickeln kann.)

Die vierte dividierte Differenz einer Funktion auf einem Gitter ist eine Linearkombination der Funktionswerte, die für Polynome vom Höchstgrad 3 identisch verschwindet. Deshalb gilt (die dividierte Differenz wird bzgl. der Variablen t genommen)

$$g[t_{i+2}, t_{i+1}, t_i, t_{i-1}, t_{i-2}](x;t) \equiv 0 \quad \text{für} \quad x \leq t_{i-2}.$$

Nach Definition von g ist aber automatisch

$$g[t_{i+2}, t_{i+1}, t_i, t_{i-1}, t_{i-2}](x;t) \equiv 0 \quad \text{für} \quad x \geq t_{i+2},$$

und ferner nach den Eigenschaften der dividierten Differenzen mit geeigneten Koeffizienten $\beta_{j,i}$

$$g[t_{i+2}, t_{i+1}, t_i, t_{i-1}, t_{i-2}](x;t) = \sum_{j=i-2}^{i+2} \beta_{j,i} g(x;t_j).$$

Es bleibt noch zu zeigen, daß die so definierten Funktionen tatsächlich als Basis dienen können, was wir hier jedoch nicht tun wollen, vgl. [21].

Wir haben also

$$\varphi_{\Delta,i}(x) = g[t_{i+2}, t_{i+1}, t_i, t_{i-1}, t_{i-2}](x;t), \qquad i = -1, \ldots, n+1,$$

mit dem Gitter

$$t_{-3} < t_{-2} < t_{-1} < t_0 < \cdots < t_{n+3},$$

wobei die Gitterpunkte außerhalb $[t_0, t_n]$ nach Zweckmäßigkeitsgesichtspunkten gewählt werden können. (Um eine Verwechslung der Variablen auszuschließen, haben wir also die Gitterpunkte t_j statt x_j benannt.) Für $t_j = x_j$ und $x_j - x_{j-1} = h$ erhalten wir

$$\varphi_{\Delta,i}(x) = \tfrac{1}{4}\psi\left(\frac{x - x_i}{h}\right).$$

Mit diesen Funktionen, die nur vom Gitter, nicht aber den Funktionswerten abhängen, ist der interpolierende Spline (12.43) beschrieben, wobei die Koeffizienten α_i sich aus einem (12.44) entsprechenden Gleichungssystem errechnen. Man beachte, daß an jeder Stelle x höchstens 4 der Funktionen $\varphi_{\Delta,i}$ ungleich null sind. Die Darstellung (12.43) von S_Δ mit den so konstruierten Funktionen $\varphi_{\Delta,i}$ nennt man die *B-Spline-Darstellung* von S_Δ.

Man erkennt aus (12.44) (eine analoge Darstellung gilt auch im nichtäquidistanten Fall), daß der lineare Raum der natürlichen Spline-Funktionen auf dem Gitter $x_0 < \cdots < x_n$ die genaue Dimension $n + 1$ hat. (Der Spline ist dann durch $y_0, \ldots, y_n$ eindeutig bestimmt.) Es ist deshalb naheliegend, aus den $\varphi_{\Delta,i}$ eine Basis dieses Raumes zu konstruieren. Aus (12.44) erkennt man, daß im äquidistanten Fall folgende Konstruktion möglich ist:

$$\begin{aligned}
\psi_{\Delta,0}(x) &= \varphi_{\Delta,-1}(x) + \tfrac{1}{2}\varphi_{\Delta,0}(x), \\
\psi_{\Delta,1}(x) &= \varphi_{\Delta,1}(x) + \tfrac{1}{2}\varphi_{\Delta,0}(x), \\
\psi_{\Delta,i}(x) &= \varphi_{\Delta,i}(x), \qquad 2 \le i \le n-2, \\
\psi_{\Delta,n-1}(x) &= \varphi_{\Delta,n-1}(x) + \tfrac{1}{2}\varphi_{\Delta,n}(x), \\
\psi_{\Delta,n}(x) &= \varphi_{\Delta,n+1}(x) + \tfrac{1}{2}\varphi_{\Delta,n}(x),
\end{aligned} \tag{12.45}$$

$$S_\Delta(f;x) = \sum_{i=0}^{n} \beta_i \psi_{\Delta,i}(x), \tag{12.46}$$

denn aufgrund der ersten und letzten Gleichung haben wir in (12.44) stets

$$\begin{aligned}
\alpha_0 &= (\alpha_1 + \alpha_{-1})/2, \\
\alpha_n &= (\alpha_{n+1} + \alpha_{n-1})/2.
\end{aligned}$$

Mit (12.46) haben wir eine Basisdarstellung der natürlichen Splinefunktionen auf dem Gitter $x_0 < \cdots < x_n$ gefunden. Die β_i, $i = 0,\ldots,n$, sind eindeutig bestimmte lineare Funktionen der Funktionswerte $y_0,\ldots,y_n$ bei festem Gitter Δ und die Randbedingung ist aufgrund der speziellen Konstruktion automatisch erfüllt.

12.8 Zweidimensionale Spline–Interpolation

In Abschnitt 11.2.3 haben wir gesehen, daß die Aufgabe der Polynominterpolation sich problemlos auf zwei (oder auch mehr) Dimensionen ausdehnen läßt, wenn die Interpolationsdaten auf einem Rechteckgitter gegeben sind. Das gleiche gilt auch für die Spline–Interpolation, wie wir jetzt darlegen wollen. Zugleich wollen wir zeigen, wie durch geschickte Ausnutzung der speziellen Eigenschaften der Aufgabe der Rechenaufwand niedrig gehalten werden kann.

Es seien also die Datenwerte

$$(x_i, y_j, f_{ij}), \qquad i = 0,\ldots,n, \quad j = 0,\ldots,m,$$

durch eine zweidimensionale Splinefunktion zu interpolieren:

$$S_\Delta(f; x, y).$$

Um die folgende Darstellung nicht unnötig zu komplizieren, wollen wir uns darauf beschränken, die dem natürlichen Spline entsprechende Konstruktion zu betrachten, d.h. $S_\Delta(f; x, y_j)$ soll für $j = 0,\ldots,m$ ein natürlicher Spline in x sein und $S_\Delta(f; x_i, y)$ ein natürlicher Spline in y, $\quad i = 0,\ldots,n$, d.h.

$$\frac{\partial^2}{\partial x^2} S_\Delta(f; x, y_j) = 0 \quad \text{für } x \in \{x_0, x_n\}, \quad j = 0,\ldots,m,$$

und analog

$$\frac{\partial^2}{\partial y^2} S_\Delta(f; x_i, y) = 0 \quad \text{für } y \in \{y_0, y_m\}, \quad i = 0,\ldots,n.$$

Entsprechend (12.46) machen wir also den Ansatz

$$S_\Delta(f; x, y) = \sum_{i=0}^{n} \sum_{j=0}^{m} \alpha_{ij}\, \psi_{\Delta_1,i}(x)\, \psi_{\Delta_2,j}(y) \tag{12.47}$$

mit den analog zu (12.45) konstruierten Funktionen ψ, wobei Δ_1 das Gitter $x_{-3} < \cdots < x_0 < \cdots < x_{n+3}$ und Δ_2 das Gitter $y_{-3} < \cdots < y_0 < \cdots < y_{m+3}$ bedeutet, und die Zusatzgitterpunkte wieder nach Zweckmäßigkeit gewählt sind.

Die Interpolationsforderung

$$S_\Delta(f; x_i, y_j) = f_{ij}, \qquad 0 \le i \le n, \quad 0 \le j \le m,$$

führt auf ein lineares Gleichungssystem für die Koeffizienten α_{ij} der Darstellung (12.47). Die Matrix dieses Gleichungssystems ist regulär. Wir wollen nun noch zeigen, daß man die α_{ij} nicht etwa aus einem dünnbesetzten Gleichungssystem der Dimension $(n+1)(m+1)$ berechnen muß, sondern daß nur Gleichungssysteme mit Dreibandmatrix gelöst werden müssen. Dazu betrachten wir bei festem k die $m+1$ Gleichungen

$$f_{kl} = \sum_{i=0}^{n}\sum_{j=0}^{m} \alpha_{ij}\, \psi_{\Delta_1,i}(x_k)\, \psi_{\Delta_2,j}(y_l), \qquad l = 0,\ldots,m. \tag{12.48}$$

Wegen $\psi_{\Delta_1,i}(x_k) = 0$ für $i < k-1$ und $i > k+1$ wird dies zu

$$\begin{aligned} f_{kl} &= \psi_{\Delta_1,k-1}(x_k)\sum_{j=0}^{m} \alpha_{k-1,j}\psi_{\Delta_2,j}(y_l) + \\ &\quad \psi_{\Delta_1,k}(x_k)\sum_{j=0}^{m} \alpha_{k,j}\psi_{\Delta_2,j}(y_l) + \\ &\quad \psi_{\Delta_1,k+1}(x_k)\sum_{j=0}^{m} \alpha_{k+1,j}\psi_{\Delta_2,j}(y_l). \end{aligned}$$

Sei

$$\begin{aligned} \boldsymbol{F}_k &= [f_{k0},\ldots,f_{km}]^T, \\ \boldsymbol{\Psi}_{\Delta_2} &= [\psi_{\Delta_2,j}(y_l)], \qquad \begin{matrix} j = 0,\ldots,m & \text{Spaltenindex,} \\ l = 0,\ldots,m & \text{Zeilenindex,} \end{matrix} \\ \boldsymbol{a}_i &= [\alpha_{i,0},\ldots,\alpha_{i,m}]^T, \end{aligned} \tag{12.49}$$

dann lautet dies

$$\boldsymbol{\Psi}_{\Delta_2}^{-1}\boldsymbol{F}_k = \boldsymbol{a}_{k-1}\psi_{\Delta_1,k-1}(x_k) + \boldsymbol{a}_k\psi_{\Delta_1,k}(x_k) + \boldsymbol{a}_{k+1}\psi_{\Delta_1,k+1}(x_k). \tag{12.50}$$

Die Matrix $\boldsymbol{\Psi}_{\Delta_2}$ beschreibt gerade den Zusammenhang zwischen den Koeffizienten der natürlichen Spline–Interpolation in der Darstellung (12.46) und den Funktionswerten auf dem y–Gitter. Man erhält also die Spalte $\boldsymbol{\Psi}_{\Delta_2}^{-1}\boldsymbol{F}_k$, indem man den (eindimensionalen) natürlichen Spline auf dem y–Gitter mit den Funktionswerten $f_{k,0},\ldots,f_{k,m}$ berechnet.

Fassen wir die Koeffizienten α_{ij} der Darstellung (12.48) in einer Matrix $\boldsymbol{A}$ zusammen,

$$\boldsymbol{A} = [\alpha_{ij}],$$

dann steht auf der rechten Seite von (12.50) eine Linearkombination der Zeilen dieser Matrix mit den Koeffizienten der k–ten Zeile der Matrix:

$$\boldsymbol{\Psi}_{\Delta_1} = [\psi_{\Delta_1,i}(x_k)], \qquad \begin{matrix} i = 0,\ldots,n, & \text{Spaltenindex,} \\ k = 0,\ldots,n, & \text{Zeilenindex.} \end{matrix}$$

(Man beachte, daß die übrigen Koeffizienten der k–ten Zeile von Ψ_{Δ_1} null sind.) Also gilt in Matrixschreibweise

$$\Psi_{\Delta_2}^{-1} F_k = A^T (\Psi_{\Delta_1}^T) e_k, \qquad k = 0, \dots, n,$$

wobei e_k der $(k+1)$–te Einheitsvektor des R^{n+1} ist, d.h.

$$\Psi_{\Delta_2}^{-1}(F_0, \dots, F_n) = A^T \Psi_{\Delta_1}^T,$$

$$A = [\Psi_{\Delta_1}]^{-1} \left[\Psi_{\Delta_2}^{-1}(F_0, \dots, F_n)\right]^T. \tag{12.51}$$

Zur Berechnung der Matrix $A = [\alpha_{ij}]$ hat man also folgendermaßen vorzugehen:

1. Für $k = 0, \dots, n$ berechne man die (eindimensionale) natürliche Splineinterpolierende auf dem y–Gitter jeweils mit den Daten $f_{k,0}, \dots, f_{k,m}$, d.h. man hat $n+1$ Gleichungssysteme mit der gleichen Bandmatrix Ψ_{Δ_2} zu lösen.

   Die Koeffizienten speichere man zeilenweise in einer $(m+1) \times (n+1)$–Matrix, etwa W.

2. Für $l = 0, \dots, m$ berechne man die (eindimensionale) natürliche Splineinterpolierende auf dem x–Gitter jeweils mit der $(l+1)$–ten Spalte von W als Daten. Das Resultat speichere man spaltenweise in A. (Man hat also $m+1$ Gleichungssysteme mit der gleichen Bandmatrix Ψ_{Δ_1} zu lösen).

Der Gesamtaufwand für diesen Algorithmus ist also $\mathcal{O}((n+1)(m+1))$, d.h. von der gleichen Größenordnung wie die Anzahl der Unbekannten.

12.9 Beispiel

Im folgenden behandeln wir die Interpolation der Funktion $\dfrac{1}{1+25x^2}$ auf dem Intervall $[0,1]$ durch natürliche Splinefunktionen.

Da eine Satz 12.3 entsprechende Aussage auch für den natürlichen Spline jedenfalls in der Intervallmitte gilt, interessieren wir uns für die Fehlerasymptotik von $f^{(k)}(x) - S_\Delta^{(k)}(f;x)$, $k = 0,1,2$, in diesem Bereich. Die Fehler sollten hier der Theorie gemäß wie h^4, h^3, h^2 gegen null gehen, sich also bei Schrittweitenhalbierung etwa um den Faktor 1/16, 1/8, 1/4 verkleinern. Mit den Werten $h = \frac{1}{20}$ und $h = \frac{1}{40}$ wird dies durch die Resultate eindrucksvoll bestätigt, wenn man jeweils die maximalen Fehler in Betracht zieht. Punktweise gilt eine solche Asymptotik nicht. Man beachte auch die klar erkennbare Verschlechterung der maximalen Fehler für die Approximation der Ableitungen gemäß der Theorie.

Die Tabelle beginnt $x = 0.45$ und hat die Schrittweite $\Delta x = 1/200$.

$h = 1/20$			$h = 1/40$		
$f(x) - s(x)$	$f'(x) - s'(x)$	$f''(x) - s''(x)$	$f(x) - s(x)$	$f'(x) - s'(x)$	$f''(x) - s''(x)$
0.	$-.405E-04$	$.303E-01$	0.	$-.217E-05$	$.749E-02$
$.109E-06$	$.714E-04$	$.151E-01$	$.501E-07$	$.164E-04$	$.534E-03$
$.602E-06$	$.116E-03$	$.332E-02$	$.121E-06$	$.896E-05$	$-.295E-02$
$.118E-05$	$.110E-03$	$-.506E-02$	$.125E-06$	$-.746E-05$	$-.307E-02$
$.165E-05$	$.707E-04$	$-.102E-01$	$.587E-07$	$-.164E-04$	$.362E-04$
$.186E-05$	$.133E-04$	$-.122E-01$	0.	$-.190E-05$	$.627E-02$
$.178E-05$	$-.466E-04$	$-.113E-01$	$.416E-07$	$.137E-04$	$.455E-03$
$.142E-05$	$-.944E-04$	$-.737E-02$	$.101E-06$	$.749E-05$	$-.245E-02$
$.877E-06$	$-.116E-03$	$-.679E-03$	$.104E-06$	$-.620E-05$	$-.256E-02$
$.327E-06$	$-.966E-04$	$.871E-02$	$.490E-07$	$-.136E-04$	$.251E-04$
0.	$-.242E-04$	$.207E-01$	0.	$-.161E-05$	$.521E-02$
$.912E-07$	$.519E-04$	$.102E-01$	$.344E-07$	$.114E-04$	$.382E-03$
$.442E-06$	$.817E-04$	$.210E-02$	$.834E-07$	$.623E-05$	$-.204E-02$
$.850E-06$	$.768E-04$	$-.366E-02$	$.863E-07$	$-.514E-05$	$-.213E-02$
$.117E-05$	$.488E-04$	$-.719E-02$	$.407E-07$	$-.133E-04$	$.189E-04$
$.132E-05$	$.855E-05$	$-.855E-02$	0.	$-.135E-05$	$.432E-02$
$.125E-05$	$-.333E-04$	$-.784E-02$	$.285E-07$	$.940E-05$	$.318E-03$
$.999E-06$	$-.665E-04$	$-.512E-02$	$.691E-07$	$.516E-05$	$-.169E-02$
$.620E-06$	$-.813E-04$	$-.481E-03$	$.715E-07$	$-.425E-05$	$-.176E-02$
$.233E-06$	$-.682E-04$	$.602E-02$	$.337E-07$	$-.938E-05$	$.154E-04$
$-.444E-15$	$-.181E-04$	$.143E-01$	$-.444E-15$	$-.112E-05$	$.358E-02$

Aufgaben

A 12.1 Die Funktion $f(x) = a_0 + a_1 x + a_2 x^2$ werde durch ihren linearen Spline approximiert. Man berechne nach (12.4) den Wert $f(x) - S_\Delta(x)$ in $[x_i, x_{i+1}]$.

A 12.2 Man vergleiche die in den Beispielen 12.1 und 12.2 berechneten Approximationen für $f(x) = \sin x$ auf $[0, \pi/2]$ an ausgewählten Punkten, etwa $x_i = (2i+1)\pi/16$, $i = 0, \ldots, 7$, bezüglich ihrer Genauigkeit und betrachte daneben die Fehlerabschätzungen (12.3) und (12.30).

A 12.3 Man schreibe mit Hilfe von (12.26) den in Beispiel 12.2 berechneten Spline in der Gestalt (12.25) und vergleiche ihn mit der entsprechenden Taylorformel der Funktion $y = \sin x$.

A 12.4 Für $f(x) = 1/(1+25x^2)$ und $h = 1/20$, bzw. $h = 1/40$, berechne man in $[0,1]$ nach (12.30) eine Schranke für den Fehler $|f(x) - S_\Delta(f;x)|$. Man stelle mit Hilfe der Ergebnisse des Beispiels 12.9 fest, ob die erhaltenen Fehlerabschätzungen realistisch sind.

A 12.5 Es sei $f(x) = \dfrac{4}{1+x^4}$. Man berechne zu den Stützstellen $x_i = -1 + 0.5i$ für $i = 0,..,4$ ihre natürliche Spline–Funktion $S(x)$.

A 12.6 Sei $g : \mathbf{R}^2 \to \mathbf{R}$ mit $g(R,0) = g(-R,0) = 0$, $g(0,R) = -g(0,-R) = 1$. Gesucht ist eine kubische Spline–Interpolierende für $f(\varphi) = g(R\cos\varphi, R\sin\varphi)$ mit $\varphi \in [-\pi,\pi]$.

a) Welche beiden zusätzlichen Randbedingungen zur Konstruktion des kubischen Splines sind sinnvoll?

b) Man berechne und skizziere diesen Spline.

Hinweis: Man versuche durch Berücksichtigung von Symmetrien die Rechnung zu vereinfachen.

A 12.7 Sei $Z_n = \{x_0, \ldots, x_{n+1}\}$ mit $a = x_0 < x_1 < \cdots < x_{n+1} = b$ eine Zerlegung des Intervalls $[a,b]$. Gesucht sei die Funktion $q : [a,b] \to \mathbf{R}$ mit

i) $q(x) = a_k x^2 + b_k x + c_k$ für $x_k \le x \le x_{k+1}$ mit $k = 0,\ldots,n$,

ii) $q \in C^1([a,b])$,

iii) $q((x_i + x_{i+1})/2) = f(x_i + x_{i+1})/2)$ für $i = 0,\ldots,n+1$,

iv) $q'(a) = f'(a), \quad q'(b) = f'(b)$.

a) Durch wieviele Parameter ist q definiert?

b) Wieviele Gleichungen hat man zur Bestimmung dieser Parameter zur Verfügung?

c) Man gebe das entsprechende Gleichungssystem für n=1 an.

d) Man zeige in Analogie zu Satz 12.2, daß q stets eindeutig bestimmt ist.

A 12.8 Zu $f(x,y) = x^2 y^2$ und $x_i = i/2, \quad i = 0,1,2, \quad y_j = j/2, \quad j = 0,1,2,$ berechne man den zweidimensionalen interpolierenden kubischen Spline.

13 Numerische Integration

Unter numerischer Integration versteht man die genäherte Berechnung von bestimmten einfachen und mehrfachen eigentlichen oder uneigentlichen Integralen. Da es nur wenige Funktionen gibt, deren bestimmtes Integral in geschlossener Form *exakt* angegeben werden kann, kommt der numerischen Integration eine besondere Bedeutung zu. In der Tat ist sie eine der ältesten Disziplinen der Numerischen Mathematik und entsprechend groß die damit befaßte Literatur. Wir werden uns jedoch nur mit den bekannteren und bei größeren Klassen von Integralen anwendbaren Verfahren befassen. Diese können zum Teil auch dazu verwendet werden, das bestimmte Integral über eine durch Messungen gegebene empirische Funktion genähert zu berechnen.

13.1 Quadraturformeln vom Newton–Cotes–Typ

13.1.1 Interpolations–Quadraturformeln

Eine Formel zur numerischen Integration des bestimmten einfachen Riemannschen Integrals

$$I = \int_a^b f(x)dx$$

mit integrierbarer Funktion f nennt man *numerische Quadraturformel* oder auch kurz *Quadraturformel.* Eine solche Formel kann etwa so konstruiert werden, daß man f im Intervall $[a, b]$ durch ein Interpolationspolynom ersetzt und dieses dann integriert. Auf diese Art erhält man die *Interpolations–Quadraturformeln.*

Zu ihrer Herleitung unterteilen wir das (zunächst als klein angenommene) Intervall $[a, b]$ wie in Abschnitt 11.1 durch n Teilintervalle mit den Stützstellen

$$a = x_0 < x_1 < \cdots < x_n = b. \tag{13.1}$$

An den Stützstellen sind dann die Funktionswerte $f_i = f(x_i)$ bekannt, wobei die f_i auch Meßwerte sein können. Nach (11.4) ist

$$P_n(x) = \sum_{k=0}^{n} f_k L_{k,n}(x), \qquad L_{k,n}(x) = \prod_{\substack{l=0 \\ l\neq k}}^{n} \frac{x - x_l}{x_k - x_l} \tag{13.2}$$

das eindeutig bestimmte Lagrangesche Interpolationspolynom der Funktion f mit der Eigenschaft

$$P_n(x_i) = f_i, \qquad i = 0, 1, \ldots, n.$$

Es ist von höchstens n–tem Grad. Ist f ein Polynom m–ten Grades, $m \leq n$, so ist P_n mit diesem identisch. Mit

$$h = \max_{i=0,\ldots,n-1} \{x_{i+1} - x_i\}$$

berechnen wir dann das Integral

$$I_n(h) = \int_a^b P_n(x)\, dx = \sum_{k=0}^{n} f_k \int_a^b L_{k,n}(x)\, dx. \tag{13.3}$$

Definieren wir die nur von n und der Lage der Stützstellen, aber nicht von der Funktion f abhängenden „Gewichte"

$$\beta_k^{(n)} = \int_a^b L_{k,n}(x)\, dx, \qquad k = 0, 1, \ldots, n, \tag{13.4}$$

so erhalten wir die Interpolations–Quadraturformel

$$I_n(h) = \sum_{k=0}^{n} \beta_k^{(n)} f_k. \tag{13.5}$$

Im allgemeinen wird, wenn f kein Polynom von höchstens n–tem Grad ist, $I_n(h)$ nur eine Approximation von I sein. Es gilt dann

$$I = I_n(h) + r_{n+1}(h) \tag{13.6}$$

mit dem *Restglied* $r_{n+1}(h)$, über dessen Größe Satz 13.1 Aussagen liefert.

13.1.2 Die Newton–Cotes–Formeln

Wir betrachten jetzt gleichabständige Stützstellen

$$x_i = x_0 + ih, \qquad i = 0, 1, \ldots, n, \qquad h = \frac{b-a}{n}.$$

Mit $x = a + ht$ wird nach (13.4)

$$\beta_k^{(n)} = \int_a^b L_{k,n}(x)\, dx = \int_a^b \prod_{\substack{l=0\\ l\neq k}}^{n} \frac{x - x_l}{x_k - x_l}\, dx = h \int_0^n \prod_{\substack{l=0\\ l\neq k}}^{n} \frac{t-l}{k-l}\, dt = h\alpha_k^{(n)}.$$

Aus (13.5) erhält man dann die *Newton-Cotes-Formel*

$$I_n(h) = h \sum_{k=0}^{n} \alpha_k^{(n)} f_k \tag{13.7}$$

mit

$$\alpha_k^{(n)} = \int_0^n \prod_{\substack{l=0\\ l\neq k}}^{n} \frac{t-l}{k-l}\, dt, \qquad k = 0, 1, \ldots, n.$$

Genauer bezeichnet man (13.7) als *Newton-Cotes-Formel vom abgeschlossenen Typ*, weil die Intervallenden a, b selbst Stützstellen sind. Andernfalls spricht man von Formeln vom offenen Typ; mit ihnen werden wir uns jedoch nicht befassen.

Für $n = 1, \ldots, 6$ errechnet man folgende Gewichte $\alpha_k^{(n)}$:

n	$\alpha_0^{(n)}$	$\alpha_1^{(n)}$	$\alpha_2^{(n)}$	$\alpha_3^{(n)}$	$\alpha_4^{(n)}$	$\alpha_5^{(n)}$	$\alpha_6^{(n)}$
1	$\frac{1}{2}$	$\frac{1}{2}$					
2	$\frac{1}{3}$	$\frac{4}{3}$	$\frac{1}{3}$				
3	$\frac{3}{8}$	$\frac{9}{8}$	$\frac{9}{8}$	$\frac{3}{8}$			
4	$\frac{14}{45}$	$\frac{64}{45}$	$\frac{24}{45}$	$\frac{64}{45}$	$\frac{14}{45}$		
5	$\frac{95}{288}$	$\frac{375}{288}$	$\frac{250}{288}$	$\frac{250}{288}$	$\frac{375}{288}$	$\frac{95}{288}$	
6	$\frac{41}{140}$	$\frac{216}{140}$	$\frac{27}{140}$	$\frac{272}{140}$	$\frac{27}{140}$	$\frac{216}{140}$	$\frac{41}{140}$

Tabelle 13.1

Es ist im allgemeinen nicht sinnvoll, Formeln für noch größere n zu verwenden. Für $n \geq 8$ treten zudem auch negative Gewichte auf, was die Rundungsfehlereinflüsse bei der Auswertung der Formeln verschlimmert.

Wenn über größere Intervalle integriert werden soll, verwendet man besser sogenannte summierte Formeln, mit denen wir uns in Abschnitt 13.2 befassen werden.

Die Verfahren können auch für die numerische Integration empirischer und nicht differenzierbarer Funktionen verwendet werden.

Abschließend wollen wir noch einen Ausdruck für das Restglied r_{n+1} angeben, der die Größenordnung des Fehlers zeigt und in einigen Fällen sogar eine Abschätzung zuläßt.

Satz 13.1. *Es sei $f \in C^{n+1}([a,b])$ bzw. $\in C^{n+2}([a,b])$, wenn n ungerade bzw. gerade ist, und*

$$K_{n+1} = \int_0^n \left\{ \prod_{i=0}^{n} (t-i) \right\} dt, \qquad L_{n+1} = \int_0^n \left\{ t \prod_{i=0}^{n} (t-i) \right\} dt. \tag{13.8}$$

Dann gilt

$$\begin{aligned} r_{n+1}(h) &= \frac{K_{n+1}}{(n+1)!}h^{n+2}f^{(n+1)}(\xi), \quad a \le \xi \le b, \quad n \text{ ungerade}, \\ r_{n+1}(h) &= \frac{L_{n+1}}{(n+2)!}h^{n+3}f^{(n+2)}(\xi), \quad a \le \xi \le b, \quad n \text{ gerade}. \end{aligned} \tag{13.9}$$

Dabei hängt ξ noch von f und n ab. □

Der Satz sagt aus, daß die Formeln für gerades n um eine Potenz von h genauer sind als die für ungerades n. Ist f ein Polynom vom Grad $n+1$, so ist wegen $f^{(n+2)}(x) \equiv P_{n+1}^{(n+2)}(x) \equiv 0$ für gerades n stets $r_{n+1} = 0$, für ungerades n aber im allgemeinen $r_{n+1} \neq 0$. Mit den Newton–Cotes–Formeln für gerades n werden daher auch noch Polynome vom Grad $n+1$ exakt integriert, obwohl f nur durch ein Polynom vom n–ten Grad ersetzt wird. Die Formeln für gerades n sind im allgemeinen also vorzuziehen.

Für $n = 1, \ldots, 6$ errechnet man nach (13.9) mit (13.8) folgende Restglieder:

n	$r_{n+1}(h)$	$h = \frac{b-a}{n}$
1	$-\frac{h^3}{12}f^{(2)}(\xi)$	
2	$-\frac{h^5}{90}f^{(4)}(\xi)$	
3	$-\frac{3h^5}{80}f^{(4)}(\xi)$	
4	$-\frac{8h^7}{945}f^{(6)}(\xi)$	
5	$-\frac{275h^7}{12096}f^{(6)}(\xi)$	
6	$-\frac{9h^9}{1400}f^{(8)}(\xi)$	

Tabelle 13.2

Auf den *Beweis* des Satzes 13.1, der im allgemeinen Fall etwas beschwerlich und lang ist, wollen wir verzichten.

Einige Newton–Cotes–Formeln sind auch unter anderen Bezeichnungen in der Literatur zu finden, so z.B. als

a) *Sehnen–Trapezregel* ($n = 1$):

$$\int_a^b f(x)\,dx + \frac{h^3}{12}f^{(2)}(\xi) = \frac{h}{2}(f(a) + f(b)), \tag{13.10}$$

b) *Simpson–Regel* ($n = 2$):

$$\int_a^b f(x)\,dx + \frac{h^5}{90}f^{(4)}(\xi) = \frac{h}{3}\Big(f(a) + 4f(\tfrac{a+b}{2}) + f(b)\Big), \tag{13.11}$$

c) *Milne-Regel* ($n = 4$):

$$\int_a^b f(x)\,dx + \tfrac{8}{945}h^7 f^{(6)}(\xi) =$$
$$\frac{h}{45}\Big(14[f(a)+f(b)] + 64\big[f(a+\tfrac{b-a}{4}) + f(a+3\tfrac{b-a}{4})\big] + 24f(\tfrac{a+b}{2})\Big). \quad (13.12)$$

Beispiel 13.1. *Wir zeigen die Genauigkeit der Newton–Cotes–Formeln für* $n = 2, 3$ *am Beispiel*

$$I = \int_0^1 \mathrm{e}^x\,dx = \mathrm{e} - 1 = 1.718282\,.$$

$n = 2: \quad h = \dfrac{b-a}{n} = \frac{1}{2},$

$$\begin{aligned} I = I_2 + r_3 &= \tfrac{1}{6}(1.000000 + 4\cdot 1.648721 + 2.718282) - \frac{(\frac{1}{2})^5}{90}\mathrm{e}^{\bar\xi} \\ &= 1.718861 - \frac{\mathrm{e}^{\bar\xi}}{2880}. \end{aligned}$$

$n = 3: \quad h = \frac{1}{3},$

$$\begin{aligned} I = I_3 + r_4 &= \tfrac{1}{8}(1.000000 + 3\cdot 1.395612 + 3\cdot 1.947734 + 2.718282) - \frac{3(\frac{1}{3})^5}{80}\mathrm{e}^{\bar{\bar\xi}} \\ &= 1.718540 - \frac{\mathrm{e}^{\bar{\bar\xi}}}{6480}. \end{aligned}$$

□

13.2 Summierte Quadraturformeln

13.2.1 Das Verfahren

Ist das Intervall $[a, b]$ im Gegensatz zur bisherigen Annahme groß, so wird man es zunächst in kleine Teilintervalle unterteilen, auf diese jeweils das Quadraturverfahren anwenden und die erhaltenen Näherungen addieren. Man verwendet also *summierte Quadraturformeln*, zu denen man wie folgt gelangen kann:

Es ist zunächst mit $H = nh, \quad a + NH = b$

$$I = \int_a^b f(x)dx = \sum_{i=0}^{N-1} \int_{a+iH}^{a+(i+1)H} f(x)dx = \sum_{i=0}^{N-1} I_i \quad . \qquad (13.13)$$

Wegen $a + iH = a + inh = x_{in}$ gilt nach (13.6)

$$I_i = \int_{a+iH}^{a+(i+1)H} f(x)dx = \int_{x_{in}}^{x_{(i+1)n}} f(x)dx = h\sum_{k=0}^{n} \alpha_k^{(n)} f(a + (in+k)h) + r_{n+1}^{(i)}(h).$$

Hieraus folgt weiter nach (13.13)

$$I = h \sum_{i=0}^{N-1} \sum_{k=0}^{n} \alpha_k^{(n)} f(a + (in + k)h) + \sum_{i=0}^{N-1} r_{n+1}^{(i)}(h) \tag{13.14}$$

mit $a + (in + k)h = x_{in+k}$.

13.2.2 Das Restglied summierter Quadraturformeln

Nach (13.9) haben die Restglieder $r_{n+1}^{(i)}$ in jedem Falle die Gestalt

$$r_{n+1}^{(i)}(h) = \varrho_{n+1} h^{n+p+1} f^{(n+p)}(\xi_i), \qquad a + iH \leq \xi_i \leq a + (i+1)H,$$

wobei $p = 1$ für ungerades, $p = 2$ für gerades n gilt. Es ist somit

$$r_{n+1}(h) = \sum_{i=0}^{N-1} r_{n+1}^{(i)} = \varrho_{n+1} h^{n+p+1} \sum_{i=0}^{N-1} f^{(n+p)}(\xi_i).$$

Sei

$$\max_{a \leq x \leq b} |f^{(n+p)}(x)| = M,$$

so folgt hieraus die Abschätzung

$$|r_{n+1}(h)| \leq |\varrho_{n+1}| h^{n+p+1} M N = |\varrho_{n+1}| h^{n+p+1} M \frac{b-a}{nh},$$

also

$$|r_{n+1}(h)| \leq M \frac{b-a}{n} |\varrho_{n+1}| \, h^{n+p}.$$

Dabei ist gemäß (13.9)

$$\varrho_{n+1} = \begin{cases} \dfrac{K_{n+1}}{(n+1)!}, & n \text{ ungerade,} \\[2ex] \dfrac{L_{n+1}}{(n+2)!}, & n \text{ gerade,} \end{cases}$$

und die Konstanten K_{n+1}, L_{n+1} sind durch (13.8) gegeben.

Der Fehler der summierten Formel ist proportional zu h^{n+p}, während der Fehler der ursprünglichen Quadraturformel proportional zu h^{n+p+1} war. Durch die Summation wird der Fehler der entstehenden Formel um den Faktor h^{-1} vergrößert.

Es sollen jetzt die summierten Newton–Cotes–Formeln für $n = 1, 2, 4$ berechnet werden. Wir können uns dabei auf (13.10) bis (13.12) stützen.

a) Zunächst soll für $n = 1$ die summierte Sehnen–Trapezregel bestimmt werden. Hier ist $\alpha_0^{(1)} = \alpha_1^{(1)} = \frac{1}{2}$, nach (13.14) folgt somit wegen $h = H$

$$I = h \sum_{i=0}^{N-1} \tfrac{1}{2}(f(x_i) + f(x_{i+1})) + r_2(h) = h\left[\tfrac{1}{2}(f(a) + f(b)) + \sum_{i=1}^{N-1} f(x_i)\right] + r_2(h) \tag{13.15}$$

mit

$$|r_2(h)| \leq \frac{M(b-a)}{12} h^2.$$

b) Bei der summierten Simpson–Regel für $n = 2$ ist

$$\alpha_0^{(2)} = \tfrac{1}{3}, \quad \alpha_1^{(2)} = \tfrac{4}{3}, \quad \alpha_2^{(2)} = \tfrac{1}{3}, \quad 2h = H.$$

Nach (13.11) erhält man somit

$$\begin{aligned} I &= \tfrac{h}{3} \sum_{i=0}^{N-1} (f(x_{2i}) + 4f(x_{2i+1}) + f(x_{2(i+1)})) + r_3(h) \\ &= \tfrac{h}{3}\left(f(a) + f(b) + 2\sum_{i=1}^{N-1} f(x_{2i}) + 4\sum_{i=0}^{N-1} f(x_{2i+1})\right) + r_3(h) \\ &= S(h) + r_3(h). \end{aligned}$$

Für den Fehler erhält man wegen $\varrho_3 = -\frac{1}{90}$ die Abschätzung

$$|r_3(h)| \leq \frac{M(b-a)}{180} h^4 = \frac{M(b-a)}{2880} H^4.$$

c) Schließlich berechnen wir noch für $n = 4$ die summierte Milne–Regel, wobei

$$\alpha_0^{(4)} = \tfrac{14}{45}, \quad \alpha_1^{(4)} = \tfrac{64}{45}, \quad \alpha_2^{(4)} = \tfrac{24}{45}, \quad \alpha_3^{(4)} = \tfrac{64}{45}, \quad \alpha_4^{(4)} = \tfrac{14}{45}$$

und $4h = H$ gilt. Man erhält aus (13.12) unmittelbar

$$I = \tfrac{h}{45} \sum_{i=0}^{N-1} (14[f(x_{4i}) + f(x_{4(i+1)})] + 64[f(x_{4i+1}) + f(x_{4i+3})] + 24f(x_{4i+2})) + r_5(h)$$

mit

$$|r_5(h)| \leq \frac{2M(b-a)}{945} h^6 = \frac{M(b-a)}{1935360} H^6.$$

Bemerkung 13.1. *Im Zusammenhang mit Diskretisierungsverfahren für Randwertaufgaben gewöhnlicher Differentialgleichungen ist oft auch die sogenannte zusammengesetzte Rechteck– oder Mittelpunktregel nützlich. Sie lautet*

$$I = I_N(h) + r_2(h)$$

mit

$$I_N(h) = h \sum_{i=0}^{N-1} f(a + (i + \tfrac{1}{2})h), \quad h = \frac{b-a}{N}, \quad r_2(h) = (b-a)\frac{h^2}{24} f''(\xi).$$

□

13.3 Romberg–Integration

13.3.1 Das Prinzip

Es sei $T(h)$ eine Näherung für das Integral I und es gelte

$$T(h) = I + \sum_{i=1}^{m} p_i h^{\alpha_i} + q_{m+1}(h)\, h^{\alpha_{m+1}}, \tag{13.16}$$

wobei die p_i, $i = 1, \dots, m$, und $\alpha_j > 0$, $j = 1, \dots, m+1$, von h unabhängige Konstanten bedeuten. Es sei ferner $p_1 \neq 0$ und $0 < \alpha_1 < \alpha_2 < \dots < \alpha_{m+1}$. Nehmen wir noch an, daß

$$|q_{m+1}(h)| \le M < \infty, \qquad M \text{ konstant},$$

für alle hinreichend kleinen h ist, dann folgt aus (13.16)

$$T(h) - I = \mathcal{O}(h^{\alpha_1}).$$

Rechnet man mit der Schrittweite γh, wobei $\gamma < 1$ von h unabhängig ist, so gilt entsprechend (13.16)

$$T(\gamma h) = I + \sum_{i=1}^{m} p_i (\gamma h)^{\alpha_i} + q_{m+1}(\gamma h)(\gamma h)^{\alpha_{m+1}},$$

also unter den gleichen Voraussetzungen wie oben ebenfalls

$$T(\gamma h) - I = \mathcal{O}(h^{\alpha_1}).$$

Die Linearkombination

$$\begin{aligned} T_1(h) &= \frac{\gamma^{-\alpha_1} T(\gamma h) - T(h)}{\gamma^{-\alpha_1} - 1} \\ &= I + \frac{\sum_{i=2}^{m} (\gamma^{\alpha_i - \alpha_1} - 1) p_i h^{\alpha_i}}{\gamma^{-\alpha_1} - 1} + \frac{\gamma^{-\alpha_1} q_{m+1}(\gamma h) - q_{m+1}(h)}{\gamma^{-\alpha_1} - 1} h^{\alpha_{m+1}} \end{aligned}$$

ist dann eine genauere Integrationsformel, denn es ergibt sich unter den genannten Voraussetzungen

$$T_1(h) - I = \mathcal{O}(h^{\alpha_2}).$$

Gilt $\alpha_i = i$ oder $\alpha_i = 2i$, dann kann man $T(h)$ interpretieren als Polynom in h bzw. h^2 mit Störterm $\mathcal{O}(h^{\alpha_{m+1}})$, wobei das Absolutglied des Polynoms, also I, gesucht ist. Die Vorgehensweise zur näherungsweisen Bestimmung von I ist dazu bereits in Abschnitt 11.3.4 dargelegt worden.

13.3.2 Der Algorithmus

Bei der Romberg–Integration [61] wählt man als numerische Integrationsformel die summierte Sehnen–Trapezregel (13.15), also

$$T(h) = h\left[\tfrac{1}{2}(f(a)+f(b)) + \sum_{j=1}^{N-1} f(a+jh)\right]. \tag{13.17}$$

Das oben beschriebene Verfahren ist durchführbar, wenn $T(h)$ eine Entwicklung der Form (13.16) besitzt. Hierüber gilt der

Satz 13.2. *Es sei*

$$I = \int_a^b f(x)dx$$

mit $f \in C^{2m+2}([a,b])$. *Dann gilt*

$$T(h) = I + \sum_{i=1}^{m} p_i h^{2i} + q_{m+1}(h)h^{2m+2} \tag{13.18}$$

mit von h *unabhängigen Konstanten* p_i, *und es ist*

$$|q_{m+1}(h)| \le M = const$$

für alle $h = \dfrac{b-a}{n}$, $n \ge 1$, *ganz.*

Zum Beweis dieses Satzes, der recht kompliziert ist, vergleiche man etwa [70, S.104 ff.]. □

Wir bestimmen nun zu der Folge der Schrittweiten

$$h_i = \frac{b-a}{n_i}, \qquad i = 0, 1, \ldots, m,$$

mit den ganzen Zahlen n_i,

$$n_0 < n_1 < \cdots < n_m,$$

die Ausdrücke

$$T_{i0} = T(h_i) = I + \sum_{k=1}^{m} p_k h_i^{2k} + q_{m+1}(h_i)h_i^{2m+2}, \qquad i = 0, 1, \ldots, m, \tag{13.19}$$

und weiter

$$\begin{aligned} T_{ik} &= T_{i,k-1} + \frac{T_{i,k-1} - T_{i-1,k-1}}{\left(\frac{h_{i-k}}{h_i}\right)^2 - 1} \\ &= \frac{\left(\frac{h_{i-k}}{h_i}\right)^2 T_{i,k-1} - T_{i-1,k-1}}{\left(\frac{h_{i-k}}{h_i}\right)^2 - 1}. \end{aligned} \qquad \begin{aligned} i &= 1, \ldots, m, \\ k &= 1, \ldots, i, \end{aligned} \tag{13.20}$$

Dies kann mit Hilfe des folgenden Schemas erfolgen:

$$\begin{array}{c|ccccc} h_0 & T_{00} \\ h_1 & T_{10} & T_{11} \\ h_2 & T_{20} & T_{21} & T_{22} \\ \vdots & \vdots & \vdots & \vdots & \ddots \\ h_m & T_{m0} & T_{m1} & T_{m2} & \cdots & T_{mm} \,. \end{array} \tag{13.21}$$

Bei der Wahl der Folge h_i hat man noch weitgehende Freiheit. Von W. Romberg [61] wurde die Folge

$$h_i = \frac{b-a}{2^i}, \quad i = 0, 1, \ldots, m, \quad \text{also} \quad n_i = 2^i$$

vorgeschlagen. Dann lauten (13.19), (13.20) wegen (13.17):

$$T_{i0} = h_i \left[\tfrac{1}{2}(f(a) + f(b)) + \sum_{j=1}^{2^i-1} f(a + jh_i) \right], \tag{13.22}$$

und

$$T_{ik} = \frac{2^{2k} T_{i,k-1} - T_{i-1,k-1}}{2^{2k} - 1}, \qquad \begin{array}{l} i = 1, \ldots, m, \\ k = 1, \ldots, i. \end{array} \tag{13.23}$$

Daher ist z.B.

$$\begin{aligned} T_{00} &= (b-a)\left[\tfrac{1}{2}(f(a) + f(b))\right], \\ T_{10} &= \frac{b-a}{2}\left[\tfrac{1}{2}(f(a) + f(b)) + f(\tfrac{a+b}{2})\right], \\ T_{20} &= \frac{b-a}{4}\left[\tfrac{1}{2}(f(a) + f(b)) + f(\tfrac{3a+b}{4}) + f(\tfrac{a+b}{2}) + f(\tfrac{a+3b}{4})\right]. \end{aligned}$$

Wegen der speziellen Form der $T_{i,0}$ kann man sich die Berechnung vereinfachen zu

$$T_{i,0} = \tfrac{1}{2} T_{i-1,0} + h_i \sum_{j=1}^{2^{i-1}} f(a + (2j-1)h_i).$$

Die hier auftretende Summe ist die Summe der neu hinzukommenden f-Werte.

T_{00} ist der Wert der Sehnentrapezformel über das Intervall $[a, b]$, T_{i0} ist der Wert der summierten Sehnentrapezformel (13.15) mit $H_i = h_i = (b-a)/2^i$. Man erhält also die Folge $\{T_{i0}\}$, indem man mit $h_i = (b-a)/2^i$, d.h. bei fortgesetzter

Halbierung der Teilintervalle, jeweils die Werte der summierten Sehnentrapezregel berechnet (siehe Abb. 13.1).

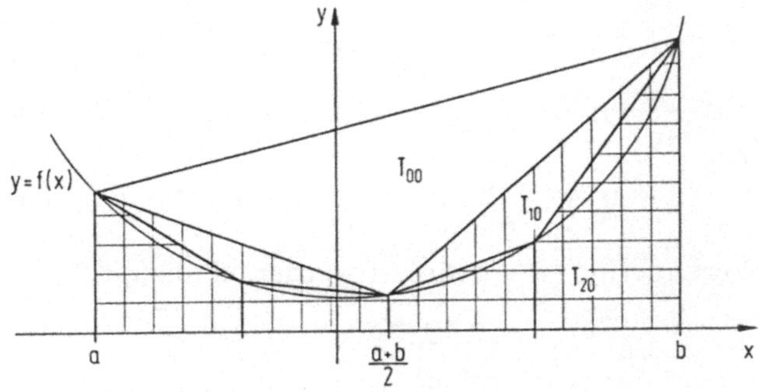

Abbildung 13.1: Berechnung der T_{i0}

Es ergibt sich dann weiter nach (13.23)

$$T_{11} = \frac{4T_{10} - T_{00}}{3} = \frac{b-a}{6}\left[f(a) + 4f(\tfrac{a+b}{2}) + f(b)\right].$$

Setzt man hier $b - a = 2h$, so erhält man gerade die Simpson–Regel (13.11). Allgemein errechnet man mit $h_i = \dfrac{b-a}{2^i}$

$$\begin{aligned} T_{i1} &= \frac{4T_{i0} - T_{i-1,0}}{3} \\ &= \frac{h^i}{3}\left[f(a) + f(b) + 2\sum_{j=1}^{2^{i-1}-1} f(a + 2jh_i) + 4\sum_{j=0}^{2^{i-1}-1} f(a + (2j+1)h_i)\right] \\ &= \frac{h^i}{3}\sum_{j=0}^{2^{i-1}-1} (f(a + 2jh_i) + 4f(a + (2j+1)h_i) + f(a + (2j+2)h_i)), \end{aligned}$$

und dies ist gerade die summierte Simpson–Regel.

Natürlich kann man die Folge der h_i noch auf mehrere Arten sinnvoll wählen. Von R. Bulirsch [8] z.B. stammt der Vorschlag

$$h_0 = b-a, \quad h_1 = \tfrac{b-a}{2}, \quad h_2 = \tfrac{b-a}{3}, \quad h_3 = \tfrac{b-a}{4}, \quad h_4 = \tfrac{b-a}{6}, \quad h_5 = \tfrac{b-a}{8}, \quad h_6 = \tfrac{b-a}{12}, \ldots$$

Im Nenner erscheinen dabei alle Potenzen von 2 und das dreifache hiervon. Die Anzahl der verschiedenen f–Werte ist bei vergleichbarer Genauigkeit geringer als bei der Romberg–Folge.

13.3.3 Der Fehler bei der Romberg–Integration

Schließlich wollen wir noch für beliebige Wahl der Folge $\{h_i\}$ einen Ausdruck für den Fehler

$$\varepsilon_{ik} = T_{ik} - I$$

angeben. Dazu benötigen wir die *Bernoulli-Zahlen* B_n, die als Koeffizienten der Reihenentwicklung von

$$f(z) = \frac{z}{\mathrm{e}^z - 1}, \qquad |z| < 2\pi,$$

mit der komplexen Veränderlichen z definiert werden können:

$$\frac{z}{\mathrm{e}^z - 1} = 1 + \sum_{n=1}^{\infty} \frac{B_n}{n!} z^n, \qquad |z| < 2\pi.$$

Die B_n sind für alle n reell, man errechnet insbesondere

$$B_{2k+1} = 0, \qquad k > 0,$$

und

$$B_1 = -\tfrac{1}{2}, \quad B_2 = \tfrac{1}{6}, \quad B_4 = -\tfrac{1}{30}, \quad B_6 = \tfrac{1}{42}, \quad B_8 = -\tfrac{1}{30}, \quad B_{10} = \tfrac{5}{66}.$$

Sie genügen der Rekursionsformel

$$1 + \sum_{\nu=1}^{n} \binom{n+1}{\nu} B_\nu = 0, \qquad n \geq 1$$

und wachsen mit ν stark an, so daß asymptotisch

$$|B_{2\nu}| \approx \frac{2(2\nu)!}{(2\pi)^{2\nu}}$$

gilt. Eine ausführliche Darstellung der Bernoulli–Zahlen findet man z.B. in [50].

Man hat noch die Einschließung

$$\frac{2}{(2\pi)^{2k}} \leq (-1)^{k-1} \frac{B_{2k}}{(2k)!} \leq \frac{4}{(2\pi)^{2k}}.$$

Es gilt dann der

Satz 13.3. *Unter den angegebenen Voraussetzungen ist für* $i = 0, 1, \ldots, m$; $k = 0, 1, \ldots, i$

$$\varepsilon_{ik} = T_{ik} - I = \frac{|B_{2k+2}|}{(2k+2)!}(b-a) f^{(2k+2)}(\xi) \prod_{j=0}^{k} h_{i-j}^2, \quad a \leq \xi \leq b. \tag{13.24}$$

Auch den Beweis *dieses Satzes entnehme man etwa [70, S. 111 ff.].* □

Für die Romberg–Folge mit $h_i = \dfrac{b-a}{2^i}$ ist

$$(b-a)\prod_{j=0}^{k} h_{i-j}^2 = h_i^{2k+3}\cdot 2^{k(k+1)+i}.$$

Daher lautet in diesem Falle (13.24)

$$\varepsilon_{ik} = \frac{|B_{2k+2}|}{(2k+2)!}2^{k(k+1)+i}\cdot h_i^{2k+3}\cdot f^{(2k+2)}(\xi),$$

insbesondere gilt

$$\varepsilon_{ii} = \frac{|B_{2i+2}|}{(2i+2)!}2^{i(i+2)}\cdot h_i^{2i+3}\cdot f^{(2i+2)}(\xi). \qquad (13.25)$$

Speziell folgt hieraus für $i = 0$

$$\varepsilon_{00} = \frac{h_0^3}{12}f^{(2)}(\xi),$$

für $i = 1$

$$\varepsilon_{11} = \frac{h_1^5}{90}f^{(4)}(\xi).$$

Diese Ausdrücke stimmen natürlich mit denen in (13.10) und (13.11) überein.

Aus (13.24) folgt, daß die T_{ik} um so bessere Näherungen des Integrals I sind, je weiter sie im Schema (13.21) „unten“ und „rechts“ stehen. Als endgültige Näherung wird man T_{mm} wählen.

13.3.4 Ergänzungen

Satz 13.3 beantwortet die Frage nach dem Quadraturfehler für hinreichend oft differenzierbare Funktionen f. Sind alle Koeffizienten p_i in (13.18) von 0 verschieden, (d.h. genauer: Ist $f^{(2i-1)}(b) - f^{(2i-1)}(a) \neq 0$ für alle i), dann kann man die Voraussetzung der hinreichenden Differenzierbarkeit von f an den Elementen des Rombergschemas geradezu überprüfen. Es muß dann nämlich für alle i gelten:

$$\lim_{k\to\infty}\frac{T_{k,i} - T_{k-1,i}}{T_{k+1,i} - T_{k,i}} = 2^{2i+2}.$$

Sind die genannten Voraussetzungen nicht erfüllt, dann bedeutet dies nicht, daß das Romberg–Verfahren versagt. Es zeigt dann lediglich nicht seine sonst vorhandene Wirksamkeit. Man kann sogar zeigen, daß das Verfahren sowohl spaltenweise als auch diagonalweise konvergente Integralnäherungen liefert, solange nur für alle i die

Ungleichung $h_{i+1} < c\,h_i$ mit $0 < c < 1$ gilt und f Riemann–integrierbar auf $[a,b]$ ist, d.h.

$$\lim_{k\to\infty} T_{k,i} = I, \qquad \lim_{k\to\infty} T_{k+j,k} = I.$$

Ist dagegen der Integrand f in einem Gebiet der komplexen Ebene, das das reelle Intervall $[a,b]$ umfaßt, in eine konvergente Potenzreihe entwickelbar, dann gilt sogar

$$\lim_{k\to\infty} \frac{T_{k+1+j,k+1} - I}{T_{k+j,k} - I} = 0,$$

d.h. der Fehler nimmt längs der Diagonalen superlinear ab.

In diesem Fall hat man für „großes" i, j in $T_{i,j} - T_{i,j+1}$ eine zuverlässige Schätzung für $T_{i,j} - I$, was zu einem Abbruchkriterium für das Verfahren benutzt werden kann. Man muß dabei allerdings an den Zusatz „hinreichend großes" i, j denken, weil man sonst leicht fehlgeleitet wird. Dazu betrachten wir das

Beispiel 13.2. *Es soll*

$$I = \int_0^1 \cos^2(25x)dx = 0.497376$$

angenähert werden. Wir verwenden das Rombergschema mit $h_0 = 1$, $h_1 = \frac{1}{2}$, $h_2 = \frac{1}{4}$, $h_3 = \frac{1}{8}$. *Es ergibt sich bei fünfstelliger Rechnung*

0.99124			
0.99342	0.99415		
0.99397	0.99415	0.99415	
0.99410	0.99414	0.99414	0.99414 ,

ein unvorsichtiger Anwender würde also wohl 0.99414 als zumindest 5–stellige Näherung für I nehmen! □

Bemerkung 13.2. *Anstelle der hier beschriebenen Polynomextrapolation der Werte* $(h_i^2, T(h_i))$ *nimmt man in der Praxis gerne Extrapolation einer die Werte* $(h_i^2, T(h_i))$ *interpolierenden rationalen Funktion mit Zählergrad < Nennergrad, vgl. [9].* □

Beispiel 13.3. *Mit dem Romberg–Verfahren und den Schrittweiten* $h_i = 2^{-i}$ *wurden die Integrale*

a) $\int_0^1 \sqrt[4]{t}\, dt = 0.8,$

b) $\int_0^1 \frac{1}{(t-1.1)(t+0.1)}\, dt = -3.99649212 = -\frac{1}{0.6}\ln 11$ *und*

c) $\int_0^1 e^{-\pi x} \cos \pi x\, dx = \frac{1}{2\pi}(1 + e^{-\pi}) = 0.1660326514$

berechnet. Man erkennt an den untenstehenden Resultaten die Übereinstimmung von theoretisch vorhergesagtem und praktisch beobachtetem Konvergenzverhalten. $\sqrt[4]{t}$ *ist nur stetig, aber nicht stetig differenzierbar. Daher haben wir Konvergenz, aber die Extrapolation ist unwirksam.*

Im zweiten Fall liegt eine Funktion $\in C^\infty([0,1])$ *vor, die Ableitungen wachsen aber schnell an (etwa wie* $k!10^k$*), daher ist die Extrapolation wirksam, die Konvergenz aber dennoch langsam. Im dritten Fall ist der Integrand eine ganze Funktion, die Ableitungen wachsen höchstens wie* $(\sqrt{2}\pi)^k$*, daher ist die Extrapolation sehr wirksam und wir erhalten schnelle Konvergenz.* $*$ *hinter einer Zahl in der Tabelle bedeutet, daß der relative Fehler* $\leq 5 \cdot 10^{-9}$ *ist.*

$F = SQRT(SQRT(x)), (0, 1)$

.5			
.670448208	.727264277		
.744652014	.769386616	.772194772	
.776507728	.787126299	.788308945	.788564725
.790067272	.794587120	.795084508	.795192056
.795809934	.797724155	.797933290	.797978509
.798234827	.799043125	.799131056	.799150068
.799256969	.799597684	.799634654	.799642648
.799687378	.799830847	.799846391	.799849752
.799868504	.799928880	.799935415	.799936828
.799944700	.799970098	.799972846	.799973440

$F = 1/((x - 1.1) * (x + 0.1)), (0, 1)$

−9.09090910			
−5.93434344	−4.88215488		
−4.64784399	−4.21901084	−4.17480124	
−4.18947595	−4.03668660	−4.02453165	−4.02214642
−4.04847085	−4.00146915	−3.99912132	−3.99871799
−4.00981657	−3.99693181	−3.99662932	−3.99658976
−3.99984676	−3.99652349	−3.99649627	−3.99649415
−3.99733231	−3.99649416	−3.99649221	−3.99649215
−3.99670227	−3.99649225	−3.99649212*	−3.99649212*
−3.99654466	−3.99649213*	−3.99649212*	−3.99649212*
−3.99650526	−3.99649212*	−3.99649212*	−3.99649212*

$F = \cos(\pi * x) * \exp(-\pi * x), (0, 1)$

0.478393041			
0.239196520	0.159464347		
0.183442561	0.164857908	0.165217478	
0.170321813	0.165948230	0.166020918	0.166033671
0.167100867	0.166027219	0.166032484	0.166032668
0.166299449	0.166032310	0.166032649	0.166032652*
0.166099335	0.166032630	0.166032652*	0.166032652*
0.166049322	0.166032651*	0.166032652*	0.166032652*
0.166036819	0.166032652*	0.166032652*	0.166032652*
0.166033694	0.166032652*	0.166032652*	0.166032652*
0.166032912	0.166032652*	0.166032652*	0.166032652*

□

Beispiel 13.4. *Wir betrachten wieder wie in Bespiel 13.1 das Testintegral*

$$I = \int_0^1 e^x \, dx = e - 1 = 1.718282.$$

Dann ist $h_0 = 1$, $h_1 = \frac{1}{2}$, $h_2 = \frac{1}{4}$ *, und nach (13.22), (13.23) errechnet man*

$$\begin{aligned}
T_{00} &= \tfrac{1}{2}(e+1) = 1.859141, \\
T_{10} &= \tfrac{1}{2}\left[\tfrac{1}{2}(e+1) + e^{0.5}\right] = 1.753931, \\
T_{20} &= \tfrac{1}{4}\left[\tfrac{1}{2}(e+1) + e^{0.25} + e^{0.5} + e^{0.75}\right] = 1.727222, \\
T_{11} &= \frac{4T_{10} - T_{00}}{3} = 1.718861, \\
T_{21} &= \frac{4T_{20} - T_{10}}{3} = 1.718319, \\
T_{22} &= \frac{16T_{21} - T_{11}}{15} = 1.718283.
\end{aligned}$$

Das Schema (13.21) hat hier also die Form

$$\begin{array}{c|lll}
1 & 1.859141 & & \\
\frac{1}{2} & 1.753931 & 1.718861 & \\
\frac{1}{4} & 1.727222 & 1.718319 & 1.718283.
\end{array}$$

T_{22} *liefert den Integralwert bereits bis auf 5 Stellen hinter dem Komma genau. In der Tat ist der dazugehörige Fehler nach (13.25)*

$$\varepsilon_{22} = \frac{\frac{1}{42}2^8\left(\frac{1}{4}\right)^7 e^{\xi}}{6!} = \frac{e^{\xi}}{42 \cdot 2^6 \cdot 6!} = 5.166997 \cdot 10^{-7} \, e^{\xi}.$$

Daraus folgt die Fehlereinschließung

$$5.166997 \cdot 10^{-7}\,\mathrm{e}^0 \le \varepsilon_{22} \le 5.166997 \cdot 10^{-7}\,\mathrm{e}^1,$$

also

$$5.166997 \cdot 10^{-7} \le \varepsilon_{22} \le 1.404536 \cdot 10^{-6}.$$

□

13.4 Das Gaußsche Quadraturverfahren

13.4.1 Eine Optimalitätsforderung

Bei der numerischen Berechnung des Integrals

$$I = \int_a^b f(x)dx$$

haben wir bisher die Stützwerte x_i bei der Unterteilung des Intervalls $[a,b]$ fest vorgegeben. Im allgemeinen werden sie gleichabständig gewählt mit

$$x_i^{(n)} = x_0^{(n)} + ih, \qquad i = 0,1,\ldots,n, \qquad h = \frac{b-a}{n},$$

und $x_0^{(n)} = a, \quad x_n^{(n)} = b$. Es gelang dann, die $\alpha_k^{(n)}$, $k = 0,1,\ldots,n$, der Interpolations–Quadraturformel

$$I_n(h) = h\sum_{k=0}^{n} \alpha_k^{(n)} f(x_k^{(n)})$$

so zu bestimmen, daß jedes reelle Polynom von höchstens n–tem Grade exakt integriert wird. Ist n gerade, so wird sogar jedes Polynom $(n+1)$–ten Grades exakt integriert.

So erhebt sich die Frage, ob nicht durch günstigere Wahl der Stützstellen Quadraturformeln konstruiert werden können, die Polynome von höherem als n–tem Grad noch exakt integrieren. Optimal in diesem Sinne wären Quadraturformeln, die bei Verwendung von $n+1$ Stützstellen und $n+1$ Gewichten jedes Polynom von höchstens $(2n+1)$–tem Grade (mit $2(n+1)$ Koeffizienten) exakt integrieren. Solche Formeln gibt es, wie wir zeigen wollen; sie heißen *Gaußsche Quadraturformeln.*

Um solche Formeln zu entwickeln betrachten wir allgemeiner das Integral

$$I(f) = \int_a^b f(x)\varrho(x)dx$$

mit der positiven Gewichtsfunktion ϱ. Die Integrale $\int x^k \varrho(x)dx$ sollen existieren für alle $k \in \mathbb{N}$, ϱ darf auch Singularitäten besitzen, z.B. $\varrho = -\ln x, \quad \varrho = \sqrt{x}$ auf $[0,1]$.

$I(f)$ soll durch eine endliche Summe

$$I_n(f) = (b-a)\sum_{k=0}^{n} \omega_k^{(n)} f(x_k^{(n)})$$

mit den Gewichten $\omega_k^{(n)}$ und den Stützstellen $x_k^{(n)}$ so approximiert werden, daß der Fehler

$$\varepsilon_n(f) = I_n(f) - I(f)$$

verschwindet, wenn f ein Polynom von höchstens $(2n+1)$–tem Grad ist, d.h. wenn $I_n(f)$ eine Gaußsche Quadraturformel ist. Dies ist offenbar genau dann der Fall, wenn die $\omega_k^{(n)}$, $x_k^{(n)}$, $k = 0, 1, \ldots, n$, dem nichtlinearen Gleichungssystem

$$\int_a^b x^i \varrho(x)dx = (b-a)\sum_{k=0}^{n} \omega_k^{(n)} (x_k^{(n)})^i, \qquad i = 0, 1, \ldots, 2n+1, \tag{13.26}$$

genügen. Die Berechnung der Gewichte und Stützstellen erfolgt jedoch nicht durch Auflösung dieses Gleichungssystems, sondern durch eine Methode, die in vereinfachter Form zuerst von Gauß vorgeschlagen wurde.

13.4.2 Berechnung der Stützstellen und Gewichte

In Abschnitt 11.5 haben wir die Orthogonalpolynome definiert und einige von ihnen in Abschnitt 11.6 zur Approximation von Funktionen herangezogen. Dort wurde auch ein Orthonormalsystem konstruiert. In ähnlicher Weise verwenden wir jetzt ein Orthogonalsystem.

Wie in Abschnitt 11.6 definieren wir für je zwei stetige Funktionen $f(x)$, $g(x)$ das skalare Produkt

$$(f,g)_\varrho = \int_a^b f(x)g(x)\varrho(x)dx$$

mit

$$(f,f)_\varrho = \|f\|^2 = \int_a^b (f(x))^2 \varrho(x)dx.$$

Das genannte Orthogonalsystem $\{p_j(x)\}$, $j = 0, 1, \ldots$, definieren wir dann rekursiv wie folgt

$$\begin{aligned} p_0(x) &= 1 \\ p_{i+1}(x) &= (x-\delta_i)p_i(x) - \gamma_i^2 p_{i-1}(x), \quad i = 0, 1, \ldots. \end{aligned} \tag{13.27}$$

Dabei ist zu setzen

$$\begin{aligned} p_{-1}(x) &\equiv 0, \\ \delta_i &= (x\,p_i, p_i)_\varrho \,/\, (p_i, p_i)_\varrho, \qquad i = 0, 1, \ldots \\ \gamma_i^2 &= \begin{cases} 0, & i = 0 \\ (p_i, p_i)_\varrho \,/\, (p_{i-1}, p_{i-1})_\varrho, & i = 1, 2, \ldots. \end{cases} \end{aligned} \tag{13.28}$$

Man kann zeigen, daß p_m m reelle einfache Nullstellen in (a,b) hat für jedes m. Die genaue Lage der Nullstellen, also der hier benutzten Quadraturknoten, hängt stark von ϱ ab. Man vgl. hierzu etwa [74, S.86 und S. 138 ff.].

Es gilt dann der

Satz 13.4. *Die Quadraturformel*

$$I_n(f) = (b-a)\sum_{k=0}^{n} \omega_k^{(n)} f(x_k^{(n)}) \tag{13.29}$$

ist genau dann eine Gaußsche Quadraturformel für das Integral

$$I(f) = \int_a^b f(x)\varrho(x)dx,$$

wenn als Gewichte die Zahlen

$$\omega_k^{(n)} = \frac{1}{b-a}\int_a^b L_{k,n}(x)\varrho(x)dx$$

und als Stützstellen die Nullstellen $x_k^{(n)}$, $k = 0,\dots,n$, *des orthogonalen Polynoms* p_{n+1} *zu* ϱ *gewählt werden. Mit* $f \in C^{(2n+2)}([a,b])$ *gilt weiter*

$$\varepsilon_n(f) = I_n(f) - I(f) = -\frac{f^{(2n+2)}(\xi)}{(2n+2)!}\int_a^b (p_{n+1}(x))^2 \varrho(x)dx, \quad a \le \xi \le b. \tag{13.30}$$

Zum Beweis *dieses Satzes vergleiche man etwa [74, S. 86 f. sowie 138 ff.].* □

Setzen wir $(b-a)\omega_k^{(n)} = \beta_k^{(n)}$, so lautet die Gaußsche Quadraturformel (13.29)

$$I_n(f) = \sum_{k=0}^{n} \beta_k^{(n)} f(x_k^{(n)}).$$

Sie stimmt jetzt formal mit (13.5) überein, für $\varrho(x) \equiv 1$ sind ihre Gewichte überdies durch (13.4) gegeben, stimmen also mit denen der Interpolations–Quadraturformel bei $n+1$ Stützstellen überein. Dies ist auch der ursprünglich von Gauß untersuchte Fall, wobei $a = -1$, $b = 1$ gewählt wurde, was wegen

$$\int_a^b f(t)\,dt = \frac{b-a}{2}\int_{-1}^{1} f(\frac{b-a}{2}x + \frac{b+a}{2})\,dx = \frac{b-a}{2}\int_{-1}^{1}\varphi(x)\,dx \tag{13.31}$$

keine Einschränkung der Allgemeinheit ist. Aus (13.27) ergeben sich dann die Legendreschen Polynome (vgl. Abschnitt 11.6)

$$\begin{aligned} p_0(x) = 1, \quad p_1(x) &= x - \frac{\int_{-1}^{1} x\,dx}{\int_{-1}^{1} dx} = x \\ p_2(x) &= x^2 - \frac{\int_{-1}^{1} x^2\,dx}{\int_{-1}^{1} dx} - \frac{\int_{-1}^{1} x^3\,dx}{\int_{-1}^{1} x^2\,dx} x = x^2 - \tfrac{1}{3}, \end{aligned}$$

und weiter

$$p_3(x) = x^3 - \tfrac{3}{5}x, \qquad p_4(x) = x^4 - \tfrac{6}{7}x^2 + \tfrac{3}{35}.$$

Die Wurzeln dieser Polynome lassen sich noch leicht direkt berechnen, man erhält als Nullstellen von

$$\begin{aligned} p_1(x) &: x_0^{(0)} = 0, \\ p_2(x) &: x_0^{(1)} = -x_1^{(1)} = -\frac{1}{\sqrt{3}}, \\ p_3(x) &: x_0^{(2)} = -x_2^{(2)} = -\sqrt{\tfrac{3}{5}}, \quad x_1^{(2)} = 0, \\ p_4(x) &: x_0^{(3)} = -x_3^{(3)} = -\sqrt{\frac{3+\sqrt{4.8}}{7}}, \quad x_1^{(3)} = -x_2^{(3)} = -\sqrt{\frac{3-\sqrt{4.8}}{7}}. \end{aligned}$$

Diese Nullstellen sind im allgemeinen irrationale Zahlen, die bei der Rechnung durch endliche Dezimalbrüche hinreichend genau approximiert werden müssen.

In der folgenden Tabelle sind die Stützstellen $x_k^{(n)}$ und Gewichte $\beta_k^{(n)} = (b-a)\omega_k^{(n)}$ $k = 0, 1, \ldots, n$, bis einschließlich $n = 5$ auf 12 Stellen hinter dem Komma genau berechnet.

Tabelle 13.3

$n+1$	$x_k^{(n)}$	$\beta_k^{(n)} = 2\omega_k^{(n)}$
1	$x_0^{(0)} = 0$	$\beta_0^{(0)} = 2$
2	$x_1^{(1)} = -x_0^{(1)} = 0.577350269190$	$\beta_1^{(1)} = \beta_0^{(1)} = 1$
3	$x_2^{(2)} = -x_0^{(2)} = 0.774596669241$	$\beta_2^{(2)} = \beta_0^{(2)} = 0.555555555556$
	$x_1^{(2)} = 0$	$\beta_1^{(2)} = 0.888888888889$
4	$x_3^{(3)} = -x_0^{(3)} = 0.861136311594$	$\beta_3^{(3)} = \beta_0^{(3)} = 0.347854845137$
	$x_2^{(3)} = -x_1^{(3)} = 0.339981043585$	$\beta_2^{(3)} = \beta_1^{(3)} = 0.652145154863$
5	$x_4^{(4)} = -x_0^{(4)} = 0.906179845939$	$\beta_4^{(4)} = \beta_0^{(4)} = 0.236926885056$
	$x_3^{(4)} = -x_1^{(4)} = 0.538469310106$	$\beta_3^{(4)} = \beta_1^{(4)} = 0.478628670499$
	$x_2^{(4)} = 0$	$\beta_2^{(4)} = 0.568888888889$
6	$x_5^{(5)} = -x_0^{(5)} = 0.932469514203$	$\beta_5^{(5)} = \beta_0^{(5)} = 0.171324492379$
	$x_4^{(5)} = -x_1^{(5)} = 0.661209386466$	$\beta_4^{(5)} = \beta_1^{(5)} = 0.360761573048$
	$x_3^{(5)} = -x_2^{(5)} = 0.238619186083$	$\beta_3^{(5)} = \beta_2^{(5)} = 0.467913934573$

Beispiel 13.5. *Wir betrachten wieder unser Testintegral*

$$I = \int_0^1 \mathrm{e}^x \, dx = \mathrm{e} - 1 = 1.718282$$

und rechnen durchweg mit 6 Stellen hinter dem Komma genau. Dann ist

$$I = \int_0^1 \mathrm{e}^x \, dx = \tfrac{1}{2} \int_{-1}^1 \mathrm{e}^{\frac{t+1}{2}} \, dt = \tfrac{1}{2} \mathrm{e}^{\frac{1}{2}} \int_{-1}^1 \mathrm{e}^{\frac{t}{2}} \, dt = 0.824361 \int_{-1}^1 \mathrm{e}^{\frac{t}{2}} \, dt.$$

Das Gaußsche Verfahren mit $\varrho(x) \equiv 1$ liefert dann mit den auf 6 Stellen hinter dem Komma gerundeten Werten aus Tabelle 13.3 die Näherungen

$$n = 0 \;:\; I_0 = 0.824361 \cdot 2 \cdot 1 = 1.648721,$$

$$n = 1 \;:\; I_1 = 0.824361 \left(\mathrm{e}^{\frac{1}{2} \cdot 0.577350} + \mathrm{e}^{-\frac{1}{2} \cdot 0.577350} \right) = 1.717897,$$

$$n = 2 \;:\; I_2 = 0.824361 \left(0.555556 \left[\mathrm{e}^{\frac{1}{2} \cdot 0.774597} + \mathrm{e}^{-\frac{1}{2} \cdot 0.774597} \right] + 0.888889 \right) = 1.718282.$$

Im Rahmen der Rechengenauigkeit ist dies schon der exakte Integralwert. □

13.4.3 Ergänzungen

Die Transformation (13.31) braucht nicht explizit durchgeführt zu werden. Nach (13.30) und (13.31) ist

$$\begin{aligned}\int_a^b f(t)\,dt &= \tfrac{b-a}{2}\int_{-1}^1 \varphi(x)\,dx = \tfrac{b-a}{2}\sum_{k=0}^n \beta_k^{(n)}\varphi(x_k^{(n)}) \\ &+\tfrac{b-a}{2}\cdot\frac{\varphi^{(2n+2)}(\xi)}{(2n+2)!}\int_{-1}^1 (p_{n+1}(x))^2\,dx, \qquad -1\le\xi\le 1,\end{aligned} \tag{13.32}$$

wobei p_{n+1} das Legendre–Polynom vom Grad $n+1$ ist. Nun gilt

$$\int_{-1}^1 (p_{n+1}(t))^2\,dt = \frac{2^{2n+3}[(n+1)!]^4}{(2n+3)\cdot[(2n+2)!]^2},$$

wie aus Eigenschaften der Legendre–Polynome folgt, ferner

$$\varphi^{(2n+2)}(x) = \left(\frac{b-a}{2}\right)^{2n+2} f^{(2n+2)}(t), \qquad t = \frac{b-a}{2}x + \frac{b+a}{2}.$$

Daher ergibt sich nach (13.32) schließlich

$$\begin{aligned}\int_a^b f(t)\,dt &= \tfrac{b-a}{2}\sum_{k=0}^n \beta_k^{(n)} f\left(\tfrac{b-a}{2}x_k^{(n)} + \tfrac{b+a}{2}\right) \\ &+f^{(2n+2)}(\eta)\frac{(b-a)^{2n+3}[(n+1)!]^4}{(2n+3)\cdot[(2n+2)!]^3}, \qquad a\le\eta\le b.\end{aligned}$$

Insbesondere ist also

$$\begin{aligned}\varepsilon_0(f) &= I_0(f)-I(f) = -\frac{(b-a)^3}{24}f^{(2)}(\eta), \\ \varepsilon_1(f) &= I_1(f)-I(f) = -\frac{(b-a)^5}{4320}f^{(4)}(\eta), \\ \varepsilon_2(f) &= I_2(f)-I(f) = -\frac{(b-a)^7}{2016000}f^{(6)}(\eta).\end{aligned} \tag{13.33}$$

Beispiel 13.6. *Wir wenden (13.33) auf die Ergebnisse von Beispiel 13.5 an. Dort war (im Rahmen der Rundungsfehler)*

$$\varepsilon_1(f) = 1.717897 - 1.718282 = -3.850000\cdot 10^{-4} \qquad \varepsilon_2(f) = 0.000000 \quad .$$

Wegen $0\le f^{(k)}(\eta)\le \mathrm{e} = 2.718282$, $b-a=1$, *folgen aus (13.33) die Abschätzungen*

$$\begin{aligned}0 \ge \varepsilon_1(f) &\ge -\frac{2.718282}{4320} = -6.292319\cdot 10^{-4}, \\ 0 \ge \varepsilon_2(f) &\ge -\frac{2.718282}{2016000} = -1.348354\cdot 10^{-6}.\end{aligned}$$

□

Je nach Wahl der Gewichtsfunktion ϱ erhält man für bestimmte Integrationsgrenzen a, b orthogonale Polynome p_{n+1}, $n = 0, 1, \ldots$. Man wird jedoch nur in wenigen Fällen $\varrho(x) \not\equiv 1$ setzen, etwa dann, wenn das zu berechnende Integral bereits in der Form

$$\int_a^b f(x)\varrho(x)dx, \qquad \varrho(x) > 0 \quad \text{in } [a,b],$$

gegeben ist. Das Verfahren ist allerdings nur für wenige Gewichtsfunktionen $\varrho(x)$ praktikabel, u.a. für

$$\begin{array}{lllllll} \varrho(x) &=& \ln\frac{1}{x}, & a &=& 0, & b = 1, \\ \varrho(x) &=& x^k, & a &=& 0, & b = 1, \quad \text{etwa } k = 0,\ldots,5, \\ \varrho(x) &=& e^{-x}, & a &=& 0, & b = \infty, \\ \varrho(x) &=& e^{-x^2}, & a &=& -\infty, & b = \infty, \\ \varrho(x) &=& (1-x^2)^{\frac{1}{2}}, & a &=& -1, & b = 1. \end{array}$$

Wenn der Integrand in $\int_a^b f(x)\,dx$ einen singulären Faktor wie $(x-a)^\alpha$, $(b-x)^\beta$ $\alpha, \beta > -1$, $\ln(x-a)$ usw. enthält, kann man mit Hilfe der entsprechenden gewichteten Gauß–Quadraturformel den Einfluß dieser Singularität auf die Genauigkeit der numerischen Quadratur beseitigen. Bezüglich einer ausführlichen Darstellung, für die hier der Platz fehlt, vergleiche man etwa [20], [50], [74].

13.5 Adaptive Quadratur und automatische Kontrolle des Quadraturfehlers

Wenn ein Integral über ein relativ großes Intervall $[a,b]$ numerisch berechnet werden soll, so ist es nicht sinnvoll, eines der bisher besprochenen Verfahren direkt auf $[a,b]$ anzuwenden. Der Quadraturfehler hängt ja vom Verhalten einer der höheren Ableitungen von f ab, und dies kann lokal sehr unterschiedlich sein. So variiert die n–te Ableitung von $\dfrac{x}{x^2-1}$ auf $[1.001,\, 10]$ zwischen $\frac{1}{2}(-1)^n n!(10^{3n+3} + 2.001^{-3n-3})$ bei $x = 1.001$ und $\frac{1}{2}(-1)^n n!(11^{-n-1} + 9^{-n-1})$ bei $x = 10$. Entsprechend groß bzw. klein würden in kleinen Teilintervallen die Quadraturfehler. Es ist daher wünschenswert, eine Methode zu besitzen, um eine geeignete Unterteilung des Intervalls zu *konstruieren* und gleichzeitig den Quadraturfehler zu kontrollieren. Bei genügender Differenzierbarkeit des Integranden gilt für alle besprochenen Quadraturverfahren eine Darstellung des Quadraturfehlers der Form

$$r_{N+1}(f) = c \cdot H^{m+1} + \mathcal{O}(H^{m+2}).$$

Hierin bedeutet c eine Konstante, $N+1$ die Anzahl der Knoten, m die Ordnung der Formel, d.h. die Ordnung der im Restglied auftretenden niedrigsten Ableitung.

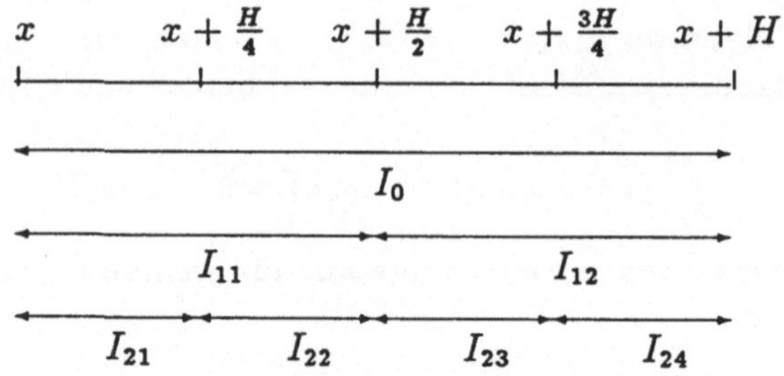

$x \qquad x+\frac{H}{4} \qquad x+\frac{H}{2} \qquad x+\frac{3H}{4} \qquad x+H$

I_0

$I_{11} \qquad I_{12}$

$I_{21} \qquad I_{22} \qquad I_{23} \qquad I_{24}$

$$I - I_0 = cH^{m+1} + \mathcal{O}(H^{m+2}), \qquad I = \int_a^b f(t)dt.$$

Wir stellen uns vor, die Intervallbreite H sei „klein" und wenden die *gleiche* Formel nun weiterhin einmal auf dem Teilintervall $[x, x+\frac{H}{2}]$ und auf dem Teilintervall $[x+\frac{H}{2}, x+H]$ an. Die Addition beider Werte liefert eine Näherung $I_1 = I_{11} + I_{12}$ für I mit

$$I - I_1 = 2c(\tfrac{H}{2})^{m+1} + \mathcal{O}(H^{m+2}).$$

Daher wird

$$I_1 - I_0 = cH^{m+1}(1-2^{-m}) + \mathcal{O}(H^{m+2})$$

oder

$$cH^{m+1} = \frac{I_1 - I_0}{1-2^{-m}} + \mathcal{O}(H^{m+2}) = I - I_0 + \mathcal{O}(H^{m+2}).$$

Wenn der $\mathcal{O}$–Term vernachlässigbar ist (d.h. H „genügend" klein), dann gilt also

$$I - I_0 \sim \frac{I_1 - I_0}{1-2^{-m}}. \tag{13.34}$$

Um zu kontrollieren, ob H tatsächlich schon „genügend" klein ist, könnte man $I_2 := \sum_{j=1}^{4} I_{2j}$ bilden, wo I_{2j} sich aus der Anwendung der gleichen Formel auf $[x+(j-1)\frac{H}{4}, x+j\frac{H}{4}]$ ergibt. Dann folgt

$$I - I_2 = 4c(\tfrac{H}{4})^{m+1} + \mathcal{O}(H^{m+2}),$$

d.h.

$$I_2 - I_1 = cH^{m+1}2^{-m}(1-2^{-m}) + \mathcal{O}(H^{m+2}),$$

und die Vernachlässigbarkeit des $\mathcal{O}$–Terms ist gleichbedeutend mit

$$\frac{I_2 - I_1}{I_1 - I_0} \sim 2^{-m}.$$

Die Größe 2^{-m} ist eine Art Testgröße. Man kann das Ergebnis (13.34) nun leicht zur Konstruktion einer geeigneten Intervallunterteilung benutzen. Vorgegeben sei eine Genauigkeitsforderung

$$|I - \sum_{j=0}^{N} I_0^{(j)}| \leq \delta \,,$$

wobei $I_0^{(j)}$ die Integralnäherung auf dem Teilintervall $[x_j,\, x_j + H_j]$ bedeute. Diese Forderung wird sicher erfüllt, wenn

$$|\int_{x_j}^{x_j+H_j} f(t)\,dt - I_0^{(j)}| \leq \frac{\delta H_j}{b-a} \,,$$

oder, wegen (13.34), approximativ erfüllt, wenn

$$|I_1^{(j)} - I_0^{(j)}| \leq \frac{(1-2^{-m})\delta H_j}{b-a} \,. \tag{13.35}$$

Sei x_j schon konstruiert und $\tilde{H}_j$ eine *Vorschlagsschrittweite* für H_j (aus dem davorliegenden Schritt, $\tilde{H}_j \leq b - x_j$). Dann berechnet man $I_0^{(j)}$, $I_1^{(j)}$ wie oben beschrieben. Ist (13.35) erfüllt, wird $H_j = \tilde{H}_j$ gesetzt. Andernfalls wird $\tilde{H}_j$ halbiert und dieser Teilschritt wiederholt. War die Differenz $|I_1^{(j)} - I_0^{(j)}|$ sehr viel kleiner als die rechte Seite in (13.35), dann kann man annehmen, daß $\tilde{H}_j$ vergrößert werden darf, z.B. wenn (2.5 statt 2 im Nenner stellt einen „Sicherheitsfaktor" dar)

$$|I_0^{(j)} - I_1^{(j)}| \leq (\tfrac{1}{2.5})^m \frac{(1-2^{-m})\delta H_j}{b-a} \,.$$

Dann wähle man $\tilde{H}_{j+1} := 2H_j$, sonst $\tilde{H}_{j+1} := H_j$ als Vorschlagsschrittweite für den nächsten Schritt.

Die Teilintervalle, auf denen die Quadraturformel schließlich angewendet wird, werden so automatisch klein in Bereichen, in denen f sich stark ändert, und sehr groß in Bereichen, in denen f fast konstant verläuft. Zur Absicherung muß man das Verfahren in der Praxis verfeinern durch die Einführung von Minimal- und Maximalwerten für die H_j, um zu verhindern, daß durch zu kleine H-Werte die Rundungsfehler die Resultate zu beeinflussen beginnen oder durch zu große H-Werte Bereiche, in denen der Integrand stark variiert, einfach übersprungen werden.

Beispiel 13.7. *Es soll das Integral*

$$\int_0^{0.625} \frac{1}{(x-0.625)^2 + 0.04}\,dx = \tfrac{1}{0.2}\arctan\left(\tfrac{0.625}{0.2}\right) = 6.3054669$$

näherungsweise berechnet werden. Als Grundverfahren diene die Trapezregel. Genauigkeitsforderung: $\delta = 0.4$. *Anfangsschrittweite für den ersten Schritt:* $H = 0.25$.

Für die Trapezregel ist $m = 2$. Wir berechnen die Trapezwerte auf den Vorschlagsintervallen, überprüfen zuerst, ob diese Schrittweite akzeptiert wird und testen dann, ob wir die Schrittweite vergrößern können.
Testgröße der Akzeptanz: $(1-2^{-m})\delta H_j/(b-a)$.
Testgröße der Vergrößerung: $(1/2.5)^m(1-2^{-m})\delta H_j/(b-a)$.
$x_0 = 0, \quad H = 0.25, \quad$ *Testgröße Akzeptanz* $= 0.12$.

$$\begin{aligned} I_0 &= \tfrac{1}{8}(5.53633 + 2.32221) = 0.9823175, \\ I_1 &= \tfrac{1}{2}I_0 + \tfrac{1}{8}\cdot 3.44828 = 0.92219375\,. \end{aligned}$$

$|I_1 - I_0| = 0.0602; \quad$ *H akzeptiert. Testgröße Vergrößerung* $= 0.0192$; *nicht vergrößern.*
$x_1 = 0.25, \quad H = 0.25, \quad$ *Testgröße Akzeptanz* $= 0.12$.

$$\begin{aligned} I_0 &= \tfrac{1}{8}(5.53633 + 17.9775) = 2.93923, \\ I_1 &= \tfrac{1}{2}I_0 + \tfrac{1}{8}\cdot 9.75610 = 2.68913. \end{aligned}$$

$|I_1 - I_0| = 0.25010; \quad$ *H nicht akzeptiert.*
$x_1 = 0.25, \quad H = 0.125, \quad$ *Testgröße Akzeptanz* $= 0.06$.

$$\begin{aligned} I_0 &= \tfrac{1}{16}(5.53633 + 9.7561) = 0.95578, \\ I_1 &= \tfrac{1}{2}I_0 + \tfrac{1}{16}\cdot 7.26447 = 0.93192\,. \end{aligned}$$

$|I_1 - I_0| = 0.023859; \quad$ *H akzeptiert. Offenbar keine Vergrößerung* .
$x_2 = 0.375, \quad H = 0.125, \quad$ *Testgröße Akzeptanz* $= 0.06$.

$$\begin{aligned} I_0 &= \tfrac{1}{16}(9.7561 + 17.9775) = 1.73335, \\ I_1 &= \tfrac{1}{2}I_0 + \tfrac{1}{16}\cdot 13.3056 = 1.698275\,. \end{aligned}$$

$|I_1 - I_0| = 0.035075; \quad$ *H akzeptiert. Testgröße Vergrößerung* $= 0.0096$; *nicht vergrößern.*
$x_3 = 0.5, \quad H = 0.125, \quad$ *Testgröße Akzeptanz* $= 0.06$.

$$\begin{aligned} I_0 &= \tfrac{1}{16}(17.9775 + 25) = 2.686094, \\ I_1 &= \tfrac{1}{2}I_0 + \tfrac{1}{16}\cdot 22.7758 = 2.766534. \end{aligned}$$

$|I_1 - I_0| = 0.08\ldots; \quad$ *H nicht akzeptiert.*
$x_3 = 0.5, \quad H = 0.0625, \quad$ *Testgröße Akzeptanz* $= 0.03$.

$$\begin{aligned} I_0 &= \tfrac{1}{32}(17.9775 + 22.7785) = 1.273541, \\ I_1 &= \tfrac{1}{2}I_0 + \tfrac{1}{32}\cdot 20.4964 = 1.277283. \end{aligned}$$

$|I_1 - I_0| = 0.003$; *H akzeptiert. Offenbar keine Vergrößerung.*
$x_4 = 0.5625$, $H = 0.0625$, *Testgröße Akzeptanz* $= 0.03$.

$$\begin{aligned} I_0 &= \tfrac{1}{32}(22.77584 + 25) = 1.49299375, \\ I_1 &= \tfrac{1}{2}I_0 + \tfrac{1}{32} \cdot 24.4042 = 1.509128. \end{aligned}$$

$|I_1 - I_0| = 0.01613$; *H akzeptiert.*

Wir erhalten als Endnäherungen für I

$$\begin{aligned} \sum I_0 &= 6.43797873, &\text{Fehler: } &- 0.1325, \\ \sum I_1 &= 6.33879736, &\text{Fehler: } &- 0.0333 \approx -0.1325/4\,. \end{aligned}$$

Es ist immer anzunehmen, daß $\sum I_1$ die bessere Näherung ist. Gesteuert wurde das Gitter aber durch die Genauigkeitsforderung an $\sum I_0$, die auch tatsächlich erfüllt ist. Da jedes I_1 durch Schrittweitenhalbierung des Gitters für I_0 entstand, ist die Kombination der I_1 und I_0–Werte zu einer nur stückweise äquidistanten zusammengesetzten Simpsonformel möglich:

$$(4\sum I_1 - \sum I_0)/3 = 6.305737, \qquad \text{Fehler: } - 2.7 \cdot 10^{-4}.$$

Dies ist ein schon recht guter Wert für I! Insgesamt wurden 15 f–Auswertungen vorgenommen. Die automatische Fehlererfassung hat natürlich auch ihren Preis:

Bei Verwendung der (äquidistanten) zusammengesetzten Trapezregel hätten wir abgeschätzt (was hier ja noch leicht möglich ist)

$$\begin{aligned} \frac{d}{dx}\left(\frac{1}{(x-0.625)^2+0.04}\right) &= -2\frac{(x-0.625)}{((x-0.625)^2+0.04)^2}, \\ \frac{d^2}{dx^2}\left(\frac{1}{(x-0.625)^2+0.04}\right) &= \frac{6(x-0.625)^2-0.08}{((x-0.625)^2+0.04)^3}, \\ |\cdots| &\le 1250\quad. \end{aligned}$$

Die Forderung, daß der Quadraturfehler kleiner oder gleich 0.4 bleiben soll, ergibt

$$\frac{h^2}{12} \cdot 0.625 \cdot 1250 \le 0.4 \quad \text{und} \quad h = 0.625/n,$$

also $h = 0.078125$, d.h. mit dieser Vorkenntnis hätten wir hier zwar nur 8 Funktionswerte benötigt, dafür aber auch nur eine (sehr grobe) Integralnäherung erhalten. □

13.6 Numerische Berechnung uneigentlicher Integrale

Um sicherzustellen, daß der Einsatz der bisher besprochenen Quadraturformeln praktisch sinnvoll ist, muß vorausgesetzt werden, daß der Integrand hinreichend oft stetig differenzierbar auf $[a, b]$ ist. Das Romberg-Verfahren und die Gaußschen Quadraturformeln liefern zwar für jeden stetigen Integranden konvergente Integralnäherungen, wenn die Anzahl der Quadraturknoten gegen unendlich geht, aber die Konvergenz ist u.U. sehr langsam. In den Anwendungen treten jedoch auch häufig Integrale mit singulären Integranden oder Integrale über unbeschränkte Intervalle auf. Mit der numerischen Berechnung solcher Integrale wollen wir uns nun kurz befassen.

Der einfachste hier zu behandelnde Fall ist der, daß der Integrand oder eine seiner niederen Ableitungen in $[a, b]$ bekannte Sprungstellen x_i besitzt, aber auf jedem abgeschlossenen Intervall $[x_i, x_{i+1}]$, $i = 1, \ldots, n$, hinreichend oft stetig differenzierbar ist d.h. es existiert $\lim\limits_{h \to 0} f^{(k)}(x_i + h)$ und $\lim\limits_{h \to 0} f^{(k)}(x_{i+1} - h)$ für $k = 0, 1, \ldots, m$, wobei m hinreichend groß ist. In diesem Fall zerlegt man $[a, b]$ entsprechend und behandelt jedes Teilintegral gesondert:

$$\int_a^b f(x)dx = \int_a^{x_1} f(x)dx + \sum_{i=1}^{n} \int_{x_i}^{x_{i+1}} f(x)dx + \int_{x_{n+1}}^b f(x)dx. \tag{13.36}$$

Ein Beispiel hierfür ist die Quadratur einer kubischen Splinefunktion.

Benutzt man dazu etwa die Simpsonformel, so wird das Resultat exakt, sobald man die Knoten der Splinedarstellung als x_i in (13.36) benutzt und jedes Teilintegral gesondert mit der (einfachen) Simpsonformel berechnet.

Besitzt der Integrand oder eine seiner Ableitungen Singularitäten eines bekannten Typs, dann kann man durch eine Variablentransformation die Singularität beheben.

Ein Beispiel dazu sind die Integrale der Form

$$I = \int_0^1 x^{p/q} f(x)dx, \qquad f \in C^\infty[0, 1],$$

mit $q \geq 2$, $q \in \mathbb{N}$, $p \in \mathbb{Z}$, $p > -q$.

Durch die Substitution

$$x = t^q$$

erhält man

$$I = q \int_0^1 t^{p+q-1} f(t^q)\, dt.$$

Hier ist der Integrand

$$g(t) = t^{p+q-1} f(t^q)$$

nun selbst unendlich oft stetig differenzierbar auf $[0,1]$, das Integral kann mit dem Romberg–Verfahren effizient ausgewertet werden.

Ein anderes Beispiel ist

$$I = \int_0^a \ln x f(x)\, dx,$$

das durch die Substitution

$$x = \mathrm{e}^t$$

in

$$I = \int_{-\infty}^{\ln a} t\,\mathrm{e}^t f(\mathrm{e}^t)\, dt = -\int_{-\ln a}^{\infty} t\,\mathrm{e}^{-t} f(\mathrm{e}^{-t})\, dt$$

übergeht. Integrale über halbunendliche Intervalle überführt man zweckmäßig in solche über $\mathbb{R}$:

$$\begin{aligned} \int_a^\infty f(x)dx &= \int_{-\infty}^{\infty} f(a+\mathrm{e}^t)\,\mathrm{e}^t\, dt, \\ x &= a+\mathrm{e}^t. \end{aligned}$$

Integrale über $\mathbb{R}$ lassen sich oft sehr gut mit der Trapezregel approximieren. Theoretische Grundlage dafür ist die Poissonsche Summenformel. Sei

$$I = \int_{-\infty}^{\infty} f(x)\, dx \tag{13.37}$$

zu berechnen und es existiere auch $\int_{-\infty}^{\infty} |f(x)|\, dx$.

Als Integralnäherung definieren wir zu gegebenem $s \in \mathbb{R}$

$$T(h;s) = h \lim_{k\to\infty} \sum_{j=-k}^{k} f(jh+s). \tag{13.38}$$

Nach Voraussetzung existiert die Fouriertransformierte von f

$$g(t) = \int_{-\infty}^{\infty} \exp(-\mathrm{i}\, s\, t) f(s)\, ds$$

und es wird nach der Poissonschen Summenformel wegen $I = g(0)$

$$T(h;s) - I = \lim_{k\to\infty} \Big\{ \sum_{\substack{j=-k \\ j\neq 0}}^{k} g(j\tfrac{2\pi}{h}) \exp(\mathrm{i}\, s\, j \tfrac{2\pi}{h}) \Big\}.$$

Für das Fehlerverhalten von $T(h;s) - I$ für $h \to 0$ ist also das Abklingen der Fouriertransformierten g von f maßgeblich.

Ist f als Funktion des komplexen Argumentes z analytisch im Streifen $|\Im z| < \omega$ mit $\omega > 0$, dann kann man zeigen, daß

$$|T(h;s) - I| = \mathcal{O}(\exp(-\omega 2\pi/h))$$

gilt, d.h. der Fehler wird für $h \to 0$ exponentiell klein. Bei der Berechnung von (13.38) muß man in der Praxis die Grenzwertbildung natürlich bei einem (nicht zu großen) Wert $k = k_0$ abbrechen, die Vorgehensweise macht also nur Sinn, wenn f schnell abklingt mit $|x| \to \infty$. Beispiele, bei denen dieses Verfahren hervorragende Resultate liefert, sind Integrale der Form $\int_{-\infty}^{\infty} e^{-x^2} g(x)dx$ mit beschränktem $|g|$. Hier wählt man $s = 0$ in (13.38)!

Da für die gute Auswertbarkeit der Integrale (13.37) das Abklingen von f für $|x| \to \infty$ maßgeblich ist, kann man versuchen, durch weitere Variablentransformationen dieses Abklingverhalten zu verbessern. Sehr bewährt hat sich hier die sinh–Transformation

$$x = \sinh t$$

mit

$$\begin{aligned} \int_{-\infty}^{\infty} f(x)dx &= \int_{-\infty}^{\infty} F(t)dt, \\ F(t) &= f(\sinh(t))\cosh(t). \end{aligned} \qquad (13.39)$$

Für $f(x) = 1/(1+x^2)$ mit einem recht schlechten Abklingverhalten für $|x| \to \infty$ ergibt sich so $F(t) = 1/\cosh(t)$, was schon sehr viel günstiger ist. Man kann diese Substitution bei Bedarf auch wiederholen und erhält so fast immer exponentielles Abfallen des Integranden, vgl. [75].

Man braucht die Variablensubstitution keineswegs formelmäßig auszuführen, um die Methode anzuwenden. Will man etwa in (13.39) die Trapezsumme $T(h;s)$ auf das rechte Integral anwenden, so kann man sie ebensogut auf das linke Integral anwenden und $\cosh(s+jh)$ als Gewichte (anstelle von 1) und $\sinh(s+jh)$ als Argumente von f (anstelle von $s+jh$) wählen.

13.7 Numerische Kubatur

13.7.1 Tensorprodukt–Methoden

Eine außerordentlich schwierige und numerisch aufwendige Aufgabe ist die Berechnung mehrfacher bestimmter Integrale

$$I = \int_B f(x_1,\ldots,x_n)dx_1\cdots dx_n,$$

wobei B ein Bereich des $\mathbb{R}^n$ bedeutet und $f(x_1,\ldots,x_n)$ eine dort definierte integrierbare Funktion ist. Dies gilt namentlich für krummflächig berandete Bereiche B. Wir wollen uns daher — und das noch relativ kurz — nur mit dem Fall $n = 2$, der *numerischen Kubatur*, befassen. Bezüglich einer allgemeineren Beschreibung der Verfahren für beliebiges n muß auf die Spezialliteratur verwiesen werden, etwa auf [73].

Anstelle von x_1, x_2 schreiben wir x, y, betrachten jetzt also das Integral

$$I = \int_B f(x,y)dx\,dy\,. \tag{13.40}$$

Wir setzen voraus, daß B ein Normalbereich ist, und zwar im folgenden o.B.d.A. ein Normalbereich bzgl. der x–Achse. Die in den Anwendungen auftretenden Bereiche können stets in endliche Vereinigungen solcher Normalbereiche zerlegt werden, so daß unsere Voraussetzung also keine Einschränkung bedeutet. Somit wird (13.40) zu

$$I = \int_a^b \int_{\psi_1(x)}^{\psi_2(x)} f(x,y)dy\,dx \tag{13.41}$$

oder

$$I = \int_a^b F(x)\,dx, \tag{13.42}$$

$$F(x) = \int_{\psi_1(x)}^{\psi_2(x)} f(x,y)\,dy. \tag{13.43}$$

Damit können wir sowohl auf (13.42) als auch auf (13.43) die zuvor besprochenen Quadraturmethoden wieder anwenden.

Sind z.B. $x_i^{(n)}$, $i = 0,\ldots,n$, die Stützstellen einer Quadraturformel und $\gamma_i^{(n)}$, $i = 0,\ldots,n$, die zugehörigen Gewichte auf dem Intervall $[-1,1]$, d.h.

$$\int_{-1}^1 g(x)dx \approx \sum_{i=0}^n \gamma_i^{(n)} g(x_i^{(n)}),$$

dann können wir das Integral (13.41) approximieren durch

$$\begin{aligned} I_{n,m} &= \frac{b-a}{4}\sum_{i=0}^n \gamma_i^{(n)}(\psi_{2,i}-\psi_{1,i})\cdot \\ &\cdot \sum_{j=0}^m \gamma_j^{(m)} f\Big(\tfrac{b-a}{2}x_i^{(n)} + \tfrac{b+a}{2}, \frac{\psi_{2,i}-\psi_{1,i}}{2}x_j^{(m)} + \frac{\psi_{2,i}+\psi_{1,i}}{2}\Big), \end{aligned} \tag{13.44}$$

wobei

$$\psi_{2,i} = \psi_2(x_i^{(n)}), \qquad \psi_{1,i} = \psi_1(x_i^{(n)})$$

gesetzt ist. Man kann also selbstverständlich (13.43) und (13.42) von verschiedener Ordnung approximieren. Falls f ein Polynom in x und y ist und ψ_1, ψ_2 Polynome in x sind, ist auch F ein Polynom in x. Durch eine Formel entsprechend hoher Ordnung kann dann I exakt berechnet werden. Zweckmäßig wählt man hierzu Gauß–Formeln aus. Sei etwa

$$I = \int_0^1 \int_0^{1-x^2} f(x,y)dy\,dx \tag{13.45}$$

zu berechnen, wobei

$$f(x,y) = \sum_{i=0}^{3}\sum_{j=0}^{3} \alpha_{ij} x^i y^j.$$

Dann wird F ein Polynom vom Grad 11 in x, d.h. das Integral (13.42) wird durch eine Gauß–Formel mit 6 Knoten (siehe Tabelle 13.3, $n+1=6$) exakt integriert. Um zu gegebenem x das Integral (13.43) exakt zu berechnen, benötigt man nur die Gauß–Formel mit $n+1=2$. Im ganzen benötigt man also 12 Funktionswerte, um (13.45) exakt zu berechnen.

Ist B ein Rechteck, kann man auch eine äquidistante Gittereinteilung in x– und y–Richtung wählen und das Integral der in Abschnitt 11.2.3 konstruierten Interpolierenden als Integralnäherung nehmen.

Dies ist äquivalent mit der Verwendung der Newton–Cotes–Stützstellen und –Gewichte in (13.44). Als Quadraturfehler ergibt sich dann natürlich das Bereichsintegral des Interpolationsfehlers (11.23).

13.7.2 Summierte Kubaturverfahren

Die Knotenanzahl der in (13.44) angegebenen Formel steigt mit erhöhten Genauigkeitsforderungen stark an und diese Situation verschlimmert sich bei höheren Variablenzahlen noch. Ferner macht die dort beschriebene Vorgehensweise nur Sinn, wenn der Bereich B „nicht groß“ ist und die Zerlegung in Normalbereiche einfach ausführbar ist. Als Alternative bietet sich die Zerlegung eines Bereiches B in eine große Anzahl kleinerer Teilbereiche an, auf denen dann spezielle einfache Kubaturformeln angesetzt werden.

Im folgenden soll ein spezielles Verfahren beschrieben werden, das hinreichend einfach ist, in den meisten Fällen aber die Genauigkeitsforderungen bei technischen Problemen erfüllt. Es hat sich in der Praxis gut bewährt.

Wir zerlegen B in Teilbereiche B_i, $i=1,\ldots,N$, so daß

$$I = \int_B f(x,y)dx\, dy = \sum_{i=1}^{N} \int_{B_i} f(x,y)dx\, dy.$$

Die B_i seien so gewählt, daß ihre Schwerpunkte bekannt sind oder doch leicht bestimmt werden können. Sei (p_i,q_i) der Schwerpunkt von B_i und $f \in C^2(B)$, so gilt

$$f(x,y) = f(p_i,q_i) + f_x(p_i,q_i)(x-p_i) + f_y(p_i,q_i)(y-q_i) + R(x,y).$$

Integriert man beide Seiten über B_i, so erhält man wegen

$$p_i = \tfrac{1}{F_i}\int_{B_i} x\, dx\, dy, \qquad q_i = \tfrac{1}{F_i}\int_{B_i} y\, dx\, dy,$$

wobei F_i den Inhalt von B_i bedeutet,

$$\int_{B_i} f(x,y)\,dx\,dy = F_i \cdot f(p_i,q_i) + \int_{B_i} R(x,y)\,dx\,dy. \tag{13.46}$$

Sei h_i der Maximalabstand aller Punktepaare aus B_i, d.h.

$$h_i = \max_{(x,y),(\bar{x},\bar{y})\in B_i} \left\{\sqrt{(x-\bar{x})^2 + (y-\bar{y})^2}\right\},$$

so gilt für $(x,y) \in B_i$ sicher

$$(x-p_i)^2, \quad |(x-p_i)(y-q_i)|, \quad (y-q_i)^2 \le h_i^2.$$

Im Restglied $R(x,y)$ treten aber gerade $(x-p_i)^2$, $|(x-p_i)(y-q_i)|$, und $(y-q_i)^2$ linear auf, daher gilt

$$\int_{B_i} R(x,y)\,dy\,dx = \mathcal{O}(h_i^4).$$

Somit folgt mit $h = \max\limits_{i=1,\ldots,N}\{h_i\}$ und aus der Tatsache, daß Nh^2 eine Konstante K ist, die eine obere Schranke für den Inhalt von B darstellt,

$$\int_{B_i} f(x,y)\,dx\,dy = \sum_{i=1}^{N} F_i \cdot f(p_i,q_i) + \mathcal{O}(h^2). \tag{13.47}$$

Läßt man nun das Restglied fort, so hat man in

$$\tilde{I} = \sum_{i=1}^{N} F_i \cdot f(p_i,q_i)$$

einen Näherungswert für das Integral I. Dies ist die sogenannte *zusammengesetzte Schwerpunktregel.*

Ist der Rand von B ein geschlossener Polygonzug, so kann B trianguliert, d.h. durch eine Vereinigung von Dreiecken B_i ausgeschöpft werden. Dabei sollen verschiedene Dreiecke höchstens auf ihrem Rand gemeinsame Punkte haben (siehe Abb. 13.2)

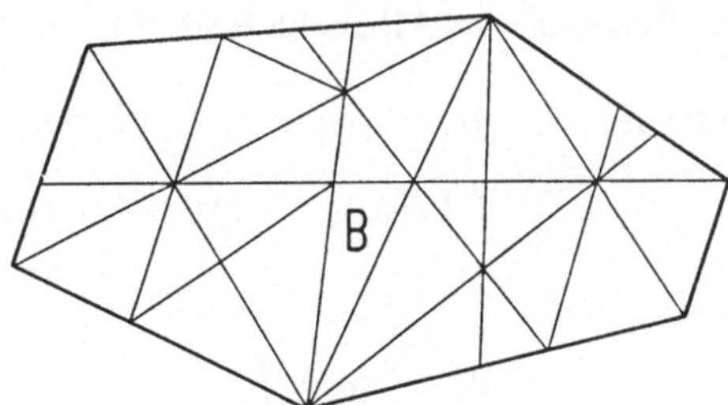

Abbildung 13.2: Triangulierung von B

Ist der Rand von B kein geschlossener Polygonzug, so kann dennoch B in vielen Fällen durch einen polygonal berandeten Bereich hinreichend genau approximiert werden. Man verfährt dann wie oben. Sind (x_{ij}, y_{ij}), $j = 1, 2, 3$, die Koordinaten der Ecken des i–ten Teildreieckes B_i, so sind die Koordinaten des Schwerpunkts von B_i bekanntlich

$$p_i = \tfrac{1}{3}(x_{i1} + x_{i2} + x_{i3}), \qquad q_i = \tfrac{1}{3}(y_{i1} + y_{i2} + y_{i3}). \tag{13.48}$$

Diese Vorgehensweise kann leicht verfeinert werden. Bekanntlich kann jedes Dreieck $T \subset \mathbb{R}^2$ durch eine lineare Transformation auf das Einheitsdreieck T_0 mit den Ecken $(0,0)$, $(1,0)$, $(0,1)$ transformiert werden und mit Hilfe der Substitutionsregel für Bereichsintegrale hat man

$$\int_T f(x,y)dx\,dy = \int_{T_0} f(x(\xi,\eta), y(\xi,\eta))|\det(\boldsymbol{A}_T)|\,d\xi\,d\eta,$$

wo (x, y) mit (ξ, η) durch die lineare Abbildung

$$\begin{bmatrix} x \\ y \end{bmatrix} = \begin{bmatrix} x_i \\ y_i \end{bmatrix} + \boldsymbol{A}_T \begin{bmatrix} \xi \\ \eta \end{bmatrix}$$

mit

$$\boldsymbol{A}_T = \begin{bmatrix} (x_j - x_i) & (x_k - x_i) \\ (y_j - y_i) & (y_k - y_i) \end{bmatrix}$$

verknüpft ist. Dabei sind (x_i, y_i), (x_j, y_j), (x_k, y_k) die drei Ecken von T, die (in dieser Reihenfolge) auf $(0,0)$, $(1,0)$, $(0,1)$ abgebildet werden. Zur Kubatur auf einer Triangulierung genügt es also, Formeln für das Einheitsdreieck T_0 zu kennen.

Die oben angegebene Schwerpunktregel lautet dafür

$$\int_{T_0} f(x,y)dx\,dy \approx \tfrac{1}{2} f(\tfrac{1}{3}, \tfrac{1}{3}).$$

Verfeinerungen können natürlich mit den in Abschnitt 13.7.1 behandelten Tensorprodukt–Methoden erhalten werden. Ein anderer Zugang ist der direkte Ansatz von Formeln für zwei Veränderliche. Dies ist ein sehr schwieriges Problem, für das die Forschung noch keineswegs abgeschlossen ist.

So erhält man etwa die Formel von Albrecht und Collatz (vgl. [73])

$$\begin{aligned} \int_{T_0} f(x,y)\,dx\,dy \;&\approx\; B(f(r,r) + f(r,s) + f(s,r)) + \\ & C(f(u,u) + f(u,v) + f(v,u)) \end{aligned}$$

mit

$$r = \tfrac{1}{2}, \qquad s = 0, \qquad u = \tfrac{1}{6}, \qquad v = \tfrac{4}{6},$$
$$B = \tfrac{1}{60}, \qquad C = \tfrac{9}{60},$$

die für Polynome vom Gesamtgrad ≤ 3 in x, y exakt ist und die Formel von Radon

$$\begin{aligned}\int_{T_0} f(x,y)\,dx\,dy \;&\approx\; A\,f(t,t) + B(f(r,r) + f(r,s) + f(s,r)) + \\ &\quad C(f(u,u) + f(u,v) + f(v,u))\end{aligned}$$

mit

$$\begin{array}{lll} A = \frac{9}{80}, & B = (155 - \sqrt{15})/2400, & C = (155 + \sqrt{15})/2400, \\ t = \frac{1}{3}, & u = (6 + \sqrt{15})/21, & v = (9 - 2\sqrt{15})/21, \\ & r = (6 - \sqrt{15})/21, & s = (9 + 2\sqrt{15})/21, \end{array}$$

die für Polynome vom Gesamtgrad ≤ 5 exakt ist.

Die summierten Formeln liefern also dann Näherungen für das Bereichsintegral mit einem Fehler $\mathcal{O}(h^4)$ bzw. $\mathcal{O}(h^6)$, wobei h die Länge der längsten in der Triangulierung auftretenden Dreiecksseite ist.

Man kennt auch Übertragungen der adaptiven Quadratur für triangulierbare Bereiche, bei denen mit den gleichen Prinzipien wie in Abschnitt 13.5 eine lokal verfeinerte Triangulierung erzeugt wird [45].

Aufgaben

A 13.1 Das Integral

$$I = \int_0^1 \frac{\sin x}{x}\,dx$$

soll mit einer Newton–Cotes–Formel näherungsweise berechnet werden.

a) Wie groß muß nach Tabelle 13.2 die Zahl n mindestens gewählt werden, damit der Quadraturfehler r_{n+1} betragsmäßig kleiner als 10^{-4} ist?

b) Man berechne I näherungsweise mit dem entsprechenden Verfahren.

A 13.2 Das Integral I aus Aufgabe A 13.1 soll mit der summierten Sehnen–Trapez–Regel (13.15) näherungsweise berechnet werden.

a) Wie klein muß $h = H$ mindestens gewählt werden, damit der Quadraturfehler r_2 betragsmäßig kleiner als 10^{-4} ist?

b) Man führe die Berechnung durch und vergleiche das Ergebnis mit dem aus Aufgabe A 13.1.

A 13.3 Man berechne mit dem Romberg–Verfahren die Näherung T_{22} des Integrals

$$I = \int_0^1 e^{-x^2}\,dx$$

und schätze den Fehler ab. Mit welcher Stellenzahl müssen die Rechnungen mindestens durchgeführt werden?

A 13.4 Mit dem Gaußschen Quadraturverfahren berechne man die Näherungen $I_0(f)$, $I_1(f)$, $I_2(f)$ des Integrals

$$I = \int_{-1}^1 \frac{dx}{\sqrt{1+x^4}}.$$

A 13.5 Für $n = 0$ ist das Gleichungssystem (13.26) linear. Man leite daraus für $\varrho(x) \equiv 1$ direkt die Gaußsche Quadraturformel $I_0(f)$ her.

A 13.6 Es sei B die durch $x^2 + y^2 \leq 1$ gegebene Kreisscheibe. Man berechne das Integral

$$I = \int_B e^{x^2+y^2}\,dy\,dx$$

näherungsweise wie folgt: B werde durch ein regelmäßiges eingeschriebenes 16–Eck ersetzt, dieses wiederum in 16 gleichmäßige Dreiecke zerlegt und dann die summierte Kubaturformel (13.47) mit $N = 16$ angewendet. Anschließend vergleiche man den berechneten Näherungswert mit dem in diesem Fall leicht zu ermittelnden exakten Integralwert.

A 13.7 Man berechne durch zweimalige Anwendung der in Abschnitt 13.6 beschriebenen sinh–Transformation (13.39) in Verbindung mit der zusammengesetzten Sehnentrapezregel mit $h = 1/2$ und $|t| \leq 3$ näherungsweise das uneigentliche Integral

$$I = \int_{-\infty}^{\infty} \frac{x^2}{(x^2+1)^2}dx$$

und vergleiche das Ergebnis mit dem exakten Wert $I = \pi/2$.

A 13.8 Es sei $f(x) = \dfrac{x}{1+x^4}$.

a) Man berechne $\int_0^1 f(x)dx$ mit Hilfe der summierten Simpson-Regel zur Schrittweite $h = 1/4$.

b) Man schätze den Fehler im Vergleich zum exakten Integralwert ab.

c) Man vergleiche den unter a) berechneten Näherungswert mit dem exakten Integralwert.

A 13.9 Vorgelegt sei das Bereichsintegral:

$$I: = \int_0^1 \int_0^1 (x^2 + y^2)\, dx\, dy$$

a) Man berechne einen Näherungswert zu I mit der Schwerpunktregel (13.46) zur Gebietszerlegung:

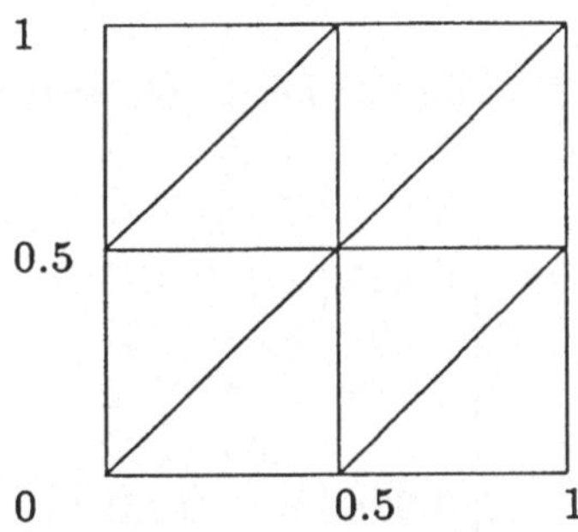

b) Man wiederhole die Rechnung mit der Formel von Albrecht und Collatz und bestätige die Exaktheit der Formel für diesen Fall.

A 13.10 Man gebe eine Formel an, mit der für ein Polynom p_5 5–ten Grades das Integral

$$\int_{-\infty}^{\infty} \exp(-x^2)\, p_5(x)\, dx$$

mit drei Funktionsauswertungen von p_5 alleine exakt berechnet werden kann.
Hinweis: Gauß–Quadratur.

A 13.11 Die Funktion $f(x) = x/(e^x - 1)$ soll auf dem Intervall $[0,1]$ numerisch integriert werden. Dazu wurden mit den Schrittweiten $h_i = 1/2^i$ die folgenden

Sehnen–Trapezsummen $T(h_i)$ gebildet

i	$T(h_i)$
0	0.7909883
1	0.808676
2	0.7783449
3	0.7771467

Man berechne mit diesen Daten das Rombergschema soweit wie möglich.

A 13.12 Man berechne das Integral

$$I = \int_0^1 f(x)\,dx = \int_0^1 \frac{2}{2+\sin(10\pi x)}\,dx \approx 1.154700538$$

numerisch mit der summierten Sehnen–Trapezregel $T(h)$ und der summierten Simpsonregel $S(h)$. Man verwende in beiden Fällen $h = 0.125$ und vergleiche die Ergebnisse.

Tabelle der Funktionswerte:

x	$f(x)$
0.0	1.000
0.125	1.5469183
0.25	0.6666667
0.375	1.5469181
0.5	1.0000003
0.625	0.7387961
0.75	2.0000000
0.875	0.7387964
1.0	0.9999993

A 13.13 Man bestimme die größtmögliche zulässige Schrittweite h, die bei Anwendung der summierten Sehnen–Trapezregel auf die Auswertung des Integrals

$$I = \int_1^2 \frac{e^{-x}}{x}\,dx$$

einen Quadraturfehler von 10^{-6} garantiert.

Teil VI

Numerische Lösung von gewöhnlichen Differentialgleichungen

Differentialgleichungsprobleme treten in allen technischen Disziplinen besonders häufig auf, in der Regel als Anfangswert–, Randwert– und Eigenwertprobleme. Da sie nur in Ausnahmefällen *exakt* gelöst werden können, kommt dem Gebiet der numerischen Lösung von Differentialgleichungen innerhalb der Numerischen Mathematik eine überragende Bedeutung zu. Entsprechend umfangreich ist die Literatur über dieses Gebiet, so daß im Rahmen dieses Buches nur auf grundlegende und einfache Verfahren eingegangen werden kann.

Die meisten Differentialgleichungsprobleme aus den technischen Anwendungen sind naturgemäß partielle Differentialgleichungsprobleme. Auf deren numerische Behandlung werden wir ausführlich in Teil VII eingehen.

Bei der numerischen Lösung von Anfangswertproblemen gewöhnlicher Differentialgleichungen in Kapitel 14 beschränken wir uns auf sog. Diskretisierungsverfahren für Differentialgleichungen im Reellen, wobei wir das Hauptgewicht auf Einschritt–Differenzenverfahren legen. Diese sind bei der praktischen Rechnung einfach zu handhaben, ihre Theorie, soweit sie für die numerische Rechnung Bedeutung hat, ist relativ einfach.

In vielen Bereichen der Technik treten Systeme gewöhnlicher Differentialgleichungen 1. Ordnung auf, die man als *steife Systeme* (stiff systems) bezeichnet. Ihre numerische Lösung führt oft auf Schwierigkeiten, es bedarf besonderer numerischer Methoden. Hierauf wird in Abschnitt 14.7 eingegangen.

Auch bei der numerischen Lösung von Randwert– und Eigenwertproblemen in Kapitel 15 werden wir nur auf einfache, aber effiziente Verfahren eingehen.

14 Anfangswertprobleme gewöhnlicher Differentialgleichungen

14.1 Einfache Einschritt–Verfahren

14.1.1 Systeme gewöhnlicher Differentialgleichungen 1. Ordnung

Das System

$$\begin{aligned} y_1' &= f_1(x, y_1, \ldots, y_n), \\ &\vdots \\ y_n' &= f_n(x, y_1, \ldots, y_n) \end{aligned} \tag{14.1}$$

heißt *System gewöhnlicher Differentialgleichungen 1. Ordnung in n gesuchten Funktionen.* Für $n = 1$ erhält man eine Einzeldifferentialgleichung 1. Ordnung. Jedes System von Funktionen $y_1 = y_1(x), \ldots, y_n = y_n(x)$ mit $y_i \in C^1((a, b))$, $i = 1, \ldots, n$, das (14.1) im Intervall (a, b) identisch erfüllt, heißt Lösungssystem oder kürzer Lösung von (14.1).

Wir betrachten nun folgendes Anfangswertproblem:

$$y_i' = f_i(x, y_1, \ldots, y_n), \quad y_i(a) = y_a^i, \quad i = 1, 2, \ldots, n. \tag{14.2}$$

Gesucht ist dabei eine Lösung des Systems (14.1), die an der Stelle $x = a$ stetig in die vorgegebenen Anfangswerte y_a^i übergeht. Die Frage der Existenz und Eindeutigkeit einer solchen Lösung soll hier nicht erörtert werden, sie wird in der Theorie gewöhnlicher Differentialgleichungen beantwortet. Wir wollen im folgenden stets voraussetzen, daß das Problem (14.2) im Intervall (a, b) genau eine hinreichend oft differenzierbare Lösung besitzt, wobei $b = \infty$ zugelassen ist.

Für die weiteren Untersuchungen ist es nützlich, eine kürzere Schreibweise einzuführen. Setzen wir

$$\boldsymbol{y} = \begin{bmatrix} y_1 \\ \vdots \\ y_n \end{bmatrix}, \quad \boldsymbol{y}_a = \begin{bmatrix} y_a^1 \\ \vdots \\ y_a^n \end{bmatrix}, \quad \boldsymbol{f}(x, \boldsymbol{y}) = \begin{bmatrix} f_1(x, y_1, \ldots, y_n) \\ \vdots \\ f_n(x, y_1, \ldots, y_n) \end{bmatrix} = \begin{bmatrix} f_1(x, \boldsymbol{y}) \\ \vdots \\ f_n(x, \boldsymbol{y}) \end{bmatrix},$$

so lautet (14.2)

$$\mathbf{y}' = \mathbf{f}(x,\mathbf{y}), \quad \mathbf{y}(a) = \mathbf{y}_a. \tag{14.3}$$

Jedes Anfangswertproblem einer Einzeldifferentialgleichung n-ter Ordnung

$$y^{(n)} = f(x,y,y',\dots,y^{(n-1)}), \quad y^{(j)}(a) = y_a^j, \quad j = 0,1,\dots,n-1, \tag{14.4}$$

läßt sich auf ein Anfangswertproblem der Form (14.2) oder (14.3) zurückführen. Dazu setzen wir

$$y^{(j)} = y_{j+1}, \quad j = 0,1,\dots,n-1,$$

und erhalten somit zusammen mit (14.4) das Anfangswertproblem

$$\begin{aligned} y_1' &= y_2, \\ y_2' &= y_3, \\ &\vdots \\ y_{n-1}' &= y_n, \\ y_n' &= f(x,y_1,\dots,y_n). \end{aligned}$$

Beispiel 14.1. *Das Anfangswertproblem*

$$y^{(4)} = 4y'' - y + e^x, \quad y(0) = y'(0) = y''(0) = 0, \quad y'''(0) = 1,$$

läßt sich auf folgendes Anfangswertproblem zurückführen:

$$\begin{aligned} y_1' &= y_2, & y_1(0) &= 0, \\ y_2' &= y_3, & y_2(0) &= 0, \\ y_3' &= y_4, & y_3(0) &= 0, \\ y_4' &= 4y_3 - y_1 + e^x, & y_4(0) &= 1. \end{aligned}$$

□

14.1.2 Explizite Einschritt–Verfahren

Das Intervall $[a,b]$ unterteilen wir – wie in Kapitel 13 bei der numerischen Quadratur – in N hinreichend kleine Teilintervalle der Länge

$$h = \frac{b-a}{N} > 0 \tag{14.5}$$

und nennen h die Schrittweite. Die Punkte

$$x_i = a + ih, \quad i = 0,1,\dots,N, \tag{14.6}$$

heißen Gitterpunkte, ihre Gesamtheit für jeweils festes $h > 0$ heißt Gitter G_h. Es sollen dann in den Gitterpunkten x_i Näherungen

$$\mathbf{y}_i^h = \left[y_{1i}^h,\dots,y_{ni}^h\right]^T \tag{14.7}$$

der exakten Lösungsvektoren

$$\boldsymbol{y}(x_i) = [y_1(x_i), \ldots, y_n(x_i)]^T$$

berechnet werden. Dazu verwenden wir *explizite Einschritt-Verfahren*. Sie gestatten die Berechnung von $\boldsymbol{y}_{i+1}^h$, wenn nur $\boldsymbol{y}_i^h$ bei festem h bekannt ist. Mit einer vorgegebenen Vektorfunktion $\boldsymbol{\Phi} = [\Phi_1, \ldots, \Phi_n]^T$ haben sie allgemein die Gestalt

$$\boldsymbol{y}_{i+1}^h = \boldsymbol{y}_i^h + h\boldsymbol{\Phi}(x_i, \boldsymbol{y}_i^h; h), \quad \boldsymbol{y}_0^h = \boldsymbol{y}_a, \tag{14.8}$$

oder ausführlich

$$\begin{aligned} y_{1,i+1}^h &= y_{1i}^h + h\Phi_1(x_i, y_{1i}^h, \ldots, y_{ni}^h; h), \\ &\vdots \qquad\qquad\qquad\qquad\qquad\qquad\qquad y_{k0}^h = y_a^k,\ k = 1, \ldots, n. \\ y_{n,i+1}^h &= y_{ni}^h + h\Phi_n(x_i, y_{1i}^h, \ldots, y_{ni}^h; h). \end{aligned} \tag{14.9}$$

Durch (14.8) oder (14.9) wird dann (bei vorgegebener Vektorfunktion $\boldsymbol{\Phi}$) ein numerisches Verfahren definiert, mit dem man aus dem vorgegebenen Anfangsvektor $\boldsymbol{y}_0^h = \boldsymbol{y}_a$ nacheinander die Vektoren $\boldsymbol{y}_1^h, \ldots, \boldsymbol{y}_N^h$ berechnen kann. Die Vektorfunktion $\boldsymbol{\Phi}$ ist so zu wählen, daß die berechneten $\boldsymbol{y}_i^h$ tatsächlich in einem noch zu erklärenden Sinne Näherungen von $\boldsymbol{y}(x_i)$ sind. Wie dies erreicht werden kann, soll anschließend erörtert werden. Die Funktion $\boldsymbol{\Phi}$ selbst ist dabei u.U. nicht explizit bekannt, sondern nur implizit definiert.

Ein System der Gestalt (14.8) nennt man ein *System von Differenzengleichungen*, zusammen mit den vorgegebenen Anfangswerten stellt es ein Anfangswertproblem eines Systems von Differenzengleichungen dar. Im einfachsten Fall, den wir gleich betrachten werden, entsteht es aus dem vorgelegten System von Differentialgleichungen dadurch, daß man alle Ableitungen durch entsprechende Differenzenquotienten ersetzt. Man nennt daher das durch (14.8) gegebene numerische Verfahren *Einschritt-Differenzenverfahren.*

14.1.3 Das Polygonzugverfahren

Um zu Konstruktionsvorschriften für die Funktion $\boldsymbol{\Phi}$ zu gelangen, betrachten wir zunächst den Fall $n = 1$, d.h. den Modellfall einer Einzeldifferentialgleichung 1. Ordnung

$$y' = f(x, y).$$

Ist $y = y(x)$ eine hinreichend oft differenzierbare Lösung dieser Gleichung, so gilt die Taylor–Formel

$$y(x+h) = \sum_{k=0}^{m} \frac{h^k}{k!} y^{(k)}(x) + \frac{h^{m+1}}{(m+1)!} y^{(m+1)}(x + \vartheta h), \quad 0 \le \vartheta \le 1. \tag{14.10}$$

Setzt man hierbei $x = x_i$, so kann man allein aus dem Wert $y(x_i)$ den Wert $y(x_i+h)$ berechnen, wenn man einmal das Restglied außer Betracht läßt. Denn es gilt, wenn wir die Argumente $x_i, y(x_i)$ fortlassen,

$$y' = f,\ y'' = f_x + f f_y, \quad y''' = f_{xx} + 2f_{xy}f + f_{yy}f^2 + f_x f_y + f f_y^2,$$

usw. Man sieht jedoch ein, daß dieses Verfahren für größere m wegen der stark wachsenden Kompliziertheit der entstehenden Ausdrücke nicht praktikabel ist, es sei denn, $f(x,y)$ kann (etwa mit Hilfe eines geeigneten Programmsystems) in einfacher Weise in eine Potenzreihe entwickelt werden. Für $m = 1$ erhält man dagegen nach(14.10) mit $x = x_i$

$$y(x_i + h) = y(x_i) + hf(x_i, y(x_i)) + \frac{h^2}{2!}y''(x_i + \vartheta h).$$

Läßt man das Restglied fort, so erhält man aus

$$y_{i+1}^h = y_i^h + hf(x_i, y_i^h), \quad i = 0, 1, \ldots, N-1, \tag{14.11}$$

bei vorgegebener Zahl $y_0^h = y_a$ nacheinander die Werte $y_1^h, y_2^h, \ldots, y_N^h$, von denen wir hoffen, daß sie die exakten Lösungswerte $y(x_1), y(x_2), \ldots, y(x_N)$ approximieren. Wann dies der Fall ist und wie gut gegebenenfalls die Approximation ausfällt, soll in Abschnitt 14.3 untersucht werden. Das durch (14.11) gegebene Verfahren ist ein Einschritt–Verfahren, es gilt

$$\Phi(x, y; h) = f(x, y),$$

d.h. die Funktion Φ hängt in diesem einfachsten Falle nicht von h ab.

Wir betrachten jetzt wieder das System (14.3) mit $n > 1$. Sei $\boldsymbol{y}(x)$ ein zweimal stetig differenzierbarer Lösungsvektor dieses Systems, so gilt

$$y_k(x+h) = y_k(x) + hy_k'(x) + \frac{h^2}{2}y_k''(x + \vartheta_k h), \quad 0 \le \vartheta_k \le 1, \quad k = 1, \ldots, n. \tag{14.12}$$

Nun ist

$$y_k'(x) = f_k(x, y_1(x), \ldots, y_n(x)), \quad k = 1, \ldots, n,$$

und somit

$$\begin{aligned} y_k''(x) &= (f_k)_x(x, y_1(x), \ldots, y_n(x)) \\ &\quad + \sum_{j=1}^{n} (f_k)_{y_j}(x, y_1(x), \ldots, y_n(x)) f_j(x, y_1(x), \ldots, y_n(x)), \\ &\quad k = 1, \ldots, n. \end{aligned} \tag{14.13}$$

Bezeichnen wir mit $\boldsymbol{A}$ die Matrix $[A_{ij}] = \left[\dfrac{\partial f_i}{\partial y_j}\right]$, so kann das System (14.13) in der folgenden kürzeren vektoriellen Form geschrieben werden:

$$\boldsymbol{y}''(x) = \boldsymbol{f}_x(x, y_1(x), \dots, y_n(x)) + \boldsymbol{A}(x, y_1(x), \dots, y_n(x))\boldsymbol{f}(x, y_1(x), \dots, y_n(x)).$$

Daraus ergibt sich der in das Restglied $\dfrac{h^2}{2} y_k''(x + \vartheta_k h)$ von (14.12) einzusetzende Wert. Setzt man jetzt $x = x_i$ und vernachlässigt in (14.12) das Restglied, so erhält man aus

$$\begin{aligned} y_{1,i+1}^h &= y_{1i}^h + h f_1(x_i, y_{1i}^h, \dots, y_{ni}^h), \\ &\vdots \qquad\qquad\qquad\qquad\qquad\qquad\qquad i = 0, 1, \dots, N-1, \\ y_{n,i+1}^h &= y_{ni}^h + h f_n(x_i, y_{1i}^h, \dots, y_{ni}^h), \end{aligned}$$

oder kürzer aus

$$\boldsymbol{y}_{i+1}^h = \boldsymbol{y}_i^h + h\boldsymbol{f}(x_i, \boldsymbol{y}_i^h), \quad i = 0, 1, \dots, N-1, \tag{14.14}$$

bei vorgegebenem Anfangsvektor $\boldsymbol{y}_0^h = \boldsymbol{y}_a$ nacheinander die Vektoren $\boldsymbol{y}_1^h, \dots, \boldsymbol{y}_N^h$, welche unter gewissen Voraussetzungen, die in Abschnitt 14.3 erörtert werden, die Vektoren $\boldsymbol{y}(x_1), \dots, \boldsymbol{y}(x_N)$ approximieren. Das durch (14.14) gegebene Verfahren ist ein Einschritt–Verfahren mit

$$\boldsymbol{\Phi}(x, \boldsymbol{y}; h) = \boldsymbol{f}(x, \boldsymbol{y}). \tag{14.15}$$

Unter einer Gitterfunktion, die auch eine Vektorfunktion sein kann, wollen wir eine Funktion verstehen, die nur in den (diskreten) Punkten eines Gitters definiert ist. Daher wird durch die Vektoren $\boldsymbol{y}_0^h, \boldsymbol{y}_1^h, \dots, \boldsymbol{y}_N^h$ auf dem Gitter G_h eine Gitterfunktion bestimmt. Man kann sich die Verfahrensvorschrift (14.14) auch wie folgt entstanden denken: Im System $\boldsymbol{y}'(x_i) = \boldsymbol{f}(x_i, \boldsymbol{y}(x_i))$ werden der Vektor $\boldsymbol{y}'(x_i)$ durch den vorwärts genommenen Differenzenquotienten

$$\tfrac{1}{h}(\boldsymbol{y}_{i+1}^h - \boldsymbol{y}_i^h)$$

und $\boldsymbol{f}(x_i, \boldsymbol{y}(x_i))$ durch $\boldsymbol{f}(x_i, \boldsymbol{y}_i^h)$ ersetzt, wobei die $\boldsymbol{y}_i^h$ zunächst noch unbekannte Werte einer (vektoriellen) Gitterfunktion auf G_h sind. Diese werden dann aus dem System

$$\tfrac{1}{h}(\boldsymbol{y}_{i+1}^h - \boldsymbol{y}_i^h) = \boldsymbol{f}(x_i, \boldsymbol{y}_i^h), \quad i = 0, 1, \dots, N-1,$$

d.h. aus (14.14) bestimmt. Grob gesprochen gelangt man also zu dem durch (14.14) gegebenen Einschritt–Verfahren, wenn man im Differentialgleichungssystem die Differentialquotienten durch Differenzenquotienten, und zwar durch vorwärts genommene, ersetzt.

Das durch (14.14) gegebene Verfahren heißt *Euler-Cauchy-Verfahren* oder auch *Polygonzugverfahren.* Dieser Name resultiert aus der Tatsache, daß die einzelnen Komponenten der exakten Lösung des Differentialgleichungsproblems in jedem Teilintervall durch ein Geradenstück, zwischen $x = a$ und $x = b$ also insgesamt durch ein Polygon, approximiert werden.

14.1.4 Verbesserte Polygonzugverfahren

Weitere einfache Einschritt–Verfahren, die sich gegenüber dem Polygonzugverfahren jedoch durch höhere Genauigkeit auszeichnen, werden durch die Vorschrift

$$\boldsymbol{\Phi}(x, \boldsymbol{y}; h) = (1-c)\boldsymbol{f}(x, \boldsymbol{y}) + c\boldsymbol{f}(x + \tfrac{h}{2c}, \boldsymbol{y} + \tfrac{h}{2c}\boldsymbol{f}(x, \boldsymbol{y})) \tag{14.16}$$

mit reellem $c \neq 0$ gegeben. Die Komponenten von (14.16) sind, ausführlich geschrieben,

$$\begin{gathered}\Phi_i(x, y_1, \ldots, y_n; h) = (1-c)f_i(x, y_1, \ldots, y_n) \\ + cf_i\Big(x + \tfrac{h}{2c}, y_1 + \tfrac{h}{2c}f_1(x, y_1, \ldots, y_n), \ldots, y_n + \tfrac{h}{2c}f_n(x, y_1, \ldots, y_n)\Big), \\ i = 1, 2, \ldots, n.\end{gathered}$$

Gemäß (14.8) erhält man für $c = 1/2$ das *verbesserte Polygonzugverfahren*

$$\boldsymbol{y}_{i+1}^h = \boldsymbol{y}_i^h + \tfrac{h}{2}\Big\{\boldsymbol{f}(x_i, \boldsymbol{y}_i^h) + \boldsymbol{f}\Big(x_{i+1}, \boldsymbol{y}_i^h + h\boldsymbol{f}(x_i, \boldsymbol{y}_i^h)\Big)\Big\}, \tag{14.17}$$

für $c = 1$ das *modifizierte Polygonzugverfahren*

$$\boldsymbol{y}_{i+1}^h = \boldsymbol{y}_i^h + h\boldsymbol{f}\Big(x_i + \tfrac{h}{2}, \boldsymbol{y}_i^h + \tfrac{h}{2}\boldsymbol{f}(x_i, \boldsymbol{y}_i^h)\Big). \tag{14.18}$$

Beispiel 14.2. *Wir betrachten für $n = 1$ das Anfangswertproblem*

$$y' = y^2, \quad y(0) = -4, \quad 0 \le x \le 0.3\,.$$

Wie man in diesem einfachen Falle natürlich leicht ausrechnet, ist die exakte Lösung

$$y = -\frac{1}{x + 1/4}.$$

Mit $h = 0.1$ lauten dann nacheinander die Vorschriften (14.14), (14.17), (14.18)

$$\begin{aligned} y_{i+1}^h &= y_i^h + 0.1\,(y_i^h)^2, \\ y_{i+1}^h &= y_i^h + 0.05\Big\{(y_i^h)^2 + (y_i^h + 0.1\,(y_i^h)^2)^2\Big\}, \\ y_{i+1}^h &= y_i^h + 0.1\Big(y_i^h + 0.05\,(y_i^h)^2\Big)^2. \end{aligned}$$

Daraus ergeben sich folgende Werte:

x_i	*exakte Lösung*	*Polygonzug-verfahren*	*verb. Polygonzug-verfahren*	*mod. Polygonzug-verfahren*
0	−4.000000	−4.000000	−4.000000	−4.000000
0.1	−2.857143	−2.400000	−2.912000	−2.976000
0.2	−2.222222	−1.824000	−2.275003	−2.334304
0.3	−1.818182	−1.491302	−1.861791	−1.909179

Man erkennt, daß das verbesserte und auch noch das modifizierte Polygonzugverfahren zwar bessere Näherungen liefern als das Polygonzugverfahren selbst, alle Näherungen aber immer noch recht ungenau sind. Der Grund hierfür liegt in der recht groß gewählten Schrittweite $h = 0.1$. □

Wir wollen die Genauigkeitsunterschiede bei den Näherungswerten dieses Beispiels noch näher untersuchen. Wegen $y' = y^2$ gilt für die exakte Lösung $y'' = 2yy' = 2y^3$, usw., allgemein

$$y^{(k)} = k!y^{k+1}, \quad k = 0, 1, \dots ,$$

wie man durch Induktionsschluß leicht bestätigt. Mit $h = 0.1$ ist dann für die exakte Lösung des betrachteten Anfangswertproblems

$$\begin{aligned} y(x_{i+1}) &= y(x_i) + 0.1 \sum_{k=1}^{\infty} (0.1^{k-1})\, y(x_i)^{k+1} \\ &= y(x_i) + 0.1 y(x_i)^2 + 0.01 y(x_i)^3 + 0.001 y(x_i)^4 + \cdots . \end{aligned}$$

Die Rechenvorschriften der verwendeten Verfahren (14.14), (14.17) und (14.18) können auch wie folgt beschrieben werden:

$$\begin{aligned} y_{i+1}^h &= y_i^h + 0.1(y_i^h)^2, \\ y_{i+1}^h &= y_i^h + 0.1(y_i^h)^2 + 0.01(y_i^h)^3 + 0.0005(y_i^h)^4, \\ y_{i+1}^h &= y_i^h + 0.1(y_i^h)^2 + 0.01(y_i^h)^3 + 0.00025(y_i^h)^4. \end{aligned}$$

Setzt man hierin anstelle der Näherung y_i^h, y_{i+1}^h die exakten Werte $y(x_i), y(x_{i+1})$ ein, so stimmt die rechte Seite bei dem Polygonzugverfahren bis zur zweiten, beim verbesserten bzw. modifizierten Polygonzugverfahren dagegen bis zur dritten Potenz von $y(x_i)$ mit der obigen Reihenentwicklung überein. Daraus ergeben sich die Genauigkeitsunterschiede, die wir weiter unten in allgemeiner Form untersuchen werden.

14.2 Runge–Kutta–Verfahren

14.2.1 Allgemeine Herleitung der Verfahren

Die Verfahrensvorschriften unterscheiden sich für skalare Gleichungen und Systeme nicht. Wir formulieren sie deshalb sogleich für Systeme. Im Prinzip kann man Einschritt–Verfahren beliebig hoher Ordnung konstruieren, allerdings nur durch Einsatz zusätzlicher Auswertungen der Funktion f. Dies ist jedoch in vielen Anwendungen sehr aufwendig und man möchte häufige Auswertungen von f pro Integrationsschritt vermeiden. Einen Kompromiß stellen die in der Praxis häufig verwendeten Runge–Kutta–Verfahren mittlerer Stufenzahl dar, die wir nun in allgemeiner Form einführen wollen. Die Verfahren aus Abschnitt 14.1.4 sind Spezialfälle dieser Konstruktion.

Angenommen, die Lösung y unseres Anfangswertproblems sei an der Stelle x bekannt und an der Stelle $x+h$ gesucht. Wir benutzen den Hauptsatz der Differential- und Integralrechnung und erhalten

$$y(x+h) = y(x) + h\int_0^1 y'(x+\tau h)d\tau. \tag{14.19}$$

Das Integral in (14.19) nähern wir durch eine Quadraturformel an, wobei wir die Knoten mit α_i und die Gewichte mit γ_i bezeichnen:

$$\int_0^1 g(w)dw \approx \sum_{i=1}^{m} \gamma_i\, g(\alpha_i).$$

Dies ergibt

$$y(x+h) \approx y(x) + h\sum_{i=1}^{m} \gamma_i y'(x+\alpha_i h),$$

und unter Benutzung der Differentialgleichung erhalten wir

$$y(x+h) \approx y(x) + h\sum_{i=1}^{m} \gamma_i f(x+\alpha_i h, y(x+\alpha_i h)). \tag{14.20}$$

Die in (14.20) auftretenden Werte $y(x+\alpha_i h)$ sind natürlich unbekannt für $\alpha_i \neq 0$! Zu ihrer Annäherung benutzen wir nun wieder den Hauptsatz:

$$y(x+\alpha_i h) = y(x) + h\int_0^{\alpha_i} y'(x+\tau h)d\tau, \quad i = 1,\ldots,m. \tag{14.21}$$

Die Integrale in (14.21) sollen wieder durch Quadraturformeln (für die Intervalle $[0,\alpha_i]$) angenähert werden. Um aber nicht eine endlose Kaskade neuer unbekannter

y–Werte zu erhalten, fordern wir, daß als Knoten dieser Quadraturformeln wiederum die Werte α_i, $i = 1, \ldots, m$, benutzt werden sollen, d.h. wir verwenden nun Quadraturformeln des Typs

$$\int_0^{\alpha_i} g(w)dw \approx \sum_{j=1}^{m} \beta_{ij} g(\alpha_j), \quad i = 1, \ldots, m,$$

bei denen die Gewichte β_{ij} noch frei sind (und die vorgegebenen Knoten α_j nicht notwendig alle im Quadraturintervall $[0, \alpha_i]$ liegen). Natürlich muß zumindest gelten

$$\alpha_i = \sum_{j=1}^{m} \beta_{ij}, \qquad i = 1, \ldots, m,$$

(d.h. Exaktheit des Integralwertes für $g(w) =$ konstant). Bezeichnen wir die so definierten Näherungen für $y'(x + \alpha_i h)$ mit k_i, $i = 1, \ldots, m$, so erhalten wir insgesamt als Berechnungsvorschrift

$$y^h(x+h) = y(x) + h \sum_{i=1}^{m} \gamma_i k_i, \tag{14.22}$$

$$k_i = f(x + \alpha_i h, y(x) + h \sum_{j=1}^{m} \beta_{ij} k_j), \qquad i = 1, \ldots, m. \tag{14.23}$$

Im allgemeinen ist (14.23) ein System von m nichtlinearen Gleichungen für m gesuchte n–komponentige Vektoren $k_1, \ldots, k_m$, also auch bei einer nichtlinearen Einzeldifferentialgleichung ein nichtlineares Gleichungssystem der Dimension m, das pro Integrationsschritt neu gelöst werden muß. (14.22), (14.23) definieren die Klasse der m–stufigen Runge–Kutta–Verfahren.
Mit $m = 1$, $\alpha_1 = 0$, $\beta_{11} = 0$, $\gamma_1 = 1$ ergibt sich das schon bekannte *Euler-Cauchy-Verfahren*. Hier kann man k_1 und damit $y^h(x+h)$ direkt berechnen.
Mit $m = 2$, $\alpha_1 = 0$, $\beta_{11} = \beta_{12} = 0$, $\alpha_2 = 1$, $\beta_{21} = 1$, $\beta_{22} = 0$, $\gamma_1 = \gamma_2 = \frac{1}{2}$ erhält man das *verbesserte Polygonzugverfahren* und mit
$m = 2$, $\alpha_1 = 0$, $\beta_{11} = \beta_{12} = 0$, $\alpha_2 = \frac{1}{2}$, $\beta_{21} = \frac{1}{2}$, $\beta_{22} = 0$, $\gamma_1 = 0$, $\gamma_2 = 1$ schließlich das *modifizierte Polygonzugverfahren.*

Ist $\alpha_1 = 0$ und $\beta_{ij} = 0$ für $j \geq i$, dann stellt (14.23) kein eigentliches Gleichungssystem dar, da man dann k_2 explizit aus $k_1 = f(x, y)$ berechnen kann, k_3 aus k_2 und k_1 usw. Dieser Spezialfall ist also für die Rechenpraxis besonders attraktiv, man spricht von den *expliziten Runge-Kutta-Verfahren.*

Die Koeffizienten eines Runge–Kutta–Verfahrens ordnet man gerne in einem übersichtlichen Koeffizientenschema an:

$$\begin{array}{c|ccccc} \alpha_1 & \beta_{11} & \beta_{12} & \beta_{13} & \cdots & \beta_{1m} \\ \alpha_2 & \vdots & & & & \vdots \\ \alpha_3 & \vdots & & & & \vdots \\ \vdots & \vdots & & & & \vdots \\ \alpha_m & \beta_{m1} & \cdots & \cdots & \cdots & \beta_{mm} \\ \hline & \gamma_1 & \gamma_2 & \gamma_3 & \cdots & \gamma_m \end{array} \tag{14.24}$$

Als Verfahren von Heun werden in der Literatur die beiden durch die folgenden Koeffizientenschemata gegebenen Verfahren bezeichnet:

$m = 3$

$$\begin{array}{c|ccc} 0 & 0 & 0 & 0 \\ \frac{1}{2} & \frac{1}{2} & 0 & 0 \\ 1 & -1 & 2 & 0 \\ \hline & 1/6 & 2/3 & 1/6 \end{array}$$

$m = 3$

$$\begin{array}{c|ccc} 0 & 0 & 0 & 0 \\ \frac{1}{3} & \frac{1}{3} & 0 & 0 \\ \frac{2}{3} & 0 & \frac{2}{3} & 0 \\ \hline & \frac{1}{4} & 0 & \frac{3}{4} \end{array}$$

Ausgeschrieben lautet also etwa das zweite dieser Verfahren, auf einem Gitter mit $x_i = x_0 + ih, \quad i = 0, 1, 2, \ldots, N-1$, angewandt:

$$\begin{aligned} k_1^{(i)} &= f(x_i, y_i^h), \\ k_2^{(i)} &= f(x_i + \tfrac{h}{3}, y_i^h + \tfrac{h}{3} k_1^{(i)}), \\ k_3^{(i)} &= f(x_i + \tfrac{2}{3}h, y_i^h + \tfrac{2}{3} h k_2^{(i)}), \\ y_{i+1}^h &= y_i^h + h(\tfrac{1}{4} k_1^{(i)} + \tfrac{3}{4} k_3^{(i)}). \end{aligned}$$

14.2.2 Das klassische Runge–Kutta–Verfahren

Das klassische Runge–Kutta–Verfahren mit vier Stufen wird durch folgendes Koeffizientenschema beschrieben, vgl. (14.24)

$$\begin{array}{c|cccc} 0 & 0 & 0 & 0 & 0 \\ \frac{1}{2} & \frac{1}{2} & 0 & 0 & 0 \\ \frac{1}{2} & 0 & \frac{1}{2} & 0 & 0 \\ 1 & 0 & 0 & 1 & 0 \\ \hline & \frac{1}{6} & \frac{1}{3} & \frac{1}{3} & \frac{1}{6} \end{array}$$

Ausgeschrieben lautet es:

$$\Phi(x_i, y_i^h; h) = \tfrac{1}{6}(k_1^{(i)} + 2k_2^{(i)} + 2k_3^{(i)} + k_4^{(i)}) \tag{14.25}$$

mit

$$\begin{aligned} k_1^{(i)} &= f(x_i, y_i^h), \\ k_2^{(i)} &= f(x_i + \tfrac{h}{2}, y_i^h + \tfrac{h}{2}k_1^{(i)}), \\ k_3^{(i)} &= f(x_i + \tfrac{h}{2}, y_i^h + \tfrac{h}{2}k_2^{(i)}), \\ k_4^{(i)} &= f(x_{i+1}, y_i^h + hk_3^{(i)}). \end{aligned} \tag{14.26}$$

Beispiel 14.3. *Wir betrachten wieder das Anfangswertproblem aus Beispiel 14.2:*

$$y' = y^2, \quad y(0) = -4, \quad 0 \le x \le 0.3,$$

und lösen es numerisch mit dem klassischen Runge–Kutta–Verfahren. Mit (14.8), (14.25) und (14.26) lautet die Rechenvorschrift, wenn wieder $h = 0.1$ *gewählt wird,*

$$\begin{aligned} k_1^{(i)} &= (y_i^h)^2, \\ k_2^{(i)} &= (y_i^h + \tfrac{1}{20}k_1^{(i)})^2, \\ k_3^{(i)} &= (y_i^h + \tfrac{1}{20}k_2^{(i)})^2, \\ k_4^{(i)} &= (y_i^h + \tfrac{1}{10}k_3^{(i)})^2, \\ y_{i+1}^h &= y_i^h + \tfrac{1}{60}(k_1^{(i)} + 2k_2^{(i)} + 2k_3^{(i)} + k_4^{(i)}), \quad i = 0, 1, 2. \end{aligned}$$

Daraus ergeben sich folgende Näherungen, wobei wir zum Vergleich die Werte der exakten Lösung angeben:

x_i	*exakte Lösung*	*Runge–Kutta–Verf.*
0	−4.000000	−4.000000
0.1	−2.857143	−2.857341
0.2	−2.222222	−2.222404
0.3	−1.818182	−1.818323

Man erkennt, daß das Runge–Kutta–Verfahren wesentlich bessere Näherungen liefert als die bei der Rechnung in Beispiel 14.2 herangezogenen Verfahren. Wir werden hierfür später die Begründung geben.

Die Formeln für die Runge–Kutta–Verfahren gelten unabhängig davon, ob y und damit auch die k_i skalare oder vektorwertige Funktionen sind. Um den Rechengang auch für den vektorwertigen Fall zu verdeutlichen, betrachten wir folgendes kleine Beispiel.

Beispiel 14.4. $n = 2$

$$\begin{aligned} y_1' &= \tfrac{1}{2}y_1 - y_1 y_2 \\ y_2' &= -\tfrac{1}{2}y_1^2 + 5x \end{aligned}$$

$x_0 = 0.5, \quad y_1(0.5) = 1, \quad y_2(0.5) = 2, \quad h = 0.1.$

Wir erhalten

$$\begin{aligned}
k_1 &= \begin{bmatrix} \frac{1}{2}\cdot 1 - 1\cdot 2 \\ -\frac{1}{2}\cdot 1^2 + 5\cdot 0.5 \end{bmatrix} = \begin{bmatrix} -1.5 \\ 2 \end{bmatrix}, \\
k_2 &= \begin{bmatrix} \frac{1}{2}\cdot\big(1 + 0.05\cdot(-1.5)\big) - (1 + 0.05\cdot(-1.5))\cdot(2 + 0.05\cdot 2) \\ -\frac{1}{2}\cdot(1 + 0.05\cdot(-1.5))^2 + 5\cdot(0.5 + 0.05) \end{bmatrix} \\
&= \begin{bmatrix} -1.48 \\ 2.3221875 \end{bmatrix}, \\
k_3 &= \begin{bmatrix} \frac{1}{2}\cdot\big(1 + 0.05\cdot(-1.48)\big) - (1 + 0.05\cdot(-1.48))\cdot(2 + 0.05\cdot 2.3221875) \\ -\frac{1}{2}\cdot(1 + 0.05\cdot(-1.48))^2 + 5\cdot(0.5 + 0.05) \end{bmatrix} \\
&= \begin{bmatrix} -1.496517 \\ 2.321262 \end{bmatrix}, \\
k_4 &= \begin{bmatrix} \frac{1}{2}\cdot\big(1 + 0.1\cdot(-1.496517)\big) - (1 + 0.1\cdot(-1.496517))\cdot(2 + 0.1\cdot 2.321262) \\ -\frac{1}{2}\cdot(1 + 0.1\cdot(-1.496517))^2 + 5\cdot(0.5 + 0.1) \end{bmatrix} \\
&= \begin{bmatrix} -1.472911 \\ 2.638454 \end{bmatrix}, \\
y_1^h &= \begin{bmatrix} 1 \\ 2 \end{bmatrix} + \tfrac{0.1}{6}(k_1 + 2k_2 + 2k_3 + k_4) = \begin{bmatrix} 0.851234 \\ 2.232089 \end{bmatrix}
\end{aligned}$$

□

Auf weitere Möglichkeiten zur Konstruktion von Runge–Kutta–Verfahren und auf die Bedeutung der *impliziten Verfahren*, bei denen mindestens ein β_{ij} mit $j \geq i$ ungleich null ist, gehen wir später ein.

14.3 Konsistenz und Konvergenz

14.3.1 Konsistente Verfahren

Wir wenden uns jetzt der Frage zu, wann die mit einem Einschritt–Verfahren berechneten Zahlenwerte die exakte Lösung des Anfangswertproblems in den Gitterpunkten approximieren und wie genau diese Approximation gegebenenfalls ist. Dazu betrachten wir wieder das vorgelegte Anfangswertproblem eines Systems gewöhnlicher Differentialgleichungen 1. Ordnung

$$y' = f(x, y), \quad y(a) = y_a \tag{14.27}$$

und die dazu gehörige allgemeine Rechenvorschrift eines Einschritt–Verfahrens

$$y_{i+1}^h = y_i^h + h\Phi(x_i, y_i^h; h), \quad y_0^h = y_a, \quad i = 0, 1, \ldots, N-1, \tag{14.28}$$

mit der Vektorfunktion $\Phi = [\Phi_1, \ldots, \Phi_n]^T$.

Die y_i^h werden sicher nur dann Approximationen der exakten Lösungswerte $y(x_i)$, $i = 1, \ldots, N$, sein, wenn das System von Differenzengleichungen (14.28) das System von Differentialgleichungen (14.27) ebenfalls in einem gewissen Sinne approximiert. Zweckmäßigerweise fordert man, daß jede Lösung des Differentialgleichungssystems Näherung einer Lösung des Differenzengleichungssytems ist.

Um diese Forderung präzise fassen zu können, setzen wir im folgenden zunächst generell voraus:

Für eine hinreichend kleine positive Konstante h_0 sei die Vektorfunktion Φ bezüglich aller $n+2$ Veränderlichen $x, y_1, \ldots, y_n, h$ in

$$R_{h_0} : a \le x \le b, \quad -\infty < y_k < \infty, \quad k = 1, 2, \ldots, n, \quad 0 \le h \le h_0 \tag{V}$$

stetig.

Definition 14.1. *Das System (14.28) heißt zum System (14.27) konsistent, wenn*

$$\Phi(x, y; 0) = f(x, y), \quad x \in [a, b], \quad y_k \in (-\infty, \infty), \quad k = 1, \ldots, n. \tag{14.29}$$

□

Ist die Konsistenzbedingung (14.29) erfüllt, so sagt man auch einfacher, das durch (14.28) gegebene Einschritt–Verfahren sei konsistent. Wir werden uns im folgenden dieser Sprechweise bedienen.

Ist das Verfahren konsistent, so besitzt es die oben geforderte Approximationseigenschaft. Es gilt nämlich für jede Lösung von $y' = f(x, y)$ und $x \in [a, b)$ wegen der Stetigkeit von Φ bezüglich h

$$\begin{aligned}
&\lim_{h\to 0}\{\tfrac{1}{h}(y(x+h) - y(x)) - \Phi(x, y(x); h)\} - \{y'(x) - f(x, y(x))\} \\
&\quad = \lim_{h\to 0}\{\tfrac{1}{h}(y(x+h) - y(x)) - y'(x)\} - \lim_{h\to 0}\{\Phi(x, y(x); h) - f(x, y(x))\} = 0.
\end{aligned}$$

Da andererseits $y'(x) = f(x, y(x))$ ist, folgt hieraus

$$\lim_{h\to 0}\{\tfrac{1}{h}(y(x+h) - y(x)) - \Phi(x, y(x); h)\} = 0.$$

Jede Lösung des Systems $\boldsymbol{y}' = \boldsymbol{f}(x, \boldsymbol{y})$ genügt daher asymptotisch für $h \to 0$ dem Differenzengleichungssytem. Wegen der Stetigkeit von

$$\boldsymbol{\varrho}(x, \boldsymbol{y}(x); h) = \tfrac{1}{h}(\boldsymbol{y}(x+h) - \boldsymbol{y}(x)) - \boldsymbol{\Phi}(x, \boldsymbol{y}(x); h) \tag{14.30}$$

bezüglich h für $h > 0$ kann daher jede solche Lösung als eine Näherungslösung des Systems von Differenzengleichungen (14.28) angesehen werden. Die in (14.30) definierte Größe heißt der lokale Abschneidefehler des Einschritt–Verfahrens.

Um möglichst genaue Verfahren zu erhalten fordert man, daß (14.30) für $h \to 0$ wie die Potenz h^p mit möglichst großem reellem $p > 0$ verschwindet.

Definition 14.2. *Das durch (14.28) gegebene Verfahren heißt konsistent von der Ordnung p, wenn p die größte positive Zahl ist, so daß für jede hinreichend oft differenzierbare Lösung $\boldsymbol{y}(x)$ von $\boldsymbol{y}' = \boldsymbol{f}(x, \boldsymbol{y})$ und $x \in [a, b)$*

$$\boldsymbol{\varrho}(x, \boldsymbol{y}(x); h) = \tfrac{1}{h}(\boldsymbol{y}(x+h) - \boldsymbol{y}(x)) - \boldsymbol{\Phi}(x, \boldsymbol{y}(x); h) = \mathcal{O}(h^p), \quad h \to 0, \tag{14.31}$$

gilt.

Hier bedeutet $\mathcal{O}(h^p)$ einen Vektor, dessen Komponenten Funktionen von h sind und dessen Norm (vgl. Kapitel 1 in Band 1) kleiner als Mh^p mit einer von h unabhängigen Konstanten M ist. Diese Konstante hängt noch von der Wahl der Norm ab.

Ein von der Ordnung p konsistentes Verfahren bezeichnet man auch kurz als Verfahren p–ter Ordnung. □

14.3.2 Die Konsistenzordnung einiger Einschritt–Verfahren

Wir wollen jetzt untersuchen, von welcher Ordnung die in Abschnitt 14.1 und Abschnitt 14.2 beschriebenen Verfahren sind. Dabei beschränken wir uns der Einfachheit halber auf den Fall $n = 1$ und setzen voraus, daß die Funktion f bezüglich beider Veränderlicher hinreichend oft differenzierbar ist.

Zunächst betrachten wir das durch (14.14) definierte Polygonzugverfahren:

$$\begin{aligned} \varrho(x, y(x); h) &= \tfrac{1}{h}(y(x+h) - y(x)) - \Phi(x, y(x); h) \\ &= \tfrac{1}{h}(y(x+h) - y(x)) - f(x, y(x)) = \mathcal{O}(h). \end{aligned}$$

Denn es ist

$$\begin{aligned} y(x+h) &= y(x) + hy'(x) + \mathcal{O}(h^2) \\ &= y(x) + hf\big(x, y(x)\big) + \mathcal{O}(h^2). \end{aligned}$$

Das Polygonzugverfahren ist daher ein Verfahren 1. Ordnung.

Für die durch (14.16) mit $c \neq 0$ gegebene Klasse von Verfahren gilt

$$f(x+\tfrac{h}{2c}, y+\tfrac{h}{2c}f(x,y)) = f(x,y) + \tfrac{h}{2c}[f_x(x,y) + f_y(x,y)f(x,y)] + \mathcal{O}(h^2)$$

und damit

$$\begin{aligned}\Phi(x,y(x);h) &= (1-c)f(x,y(x)) + cf(x+\tfrac{h}{2c}, y(x)+\tfrac{h}{2c}f(x,y(x)))\\ &= f(x,y(x)) + \tfrac{h}{2}[f_x(x,y(x)) + f_y(x,y(x))f(x,y(x))] + \mathcal{O}(h^2).\end{aligned} \tag{14.32}$$

Andererseits ist

$$\tfrac{1}{h}(y(x+h)-y(x)) = f(x,y(x)) + \tfrac{h}{2}[f_x(x,y(x)) + f_y(x,y(x))f(x,y(x))] + \mathcal{O}(h^2).$$

Daher folgt nach (14.30) und wegen der Bedeutung von $\mathcal{O}(h^2)$

$$\varrho(x,y(x);h) = \mathcal{O}(h^2), \quad h \to 0.$$

Die sich aus (14.16) für $c \neq 0$ ergebenden Verfahren, insbesondere das verbesserte Polygonzugverfahren und das modifizierte Polygonzugverfahren, sind daher von 2. Ordnung.

Ganz ähnlich, nur mit erheblich höherem Rechenaufwand, zeigt man, daß die Verfahren von Heun von 3. Ordnung und das Runge–Kutta–Verfahren (14.25), (14.26) von 4. Ordnung sind. Zum Nachweis hat man einerseits $\Phi(x,y(x);h)$ und andererseits $\frac{1}{h}[y(x+h)-y(x)]$ in eine Taylor–Formel zu entwickeln und den Ausdruck $\varrho(x,y(x);h)$ zu bilden.

Für die entsprechenden Verfahren zur numerischen Lösung von Anfangswertproblemen bei Systemen gewöhnlicher Differentialgleichungen 1. Ordnung, also im Falle $n \geq 2$, gilt die gleiche Konsistenzordnung. Die Verfahren sind also für alle $n \geq 1$ von gleicher Ordnung.

Es wurde bereits erwähnt, daß man im Prinzip Einschritt–Verfahren beliebig hoher Genauigkeit konstruieren kann. Entsprechend läßt sich auch eine beliebig hohe Ordnung der Verfahren erreichen, wobei in vielen Fällen der erzielte Genauigkeitsgewinn nicht den erfoderlichen hohen Rechenaufwand rechtfertigt. Man kann zeigen, daß für ein m–stufiges explizites Runge–Kutta–Verfahren folgende Relation zwischen der Stufenzahl m und der erreichbaren Ordnung p^* besteht (Butcher [11])

m	1	2	3	4	5	6	7	8	9	> 9
p^*	1	2	3	4	4	5	6	6	7	$\leq m-3$

14.3.3 Ein Satz über die Konvergenzordnung

Neben der Konsistenz des Verfahrens wird man von den Näherungswerten y_i^h selbst noch verlangen, daß sie bei Verkleinerung der Schrittweite h die exakten Lösungswerte $y(x_i)$ entsprechend besser approximieren. Die Konsequenz hieraus ist die

Forderung, daß für $h \to 0$ die Werte y_i^h gegen die exakten Lösungswerte $y(x_i)$ konvergieren. Ein Verfahren mit dieser Eigenschaft nennt man *konvergent*. Dabei ist zu berücksichtigen, daß wegen $i = (x_i - a)/h$ mit der Verkleinerung von h die ganze Zahl i entsprechend größer wird. Dementsprechend haben wir folgende für $n \geq 1$ geltende

Definition 14.3. *Ein Einschritt–Verfahren heißt an der Stelle $x \in [a, b]$ konvergent, wenn*

$$\lim_{\substack{h \to 0 \\ a+ih \to x \in [a,b]}} \left(y_i^h - y(x)\right) = 0. \tag{14.33}$$

Es heißt darüber hinaus konvergent von der Ordnung $p > 0$, wenn

$$y_i^h - y(x_i) = \mathcal{O}(h^p), \quad h \to 0, \quad i = 1, \ldots, N. \tag{14.34}$$

Dabei ist unter $\mathcal{O}(h^p)$ wieder ein von h abhängiger Vektor wie bei (14.31) zu verstehen. □

Es zeigt sich nun, daß bei Einschritt–Verfahren die Konsistenz zusammen mit einer im allgemeinen leicht erfüllbaren Bedingung die Konvergenz sichert. Nach einigen Vorbemerkungen wollen wir das nachweisen, wobei wir uns der Einfachheit halber wieder auf den Fall $n = 1$ beschränken. Weiter unten werden wir ohne Beweis die entsprechenden Aussagen für Systeme von Differential- und Differenzengleichungen zitieren.

In der Theorie der Differentialgleichung $y' = f(x, y)$, insbesondere bei der Untersuchung von Existenz und Eindeutigkeit der Lösung, wird oft vorausgesetzt, daß die Funktion von zwei Veränderlichen f bezüglich y eine *Lipschitz-Bedingung* erfüllt. Dies bedeutet, daß etwa für $x \in [a, b]$ und alle y^*, y^{**} aus einem bestimmten y–Intervall, das auch unendlich groß sein kann, die Ungleichung

$$|f(x, y^*) - f(x, y^{**})| \leq L|y^* - y^{**}| \tag{14.35}$$

mit der *Lipschitz-Konstanten* L besteht. Allgemeiner sagt man, eine Funktion φ erfülle in einem Gebiet $G \subset \mathbb{R}^n$ bezüglich der Veränderlichen x_k eine Lipschitz–Bedingung, wenn dort die Ungleichung

$$|\varphi(x_1, \ldots, x_k^{(1)}, \ldots, x_n) - \varphi(x_1, \ldots, x_k^{(2)}, \ldots, x_n)| \leq L|x_k^{(1)} - x_k^{(2)}|$$

gilt, und zwar für alle $[x_1, \ldots, x_k^{(1)}, \ldots, x_n]^T, \quad [x_1, \ldots, x_k^{(2)}, \ldots, x_n]^T \in G$.

Wir setzen nun voraus, daß die Funktion Φ als Funktion der drei Veränderlichen x, y, h bezüglich y eine Lipschitz–Bedingung erfüllt, und zwar gelte

$$\begin{gathered} |\Phi(x, y^*; h) - \Phi(x, y^{**}; h)| \leq L|y^* - y^{**}|, \\ x \in [a, b], \quad y^*, y^{**} \in (-\infty, \infty), \quad h \in [0, h_0]. \end{gathered} \tag{14.36}$$

Dies ist die oben erwähnte Bedingung, die zusammen mit der Konsistenz des Verfahrens dessen Konvergenz sichert, wie wir gleich zeigen werden. Wegen $\Phi(x, y; 0) = f(x, y)$ kann man vermuten, daß (14.36) erfüllbar ist, wenn (14.35) gilt. Wir werden darauf später zurückkommen.

Satz 14.1. *Für $n = 1$ sei durch $\Phi(x, y; h)$ ein Einschritt–Verfahren gegeben und*

a) *$\Phi(x, y; h)$ genüge der Voraussetzung (V),*

b) *das Verfahren sei konsistent von der Ordnung $p > 0$,*

c) *die Funktion $\Phi(x, y; h)$ erfülle bezüglich y eine Lipschitz–Bedingung (14.36).*

Dann ist das Verfahren konvergent von der Ordnung p.

Beweis: *Es gilt*

$$y_{i+1}^h = y_i^h + h\Phi(x_i, y_i^h; h),$$

und wegen (14.31)

$$y(x_{i+1}) = y(x_i) + h\Phi(x_i, y(x_i); h) + \mathcal{O}(h^{p+1}).$$

Mit $\varepsilon_i = y_i^h - y(x_i)$ und wegen $|\mathcal{O}(h^{p+1})| \leq Mh^{p+1}$ folgt hieraus nach Subtraktion der zweiten Gleichung von der ersten

$$|\varepsilon_{i+1}| \leq |\varepsilon_i| + h|\Phi(x_i, y_i^h; h) - \Phi(x_i, y(x_i); h)| + Mh^{p+1}.$$

Da Φ eine Lipschitz–Bedingung (14.36) erfüllt und wegen $\varepsilon_0 = y_0^h - y(x_0) = 0$ folgt hieraus weiter die Differenzenungleichung

$$|\varepsilon_{i+1}| \leq (1 + hL)|\varepsilon_i| + Mh^{p+1}, \qquad |\varepsilon_0| = 0. \tag{14.37}$$

Die $|\varepsilon_i|$ werden durch die Lösung η_i des Differenzenproblems

$$\eta_{i+1} = (1 + hL)\eta_i + Mh^{p+1}, \qquad \eta_0 = 0, \tag{14.38}$$

majorisiert. Für $i = 0$ ist das wegen $|\varepsilon_0| = \eta_0 = 0$ richtig. Sei $|\varepsilon_i| \leq \eta_i$ für $i = 0, \ldots, k, \quad k \geq 0$, richtig, so folgt aus (14.37) und (14.38)

$$|\varepsilon_{k+1}| \leq (1 + hL)|\varepsilon_k| + Mh^{p+1} \leq (1 + hL)\eta_k + Mh^{p+1} = \eta_{k+1}$$

und somit durch Induktionsschluß diese Zwischenbehauptung.

Das Problem (14.38) ist ein Anfangswertproblem einer linearen inhomogenen Differenzengleichung 1. Ordnung mit konstanten Koeffizienten. Es kann völlig analog einem Anfangswertproblem einer linearen Differentialgleichung 1. Ordnung mit konstanten Koeffizienten gelöst werden. Die allgemeine Lösung der Differenzengleichung (14.38) ist gleich der Summe aus der allgemeinen Lösung der zugehörigen homogenen und irgendeiner Lösung der inhomogenen Gleichung.

Zur Berechnung der allgemeinen Lösung der homogenen Gleichung

$$\bar{\eta}_{i+1} = (1 + hL)\bar{\eta}_i \tag{14.39}$$

verwenden wir den Ansatz

$$\bar{\eta}_i = C\,e^{\lambda(x_i - a)} = C\,e^{\lambda ih}.$$

Setzt man diesen Ausdruck in (14.39) ein, so folgt

$$C\,e^{\lambda(i+1)h} = C(1 + hL)\,e^{\lambda ih},$$

also

$$e^{\lambda h} = (1 + hL)$$

und somit

$$\lambda = \tfrac{1}{h}\ln(1 + hL).$$

Damit ist

$$\bar{\eta}_i = C\,e^{i\ln(1+hL)} = C(1 + hL)^i.$$

Eine spezielle Lösung der inhomogenen Gleichung liefert der Ansatz $\bar{\eta}_i = \alpha =$const, man erhält aus $\alpha = (1 + hL)\alpha + Mh^{p+1}$ sofort

$$\alpha = -\tfrac{M}{L}h^p.$$

Daher ist

$$\eta_i = C(1 + hL)^i - \tfrac{M}{L}h^p \tag{14.40}$$

die allgemeine Lösung der inhomogenen Differenzengleichung (14.38). Aus der Anfangsbedingung

$$\eta_0 = 0 = C - \tfrac{M}{L}h^p$$

ergibt sich

$$C = \tfrac{M}{L}h^p,$$

so daß nach (14.40)

$$\eta_i = \tfrac{M}{L}h^p\{(1 + hL)^i - 1\}$$

die Lösung des Differenzen–Anfangswertproblems (14.38) ist. Da η_i die Zahl $|\varepsilon_i|$ majorisiert, folgt weiter

$$\begin{aligned} |y_i^h - y(x_i)| &= |\varepsilon_i| \le \eta_i = \tfrac{M}{L}h^p\{(1 + hL)^i - 1\} \\ &\le h^p\Big\{\tfrac{M}{L}(e^{iLh} - 1)\Big\} \le h^p\Big\{\tfrac{M}{L}(e^{L(b-a)} - 1)\Big\} = \mathcal{O}(h^p). \end{aligned} \tag{14.41}$$

Damit ist der Satz bewiesen. □

Die Konstante M läßt sich im allgemeinen auch nicht bezüglich ihrer Größenordnung schätzen, so daß (14.41) als Fehlerabschätzung kaum geeignet ist.

Wie wir gesehen haben, sind die in Abschnitt 14.1 beschriebenen Verfahren von 1. und 2. Ordnung, die in Abschnitt 14.2 von 3. und 4. Ordnung konsistent. Genügen sie daher noch den Voraussetzungen a) und c) des Satzes 14.1, so sind sie konvergent von der gleichen Ordnung.

Wir untersuchen diese Frage nur für das Runge–Kutta–Verfahren (14.25), (14.26), bei den anderen genannten Verfahren verlaufen die Betrachtungen analog und sind naturgemäß einfacher.

Nach (14.25), (14.26) ist für $a \le x \le b-h, \quad -\infty < y < \infty$

$$\Phi(x,y;h) = \tfrac{1}{6}\{k_1(x,y) + 2k_2(x,y) + 2k_3(x,y) + k_4(x,y)\} \tag{14.42}$$

mit

$$\left.\begin{aligned} k_1(x,y) &= f(x,y), \\ k_2(x,y) &= f\Big(x+\tfrac{h}{2}, y+\tfrac{h}{2}k_1(x,y)\Big), \\ k_3(x,y) &= f\Big(x+\tfrac{h}{2}, y+\tfrac{h}{2}k_2(x,y)\Big), \\ k_4(x,y) &= f\Big(x+h, y+hk_3(x,y)\Big). \end{aligned}\right\} \tag{14.43}$$

Man erkennt unmittelbar, daß Φ die Voraussetzung (V) und damit die Voraussetzung a) des Satzes 14.1 erfüllt, wenn f in $R: \quad a \le x \le b, \quad -\infty < y < \infty$, stetig ist.

Wir nehmen weiter an, daß $f(x,y)$ in R bzgl. y eine Lipschitz–Bedingung mit der Lipschitz–Konstanten L erfüllt. Dann gilt

$$|k_1(x,y^*) - k_1(x,y^{**})| = |f(x,y^*) - f(x,y^{**})| \le L|y^* - y^{**}|, \tag{14.44}$$

und weiter nach (14.43) und (14.44)

$$\begin{aligned} |k_2(x,y^*) - k_2(x,y^{**})| &< L|y^* + \tfrac{h}{2}k_1(x,y^*) - y^{**} - \tfrac{h}{2}k_1(x,y^{**})| \\ &\le L\{|y^* - y^{**}| + \tfrac{h}{2}|k_1(x,y^*) - k_1(x,y^{**})|\} \\ &\le (L + \tfrac{h}{2}L^2)|y^* - y^{**}|. \end{aligned}$$

Ganz analog erhält man

$$\begin{aligned} |k_3(x,y^*) - k_3(x,y^{**})| &\le \Big(L + \tfrac{h}{2}L^2 + \tfrac{h^2}{4}L^3\Big)|y^* - y^{**}|, \\ |k_4(x,y^*) - k_4(x,y^{**})| &\le \Big(L + hL^2 + \tfrac{h^2}{2}L^3 + \tfrac{h^3}{4}L^4\Big)|y^* - y^{**}|. \end{aligned}$$

Nach (14.42) ergibt sich hieraus mit $0 < h \le h_0, \quad h_0$ fest

$$\begin{aligned} |\Phi(x,y^*;h) - \Phi(x,y^{**};h)| &\le \tfrac{1}{6}\Big\{|k_1(x,y^*) - k_1(x,y^{**})| + 2|k_2(x,y^*) - k_2(x,y^{**})| \\ &\qquad +2|k_3(x,y^*) - k_3(x,y^{**})| + |k_4(x,y^*) - k_4(x,y^{**})|\Big\} \\ &\le L\Big(1 + \tfrac{hL}{2} + \tfrac{(hL)^2}{6} + \tfrac{(hL)^3}{24}\Big)|y^* - y^{**}| \\ &\le L\Big(1 + \tfrac{h_0L}{2} + \tfrac{(h_0L)^2}{6} + \tfrac{(h_0L)^3}{24}\Big)|y^* - y^{**}|. \end{aligned}$$

Mit

$$L\left(1 + \tfrac{h_0 L}{2} + \tfrac{(h_0 L)^2}{6} + \tfrac{(h_0 L)^3}{24}\right) = K$$

ist daher

$$|\Phi(x, y^*; h) - \Phi(x, y^{**}; h)| \leq K|y^* - y^{**}|,$$

d.h. Φ erfüllt eine Lipschitz-Bedingung bezüglich y. Wir haben daher den

Satz 14.2. *Die Voraussetzungen a) und b) des Satzes 14.1 sind für die in den Abschnitten 14.1 und 14.2 betrachteten Verfahren erfüllt, wenn die Funktion f in*

$$R: \quad a \leq x \leq b, \qquad -\infty < y < \infty$$

stetig ist und dort eine Lipschitz-Bedingung bezüglich y erfüllt. □

14.3.4 Systeme von Differentialgleichungen

Wie bereits erwähnt, gelten für den Fall $n > 1$, d.h. bei der numerischen Lösung von Systemen von Differentialgleichungen durch Einschritt-Verfahren, ganz entsprechende Aussagen, die wir im folgenden ohne Beweis angeben wollen.

Den $\mathbf{R}^n$ normieren wir durch die euklidische Vektornorm (vgl. Band 1, Abschnitt 1.1). Sei $\boldsymbol{a} = [a_1, \ldots, a_n]^T$ ein Punkt—also auch ein Vektor—des $\mathbf{R}^n$, so ordnen wir ihm die Norm

$$\|\boldsymbol{a}\| = \sqrt{\sum_{i=1}^{n} a_i^2}$$

zu. Ist

$$\varphi(x) = [\varphi_1(x_1, \ldots, x_n), \ldots, \varphi_n(x_1, \ldots, x_n)]^T$$

eine n-komponentige Vektorfunktion, so kann diesem Vektor ebenfalls die Norm

$$\|\varphi(x)\| = \sqrt{\sum_{i=1}^{n} \varphi_i(x_1, \ldots, x_n)^2}$$

zugeordnet werden.

Wir betrachten nun in

$$R: \quad a \leq x \leq b, \qquad -\infty < y_i < \infty, \quad i = 1, \ldots, n,$$

die Vektorfunktion

$$\boldsymbol{f}(x, \boldsymbol{y}) = [f_1(x, y_1, \ldots, y_n), \ldots, f_n(x, y_1, \ldots, y_n)]^T.$$

Man sagt, $\boldsymbol{f}(x, \boldsymbol{y})$ erfülle in R bezüglich $y_1, \ldots, y_n$ eine Lipschitz-Bedingung mit der Lipschitz-Konstanten L, wenn dort

$$\|\boldsymbol{f}(x, \boldsymbol{y}) - \boldsymbol{f}(x, \boldsymbol{y}^*)\| \leq L\|\boldsymbol{y} - \boldsymbol{y}^*\| \tag{14.45}$$

gilt. Dabei sind $[x, y_1, \ldots, y_n]^T$, $[x, y_1^*, \ldots, y_n^*]^T$ beliebige Punkte aus R. Ausführlich geschrieben lautet (14.45)

$$\sqrt{\sum_{i=1}^{n}(f_i(x, y_1, \ldots, y_n) - f_i(x, y_1^*, \ldots, y_n^*))^2} \leq L\sqrt{\sum_{i=1}^{n}(y_i - y_i^*)^2}.$$

Zur numerischen Lösung des Anfangswertproblems (14.2) verwenden wir das durch (14.8) gegebene Einschritt-Verfahren mit der Vektorfunktion

$$\boldsymbol{\Phi}(x, \boldsymbol{y}; h) = [\Phi_1(x, y_1, \ldots, y_n; h), \ldots, \Phi_n(x, y_1, \ldots, y_n; h)]^T.$$

Wir sagen in Analogie zur Definition (14.45), die Vektorfunktion $\boldsymbol{\Phi}$ erfülle in

$$R_{h_0}: \quad a \leq x \leq b, \qquad -\infty < y_i < \infty, \quad i = 1, \ldots, n, \quad 0 \leq h \leq h_0$$

bezüglich $y_1, \ldots, y_n$ eine Lipschitz-Bedingung mit der Lipschitz-Konstanten L, wenn dort die Ungleichung

$$\|\boldsymbol{\Phi}(x, \boldsymbol{y}; h) - \boldsymbol{\Phi}(x, \boldsymbol{y}^*; h)\| \leq L\|\boldsymbol{y} - \boldsymbol{y}^*\| \tag{14.46}$$

besteht.

Es gilt der

Satz 14.3. *Für $n \geq 1$ sei durch die Vektorfunktion $\boldsymbol{\Phi}$ ein Einschritt-Verfahren gegeben und*

a) $\boldsymbol{\Phi}$ genüge der Voraussetzung (V),

b) das Verfahren sei konsistent von der Ordnung $p > 0$,

c) die Vektorfunktion $\boldsymbol{\Phi}$ erfülle in R_{h_0} eine Lipschitz-Bedingung (14.46).

Dann ist das Verfahren konvergent von der Ordnung p.

Der Beweis *dieses Satzes verläuft analog zu dem des Satzes 14.1, man hat im wesentlichen nur an die Stelle der absoluten Beträge die Normen zu setzen. Das Ergebnis ist schließlich*

$$\|\boldsymbol{y}_i^h - \boldsymbol{y}(x_i)\| \leq Ch^p$$

mit der Konstanten C, woraus $\boldsymbol{y}_i^h - \boldsymbol{y}(x_i) = \mathcal{O}(h^p)$ resultiert. □

Schließlich erhält man als Analogon zu Satz 14.2 die Aussage

Satz 14.4. *Die Voraussetzungen a) und c) des Satzes 14.3 sind für die in den Abschnitten 14.1 und 14.2 beschriebenen Verfahren erfüllt, wenn die Vektorfunktion $\boldsymbol{f}$ in*

$$R: \quad a \leq x \leq b, \qquad -\infty < y_i < \infty, \quad i = 1, \ldots, n,$$

stetig ist und dort eine Lipschitz-Bedingung (14.45) erfüllt. □

14.4 Schrittweitensteuerung und Kontrolle des globalen Diskretisierungsfehlers

In den bisherigen Überlegungen sind wir davon ausgegangen, daß die Näherungslösung $\boldsymbol{y}_i^h$ für $\boldsymbol{y}(x_i)$ auf einem äquidistanten Gitter erzeugt wird und daß die Schrittweite h *genügend klein* ist. Mit der Formel (14.41), die sinngemäß auch für Differentialgleichungssysteme gilt, hat man zwar eine Fehlerschranke, aber diese ist aus mehreren Gründen für die Praxis wertlos. Zunächst ist festzuhalten, daß die Voraussetzung (14.45) bei den in der Praxis auftretenden Systemen in der Regel nicht erfüllt ist. Eine zu (14.45) analoge Bedingung gilt nur in einem Streifen mit $|y_i - y_i(x)| \leq \varepsilon$, $i = 1, 2, \ldots, n$, $\quad x \in [a, b]$, wobei aber ε und L nicht praktisch auswertbar sind. Aber selbst wenn die Konstanten L, M aus (14.41) bekannt wären, würde doch fast immer die Fehlerschranke unrealistisch groß und eine nach ihr bemessene Schrittweite h viel zu klein. Im Idealfall wird man ja h so bemessen wollen, daß

$$|y_i^h - y(x_i)| \leq \eta |y(x_i)| + \tau, \qquad i = 0, \ldots, N, \tag{14.47}$$

bzw.

$$\|\boldsymbol{y}_i^h - \boldsymbol{y}(x_i)\| \leq \eta \|\boldsymbol{y}(x_i)\| + \tau, \qquad i = 0, \ldots, N, \tag{14.48}$$

gilt, mit vorgegebenem (kleinem) η als relativer Genauigkeit und τ als absolutem Fehler. Für den Praktiker stellt sich mit (14.48), also dem Fall eines Differentialgleichungssystems, sogleich ein neues Problem, nämlich das der Konstruktion einer geeigneten Norm. Wenn das Differentialgleichungssystem etwa aus einer Differentialgleichung höherer Ordnung entstanden ist, hat man in den Komponenten von $\boldsymbol{y}$ in ihrer physikalischen Bedeutung etwa Auslenkung, Geschwindigkeit, Beschleunigung vorliegen, also Größen, die um viele Zehnerpotenzen variieren können. Es ist unrealistisch, anzunehmen, man könne alle diese Größen simultan mit der gleichen Genauigkeit integrieren. Andererseits wäre es auch unsinnig, in einem solchen Fall in (14.48) etwa die euklidische Norm zu verwenden, weil das bedeuten würde, daß nur die betragsmäßig größten Komponenten von $\boldsymbol{y}$ *genau* integriert werden. Bei der zu verwendenden Norm wird es sich also stets um eine gewichtete Norm, z.B.

$$\|\boldsymbol{y}\| = \Big(\sum_{i=1}^{n} w_i y_i^2\Big)^{1/2}$$

mit vom Benutzer definierten, von Fall zu Fall verschiedenen Gewichten $w_i > 0$ handeln. Wir gehen im folgenden jedoch der Einfachheit halber von der euklidischen Norm aus.

Die Genauigkeitsforderung (14.47) bzw. (14.48) ist in der Regel nicht streng einhaltbar. Im Gegensatz zur numerischen Quadratur, wo der Gesamtquadraturfehler die Summe des Einzelquadraturfehler auf den Teilintervallen ist, (vgl. Abschnitt 13.7, adaptive Quadratur), können bei der Integration einer Differentialgleichung bzw. eines Differentialgleichungs–Systems zurückliegende Fehler, dies sind die pro Integrationsschritt auftretenden Abschneidefehler (und natürlich Rundungsfehler), in den folgenden Schritten sowohl gedämpft als auch verstärkt werden. Bei der Fehlerschranke (14.41) liegt die Annahme einer fortwährenden Fehlerverstärkung, die durch den Faktor $\exp(L(x-x_0))$ beschrieben wird, vor. Da das Fehlerdämpfungs/verstärkungsverhalten einer Differentialgleichung auch noch von der Integrationsstelle abhängt, kann es eine zuverlässige a–priori–Strategie zur Einhaltung von (14.48) bzw. (14.47) nicht geben, weil man ja der Differentialgleichung sozusagen nicht *ansieht*, ob in den späteren Schritten Fehlerdämpfung oder –verstärkung eintreten wird.

Im Gegensatz zum globalen Diskretisierungsfehler $y_i^h - y(x_i)$ kann man jedoch den lokalen Abschneidefehler $\varrho(x,y;h)$ (14.30) recht gut kontrollieren und wird deshalb versuchen, zunächst durch Kontrolle von $\varrho(x,y;h)$ eine Schrittweitensteuerung so zu generieren, daß (14.47) bzw. (14.48) wenigstens approximativ gilt. In einem zweiten Rechengang muß man dann a–posteriori sich in geeigneter Weise eine Kontrolle des globalen Diskretisierungsfehlers verschaffen. Um zu zeigen, daß in vielen praktisch wichtigen Fällen eine Kontrolle des lokalen Diskretisierungsfehlers tatsächlich erfolgversprechend ist, benötigen wir einen neuen Begriff, den der *logarithmischen Norm* einer Matrix:

Definition 14.4. *$\|\cdot\|$ sei eine Vektornorm auf $\mathbb{C}^n$ bzw. die zugeordnete Matrixnorm. Dann heißt*

$$\mu(A) := \lim_{h\searrow 0} \frac{\|I+hA\|-1}{h}$$

die logarithmische Norm von A. □

Für einige Vektornormen kann man die zugeordnete logarithmische Matrixnorm explizit angeben, z.B. für

$$\begin{aligned} \|\cdot\|_2: \quad \mu(A) &= \tfrac{1}{2}\lambda_{\max}(A^* + A), \\ \|\cdot\|_\infty: \quad \mu(A) &= \max_k\{\Re a_{kk} + \sum_{i\neq k} |a_{ki}|\}. \end{aligned}$$

Ferner gilt für diese Normen

$$\frac{\|I+hA\|-1}{h} = \mu(A) + \mathcal{O}(h).$$

Wir kehren nun zurück zur rekursiven Abschätzung der globalen Diskretisierungsfehler $\varepsilon_i = y(x_i) - y_i^h$:

Die Berechnung der y_i^h erfolgt auf einem nichtäquidistanten Gitter: $x_0 = a < x_1 < \cdots < x_N = b$,

$$x_{i+1} - x_i = h_i, \qquad \sum_{i=0}^{N-1} h_i = b - a,$$

gemäß

$$y_{i+1}^h = y_i^h + h_i\Phi(x_i, y_i^h; h_i).$$

Nach (14.30) ist

$$y(x_{i+1}) = y(x_i) + h_i\Phi(x_i, y(x_i); h_i) + h_i\varrho(x_i, y(x_i); h_i).$$

Wir setzen ferner voraus, daß

$$\Phi \in C^2(U \times (0, \bar{h}])$$

mit einer Umgebung U der wahren Lösung der Differentialgleichung

$$U = \{(x, \eta) : \quad x \in [a, b], \quad \|\eta - y(x)\| \le r\}$$

für ein geeignetes $r > 0$ und $\bar{h} > 0$ gilt.

Für die Funktion ϱ gelte

$$\varrho(x, \eta; h) = h^p\psi(x, \eta) + \mathcal{O}(h^{p+1}) \tag{14.49}$$

mit $\psi \in C^1(U)$. Bei den praktisch interessierenden Verfahren ist dies stets der Fall. Dann wird

$$\begin{aligned} \varepsilon_{i+1} &= \varepsilon_i + h_i(\Phi(x_i, y(x_i); h_i) - \Phi(x_i, y_i^h; h_i)) + \\ &\quad + h_i^{p+1}\psi(x_i, y(x_i)) + \mathcal{O}(h_i^{p+2}) \end{aligned}$$

und weiter unter Ausnutzung der zweimaligen stetigen Differenzierbarkeit von Φ und $\Phi(x, \eta; 0) \equiv f(x, \eta)$, d.h. $\partial_2\Phi(x, \eta; 0) \equiv \partial_2 f(x, \eta)$, [1]

$$\varepsilon_{i+1} = \varepsilon_i + h_i\partial_2 f(x_i, y(x_i))\varepsilon_i + h_i^{p+1}\psi(x_i, y(x_i)) + \mathcal{O}(h_i^{p+2}).$$

Also erhalten wir

$$\begin{aligned} \|\varepsilon_{i+1}\| &\le \|\varepsilon_i\| + h_i\frac{\|I + h_i\partial_2 f(x_i, y(x_i))\| - 1}{h_i}\|\varepsilon_i\| + h_i^{p+1}\|\psi(x_i, y(x_i))\| + \mathcal{O}(h_i^{p+2}) \\ &\le (1 + h_i\mu(\partial_2 f(x_i, y(x_i))))\|\varepsilon_i\| + h_i^{p+1}\|\psi(x_i, y(x_i))\| + \mathcal{O}(h_i^{p+2}), \end{aligned}$$

und unter Auflösung der Rekursion und Beachtung von $\sum_{j=0}^{i} \mathcal{O}(h_j^{p+2}) = \mathcal{O}(h^{p+1})$ mit $h = \max h_j$ und $\varepsilon_0 = 0$

$$\begin{aligned} \|\varepsilon_{i+1}\| &\le \sum_{j=0}^{i} \exp\Big(\sum_{k=j+1}^{i} h_k\mu(\partial_2 f(x_k, y(x_k)))\Big) h_j^{p+1}\|\psi(x_j, y_j^h)\| + \mathcal{O}(h^{p+1}) \\ &\le \sum_{j=0}^{i} \exp\Big(\int_{x_{j+1}}^{x_{i+1}} \mu(\partial_2 f(\xi, y(\xi)))\, d\xi\Big) h_j^{p+1}\|\psi(x_j, y_j^h)\| + \mathcal{O}(h^{p+1}). \end{aligned} \tag{14.50}$$

[1] $\partial_2 f$ bezeichnet die partielle Ableitung der Vektorfunktion f nach der zweiten Variablen, also hier nach dem Vektor y. $\partial_2 f$ ist also eine $n \times n$-Matrix. Gelegentlich schreibt man hierfür auch f_y.

Dies ist die erwünschte verfeinerte Fehlerabschätzung. Für $\mu(\cdots) \leq 0$ ist $\|\varepsilon_{i+1}\|$ also im wesentlichen abschätzbar durch $\sum_{j=0}^{i} h_j \varrho(x_j, y(x_j); h_j)$, und auch wenn μ nicht wesentlich größer als 0 ist, beeinflußt eine Steuerung von ϱ die Größe ε in überschaubarer Weise. Die Summe ist hierin von der Größenordnung $\mathcal{O}(h^p)$. Falls

$$\mu(\partial_2 f(x, y(x))) \leq q < 0 \tag{14.51}$$

gilt, dann kann man weiter vereinfachen zu

$$\|\varepsilon_{i+1}\| \leq \sum_{j=0}^{i} \exp\bigl(-|q|\,|x_{i+1} - x_{j+1}|\bigr) h_j^{p+1} \|\psi(x_j, y_j^h)\| + \mathcal{O}(h^{p+1}).$$

Man erkennt, daß dann zurückliegende lokale Abschneidefehler immer stärker weggedämpft werden. In vielen Fällen ist wenigstens $\mu(\partial_2 f(.))$ nicht wesentlich größer als null, während oft $L \gg 1$ ist, so daß der Vorteil von (14.50) gegenüber (14.41) unmittelbar einsichtig ist. Um (14.48) wenigstens approximativ zu erreichen, ist folgende Strategie üblich: Wähle an der Stelle (x_i, y_i^h) die Schrittweite h_i so, daß

$$h_i^{p+1} \|\psi(x_i, y_i^h)\| \lessapprox (\eta \|y_i^h\| + \tau) \tag{14.52}$$

bzw. wenn man davon ausgehen muß, daß (14.51) nicht gilt, etwas vorsichtiger

$$h_i^{p+1} \|\psi(x_i, y_i^h)\| \lessapprox (\eta \|y_i^h\| + \tau) h_i/(b-a). \tag{14.53}$$

Um h_i hieraus zu berechnen, muß natürlich die Größe ψ, d.h. i.w. der lokale Abschneidefehler, zumindest zuverlässig schätzbar sein.

Dies ist aber tatsächlich der Fall. Hierzu stehen praktisch drei Methoden zur Verfügung. Die erste kann nur im Fall

$$\begin{aligned} h\varrho(x, y(x); h) &= \frac{Ch^{p+1}}{(p+1)!} y^{(p+1)}(x) + \mathcal{O}(h^{p+2}), \\ \psi(x, y(x)) &= \frac{C}{(p+1)!} y^{(p+1)}(x) \end{aligned} \tag{14.54}$$

benutzt werden, wo man die p–te dividierte Differenz der Werte $f(x_j, y_j^h)$, $j = i, i-1, \ldots, i-p$ zur Konstruktion einer Näherung für $\psi(x_i, y_i^h)/p!$ (mit einem Fehler $\mathcal{O}(h)$) nehmen kann. In diesem Fall ersetzt man also

$$y^{(p+1)}(x_i)/(p+1)! \approx g[x_i, x_{i-1}, \ldots, x_{i-p}]/(p+1)$$

mit

$$g(x_j) := f(x_j, y_j^h).$$

(14.54) gilt nur bei einigen speziellen Einschritt–Verfahren, bei den meisten Runge–Kutta–Verfahren jedoch nicht.

Der vielleicht eleganteste Zugang besteht im Vergleich der Resultate zweier Einschrittverfahren verschiedener Ordnung. Seien also durch $\Phi_1(x,\eta;h)$ und $\Phi_2(x,\eta;h)$ zwei Einschritt–Verfahren definiert; die zu Φ_1 gehörende Ordnung sei p_1 und die zu Φ_2 sei $p_2 > p_1$.

Ausgehend von x_i, y_i^h wird nun mit einer Vorschlagsschrittweite $\bar{h}_i$ gerechnet:

$$\begin{aligned} y_{i+1}^{h[1]} &:= y_i^h + \bar{h}_i\Phi_1(x_i, y_i^h; \bar{h}_i), \\ y_{i+1}^{h[2]} &:= y_i^h + \bar{h}_i\Phi_2(x_i, y_i^h; \bar{h}_i). \end{aligned}$$

Ferner sei $y_{[i]}(x)$ die Lösung der Anfangswertaufgabe

$$y'_{[i]} = f(x, y_{[i]}), \qquad y_{[i]}(x_i) = y_i^h.$$

$y_{[i]}$ löst also die Differentialgleichung und hat an der Stelle x_i den verfälschten Wert y_i^h als exakten Anfangswert. Dann ist nach Definition

$$\begin{aligned} y_{[i]}(x_{i+1}) - y_i^h - \bar{h}_i\Phi_1(x_i, y_i^h; \bar{h}_i) &= \bar{h}_i\varrho_1(x_i, y_i^h; \bar{h}_i) = \mathcal{O}(\bar{h}_i^{p_1+1}), \\ y_{[i]}(x_{i+1}) - y_i^h - \bar{h}_i\Phi_2(x_i, y_i^h; \bar{h}_i) &= \bar{h}_i\varrho_2(x_i, y_i^h; \bar{h}_i) = \mathcal{O}(\bar{h}_i^{p_2+1}), \end{aligned}$$

und daher wegen $p_2 \geq p_1 + 1$

$$\begin{aligned} y_{i+1}^{h[2]} - y_{i+1}^{h[1]} &= \bar{h}_i\varrho_1(x_i, y_i^h; \bar{h}_i) + \mathcal{O}(\bar{h}_i^{p_1+2}) \\ &= \bar{h}_i^{p_1+1}\psi_1(x_i, y_i^h) + \mathcal{O}(\bar{h}_i^{p_1+2}) \end{aligned}$$

unter Ausnutzung von (14.49). Somit folgt

$$\|\psi_1(x_i, y_i^h)\| \lessapprox \|y_{i+1}^{h[1]} - y_{i+1}^{h[2]}\| / \bar{h}_i^{p_1+1}.$$

Diese Schätzung kann nun auf der linken Seite von (14.52) oder (14.53) eingesetzt werden, um die aktuelle Schrittweite h_i zu ermitteln. Für die Forderung (14.52) testet man, ob

$$\|y_{i+1}^{h[1]} - y_{i+1}^{h[2]}\| \leq \eta\|y_i^h\| + \tau. \tag{14.55}$$

Ist dies der Fall, dann war $\bar{h}_i$ klein genug und der Schritt wird akzeptiert, d.h. $h_i = \bar{h}_i$, $y_{i+1}^h := y_{i+1}^{h[2]}$ z.B. (Es ist üblich, mit dem – vermeintlich – genaueren Wert weiterzurechnen, obwohl das Gitter für die Integration mit Φ_1 gesteuert wird.) Die Vorschlagsschrittweite für den nächsten Schritt errechnet man dann aus

$$\bar{h}_{i+1} := \min\{\alpha h_i, \left(\frac{\eta\|y_i^h\| + \tau}{\|y_{i+1}^{h[1]} - y_{i+1}^{h[2]}\|}\right)^{1/(p_1+1)}, h_{\max}\}, \quad 1 < \alpha,$$

(mit $\alpha = 2$ z.B., um zu verhindern, daß die Schrittweite zu schnell vergrößert wird.)

Gilt (14.55) nicht, muß die Vorschlagsschrittweite $\bar{h}_i$ für den laufenden Schritt verkleinert werden und die Rechnung ist zu wiederholen, etwa mit

$$\bar{h}_i := \max\{\beta\bar{h}_i, \left(\frac{\eta\|y_i^h\| + \tau}{\|y_{i+1}^{h[1]} - y_{i+1}^{h[2]}\|}\right)^{1/(p_1+1)}\}, \quad 0 < \beta < 1,$$

(mit $\beta = 1/2$ z.B., um zu verhindern, daß $\bar{h}_i$ zu schnell zu klein wird). Unterschreitet dabei $\bar{h}_i$ einen Wert $h_{\min}$ (sinnvoll ist z.B. $h_{\min} = \sqrt{\text{epsmach}}$, epsmach=relative Maschinengenauigkeit), dann wird man die Integration mit $h_{\min}$ fortsetzen und einen entsprechenden Vermerk setzen oder auch die Rechnung ganz abbrechen. Für die Forderung (14.53) läuft alles analog.

Auf diese Art wird also wie bei der adaptiven Quadratur ein variables Gitter erzeugt. In diesem Zusammenhang ist es von großer Bedeutung, daß es möglich ist, sogenannte *eingebettete* Runge–Kutta–Verfahren zu konstruieren, bei denen unter Benutzung der gleichen k_j–Werte durch Variation der Gewichte γ_i in (14.24) Verfahren verschiedener Ordnung entstehen.

Die ersten Verfahren dieser Art sind bei England bzw. Fehlberg zu finden, vgl. die ausführliche Diskussion in [41].

Ein einfaches Beispiel ist

$$\begin{array}{c|ccc} 0 & 0 & 0 & 0 \\ 1 & 1 & 0 & 0 \\ \frac{1}{2} & \frac{1}{4} & \frac{1}{4} & 0 \\ \hline \gamma_i & \frac{1}{2} & \frac{1}{2} & 0 \\ \hat{\gamma}_i & \frac{1}{6} & \frac{1}{6} & \frac{4}{6} \end{array}$$

d.h.

$$\begin{aligned} k_1 &= f(x, y), \\ k_2 &= f(x+h, y+hk_1), \\ k_3 &= f(x+\tfrac{h}{2}, y+\tfrac{h}{4}(k_1+k_2)). \end{aligned}$$

Hier ist

$$\Phi_1(x, y; h) = \tfrac{1}{2}(k_1 + k_2) \qquad \text{von der Ordnung 2}$$

und

$$\Phi_2(x, y; h) = \tfrac{1}{6}(k_1 + k_2 + 4k_3) \quad \text{von der Ordnung 3.}$$

Sehr gute Resultate erzielt man mit der Formel von Dormand und Prince [24], die durch das folgende Koeffizientenschema, vgl. Abschnitt 14.2.1., beschrieben wird.

$$
\begin{array}{c|ccccccc}
0 & & & & & & & \\
\frac{1}{5} & \frac{1}{5} & & & & & & \\
\frac{3}{10} & \frac{3}{40} & \frac{9}{40} & & & & & \\
\frac{4}{5} & \frac{44}{45} & -\frac{56}{15} & \frac{32}{9} & & & & \\
\frac{8}{9} & \frac{19372}{6561} & -\frac{25360}{2187} & \frac{64448}{6561} & -\frac{212}{729} & & & \\
1 & \frac{9017}{3168} & -\frac{355}{33} & \frac{46732}{5247} & \frac{49}{176} & -\frac{5103}{18656} & & \\
1 & \frac{35}{384} & 0 & \frac{500}{1113} & \frac{125}{192} & -\frac{2187}{6784} & \frac{11}{84} & 0 \\
\hline
\gamma_i & \frac{35}{384} & 0 & \frac{500}{1113} & \frac{125}{192} & -\frac{2187}{6784} & \frac{11}{84} & 0 \\
\hline
\hat{\gamma}_i & \frac{5179}{57600} & 0 & \frac{7571}{16695} & \frac{393}{640} & -\frac{92097}{339200} & \frac{187}{2100} & \frac{1}{40}
\end{array}
$$

Es ist also

$$k_j = f(x + \alpha_j h, y + h \sum_{s=1}^{j-1} \beta_{js} k_s), \qquad j = 1, \ldots, 7.$$

Hier hat die Formel

$$\Phi_1(x, y; h) = \sum_{i=1}^{7} \gamma_i k_i \qquad \text{die Ordnung 5}$$

und

$$\Phi_2(x, y; h) = \sum_{i=1}^{7} \hat{\gamma}_i k_i \qquad \text{die Ordnung 4.}$$

Die Fehlerkonstanten der Methode der Ordnung 5 sind hierbei minimiert, so daß die obige Fehlerschätzungsmethode sehr zuverlässig ist. Ferner beachte man, daß hier k_7 zugleich k_1 für den nächsten Schritt ist, so daß effektiv nur 6 Funktionsauswertungen pro Schritt zu leisten sind.

Die dritte Methode zur Schätzung des lokalen Abschneidefehlers beruht auf der Ausnutzung asymptotischer Entwicklungen. Dazu gilt der folgende

Satz 14.5. *Die Lösung y der Anfangswertaufgabe*

$$y' = f(x, y), \qquad y(a) = y_0$$

existiere auf $[a,b]$ und U sei eine Umgebung der Lösungskurve:

$$U = \{(x,\eta): \quad x \in [a,b], \quad \|\eta - y(x)\| \le r\}.$$

Es sei $\Phi \in C^3(U \times (0,\bar{h}])$ mit $\bar{h} > 0$, $\Phi(x,\eta;0) \equiv f(x,\eta)$. Das durch Φ beschriebene Verfahren besitze die Ordnung p. Der lokale Abschneidefehler besitze die Entwicklung

$$\varrho(x,\eta;h) = h^p\psi_1(x,\eta) + h^{p+1}\psi_2(x,\eta) + \mathcal{O}(h^{p+2})$$

mit $\psi_1 \in C^2(U)$, $\psi_2 \in C^1(U)$. $y^h(x)$ bezeichne schließlich die mit dem Einschritt-Verfahren bei konstanter Schrittweite h berechnete Näherung an der Stelle $x \ge a$. Dann gilt

$$y^h(x) - y(x) = h^p z_1(x) + h^{p+1} z_2(x) + \mathcal{O}(h^{p+2}), \tag{14.56}$$

wobei z_1 und z_2 selbst differenzierbare Funktionen sind.

Zum Beweis *vgl. [36].* □

Diesen Satz wenden wir nun zur Schätzung von $\psi_1(x_i, y_i^h)$ auf die Aufgabe $y'_{[i]} = f(x, y_{[i]})$, $y_{[i]}(x_i) = y_i^h$ an. In diesem Fall ist dann $z_1(x_i) = z_2(x_i) = 0$, d.h. $z_1(x_{i+1}) = \mathcal{O}(h_i)$, $z_2(x_{i+1}) = \mathcal{O}(h_i)$. Von der Stelle (x_i, y_i^h) aus berechnen wir nun einmal y_{i+1}^h, d.h.

$$y_{i+1}^h = y_i^h + h_i\Phi(x_i, y_i^h; h_i),$$

sowie die zweite Näherung mit der Schrittweite $h_i/2$

$$\begin{aligned} \tilde{y}^h_{i+\frac{1}{2}} &= y_i^h + \tfrac{h_i}{2}\Phi(x_i, y_i^h; \tfrac{h_i}{2}), \\ \tilde{y}^h_{i+1} &= \tilde{y}^h_{i+\frac{1}{2}} + \tfrac{h_i}{2}\Phi(x_i + \tfrac{h_i}{2}, \tilde{y}^h_{i+\frac{1}{2}}; \tfrac{h_i}{2}). \end{aligned}$$

Damit ergibt (14.56) wegen $z_2(x_{i+1}) = \mathcal{O}(h_i)$

$$y_{i+1}^h - \tilde{y}_{i+1}^h = h_i^p z_1(x_{i+1}) - (\tfrac{h_i}{2})^p z_1(x_{i+1}) + \mathcal{O}(h_i^{p+2}),$$

also

$$z_1(x_{i+1}) = \frac{2^p(y_{i+1}^h - \tilde{y}_{i+1}^h)}{(2^p - 1)h_i^p} + \mathcal{O}(h_i^2)$$

bzw.

$$y_{i+1}^h - y(x_{i+1}) = \frac{2^p(y_{i+1}^h - \tilde{y}_{i+1}^h)}{(2^p - 1)} + \mathcal{O}(h_i^{p+2}).$$

Andererseits ist

$$\begin{aligned} h_i\varrho(x_i, y_i^h; h_i) &= y_{[i]}(x_{i+1}) - y_i^h - h_i\Phi(x_i, y_i^h; h_i) \\ &= y_{[i]}(x_{i+1}) - y_{i+1}^h \\ &= h_i^{p+1}\psi_1(x_i, y_i^h) + \mathcal{O}(h_i^{p+2}). \end{aligned}$$

Somit wird
$$\frac{2^p}{2^p-1}(\tilde{y}_{i+1}^h - y_{i+1}^h) = h_i^{p+1}\psi_1(x_i, y_i^h) + \mathcal{O}(h_i^{p+2}), \tag{14.57}$$
die linke Seite von (14.57) kann also als Schätzung von $h_i^{p+1}\psi_1(x_i, y_i^h)$ in (14.52) bzw. (14.53) benutzt werden.

Es ist selbstverständlich, daß alle hier vorgestellten Methoden zur Kontrolle des lokalen Abschneidefehlers nur wirksam sind, wenn die Terme höherer Ordnung $\mathcal{O}(h_i^{p+2})$ gegenüber $h_i^{p+1}\psi_1(x_i, y_i^h)$ tatsächlich vernachlässigbar sind, wobei ein Fehler von vielleicht 10% noch tolerierbar ist. Dies erfordert, daß grundsätzlich die angewandten Integrationsschritte niemals *zu groß* werden, also etwa unter einer Schranke $(b-a)/10$ oder $(b-a)/100$ bleiben, wobei $b-a$ die Größenordnung 1 besitzt. Wie diese Sicherheitswerte zu wählen sind, kann man in einem konkreten Fall nur aufgrund numerischer Erfahrung entscheiden.

Wir haben nun geklärt, wie in der Praxis eine nichtäquidistante Gittereinteilung erzeugt wird mit dem Ziel, die Genauigkeitsforderung (14.48) (bzw. (14.47)) einzuhalten. Eine Garantie für die Einhaltung dieser Genauigkeitsforderung bietet die entwickelte Strategie nur dann, wenn $\mu(\partial_2 f(\cdot)) < 0$.

Um den globalen Diskretisierungsfehler zu kontrollieren, gibt es verschiedene Ansätze. Wir beschränken uns auf eine einfache, aber recht zuverlässige Vorgehensweise. Hierbei wird simultan zur Berechnung der approximativen Lösung (x_i, y_i^h) noch eine zweite, in der Regel genauere Lösung $(x_i, y_i^{h/2})$ erzeugt, indem jedesmal, wenn ein Integrationsschritt akzeptiert wird, zwei Schritte des gleichen Verfahrens mit der Schrittweite $h_i/2$ ausgeführt werden, also
$$\begin{aligned} y_{i+\frac{1}{2}}^{h/2} &= y_i^{h/2} + \tfrac{h_i}{2}\Phi(x_i, y_i^{h/2}; \tfrac{h_i}{2}), \\ y_{i+1}^{h/2} &= y_{i+\frac{1}{2}}^{h/2} + \tfrac{h_i}{2}\Phi(x_i + \tfrac{h_i}{2}, y_{i+\frac{1}{2}}^{h/2}; \tfrac{h_i}{2}). \end{aligned}$$

Dabei wird auch der lokale Abschneidefehler von $y_{i+1}^{h/2}$ geschätzt. Der Schritt wird endgültig nur dann akzeptiert, wenn die Schätzung des lokalen Abschneidefehlers des Verfahrens mit der Schrittweite $h_i/2$ kleiner ausfällt als die Schätzung des lokalen Abschneidefehlers für das Verfahren mit der Schrittweite h_i, etwa bei Verwendung von zwei Verfahren verschiedener Ordnung, wenn
$$\|y_{i+1}^{h/2[1]} - y_{i+1}^{h/2[2]}\| \le \tfrac{1}{2}\|y_{i+1}^{h[1]} - y_{i+1}^{h[2]}\|.$$

Man beachte, daß, von der Akzeptierungsregel für h_i abgesehen, die Näherungen y_i^h und $y_i^{h/2}$ völlig entkoppelt berechnet werden. $y_i^{h/2} - y_i^h$ dient dann als Schätzung des globalen Diskretisierungsfehlers $y(x_i) - y_i^h$. Die Werte $y_i^{h/2}$ werden nie benutzt, um y_i^h zu verbessern, d.h. es wird keine lokale Extrapolation verwendet.

Strenge Fehlerschranken erhält man dadurch natürlich *nicht*, aber die Methode hat sich doch als sehr zuverlässig erwiesen.

Eine andere, oft bewährte Methode beruht auf der sogenannten *Defektkorrektur*. Aus den berechneten diskreten Werten (x_i, y_i^h), $i = 0, \ldots, N_h$, konstruiert man durch stückweise Polynominterpolation oder Spline–Interpolation eine zumindest stückweise beliebig oft differenzierbare kontinuierliche Approximation

$$\tilde{y}^h(x), \quad x \in [x_0, x_{N_h}], \quad \text{mit } \tilde{y}^h(x_i) = y_i^h, \quad i = 0, \ldots, N_h,$$

für $y(x)$. Wir interessieren uns für den Fehler

$$\varepsilon(x; h) = y(x) - \tilde{y}^h(x).$$

Offensichtlich ist in jedem Intervall, in dem $\tilde{y}^h$ differenzierbar ist, auch ε differenzierbar. ε löst die Anfangswertaufgabe

$$\begin{aligned} \varepsilon' &= f(x, \tilde{y}^h(x) + \varepsilon(x)) - (\tilde{y}^h)'(x), \\ \varepsilon(x_0) &= y(x_0) - y_0^h. \end{aligned} \tag{14.58}$$

Durch numerische Integration dieses Anfangswertproblems kann man also auch eine Schätzung für ε erhalten. Die sinnvolle Anwendung dieser Idee wird allerdings dadurch erschwert, daß der Interpolationsfehler für $\tilde{y}^h(x)$ mindestens wie h^{p+q} gegen null gehen muß, wenn p die Konvergenzordnung in y_i^h und q die Ordnung des Verfahrens zur Integration von (14.58) ist, und daß bei der Integration der Anfangswertaufgabe (14.58) alle Punkte, an denen $\tilde{y}^h(x)$ nicht von hoher Ordnung differenzierbar ist, auch Gitterpunkte des Gitters für ε_i^h werden müssen.

Beispiel 14.5. *Mit der oben beschriebenen Strategie der simultanen Integration des Systems mit den Schrittweiten h_i und $h_i/2$ wurde das von Hairer, Norsett und Wanner [41] beschriebene Dreikörperproblem unter Benutzung der oben angegebenen Formeln von Dormand und Prince integriert. Bei diesem Problem handelt es sich um das Anfangswertproblem*

$$\begin{aligned} y_1'' &= y_1 + 2y_2' - \mu_1(y_1 + \mu_2)/D1 - \mu_2(y_1 - \mu_1)/D_2, \\ y_2'' &= y_2 - 2y_1' - \mu_1 y_2/D_1 - \mu_2 y_2/D_2, \\ D_1 &= ((y_1 + \mu_2)^2 + y_2^2)^{3/2}, \\ D_2 &= ((y_1 - \mu_1)^2 + y_2^2)^{3/2}, \\ \mu_1 &= 1 - \mu_2, \qquad \mu_2 = 0.012277471, \\ y_1(0) &= 0.994, \quad y_1'(0) = 0, \quad y_2(0) = 0, \quad y_2'(0) = -2.00158510637908252, \end{aligned}$$

mit einer periodischen Lösung der Periode $T = 17.0652165601579625$. Das System wurde umgeschrieben in ein System 1. Ordnung mit

$$Y_1 = y_1, \quad Y_2 = y_1', \quad Y_3 = y_2, \quad Y_4 = y_2'.$$

Zur Schrittweitensteuerung diente die Forderung

$$\left(\frac{1}{n} \sum_{j=1}^{n} \left(\frac{y_{i+1,j}^{h[1]} - y_{i+1,j}^{h[2]}}{\max\{|y_{i,j}^{h[2]}|, |y_{i+1,j}^{h[2]}|, \tau\}} \right)^2 \right)^{1/2} \leq \eta$$

mit η *=TOL und* τ *=SMALLY in den unten angegebenen Resultatlisten.* ($y_{i,j}^h$ *bezeichnet die j-te Komponente des Vektors* y_i^h*) Man erkennt aus den unten angegebenen Resultaten, daß die erzielte Schätzung des globalen Fehlers sehr realistisch ist. Der globale Fehler liegt hier aber weit über der Toleranzgrenze für den lokalen Abschneidefehler. Die Genauigkeit der Lösung hängt dabei sehr kritisch vom Parameter* τ *ab, weil kleine Fehler in der Approximation von* y_1' *in der Nähe von 0 einen extremen Einfluß auf die Genauigkeit der Lösungstrajektorie haben.* $\tau = 1$ *z.B. wäre völlig ungeeignet. GLOBERR bezeichnet die euklidische Norm des geschätzten globalen Diskretisierungsfehlers, NFE die akkumulierte Anzahl der benutzten Funktionsauswertungen und Y die vier Lösungskomponenten. Für* η *=TOL=* 10^{-6} *werden 238 Iterationsschritte ausgeführt, darunter 31 wiederholte. Insbesondere an* y_2 *und* y_3 *erkennt man das relativ hohe Fehlerniveau, denn zur Endzeit sollte ja eigentlich wieder* $y_2 = y_3 = 0$ *sein. Für* η *=TOL=* 10^{-8} *erhöht sich der Aufwand nur etwa auf das Doppelte, die Lösung ist jetzt viel besser. Insgesamt werden 497 Integrationsschritte ausgeführt, davon 27 wiederholte.*

```
DREIKOERPERPROBLEM, PERIODISCHE LOESUNG
INTERVALL  0.0000000000000000E+00    17.06521656015796
ANFANGSWERT
 0.9940D+00  0.0000D+00  0.0000D+00 -0.2002D+01
    TOL=  1.0000000000000000E-06
   HMAX=  1.000000000000000
 HSTART=  1.0000000000000000E-05
 SMALLY=  1.0000000000000000E-07
    t=       GLOBERR=    NFE=          Y=
.3413D+00  .4788D-05    524  .7801D+00 -.5482D+00 -.1632D-01  .2496D+00
.6826D+00  .1013D-04    598  .5797D+00 -.6689D+00  .1316D+00  .6037D+00
.1024D+01  .2015D-04    672  .2880D+00 -.1073D+01  .3639D+00  .6533D+00
.1365D+01  .2161D-04    788 -.1060D+00 -.1100D+01  .5092D+00  .2024D+00
.1707D+01  .1597D-04    880 -.4152D+00 -.7097D+00  .5547D+00  .1326D+00
.2048D+01  .1482D-04    954 -.5991D+00 -.3808D+00  .6212D+00  .2636D+00
.2389D+01  .1454D-04   1010 -.6815D+00 -.1090D+00  .7313D+00  .3705D+00
.2730D+01  .1384D-04   1066 -.6776D+00  .1256D+00  .8649D+00  .3981D+00
.3072D+01  .1265D-04   1104 -.6011D+00  .3135D+00  .9935D+00  .3424D+00
.3413D+01  .1111D-04   1142 -.4711D+00  .4360D+00  .1091D+01  .2197D+00
.3754D+01  .9449D-05   1180 -.3129D+00  .4760D+00  .1139D+01  .5700D-01
```

```
.4096D+01  .7994D-05   1218 -.1565D+00  .4251D+00  .1129D+01 -.1137D+00
.4437D+01  .7391D-05   1256 -.3299D-01  .2842D+00  .1064D+01 -.2624D+00
.4778D+01  .8709D-05   1318  .2832D-01  .6268D-01  .9546D+00 -.3707D+00
.5120D+01  .1295D-04   1380  .2278D-02 -.2245D+00  .8146D+00 -.4480D+00
.5461D+01  .2145D-04   1436 -.1284D+00 -.5384D+00  .6445D+00 -.5668D+00
.5802D+01  .3429D-04   1492 -.3478D+00 -.6862D+00  .4075D+00 -.8483D+00
.6143D+01  .3743D-04   1584 -.5442D+00 -.4244D+00  .8187D-01 -.9763D+00
.6485D+01  .2859D-04   1694 -.6550D+00 -.2765D+00 -.2083D+00 -.6915D+00
.6826D+01  .2447D-04   1750 -.7557D+00 -.3268D+00 -.3865D+00 -.3586D+00
.7167D+01  .2301D-04   1806 -.8787D+00 -.3867D+00 -.4579D+00 -.6644D-01
.7509D+01  .2209D-04   1862 -.1012D+01 -.3841D+00 -.4365D+00  .1839D+00
.7850D+01  .2130D-04   1900 -.1132D+01 -.3074D+00 -.3383D+00  .3816D+00
.8191D+01  .2075D-04   1938 -.1215D+01 -.1703D+00 -.1840D+00  .5096D+00
.8533D+01  .2071D-04   1976 -.1245D+01 -.2343D-05 -.2072D-04  .5540D+00
.8874D+01  .2155D-04   2014 -.1215D+01  .1703D+00  .1840D+00  .5096D+00
.9215D+01  .2371D-04   2052 -.1132D+01  .3074D+00  .3383D+00  .3816D+00
.9557D+01  .2775D-04   2090 -.1012D+01  .3841D+00  .4365D+00  .1839D+00
.9898D+01  .3448D-04   2158 -.8787D+00  .3867D+00  .4578D+00 -.6646D-01
.1024D+02  .4568D-04   2214 -.7557D+00  .3269D+00  .3864D+00 -.3587D+00
.1058D+02  .6607D-04   2270 -.6550D+00  .2765D+00  .2082D+00 -.6915D+00
.1092D+02  .1015D-03   2356 -.5441D+00  .4245D+00 -.8196D-01 -.9763D+00
.1126D+02  .1119D-03   2448 -.3477D+00  .6863D+00 -.4076D+00 -.8482D+00
.1160D+02  .8221D-04   2522 -.1284D+00  .5384D+00 -.6445D+00 -.5667D+00
.1195D+02  .6490D-04   2578  .2345D-02  .2245D+00 -.8146D+00 -.4480D+00
.1229D+02  .5725D-04   2634  .2838D-01 -.6269D-01 -.9546D+00 -.3707D+00
.1263D+02  .5307D-04   2690 -.3293D-01 -.2842D+00 -.1064D+01 -.2624D+00
.1297D+02  .5062D-04   2746 -.1564D+00 -.4251D+00 -.1129D+01 -.1137D+00
.1331D+02  .4963D-04   2802 -.3128D+00 -.4760D+00 -.1139D+01  .5699D-01
.1365D+02  .5034D-04   2840 -.4710D+00 -.4360D+00 -.1091D+01  .2197D+00
.1399D+02  .5329D-04   2878 -.6010D+00 -.3135D+00 -.9935D+00  .3424D+00
.1433D+02  .5932D-04   2916 -.6775D+00 -.1255D+00 -.8649D+00  .3981D+00
.1468D+02  .6988D-04   2984 -.6815D+00  .1090D+00 -.7313D+00  .3704D+00
.1502D+02  .8837D-04   3040 -.5990D+00  .3809D+00 -.6212D+00  .2636D+00
.1536D+02  .1254D-03   3096 -.4151D+00  .7098D+00 -.5547D+00  .1326D+00
.1570D+02  .2082D-03   3170 -.1058D+00  .1100D+01 -.5092D+00  .2026D+00
.1604D+02  .2563D-03   3286  .2881D+00  .1072D+01 -.3638D+00  .6535D+00
.1638D+02  .1605D-03   3378  .5797D+00  .6688D+00 -.1315D+00  .6037D+00
.1672D+02  .1175D-03   3452  .7802D+00  .5482D+00  .1641D-01  .2496D+00
.1707D+02  .1596D-01   4012  .9940D+00  .1537D-01  .9493D-04 -.1997D+01
ERGEBNIS AUS DORPRI54
T=    17.06521656015796
```

```
LOESUNG

Y( 1)= 0.9940310D+00 Y( 2)= 0.1536854D-01
Y( 3)= 0.9493243D-04 Y( 4)=-0.1996608D+01

SCHAETZUNG DES GLOBALEN FEHLERS   1.596307190833704lE-02


DREIKOERPERPROBLEM, PERIODISCHE LOESUNG
INTERVALL  0.0000000000000000E+00   17.06521656015796
ANFANGSWERT
  0.9940D+00  0.0000D+00  0.0000D+00 -0.2002D+01
     TOL=  1.0000000000000000E-08
    HMAX=  1.000000000000000
  HSTART=  1.0000000000000000E-06
  SMALLY=  1.0000000000000000E-07
     t=      GLOBERR=    NFE=        Y=
 .3413D+00  .3221D-07   1190   .7801D+00 -.5482D+00 -.1632D-01  .2496D+00
 .6826D+00  .6840D-07   1372   .5797D+00 -.6689D+00  .1316D+00  .6037D+00
 .1024D+01  .1431D-06   1572   .2880D+00 -.1073D+01  .3639D+00  .6533D+00
 .1365D+01  .1495D-06   1850  -.1059D+00 -.1100D+01  .5092D+00  .2024D+00
 .1707D+01  .1088D-06   2050  -.4152D+00 -.7097D+00  .5547D+00  .1326D+00
 .2048D+01  .1033D-06   2196  -.5991D+00 -.3808D+00  .6212D+00  .2636D+00
 .2389D+01  .1027D-06   2306  -.6815D+00 -.1090D+00  .7313D+00  .3704D+00
 .2730D+01  .9817D-07   2440  -.6776D+00  .1256D+00  .8649D+00  .3981D+00
 .3072D+01  .9012D-07   2532  -.6011D+00  .3135D+00  .9935D+00  .3424D+00
 .3413D+01  .8016D-07   2606  -.4710D+00  .4360D+00  .1091D+01  .2197D+00
 .3754D+01  .7009D-07   2680  -.3129D+00  .4760D+00  .1139D+01  .5699D-01
 .4096D+01  .6108D-07   2778  -.1565D+00  .4251D+00  .1129D+01 -.1137D+00
 .4437D+01  .5337D-07   2870  -.3299D-01  .2842D+00  .1064D+01 -.2624D+00
 .4778D+01  .4601D-07   3010   .2832D-01  .6268D-01  .9546D+00 -.3707D+00
 .5120D+01  .3841D-07   3162   .2286D-02 -.2245D+00  .8146D+00 -.4480D+00
 .5461D+01  .4467D-07   3290  -.1284D+00 -.5384D+00  .6445D+00 -.5668D+00
 .5802D+01  .8599D-07   3436  -.3478D+00 -.6862D+00  .4076D+00 -.8482D+00
 .6143D+01  .1083D-06   3636  -.5442D+00 -.4244D+00  .8190D-01 -.9763D+00
 .6485D+01  .8771D-07   3842  -.6550D+00 -.2765D+00 -.2083D+00 -.6915D+00
 .6826D+01  .8490D-07   3970  -.7557D+00 -.3269D+00 -.3865D+00 -.3586D+00
 .7167D+01  .8872D-07   4080  -.8787D+00 -.3867D+00 -.4578D+00 -.6645D-01
 .7509D+01  .8895D-07   4214  -.1012D+01 -.3841D+00 -.4365D+00  .1839D+00
 .7850D+01  .8521D-07   4306  -.1132D+01 -.3074D+00 -.3383D+00  .3816D+00
 .8191D+01  .7915D-07   4380  -.1215D+01 -.1703D+00 -.1840D+00  .5096D+00
```

```
.8533D+01  .7280D-07  4478 -.1245D+01 -.1421D-07 -.2928D-07  .5540D+00
.8874D+01  .6753D-07  4588 -.1215D+01  .1703D+00  .1840D+00  .5096D+00
.9215D+01  .6403D-07  4680 -.1132D+01  .3074D+00  .3383D+00  .3816D+00
.9557D+01  .6200D-07  4772 -.1012D+01  .3841D+00  .4365D+00  .1839D+00
.9898D+01  .5942D-07  4894 -.8787D+00  .3867D+00  .4578D+00 -.6645D-01
.1024D+02  .5332D-07  5004 -.7557D+00  .3269D+00  .3865D+00 -.3586D+00
.1058D+02  .4805D-07  5114 -.6550D+00  .2765D+00  .2083D+00 -.6915D+00
.1092D+02  .7436D-07  5314 -.5442D+00  .4244D+00 -.8190D-01 -.9763D+00
.1126D+02  .9743D-07  5514 -.3478D+00  .6862D+00 -.4076D+00 -.8482D+00
.1160D+02  .7855D-07  5678 -.1284D+00  .5384D+00 -.6445D+00 -.5668D+00
.1195D+02  .7285D-07  5806  .2286D-02  .2245D+00 -.8146D+00 -.4480D+00
.1229D+02  .7949D-07  5958  .2832D-01 -.6268D-01 -.9546D+00 -.3707D+00
.1263D+02  .8447D-07  6086 -.3299D-01 -.2842D+00 -.1064D+01 -.2624D+00
.1297D+02  .8697D-07  6178 -.1565D+00 -.4251D+00 -.1129D+01 -.1137D+00
.1331D+02  .8945D-07  6270 -.3129D+00 -.4760D+00 -.1139D+01  .5699D-01
.1365D+02  .9437D-07  6344 -.4710D+00 -.4360D+00 -.1091D+01  .2197D+00
.1399D+02  .1028D-06  6418 -.6011D+00 -.3135D+00 -.9935D+00  .3424D+00
.1433D+02  .1146D-06  6492 -.6776D+00 -.1256D+00 -.8649D+00  .3981D+00
.1468D+02  .1280D-06  6614 -.6815D+00  .1090D+00 -.7313D+00  .3704D+00
.1502D+02  .1407D-06  6724 -.5991D+00  .3808D+00 -.6212D+00  .2636D+00
.1536D+02  .1568D-06  6852 -.4152D+00  .7097D+00 -.5547D+00  .1326D+00
.1570D+02  .2211D-06  7034 -.1059D+00  .1100D+01 -.5092D+00  .2024D+00
.1604D+02  .2526D-06  7318  .2880D+00  .1073D+01 -.3639D+00  .6533D+00
.1638D+02  .1526D-06  7518  .5797D+00  .6689D+00 -.1316D+00  .6037D+00
.1672D+02  .8206D-07  7694  .7801D+00  .5482D+00  .1632D-01  .2496D+00
.1707D+02  .9599D-05  8722  .9940D+00  .8256D-05  .5247D-07 -.2002D+01
ERGEBNIS AUS DORPRI54
T=   17.06521656015796
LOESUNG

Y( 1)= 0.9940000D+00 Y( 2)= 0.8255578D-05
Y( 3)= 0.5247239D-07 Y( 4)=-0.2001586D+01

SCHAETZUNG DES GLOBALEN FEHLERS   9.598660731957784 9E-06
```

14.5 Ergänzungen zur Theorie der Einschritt–Verfahren

14.5.1 Rundungsfehlereinfluß

Bisher haben wir angenommen, daß die Werte y_i^h exakt sind, was aber beim praktischen Rechnen natürlich nicht der Fall ist. Dementsprechend erhält man für die tatsächlich berechneten Werte $\tilde{y}_i^h$ einen Zusammenhang

$$\tilde{y}_{i+1}^h = \tilde{y}_i^h + h\Phi(x_i, \tilde{y}_i^h; h) + \gamma_i, \qquad i = 0, \ldots, N_h - 1,$$

wobei die γ_i aus den Auswertungsfehlern (einschließlich Rundungsfehlern) der Verfahrensfunktion Φ sowie den Rundungsfehlern bei der abschließenden Multiplikation mit h und der Addition von $\tilde{y}_i^h$ entstehen. Selbst im günstigsten Fall wird γ_i die Größenordnung $\varepsilon\|y(x_i)\|$ (ε = Rechengenauigkeit) besitzen, oft dürfte aber der tatsächlich vorliegende Fehler erheblich größer sein. Wir nehmen an, daß

$$\|\gamma_i\| \le \varepsilon C_1, \quad i = 0, \ldots, N_h - 1, \qquad \|y_0^h - \tilde{y}_0^h\| \le \varepsilon C_1$$

mit einer Konstanten C_1 gilt und daß Φ bezüglich y die Lipschitzkonstante L besitzt. Dann kann man leicht herleiten, daß

$$\|y_i^h - \tilde{y}_i^h\| \le \varepsilon C_1 \exp(L(x_i - x_0)) + \frac{\varepsilon C_1}{h}(\exp(L(x_i - x_0)) - 1),$$

$i = 0, \ldots, N_h$, gilt. Die Fehlersituation ist also ganz ähnlich der bei der numerischen Differentiation. Bei festem ε liegt natürlich keine Konvergenz für $h \to 0$ vor. Wegen

$$\|y_i^h - y(x_i)\| \le C_2 h^p(\exp(L(x_i - x_0)) - 1) + \|y_0^h - y_a\| \exp(L(x_i - x_0))$$

mit einer zweiten Konstanten C_2 und $p \ge 1$ ist es ersichtlich nicht sinnvoll, h wesentlich kleiner als $\sqrt{\varepsilon}$ zu wählen. Genaue Aussagen über eine *optimale* Schrittweite sind in der Praxis nicht zu erhalten, da die entsprechenden Konstanten nicht zugänglich sind.

Aus den in Abschnitt 14.4 bereits geschilderten Gründen ist das Rechnen mit einer festen Schrittweite ohnehin nicht erstrebenswert. Man erkennt aus den angegebenen Fehlerschranken auch, daß η in (14.47) bzw. (14.48) nicht unter der Rechengenauigkeit ε gewählt werden kann. Sinnvoll sind etwa die Werte

$$\begin{aligned} \eta = \tau &\ge 1000\,\varepsilon, \qquad (\varepsilon = \text{macheps}), \\ h_{\min} &\ge \sqrt{\varepsilon}/1000, \end{aligned}$$

wobei 1000 wieder ein willkürlich angegebener Sicherheitsfaktor ist.

14.5.2 Parameterabhängige Differentialgleichungen

In vielen Anwendungen hängt die Lösung der Differentialgleichung von einem oder mehreren Parametern ab und man möchte die Abhängigkeit der Lösung der Differentialgleichung von diesen Parametern auch numerisch untersuchen. Bekanntlich hängt die Lösung einer Anfangswertaufgabe

$$y' = f(x, y; s), \quad y(a) = y_a, \qquad y = y(x; s; y_a),$$

differenzierbar von ihren Anfangswerten y_a bzw. von Parametern s der Differentialgleichung ab, wenn die rechte Seite f eine stetig differenzierbare Funktion von y und den Parametern s ist. Die numerisch berechneten Werte y_i^h hängen bei fester Vorgabe der Schrittweiten ebenfalls differenzierbar von den Anfangswerten und Parametern ab, wenn Φ entsprechend differenzierbar bzgl. y und den Parametern s ist. Um diese Parameterabhängigkeit zu untersuchen, etwa indem man die Ableitung $\frac{\partial}{\partial s_i} y^h(x; s; y_0^h)$ durch einen Differenzenquotienten $\left(y^h(x; s + \Delta s\ e_i; y_0^h) - y^h(x; s; y_0^h)\right)/\Delta s$ annähert, sollte man also zur Integration für die Werte s und $s + \Delta s\ e_i$ (e_i bezeichnet den i-ten Koordinateneinheitsvektor im Parameterraum) stets das gleiche x-Gitter verwenden. Dies kann so geschehen, daß man zunächst für einen festen Parameter $s^{(0)}$ mit den Methoden aus Abschnitt 14.4 ein zur vorgegebenen Genauigkeitsforderung passendes Gitter konstruiert, dieses abspeichert und für alle nachfolgenden Parametervariationen die Integration ohne Schrittweitenkontrolle mit dem vorgegebenen Gitter ausführt.

14.5.3 Differentialgleichungen mit unstetiger bzw. nicht differenzierbarer rechter Seite

Die besprochenen numerischen Methoden setzen alle voraus, daß die Funktion f zumindest lipschitzstetig ist. Die Aussagen über die Verfahrensordnung setzen *hinreichend hohe* Differenzierbarkeit von f voraus, die Herleitung der Verfahrensordnung p erfordert zumindest die Existenz und Stetigkeit aller partiellen Ableitungen der Ordnung p.

In den Anwendungen treten jedoch auch recht häufig Aufgaben auf, bei denen f bezüglich x nur stückweise stetig und von y zwar lipschitzstetig, aber nicht differenzierbar abhängt, z.B.

$$\ddot{y} + c(|\dot{y}|)\dot{y} + my = g(x) \tag{14.59}$$

mit differenzierbarem c und stückweise stetigem g. Wenn man die hier entwickelten Methoden auf ein solches Problem direkt anwendet, erhält man entweder einen sehr groben Integrationsfehler (bei der Integration ohne Schrittweitenkontrolle) oder stellt fest, daß die Schrittweiten sich an den Stellen ungenügender Differenzierbarkeit in unakzeptabler Weise durch die Schrittweitensteuerung verkleinern. Es ist deshalb unerläßlich, die Unstetigkeitsstellen der relevanten Ableitungen (bei obigem Beispiel die Nullstelle von $\dot{y}$, also bei Umschreibung von (14.59) auf ein System erster Ordnung die Nullstelle von $y_2 = \dot{y}$, und die Sprungstellen von g) im Laufe der Integration mit zu ermitteln und die Integration an diesen Stellen neu aufzusetzen. Als Nullstellenbestimmungsmethode bietet sich die inverse Interpolation an, mit der eine herannahende Nullstelle mit hoher Genauigkeit vorhergesagt werden kann. Sprungstellen äußerer Erregerkräfte sind in der Regel a–priori bekannt.

14.6 Mehrschritt–Verfahren

14.6.1 Einführung

Bei den Einschritt–Verfahren ist eine Steigerung der Verfahrensordnung nur möglich durch eine Steigerung der Anzahl der f–Auswertungen (und eventuell sogar von Ableitungen von f) pro Schritt, d.h. eine eigentlich wünschenswerte hohe Verfahrensordnung (mit dem Ziel einer Aufwandsverringerung durch größeres h) muß mit einem vergleichsweise hohen Berechnungsaufwand pro Schritt erkauft werden. Dies ist besonders schwerwiegend, wenn es sich um ein System sehr hoher Dimension, etwa um die Berechnung des dynamischen Verhaltens eines durch die Methode der finiten Elemente (siehe Abschnitt 18.3) diskretisierten Bauteils oder um die Transientenberechnung eines hochintegrierten Schaltkreises handelt.

Hat man schon in den Gitterpunkten $x_i, x_{i-1}, x_{i-2}, \ldots, x_{i-p}$ Näherungen $y_i^h, y_{i-1}^h, y_{i-2}^h, \ldots, y_{i-p}^h$ für y erzeugt, so ist es naheliegend, die damit gewonnene Information zur Konstruktion der nächsten Näherung (x_{i+1}, y_{i+1}^h) zu benutzen. Natürlich wird man $p+1$ (die Anzahl der benutzten zurückliegenden Werte) nicht sehr groß wählen, um den algebraischen Berechnungsaufwand pro Schritt nicht allzusehr anwachsen zu lassen. Folgende Zugänge bieten sich unmittelbar an:

A. Explizite, auf numerischer Quadratur beruhende Verfahren

Es gilt

$$y(x_{i+1}) = y(x_{i-j}) + \int_{x_{i-j}}^{x_{i+1}} f(\tau, y(\tau))\, d\tau, \qquad j \geq 0. \tag{14.60}$$

Man ersetzt $f(\tau, y(\tau))$ durch das Interpolationspolynom vom Höchstgrad p durch $(x_i, f(x_i, y_i^h)), \ldots, (x_{i-p}, f(x_{i-p}, y_{i-p}^h))$ und berechnet das Integral des Polynoms exakt:

$$y_{i+1}^h = y_{i-j}^h + \int_{x_{i-j}}^{x_{i+1}} \sum_{k=0}^{p} f(x_{i-k}, y_{i-k}^h) \prod_{\substack{l=0 \\ l \neq k}}^{p} \frac{\tau - x_{i-l}}{x_{i-k} - x_{i-l}} d\tau. \tag{14.61}$$

Wenn die x_j äquidistant liegen, kann man die Integrale

$$\int_{x_{i-j}}^{x_{i+1}} \prod_{\substack{l=0\\ l\neq k}}^{p} \frac{\tau - x_{i-l}}{x_{i-k} - x_{i-l}} d\tau =: \beta_{i,j,p,k}$$

a–priori berechnen und tabellieren, aber auch auf variablen Gittern können sie mit vergleichsweise geringem Aufwand berechnet werden, vgl. [68].
Die Wahl $p = j = 0$ ergibt wieder das Euler–Cauchy–Verfahren, für $j = 0$, p beliebig erhält man die Verfahren von Adams–Bashforth.

Für $x_{i+1} - x_i \equiv h$ lauten die Koeffizienten der Adams–Bashforth–Verfahren

$\frac{1}{h}\beta_{i,0,p,k}$	$k = 0$	$k = 1$	$k = 2$	$k = 3$	Ordnung
$p = 0$	1				1
$p = 1$	$\frac{3}{2}$	$-\frac{1}{2}$			2
$p = 2$	$\frac{23}{12}$	$-\frac{16}{12}$	$\frac{5}{12}$		3
$p = 3$	$\frac{55}{24}$	$-\frac{59}{24}$	$\frac{37}{24}$	$-\frac{9}{24}$	4

Für sich alleine wendet man die Adams–Bashforth–Verfahren trotz ihrer bestechenden Einfachheit und hohen erreichbaren Ordnung (für $p = 3$ erhält man die Ordnung 4 mit einer f–Auswertung pro Schritt) nicht gerne an. Die Gründe dafür sind in Abschnitt 14.7.2 näher erläutert.

Mit $j = 1$ erhält man die *Nyström–Verfahren*, das einfachste Verfahren dieser Art ist die explizite Mittelpunktregel, im äquidistanten Fall

$$y_{i+1}^h = y_{i-1}^h + 2hf(x_i, y_i^h)$$

mit der Ordnung 2. Für sich allein genommen ist die explizite Mittelpunktregel nur in speziellen Fällen brauchbar (z.B. im Zusammenhang mit Schwingungsdifferentialgleichungen, vgl. Abschnitt 14.6.2). Sie bildet jedoch die Grundlage für ein äußerst effizientes Verfahren, das Extrapolations–Verfahren von Gragg, Bulirsch und Stoer (GBS), vgl. hinten.

B. Implizite, auf numerischer Quadratur beruhende Verfahren

Man kann in die Interpolation für $f(\tau, y(\tau))$ auch den noch unbekannten Wert $(x_{i+1}, f(x_{i+1}, y_{i+1}^h))$ mit einbeziehen und erhält dann ein sogenanntes implizites Verfahren, bei dem pro Schritt y_{i+1}^h aus einem – in der Regel nichtlinearen – Gleichungssystem zu ermitteln ist. Die Verfahrensgleichung lautet dann

$$y_{i+1}^h = y_{i-j}^h + \sum_{k=-1}^{p} f(x_{i-k}, y_{i-k}^h) \int_{x_{i-j}}^{x_{i+1}} \prod_{\substack{l=-1\\ l\neq k}}^{p} \frac{\tau - x_{i-l}}{x_{i-k} - x_{i-l}} d\tau. \qquad (14.62)$$

Für $j = 0$ ergeben sich so die Formeln von Adams–Moulton. Mit

$$\tilde{\beta}_{i,j,p,k} := \int_{x_{i-j}}^{x_{i+1}} \prod_{\substack{l=-1 \\ l \neq k}}^{p} \frac{\tau - x_{i-l}}{x_{i-k} - x_{i-l}} d\tau$$

erhält man für $j = 0$ im äquidistanten Fall die Koeffizienten

$\frac{1}{h}\tilde{\beta}_{i,0,p,k}$	$k=-1$	$k=0$	$k=1$	$k=2$	Ordnung
$p=-1$	1				1
$p=0$	$\frac{1}{2}$	$\frac{1}{2}$			2
$p=1$	$\frac{5}{12}$	$\frac{8}{12}$	$-\frac{1}{12}$		3
$p=2$	$\frac{9}{24}$	$\frac{19}{24}$	$-\frac{5}{24}$	$\frac{1}{24}$	4

also unter anderem das Verfahren *Euler rückwärts* ($p = -1$)

$$y_{i+1}^h = y_i^h + hf(x_{i+1}, y_{i+1}^h)$$

und die Trapezregel ($p = 0$)

$$y_{i+1}^h = y_i^h + \tfrac{h}{2}(f(x_i, y_i^h) + f(x_{i+1}, y_{i+1}^h)).$$

Diese impliziten Verfahren benutzt man in ihrer reinen Form nur in Spezialfällen. Ersetzt man aber in einer Adams–Moulton–Formel den Wert $f(x_{i+1}, y_{i+1}^h)$ durch einen Näherungswert $f(x_{i+1}, \tilde{y}_{i+1}^h)$ mit $\tilde{y}_{i+1}^h$ aus einem expliziten Verfahren, in der Regel aus einer Adams–Bashforth–Formel, so erhält man einen für die Praxis sehr wertvollen Verfahrenstyp, ein sogenanntes *Prädiktor–Korrektor–Verfahren.* So ergibt etwa die Kombination des Adams–Moulton–Verfahrens der Schrittzahl 3 und Ordnung 4 mit dem Adams–Bashforth–Verfahren der Schrittzahl 3 und Ordnung 3 als Prädiktor ein explizites 3–Schritt–Verfahren der Ordnung 4, das nur zwei f–Auswertungen pro Schritt erfordert und dem klassischen expliziten Runge–Kutta–Verfahren der Ordnung 4 (mit 4 f–Auswertungen) im wesentlichen gleichwertig ist:

$$\begin{aligned} \tilde{y}_{i+1}^h &= y_i^h + \tfrac{h}{12}(23f(x_i, y_i^h) - 16f(x_{i-1}, y_{i-1}^h) + 5f(x_{i-2}, y_{i-2}^h)), \\ y_{i+1}^h &= y_i^h + \tfrac{h}{24}(9f(x_{i+1}, \tilde{y}_{i+1}^h) + 19f(x_i, y_i^h) - 5f(x_{i-1}, y_{i-1}^h) + f(x_{i-2}, y_{i-2}^h)). \end{aligned} \tag{14.63}$$

Noch günstigere Eigenschaften haben die Kombinationen der p–Schritt Adams–Moulton–Formel mit der $(p+1)$–Schritt Adams–Bashforth–Formel als Prädiktor, also das explizite nichtlineare $(p+1)$–Schritt–Verfahren

$$\begin{aligned}\tilde{y}_{i+1}^h &= y_i^h + \sum_{k=0}^{p} f(x_{i-k}, y_{i-k}^h) \int_{x_i}^{x_{i+1}} \prod_{\substack{l=0\\ l\neq k}}^{p} \frac{\tau - x_{i-l}}{x_{i-k}-x_{i-l}} d\tau, \qquad i \geq p,\\ y_{i+1}^h &= y_i^h + f(x_{i+1}, \tilde{y}_{i+1}^h) \int_{x_i}^{x_{i+1}} \prod_{l=1}^{p} \frac{\tau - x_{i+1-l}}{x_{i+1}-x_{i+1-l}} d\tau\\ &\quad + \sum_{k=1}^{p} f(x_{i+1-k}, y_{i+1-k}^h) \int_{x_i}^{x_{i+1}} \prod_{\substack{l=0\\ l\neq k}}^{p} \frac{\tau - x_{i+1-l}}{x_{i+1-k}-x_{i+1-l}} d\tau .\end{aligned}$$

Diese Verfahren haben die Konsistenz- und Konvergenzordnung $p+1$ bei beliebiger Wahl der Schrittweitenfolge $\{h_j\}$, d.h. der globale Diskretisierungsfehler ist $y(x) - y_{N_h}^h = \mathcal{O}(h^{p+1})$, $\quad h = \max h_j$. Für $h_j \equiv h$ hat der Hauptteil des lokalen Abschneidefehlers (vgl. unten) die Form

$$h^{p+1} C_{p+1} y^{(p+2)}(x),$$

man kann ihn also aus dividierten Differenzen zurückliegender f–Werte schätzen, die Einführung einer Schrittweitensteuerung erfordert bei diesem Verfahren also keine zusätzlichen Funktionsauswertungen, im Gegensatz etwa zu den eingebetteten Runge–Kutta–Verfahren.

Prädiktor–Korrektor–Formeln aus Adams–Bashforth– und Adams–Moulton– Formel bilden die Grundlage des von Shampine und Gordon in [68] beschriebenen Verfahrens.

C. Implizite, auf numerischer Differentiation beruhende Verfahren

Wir gehen aus von der Identität

$$y'(x_{i+1}) = f(x_{i+1}, y(x_{i+1})),$$

approximieren $y(x)$ durch das Interpolationspolynom $P(x;i)$ vom Grad $k+1$ zu den Daten

$$(x_{i+1}, y_{i+1}^h), \ldots, (x_{i-k}, y_{i-k}^h), \qquad k \geq 0,$$

(mit noch unbekanntem Wert y_{i+1}^h) und definieren y_{i+1}^h durch die Gleichung

$$\frac{d}{dx} P(x;i)\Big|_{x=x_{i+1}} = f(x_{i+1}, y_{i+1}^h).$$

Benutzt man zur Darstellung des Interpolationspolynoms die Newtonsche Formel

$$P(x;i) = \sum_{j=0}^{k+1} y^h[x_{i+1}, \ldots, x_{i+1-j}] \prod_{l=0}^{j-1} (x - x_{i+1-l}),$$

so ergibt sich

$$\sum_{j=1}^{k+1} y^h[x_{i+1},\ldots,x_{i+1-j}]\prod_{l=1}^{j-1}(x_{i+1}-x_{i+1-l}) = f(x_{i+1},y_{i+1}^h),$$

also ein Gleichungssystem zur Bestimmung von y_{i+1}^h.

Für den äquidistanten Fall kann man die Koeffizienten dieser Formeln explizit ausrechnen. Man erhält die Darstellung

$$y_{i+1}^h = \sum_{l=0}^{k} \alpha_{k,l} y_{i-l}^h + h\beta_0 f(x_{i+1},y_{i+1}^h) \tag{14.64}$$

mit den Koeffizienten

k	0	1	2	3	4	5
β_0	1	$\frac{2}{3}$	$\frac{6}{11}$	$\frac{12}{25}$	$\frac{60}{137}$	$\frac{60}{147}$
$\alpha_{k,0}$	1	$\frac{4}{3}$	$\frac{18}{11}$	$\frac{48}{25}$	$\frac{300}{137}$	$\frac{360}{147}$
$\alpha_{k,1}$		$-\frac{1}{3}$	$-\frac{9}{11}$	$-\frac{36}{25}$	$-\frac{300}{137}$	$-\frac{450}{147}$
$\alpha_{k,2}$			$\frac{2}{11}$	$\frac{16}{25}$	$\frac{200}{137}$	$\frac{400}{147}$
$\alpha_{k,3}$				$-\frac{3}{25}$	$-\frac{75}{137}$	$-\frac{225}{147}$
$\alpha_{k,4}$					$\frac{12}{137}$	$\frac{72}{147}$
$\alpha_{k,5}$						$-\frac{10}{147}$

Für $k > 5$ sind diese Verfahren unbrauchbar, vgl. Abschnitt 14.6.2.

Für $k = 0$ ergibt sich wieder das Verfahren *Euler rückwärts*. Die Formeln (14.64) sind als *rückwärts genommene Differentiationsformeln*, BDF (*backward differentiation formula*) oder *Verfahren von Gear* bekannt.

14.6.2 Kurzer Überblick über die Theorie der Mehrschritt–Verfahren

Für Mehrschritt–Verfahren gibt es eine ausgedehnte Theorie, die naturgemäß wesentlich komplizierter ist als bei den Einschritt–Verfahren. Wir begnügen uns hier mit einer kurzen Zusammenstellung der wichtigsten Ergebnisse für lineare Mehrschritt–Verfahren, wie sie durch (14.61), (14.62) und (14.64) gegeben sind. Die in Abschnitt 14.6.1 kurz erwähnten Prädiktor–Korrektor–Verfahren sind nicht von diesem Typ. Für eine ausführliche Darstellung von Mehrschritt–Verfahren verweisen wir auf [37].

Unter einem linearen k–Schritt–Verfahren versteht man allgemein eine Berechnungsvorschrift ($\alpha_k \neq 0, \quad |\alpha_0| + |\beta_0| \neq 0$)

$$\sum_{i=0}^{k} \alpha_i y_{m+i}^h = h \sum_{i=0}^{k} \beta_i f(x_{m+i}, y_{m+i}^h), \quad m = 0, \ldots, N_h - k \tag{14.65}$$

für y_{m+k}^h bei gegebenen $y_{m+k-1}^h, \ldots, y_m^h$. Hierbei ist auch zusätzlich noch angenommen, daß die x_j äquidistant sind, mit $x_{j+1} - x_j = h$ für alle j. Eine allgemeine Theorie für den nichtäquidistanten Fall gibt es nicht, wohl aber Resultate für spezielle Verfahrenstypen, vgl. Abschnitt 14.6.3.

Im folgenden wird also der äquidistante Fall angenommen. Dann lassen sich die Eigenschaften des durch (14.65) gegebenen Verfahrens in einfacher Weise durch die beiden Polynome

$$\varrho(\xi) = \sum_{i=0}^{k} \alpha_i \xi^i, \qquad \sigma(\xi) = \sum_{i=0}^{k} \beta_i \xi^i$$

beschreiben. Die Begriffe *lokaler Abschneidefehler und globaler Diskretisierungsfehler* sind ganz analog zu den Einschritt–Verfahren definiert:

$$\tau(x, y(x); h) = \tfrac{1}{h}\Big(\sum_{i=0}^{k} \alpha_i y(x + ih) - h \sum_{i=0}^{k} \beta_i f(x + ih, y(x + ih))\Big)$$

heißt der *lokale Abschneidefehler* und

$$\varepsilon(x; h) = y(x) - y_{N_h}^h \quad \text{mit } N_h \cdot h = x - x_0$$

der *globale Diskretisierungsfehler.* Das Verfahren heißt *konsistent von mindestens der Ordnung* p, wenn $\tau(x, y(x); h) = \mathcal{O}(h^p)$ für $h \to 0$ und *konvergent von der Ordnung* p, wenn $\varepsilon(x; h) = \mathcal{O}(h^p)$ für $h \to 0$ (wobei natürlich x aus dem Existenzbereich der Lösung $y(x)$ der Anfangswertaufgabe $y' = f(x, y), \quad y(a) = y_a$ angenommen ist).

Es gilt

Satz 14.6. *Das k–Schritt–Verfahren (14.65) ist konsistent von mindestens der Ordnung p, wenn gilt:*

$$\begin{aligned} \varrho_1(1) &= 0, \\ \varrho_{j+1}(1) &= j\sigma_j(1), \qquad j = 1, \ldots, p, \end{aligned}$$

wobei die Polynome ϱ_j und σ_j definiert sind durch die Rekursion

$$\begin{aligned} \varrho_1(\xi) &\equiv \varrho(\xi), \quad \sigma_1(\xi) \equiv \sigma(\xi), \\ \varrho_{j+1}(\xi) &\equiv \xi\varrho_j'(\xi), \quad \sigma_{j+1}(\xi) \equiv \xi\sigma_j'(\xi). \end{aligned}$$

Das Verfahren ist konvergent von der Ordnung p, wenn zusätzlich gilt:

1. *Alle Nullstellen des Polynoms ϱ_1 liegen im Innern oder auf dem Rand des Einheitskreises, und die Nullstellen auf dem Rand des Einheitskreises sind einfach, also*

$$(\varrho(\xi) = 0 \Rightarrow |\xi| \leq 1) \wedge (\varrho(\xi) = 0, |\xi| = 1 \Rightarrow \varrho'(\xi) \neq 0). \tag{14.66}$$

2. *Die Anfangsfehler sind von der Ordnung p, d.h.*

$$y_i^h - y(x_i) = \mathcal{O}(h^p), \quad i = 0, \ldots, k-1.$$

Zum Beweis *siehe etwa [37].* □

Ein konvergentes lineares Mehrschritt–Verfahren erfüllt also stets die Bedingung

$$\varrho(1) = 0, \quad \varrho'(1) = \sigma(1) \neq 0.$$

Die übrigen Nullstellen $\neq 1$ von ϱ nennt man die *parasitären* Wurzeln des Verfahrens. Sie haben für die praktische Brauchbarkeit des Verfahrens entscheidende Bedeutung, wie wir noch sehen werden. Die Bedingung (14.66) ist als *Nullstellenbedingung* oder *Bedingung der asymptotischen Stabilität* bekannt. Wir wollen nun an einem Beispiel zeigen, daß es durchaus vernünftig hergeleitete Verfahren gibt, die diese Bedingung *nicht* erfüllen.

Beispiel 14.6. *Wir nehmen an, y_i^h, y_{i+1}^h, y_{i+2}^h seien schon bekannt und bilden das Interpolationspolynom vom Höchstgrad 3 zu (x_{i+j}, y_{i+j}^h), $j = 0, 1, 2, 3$. Wir differenzieren es und setzen seine Ableitung an der Stelle x_{i+2} gleich $f(x_{i+2}, y_{i+2}^h)$. Dies führt also auf ein explizites 3–Schritt–Verfahren, und zwar ergibt sich die Formel*

$$\tfrac{1}{3} y_{i+3}^h + \tfrac{1}{2} y_{i+2}^h - y_{i+1}^h + \tfrac{1}{6} y_i^h = h f(x_{i+2}, y_{i+2}^h), \quad i = 0, 1, 2, \ldots$$

zur Berechnung von y_{i+3}^h aus y_i^h, y_{i+1}^h und y_{i+2}^h. Es ist somit

$$\varrho_1(\xi) = \tfrac{1}{3}\xi^3 + \tfrac{1}{2}\xi^2 - \xi + \tfrac{1}{6}, \qquad \sigma_1(\xi) = \xi^2,$$

demgemäß

$$\begin{aligned} \varrho_2(\xi) &= \xi^3 + \xi^2 - \xi, & \sigma_2(\xi) &= 2\xi^2, \\ \varrho_3(\xi) &= 3\xi^3 + 2\xi^2 - \xi, & \sigma_3(\xi) &= 4\xi^2, \\ \varrho_4(\xi) &= 9\xi^3 + 4\xi^2 - \xi, \end{aligned}$$

daher

$$\begin{aligned} \varrho_1(1) &= 0, \\ \varrho_2(1) &= 1 = 1\sigma_1(1), \\ \varrho_3(1) &= 4 = 2\sigma_2(1), \\ \varrho_4(1) &= 12 = 3\sigma_3(1). \end{aligned}$$

Es liegt folglich (nach Konstruktion erwartungsgemäß) Konsistenz der (Mindest-) Ordnung 3 vor. Die Nullstellen von ϱ sind aber

$$1, \quad \tfrac{1}{4}(-5 \pm \sqrt{33}),$$

die betragsgrößte der Nullstellen ≈ -2.686 liegt also außerhalb des Einheitskreises. Wir stellen uns unwissend und wenden das Verfahren auf die Anfangswertaufgabe

$$y' = -y, \quad y(0) = 1, \quad \text{d.h.} \; y(x) = \exp(-x),$$

an, wobei wir die exakte Lösung zur Berechnung der Startwerte benutzen:

$$y_j^h = \exp(-jh), \quad j = 0, 1, 2.$$

Mit $h = 1/1000$ erwarten wir im Intervall $[0,1]$ wegen $p = 3$, $L = 1$, $|y^{(i)}(x)| \leq 1$ für alle i einen globalen Diskretisierungsfehler der Größenordnung 10^{-9}. Aber statt dessen ergibt sich schon

$$y_{30}^h \approx 2037 \approx (-2.686)^{30} \cdot 2.72 \cdot 10^{-10},$$

(bei 10-stelliger Rechnung), während $y(30h) = 0.9704\ldots$.

Offenbar wird bei jedem Integrationsschritt der Fehler mit dem Faktor -2.686 multipliziert, eine Konvergenz des Verfahrens ist unmöglich. Man sieht, daß man bei der Konstruktion von Mehrschritt-Verfahren Vorsicht walten lassen muß. □

Die in Abschnitt 14.6.1 entwickelten Verfahren erfüllen die Bedingung von Satz 14.6. Für $k \geq 6$ verletzen die Formeln (14.64) die Stabilitätsbedingung (14.66) (vgl. [37]) und sind deshalb unbrauchbar.

Es ist naheliegend, bei gegebener Schrittzahl k, die Ordnung eines Mehrschritt-Verfahrens durch *optimale* Wahl der Koeffizienten α_j, β_j zu maximieren, wodurch man die Konsistenzordnung $2k$ erreichen kann. Die so erhaltenen Verfahren sind aber für $k > 2$ unbrauchbar wegen

Satz 14.7. (Dahlquist's erste Ordnungsschranke)
Die maximale Ordnung eines asymptotisch stabilen und konsistenten k-Schritt-Verfahrens ist

$$p = \begin{cases} k+1, & k \text{ ungerade}, \\ k+2, & k \text{ gerade}. \end{cases}$$

Zum Beweis *vgl. [37].* □

Dieser Satz gilt nicht nur für lineare Mehrschritt-Verfahren, sondern auch für allgemeinere Konstruktionen

$$\sum_{i=0}^{k} \alpha_i \, y_{m+i}^h = h \, \Phi(y_m^h, \ldots, y_{m+k}^h, x_m, h; f)$$

solange Φ noch in den y_j^h lipschitzstetig ist.

Die Ordnung $k+1$ wird bereits von den k–Schritt Prädiktor–Korrektor–Verfahren aus den Adams–Bashforth–Moulton–Formeln erreicht, interessant erscheinen darüber hinaus nur noch die Verfahren der Ordnung $k+2$ mit geradem k. Tatsächlich erweisen sich diese Verfahren aber als praktisch wenig nützlich, wie wir nun an einem Beispiel demonstrieren wollen. Ein 2–Schritt–Verfahren der Ordnung 4 ist das *Milne–Simpson–Verfahren*

$$y_{i+1}^h = y_{i-1}^h + \tfrac{h}{3}\Big(f(x_{i+1}, y_{i+1}^h) + 4f(x_i, y_i^h) + f(x_{i-1}, y_{i-1}^h)\Big).$$

Wir wenden dieses Verfahren auf die Testgleichung

$$y' = \lambda y, \quad y(0) = 1, \quad y(x) = \exp(\lambda x),$$

an. Dies ergibt die lineare Differenzengleichung

$$(1-q)y_{i+1}^h - 4qy_i^h - (1+q)y_{i-1}^h = 0, \quad y_0^h = 1, \quad q := h\lambda/3. \tag{14.67}$$

Wegen $y_0^h = 1$ hat sie eine einparametrige Lösungsmannigfaltigkeit mit y_1^h als Parameter. Allgemein gilt für lineare homogene Differenzengleichungen

Satz 14.8. *Es sei*

$$\sum_{i=0}^{k} \gamma_i \eta_{i+m} = 0, \qquad m \geq 0, \quad \gamma_0\gamma_k \neq 0.$$

Dann gilt

$$\eta_j = \sum_{l=1}^{s} \sum_{i=1}^{v_l} C_{li} j^{i-1} \xi_l^j, \qquad j \geq 0,$$

wobei $\xi_1, \ldots, \xi_s$ *die paarweise verschiedenen Nullstellen des Polynoms*

$$\sum_{i=0}^{k} \gamma_i \xi^i = P(\xi)$$

sind mit den Vielfachheiten $v_1, \ldots, v_s$, *d.h.*

$$\sum_{l=1}^{s} v_l = k, \qquad v_l \in \mathbb{N},$$

und die Konstanten C_{li} *durch die Anfangswerte* $\eta_0, \ldots, \eta_{k-1}$ *eindeutig bestimmt sind.* □

Die Anwendung dieses Satzes auf Gleichung (14.67) liefert die Darstellung

$$y_j^h = C\mu_1^j + (1 - C)\mu_2^j,$$

wobei C von y_1^h abhängt und

$$\begin{aligned}\mu_1 &= \frac{1}{1-q}(2q + \sqrt{1+3q^2}\,),\\ \mu_2 &= \frac{1}{1-q}(2q - \sqrt{1+3q^2}\,).\end{aligned}$$

Für $\lambda < 0$ haben wir

$$\begin{aligned}\mu_1 &= \frac{1}{1+|q|}(\sqrt{1+3q^2} - 2|q|) = 1 - \mathcal{O}(h),\\ \mu_2 &= \frac{1}{1+|q|}(-\sqrt{1+3q^2} - 2|q|) = -1 - \mathcal{O}(h) < -1.\end{aligned}$$

Die Lösung y_j^h enthält also für $C \neq 1$ (und Rundungsfehlereinfluß sorgt auch bei spezieller Wahl von y_1^h immer dafür, daß $C \neq 1$ wird) einen oszillierenden, mit $x = jh$ exponentiell anwachsenden Anteil μ_2^j.

Für $y_1^h - \exp(\lambda h) = \mathcal{O}(h^4)$, $j \leq N$ und festes $Nh = x$ ist dieser Anteil zwar $\mathcal{O}(h^4)$, für $h \to 0$, d.h. das Verfahren ist konvergent von der Ordnung 4. Beim der praktischen Rechnung kann aber h nicht beliebig klein gewählt werden, und der oszillierende Anteil macht sich gegenüber der exponentiell abfallenden wahren Lösung sehr unangenehm bemerkbar.

Beispiel 14.7. $y' = \lambda y, \quad y(0) = 1, \quad y_1^h = \exp(\lambda h), \quad y_0^h = 1,$

$$(1 - \lambda h/3)y_{i+1}^h - 4\lambda h/3 y_i^h - (1 + \lambda h/3)y_{i-1}^h = 0, \quad i \geq 1$$

ergibt mit $h = 5 \cdot 10^{-2}, \quad x = Nh = 10, \quad \lambda = -3$ *und* $\lambda = -4$.
Die Abbildungen zeigen die wahre Lösung $y(x_j)$ □ *und als durchgezogene Linie eine stückweise kubische Interpolierende der Werte* y_j^h, *links mit* $\lambda = -3$ *und rechts*

mit $\lambda = -4$.

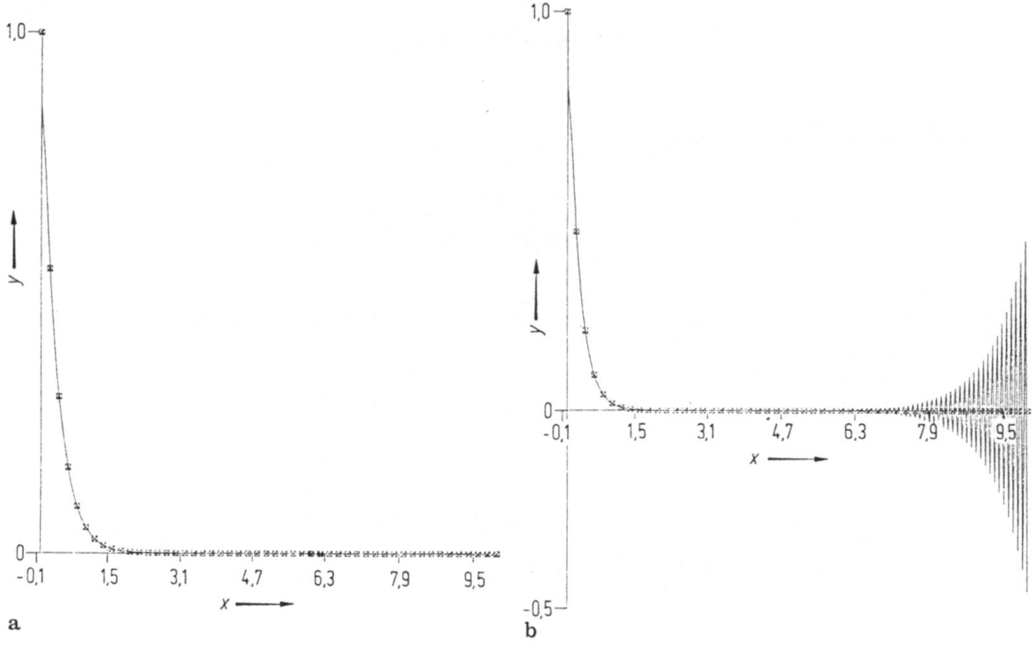

Abbildung 14.1

Dieser Effekt liegt bei allen linearen k*-Schritt-Verfahren der Ordnung* $k+2$ *vor.*

□

Der gleiche Effekt zeigt sich auch bei der expliziten Mittelpunktregel

$$y_{i+1}^h = y_{i-1}^h + 2hf(x_i, y_i^h).$$

Für $f(x,y) = -y$ und den skalaren Fall erhalten wir die Differenzengleichung

$$y_{i+1}^h + 2hy_i^h - y_{i-1}^h = 0, \qquad i = 1, 2, \ldots, N-1.$$

Man kann zeigen, daß für

$$x_0 = 0, \quad y_0^h = 1, \quad y_1^h = 1 - h, \qquad Nh = x \quad \text{fest}$$

gilt

$$y_N^h = \mathrm{e}^{-x} + h^2 \sum_{k=1}^{\infty} \left(\mathrm{e}^{-x} v_k(x) + (-1)^N \mathrm{e}^x u_k(x)\right) h^{2k-2} \tag{14.68}$$

mit analytischen Funktionen v_k, u_k. Der globale Diskretisierungsfehler geht also mit h^2 gegen null, enthält aber einen oszillierenden mit x exponentiell wachsenden

Anteil, während die wahre Lösung exponentiell abfällt. Für endliches, kleines h und $x - x_0 \gg 1$ ist die explizite Mittelpunktregel also sicher keine gute Diskretisierungsmethode für Anfangswertprobleme mit exponentiell fallenden Lösungen. Dennoch bildet sie die Grundlage für ein äußerst effizientes Verfahren, das *Extrapolations-Verfahren von Gragg, Bulirsch und Stoer (GBS)*, das wir in seinen Grundzügen kurz schildern wollen.

Für das im allgemeinen Fall durch

$$\begin{aligned} y_{i+1}^h &= y_{i-1}^h + 2hf(x_i, y_i^h), \qquad i \geq 1, \\ y_0^h &= y(x_0), \\ y_1^h &= y_0^h + hf(x_0, y_0^h), \\ y(x;h) &:= y_N^h \quad \text{mit } Nh = x - x_0 \quad \text{fest} \end{aligned}$$

beschriebene Verfahren kann man zeigen, daß

$$y(x;h) = y(x) + \sum_{k=1}^{m} h^{2k}(v_k(x) + (-1)^{(x-x_0)/h} u_k(x)) + \mathcal{O}(h^{2m+2}),$$

sofern $f \in C^{2m+1}([x_0, x] \times \mathsf{R}^n)$. Man beachte, daß dies keine asymptotische Entwicklung nach Potenzen von h darstellt, da der Koeffizient $(-1)^{(x-x_0)/h}$ noch von h abhängt! Durch eine Mittelwertbildung verringert man zunächst den Einfluß der oszillierenden Komponente (Gragg):

$$S(x;h) := \tfrac{1}{2}(y(x;h) + y(x-h;h) + hf(x, y(x;h))).$$

Dann ergibt sich mit neuen Koeffizienten v_k^*, u_k^*

$$S(x;h) = y(x) + h^2(v_1(x) + \tfrac{1}{2}y''(x)) + \sum_{k=2}^{m} h^{2k}(v_k^*(x) + (-1)^{(x-x_0)/h} u_k^*(x)) + \mathcal{O}(h^{2m+2}).$$

Ausgehend von x_0 und einer *kleinen* Vorschlagsschrittweite H setzt man nun

$$x = x_0 + H,$$

wählt als Schrittweiten

$$h_i = \frac{H}{n_i} \quad \text{mit } n_i \text{ gerade, etwa } n_i \in \{2, 4, 6, 8, 12, 16 \ldots\},$$

und berechnet die Werte

$$S_i = S(x;h_i), \qquad i = 0, \ldots, M, \quad M \leq m.$$

Daraufhin bildet man das Polynom zu den Daten

$$(h_i^2, S_i), \qquad i = 0, \ldots, M,$$

und nimmt seinen Wert an der Stelle 0 als Näherung für $y(x)$:

$$y(x;H) := \sum_{i=0}^{M} S_i \prod_{\substack{k\neq i\\k=0}}^{M} \frac{-h_k^2}{h_i^2 - h_k^2}.$$

Dann gilt

$$y(x;H) - y(x) = \mathcal{O}(H^{2M+2}).$$

Mit $x_0 := x$ wird dann der Prozeß wiederholt und so über ein großes Intervall integriert. Der Rechengang zur Berechnung von $y(x;H)$ aus den h_i und S_i entspricht wörtlich dem Romberg–Verfahren. Aus Differenzen im entsprechenden Schema gewinnt man Schätzungen für den lokalen Diskretisierungsfehler, aus denen man eine Steuerung für die Schrittweite H und die Wahl von M aufbauen kann. Näheres siehe z.B. bei [71].

Das entstehende Verfahren ist bei hohen Genauigkeitsforderungen und nicht–steifer Differentialgleichung (vgl. Abschnitt 14.7) empfehlenswert.

Entwicklungen der Form (14.68), also asymptotische Entwicklungen des globalen Diskretisierungsfehlers, sind auch für allgemeine lineare Mehrschritt–Verfahren bekannt, wir können jedoch nicht darauf eingehen und verweisen auf [37]. In einem anderen Zusammenhang erweist sich die explizite Mittelpunktregel auch ohne Glättung als nützlich.

Dazu betrachten wir die Anfangswertaufgabe (Schwingungsdifferentialgleichung)

$$y' = \mathrm{i}\omega\pi y, \qquad y(0) = 1$$

mit der exakten Lösung

$$y(x) = \exp(\mathrm{i}\omega\pi x).$$

Wir wollen wieder die explizite Mittelpunktregel anwenden mit den Anfangswerten

$$y_0^h = 1, \quad y_1^h = 1 + \mathrm{i}\omega\pi h.$$

Dann wird

$$y_{i+1}^h - 2h\mathrm{i}\omega\pi y_i^h - y_{i-1}^h = 0, \qquad i \geq 1$$

mit der Lösung (vgl. Satz 14.8)

$$\begin{aligned}
y_j^h &= c_1(h\mathrm{i}\omega\pi + \sqrt{1-h^2\omega^2\pi^2})^j + c_2(h\mathrm{i}\omega\pi - \sqrt{1-h^2\omega^2\pi^2})^j,\\
c_1 &= \frac{1+\sqrt{1-h^2\omega^2\pi^2}}{2\sqrt{1-h^2\omega^2\pi^2}} = 1 + \mathcal{O}(h^2),\\
c_2 &= \frac{\sqrt{1-h^2\omega^2\pi^2}-1}{2\sqrt{1-h^2\omega^2\pi^2}} = \mathcal{O}(h^2).
\end{aligned}$$

Man sieht, daß für

$$h < \frac{1}{\omega\pi} \tag{14.69}$$

die Werte $hi\omega\pi \pm \sqrt{1 - h^2\omega^2\pi^2}$ komplex und vom Betrag 1 sind, d.h. auch die diskretisierte Lösung beschreibt eine ungedämpfte Schwingung.

Der Amplitudenfehler ist $\mathcal{O}(h^2)$. Wegen

$$hi\omega\pi + \sqrt{1 - h^2\omega^2\pi^2} = \exp\Big(\mathrm{i}\arctan\Big(\frac{h\omega\pi}{\sqrt{1 - h^2\omega^2\pi^2}}\Big)\Big)$$

erhält man auch einen Phasenfehler der Ordnung $\mathcal{O}(h^2)$, bei großem ω läuft die diskretisierte Lösung der wahren Lösung voraus, weil

$$\arctan\frac{x}{\sqrt{1-x^2}} = x + \frac{x^3}{6} + \mathcal{O}(x^5) > x \quad \text{für } x \geq 0, \quad x \approx 0.$$

Mit der Schrittweiteneinschränkung (14.69) ist die Mittelpunktregel also eine einfache und brauchbare Methode für Schwingungsdifferentialgleichungen, die man z.B. bei der Linienmethode für partielle parabolische Anfangsrandwertaufgaben einsetzen kann, vgl. Abschnitt 16.5.

Für die spezielle Differentialgleichung zweiter Ordnung

$$y'' = f(t, y)$$

kennt man angepaßte lineare Mehrschritt–Verfahren der Form

$$\sum_{i=0}^{k} \alpha_i y_{m+i}^h = h^2 \sum_{i=0}^{k} \beta_i f(x_{m+i}, y_{m+i}^h).$$

Für diese Verfahren gibt es ebenfalls eine vollständige Theorie mit ähnlichen Ergebnissen wie den oben dargestellten, vgl. [37].

Einige nützliche Verfahren sind das *Verfahren von Störmer*

$$y_{i+1}^h - 2y_i^h + y_{i-1}^h = h^2 f(x_i, y_i^h)$$

mit der Konvergenzordnung 2, das *Verfahren von Cowell*

$$y_{i+1}^h - 2y_i^h + y_{i-1}^h = \tfrac{1}{12}h^2(f(x_{i+1}, y_{i+1}^h) + 10f(x_i, y_i^h) + f(x_{i-1}, y_{i-1}^h))$$

mit der Konvergenzordnung 4 und das Verfahren

$$y_{i+1}^h - 2y_i^h + y_{i-1}^h = \tfrac{h^2}{2}(f(x_{i+1}, y_{i+1}^h) + f(x_{i-1}, y_{i-1}^h))$$

mit der Konvergenzordnung 2. Besonders das letzte Verfahren ist für Schwingungsdifferentialgleichungen günstig, weil es eine Differentialgleichung

$$\ddot{y} = Ay + b(t),$$

A diagonalisierbar mit reellen negativen Eigenwerten $\mu_i = -\lambda_i^2$

ohne Einschränkung an die Schrittweite h stabil integriert. Das zugehörige Stabilitätspolynom lautet

$$P(\xi; q) := \varrho(\xi) - q\,\sigma(\xi), \qquad q \hat{=} - h^2\lambda^2$$

mit den oben definierten Polynomen ϱ und σ, d.h.

$$P(\xi; q) = (\xi - 1)^2 + \frac{h^2\lambda^2}{2}(\xi^2 + 1) = 0.$$

Seine Wurzeln haben aber für beliebiges $h^2\lambda^2 \in \mathbb{R}$ stets den Betrag 1.

14.6.3 Anwendung von Mehrschritt–Verfahren in der Praxis

Bei der praktischen Anwendung von Mehrschritt–Verfahren sieht man sich mit einer Reihe weiterer Fragen konfrontiert.

Zunächst muß man sich zusätzliche Anfangswerte $y_1^h, \ldots, y_{k-1}^h$ verschaffen. Prinzipiell könnte dies mit einem Einschritt–Verfahren passender Ordnung geschehen, dadurch würde aber das Gesamt–Verfahren sehr kompliziert.

Eleganter ist es, sich zunächst mit dem einfachsten Verfahren der Ordnung 1 (Euler–Cauchy) y_1^h, dann mit einem expliziten Zweischritt–Verfahren y_2^h usw. mit aufsteigender Ordnung alle fehlenden Werte zu beschaffen, wobei die Schrittweiten h natürlich wesentlich kleiner sein müssen als bei der späteren Rechnung. Diese Vorgehensweise wird in dem in [68] beschriebenen Verfahren gewählt.

In der Praxis möchte man nicht mit konstanter Schrittweite h integrieren, und zwar aus den schon bei den Einschritt–Verfahren erwähnten Gründen.

Für allgemeine Mehrschritt–Verfahren bei variablen Schrittweiten, wo die Koeffizienten α_j und β_j, auch Funktionen der $h_{i+k}, \ldots, h_i$ sind, somit noch vom Schritt i abhängen, sind aber keine Konvergenzresultate bekannt. Einzige Ausnahmen bilden die in Abschnitt 14.6.1 dargestellten Verfahren, vgl. auch [19].

Für die in Abschnitt 14.6.1 A, B hergeleiteten Verfahren mit $j = 0$, also die Adams–Bashforth–Moulton–Prädiktor–Korrektor–Verfahren, haben Gear, Watanabe und Tu [31], [30] gezeigt, daß das Gesamt–Verfahren bei beliebiger Wahl von Schrittweite und Ordnung pro Schritt noch konvergent ist für $h_{\max} \to 0$, solange $\sup h_i / \inf h_i < \infty$, falls nach jeder Änderung von Schrittweite oder Ordnung bei laufender Ordnung k in den folgenden $k + 1$ Schritten Schrittweite und Ordnung festgehalten werden. In [68] wird ein Algorithmus beschrieben, der entsprechend diesem Resultat eine optimale Ordnung und Schrittweite wählt, um auf der Basis dieser Formeln den lokalen Abschneidefehler unter einer vorgegebenen Schranke zu halten.

Für die rückwärts genommenen Differentiationssformeln kann man bei fester Vorgabe der Schrittzahl Konvergenz bei variabler Schrittweite beweisen, wenn $\underline{\gamma}_k \leq h_i/h_{i-1} \leq \bar{\gamma}_k$ für alle i, mit Konstanten $\underline{\gamma}_k$, $\bar{\gamma}_k$ wie folgt (siehe [38], [19]):

k	2	3	4	5
$\underline{\gamma}_k$	0	0.836	0.979	0.997
$\bar{\gamma}_k$	2.414	1.127	1.019	1.003

Die Schrittweiten dürfen also nur langsam geändert werden. Diese Schranken können bei Anwendung spezieller Schrittweitenänderungsstrategien noch verbessert werden, siehe bei [13]. Um die Schrittweitensteuerung durchführen zu können, benötigt man eine Möglichkeit zur Schätzung des lokalen Abschneidefehlers. Bei den BDF–Formeln, den reinen Adams–Moulton–Formeln und den Adams–Bashforth–Moulton–Prädiktor–Korrektor–Formeln aus einem $(k+1)$–Schritt Prädiktor und einem k–Schritt–Korrektor hat der lokale Abschneidefehler die Form

$$c_p h^p y^{(p+1)}(x) + \mathcal{O}(h^{p+1}),$$

kann also aus dividierten Differenzen der zurückliegenden Werte $f(x_i, y_i^h)$ zuverlässig geschätzt werden. Kombiniert man einen k–Schritt Prädiktor mit einem k–Schritt Korrektor, etwa wie in (14.63), so hat man in

$$\bar{y}_{i+1}^h - y_{i+1}^h$$

eine Schätzung des lokalen Diskretisierungsfehlers $h\tau(x_i, y_i^h; h)$, weil die Formel für $\bar{y}_{i+1}^h$ die Ordnung k, diejenige für y_{i+1}^h aber die Ordnung $k+1$ hat (vgl. die Darstellung in Abschnitt 14.4).

In allen diesen Fällen kann man also eine Schätzung des lokalen Abschneidefehlers praktisch ohne Zusatzaufwand erhalten, was ein großer Vorteil ist.

Bei den Prädiktor–Korrektor–Verfahren und dem GBS–Verfahren handelt es sich um explizite Verfahren, bei denen der neue Wert y_{i+1}^h unmittelbar aus den zurückliegenden Werten bestimmbar ist.

Will man ein implizites Verfahren anwenden, was nur für die Verfahren Euler-rückwärts, Trapezregel, die implizite Mittelpunktregel

$$y_{i+1}^h = y_i^h + h_i f(x_i + \frac{h_i}{2}, \frac{y_i^h + y_{i+1}^h}{2})$$

und die BDF–Formeln mit $k \in \{0, \ldots, 5\}$ Sinn macht, so hat man pro Schritt ein – in der Regel nichtlineares – Gleichungssystem für y_{i+1}^h zu lösen. Bei den

Differentialgleichungen, für die die Anwendung dieser Methoden empfehlenswert ist, (den steifen Gleichungen, vgl. Abschnitt 14.7) kann dies nicht durch direkte Iteration, also etwa bei der Trapezregel nach

$$y_{i+1}^{h(k+1)} := y_i^h + \frac{h_i}{2}\left(f(x_i, y_i^h) + f(x_{i+1}, y_{i+1}^{h(k)})\right), \qquad k = 0, 1, \ldots,$$

z.B. mit $y_{i+1}^{h[0]} := y_i^h + h_i f(x_i, y_i^h)$ geschehen. Dann müßte nämlich

$$\frac{h_i}{2} L < 1$$

gelten für alle i mit L als Lipschitzkonstante von f bzgl. y. In diesen Anwendungen ist L sehr groß ($L = 10^6$ bis $L = 10^{12}$ ist keine Seltenheit), ganz abgesehen von der großen Anzahl von f–Auswertungen, die dann notwendig wären. Stattdessen benutzt man hier das vereinfachte Newton–Verfahren, also für die Trapezregel

$$\left(I - \frac{h_i}{2}\partial_2 f(x_i, y_i^h)\right)(y_{i+1}^{h(k+1)} - y_i^{h(k)}) = -y_{i+1}^{h(k)} + y_i^h + \frac{h_i}{2}\left(f(x_i, y_i^h) + f(x_{i+1}, y_{i+1}^{h(k)})\right).$$

Selbst wenn man hier $\partial_2 f$ durch finite Differenzen annähert, genügen wenige Iterationsschritte (in der Regel 3 bis 5), um die Gleichung bis auf die erreichbare Genauigkeit zu lösen, da man ja mit $y_{i+1}^{h(0)} := y_i^h$ z.B. einen guten Startwert besitzt. Oft hält man sogar die Näherung für die Jacobi–Matrix $\partial_2 f$ über mehrere Schritte i konstant, um den Rechenaufwand möglichst klein zu halten.

Mit diesen Maßnahmen versehen erweisen sich die Mehrschritt–Verfahren als ein äußerst effektives Werkzeug zur Integration gewöhnlicher Differentialgleichungen. Wegen der gegenüber den eingebetteten expliziten Runge–Kutta–Verfahren erheblich komplizierteren Verfahrensstrukturen machen sich ihre Vorteile aber erst bei höheren Genauigkeitsanforderungen bemerkbar. Es ist auch zu bedenken, daß Mehrschritt–Verfahren empfindlicher auf abrupte Änderungen in der Lösung reagieren als Einschritt–Verfahren, (weil Funktionsdaten über einen größeren x–Bereich eingehen), so daß ihre Verwendung nur empfohlen werden kann, wenn die rechte Seite der Differentialgleichung im gesamten Integrationsbereich hinreichend glatt ist.

14.7 Steife Differentialgleichungen

14.7.1 Einführung

Von der Behandlung der Interpolations–, Approximations– und Quadraturaufgaben her wissen wir, daß der Fehler dieser Verfahren entscheidend von einer der höheren Ableitungen der zu approximierenden Funktion bzw. des Integranden abhängt. Die Annahme, daß dies bei der Lösung einer Anfangswertaufgabe analog gilt, ist zunächst naheliegend. Tatsächlich spielt aber hier nicht nur die Glattheit der wahren Lösung eine Rolle, sondern auch die Glattheit der gesamten Lösungsmannigfaltigkeit der Differentialgleichung in der Umgebung der wahren Lösung. Dies hat schwerwiegende Folgen für die Anwendung unserer Integrationsmethoden. Wir beginnen die Diskussion mit einem besonders durchsichtigen Beispiel:

Beispiel 14.8. *Vorgelegt sei das Anfangswertproblem*

$$y' = \lambda(y - \exp(-x)) - \exp(-x), \qquad y(0) = 1 + \varepsilon.$$

Die Differentialgleichung hat die allgemeine Lösung

$$y(x) = \alpha \exp(\lambda x) + \exp(-x), \qquad \alpha \in \mathbb{R}.$$

Durch die Vorgabe des Anfangswertes wird α zu einer Funktion von ε:

$$1 + \varepsilon = \alpha + 1 \quad \Rightarrow \quad \alpha = \varepsilon,$$

d.h. die Lösung der Anfangswertaufgabe lautet

$$y(x) = \varepsilon \exp(\lambda x) + \exp(-x).$$

Für $\varepsilon = 0$ und $x \geq 0$ sind y und alle Ableitungen von y betragsmäßig kleiner als 1, wie auch immer λ gewählt ist!

Es ist allgemein

$$y^{(p)}(x) = \varepsilon\lambda^p \exp(\lambda x) + (-1)^p \exp(-x),$$

also

$$|y^{(p)}(x)| \geq |\lambda|^p(\varepsilon \exp(-1) - 1/|\lambda|^p)$$

für $x \in [0, -1/\lambda]$ und $\lambda < 0$. Für $\varepsilon \neq 0$ und z.B. $\lambda = -10^3$ nehmen daher die Ableitungen von y in einer kleinen Umgebung von 0 riesige Größenordnungen an.

Entsprechendes gilt, wenn wir für irgendein x_0 als Anfangswert vorschreiben

$$y(x_0) = \exp(-x_0) + \varepsilon.$$

Sei im folgenden $\lambda = -10^3$, $\varepsilon = 0$ gewählt. y besteht dann nur aus der glatten Komponente $\exp(-x)$. *Schon für $x > \frac{1}{10}$ ist jede Lösung von der glatten Komponente praktisch ununterscheidbar, wenn ε in der Größenordnung von 1 bleibt.* $(\exp(-100) = 3.7 \cdot 10^{-44})$.

Wahre Lösung und glatte Komponente fallen exponentiell mit x. Wir wenden nun auf dieses Problem einige unserer Diskretisierungsmethoden an und beginnen mit dem Euler–Cauchy–Verfahren.

Es gilt die Beziehung

$$y_{i+1}^h = y_i^h + h\Big(-1000(y_i^h - \exp(-ih)) - \exp(-ih)\Big), \quad y_0^h = 1,$$

also

$$y_{i+1}^h = (1 - 1000h)y_i^h + 999h\exp(-ih), \qquad i = 0,1,\dots \quad y_0^h = 1. \tag{14.70}$$

Die Ergebnisse finden sich in folgender Tabelle. In dieser bedeutet $*.***\dots*$ *einen maschinenintern nicht darstellbaren Wert, d.h. einen Wert größer als* 10^{38}.

Euler–Cauchy–Näherungen für die Anfangswertaufgabe
$y' = -1000\,(y - \exp(-x)) - \exp(-x), \quad y(0) = 1$

x	$y(x)$	$h = 0.1E+00$	$h = 0.1E-01$	$h = 0.2E-02$
0.1	$0.9048374E+00$	$0.9000000E+00$	$0.1739417E+05$	$0.9048375E+00$
0.5	$0.6065307E+00$	$-0.4604712E+06$	$*.***********$	$0.6065311E+00$
1.0	$0.3678794E+00$	$0.4379041E+16$	$*.***********$	$0.3678801E+00$
x	$y(x)$	$h = 0.1E-02$	$h = 0.5E-03$	
0.1	$0.9048374E+00$	$0.9048370E+00$	$0.9048372E+00$	
0.5	$0.6065307E+00$	$0.6065304E+00$	$0.6065305E+00$	
1.0	$0.3678794E+00$	$0.3678793E+00$	$0.3678793E+00$	

Man erkennt, daß erst für $h = 0.002$ *vernünftige Näherungen der Lösung errechnet werden. Offenbar liegt dies daran, daß in (14.70)* $|1 - 1000h| \le 1$ *gelten sollte. Wenden wir das ebenfalls sehr einfache Verfahren „Euler–rückwärts“ an, so erhalten wir entsprechend die Rekursion*

$$y_{i+1}^h = \frac{1}{1+1000h}y_i^h + \frac{999h}{1+1000h}\exp(-(i+1)h), \quad y_0^h = 1, \tag{14.71}$$

und schon für $h = 0.1$ ergeben sich realistische Ergebnisse:

„Euler–rückwärts"–Näherungen für die Anfangswertaufgabe

$$y' = -1000\,(y - \exp(-x)) - \exp(-x), \quad y(0) = 1$$

x	$y(x)$	$h = 0.1E+00$	$h = 0.1E-01$	$h = 0.2E-02$
0.1	$0.9048374E+00$	$0.9048837E+00$	$0.9048420E+00$	$0.9048383E+00$
0.5	$0.6065307E+00$	$0.6065621E+00$	$0.6065337E+00$	$0.6065313E+00$
1.0	$0.3678794E+00$	$0.3678985E+00$	$0.3678813E+00$	$0.3678798E+00$
x	$y(x)$	$h = 0.1E-02$	$h = 0.5E-03$	
0.1	$0.9048374E+00$	$0.9048379E+00$	$0.9048376E+00$	
0.5	$0.6065307E+00$	$0.6065310E+00$	$0.6065308E+00$	
1.0	$0.3678794E+00$	$0.3678796E+00$	$0.3678795E+00$	

Die mit (14.70) erzielten schlechten Ergebnisse sind offensichtlich nicht Auswirkung der geringen Konsistenzordnung, denn auch (14.71) hat ja nur die Konsistenzordnung eins. Genau die gleichen Effekte wie beim Euler–Cauchy–Verfahren würde man z.B. bei jedem expliziten Runge–Kutta–Verfahren beobachten.

Das verbesserte Polygonzug–Verfahren etwa liefert die Rekursion

$$y_{i+1}^h = \left(1 - 1000h + 10^6h^2/2\right)y_i^h + \tfrac{999}{2}h(\exp(-ih)(1 - 1000\,h) + \exp(-(i+1)h)),$$
$$i = 0, 1, \ldots \qquad y_0^h = 1,$$

und wir erhalten

Verbesserte Polygonzug–Näherungen für die Anfangswertaufgabe

$$y' = -1000\,(y - \exp(-x)) - \exp(-x), \quad y(0) = 1$$

x	$y(x)$	$h = 0.1E+00$	$h = 0.1E-01$	$h = 0.2E-02$
0.1	$0.9048374E+00$	$0.1146629E+01$	$0.8356407E+11$	$0.9049326E+00$
0.5	$0.6065307E+00$	$0.1395276E+15$	*.***********	$0.6069241E+00$
1.0	$0.3678794E+00$	$0.3945334E+33$	*.***********	$0.3685116E+00$
x	$y(x)$	$h = 0.1E-02$	$h = 0.5E-03$	
0.1	$0.9048374E+00$	$0.9048379E+00$	$0.9048375E+00$	
0.5	$0.6065307E+00$	$0.6065310E+00$	$0.6065307E+00$	
1.0	$0.3678794E+00$	$0.3678796E+00$	$0.3678795E+00$	

□

Die in Beispiel 14.8 beobachteten Phänomene haben offensichtlich damit zu tun, daß sich in der Umgebung der wahren Lösung y des Anfangswertproblems Lösungen $\tilde{y}$ der Differentialgleichung befinden, die extrem große Ableitungen besitzen. Die Werte der diskretisierten Lösung liegen ebenfalls in diesem Bereich extremer Steigungen, und bei den expliziten Verfahren entsteht, wenn h nicht klein genug ist, ein oszillierender Effekt, der schnell von der wahren Lösung wegführt. Die Anfangswertaufgabe $y' = -y, \quad y(0) = 1$ mit der gleichen exakten Lösung $y = \exp(-x)$ könnte dagegen mit dem Euler–Cauchy–Verfahren und $h = 0.1$ bis $x = 1$ noch recht gut integriert werden. Differentialgleichungen mit den hier beschriebenen Eigenschaften nennt man *steif*. Wie der Begriff der *schlechten Kondition* einer Matrix ist auch der Begriff *Steifheit einer Differentialgleichung* eher qualitativer als quantitativer Art.

Prototyp einer steifen Differentialgleichung ist das lineare homogene System mit konstanten Koeffizienten

$$\begin{aligned} &\boldsymbol{y}' = \boldsymbol{A}\boldsymbol{y}, \qquad \boldsymbol{y}(0) = \boldsymbol{y}_0, \\ &\boldsymbol{A} \in \mathsf{R}^{n\times n} \text{ diagonalisierbar mit } \Re\lambda_1 \le \cdots \le \Re\lambda_n \le 0, \end{aligned}$$

und

$$-\Re\lambda_1 \gg 1.$$

Hier könnte man

$$s := -\Re\lambda_1 \tag{14.72}$$

als Maß für die Steifheit wählen. Allgemeiner könnte man

$$s := -\inf \frac{< \boldsymbol{f}(x,\boldsymbol{y}) - \boldsymbol{f}(x,\boldsymbol{z}), \boldsymbol{y} - \boldsymbol{z} >}{< \boldsymbol{y} - \boldsymbol{z}, \boldsymbol{y} - \boldsymbol{z} >} \tag{14.73}$$

als Steifheitsmaß der Differentialgleichung definieren, wobei $< \cdot, \cdot >$ ein Skalarprodukt auf R^n ist, inf über alle $(x, \boldsymbol{y})$ und $(x, \boldsymbol{z}) \in \mathcal{D}_f$ zu nehmen ist mit $\boldsymbol{y} \neq \boldsymbol{z}$ und $\mathcal{D}_f$ den Definitionsbereich der Funktion $\boldsymbol{f}$ bezeichnet.

Ein Anfangswertproblem wird man aber nur dann als *steif* einordnen, wenn $h\,s \gg 1$ gilt, wobei h eine vom Aufwand her akzeptable Schrittweite ist.

Steife Anfangswertprobleme treten in vielen Anwendungen auf, so z.B. bei der Integration der Bewegungsgleichungen elastischer Körper, in der chemischen Reaktionskinetik und bei der Transientenberechnung hochintegrierter Schaltkreise.

Die in (14.73) definierte Größe s erfüllt

$$s \ge -\inf \lambda_{\min}(\partial_2 \boldsymbol{f}(x, \boldsymbol{y})),$$

so daß die Spanne des Spektrums von $\partial_2 \boldsymbol{f}$ in der linken komplexen Halbebene als erster Indikator für Steifheit dienen kann. Im folgenden sind zwei Beispiele nichtlinearer Differentialgleichungssysteme zusammen mit den Eigenwerten von $\partial_2 \boldsymbol{f}$ aufgeführt.

Beispiel 14.9.

a)

$$\begin{aligned} y_1' &= -k_1 y_1 + k_2 y_2 y_3, \\ y_2' &= k_1 y_1 - k_2 y_2 y_3 - k_3 y_2^2, \\ y_3' &= k_3 y_2^2, \end{aligned}$$

x	λ_1	λ_2	λ_3
0	0	0	−0.04
10^{-2}	0	−0.36	−2180
10^2	0	−0.0048	−4240
∞	0	0	-10^4

$$\lambda_i = \lambda\big(\partial_2 f(y)\big)$$

b)

$$\begin{aligned} L y_1' &= E_0 - y_2 - R y_1, \\ C y_2' &= y_1 - F(y_2), \\ F(y_2) &= A_3(y_2^3 - 3A_2 y_2^2 + 3A_1 y_2) \\ \text{mit} \quad L &= C = 0.01, \quad E_0 = 0.245, \quad R = 0.017, \\ A_1 &= 0.0167, \quad A_2 = 0.148, \quad A_3 = 6650. \end{aligned}$$

y_2	λ_1	λ_2
0.01	−2.06	−27435.9
0.06	−3.81	−4643.2
0.08	1465.52	4.95
0.15	10083.44	−.7541
0.23	−5.06	−2768.55
0.3	−1.98	−31880.9

$$\lambda_i = \lambda\big(\partial_2 f(y_1, y_2)\big)$$

Das zweite System besitzt zwei stabile stationäre Zustände bei $(0.0755, 10.44)$ *und* $(0.22, 1)$. *Für* y_2 *im Bereich von 0.08 bis 0.2 liegt eine starke Instabilität vor, die den extrem schnellen Übergang zwischen den beiden stationären Zuständen beschreibt.*

Beide Probleme erfordern bei der Anwendung expliziter Integrationsverfahren Schrittweiten weit unter 10^{-4}, *was besonders im Fall a) extrem ungünstig ist, weil dort die Lösung im Bereich etwa* $[0, 10^3]$ *gesucht ist.* □

14.7.2 Lineare Stabilität von Diskretisierungsverfahren für Anfangswertprobleme

Wir betrachten im folgenden die Anwendung von Diskretisierungsverfahren auf das Testsystem, künftig als „Testgleichung" bezeichnet:

$$y' = \lambda y, \qquad y(0) = y_0 \tag{14.74}$$

mit $\Re\lambda \leq 0$.

Ein homogenes System mit konstanten Koeffizienten

$$\begin{aligned} \boldsymbol{y}' &= \boldsymbol{A}\,\boldsymbol{y}, \qquad \boldsymbol{y}(0) = \boldsymbol{y}_0, \\ \boldsymbol{A} &\in \mathsf{R}^{n\times n} \text{ diagonalisierbar mit} \\ &\quad \Re\lambda_1 \leq \cdots \leq \Re\lambda_n \leq 0 \end{aligned}$$

kann durch eine Transformation in ein zerfallendes System mit Gleichungen (14.74) überführt werden, worin λ für einen der Eigenwerte von $\boldsymbol{A}$ steht. Die hier dargestellten Überlegungen sind also auch für solche Systeme relevant.

Für $\Re\lambda \leq 0$ sind die Lösungen von (14.74) exponentiell nicht wachsend und das gleiche wird man auch von den durch die Diskretisierung gewonnenen Lösungen $\boldsymbol{y}_i^h$ erwarten, jedenfalls für hinreichend kleines h. Zunächst gilt es, den Zusammenhang zwischen den Werten $\boldsymbol{y}_i^h$ zu untersuchen, wenn das Diskretisierungsverfahren auf die Anfangswertaufgabe (14.74) angewendet wird.

Definition 14.5. *Ein Einschritt-Verfahren oder Mehrschritt-Verfahren heißt von der Klasse (AK), wenn es, angewandt auf (14.74), zu einer Differenzengleichung*

$$\sum_{j=0}^{k} g_j(h\lambda) y_{m+j}^h = 0, \qquad m = 0, 1, \ldots, N-k \tag{14.75}$$

führt, worin die Funktionen $g_0, \ldots, g_k$, $k \geq 1$, in einer Umgebung von 0 komplex analytisch sind, $g_k(0) \neq 0$ ist und das Polynom

$$\sum_{j=0}^{k} g_j(0) z^j$$

der Nullstellenbedingung (14.66) genügt. □

Wir betrachten einige Beispiele:
Das *klassische Runge-Kutta-Verfahren vierter Ordnung* liefert

$$k = 1, \quad g_1(z) \equiv 1, \quad g_0(z) = -(1 + z + z^2/2 + z^3/6 + z^4/24).$$

Das Verfahren *Euler-rückwärts* ergibt

$$k = 1, \quad g_1(z) = 1 - z, \quad g_0(z) \equiv -1.$$

Die *Trapezregel* führt zu

$$k = 1, \quad g_1(z) = 1 - z/2, \quad g_0(z) = -(1 + z/2).$$

Die *linearen Mehrschritt-Verfahren* ergeben

$$k \geq 1, \quad g_k(z) = \alpha_k - z\beta_k.$$

Das *Prädiktor-Korrektor-Verfahren* (14.63) führt zu

$$k = 3, \quad g_3(z) \equiv 1, \qquad g_2(z) = -1 - \tfrac{28}{24}z - \tfrac{9}{24} \cdot \tfrac{23}{12}z^2,$$

$$g_1(z) = \tfrac{5}{24}z + \tfrac{9}{24} \cdot \tfrac{16}{12}z^2, \qquad g_0(z) = -\tfrac{1}{24}z + \tfrac{9}{24} \cdot \tfrac{5}{12}z^2.$$

Alle diese Verfahren sind also vom Typ (AK).

Wegen Satz 14.8 kann die allgemeine Lösung von (14.75) und damit das Wachstumsverhalten der diskretisierten Werte y_i^h unmittelbar aus den Nullstellen des Polynoms (Stabilitätspolynom)

$$P(z;q) := \sum_{j=0}^{k} g_j(q)z^j \quad \text{mit } q = h\lambda \tag{14.76}$$

ermittelt werden. Aus der vorangegangenen Diskussion ist klar, daß es wünschenswert ist, wenn das Polynom P die Nullstellenbedingung (14.66) für einen möglichst großen Bereich von q-Werten in der linken komplexen Halbebene erfüllt. Diese Bereiche nennt man *Stabilitätsbereiche*, ihr Inneres *Stabilitätsgebiet*.

Definition 14.6. *Ein Einschritt- oder Mehrschritt-Verfahren der Klasse (AK) heißt auf einem Gebiet G der erweiterten komplexen Ebene* absolut stabil, *wenn die Koeffizientenfunktionen g_j aus Definition 14.5 auf G analytisch sind, wenn für alle $q \in G$ $g_k(q) \neq 0$ und die Nullstellen von $P(z;q)$ aus (14.76) betragsmäßig kleiner als eins sind:*

$$\forall q \in G: \quad P(z;q) = \sum_{j=0}^{k} g_j(q)z^j = 0 \Rightarrow |z| < 1.$$

Das Verfahren heißt A-, bzw. $A(\alpha)$-, bzw. A_0-stabil, falls es absolut stabil ist in G mit

$$G \supset \{z: \quad \Re z < 0\}$$

bzw.

$$G \supset \{z: \quad \mathrm{Arg}\,(-z) \in]-\alpha, \alpha[\} \quad \textit{mit } \alpha > 0$$

bzw.

$$G \supset \{z : \quad \Re z < 0, \ \Im z = 0\}.$$

Falls das Verfahren A–stabil ist und zusätzlich gilt

$$\limsup_{\Re q \to -\infty} (\max\{|z| : \quad P(z;q) = 0\}) < 1,$$

dann heißt das Verfahren L–stabil. □

Ein A–stabiles Vefahren erlaubt also nach Definition die stabile (nicht genaue!) Integration von (14.74) mit beliebiger positiver Schrittweite h. Wir können also hoffen, daß durch ein solches Verfahren auch sehr steife Systeme stabil und genau integriert werden, wenn die Schrittweite nach den Ableitungen der glatten, langsam variierenden Lösungskomponenten bemessen wird, sobald die schnell abklingenden Komponenten in der Lösung keine Rolle mehr spielen. (Wenn die genaue Annäherung der schnell abklingenden Komponeneten zu Beginn der Integration gefordert ist, muß man natürlich dort h weiterhin sehr klein wählen.)

Leider gibt es kein A–stabiles explizites Verfahren und auch die Konstruktion von A–stabilen impliziten Verfahren höherer Ordnung ist recht kompliziert.

Es sollen nun kurz die Stabilitätseigenschaften der bisher besprochenen Verfahren skizziert werden:

Das *Euler–Cauchy–Verfahren* ist absolut stabil genau in

$$|z + 1| < 1,$$

ist also u.a. für Schwingungsdifferentialgleichungen stets unbrauchbar, weil es die Amplituden der diskretisierten Lösung um einen Faktor $(1 + hC)$, $C =$ von h unabhängige Konstante, pro Schritt vergrößert.

Das *Verfahren Euler–rückwärts* ist absolut stabil genau in

$$|z - 1| > 1,$$

unter anderem ist es A–stabil und L–stabil. Für Schwingungsdifferentialgleichungen ist es unbrauchbar, weil es die Amplitude der diskretisierten Lösung um einen Faktor $1/(1 + hC)$ pro Schritt dämpft.

Die *Trapezregel* ist absolut stabil genau für

$$\left|\frac{1 + z/2}{1 - z/2}\right| < 1,$$

also genau auf der linken offenen Halbebene. Die Trapezregel ist also A–stabil. Zur Integration von Schwingungsdifferentialgleichungen

$$y' = \omega \, \mathrm{i} \, y$$

ist die Trapezregel stets geeignet, da sie amplitudentreu ist:

$$\left|\frac{1+z/2}{1-z/2}\right| = 1 \quad \text{mit } \Re z = 0.$$

Allerdings ist die Trapezregel nicht L–stabil. Dies macht sich bei exponentiell schnell abklingenden Lösungen dadurch unangenehm bemerkbar, daß die diskretisierte Lösung von kleinen, aber beschränkt bleibenden Oszillationen überlagert wird:

Für die diskretisierte Lösung zu (14.74) erhalten wir

$$\begin{aligned} y_i^h &= \left(\frac{1+h\lambda/2}{1-h\lambda/2}\right)^i y_0 \\ &= (-1)^i \left(\frac{h\lambda+2}{h\lambda-2}\right)^i y_0 \\ &= (-1)^i \left(1+\frac{4}{h\lambda-2}\right)^i y_0 \end{aligned}$$

also für $h\lambda < -2$ eine gedämpfte, aber oszillierende Approximation einer monotonen wahren Lösung.

Die *BDF–Verfahren* der Ordnung und Schrittzahl k sind $A(\alpha)$–stabil mit (vgl. [37])

k	1	2	3	4	5	6
α	90°	90°	88°02′	73°21′	51°50′	17°50′

(14.77)

insbesondere das Verfahren der Ordnung und Schrittzahl $k = 2$ ist also A–stabil (und sogar L–stabil). Mit diesem Verfahren und der Trapezregel kennen wir zwei A–stabile lineare Mehrschritt–Verfahren.

Leider gibt es keine A–stabilen linearen Mehrschritt–Verfahren höherer als zweiter Ordnung:

Satz 14.9. (Dahlquist's zweite Ordnungsschranke, 1963)
Jedes konsistente, lineare, A–stabile Mehrschritt–Verfahren besitzt eine Konsistenzordnung $p \leq 2$.

Zum Beweis *siehe z.B. bei [37].* □

Das Stabilitätsgebiet der Adams–Moulton–Verfahren der Schrittzahl $k \geq 2$, das der Adams–Bashforth–Verfahren der Schrittzahl $k \geq 1$, das der Prädiktor–Korrektor–Verfahren und das der expliziten Runge–Kutta–Verfahren ist recht klein. Für alle diese Verfahren lautet die Bedingung für absolute Stabilität

$$\left|\frac{h}{\lambda}\right| < C,$$

mit C als Konstante der Größenordnung 1. Die reellen Intervalle $]\gamma, 0[$ der absoluten Stabilität sind z.B. für die expliziten m–stufigen Runge–Kutta–Verfahren der Ordnung m, also u.a. für das klassische Runge–Kutta–Verfahren der Ordnung 4

$m = p$	1	2	3	4
γ	-2	-2	-2.51	-2.78

,

für die Adams–Moulton–Verfahren der Schrittzahl k

k	1	2	3	4	5
γ	$-\infty$	-6	-3	$-\frac{90}{49}$	$-\frac{45}{38}$

,

und für die Adams–Bashforth–Verfahren

k	1	2	3	4	5
γ	-2	-1	$-\frac{6}{11}$	$-\frac{3}{10}$	$-\frac{90}{551}$

U.a. wegen ihres kleinen Stabilitätsintervalls verwendet man die reinen Adams–Bashforth–Verfahren nicht gerne.

Von den bisher besprochenen Verfahren eignen sich also nur die Trapezregel, die implizite Mittelpunktregel und die BDF–Formeln der Schrittzahl ≤ 6 für sehr steife Systeme, letztere mit der Einschränkung, daß keine oszillierenden Lösungskomponenten mit $\arg(-\lambda) > \alpha$, α aus (14.77), auftreten dürfen.

14.7.3 Nichtlineare Stabilität

Die in Abschnitt 14.7.2 dargestellten Ergebnisse sind für die Praxis insofern unbefriedigend, als sie allenfalls grobe qualitative Rückschlüsse auf die Eigenschaften der Diskretisierungsverfahren zulassen, wenn diese auf nichtlineare steife Differentialgleichungen angewendet werden.

Schon bei linearen Systemen mit variablen Koeffizienten ändern sich die Verhältnisse grundlegend.

Beispiel 14.10. *Wir betrachten die Anfangswertaufgabe*

$$y' = \lambda(x)y, \qquad y(0) = y_0$$

mit $\lambda : \mathbf{R}_+ \to \mathbf{R}_-, \quad \lambda \in C^1(\mathbf{R}_+)$.

Hier bleibt das Verfahren Euler–rückwärts für $h > 0$ *uneingeschränkt stabil. Die Trapezregel liefert die Rekursion*

$$y_{i+1}^h = \frac{2 + \lambda(x_i)h}{2 - \lambda(x_{i+1})h} y_i^h,$$

und die Bedingung

$$|y_{i+1}^h| \le |y_i^h| \quad \forall i$$

liefert für $\sup_{x\in\mathbf{R}_+} \lambda'(x) = \beta > 0$ *die Einschränkung*

$$h \le 2/\sqrt{\beta}.$$

Die implizite Mittelpunktregel

$$y_{i+1}^h = y_i^h + hf\big((x_i + x_{i+1})/2, (y_{i+1}^h + y_i^h)/2\big)$$

ist für ein lineares System mit konstanten Koeffizienten mit der Trapezregel äquivalent, ergibt hier aber

$$y_{i+1}^h = \frac{2 + h\lambda((x_i + x_{i+1})/2)}{2 - h\lambda((x_i + x_{i+1})/2)}\, y_i^h,$$

ist also im vorliegenden Fall uneingeschränkt stabil. □

Schon bei linearen Systemen mit veränderlichen Koeffizienten kann auch nicht mehr aus den Eigenwerten von $\partial_2 \boldsymbol{f}(x, \boldsymbol{y})_{|\boldsymbol{y} = \boldsymbol{y}(x)} = \boldsymbol{A}(x)$ auf die Stabilität der Lösung geschlossen werden. Dies zeigt das folgende Beispiel von Kreiss [48]:

Beispiel 14.11.

$$\boldsymbol{y}' = \frac{1}{\varepsilon}\boldsymbol{U}^T(x)\begin{bmatrix} -1 & \eta \\ 0 & -1 \end{bmatrix}\boldsymbol{U}(x)\boldsymbol{y} = \boldsymbol{A}(x)\boldsymbol{y}, \quad \boldsymbol{y}(0) = \boldsymbol{y}_0$$

mit $\varepsilon > 0$ *und*

$$\boldsymbol{U}(x) = \begin{bmatrix} \cos(\alpha x) & \sin(\alpha x) \\ -\sin(\alpha x) & \cos(\alpha x) \end{bmatrix}.$$

Hier sind die Eigenwerte von $\boldsymbol{A}(x)$: $\lambda_1 = \lambda_2 = -1/\varepsilon$. *Mit der Transformation*

$$\boldsymbol{U}(x)\,\boldsymbol{y}(x) =: \boldsymbol{v}(x)$$

haben wir $\|\boldsymbol{y}(x)\|_2 = \|\boldsymbol{v}(x)\|_2$ *und*

$$\boldsymbol{v}' = \begin{bmatrix} -1/\varepsilon & \eta/\varepsilon + \alpha \\ -\alpha & -1/\varepsilon \end{bmatrix}\boldsymbol{v}, \quad \boldsymbol{v}(0) = \boldsymbol{y}_0$$

mit der Lösung

$$\begin{aligned} \boldsymbol{v}(x) &= \boldsymbol{v}_1 \exp(\kappa_1 x) + \boldsymbol{v}_2 \exp(\kappa_2 x), \quad \boldsymbol{v}_1, \boldsymbol{v}_2 \text{ abhängig von } \boldsymbol{y}_0, \\ \kappa_{1,2} &= -\frac{1}{\varepsilon} \pm \sqrt{-\alpha(\eta/\varepsilon + \alpha)}, \end{aligned}$$

und für $0 < \varepsilon < 1$, $\alpha = -1$ *und* $\eta > 2$ *gibt es exponentiell wachsende Lösungen.*

□

Es gibt verschiedene Ansätze, die lineare Stabilitätstheorie für Diskretisierungsverfahren auf allgemeine Systeme zu übertragen. Dies ist Gegenstand gegenwärtiger intensiver Forschung. Wir beschränken unsere Darstellung auf einen speziellen Differentialgleichungstyp, für den schon recht weitreichende Resultate vorliegen.

Definition 14.7. *Es sei* $\boldsymbol{f} : \mathbb{R}_+ \times \mathbb{R}^n \to \mathbb{R}^n$ *und für ein Skalarprodukt* $< \cdot, \cdot >$ *auf* $\mathbb{R}^n$ *gelte*

$$< \boldsymbol{f}(x,\boldsymbol{u}) - \boldsymbol{f}(x,\boldsymbol{v}), \boldsymbol{u}-\boldsymbol{v} > \leq m < \boldsymbol{u}-\boldsymbol{v}, \boldsymbol{u}-\boldsymbol{v} > \tag{14.78}$$

für alle $x \in \mathbb{R}_+$ *und alle* $\boldsymbol{u}, \boldsymbol{v} \in \mathbb{R}^n$. *Falls* $m \leq 0$, *dann heißt die Differentialgleichung* $\boldsymbol{y}' = \boldsymbol{f}(x, \boldsymbol{y})$ dissipativ. □

Beispiel 14.12. *Wir betrachten die Differentialgleichung*

$$\dot{\boldsymbol{x}}(t) = -\nabla h(\boldsymbol{x}(t)), \qquad \boldsymbol{x}(0) = \boldsymbol{x}_0. \tag{14.79}$$

Hierbei sei $h : \mathbb{R}^n \to \mathbb{R}$ *eine zweimal stetig differenzierbare, gleichmäßig konvexe Funktion, d.h. es gibt ein* $\gamma > 0$, *so daß*

$$\gamma \boldsymbol{z}^T \boldsymbol{z} \leq \boldsymbol{z}^T \nabla^2 h(\boldsymbol{y}) \boldsymbol{z} \quad \text{für alle } \boldsymbol{z} \in \mathbb{R}^n, \quad \boldsymbol{y} \in \mathbb{R}^n.$$

Dann wird mit den obigen Bezeichnungen $\boldsymbol{f} = -\nabla h$ *(nicht explizit abhängig von* t*) und mit* $< \boldsymbol{x}, \boldsymbol{y} >= \boldsymbol{x}^T \boldsymbol{y}$, *dem gewöhnlichen euklidischen Skalarprodukt,*

$$(\boldsymbol{f}(\boldsymbol{x})-\boldsymbol{f}(\boldsymbol{y}))^T(\boldsymbol{x}-\boldsymbol{y}) = (\boldsymbol{y}-\boldsymbol{x})^T \Big(\int_0^1 \nabla^2 h(\boldsymbol{x}+\tau(\boldsymbol{y}-\boldsymbol{x}))d\tau\Big)(\boldsymbol{x}-\boldsymbol{y}) \leq -\gamma(\boldsymbol{x}-\boldsymbol{y})^T(\boldsymbol{x}-\boldsymbol{y})$$

d.h. $m = -\gamma < 0$ *in (14.78).*

Die Differentialgleichung (14.79) hat als einzige stationäre Lösung die eindeutige Minimalstelle $\boldsymbol{x}^*$ *von* h *und für* $t \to \infty$ *strebt die Lösung jedes Anfangswertproblems (14.79) gegen* $\boldsymbol{x}^*$. *Durch numerische Integration des Anfangswertproblems kann man also* x^* *annähern und man wird wegen des erwünschten Übergangs* $t \to \infty$ *bestrebt sein, bei der Integration möglichst große Schrittweiten anzuwenden, ohne die Konvergenz der diskretisierten Lösung gegen die stationäre Lösung zu zerstören. Die Differentialgleichung (14.79) kann außerordentlich steif sein, wenn nämlich* $\nabla^2 h$ *schlecht konditioniert ist.* □

Man beachte, daß $\|\partial_2 \boldsymbol{f}\|$ **in (14.78) nicht eingeht, d.h. in die Klasse der dissipativen Differentialgleichungen fallen beliebig steife Probleme. Wir führen nun, Schneid [64] folgend, den Begriff der** ***optimalen B-Konvergenz*** **ein.**

Definition 14.8. *Ein Diskretisierungsverfahren für Anfangswertprobleme heißt optimal B-konvergent von der Ordnung p auf der Klasse aller dissipativen Anfangswertprobleme, wenn*

$$\|y(x_i) - y_i^h\| \leq C(x_i)h^p \quad \text{für } h < \bar{h} \text{ und alle } i,$$

wobei $C(x_i)$ nur abhängig ist von

$$\max\{\|y^{(j)}(x)\| : \quad x_0 \leq x \leq x_i, \quad 1 \leq j \leq \bar{p}\}$$

für ein gewisses $\bar{p}$ (genügende Differenzierbarkeit der wahren Lösung $y(x)$ des Anfangswertproblems vorausgesetzt), für f mit (14.78) und $m \leq 0$. □

Der große Vorteil der optimal B-konvergenten Verfahren ist es, daß die Schrittweitenrestriktion nicht von der Steifheit des Systems abhängt und daß der globale Diskretisierungsfehler ebenfalls von der Steifheit des Systems unabhängig ist. Im Gegensatz dazu haben etwa die expliziten Runge–Kutta–Verfahren einen Fehler $h^p C(x_i)$, worin $C(x_i)$ auch von $\|\partial_2 f\|$ abhängt. $\bar{h}$ in Definition 14.8 hängt i.a. von m ab. In der Arbeit [64] ist folgendes Resultat zu finden:

Satz 14.10. *Das Verfahren* Euler–rückwärts *ist optimal B-konvergent von der Ordnung 1. Die Trapezregel und die implizite Mittelpunktregel sind optimal B-konvergent von der Ordnung 2, jeweils auf der Klasse der dissipativen Anfangswertprobleme.* □

Weitere optimal B-konvergente Verfahren werden wir im nächsten Abschnitt besprechen.

14.7.4 Implizite Runge–Kutta–Verfahren und Rosenbrock–Verfahren

In Abschnitt 14.2.1 haben wir die allgemeinen Runge–Kutta–Verfahren eingeführt, charakterisiert durch das Koeffizientenschema (14.24).

Implizite Verfahren liegen in dieser Klasse vor, wenn einer der Koeffizienten β_{ij} mit $j \geq i$ ungleich null ist.

Wegen des hohen Aufwandes, der notwendig ist, um die auftretenden impliziten Gleichungen zu lösen, wäre die Anwendung solcher Verfahren bei nichtsteifen Differentialgleichungen sehr unökonomisch. Bei sehr steifen Problemen bietet sie aber große Vorteile, da es unter ihnen optimal B-konvergente Verfahren beliebig hoher Ordnung gibt.

Wir zeigen zunächst, daß auch die impliziten Runge–Kutta–Verfahren zur Klasse (AK) gehören, vgl. Definition 14.5.

Wir haben

$$k_j = f(x + h\alpha_j, y_i^h + h\sum_{l=1}^{m}\beta_{jl}k_l), \qquad j = 1, \ldots, m,$$

für $\boldsymbol{f}(x, \boldsymbol{y}) = \lambda \boldsymbol{y}$ und $n = 1$ also

$$(\boldsymbol{I} - \lambda h \boldsymbol{B})\boldsymbol{k} = \lambda y_i^h e \quad \text{mit} \quad \begin{array}{l} \boldsymbol{k} = [k_1, \ldots, k_m]^T, \\ e = [1, \ldots, 1]^T \in \mathbf{R}^m, \\ \boldsymbol{B} = [\beta_{jl}]. \end{array}$$

Für hinreichend kleines h ist $(\boldsymbol{I} - \lambda h \boldsymbol{B})$ stets invertierbar und somit $\boldsymbol{k}$ wohldefiniert. Nach der Cramerschen Regel ist dann

$$k_j = \lambda y_i^h R_j(\lambda h), \quad j = 1, \ldots, m,$$

worin R_j eine rationale Funktion in λh ist:

$$R_j(z) = P_{j,m-1}(z) / \det(\boldsymbol{I} - z\boldsymbol{B}) = P_{j,m-1}(z) \Big(\prod_{i=1}^{m} (1 - z\mu_i) \Big)^{-1},$$

wobei μ_i die Eigenwerte von $\boldsymbol{B}$ sind.

Der Zählergrad (Grad des Polynoms $P_{j,m-1}$) ist höchstens $m - 1$, der Nennergrad ist höchstens m.

Wegen

$$y_{i+1}^h = y_i^h + h \sum_{j=1}^{m} \gamma_j k_j$$

wird

$$\begin{aligned} y_{i+1}^h &= y_i^h + h\lambda y_i^h \sum_{j=1}^{m} \gamma_j R_j(\lambda h) \\ &= \tilde{R}_m(\lambda h) y_i^h, \end{aligned}$$

worin $\tilde{R}_m$ eine rationale Funktion mit Zählergrad und Nennergrad $\leq m$ ist.

Beispiel 14.13. *Wir betrachten das zum Schema (14.24) mit $m = 2$*

$$\begin{array}{c|cc} \frac{1}{4} & \frac{1}{4} & \\ \frac{3}{4} & \frac{1}{2} & \frac{1}{4} \\ \hline & \frac{1}{2} & \frac{1}{2} \end{array}$$

gehörende Verfahren. Mit $f(x, y) = \lambda y$ wird

$$\begin{aligned} k_1 &= \lambda(y_i^h + \tfrac{h}{4} k_1), \\ k_2 &= \lambda(y_i^h + h(\tfrac{1}{2} k_1 + \tfrac{1}{4} k_2)), \end{aligned}$$

also

$$k_1 = \frac{\lambda y_i^h}{1 - h\lambda/4},$$
$$k_2 = \frac{\lambda y_i^h}{1 - h\lambda/4} + \frac{(\lambda h/2)\lambda y_i^h}{(1 - h\lambda/4)^2},$$

d.h.

$$y_{i+1}^h = y_i^h \left(\frac{(1 - h\lambda/4)^2 + h\lambda(1 - h\lambda/4) + (h\lambda/2)^2}{(1 - h\lambda/4)^2}\right)$$
$$= y_i^h \left(1 + \frac{h\lambda}{(1 - h\lambda/4)^2}\right).$$

Wegen

$$\left|1 + \frac{h\lambda}{(1 - h\lambda/4)^2}\right| = \frac{(1 + (\Re\lambda)h/4)^2 + (\Im\lambda)^2h^2/16}{(1 - (\Re\lambda)h/4)^2 + (\Im\lambda)^2h^2/16}$$

ist dieses Verfahren A–stabil. Es ist konsistent von der Ordnung 2.

Nach [10] ist dieses Verfahren auch optimal B–konvergent von der Ordnung 2.

□

Die linearen Stabilitätseigenschaften eines impliziten Runge–Kutta–Verfahrens hängen also gemäß Definition 14.6 davon ab, für welche $z \in \mathbb{C}$

$$|\tilde{R}_m(z)| < 1$$

gilt. In diesen Verfahrensklassen sind A–stabile Verfahren beliebig hoher Ordnung möglich.

Wenn man als α_i die Gauß–Knoten zur Gewichtsfunktion 1 auf $[0,1]$ wählt, als γ_i die zugehörigen Gauß–Gewichte und die β_{ij} (die inneren Quadraturgewichte) so, daß die Formel

$$\sum_{j=1}^{m} \beta_{ij} g(\alpha_j) = \int_0^{\alpha_i} g(x)dx \quad \text{für } g \in \Pi_{m-1}, \quad i = 1, \ldots, m$$

gilt, erhält man die sogenannten *Gauß–Runge–Kutta–Verfahren.* Für $m = 2$ ergibt sich z.B. das Koeffizientenschema (14.24)

$(3-\sqrt{3})/6$	$\frac{1}{4}$	$(3-2\sqrt{3})/12$
$(3+\sqrt{3})/6$	$(3+2\sqrt{3})/12$	$\frac{1}{4}$
	$\frac{1}{2}$	$\frac{1}{2}$

Es gilt

Satz 14.11.

1. *Die m–stufigen Gauß–Runge–Kutta–Verfahren sind konsistent von der Ordnung $2m$.*
   Zum Beweis siehe z.B. bei [36].
2. *Die m–stufigen Gauß–Runge–Kutta–Verfahren sind A–stabil und optimal B–konvergent von der Ordnung m auf der Klasse der dissipativen Probleme.*
   Zum Beweis siehe z.B. bei [10]. □

Die Ordnung der B–Konvergenz kann also wesentlich kleiner sein als die klassische Konsistenzordnung. Dies liegt darin begründet, daß bei der optimalen B–Konvergenz verlangt wird, daß das Restglied unabhängig ist von der Steifheit des Systems.

Man kann zeigen, daß bei dissipativem f die Steigungen k_j eines Gauß–Runge–Kutta–Verfahrens für ein festes $\bar{h} > 0$ für $h \leq \bar{h}$ eindeutig aus der Verfahrensgleichung bestimmt sind, unabhängig von der Steifheit des Systems. Dennoch ist die Implementierung dieser Verfahren mit erheblichen Schwierigkeiten belastet, da u.a. bei jedem Integrationsschritt für ein Differentialgleichungssystem der Ordnung n ein nichtlineares Gleichungssystem der Ordnung nm gelöst werden muß. Außerdem ist eine Schrittweitenkontrolle nur auf dem Weg über Schrittweitenhalbierung möglich, was den Aufwand weiter erhöht.

Für die Praxis einfacher sind die Verhältnisse, wenn

$$\beta_{ij} = 0 \quad \text{für } j > i.$$

Dies sind die sogenannten *diagonal-impliziten Runge-Kutta-Verfahren*. Von diesen Verfahren haben wir eines bereits im Beispiel 14.13 kennengelernt, sie sind aber meist nur von erster Ordnung optimal B–konvergent [28].

Wenn man steife Probleme löst, bei denen nur $\|\partial_2 f\|$ groß ist, während die Größenordnung aller anderen partiellen Ableitungen von f klein ist gegen $\|\partial_2 f\|$, also z.B.

$$y' = A\,y + g(x, y)$$

mit einer Funktion g, deren sämtliche partielle Ableitungen eine Norm in der Größenordnung von 1 haben, während die Eigenwerte von A in der linken komplexen Halbebene sehr weit gestreut liegen, kann man mit gutem Erfolg die sehr viel einfacher handhabbaren Rosenbrock–Verfahren und ihre Modifikationen anwenden.

Diese Verfahren kann man sich auf folgende Weise entstanden denken. Wir gehen aus von den Bestimmungsgleichungen eines diagonal–impliziten Runge–Kutta–Verfahrens:

$$\begin{aligned} k_1 &= f(x + \alpha_1 h, y^h + \beta_{11} h k_1), \\ k_2 &= f(x + \alpha_2 h, y^h + \beta_{21} h k_1 + \beta_{22} h k_2), \end{aligned}$$

$$\begin{aligned} &\dots \quad \dots\dots\dots \\ k_m &= f(x+\alpha_m h, y^h + \beta_{m1} h k_1 + \dots + \beta_{mm} h k_m). \end{aligned}$$

Diese Gleichungen werden sukzessiv nur näherungsweise gelöst, indem jeweils ein Schritt des Newton–Verfahrens mit $k_i^{[0]} := 0$ als erster Näherung durchgeführt wird. Dies liefert dann die expliziten Bestimmungsgleichungen

$$\Big(I - h\beta_{ii}\partial_2 f(x+\alpha_i h, y^h + h\sum_{j=1}^{i-1}\beta_{ij}k_j)\Big)k_i = f\Big(x+\alpha_i h, y^h + h\sum_{j=1}^{i-1}\beta_{ij}k_j\Big),$$

$i = 1, \dots, m$.

Hier hat man also m lineare Gleichungssysteme sukzessiv zu lösen. Der Nachteil dieses Zugangs besteht noch darin, daß man m Jacobi–Matrizen $\partial_2 f$ berechnen und m Dreieckszerlegungen ausführen muß. Mit einer festen Matrix

$$I - h\beta\partial_2 f(x,y)$$

auf der linken Seite und einer entsprechenden Korrektur auf der rechten Seite erhält man die modifizierte Ansatzformel

$$\Big(I - h\beta\partial_2 f(x,y^h)\Big)k_i = f\Big(x+\alpha_i h, y^h + h\sum_{j=1}^{i-1}\beta_{ij}k_j\Big) + h\partial_2 f(x,y^h)\sum_{j=1}^{i-1}\sigma_{ij}k_j, \quad (14.80)$$

$i = 1, \dots m$.

Dies sind die sogenannten *Rosenbrock–Wanner–Formeln*. In dieser Verfahrensklasse ist eine Fülle A– bzw. $A(\alpha)$–stabiler Verfahren hoher Ordnung bekannt, vgl. etwa bei [46], [47].

In [46] sind folgende Koeffizienten eines A–stabilen Verfahrens der Ordnung 4 mit einem eingebetteten A–stabilen Verfahren der Ordnung 3 angegeben:

$\beta = 0.395$

β_{ij}

i \ j	1	2	3
2	0.438		
3	0.796920457938	0.073079542062	
4	0	0	0

σ_{ij} (14.81)

i \ j	1	2	3
2	−0.767672395484		
3	−0.851675323742	0.522967289188	
4	0.288463109545	0.08802142734	−0.337389840627

i	1	2	3	4	Ordnung
γ_i	0.199293275701	0.482645235674	0.0680614886256	0.25	4
$\hat{\gamma}_i$	0.346325833758	0.285693175712	0.367980990530	0	3

Hier kann man also ohne wesentlichen Zusatzaufwand den lokalen Diskretisierungsfehler schätzen durch $h\|\sum_{i=1}^{4}(\gamma_i-\hat{\gamma}_i)k_i\|$ und darauf auch eine Schrittweitensteuerung aufbauen.

Gottwald und Wanner haben in [33] ein auf dieser Formel basierendes Programm beschrieben, mit dem sehr gute Resultate erzielt werden.

Beispiel 14.14. *Wir betrachten das Anfangswertproblem*

$$\begin{aligned}
\dot{y}_1 &= c_6 y_1/y_2^3 - p(t)c_2,\\
\dot{y}_2 &= y_1,\\
y_1(0) &= 0,\\
y_2(0) &= \tfrac{1}{2}10^{-4},\\
p(t) &= \frac{1}{0.5+(t-0.2)^2}+\frac{1}{0.02+(t-0.7)^2}+\frac{1}{0.05+(t-1.1)^2}
\end{aligned}$$

für $t\in[0,\ 1.5]$.

Dabei ist $c_1=\pi$, $c_2=0.013$, $c_3=0.088$, $c_4=0.035$, $c_5=4\cdot10^{-3}$, $c_6=-c_1c_3c_4c_5^3/c_2=-4.7636\cdot10^{-8}$.

Die Differentialgleichung beschreibt in vereinfachter Form die Bewegung eines Metallringes, der in einer viskosen Flüssigkeit durch eine äußere Kraft p *gegen eine ebene starre Unterlage gedrückt wird.* y_2 *ist der Abstand und* y_1 *die Geschwindigkeit des Ringes. Mit dem durch (14.80) und (14.81) gegebenen Verfahren und einer Schrittweitenstrategie wie in Abschnitt 14.4 beschrieben sowie folgender Forderung an den lokalen Diskretisierungsfehler:*

$$\left(\frac{1}{n}\sum_{j=1}^{n}\left(\frac{y_{i+1,j}^{h[1]}-y_{i+1,j}^{h[2]}}{\max\{|y_{i+1,j}^{h[2]}|,|y_{i,j}^{h[2]}|,\tau\}}\right)^2\right)^{1/2}\le\eta,$$

$$\eta=10^{-2},\quad \tau=10^{-12},\quad h_{\max}=0.1,\quad h_{\min}=10^{-12},$$

ergab sich folgendes Resultat

```
VORGEGEBENE FEHLERTOLERANZ=  1.0000000000000000E-02
HMAX=  0.1000000000000000
HMIN=  1.0000000000000000E-12
REYNOLDS DGL
      T=           Y(1)=         Y(2)=         HCUR=              NFE=
0.30000D-01 -.32958D-03 0.34963D-04 0.27023D-02               180
0.60000D-01 -.17454D-03 0.27721D-04 0.29907D-04               759
```

```
0.90000D-01 -.11262D-03 0.23498D-04 0.12785D-03       1415
0.12000D+00 -.80590D-04 0.20615D-04 0.30231D-04       2259
0.15000D+00 -.61794D-04 0.18476D-04 0.13872D-04       3157
0.18000D+00 -.49629D-04 0.16798D-04 0.66212D-05       4112
0.21000D+00 -.41244D-04 0.15430D-04 0.64712D-04       5214
0.24000D+00 -.35139D-04 0.14278D-04 0.65740D-04       6710
0.27000D+00 -.30659D-04 0.13282D-04 0.45303D-04       8462
0.30000D+00 -.27264D-04 0.12405D-04 0.39787D-04      10446
0.33000D+00 -.24643D-04 0.11618D-04 0.21271D-04      12698
0.36000D+00 -.22607D-04 0.10902D-04 0.30489D-04      15206
0.39000D+00 -.21013D-04 0.10240D-04 0.26610D-04      18106
0.42000D+00 -.19776D-04 0.96215D-05 0.22232D-04      21402
0.45000D+00 -.18821D-04 0.90358D-05 0.24097D-04      25142
0.48000D+00 -.18090D-04 0.84754D-05 0.13601D-04      29402
0.51000D+00 -.17518D-04 0.79348D-05 0.23521D-04      34182
0.54000D+00 -.17047D-04 0.74096D-05 0.12051D-04      39602
0.57000D+00 -.16575D-04 0.68985D-05 0.13213D-04      45578
0.60000D+00 -.15970D-04 0.64034D-05 0.11317D-04      52030
0.63000D+00 -.15058D-04 0.59308D-05 0.14627D-04      58578
0.66000D+00 -.13678D-04 0.54928D-05 0.13341D-04      64494
0.69000D+00 -.11802D-04 0.51050D-05 0.48203D-04      68430
0.72000D+00 -.98244D-05 0.47888D-05 0.14235D-02      69318
0.75000D+00 -.78071D-05 0.45255D-05 0.40656D-06      70616
0.78000D+00 -.60268D-05 0.43218D-05 0.45795D-06      75272
0.81000D+00 -.46985D-05 0.41641D-05 0.15810D-05      81514
0.84000D+00 -.37613D-05 0.40398D-05 0.24088D-05      88142
0.87000D+00 -.31225D-05 0.39386D-05 0.21628D-04      94002
0.90000D+00 -.26957D-05 0.38530D-05 0.21585D-04      98722
0.93000D+00 -.24150D-05 0.37778D-05 0.52761D-04     101866
0.96000D+00 -.22315D-05 0.37094D-05 0.97044D-04     103498
0.99000D+00 -.21075D-05 0.36465D-05 0.57444D-03     104010
0.10200D+01 -.20108D-05 0.35897D-05 0.25160D-02     104110
0.10500D+01 -.19290D-05 0.35399D-05 0.70829D-02     104138
0.10800D+01 -.18723D-05 0.35047D-05 0.15000D-01     104150
0.11100D+01 -.18295D-05 0.34772D-05 0.15000D-01     104158
0.11400D+01 -.16313D-05 0.34265D-05 0.99661D-07     105499
0.11700D+01 -.14584D-05 0.33807D-05 0.17561D-05     107994
0.12000D+01 -.12831D-05 0.33401D-05 0.10508D-05     113170
0.12300D+01 -.11172D-05 0.33046D-05 0.11391D-05     119006
0.12600D+01 -.96735D-06 0.32738D-05 0.31511D-05     125402
0.12900D+01 -.83643D-06 0.32472D-05 0.90146D-05     132290
```

```
0.13200D+01 -.72457D-06 0.32242D-05 0.89689D-05       139354
0.13500D+01 -.62995D-06 0.32042D-05 0.10132D-04       146378
0.13800D+01 -.55046D-06 0.31867D-05 0.14650D-04       153270
0.14100D+01 -.48365D-06 0.31715D-05 0.53374D-05       159986
0.14400D+01 -.42752D-06 0.31580D-05 0.19304D-04       166430
0.14700D+01 -.38006D-06 0.31461D-05 0.84341D-05       172690
0.15000D+01 -.33979D-06 0.31355D-05 0.36816D-05       178694
ENDRESULTAT AUS GRK4A

Y( 1)=-0.3397934D-06 Y( 2)= 0.3135464D-05

ANZAHL DER ERFOLGREICHEN INTEGRATIONSSCHRITTE  44147
ANZAHL DER WIEDERHOLTEN SCHRITTE                 702
ANZAHL FUNKTIONSAUFRUFE                       178694
ANZAHL DER AUSWERTUNGEN JF                     44849

CPU-ZEIT  47 SEC  (VAX 8530) .
```

In der Spalte H_{CUR} ist die laufende Schrittweite angegeben. Man erkennt, in wie hohem Maß die Schrittweitensteuerung die Schrittweite variiert.
NFE ist die Zahl der insgesamt benutzten Funktionsauswertungen.

Das Problem ist außerordentlich steif und mit $y_2 \to 0$ nimmt die Steifheit zu. Es ist ja

$$\partial_2 f = \begin{bmatrix} c_6/y_2^3 & -3c_6 y_1/y_2^4 \\ 1 & 0 \end{bmatrix},$$

also für $t = 0.6$, $\quad y_1 = -1.56 \cdot 10^{-5}$, $\quad y_2 = 6.45 \cdot 10^{-6}$

$$\partial_2 f = \begin{bmatrix} -1.775 \cdot 10^8 & 1.288 \cdot 10^9 \\ 1 & 0 \end{bmatrix}$$

mit den Eigenwerten

$$\lambda_1 = -7.256, \qquad \lambda_2 = -1.775 \cdot 10^8.$$

Dennoch bereitet die Integration dieses Systems keinerlei Schwierigkeiten. Mit dem expliziten eingebetteten Runge-Kutta-Verfahren der Ordnung 5 und 4 von Dormand und Prince ergab sich bei gleichen Verfahrensparametern das Resultat

```
REYNOLDS DGL
 VORGEGEBENE TOLERANZ=  1.000000000000000E-02
 HMAX=  0.1000000000000000
```

```
HMIN=  1.0000000000000000E-12

     T=            Y(1)=           Y(2)=          HCUR=            NFE=
0.3000D-01 -0.3116D-03  0.3413D-04  0.3448D-05        48625
0.6000D-01 -0.1683D-03  0.2729D-04  0.1535D-05       158438
0.9000D-01 -0.1098D-03  0.2322D-04  0.1031D-05       349773
0.1200D+00 -0.7905D-04  0.2042D-04  0.6990D-06       642664
0.1500D+00 -0.6048D-04  0.1834D-04  0.4300D-06      1058387
0.1800D+00 -0.4912D-04  0.1669D-04  0.3391D-06      1619652
0.2100D+00 -0.4084D-04  0.1535D-04  0.2779D-06      2351755
0.2400D+00 -0.3485D-04  0.1421D-04  0.2223D-06      3283142
0.2700D+00 -0.3065D-04  0.1322D-04  0.1869D-06      4446615
0.3000D+00 -0.2728D-04  0.1236D-04  0.1521D-06      5880280
0.3300D+00 -0.2462D-04  0.1158D-04  0.1058D-06      7629755
0.3600D+00 -0.2262D-04  0.1087D-04  0.1061D-06      9750228
0.3900D+00 -0.2089D-04  0.1021D-04  0.2204D-07     12309607
0.4200D+00 -0.1978D-04  0.9597D-05  0.2030D-07     15393122
0.4500D+00 -0.1891D-04  0.9015D-05  0.5217D-07     19109919
0.4800D+00 -0.1818D-04  0.8458D-05  0.4838D-07     23601802
0.5100D+00 -0.1760D-04  0.7920D-05  0.3754D-07     29056265
0.5400D+00 -0.1710D-04  0.7397D-05  0.3236D-07     35724864
0.5700D+00 -0.1670D-04  0.6888D-05  0.2767D-07     43947175
0.6000D+00 -0.1596D-04  0.6395D-05  0.1702D-07     54178850
0.6300D+00 -0.1518D-04  0.5924D-05  0.1550D-07     67014291
0.6600D+00 -0.1380D-04  0.5487D-05  0.1332D-07     83175334
0.6900D+00 -0.1177D-04  0.5100D-05  0.8614D-08    103424309
0.7200D+00 -0.9681D-05  0.4774D-05  0.8012D-08    128385348
0.7500D+00 -0.7604D-05  0.4514D-05  0.6441D-08    158356225
0.7691D+00 -0.6414D-05  0.4380D-05  0.6080D-08    180000032

INTEGRATION KANN NICHT FORTGESETZT WERDEN , DA MEHR ALS 300000000
FUNKTIONSAUSWERTUNGEN !

VERBRAUCHTE CPU-ZEIT 7 STD 32 MIN (VAX 8530) .
```

Hier ist neben der laufenden Schrittweite H_{CUR}, die wegen der zunehmenden Steifheit des Systems erwartungsgemäß immer kleiner wird, auch die akkumulierte Anzahl der Funktionsauswertungen NFE angegeben. Man sieht, daß der Aufwand völlig unvertretbar wird. Die Schrittweite liegt stets an der Stabilitätsgrenze des Verfahrens. □

14.8 Differentialgleichungen in impliziter Form

In vielen Anwendungen (z.B. Analyse elektrischer Netzwerke, Bewegungsgleichungen) liegt die Differentialgleichung nicht in der bisher stets angenommenen Form

$$y' = f(x, y)$$

vor, sondern als implizite Differentialgleichung

$$F(x, y, y') = 0. \tag{14.82}$$

Bei der Berechnung von Schwingungen von linear–elastischen Festkörpern wird man bei der Anwendung der Methode der Finiten Elemente (vgl. Kapitel 18) z.B. auf eine Differentialgleichung

$$M\ddot{y} + C\dot{y} + Ky = F(t) \tag{14.83}$$

geführt, wobei M, C, K große schwach besetzte Matrizen sind, mit M als sogenannter Massenmatrix und K, der sogenannten Gesamtsteifigkeitsmatrix, die beide symmetrisch und positiv definit sind. In der rechten Seite F gehen die Oberflächen– und Volumenkräfte ein. Wenn M nicht schon diagonal ist, wäre es ganz ungeschickt, etwa durch Multiplikation mit M^{-1} die Differentialgleichung in die explizite Form zu überführen, weil M^{-1} ja eine sehr große vollbesetzte Matrix ist.

Speziell im Falle (14.83) ist die Methode von Newmark sehr beliebt. Sie lautet mit $h = t_{i+1} - t_i$ konstant

$$\begin{aligned}\left(M + \gamma hC + \beta h^2 K\right)y_{i+1}^h + \left(-2M + (1-2\gamma)hC + (\tfrac{1}{2} + \gamma - 2\beta)h^2 K\right)y_i^h \\ +\left(M + (\gamma - 1)hC + (\tfrac{1}{2} - \gamma + \beta)h^2 K\right)y_{i-1}^h = \\ h^2\left((\tfrac{1}{2} - \gamma + \beta)F(t_{i-1}) + (\tfrac{1}{2} + \gamma - 2\beta)F(t_i) + \beta F(t_{i+1})\right).\end{aligned}$$

Diese Methode ist von zweiter Ordnung konsistent und für $C = 0$ uneingeschränkt stabil, wenn $2\beta \geq \gamma \geq \frac{1}{2}$. Solange h nicht geändert wird, braucht nur eine Dreieckszerlegung der dünnbesetzten Matrix $M + \gamma hC + \beta h^2 K$ geleistet zu werden, im übrigen sind lediglich zur Bestimmung von y_{i+1}^h zwei gestaffelte Gleichungssysteme zusätzlich zu lösen.

Zur Behandlung von (14.82) beschränken wir uns auf den Fall

$$\partial_3 F(x, y, y') = F_{y'}(x, y, y') \quad \text{invertierbar.} \tag{14.84}$$

Für allgemeinere Fälle konsultiere man die Spezialliteratur, z.B. [35], [51].

Beim Vorliegen der Voraussetzung (14.84) können die BDF–Formeln und Runge–Kutta–Verfahren mit gewissen zusätzlichen Schrittweiteneinschränkungen direkt angewendet werden. Die Konvergenzordnung für $h \to 0$ bleibt ungeändert. Bei allgemeineren Fällen, insbesondere Algebro–Differentialgleichungen, d.h. Systeme, bei denen ein Teil der unbekannten Funktionen nicht mit ihren Ableitungen auftreten, gilt dies nicht immer.

Wir diskutieren zunächst die Anwendung des Verfahrens *Euler-rückwärts*. Zu gegebenem x_i, y_i^h und $h_i = x_{i+1} - x_i$ diskretisiert man (14.82) durch

$$F(x_{i+1}, y_{i+1}^h, \frac{y_{i+1}^h - y_i^h}{h_i}) = 0. \tag{14.85}$$

(14.85) stellt nun ein—in der Regel nichtlineares—Gleichungssystem zur Bestimmung von y_{i+1}^h dar. Wegen der Voraussetzung (14.84) ist dieses System für hinreichend kleines h stets (lokal eindeutig) lösbar. Denn mit

$$F(x, z, \frac{z - z_0}{h}) = 0$$

ist

$$G := \frac{\partial}{\partial z} F(x, z, \frac{z - z_0}{h}) = \partial_2 F(x, z, \frac{z - z_0}{h}) + \tfrac{1}{h}\partial_3 F(x, z, \frac{z - z_0}{h}),$$

d.h. für

$$h < \left(\|\partial_3 F(x, z, \frac{z - z_0}{h})^{-1}\| \; \|\partial_2 F(x, z, \frac{z - z_0}{h})\|\right)^{-1}$$

ist G invertierbar.

Die BDF-Formeln schreiben wir in der Form vgl. (14.64)

$$\frac{1}{h\beta_0}(y_{i+1}^h - \sum_{l=0}^{k} \alpha_{k,l}\, y_{i-l}^h) = f(x_{i+1}, y_{i+1}^h) \hat{=} y'(x_{i+1}).$$

In (14.82) substituiert, liefert dies

$$F\Big(x_{i+1}, y_{i+1}^h, \frac{1}{h\beta_0}(y_{i+1}^h - \sum_{l=0}^{k} \alpha_{k,l}\, y_{i-l}^h)\Big) = 0,$$

und die lokal eindeutige Auflösbarkeit ergibt sich wie im vorausgegangenen Fall für

$$h < \left(\|\partial_3 F(x, z, \frac{z - z_0}{h})^{-1}\| \; \|\partial_2 F(x, z, \frac{z - z_0}{h})\|/\beta_0\right)^{-1}.$$

Das Newton-Verfahren oder das vereinfachte Newton-Verfahren können zur Lösung der entstehenden Gleichungssysteme herangezogen werden.

Um zu zeigen, daß das durch (14.85) definierte Verfahren von erster Ordnung in h konvergiert, benutzt man

$$y'(x_i) = \frac{y(x_{i+1}) - y(x_i)}{h_i} + \mathcal{O}(h_i),$$

$$F\Big(x_{i+1}, y_{i+1}^h, \frac{y_{i+1}^h - y_i^h}{h_i}\Big) = 0, \tag{14.86}$$

$$F\Big(x_{i+1}, y_{i+1}, \frac{y_{i+1} - y_i}{h_i} + \mathcal{O}(h_i)\Big) = 0. \tag{14.87}$$

Subtraktion von (14.86) von (14.87) und Taylorentwicklung ergibt

$$A_i\,\varepsilon_{i+1} + \frac{1}{h_i}\Big(B_i(\varepsilon_{i+1} - \varepsilon_i) + \mathcal{O}(h_i^2)\Big) = 0,$$

wobei

$$\begin{aligned}
\varepsilon_i &= y_i - y_i^h, \\
A_i &= \int_0^1 \partial_2 F\Big(x_{i+1}, y_{i+1}^h + \tau\varepsilon_{i+1}, (1-\tau)\frac{y_{i+1}^h - y_i^h}{h_i} + \tau y'(x_i)\Big)d\tau, \\
B_i &= \int_0^1 \partial_3 F\Big(x_{i+1}, y_{i+1}^h + \tau\varepsilon_{i+1}, (1-\tau)\frac{y_{i+1}^h - y_i^h}{h_i} + \tau y'(x_i)\Big)d\tau\,.
\end{aligned}$$

Dies liefert die Rekursion

$$(B_i + h_i A_i)\,\varepsilon_{i+1} = B_i\varepsilon_i + \mathcal{O}(h_i^2).$$

Somit erhalten wir, wenn

$$\|A_i\| \le K_2, \qquad \|B_i^{-1}\| \le K_1 \quad \text{für alle } i,$$
$$h_i \le h < 1/(2K_2K_1),$$

mit $1/(1-x) \le 1 + 2x$ für $0 < x < 1/2$ die rekursive Abschätzung

$$\|\varepsilon_{i+1}\| \le (1 + h_i 2K_1K_2)\|\varepsilon_i\| + h_i\mathcal{O}(h).$$

Die Auflösung der Rekursion liefert

$$\begin{aligned}
\|\varepsilon_{i+1}\| &\le \exp\Big(2K_1K_2(x_{i+1} - x_0)\Big)\|\varepsilon_0\| + \mathcal{O}(h)\sum_{j=0}^{i} h_j \exp\Big(2K_1K_2(x_j - x_0)\Big) \\
&\le \exp\Big(2K_1K_2(x_{i+1} - x_0)\Big)\|\varepsilon_0\| + \mathcal{O}(h)\int_{x_0}^{x_{i+1}} \exp\Big(2K_1K_2(x - x_0)\Big)\,dx,
\end{aligned}$$

d.h. die gewünschte Konvergenzaussage ist damit bewiesen.

Für Mehrschritt–Verfahren sind die Beweise erheblich aufwendiger. Es besteht für die BDF–Formeln der Schrittzahl k Konvergenz von der Ordnung h^k für $k \le 6$.

Bei der Anwendung von Runge–Kutta–Verfahren beachten wir die Entsprechung

$$k_j \hat{=} y'(x_i + \alpha_j h), \qquad j = 1, \ldots, m.$$

Die Steigungen k_j werden dementsprechend definiert durch

$$F(x_i + \alpha_j h_i, y_i^h + h_i \sum_{s=1}^{m} \beta_{js} k_s, k_j) = 0, \quad j = 1, \ldots, m, \tag{14.88}$$

und y_{i+1}^h wie zuvor durch

$$y_{i+1}^h = y_i^h + h_i \sum_{j=1}^{m} \gamma_j \, k_j.$$

(14.88) stellt wieder ein System von simultanen nm nichtlinearen Gleichungen dar, das wegen (14.84) für hinreichend kleines h_i lokal eindeutig lösbar ist. Bei diagonal-impliziten Verfahren kann man die m Systeme sukzessiv lösen. Die Anwendung expliziter Verfahren (d.h. $\beta_{ij} = 0$ für $s \geq j$) würde keine Vorteile, sondern wegen der schlechten Stabilitätseigenschaften allenfalls Nachteile mit sich bringen.

Aufgaben

A 14.1 Man schreibe die Differentialgleichungen

a) $y'' + \sin y - a^2 \sin y \cdot \cos y = 0$

b) $y^{(4)} - e^y y'' - x^2 = 0$

c) $y^{(8)} - x^8 = 0$

d) $\dfrac{d^2}{dx^2}\left(y^4 \dfrac{d^2 y}{dx^2}\right) - \dfrac{d}{dx}\left(\sin y \dfrac{dy}{dx}\right) = 0$

in ein System 1. Ordnung um.

A 14.2 Mit dem klassischen Runge–Kutta–Verfahren und $h = 0.1$ löse man für $0 \leq t \leq 1$ das Anfangswertproblem

$$\frac{d^2\varphi}{dt^2} + \sin\varphi - 0.81 \sin\varphi \cos\varphi = 0,$$
$$\varphi(0) = 1, \quad \varphi'(0) = 0.$$

A 14.3 Man zeige durch Taylorentwicklung, daß die Verfahren von Heun von 3. Ordnung konsistent sind.

A 14.4 Man prüfe, ob durch

$$y_{i+1}^h = \frac{2-h}{2+h} y_i^h, \qquad i = 0, 1, \ldots, N-1,$$

ein zur Differentialgleichung $y' = -y$ konsistentes Verfahren gegeben wird und von welcher Ordnung es gegebenenfalls konsistent ist.

A 14.5 Man versuche durch direkte Rechnung zu klären, ob das in Aufgabe A 14.4 beschriebene Verfahren bei der Anfangsbedingung $y(0) = 1$ konvergent ist.
Hinweis: Es gilt

$$y_k^h = \left(\frac{2-h}{2+h}\right)^k$$

und die Lösung von $y' = -y$, $y(0) = 1$, ist bekanntlich $y = e^{-x}$.

A 14.6 Das Anfanswertproblem $y' = y$, $y(0) = 1$, $0 \le x \le 1$, hat bekanntlich die Lösung $y = e^x$. Man berechne die Lösung dieses Anfangswertproblems numerisch

a) Mit dem klassischen Runge–Kutta–Verfahren und $h = 0.2$.

b) Mit dem verbesserten Polygonzugverfahren und $h = 0.2$, 0.1 und wende Satz 14.5 zur Konstruktion einer verbesserten Lösung an. Man vergleiche die daraus resultierenden y_i^h sowohl mit den exakten Lösungswerten als auch mit den durch das Runge–Kutta–Verfahren gewonnenen Näherungen.

A 14.7

a) Man bestimme die Koeffizienten $\alpha, \beta, \gamma_1, \gamma_2$ in dem zweistufigen Runge–Kutta–Verfahren

$$\begin{aligned} k_1(t,y) &= f(t,y) \\ k_2(t,y) &= f(t+\alpha h, y + \beta h k_1(t,y)) \\ \Phi(y,t;h,f) &= \gamma_1 k_1(t,y) + \gamma_2 k_2(t,y) \\ y_{i+1}^h &= y_i^h + h\Phi(y_i^h, t_i; h, f) \end{aligned}$$

so, daß man Konsistenzordnung 2 erhält.

b) Ist die Ordnung 3 erreichbar?

A 14.8 Es sei $y(x;h)$ die mit dem expliziten Euler–Verfahren berechnete Näherungslösung zu dem Anfangswertproblem:

$$\begin{aligned} y' &= f(x,y), \qquad a \le x \le b, \\ y(a) &= y_a \end{aligned}$$

mit $f \in C^3([a,b] \times \mathbb{R})$.

a) Man zeige: Für $x \in G_h = \{a + ih | i = 0, \ldots, \frac{b-a}{h}\}$ besitzt $y(x;h)$ die asymptotische Fehlerentwicklung

$$y(x;h) = y(x) + he_1(x) + h^2 e_2(x) + O(h^3)$$

für $0 < h \leq h_0$ und $h_0 > 0$ geeignet.

b) Man konstruiere unter Verwendung der Resultate aus a) ein Differenzenverfahren 3. Ordnung.

A 14.9

a) Man zeige, daß das Milne–Verfahren

$$y_{j+1}^h = y_j^h + \frac{h}{2}(f_j + f_{j+1}) + \frac{h^2}{12}(g_j - g_{j+1})$$

mit $g(x,y) := [f_x + f f_y](x,y)$ die Konsistenzordnung 4 besitzt und A–stabil ist.

b) Man schreibe das Verfahren angewandt auf die Testgleichung $y' = \lambda y$ in der Form

$$y_{j+1}^h = z(q) y_j^h$$

mit $q := \lambda h$ und zeige, daß

$$z(q) = \mathrm{e}^q + \mathcal{O}(q^5)$$

gilt.

A 14.10

a) Für die autonome Differentialgleichung $y' = f(y)$ soll, ausgehend von dem impliziten Runge–Kutta–Verfahren

$$\begin{aligned} y_{i+1}^h &= y_i^h + h(\gamma_1 k_1 + \gamma_2 k_2) \\ k_1 &= f(y_i^h + h\beta k_1) \\ k_2 &= f(y_i^h + h\beta_{21} k_1 + h\beta k_2) \end{aligned}$$

ein Rosenbrock–Wanner Verfahren konstruiert werden, d.h. die nichtlinearen Gleichungen sollen durch einen Schritt des vereinfachten Newton–Verfahrens mit $k_i^{(0)} = 0$, wobei f_y nur an der Stelle y_i^h ausgewertet werden soll, aufgelöst werden. Man stelle die explizite Formel auf.

b) Man zeige: Mit $\gamma_1 = \frac{1}{16}$, $\gamma_2 = \frac{7}{16}$, $\beta_{21} = -\frac{8}{7}$, $\beta = 1$ erhält man ein A–stabiles Verfahren 2. Ordnung.

A 14.11 Man löse die Differenzengleichungen

a) $\eta_{k+2} - 2a\,\eta_{k+1} + a\,\eta_k = b, \qquad 0 < a < 1, \quad b, \eta_0, \eta_1 \in \mathbb{R}$

b) $\eta_{k+3} - \eta_{k+2} - \eta_{k+1} + \eta_k = 12k + 2, \qquad \eta_0 = 0,\ \eta_1 = 0,\ \eta_2 = 2.$

A 14.12

a) Man löse die Differenzengleichung

$$(1 + \tfrac{1}{4}h)\eta_{k+2} + (1 + 2h)\eta_{k+1} + (-2 + \tfrac{3}{4}h)\eta_k = 0, \qquad 0 < h < 1, \quad \eta_0 = 1.$$

b) Man bestimme η_1 so, daß mit $x_0 = jh$ fest gilt

$$\eta_j \to \mathrm{e}^{-x_0} \quad \text{für} \quad h \to 0.$$

Wie verhält sich $\{\eta_j\}$ bei anderer Wahl von η_1?

A 14.13 Zu $\varrho(x) = -x^2 + x$ bestimme man $\sigma(x)$ so, daß $\{\varrho, \sigma\}$ ein lineares 2–Schritt–Verfahren der Ordnung 3 repräsentiert.

A 14.14 Man betrachte das Verfahren

$$y^h_{n+3} + \alpha(y^h_{n+2} - y^h_{n+1}) - y^h_n = \tfrac{1}{2}(3 + \alpha)\,h\,(f_{n+2} + f_{n+1}), \qquad \alpha \in \mathbb{R}.$$

a) Für welchen Wert von α ist das Verfahren asymptotisch stabil und konsistent?

b) Hat dieses Verfahren ein Gebiet der absoluten Stabilität mit nichtleerem Durchschnitt mit $\mathbb{C}_-$?

15 Rand– und Eigenwertprobleme gewöhnlicher Differentialgleichungen

Randwertprobleme gewöhnlicher Differentialgleichungen treten in technischen Disziplinen seltener auf als Randwertaufgaben bei partiellen Differentialgleichungen. Entsprechendes gilt auch für Eigenwertprobleme. Sie beschreiben oft eine *Idealisierung* der technischen Vorgänge, man findet sie daher häufig in Gebieten der elementaren technischen Mechanik.

Numerische Methoden zur Lösung solcher Probleme sind zum Teil auf Rand– und Eigenwertaufgaben partieller Differentialgleichungen übertragbar, so etwa die Differenzenverfahren und die Variationsmethoden mit ihren Varianten. Die Grundlagen solcher Verfahren können naturgemäß an gewöhnlichen Differentialgleichungen einfacher und übersichtlicher dargestellt werden, weshalb wir hier ausführlicher auf sie eingehen.

Wir beschränken uns auf sogenannte Zweipunktrandwertprobleme, bei denen Randbedingungen an nur 2 Stellen der x–Achse vorgegeben sind.

15.1 Problemstellung. Einige Ergebnisse der Theorie

15.1.1 Definition des allgemeinen Randwertproblems

Das allgemeine Zweipunktrandwertproblem einer Einzeldifferentialgleichung n–ter Ordnung lautet:

Gesucht ist eine Lösung $y = y(x)$ der Differentialgleichung

$$F(x, y, y', \ldots, y^{(n)}) = 0, \tag{15.1}$$

die den n Randbedingungen

$$R_j[y] = R_j[y(a), \ldots, y^{(n-1)}(a); y(b), \ldots, y^{(n-1)}(b)] = \alpha_j, \qquad j = 1, \ldots, n, \tag{15.2}$$

genügt. Dabei sind $x = a$ und $x = b$ feste Punkte der x–Achse und α_j reelle Zahlen.

Naturgemäß ist es schwierig, Aussagen über die Existenz und eventuell Eindeutigkeit der Lösungen dieser allgemeinen Randwertaufgaben zu machen. Aussagen hierüber liegen im wesentlichen nur für lineare RWP vor. Diese haben die Gestalt

$$\left.\begin{array}{rcl} (Ly)(x) & \equiv & \sum_{i=0}^{n} f_i(x)y^{(i)} = g(x), \quad x \in (a,b), \quad f_n(x) \not\equiv 0 \text{ in } (a,b), \\ R_j[y] & = & \sum_{k=0}^{n-1} \left(\alpha_{j,k+1}y^{(k)}(a) + \beta_{j,k+1}y^{(k)}(b)\right) = \alpha_j, \quad j = 1,\ldots,n, \end{array}\right\} \tag{15.3}$$

wobei die $\alpha_{j,k+1}$, $\beta_{j,k+1}$ Konstante bedeuten. Ist $g(x) \equiv 0$, so heißt die Differentialgleichung homogen, verschwinden alle α_j, so heißen die Randbedingungen homogen. Die Randwertaufgabe heißt schlechthin homogen, wenn die Differentialgleichung und die Randbedingungen homogen sind.

Wir nehmen künftig stets an, daß die Koeffizienten f_i der Differentialgleichung mindestens stetig sind, daß also mindestens

$$f_i \in C^0(a,b), \qquad i = 0,\ldots,n,$$

gilt.

Das lineare Randwertproblem 2. Ordnung lautet

$$\begin{array}{rcl} (Ly)(x) & \equiv & f_2(x)y''(x) + f_1(x)y'(x) + f_0(x)y(x) = g(x), \\ R_1[y] & \equiv & \alpha_{11}y(a) + \beta_{11}y(b) + \alpha_{12}y'(a) + \beta_{12}y'(b) = \alpha_1, \\ R_2[y] & \equiv & \alpha_{21}y(a) + \beta_{21}y(b) + \alpha_{22}y'(a) + \beta_{22}y'(b) = \alpha_2. \end{array}$$

Die Randbedingungen haben hierbei in vielen Fällen die Gestalt

$$\begin{array}{rcl} R_1[y] & = & \alpha_{11}y(a) + \alpha_{12}y'(a) = \alpha_1, \\ R_2[y] & = & \beta_{21}y(b) + \beta_{22}y'(b) = \alpha_2, \end{array} \tag{15.4}$$

d.h. in der ersten Randbedingung treten nur Werte in a, in der zweiten nur in b auf. Allgemeiner nennt man die Randbedingungen in (15.3) *zerfallend*, wenn

$$\begin{array}{llll} \beta_{j,k+1} = 0, & j = 1,\ldots,m; & k = 0,1,\ldots,n-1, & m < n, \\ \alpha_{j,k+1} = 0, & j = m+1,\ldots,n; & k = 0,1,\ldots,n-1. & \end{array}$$

Die Randbedingungen heißen *linear unabhängig*, wenn die Matrix

$$A = \begin{bmatrix} \alpha_{11} & \cdots & \alpha_{1n} & \beta_{11} & \cdots & \beta_{1n} \\ \ldots & \ldots & \ldots & \ldots & \ldots & \ldots \\ \alpha_{n1} & \cdots & \alpha_{nn} & \beta_{n1} & \cdots & \beta_{nn} \end{bmatrix}$$

den Rang n hat.

Das Randwertproblem (15.3) läßt sich oft leicht auf ein solches mit homogenen Randbedingungen reduzieren, bei dem $\alpha_j = 0, j = 1,\ldots,n$, gilt, nämlich dann, wenn es ein Polynom Q von $(n-1)$–tem Grad gibt, so daß $R_j[Q] = \alpha_j$,

$j = 1, \ldots, n$, gilt. Wir setzen dann $z(x) = y(x) - Q(x)$, $LQ = f$ und erhalten nach (15.3) das Randwertproblem

$$\begin{aligned}(Lz)(x) &= (Ly - LQ)(x) = g(x) - f(x) = h(x),\\ R_j[z] &= R_j[y] - R_j[Q] = \alpha_j - \alpha_j = 0, \qquad j = 1, \ldots, n.\end{aligned}$$

Die Frage, ob es ein Polynom Q mit den geforderten Eigenschaften gibt, läßt sich zwar allgemein beantworten, es ist jedoch einfacher, zu versuchen, Q jeweils aus den Daten des vorgelegten konkreten Randwertproblems zu bestimmen.

In ähnlicher Weise kann man erreichen, daß die Differentialgleichung in (15.3) homogen wird. Dazu ist die Kenntnis einer speziellen Lösung y_0 von $Ly = g$ erforderlich.

Zum Differentialoperator L aus (15.3) kann man formal den zugehörigen *adjungierten Differentialoperator* L^* mit

$$L^*y \equiv \sum_{j=0}^{n}(-1)^j \frac{d^j}{dx^j}[f_j(x)y]$$

bilden. Der Differentialoperator L heißt *selbstadjungiert*, wenn

$$Ly \equiv L^*y, \qquad y \in C^n(a,b). \tag{15.5}$$

Ein selbstadjungierter Differentialoperator ist notwendig von gerader Ordnung, wie man durch elementare Rechnung nachweist.

15.1.2 Selbstadjungierte Differentialgleichungen

Eine mit einem selbstadjungierten Differentialoperator gebildete Differentialgleichung

$$Ly = g(x)$$

heißt *selbstadjungierte Differentialgleichung* .

Für $n = 2$ lautet die Bedingung (15.5) bei Fortlassung der Argumente

$$\begin{aligned}f_0y + f_1y' + f_2y'' &\equiv f_0y - (f_1y)' + (f_2y)''\\ &\equiv f_0y - f_1'y - f_1y' + f_2''y + 2f_2'y' + f_2y''.\end{aligned}$$

Hieraus folgt weiter

$$2(f_1 - f_2')y' - (f_2'' - f_1')y \equiv 0, \qquad y \in C^2(a,b),$$

und dies gilt genau für

$$f_1(x) \equiv f_2'(x).$$

Setzen wir noch wie üblich

$$f_2(x) = -p(x), \qquad f_0(x) = q(x),$$

so kann die selbstadjungierte Differentialgleichung 2. Ordnung in der Gestalt

$$Ly = -\frac{d}{dx}\Big(p(x)\frac{dy}{dx}\Big) + q(x)y = g \tag{15.6}$$

geschrieben werden. Diese Gleichung ist aber auch Eulersche Gleichung des Variationsproblems

$$I[y] = \tfrac{1}{2}\int_a^b \Big(p(x)(y')^2 + q(x)y^2 - 2g(x)y\Big)\,dx = \min,$$

worauf wir später noch ausführlich eingehen werden.

Jede lineare Differentialgleichung 2. Ordnung

$$f_2(x)y'' + f_1(x)y' + f_0(x)y - h(x) = 0, \quad f_2(x) \neq 0 \quad \text{in } (a,b), \tag{15.7}$$

kann auf eine selbstadjungierte Differentialgleichung 2. Ordnung zurückgeführt werden. Dazu multipliziert man (15.7) mit der Funktion

$$-p(x) = \exp\Big(\int_{x_0}^{x} \frac{f_1(\xi)}{f_2(\xi)}d\xi\Big), \qquad x_0, x \in (a,b),$$

wobei $x_0 \in (a,b)$ frei gewählt werden kann, und erhält

$$-p(x)f_2(x)y'' - p(x)f_1(x)y' - p(x)f_0(x)y + p(x)h(x) = 0. \tag{15.8}$$

Nun ist

$$-p(x)f_1(x) = -p(x)\frac{f_1(x)}{f_2(x)}f_2(x) = -p'(x)f_2(x).$$

Dividieren wir daher (15.8) durch $f_2(x)$ und setzen

$$-p(x)\frac{f_0(x)}{f_2(x)} = q(x), \qquad -p(x)\frac{h(x)}{f_2(x)} = g(x),$$

so lautet (15.8)

$$-\frac{d}{dx}\Big(p(x)\frac{dy}{dx}\Big) + q(x)y - g(x) = 0,$$

und diese Differentialgleichung ist selbstadjungiert.

Beispiel 15.1. *Die Differentialgleichung*

$$(1+x^2)y'' - x^4y' + y = 1, \qquad -1 < x < 1,$$

soll in eine selbstadjungierte Gleichung überführt werden. Es ist, etwa mit $x_0 = 0$,

$$\begin{aligned} -p(x) = \exp\Big(\int_0^x \frac{f_1(\xi)}{f_2(\xi)}d\xi\Big) &= \exp\Big(-\int_0^x \frac{\xi^4}{1+\xi^2}d\xi\Big) \\ &= \exp\Big(-\int_0^x \Big(\xi^2 - 1 + \frac{1}{\xi^2+1}\Big)d\xi\Big) \\ &= \exp\Big(-\Big(\frac{x^3}{3} - x + \arctan x\Big)\Big). \end{aligned}$$

Die selbstadjungierte Gleichung lautet somit

$$-\frac{d}{dx}\Big(-\exp\Big(-\Big(\frac{x^3}{3} - x + \arctan x\Big)\Big)\frac{dy}{dx}\Big) + \frac{1}{1+x^2}\exp\Big(-\Big(\frac{x^3}{3} - x + \arctan x\Big)\Big)y$$
$$-\frac{1}{1+x^2}\exp\Big(-\Big(\frac{x^3}{3} - x + \arctan x\Big)\Big) = 0.$$

□

Bei der numerischen Behandlung von Randwertproblemen 2. Ordnung könnte man sich daher im Prinzip auf selbstadjungierte Differentialgleichungen beschränken. Ist die vorgelegte Gleichung nicht selbstadjungiert, so führt die Reduktion jedoch oft auf eine komplizierte selbstadjungierte Gleichung. Es ist daher in der Regel zweckmäßig, das Randwertproblem in der vorgegebenen Gestalt zu lösen, sofern ein geeignetes Verfahren zur Verfügung steht.

15.1.3 Randwertprobleme bei Systemen gewöhnlicher Differentialgleichungen 1. Ordnung

Ähnlich wie bei Anfangswertproblemen können Randwertprobleme einer Einzelgleichung n–ter Ordnung auch auf solche eines Systems von Differentialgleichungen 1. Ordnung zurückgeführt werden. Denken wir uns die Differentialgleichung (15.1) etwa in der expliziten Form

$$y^{(n)} = f(x, y, y', \ldots, y^{(n-1)})$$

gegeben und setzen wir

$$y^{(j)} = y_{j+1}, \qquad j = 0, 1, \ldots, n-1,$$

so erhält man hieraus das System 1. Ordnung

$$\left.\begin{aligned} y_1' &= y_2, \\ &\vdots \\ &\vdots \\ y_{n-1}' &= y_n, \\ y_n' &= f(x, y_1, \ldots, y_n), \end{aligned}\right\} \tag{15.9}$$

mit den aus (15.2) resultierenden Randbedingungen

$$R_j[y_1, \ldots, y_n] = R_j[y_1(a), \ldots, y_n(a); y_1(b), \ldots, y_n(b)] = \alpha_j, \qquad j = 1, \ldots, n. \tag{15.10}$$

Ist insbesondere (15.1), (15.2) ein lineares Randwertproblem, so auch (15.9), (15.10).

Allgemein lautet das Randwertproblem eines Systems von Differentialgleichungen 1. Ordnung

$$\begin{aligned} &y_i' = f_i[x, y_1, \ldots, y_n], && i = 1, \ldots, n, \\ &R_j[y_1(a), \ldots, y_n(a); y_1(b), \ldots, y_n(b)] = \alpha_j, && j = 1, \ldots, n. \end{aligned}$$

Mit

$$\boldsymbol{y} = [y_1, \ldots, y_n]^T, \quad \boldsymbol{f}(\boldsymbol{y}) = [f_1(\boldsymbol{y}), \ldots, f_n(\boldsymbol{y})]^T, \quad \boldsymbol{R} = [R_1, \ldots, R_n]^T$$

läßt es sich wieder in der kurzen Form

$$\boldsymbol{y}' = \boldsymbol{f}(x, \boldsymbol{y}), \qquad \boldsymbol{R}[\boldsymbol{y}(a); \boldsymbol{y}(b)] = \boldsymbol{\alpha}$$

schreiben. Dabei ist $\boldsymbol{\alpha}$ ein vorgegebener Vektor. Das Randwertproblem heißt linear, wenn es die Gestalt

$$\begin{aligned} &\boldsymbol{y}' = \boldsymbol{A}(x)\boldsymbol{y} + \boldsymbol{g}(x), \\ &\boldsymbol{B}_1\boldsymbol{y}(a) + \boldsymbol{B}_2\boldsymbol{y}(b) = \boldsymbol{\alpha} \end{aligned} \tag{15.11}$$

mit den Matrizen $\boldsymbol{A}(x)$, $\boldsymbol{B}_1$, $\boldsymbol{B}_2$ hat. Vielfach hat man auch zu einem gegebenen nichtlinearen Differentialgleichungssystem lineare Randbedingungen.

Die Antwort auf die Frage nach der Existenz und Eindeutigkeit der Lösung gewöhnlicher Randwertprobleme erfordert eine Reihe von Fallunterscheidungen und weitere Vorbereitungen. Wir können auf diese Überlegungen, die zu den theoretischen Grundlagen über gewöhnliche Randwertprobleme gehören, hier nicht eingehen und verweisen auf Lehrbücher, etwa auf [4], [62].

15.1.4 Randbedingungen beim Problem der Balkenbiegung

Die Durchbiegung y eines mit der Last $p(x)$ pro Längeneinheit belasteten Balkens der Länge l, der auf einem elastischen Untergrund mit der Federkonstante $k(x)$ pro

Längeneinheit gelagert ist, wird für kleine Durchbiegungen beschrieben durch die Differentialgleichung

$$-(IE(x)y'')'' + k(x)\, y(x) + p(x) = 0, \qquad 0 < x < l.$$

Dabei ist IE die Biegesteifigkeit des Balkens, also das Produkt aus axialem Flächenträgheitsmoment und Elastizitätsmodul. y ist bezogen auf die Balkenmittelachse. Ist der Balken homogen und mit konstantem rechteckigen Querschnitt der Höhe $2h$ und der Breite b, dann ist $IE(x) = \frac{2}{3} b\, h^3\, E$ konstant. (siehe Abb. 15.1).

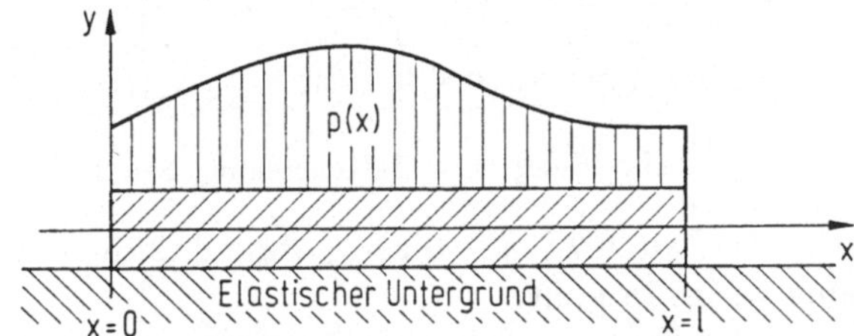

Abbildung 15.1: Balkenbiegung Fall 1

Zu der Differentialgleichung treten nun noch die Randbedingungen hinzu, die die Lagerbedingungen des Balkens beschreiben.

1. Der Balken ist an den Enden momentenfrei gelagert

   $$y''(0) = y'''(0) = y''(l) = y'''(l) = 0.$$

   Im Falle $k(x) \equiv 0$ ist das Problem statisch unbestimmt.

2. Der Balken liegt an beiden Enden auf Stützlagern auf:

   $$y(0) = y(l) = 0, \qquad y''(0) = y''(l) = 0.$$

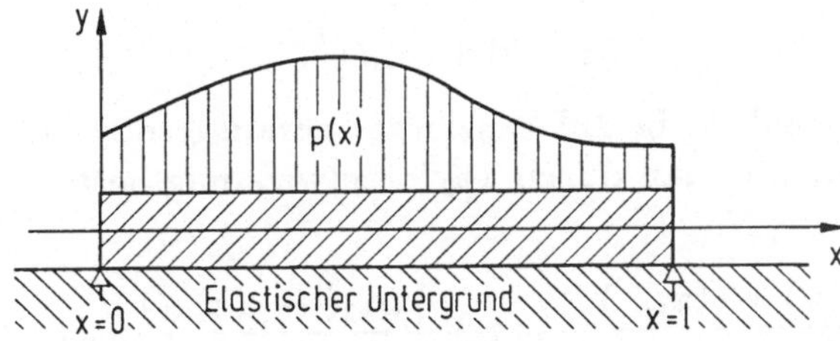

Abbildung 15.2: Balkenbiegung Fall 2

3. Der Balken ist am linken Ende eingespannt, am rechten Ende aber momentenfrei gelagert

$$y(0) = y'(0) = 0, \qquad y''(l) = y'''(l) = 0.$$

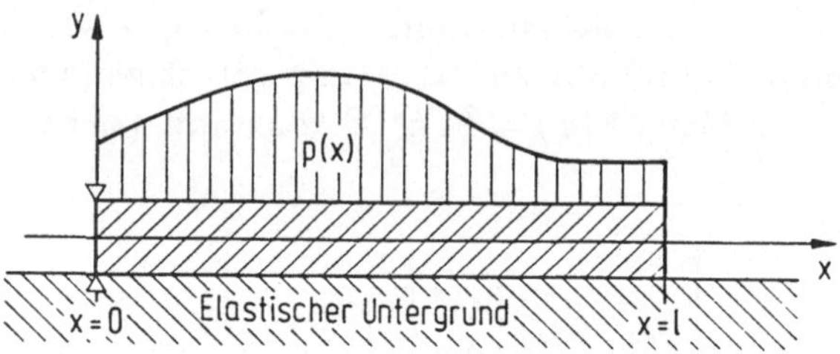

Abbildung 15.3: Balkenbiegung Fall 3

In den Fällen 2. und 3. darf auch $k(x) \equiv 0$ sein, ohne daß die eindeutige Lösbarkeit des Randwertproblems verloren geht.

15.2 Differenzenverfahren

15.2.1 Lineare Randwertprobleme 2. Ordnung

Wir unterteilen das Intervall $[a, b]$ in N Teilintervalle der Länge h und setzen

$$x_0 = a, \quad x_i = a + ih, \quad i = 0, 1, \ldots, N; \quad x_N = a + Nh = b. \tag{15.12}$$

Im Punkt x_i, $\quad i = 0, 1, \ldots, N$, approximieren wir die Lösung des vorgelegten Randwertproblems, indem wir die Differentialquotienten durch geeignete Differenzenquotienten in einer Gitterfunktion ersetzen. Ein solches Verfahren heißt *Differenzenverfahren* (vgl. Kapitel 14).

Wir erläutern ein einfaches Differenzenverfahren zunächst am Beispiel des linearen Randwertproblems 2. Ordnung

$$\begin{aligned} -y'' + p(x)y' + q(x)y - g(x) &= 0, \qquad a < x < b. \\ \alpha_{11}y(a) + \alpha_{12}y'(a) &= \alpha_1, \\ \beta_{21}y(b) + \beta_{22}y'(b) &= \alpha_2. \end{aligned} \tag{15.13}$$

Sei y die als viermal stetig differenzierbar vorausgesetzte Lösung dieses Randwertproblems, so gilt, wie man durch Taylorentwicklung bestätigt, im Punkte $x = x_i$, $\quad i = 1, \ldots, N-1$,

$$-\frac{y(x_{i-1}) - 2y(x_i) + y(x_{i+1})}{h^2} + p(x_i)\frac{y(x_{i+1}) - y(x_{i-1})}{2h} + q(x_i)y(x_i) - g(x_i) = \mathcal{O}(h^2), \tag{15.14}$$

und weiter

$$\begin{aligned} \alpha_{11}y(a) + \alpha_{12}\frac{y(x_1)-y(a)}{h} &= \alpha_1 + \mathcal{O}(h), \\ \beta_{21}y(b) + \beta_{22}\frac{y(b)-y(x_{N-1})}{h} &= \alpha_2 + \mathcal{O}(h). \end{aligned} \tag{15.15}$$

Wir versuchen nun, Näherungen y_i^h der exakten Lösungswerte $y(x_i)$, $i = 0, 1, \ldots, N$, dadurch zu berechnen, daß wir in (15.14) bzw. (15.15) die Restglieder $\mathcal{O}(h^2)$ bzw. $\mathcal{O}(h)$ fortlassen und dann $y(x_i)$ durch y_i^h ersetzen. Multiplizieren wir daraufhin die Gleichung (15.14) mit h^2 und (15.15) mit h, ordnen sie so um, daß die erste aus (15.15) hervorgehende Gleichung an erster, die zweite an letzter Stelle steht, so erhält man nach weiterer durchsichtiger Umformung das lineare Gleichungssystem

$$\left.\begin{aligned} (-\alpha_{12} + h\alpha_{11})y_0^h + \alpha_{12}y_1^h &= h\alpha_1, \\ -\left(1 + \tfrac{h}{2}p(x_i)\right)y_{i-1}^h + \left(2 + h^2 q(x_i)\right)y_i^h - \left(1 - \tfrac{h}{2}p(x_i)\right)y_{i+1}^h &= h^2 g(x_i), \\ i = 1, 2, \ldots, N-1 \qquad & \\ -\beta_{22}y_{N-1}^h + (\beta_{22} + h\beta_{21})y_N^h &= h\alpha_2. \end{aligned}\right\} \tag{15.16}$$

Es enthält $N + 1$ Gleichungen mit ebensoviel Unbekannten.

Setzt man weiter für festes h

$\varphi_i = \left(1 + \frac{h}{2}p(x_i)\right)$, $\psi_i = 2 + h^2 q(x_i)$, $\bar{\varphi}_i = \left(1 - \frac{h}{2}p(x_i)\right)$, $i = 1, \ldots, N-1$,

$$A(h) = \begin{bmatrix} -\alpha_{12} + h\alpha_{11} & \alpha_{12} & & & 0 \\ -\varphi_1 & \psi_1 & -\bar{\varphi}_1 & & \\ & \ddots & \ddots & \ddots & \\ & & -\varphi_{N-1} & \psi_{N-1} & -\bar{\varphi}_{N-1} \\ 0 & & & -\beta_{22} & \beta_{22} + h\beta_{21} \end{bmatrix},$$

$$\begin{aligned} y^h &= \left[y_0^h, \ldots, y_N^h\right]^T, \\ b(h) &= \left[h\alpha_1, h^2 g(x_1), \ldots, h^2 g(x_{N-1}), h\alpha_2\right]^T, \end{aligned} \tag{15.17}$$

so kann das System in der Form

$$A(h)y^h = b(h) \tag{15.18}$$

geschrieben werden. Es läßt sich eindeutig nach y^h auflösen, wenn $A(h)$ für jedes feste h nichtsingulär ist. Darüber gilt folgender

Satz 15.1. *Es gelte*

1. $\alpha_{11} > 0$, $\alpha_{12} \leq 0$, $\beta_{21} > 0$, $\beta_{22} \geq 0$.

2. $q(x) \geq 0, \quad h_0|p(x)| < 2, \quad x \in [a,b]$.

Dann ist das System (15.18) für alle h, $0 < h \leq h_0$, eindeutig nach $\boldsymbol{y}^h$ auflösbar.

Beweis: *Unter den Voraussetzungen des Satzes ist $\boldsymbol{A}(h)$ für die genannten h eine L–Matrix (vgl. Band 1, Abschnitt 1.3.3), enthält also in der Hauptdiagonalen nur positive, außerhalb der Hauptdiagonalen nur nichtpositive Elemente. Wir unterscheiden weiter die Fälle*

a) *$\alpha_{12} < 0$, $\beta_{22} > 0$. Dann ist $\boldsymbol{A}(h)$ außerdem irreduzibel diagonaldominant, also eine M–Matrix (vgl. Band 1, Abschnitt 1.3.3).*

b) *Mindestens eine der beiden Zahlen α_{12}, β_{22} verschwindet. Gilt etwa $\alpha_{12} = 0$, so folgt nach (15.16)*
$$y_0^h = \frac{\alpha_1}{\alpha_{11}} = y(a).$$

Ist dann $\beta_{22} > 0$, so reduziert sich nach Einsetzen von $y_0^h = y(a)$, $0 < h \leq h_0$, das System (15.18) auf ein solches von N Gleichungen in den Unbekannten $\boldsymbol{y}^h = [y_1^h, \ldots, y_N^h]^T$, dessen Matrix wiederum eine M–Matrix ist. Gilt auch noch $\beta_{22} = 0$, so ist
$$y_N^h = \frac{\alpha_2}{\beta_{21}} = y(b)$$
und (15.18) reduziert sich auf ein lineares Gleichungssystem von $N-1$ Gleichungen mit ebensoviel Unbekannten $\boldsymbol{y}^h = [y_1^h, \ldots, y_{N-1}^h]^T$, dessen Matrix wieder eine irreduzibel diagonaldominante L–Matrix, also eine M–Matrix ist. Damit ist der Satz bewiesen. □

Zur Lösung des Systems (15.18) kann man den Gaußschen Algorithmus (vgl. Band 1, Kapitel 4) verwenden. Für sehr großes N, also für sehr kleines h, ist dieser jedoch wenig geeignet, da dann $\boldsymbol{A}(h)$ *fast* singulär ist. Die damit verbundene schlechte Kondition (vgl. Band 1, Abschnitt 4.4.2) der Matrix $\boldsymbol{A}(h)$ führt oft auf erhebliche Verfälschungen des Resultats, die aber durch Nachiteration zu beseitigen sind. U.a. für solche Systeme, die aus der Anwendung von Differenzenverfahren bei Randwertproblemen entstehen, sind die in Band 1, Kapitel 6 beschriebenen Iterationsverfahren entwickelt worden. So wurde in Abschnitt 6.3 die Konvergenz des SOR–Verfahrens bei Gleichungssystemen mit M–Matrizen gezeigt, wenn für den Relaxationsparameter $0 < \omega \leq 1$ gilt. Die Konvergenzgeschwindigkeit dieser Verfahren hängt zwar auch von der Konditionszahl von $\boldsymbol{A}(h)$ ab, aber man muß bedenken, daß es hier genügt, das Gleichungssystem approximativ zu lösen, weil $\boldsymbol{y}^h$ ja selbst nur Näherung für die eigentlich gesuchte diskretisierte Lösung $\boldsymbol{y}$ der Randwertaufgabe ist.

Daß $\boldsymbol{A}(h)$ für großes N fast singulär ist, kann man sich im Falle $\alpha_{12} = \beta_{22} = 0$ auf folgende Weise erklären:

Wegen $h = (b-a)/N$ ist $h \approx 0$ für großes N und (15.17) geht über in die $(N-1) \times (N-1)$-Matrix

$$A = \begin{bmatrix} 2 & -1 & & & 0 \\ -1 & 2 & -1 & & \\ & \ddots & \ddots & \ddots & \\ & & \ddots & \ddots & -1 \\ 0 & & & -1 & 2 \end{bmatrix}.$$

Diese Tridiagonalmatrix ist symmetrisch und positiv definit, ihre Eigenwerte sind, wie man errechnen kann (vgl. etwa [81, S. 230 f.]),

$$\lambda_j = 2\left(1 - \cos \tfrac{j\pi}{N}\right), \qquad j = 1, 2, \ldots, N-1.$$

Hieraus erhält man z.B. für den kleinsten Eigenwert von A

$$\begin{aligned} &\text{für} \quad N = 100 \quad : \ \lambda_1 < 10^{-3}, \\ &\text{für} \quad N = 1000 \ : \ \lambda_1 < 10^{-5}, \end{aligned}$$

während $\lambda_{N-1} \approx 4$. Eine symmetrische Matrix erhält man, wenn

$$p(x) \equiv 0, \quad \alpha_{12} = -\beta_{22} = -1 \quad \text{oder} \quad \alpha_{12} = \beta_{22} = 0$$

gilt. Das Randwertproblem (15.13) lautet dann

$$-y'' + q(x)y - g(x) = 0, \qquad a < x < b, \tag{15.19}$$

$$\alpha_{11}y(a) - y'(a) = \alpha_1, \qquad \beta_{21}y(b) + y'(b) = \alpha_2,$$

oder

$$\alpha_{11}y(a) = \alpha_1, \qquad \beta_{21}y(b) = \alpha_2,$$

wobei α_{11}, $\beta_{21} \neq 0$ vorausgesetzt werden muß.

Für eine selbstadjungierte Differentialgleichung kann immer eine Differenzapproximation gefunden werden, so daß die Matrix des resultierenden linearen algebraischen Gleichungssystems nicht nur symmetrisch, sondern auch definit, etwa positiv definit, ist. Wir wollen dieses Verfahren in Abschnitt 15.6 kurz in einem anderen Zusammenhang erörtern.

15.2.2 Nichtlineare Randwertprobleme zweiter Ordnung

Differenzenverfahren kann man auch zur numerischen Lösung von nichtlinearen Randwertproblemen verwenden. Da eine genaue Erörterung der damit zusammenhängenden Fragen sehr viel Raum beansprucht, soll das Differenzenverfahren hier nur am Beispiel des Randwertproblems

$$-y'' + f(x, y, y') = 0, \qquad a < x < b, \quad y(a) = \alpha, \quad y(b) = \beta,$$

vorgeführt werden. Die Differentialgleichung sei nichtlinear, d.h. f sei eine nichtlineare Funktion von mindestens einer der beiden Veränderlichen y, y'. Schließlich sei f überall differenzierbar bezüglich dieser beiden Veränderlichen und es gelte

$$|f_{y'}| \le M.$$

Verwenden wir jetzt wieder das Gitter (15.12) und ersetzen die Differentialquotienten durch entsprechende Differenzenquotienten einer Gitterfunktion, so ergibt sich, wie man leicht übersieht, das nichtlineare Gleichungssystem

$$-\frac{1}{h^2}\left(y_{i-1}^h - 2y_i^h + y_{i+1}^h\right) + f\left(x_i, y_i^h, \tfrac{1}{2h}(y_{i+1}^h - y_{i-1}^h)\right) = 0, \qquad i = 1, 2, \ldots, N-1.$$

Multiplizieren wir es mit h^2 und setzen wieder

$$\boldsymbol{y}^h = \left[y_1^h, \ldots, y_{N-1}^h\right]^T,$$

so lautet es

$$t_i(\boldsymbol{y}^h) = -y_{i-1}^h + 2y_i^h - y_{i+1}^h + h^2 f\left(x_i, y_i^h, \tfrac{1}{2h}(y_{i+1}^h - y_{i-1}^h)\right) = 0, \tag{15.20}$$

oder mit

$$\boldsymbol{T}(\boldsymbol{y}^h) = \left[t_1(\boldsymbol{y}^h), \ldots, t_{N-1}(\boldsymbol{y}^h)\right]^T$$

kürzer

$$\boldsymbol{T}(\boldsymbol{y}^h) = 0.$$

Die Funktionalmatrix

$$\boldsymbol{T}'(\boldsymbol{z}) = \left[\frac{\partial t_i}{\partial z_j}\right]_{(\boldsymbol{z})}, \qquad i, j = 1, \ldots, N-1,$$

läßt sich leicht berechnen: Mit

$$f_y\left(x_i, z_i, \tfrac{1}{2h}(z_{i+1} - z_{i-1})\right) = f_y^{(i)}, \quad f_{y'}\left(x_i, z_i, \tfrac{1}{2h}(z_{i+1} - z_{i-1})\right) = f_{y'}^{(i)}$$

gilt

$$\begin{aligned}
\frac{\partial t_i}{\partial z_j} &= 0, \qquad \text{für} \qquad j \neq i-1, i, i+1, \\
\frac{\partial t_i}{\partial z_{i-1}} &= -1 - \tfrac{h}{2} f_{y'}^{(i)}, \\
\frac{\partial t_i}{\partial z_i} &= 2 + h^2 f_y^{(i)}, \\
\frac{\partial t_i}{\partial z_{i+1}} &= -1 + \tfrac{h}{2} f_{y'}^{(i)}.
\end{aligned}$$

Weiter ist in (15.20)

$$z_0 = \alpha, \qquad z_N = \beta$$

zu setzen. Es ist dann mit den Abkürzungen

$$c_i = -1 - \tfrac{h}{2} f_{y'}^{(i)}, \quad d_i = 2 + h^2 f_y^{(i)}, \quad e_i = -1 + \tfrac{h}{2} f_{y'}^{(i)}, \qquad i = 1, \ldots, N-1,$$

$$T'(z) = \begin{bmatrix} d_1 & e_1 & & & 0 \\ c_2 & d_2 & e_2 & & \\ & \ddots & \ddots & \ddots & \\ & & \ddots & \ddots & \ddots \\ & & c_{N-2} & d_{N-2} & e_{N-2} \\ 0 & & & c_{N-1} & d_{N-1} \end{bmatrix}.$$

Das System $T(y^h) = 0$ muß iterativ gelöst werden. Dazu können die in Teil III des Bandes 1 beschriebenen Verfahren verwendet werden, insbesondere das SOR–Newton–Verfahren. Es konvergiert lokal, wie dort gezeigt wurde, wenn $T'(z)$, $z \in \mathbb{R}^{N-1}$, eine irreduzibel diagonaldominante L–Matrix ist, und zwar für $0 < \omega \leq 1$. Über die Funktionalmatrix $T'(z)$ gilt aber der

Satz 15.2. *Es sei $f_y \geq 0$ und h sei so klein gewählt, daß $hM < 2$ ausfällt. Dann ist $T'(z)$ für alle $z \in \mathbb{R}^{N-1}$ eine irreduzibel diagonaldominante L–Matrix.*

Beweis: Wegen $|f_{y'}| \leq M$ gilt nach den Voraussetzungen des Satzes

$$-1 + \tfrac{h}{2} f_{y'}^{(i)} < 0, \quad -1 - \tfrac{h}{2} f_{y'}^{(i)} < 0, \quad 2 + h^2 f_y^{(i)} \geq 2,$$

und weiter

$$\left|1 + \tfrac{h}{2} f_{y'}^{(i)}\right| + \left|1 - \tfrac{h}{2} f_{y'}^{(i)}\right| = 2 \leq 2 + h^2 f_y^{(i)}, \quad i = 2, 3, \ldots, N-2.$$

Für $j = 1$ und $j = N-1$ ist schließlich

$$\left|1 + \tfrac{h}{2} f_{y'}^{(j)}\right| < 2 \leq 2 + h^2 f_y^{(j)}.$$

Daher ist $T'(z)$ diagonaldominant, und zwar für alle $z \in \mathbb{R}^{N-1}$. In der ersten und letzten Zeile ist die Diagonaldominanz streng. Als Tridiagonalmatrix, deren Elemente in den beiden Nebendiagonalen nicht verschwinden, ist sie außerdem irreduzibel (vgl. Band 1, Abschnitt 1.3). Damit ist der Satz bewiesen. □

In vielen Fällen ist es nicht möglich, eine a-priori–Abschätzung

$$|f_{y'}| \leq M,$$

wie sie in Satz 15.2 vorausgesetzt ist, anzugeben. Offenbar kann die Bedingung $hM < 2$ dieses Satzes aber abgeschwächt werden, und zwar zu

$$h|f_{y'}^{(i)}| < 2, \qquad i = 1, \ldots, N-1.$$

Der Satz 15.2 geht dann über in

Satz 15.3. *Es sei für $z = y^h$ $f_y^{(i)} \geq 0$ und h so klein gewählt, daß $h|f_{y'}^{(i)}| < 2$, $i = 1,\ldots,N-1$. Dann ist $T'(y^h)$ eine irreduzibel diagonaldominante L–Matrix und daher M–Matrix.* □

Häufig wird man auf rein mathematischem Wege aber auch die $f_y^{(i)}$ nicht abschätzen können und muß nach anderen Möglichkeiten suchen. Nun kennt man bei vielen technischen und physikalischen Vorgängen die Größenordnung der Lösung und eventuell deren Ableitung. Die Annahme, daß die errechneten Näherungen nicht viel von der exakten Lösung abweichen, kann dann zur Ermittlung einer geeigneten Konstanten h führen.

Beispiel 15.2. *Die Durchbiegung eines an den Enden durch Stützlager gelagerten Balkens der Länge 1 unter der Wirkung des Eigengewichts P wird beschrieben durch die Randwertaufgabe*

$$-y'' + (1 + (y')^2)^{3/2}\, m(x) = 0, \quad 0 < x < 1, \quad y(0) = y(1) = 0. \tag{15.21}$$

Dabei ist $m(x) = P\,x(x-1)/IE$. Wegen $f(x,y,y') = (1 + (y')^2)^{3/2}\, m(x)$ ist

$$f_y = 0, \quad f_{y'} = 3(1 + (y')^2)^{1/2} y'\, m(x)$$

und damit

$$\begin{aligned} f_{y'}^{(i)} &= f_{y'}\left(x_i, y_i^h, \tfrac{1}{2h}(y_{i+1}^h - y_{i-1}^h)\right) \\ &= 3\sqrt{1 + \left(\frac{y_{i+1}^h - y_{i-1}^h}{2h}\right)^2} \cdot \left(\frac{y_{i+1}^h - y_{i-1}^h}{2h}\right) \cdot m(x_i), \quad i = 1,2,\ldots,N-1. \end{aligned}$$

Eine Abschätzung von $f_{y'}^{(i)}$ auf rein mathematischem Wege ist hier kaum möglich. Angenommen, es ist

$$|y'| < \frac{1}{q}$$

mit der reellen Zahl $q < 1$. Unter der Hypothese, daß für die Differenzapproximation von $y'(x_i)$ ebenfalls

$$\left|\frac{y_{i+1}^h - y_{i-1}^h}{2h}\right| \leq \frac{1}{q}$$

gilt, folgt dann

$$|f_{y'}^{(i)}| \leq \sqrt{1 + \frac{1}{q^2}} \cdot \frac{3}{q} \cdot \frac{P}{4\,IE} = 3\frac{\sqrt{q^2+1}}{q^2} \cdot \frac{P}{4\,IE}, \qquad i = 1,\ldots n-1.$$

Nun soll $h|f_{y'}^{(i)}| < 1$ gelten, so daß

$$h < \frac{q^2}{3\sqrt{q^2+1}} \cdot \frac{4\,IE}{P}$$

gefordert werden muß. Diese Bedingung ist sicher erfüllt für

$$h \leq \frac{q^2}{\sqrt{2} \cdot 3} \cdot \frac{4\,IE}{P},$$

was offenbar stets erreicht werden kann. □

Differenzenverfahren sind auch zur numerischen Lösung der Randwertprobleme von Systemen 1. Ordnung geeignet. Man ersetzt hierbei wiederum alle Ableitungen durch entsprechende Differenzenquotienten einer Gitterfunktion und erhält zusammen mit den Randbedingungen ein lineares oder nichtlineares Gleichungssystem.

15.2.3 Konvergenz des Differenzenverfahrens

Wir wollen uns nun der Frage zuwenden, ob die durch ein Differenzenverfahren berechneten Werte y_i^h auch – wie gefordert – wirklich Näherungen der exakten Lösungswerte $y(x_i)$ sind und wie groß gegebenenfalls der Fehler

$$y_i^h - y(x_i), \qquad i = 0, \ldots, N,$$

ausfällt. Ähnlich wie bei den Anfangswertproblemen ist es in der Regel nicht möglich, realistische und explizit berechenbare Schranken für diesen Fehler anzugeben. Man beschränkt sich daher in der Regel wieder darauf, die asymptotische Größenordnung des Fehlers zu ermitteln, und zwar in der Form

$$y_i^h - y(x) = \mathcal{O}(h^p), \qquad h \to 0, \quad x = a + ih \in [a, b].$$

Ein Verfahren mit dieser Eigenschaft heißt in Übereinstimmung mit Definition (14.34) *konvergent von der Ordnung p*.

Es soll hier nicht allgemeiner auf die Frage der Konvergenz von Differenzenverfahren zur numerischen Lösung von Randwertproblemen eingegangen werden. Die Untersuchungen hierüber sind zum Teil recht kompliziert und zudem oft für den Mathematiker interessanter als für den Ingenieur und Naturwissenschaftler. Außerdem werden wir der Konvergenzfrage später bei der numerischen Lösung von Randwertaufgaben partieller Differentialgleichungen wieder begegnen. Wir beschränken uns daher an dieser Stelle darauf, das Konvergenzverhalten an einem einfachen Beispiel zu studieren.

Dazu betrachten wir das Randwertproblem

$$\begin{aligned} -y'' + q(x)y - g(x) &= 0, \qquad a < x < b, \\ y(a) = \alpha, \qquad y(b) &= \beta. \end{aligned}$$

Setzen wir $y \in C^4[a, b]$ voraus, so gilt (15.14) mit $p(x) \equiv 0$, und man erhält zur Berechnung der Näherungswerte das Gleichungssystem (15.18), in unserem Falle

$$\boldsymbol{A}(h)\boldsymbol{y}^h = \boldsymbol{b}(h) \tag{15.22}$$

mit der Stieltjes–Matrix (vgl. Band 1, Abschnitt 1.3)

$$A(h) = \begin{bmatrix} 2+h^2q(x_1) & -1 & & & 0 \\ -1 & 2+h^2q(x_2) & -1 & & \\ & \cdots\cdots & \cdots\cdots & \cdots\cdots & \\ & & -1 & 2+h^2q(x_{N-2}) & -1 \\ 0 & & & -1 & 2+h^2q(x_{N-1}) \end{bmatrix} \tag{15.23}$$

und der rechten Seite

$$b(h) = \left[\alpha + h^2g(x_1), h^2g(x_2), \ldots, h^2g(x_{N-2}), \beta + h^2g(x_{N-1})\right]^T. \tag{15.24}$$

Seien $y(x_i)$ die Werte der exakten Lösung des Randwertproblems an den Stellen $x_i = a + ih, \quad i = 0,1,\ldots,N$, mit $y(x_0) = y(a) = \alpha, \quad y(x_N) = y(b) = \beta$, und

$$y(h) = [y(x_1),\ldots,y(x_{N-1})]^T,$$

so gilt wegen (15.14)

$$A(h)y(h) = b(h) + \mathcal{O}(h^4). \tag{15.25}$$

$\mathcal{O}(h^4)$ ist hierbei ein Vektor aus R^{N-1}, dessen Komponenten beschränkt sind durch const$\cdot h^4$. Sei weiter

$$\varepsilon_h = y^h - y(h),$$

so folgt aus (15.22) und (15.25)

$$\varepsilon_h = A(h)^{-1}\mathcal{O}(h^4). \tag{15.26}$$

Die Komponenten des Vektors $\mathcal{O}(h^4)$ enthalten die vierten Ableitungen der exakten Lösung y an Zwischenstellen, multipliziert mit $h^4/12$. $y^{(4)}(x)$ ist bezüglich der Maximumnorm beschränkt. Nach (15.26) gilt dann mit einer Konstanten K

$$\|\varepsilon_h\|_\infty \leq K\|A(h)^{-1}\|_\infty h^4.$$

Die eigentliche Schwierigkeit liegt nun darin, $\|A(h)^{-1}\|_\infty$ zu berechnen. Wir wollen dies jetzt schrittweise vornehmen.

Es seien $G = [g_{ij}]$, $H = [h_{ij}]$ zwei beliebige $m \times n$ Matrizen, $m,n \geq 1$, und es gelte $g_{ij} \leq h_{ij}$ für alle i,j. Dann hatten wir diesen Sachverhalt bereits früher durch

$$G \leq H$$

gekennzeichnet. Besitzt eine Matrix B nur nichtnegative Elemente, so ist hiernach $B \geq 0$, wobei 0 die Nullmatrix bedeutet.

Nach (15.23) ist

$$A(h) = \tilde{A} + h^2Q$$

mit

$$\tilde{A} = \begin{bmatrix} 2 & -1 & & & 0 \\ -1 & 2 & -1 & & \\ & \ddots & \ddots & \ddots & \\ & & -1 & 2 & -1 \\ 0 & & & -1 & 2 \end{bmatrix}, \qquad Q = \begin{bmatrix} q(x_1) & & & 0 \\ & q(x_2) & & \\ & & \ddots & \\ & & & \ddots & \\ 0 & & & & q(x_{N-1}) \end{bmatrix}.$$

Dann gilt der

Satz 15.4. *Es sei* $q(x_i) \geq 0, \quad i = 1, \ldots, N-1$. *Dann ist*

$$A(h)^{-1} \leq \tilde{A}^{-1}. \tag{15.27}$$

Beweis: *Wegen* $q(x_i) \geq 0$ *sind* $A(h)$ *und* $\tilde{A}$ *irreduzibel diagonaldominante symmetrische* M*–Matrizen, und diese haben wir seinerzeit als Stieltjes–Matrizen bezeichnet. Es ist daher*

$$A(h)^{-1} \geq 0, \quad \tilde{A}^{-1} \geq 0. \tag{15.28}$$

Wir zerlegen jetzt $\tilde{A}$ *so, daß*

$$\tilde{A} = D - L - U$$

mit

$$D = \begin{bmatrix} 2 & & 0 \\ & \ddots & \\ 0 & & 2 \end{bmatrix}, \qquad L = \begin{bmatrix} 0 & & & 0 \\ 1 & \ddots & & \\ & \ddots & \ddots & \\ 0 & & 1 & 0 \end{bmatrix}, \qquad U = L^T$$

gilt. Dann ist

$$A(h) = D - L - U + h^2 Q,$$

und mit

$$\bar{D}(h) = D + h^2 Q$$

folgt

$$A(h) = \bar{D}(h) - L - U.$$

Weiter gilt

$$D^{-1}\tilde{A} = I - D^{-1}(L + U), \qquad \bar{D}(h)^{-1}A(h) = I - \bar{D}(h)^{-1}(L + U),$$

und es ist offenbar

$$D \leq \bar{D}(h), \qquad D^{-1} \geq \bar{D}(h)^{-1},$$

somit

$$-D^{-1} \leq -\bar{D}(h)^{-1}.$$

Wegen (15.28) ergibt sich hieraus nacheinander

$$\begin{aligned}
[A(h)^{-1}D][I - \bar{D}(h)^{-1}(L+U)] &\leq [A(h)^{-1}\bar{D}(h)][I - \bar{D}(h)^{-1}(L+U)] \\
&= [\bar{D}(h)^{-1}A(h)]^{-1}[I - \bar{D}(h)^{-1}(L+U)] = I \\
&= [D^{-1}\tilde{A}]^{-1}[I - D^{-1}(L+U)] \\
&\leq [\tilde{A}^{-1}D][I - \bar{D}(h)^{-1}(L+U)].
\end{aligned}$$

Wegen $\bar{D}(h) > 0$ und $D > 0$ *ist mit* $A(h) = \bar{D}(h) - L - U$ *auch*

$$D \cdot \bar{D}(h)^{-1}A(h) = D[I - \bar{D}(h)^{-1}(L+U)]$$

eine M-Matrix und somit $\left[D[I - \bar{D}(h)^{-1}(L+U)]\right]^{-1} \geq 0$. *Da auch* $\tilde{A}$ *eine M-Matrix ist, folgt schließlich* $A(h)^{-1} \leq \tilde{A}^{-1}$, *d.h. die Behauptung des Satzes.* □

Über die Konvergenz des Verfahrens gilt dann der

Satz 15.5. *Es sei* $y^{(4)} \in C[a,b]$ *und* $|y^{(4)}(x)| \leq M$ *für* $x \in [a,b]$. *Dann gibt es eine Konstante* $L \geq 0$, *so daß*

$$|y_i^h - y(x_i)| \leq Li(N-i)h^4 = L(x_i - a)(b - x_i)h^2.$$

Beweis: *Es sei* $e = [1,\ldots,1]^T$, $e \in \mathbb{R}^{N-1}$, *und wir verwenden mit* $u \in \mathbb{R}^{N-1}$ *die Schreibweise* $|u| = [|u_1|,\ldots,|u_{N-1}|]^T$. *Dann folgt aus (15.26) und (15.27) wegen* $A(h)^{-1} \geq 0$:

$$|\varepsilon_h| = \tfrac{1}{12} \cdot h^4 M A(h)^{-1}e \leq h^4 \cdot \tfrac{1}{12} M \tilde{A}^{-1} e. \tag{15.29}$$

Es ist daher noch der Vektor $\tilde{A}^{-1}e$ *zu berechnen.*

Nun stimmen die Werte der Näherungslösung mit denen der exakten Lösung überein, wenn diese ein Polynom 2. Grades ist. Dies bestätigt man sofort durch Taylorentwicklung. Das Randwertproblem

$$-y'' = 1, \qquad y(a) = y(b) = 0$$

hat aber als eindeutige Lösung das Polynom

$$y = -\tfrac{1}{2}(x-a)(x-b). \tag{15.30}$$

Wegen $q(x) \equiv 0$, $g(x) \equiv 1$, $\alpha = \beta = 0$, *ist gemäß (15.23), (15.24) in diesem Fall* $A(h) = \tilde{A}$, $b(h) = h^2 e$. *Daher gilt nach den Vorbemerkungen mit* $\tilde{y}(h) = [-\frac{1}{2}(x_1 - a)(x_1 - b), \ldots, -\frac{1}{2}(x_{N-1} - a)(x_{N-1} - b)]^T$

$$\tilde{A}y^h = h^2 e, \qquad y^h = h^2 \tilde{A}^{-1} e = \tilde{y}(h). \tag{15.31}$$

Aus (15.30) ergibt sich

$$y_i^h = y(x_i) = -\tfrac{1}{2}(x_i - x_0)(x_i - x_N) = \tfrac{1}{2}h^2 i(N-i). \tag{15.32}$$

Mit $L = M/24$ folgt daher nach (15.29), (15.31) zunächst

$$|\varepsilon_h^*| \le \tfrac{1}{12}h^4 M \tfrac{1}{h^2}\tilde{\boldsymbol{y}}(h) = 2Lh^2\tilde{\boldsymbol{y}}(h)$$

oder komponentenweise gemäß (15.32)

$$|y_i^h - y(x_i)| \le Li(N-i)h^4 = L(x_i - a)(b - x_i)h^2.$$

Damit ist der Satz bewiesen. □

Der Fehler des Verfahrens geht also wie h^2 gegen 0. Man sagt daher, das Differenzenverfahren sei konvergent von der Ordnung 2.

Bemerkung 15.1. *Die Diskretisierung (15.15) der Randbedingungen*

$$\begin{aligned} \alpha_{11}y(a) + \alpha_{12}y'(a) &= \alpha_1, \\ \beta_{21}y(b) + \beta_{22}y'(b) &= \alpha_2 \end{aligned}$$

ist nur von erster Ordnung konsistent und daher liefert (15.18) nur $\boldsymbol{y}^h$ mit $\|\boldsymbol{y}^h - \boldsymbol{y}\|_\infty = \mathcal{O}(h)$, wobei jetzt $\boldsymbol{y}^h = [y_0^h, \ldots, y_N^h]^T$, $\boldsymbol{y} = [y(x_0), \ldots, y(x_N)]^T$. Bei den hier besprochenen Typen von nichtsingulären Zweipunktrandwertaufgaben kann man jedoch die Lösung zweimal stetig differenzierbar über $[a,b]$ hinaus fortsetzen. Sind die Koeffizientenfunktionen p, q und g in (15.13) zweimal stetig differenzierbar in $[a,b]$ bzw. $f(x,u,v)$ in Abschnitt 15.2.2 zweimal stetig partiell differenzierbar in $[a,b]\times\mathbf{R}^2$ mit

$$0 \le f_u(x,u,v) \le C, \quad |f_v(x,u,v)| \le M, \quad (x,u,v) \in [a,b]\times\mathbf{R}^2,$$

dann kann man y, die eindeutig bestimmte Lösung der Randwertaufgabe, viermal stetig differenzierbar über $[a,b]$ hinaus fortsetzen. Man betrachtet dann besser das diskretisierte System mit zwei fiktiven äußeren Punkten $x_{-1} = a - h$, $x_{N+1} = b + h$:

$$\begin{aligned} -\frac{1}{h^2}(y_{i-1}^h - 2y_i^h + y_{i+1}^h) + f(x_i, y_i^h, \frac{y_{i+1}^h - y_{i-1}^h}{2h}) &= 0, \\ i &= 0,1,\ldots,N, \\ \alpha_{11}y_0^h + \alpha_{12}\frac{y_1^h - y_{-1}^h}{2h} &= \alpha_1, \\ \beta_{21}y_N^h + \beta_{22}\frac{y_{N+1}^h - y_{N-1}^h}{2h} &= \alpha_2\,. \end{aligned}$$

Hierbei ist die Approximation der Randbedingungen nun von zweiter Ordnung konsistent. Man kann leicht in Analogie zum Beweis der Sätze 15.2, 15.3, 15.4 und 15.5 zeigen, daß dann

$$\|y^h - y(h)\|_\infty = \mathcal{O}(h^2)$$

gilt. □

Wenn man von f (bzw. von p, q und g) noch höhere Differenzierbarkeit fordert, kann man sogar in Analogie zu Satz 14.5 die Existenz asymptotischer Entwicklungen von $y_j^h - y(x_j)$, $j = 0, \dots, N$, beweisen. So gilt etwa

Satz 15.6. *Es gelte $f \in C^4([a,b] \times \mathbf{R}^2)$,*

$$\begin{aligned} \gamma &\le f_u(x,u,v) \le C, \quad |f_v(x,u,v)| \le B, \quad (x,u,v) \in [a,b] \times \mathbf{R}^2, \\ \gamma &\ge -(B+1)/(2(\exp((B+1)(b-a)) - 1)). \end{aligned}$$

Dann gilt: Die Lösung der Randwertaufgabe

$$\begin{aligned} y'' &= f(x,y,y'), \qquad a < x < b, \\ y(a) &= y(b) = 0 \end{aligned}$$

ist eindeutig bestimmt. Die Lösung $\mathbf{y}^h$ der diskretisierten Aufgabe

$$\begin{aligned} -y_{i-1}^h + 2y_i^h - y_{i+1}^h &= -h^2 f(x_i, y_i^h, \frac{y_{i+1}^h - y_{i-1}^h}{2h}), \\ &\qquad i = 1, \dots, N-1, \\ y_0^h = y_N^h &= 0 \end{aligned}$$

ist eindeutig bestimmt für $0 < h \le h_0$, $h_0 > 0$ hinreichend klein, und es besteht die Entwicklung

$$y_j^h = y(x_j) + e(x_j)h^2 + \mathcal{O}(h^4),$$

wobei $e(x)$ die Lösung der linearen Zweipunktrandwertaufgabe

$$\begin{aligned} e''(x) &= f_v(x,y(x),y'(x))(e'(x) - \tfrac{1}{6}y^{(3)}(x)) + f_u(x,y(x),y'(x))(e(x) + \tfrac{1}{12}y^{(4)}(x)), \\ e(a) &= e(b) = 0 \end{aligned}$$

ist. Damit gilt dann auch

$$\frac{4\,y_{2j}^{h/2} - y_j^h}{3} = y(x_j) + \mathcal{O}(h^4), \qquad j = 0, \dots, N.$$

Der Beweis dieses Satzes ist etwas aufwendig und soll hier nicht wiedergegeben werden. □

15.3 Variationsmethoden und Ritzsches Verfahren

15.3.1 Randwertproblem und Variationsproblem

In Abschnitt 15.1 hatten wir bemerkt, daß die selbstadjungierte Differentialgleichung 2. Ordnung (15.6)

$$Ly \equiv -\frac{d}{dx}\Big(p(x)\frac{dy}{dx}\Big) + q(x)y = g(x) \tag{15.33}$$

die zum Variationsproblem

$$I[u] = \tfrac{1}{2}\int_a^b \{p(x)(u')^2 + q(x)u^2 - 2g(x)u\}dx = \min \tag{15.34}$$

gehörige Eulersche Differentialgleichung ist. Jede Funktion $y = y(x), \quad y \in C^2([a,b])$, die das Funktional $I[u]$ minimiert, für die also

$$I[y] \le I[u], \qquad \text{für alle } u \in C^2([a,b]),$$

gilt, ist notwendig Lösung der Differentialgleichung (15.33).

Unter gewissen Voraussetzungen ist andererseits eine Lösung $y = y(x)$, $y \in C^2([a,b])$, der Eulerschen Differentialgleichung (15.33) auch Lösung des Variationsproblems $I[u] = \min$. Auf dieser Äquivalenz basieren die numerischen Verfahren, denen wir uns jetzt zuwenden wollen. Man nennt sie *Variationsmethoden*. Sie bestehen im Prinzip darin, daß man das Variationsproblem näherungsweise löst, wobei man sich jedoch nicht auf die Funktionen aus $C^2([a,b])$ beschränken muß. Die erhaltene genäherte Lösung des Variationsproblems wird dann auch als Näherung der Lösung der Differentialgleichung betrachtet.

Wir wollen die Variationsmethoden anhand der Differentialgleichung (15.33) mit den Randbedingungen

$$y(a) = \alpha, \qquad y(b) = \beta \tag{15.35}$$

beschreiben. Die Randbedingungen werden homogen, wenn entsprechend den Überlegungen in Abschnitt 15.1

$$z(x) = y(x) - Q(x)$$

mit dem Polynom 1. Grades

$$Q(x) = \alpha\frac{b-x}{b-a} - \beta\frac{a-x}{b-a}$$

gesetzt wird. Es ist $Q(a) = \alpha, \quad Q(b) = \beta$,

$$\frac{dQ}{dx} = -\frac{\alpha-\beta}{b-a}, \qquad LQ = \frac{\alpha-\beta}{b-a}p'(x) + q(x)Q(x) =: f(x),$$

und das Randwertproblem (15.33), (15.35) lautet mit $h(x) = g(x) - f(x)$

$$Lz = h(x), \qquad z(a) = z(b) = 0.$$

Wir können uns also generell darauf beschränken, das halbhomogene Randwertproblem

$$Ly \equiv -\frac{d}{dx}\Big(p(x)\frac{dy}{dx}\Big) + q(x)y = g(x), \qquad y(a) = y(b) = 0 \tag{15.36}$$

zu untersuchen. Dabei setzen wir

$$p \in C^1([a,b]), \quad q,g \in C^0([a,b]), \quad p(x) \geq p_0 > 0, \quad q(x) \geq 0, \quad x \in [a,b], \tag{15.37}$$

voraus. Man kann dann nachweisen, daß das Randwertproblem (15.36) genau eine Lösung $y \in C^2([a,b])$, besitzt.

Der Definitionsbereich $\mathcal{D}$ des Differentialoperators L ist die Menge aller auf $[a,b]$ zweimal stetig differenzierbaren Funktionen, die außerdem in a und b verschwinden, also die homogenen Randbedingungen erfüllen:

$$\mathcal{D} = \{u \in C^2([a,b]), \quad u(a) = u(b) = 0\}.$$

Das Randwertproblem ist daher äquivalent dem Problem, eine Lösung von

$$Lu = g, \qquad u \in \mathcal{D} \tag{15.38}$$

zu finden. Unter den Voraussetzungen (15.37) gibt es genau eine solche Lösung $u = y \in \mathcal{D}$.

Es sei $L^2(a,b)$ der Raum der auf $[a,b]$ quadratisch integrierbaren Funktionen. Wie in Abschnitt 11.5.1 definieren wir dann das skalare Produkt

$$(u,v) = \int_a^b u(x)\, v(x)\, dx, \qquad u,v \in L^2(a,b),$$

und die Norm (L^2–Norm)

$$\|u\|_2 = (u,u)^{1/2}.$$

Ein Operator T mit dem Definitionsbereich D_T und der Eigenschaft

$$(u,Tv) = (Tu,v), \quad u,v \in D_T,$$

heißt *symmetrisch* (oder *selbstadjungiert*) auf D_T. T heißt ferner auf D_T *positiv definit*, wenn

$$(Tu,u) > 0, \quad u \neq 0, \quad u \in D_T.$$

Dabei bedeutet $u \neq 0$, daß $u(x)$ nicht identisch verschwindet.

Satz 15.7. *Der Operator L ist auf $\mathcal{D}$ symmetrisch und positiv definit.*

Beweis: *Es muß zunächst $(u, Lv) = (Lu, v)$ für alle $u, v \in \mathcal{D}$ nachgewiesen werden. Wegen $Lv = -(pv')' + qv$ ist*

$$(u, Lv) = \int_a^b u(x)\{-(p(x)v'(x))' + q(x)v(x)\}dx.$$

Durch partielle Integration erhält man hieraus

$$(u, Lv) = -u(x)p(x)v'(x)\Big|_a^b + \int_a^b \{(p(x)u'(x)v'(x) + q(x)u(x)v(x)\}dx. \qquad (15.39)$$

Wegen $u \in \mathcal{D}$ ist $u(a) = u(b) = 0$, so daß der erste Summand in (15.39) verschwindet. Der zweite ist in u und v symmetrisch, so daß $(u, Lv) = (v, Lu) = (Lu, v)$ gilt. L ist also symmetrisch.

Weiter ist wegen (15.37) für $u(x) \not\equiv 0$ in $[a, b]$

$$\begin{aligned}(Lu, u) &= \int_a^b \{(p(x)(u'(x))^2 + q(x)(u(x))^2\}dx \\ &\geq p_0 \int_a^b (u'(x))^2 dx + \int_a^b q(x)(u(x))^2 dx \\ &\geq \frac{p_0}{(b-a)^2} \int_a^b (u(x))^2 dx > 0,\end{aligned}$$

weil nach der Cauchy-Schwarzschen Ungleichung für Integrale

$$(u(x))^2 = (\int_a^x 1 \cdot u'(\xi)\, d\xi)^2 \leq \int_a^x 1^2 d\xi \int_a^x (u'(\xi))^2 d\xi \leq (b-a) \int_a^b (u'(\xi))^2 d\xi$$

und somit

$$\int_a^b (u(x))^2 dx \leq \int_a^b \left\{(b-a) \int_a^b (u'(\xi))^2 d\xi\right\} dx = (b-a)^2 \int_a^b (u'(\xi))^2 d\xi.$$

Damit ist der Satz bewiesen. □

Nach (15.39) ist nun

$$(u, Lv) = (Lu, v) = \int_a^b \{p(x)u'(x)v'(x) + q(x)u(x)v(x)\}dx \quad \text{für } u, v \in \mathcal{D}.$$

Dieses Integral existiert nicht nur für $u, v \in \mathcal{D}$, sondern z.B. auch für stückweise differenzierbare Funktionen, deren erste Ableitungen außerdem quadratisch integrierbar sind.

Allgemeiner betrachten wir einen Funktionenraum $V^r(a, b)$ mit folgenden Eigenschaften: $w \in V^r(a, b)$ genau dann, wenn

a) $w \in C^{r-1}([a,b])$,

b) $w^{(r-1)}$ ist auf $[a,b]$ mit Ausnahme von endlich vielen (oder höchstens abzählbar unendlich vielen) Stellen differenzierbar,

c) $w^{(r)}(x)$ ist über $[a,b]$ quadratisch integrierbar. Dabei ist $r \geq 0$ eine ganze Zahl einschließlich 0. Es gilt dann

d) $\|w\|_{V^r(a,b)} = \left\{\int_a^b \sum_{\varrho=0}^{r} |w^{(\varrho)}(x)|^2 dx\right\}^{1/2} < \infty.$

Man prüft leicht nach, daß $\|w\|_{V^r(a,b)}$ eine Norm von w ist. Für $r = 0$ sind die Forderungen a) und b) sinnlos, c) fordert die quadratische Integrierbarkeit von w, somit die Beschränktheit der Norm

$$\|w\|_{V^0(a,b)} = \left\{\int_a^b |w(x)|^2 dx\right\}^{1/2} = \|w\|_2.$$

Es ist daher $V^0(a,b) = L^2(a,b)$.

Beispiel 15.3.

a) *Wir unterteilen das Intervall $[a,b]$ in n gleiche Teile der Länge h und bezeichnen die Punkte $x_i = a+ih$, $i = 0,\dots,n$, mit $a+nh = b$ als Stützstellen. Dann sind die in Abschnitt 12.1 definierten Polygonzüge (Δ bezeichnet jetzt die dort angegebene Unterteilung)*

$$\begin{aligned} S_\Delta(x) &= \frac{f_{i+1}-f_i}{x_{i+1}-x_i}(x-x_i)+f_i \\ &= \frac{f_{i+1}-f_i}{h}(x-x_i)+f_i, \qquad x \in [x_i, x_{i+1}], \end{aligned}$$

Elemente von $V^1(a,b)$. Denn es gilt $S_\Delta(x) \in C^0([a,b])$ und $S_\Delta(x)$ ist überall mit Ausnahme der Stützstellen x_i, $i = 1,\dots,n-1$, differenzierbar. Schließlich gilt wegen $f \in C^1([a,b])$ und

$$S'_\Delta(x) = \frac{f_{i+1}-f_i}{h} = f'(\xi_i), \qquad x \in [x_i, x_{i+1}],$$

$$\int_a^b [(S_\Delta(x))^2 + (S'_\Delta(x))^2]dx = \sum_{i=0}^{n-1} \int_{x_i}^{x_{i+1}} [(S_\Delta(x))^2 + (S'_\Delta(x))^2]dx < \infty.$$

b) *Entsprechend schließt man, daß die in Abschnitt 12.2 und 12.4 untersuchten kubischen Splines $S_\Delta(f;x)$ Elemente von $V^3(a,b)$ sind.* □

Es sei nun

$$D = \{w \in V^1(a,b); \quad w(a) = w(b) = 0\}, \tag{15.40}$$

und wir definieren die symmetrische Bilinearform

$$[u,v] = \int_a^b \{p(x)u'(x)v'(x) + q(x)u(x)v(x)\}dx, \qquad u,v \in D. \tag{15.41}$$

Offenbar ist $\mathcal{D}$ ein Teilraum von D, denn $w \in \mathcal{D}$ hat stets auch $w \in D$ zur Folge. Für $u,v \in \mathcal{D} \subset D$ gilt $[u,v] = (Lu,v)$.

Bedeutet $g(x)$ die rechte Seite der Differentialgleichung (15.36), so können wir für jedes $u \in D$ den Integralausdruck

$$\begin{aligned} I[u] &= [u,u] - 2(u,g) \\ &= \int_a^b \{p(x)(u'(x))^2 + q(x)(u(x))^2 - 2u(x)g(x)\}dx \end{aligned} \tag{15.42}$$

bilden. Wie anfangs erwähnt, nennt man $I[u]$ ein *Funktional* und – da u' und u unter dem Integral quadratisch auftreten – genauer ein *quadratisches Funktional*. Dieses Funktional nimmt sein Minimum gerade für die Lösung $y = y(x)$ des Randwertproblems an, wie wir jetzt zeigen wollen

Satz 15.8. *Es sei y die Lösung von (15.36) bzw. (15.38). Dann gilt für jedes $u \in D, \quad u \neq y$*

$$I[y] < I[u].$$

Beweis: *Es ist zunächst wegen $Ly = g$ und $y \in \mathcal{D}$*

$$(u,g) = (u,Ly) = [u,y],$$

ferner nach (15.42)

$$I[y] = [y,y] - 2(y,g) = (y,Ly) - 2(y,Ly) = -(y,Ly) = -[y,y].$$

Schließlich ist, wie man wegen der Symmetrie von $[u,v]$ leicht ausrechnet,

$$[u-y,u-y] = [u,u] - 2[u,y] + [y,y].$$

Hiermit erhält man

$$\begin{aligned} I[u] &= [u,u] - 2(u,g) = [u,u] - 2(u,Ly) \\ &= [u,u] - 2[u,y] + [y,y] - [y,y] \\ &= [u-y,u-y] - [y,y]. \end{aligned} \tag{15.43}$$

Offenbar ist nach (15.41) $[u-y,u-y] > 0$ für $u \neq y, \quad u \in D$, so daß schließlich

$$I[u] = [u-y,u-y] - [y,y] > -[y,y] = I[y],$$

und somit die Behauptung des Satzes folgt. □

Hat man nur die Voraussetzung $p(x), q(x) \geq 0$, so gilt $(Lu, u) \geq 0, \quad u \in \mathcal{D}$, sowie $[u, u] \geq 0, \quad u \in D$. Besitzt dann (15.36) bzw. (15.38) die Lösung y, so gilt

$$I[y] \leq I[u], \qquad u \in D. \tag{15.44}$$

Auch in diesem Fall minimiert somit y das Funktional $I[u]$, jedoch ist y unter Umständen nicht mehr eindeutig.

15.3.2 Das Ritzsche Verfahren

Nach Satz 15.8 ist das Randwertproblem (15.38) gelöst, wenn man unter den angegebenen Voraussetzungen die Funktion y gefunden hat, für die $I[u]$ sein Minimum annimmt. Bei dem zuerst von W. Ritz [60] vorgeschlagenen Verfahren wird nun $I[u]$ näherungsweise minimiert. Man wählt einen passenden M-dimensionalen Teilraum $D_M \subset D$, der etwa durch die linear unabhängigen Funktionen $\varphi_j, \quad j = 1, \ldots, M$, aufgespannt wird. Wegen $D_M \subset D$ gilt $\varphi_j(a) = \varphi_j(b) = 0$. Dann kann jede Funktion $v \in D_M$ als Linearkombination

$$v = \sum_{\mu=1}^{M} \alpha_\mu \varphi_\mu$$

mit reellen α_i dargestellt werden. Bildet man hiermit $I[v]$, so folgt auf Grund der Eigenschaften der Bilinearform $[u, v]$ und des skalaren Produkts (u, v)

$$\begin{aligned} I[v] &= [v, v] - 2(v, g) = \Phi(\alpha_1, \ldots, \alpha_M) \\ &= \Big[\sum_{\mu=1}^{M} \alpha_\mu \varphi_\mu, \sum_{\nu=1}^{M} \alpha_\nu \varphi_\nu\Big] - 2\Big(\sum_{\mu=1}^{M} \alpha_\mu \varphi_\mu, g\Big) \\ &= \sum_{\mu,\nu=1}^{M} [\varphi_\mu, \varphi_\nu] \alpha_\mu \alpha_\nu - 2 \sum_{\mu=1}^{M} (\varphi_\mu, g) \alpha_\mu. \end{aligned} \tag{15.45}$$

Die $\alpha_1, \ldots, \alpha_M$ sollen so bestimmt werden, daß $\Phi(\alpha_1, \ldots, \alpha_M)$ sein Minimum annimmt. Hierfür ist notwendig

$$\tfrac{1}{2} \cdot \frac{\partial \Phi(\alpha_1, \ldots, \alpha_M)}{\partial \alpha_i} = \tfrac{1}{2} \sum_{\mu,\nu=1}^{M} [\varphi_\mu, \varphi_\nu] \Big(\frac{\partial \alpha_\mu}{\partial \alpha_i} \alpha_\nu + \alpha_\mu \frac{\partial \alpha_\nu}{\partial \alpha_i}\Big) - (\varphi_i, g) = 0.$$

Nun ist $\partial \alpha_k / \partial \alpha_i = \delta_{ki}$, so daß der erste Summand auf der rechten Seite lautet

$$\tfrac{1}{2} \sum_{\nu=1}^{M} [\varphi_i, \varphi_\nu] \alpha_\nu + \tfrac{1}{2} \sum_{\mu=1}^{M} [\varphi_\mu, \varphi_i] \alpha_\mu = \sum_{j=1}^{M} [\varphi_i, \varphi_j] \alpha_j.$$

Daher müssen die gesuchten $\alpha_j, \quad j = 1, \ldots, M$, dem linearen Gleichungssystem

$$\tfrac{1}{2} \cdot \frac{\partial \Phi(\alpha_1, \ldots, \alpha_M)}{\partial \alpha_i} = \sum_{j=1}^{M} [\varphi_i, \varphi_j] \alpha_j - (\varphi_i, g) = 0, \quad i = 1, \ldots, M, \tag{15.46}$$

genügen. Setzt man

$$[\varphi_i, \varphi_j] = a_{ij}, \qquad (\varphi_i, g) = b_i, \tag{15.47}$$

und weiter

$$A = [a_{ij}], \quad b = [b_1, \ldots, b_M]^T, \quad \alpha = [\alpha_1, \ldots, \alpha_M]^T, \tag{15.48}$$

so lautet es

$$A\alpha = b. \tag{15.49}$$

Die Matrix A ist offenbar symmetrisch. Sie ist aber auch positiv definit. Denn sei $k = [k_1, \ldots, k_M]^T$ ein beliebiger vom Nullvektor verschiedener Vektor, so ist

$$w = \sum_{i=1}^{M} k_i \varphi_i$$

eine nicht identisch verschwindende Funktion aus D_M und es gilt

$$0 < [w, w] = \sum_{i,j=1}^{M} [\varphi_i, \varphi_j] k_i k_j = \sum_{i,j=1}^{M} a_{ij} k_i k_j = k^T A k.$$

Daher ist das Gleichungssystem (15.49) eindeutig lösbar, seine Lösung sei

$$\alpha^* = [\alpha_1^*, \ldots, \alpha_M^*]^T.$$

Man kann sie etwa mit dem in Band 1, Abschnitt 5.1.3 beschriebenen Cholesky-Verfahren berechnen.

Nach (15.45) und (15.48) ist, wenn wir statt $\Phi(\alpha_1, \ldots, \alpha_M)$ kürzer $\Phi(\alpha)$ und entsprechend $\Phi(\alpha^*)$ schreiben,

$$\Phi(\alpha) = \alpha^T A \alpha - 2\alpha^T b \tag{15.50}$$

und daher

$$\begin{aligned} (\alpha - \alpha^*)^T A (\alpha - \alpha^*) &= \alpha^T A \alpha - 2\alpha^T A \alpha^* + (\alpha^*)^T A \alpha^* \\ &= \alpha^T A \alpha - 2\alpha^T b + (\alpha^*)^T A \alpha^* \\ &= \Phi(\alpha) + (\alpha^*)^T A \alpha^*. \end{aligned} \tag{15.51}$$

Aus (15.50) erhält man mit $\alpha = \alpha^*$ und wegen $A\alpha^* = b$:

$$\Phi(\alpha^*) = (\alpha^*)^T A \alpha^* - 2(\alpha^*)^T A \alpha^* = -(\alpha^*)^T A \alpha^*.$$

Da A positiv definit ist, gilt für $\alpha \neq \alpha^*$

$$(\alpha - \alpha^*)^T A (\alpha - \alpha^*) > 0.$$

Daher ergibt sich aus (15.51) endlich

$$0 < \Phi(\alpha) - \Phi(\alpha^*), \qquad \alpha \neq \alpha^*.$$

Die gesuchte Funktion aus D_M, für die das Funktional $I[v]$ seinen Minimalwert auf D_M annimmt, ist also

$$v^*(x) = \sum_{\mu=1}^{M} \alpha_\mu^* \varphi_\mu(x), \tag{15.52}$$

und es gilt

$$\min_{v \in D_M} I[v] = I[v^*]. \tag{15.53}$$

Befindet sich unter den Basisfunktionen $\varphi_i, \quad i = 1, \dots M$, zufällig die Lösung des Randwertproblems, gilt also etwa $y(x) \equiv \varphi_k(x)$, so errechnet man aus dem Gleichungssystem (15.49)

$$\alpha_i = 0, \quad i = 1, \dots, M, \quad i \neq k, \quad \alpha_k = 1,$$

also auch nach (15.52)

$$v^*(x) = \varphi_k(x) = y(x).$$

Dies ergibt sich unmittelbar aus Satz 15.8 und wegen

$$I[v] = \Phi(\alpha) \geq \Phi(\alpha^*) = I[v^*] \geq I[y].$$

15.3.3 Zur praktischen Durchführung des Ritzschen Verfahrens

Um die $\alpha_i^*, \quad i = 1, \dots, M$, und damit v^* berechnen zu können, benötigt man die Elemente a_{ij} der Matrix A und die Komponenten b_i der rechten Seite $\boldsymbol{b}$. Es ist

$$\begin{aligned} a_{ij} &= [\varphi_i, \varphi_j] = \int_a^b \{p(x)\varphi_i'(x)\varphi_j'(x) + q(x)\varphi_i(x)\varphi_j(x)\} dx, \\ b_i &= (\varphi_i, g) = \int_a^b \varphi_i(x) g(x) dx. \end{aligned}$$

Ob diese Integrale *exakt* berechnet werden können, hängt von den Funktionen p, q, g und der Wahl der Basisfunktionen $\varphi_i, \quad i = 1, \dots, M$, ab. In der Regel wird man jedoch die a_{ij} und b_i mit einem der in Kapitel 13 beschriebenen numerischen Quadraturverfahren bestimmen müssen. Hierdurch entsteht natürlich ein zusätzlicher Verfahrensfehler.

Die passende Wahl der Funktionen $\varphi_i, \quad i = 1, \dots, M$, und damit des Funktionenraumes D_M ist eine oft schwierige Aufgabe und erfordert nicht zuletzt eine gewisse Erfahrung. Sie hängt vom gestellten Problem und von der verlangten Genauigkeit ab. So wird man z.B. als Basisfunktionen periodische Funktionen wählen, wenn aus der Theorie bekannt ist, daß auch die Lösung y des Randwertproblems periodisch ist.

Wenn über diese jedoch nichts weiter bekannt ist, so wird man als Basisfunktionen oft Polynome, etwa bestimmte Orthogonalpolynome, verwenden. Eine Regel für die Wahl der φ_i läßt sich nicht aufstellen.

Die damit zusammenhängenden Schwierigkeiten werden zum Teil vermieden, wenn man in geeigneter Weise durch stückweise Polynome, etwa durch lineare oder kubische Splines, approximiert. Dies führt zur Methode der finiten Elemente, auf die wir in Abschnitt 15.4 eingehen werden.

Beispiel 15.4. *Wir betrachten das sehr einfache Randwertproblem*

$$-y'' = \sin x, \qquad y(0) = y(\pi) = 0,$$

das natürlich auch exakt lösbar ist. Es gilt $p(x) \equiv 1, \quad q(x) \equiv 0, \quad g(x) = \sin x.$
a) *Wir wählen zunächst einen eingliedrigen Ansatz, also* $M = 1$, *und*

$$\begin{aligned} \varphi_1(x) &= x(\pi - x), \\ \varphi_1'(x) &= \pi - 2x. \end{aligned}$$

Es ist

$$\begin{aligned} a_{11} &= \int_0^\pi \varphi_1'(x)^2 dx = \int_0^\pi (\pi^2 - 4\pi x + 4x^2) dx = \frac{\pi^3}{3}, \\ b_1 &= \int_0^\pi \varphi_1(x) g(x) dx = \int_0^\pi x(\pi - x) \sin x dx = \pi \int_0^\pi x \sin x dx - \int_0^\pi x^2 \sin x dx \\ &= \pi \Big[\sin x - x \cos x\Big]_0^\pi - \Big[2x \sin x + (2 - x^2) \cos x\Big]_0^\pi \\ &= \pi^2 + (2 - \pi^2) + 2 = 4. \end{aligned}$$

Daher folgt $\frac{\pi^3}{3}\alpha_1 = 4, \quad \alpha_1 = \frac{12}{\pi^3}$ *und somit*

$$v^*(x) = \alpha_1 \varphi_1(x) = \frac{12}{\pi^3} x(\pi - x) \approx 0.387 x(\pi - x).$$

v^* *erreicht sein relatives Maximum für* $x = \frac{\pi}{2}$ *und es ist*

$$v^*(\tfrac{\pi}{2}) = \tfrac{3}{\pi} \approx 0.955.$$

b) *Wir wählen einen zweigliedrigen Ansatz mit*

$$\begin{aligned} \varphi_1(x) &= \sin x, & \varphi_2(x) &= \sin 2x, \\ \varphi_1'(x) &= \cos x, & \varphi_2'(x) &= 2 \cos 2x. \end{aligned}$$

Dann ist

$$\begin{aligned} a_{11} &= \int_0^\pi \varphi_1'(x)^2 dx = \int_0^\pi \cos^2 x dx = \tfrac{\pi}{2}, \\ a_{12} &= \int_0^\pi \varphi_1'(x)\varphi_2'(x) dx = 2\int_0^\pi \cos x \cos 2x dx = 0, \\ a_{22} &= \int_0^\pi \varphi_2'(x)^2 dx = 4\int_0^\pi \cos^2 2x dx = 2\pi, \end{aligned}$$

ferner

$$\begin{aligned} b_1 &= \int_0^\pi \varphi_1(x) g(x) dx = \int_0^\pi \sin^2 x dx = \tfrac{\pi}{2}, \\ b_2 &= \int_0^\pi \varphi_2(x) g(x) dx = \int_0^\pi \sin 2x \sin x dx = 0. \end{aligned}$$

Die Matrix $\boldsymbol{A}$ *ist hier die Diagonalmatrix*

$$\begin{bmatrix} \frac{\pi}{2} & 0 \\ 0 & 2\pi \end{bmatrix},$$

das Gleichungssystem zur Bestimmung von α_1, α_2 *lautet*

$$\begin{aligned} \tfrac{\pi}{2}\alpha_1 \qquad &= \tfrac{\pi}{2}, \\ 2\pi\alpha_2 &= 0, \end{aligned}$$

es ist also $\alpha_1 = 1, \quad \alpha_2 = 0$ *und*

$$v^*(x) = \sin x.$$

Man bestätigt sofort, daß $y = \sin x$ *die exakte Lösung des Randwertproblems ist, das Ritzsche Verfahren liefert hier entsprechend der Bemerkung am Schluß von Abschnitt 15.3.2* $v^*(x) = y(x)$. □

Man kann das Ritzsche Verfahren auch auf andere Randwertprobleme der Differentialgleichung (15.33) und auf nichtlineare Randwertprobleme 2. Ordnung ausdehnen. Man vergleiche hierzu etwa die ausführliche Darstellung in [16], [62].

15.4 Die Methode der finiten Elemente

Wir entwickeln jetzt ein Ritz–Verfahren, bei dem die Funktionen φ_i jeweils nur auf Teilintervallen aus $[a, b]$ von Null verschieden sind und sonst identisch verschwinden. Dazu unterteilen wir $[a, b]$ wie bei der Spline–Interpolation in n gleiche Teile der Länge h mit den Stützstellen

$$x_i = a + ih, \qquad i = 0, 1, \ldots, n, \quad a + nh = b.$$

15.4.1 Stückweise lineare Ansatzfunktionen

Zunächst betrachten wir den Raum der in Abschnitt 12.1 untersuchten auf $[a,b]$ stückweise linearen stetigen Funktionen S_h. [1] Dieser Raum hat nach (12.7) die Basis

$$\varphi_i(x) = \begin{cases} \frac{x-a}{h} - i + 1, & x_{i-1} \le x \le x_i, \\ -\frac{x-a}{h} + i + 1, & x_i \le x \le x_{i+1}, \quad i = 1, \ldots, n-1, \\ 0, & \text{sonst} \end{cases} \tag{15.54}$$

und

$$\begin{aligned} \varphi_0(x) &= -\frac{x-a}{h} + 1 \;, \quad x_0 \le x \le x_1, \\ \varphi_n(x) &= \frac{x-a}{h} - n + 1, \quad x_{n-1} \le x \le x_n. \end{aligned}$$

Jede Funktion S_h hat dann die Darstellung

$$S_h(x) = \sum_{i=0}^{n} \alpha_i \varphi_i(x). \tag{15.55}$$

Zur Approximation der Lösung von (15.36) verwenden wir jedoch wieder nur solche Funktionen, die den homogenen Randbedingungen $S_h(a) = S_h(b) = 0$ genügen. Aus (15.55) folgt hiermit auf Grund der Eigenschaften (15.54) der Basisfunktionen

$$\begin{aligned} S_h(a) &= \sum_{i=0}^{n} \alpha_i \varphi_i(a) = \alpha_0 \varphi_0(a) = 0, \\ S_h(b) &= \sum_{i=0}^{n} \alpha_i \varphi_i(b) = \alpha_n \varphi_n(b) = 0. \end{aligned}$$

Wegen $\varphi_0(a) = \varphi_n(b) = 1$ folgt hieraus notwendig

$$\alpha_0 = \alpha_n = 0.$$

Dies hat zur Folge, daß wir zur Approximation jetzt die Funktionen

$$S_h^0(x) = \sum_{i=1}^{n-1} \alpha_i \varphi_i(x) \tag{15.56}$$

verwenden, wobei statt $n+1$ nur noch $n-1$ Parameter zur Verfügung stehen. Da die Unterteilung des Intervalls $[a,b]$ jedoch ohne große Mühe verfeinert werden

[1] In Abschnitt 12.1 wurden diese Funktionen mit $S_\Delta(x)$ bezeichnet.

kann, ist dies kein wirklicher Nachteil. Es sei jedoch erwähnt, daß man φ_0 und φ_n so abändern kann, daß diese die Bedingung $\varphi_0(a) = \varphi_n(b) = 0$ erfüllen. Hierdurch wird das Verfahren jedoch eher komplizierter.

Jede Funktion (15.56) ist mit Ausnahme der Stützstellen x_i, $i = 1, 2, \ldots\ldots,$ $n-1$, auf $[a, b]$ differenzierbar und mitsamt ihrer ersten Ableitung quadratisch integrierbar. Bezeichnen wir den Raum der Funktionen (15.56) mit $P_h^1(a,b)$, so gilt $P_h^1(a,b) \subset D$, die φ_i können daher als Ansatzfunktionen beim Ritzschen Verfahren verwendet werden.

Nach (15.41) und (15.47) berechnen sich die Elemente der Matrix A zu

$$\begin{aligned} a_{ij} = [\varphi_i, \varphi_j] &= \int_a^b \{p(x)\varphi_i'(x)\varphi_j'(x) + q(x)\varphi_i(x)\varphi_j(x)\}dx \\ &= \sum_{k=1}^{n} \int_{x_{k-1}}^{x_k} \{p(x)\varphi_i'(x)\varphi_j'(x) + q(x)\varphi_i(x)\varphi_j(x)\}dx. \end{aligned}$$

Nun ist $\varphi_j(x) = 0$ für $j \neq i-1, i, i+1$ und $x \in [x_{i-1}, x_{i+1}]$. Daher folgt

$$[\varphi_i, \varphi_j] = 0, \qquad |i-j| \geq 2,$$

so daß A eine Tridiagonalmatrix der Gestalt

$$A = \begin{bmatrix} a_{11} & a_{21} & & & 0 \\ a_{21} & a_{22} & a_{23} & & \\ & \ddots & \ddots & \ddots & \\ & & a_{n-1,n-2} & a_{n-1,n-1} & a_{n,n-1} \\ 0 & & & a_{n,n-1} & a_{nn} \end{bmatrix}$$

ist. Weiter gilt

$$b_i = (\varphi_i, g) = \int_a^b \varphi_i(x)g(x)dx = \int_{x_{i-1}}^{x_{i+1}} \varphi_i(x)g(x)dx,$$

denn φ_i verschwindet außerhalb $[x_{i-1}, x_{i+1}]$ identisch.

Mit $\boldsymbol{\alpha} = [\alpha_1, \ldots, \alpha_{n-1}]^T$, $\boldsymbol{b} = [b_1, \ldots, b_{n-1}]^T$ bestimmt man dann die Parameterwerte $\boldsymbol{\alpha}^* = [\alpha_1^*, \ldots, \alpha_{n-1}^*]^T$ aus dem linearen Gleichungssystem

$$A\boldsymbol{\alpha}^* = \boldsymbol{b}. \tag{15.57}$$

Die gesuchte Näherung der exakten Lösung y des Randwertproblems (15.36) ist dann

$$S_h^*(x) = \sum_{i=1}^{n-1} \alpha_i^* \varphi_i(x).$$

In Abschnitt 15.3.2 haben wir allgemein nachgewiesen, daß A stets symmetrisch und positiv definit ist. Um eine Funktion S_h^* als hinreichend genaue Näherung der exakten Lösung y von (15.36) zu erhalten, muß h im allgemeinen sehr klein gewählt werden. Daher ist (15.57) in der Regel ein großes Gleichungssystem mit symmetrischer und positiv definiter Tridiagonalmatrix. Dieses System kann daher mit den in Band 1, Abschnitt 6.3 beschriebenen Verfahren zuverlässig iterativ gelöst werden. Ebenso kann man das Cholesky-Verfahren ohne weiteres anwenden.

Beispiel 15.5. *Wir betrachten wieder das Randwertproblem aus Beispiel 15.4, nämlich*

$$-y'' = \sin x, \qquad y(0) = y(\pi) = 0.$$

Dann gilt für $i = 1, \dots, n$ und $nh = \pi$

$$a_{i,i-1} = \int_0^\pi \varphi_i'(x)\varphi_{i-1}'(x)dx = \int_{x_{i-1}}^{x_i} \varphi_i'(x)\varphi_{i-1}'(x)dx.$$

Denn außerhalb des Intervalles $[x_{i-1}, x_i]$ verschwindet entweder φ_i oder φ_{i-1} identisch. Es ist daher nach (15.54)

$$a_{i,i-1} = \int_{x_{i-1}}^{x_i} \tfrac{1}{h}(-\tfrac{1}{h})dx = -\tfrac{1}{h^2} \cdot h = -\tfrac{1}{h}.$$

Weiter erhält man für $i = 1, \dots, n$

$$a_{i,i} = \int_0^\pi \varphi_i'(x)^2 dx = \int_{x_{i-1}}^{x_{i+1}} \varphi_i'(x)^2 dx = \int_{x_{i-1}}^{x_i} \tfrac{1}{h^2}dx + \int_{x_i}^{x_{i+1}} \tfrac{1}{h^2}dx = \tfrac{2}{h}.$$

Schließlich folgt noch aus dem Vorhergehenden

$$a_{i,i+1} = a_{i+1,i} = -\tfrac{1}{h}, \qquad i = 1, \dots, n-1.$$

Die Matrix $\boldsymbol{A}$ lautet hier also

$$\boldsymbol{A} = \tfrac{1}{h} \begin{bmatrix} 2 & -1 & & & 0 \\ -1 & 2 & -1 & & \\ & \ddots & \ddots & \ddots & \\ & & -1 & 2 & -1 \\ 0 & & & -1 & 2 \end{bmatrix}$$

Wir haben sie früher in Abschnitt 15.2 bereits bei der Anwendung des Differenzenverfahrens erhalten. $\boldsymbol{A}$ ist eine Stieltjes-Matrix, also positiv definit. □

15.4.2 Kubische Splines als Ansatzfunktionen

Wir wollen jetzt die in Abschnitt 12.2 untersuchten kubischen Splines zur Approximation der Lösung von (15.36) verwenden und bezeichnen sie, wie schon die stückweise linearen Funktionen in Abschnitt 15.4.1, wieder mit S_h.

Um das Ritzsche Verfahren anwenden zu können, benötigen wir eine Basis des Raumes der kubischen Splines über $[a, b]$. Um diese einfacher beschreiben zu können, nehmen wir zu den Stützstellen

$$x_i = a + ih, \qquad i = 0, 1, \ldots, n, \quad x_n = b$$

formal die Punkte

$$x_{-k} = a - kh, \quad x_{n+k} = b + kh, \quad k = 1, 2, 3,$$

hinzu.

Eine Basis ist dann (siehe Abb. 15.4)

$$\varphi_i(x) = \begin{cases} -\left(\frac{a-x}{h} - i + 2\right)^3, & x \in [x_{i-2}, x_{i-1}] \cap [a, b], \\ 1 + 3\left(-\frac{a-x}{h} - i + 1\right) + 3\left(-\frac{a-x}{h} - i + 1\right)^2 - 3\left(-\frac{a-x}{h} - i + 1\right)^3, & \\ & x \in [x_{i-1}, x_i] \cap [a, b], \\ 1 + 3\left(\frac{a-x}{h} + i + 1\right) + 3\left(\frac{a-x}{h} + i + 1\right)^2 - 3\left(\frac{a-x}{h} + i + 1\right)^3, & \\ & x \in [x_i, x_{i+1}] \cap [a, b], \\ \left(\frac{a-x}{h} + i + 2\right)^3, & x \in [x_{i+1}, x_{i+2}] \cap [a, b], \\ 0 & \text{sonst}, \end{cases}$$

$$i = -1, \ldots, n + 1.$$

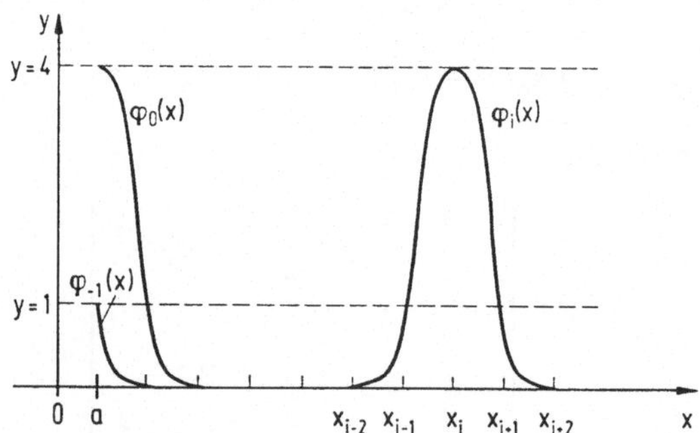

Abbildung 15.4: Die Basisfunktionen $\varphi_i(x)$

Dabei bedeutet z.B. $x \in [x_{i-2}, x_{i-1}] \cap [a, b]$, daß x dem Durchschnitt der beiden Mengen $[x_{i-2}, x_{i-1}]$ und $[a, b]$ angehört, es ist also $x \in [x_{i-2}, x_{i-1}]$ und $x \in [a, b]$. Für $i = -1$ z.B. sind $[x_{-3}, x_{-2}] \cap [a, b]$, $[x_{-2}, x_{-1}] \cap [a, b]$ und $[x_{-1}, x_0] \cap [a, b]$ leere Mengen, φ_{-1} ist nur im Intervall $[x_0, x_1] \cap [a, b] = [x_0, x_1]$ von null verschieden.

Allgemein gilt ja

$$[x_k, x_{k+1}] \cap [a, b] = [x_k, x_{k+1}], \qquad 0 \le k \le n - 1.$$

Jede kubische Splinefunktion hat dann die Gestalt

$$S_h(x) = \sum_{i=-1}^{n+1} \alpha_i \varphi_i(x) \tag{15.58}$$

mit reellen Zahlen α_i.

Zur Approximation ziehen wir jedoch wieder nur solche Splinefunktionen heran, welche den Randbedingungen $S_h(a) = S_h(b) = 0$ genügen. Den Raum dieser Funktionen bezeichnen wir mit $P_h^3(a,b)$. Es ist aber

$$\varphi_{-1}(a) = \varphi_1(a) = \varphi_{n-1}(b) = \varphi_{n+1}(b) = 1, \quad \varphi_0(a) = \varphi_n(b) = 4,$$

d.h. die Splinefunktionen (15.58) werden die Randbedingungen im allgemeinen nicht erfüllen. Deshalb führen wir die folgenden Funktionen ψ_i ein:

$$\psi_i(x) = \begin{cases} \varphi_i(x), & i = 2, \ldots, n-2, \\ \varphi_0(x) - 4\varphi_{-1}(x), & i = 0, \\ \varphi_0(x) - 4\varphi_1(x), & i = 1, \\ \varphi_n(x) - 4\varphi_{n-1}(x), & i = n-1, \\ \varphi_n(x) - 4\varphi_{n+1}(x), & i = n \quad . \end{cases}$$

Dann gilt $\psi_i(a) = \psi_i(b) = 0, \quad i = 2, 3, \ldots, n-2$, und weiter

$$\begin{aligned} \psi_0(a) &= \varphi_0(a) - 4\varphi_{-1}(a) = 4 - 4 = 0, \\ \psi_1(a) &= \varphi_0(a) - 4\varphi_1(a) = 4 - 4 = 0, \\ \psi_{n-1}(b) &= \varphi_n(b) - 4\varphi_{n-1}(b) = 4 - 4 = 0, \\ \psi_n(b) &= \varphi_n(b) - 4\varphi_{n+1}(b) = 4 - 4 = 0. \end{aligned}$$

Daher erfüllen die Funktionen ψ_i die Randbedingungen $\psi_i(a) = \psi_i(b) = 0$, $i = 0, \ldots, n$, man kann weiter ihre lineare Unabhängigkeit auf $[a,b]$ nachweisen, so daß jede Funktion $S_h^0 \in P_h^3(a,b)$ die Darstellung

$$S_h^0(x) = \sum_{i=0}^{n} \alpha_i \psi_i(x)$$

mit $S_h^0(a) = S_h^0(b) = 0$ besitzt. Die ψ_i bilden daher eine Basis des Raumes $P_h^3(a,b)$, der wiederum ein Teilraum von D ist. Wir können die ψ_i somit als Ansatzfunktionen beim Ritzschen Verfahren verwenden.

Die Elemente der Matrix A sind jetzt

$$\begin{aligned} a_{ij} = [\psi_i, \psi_j] &= \int_a^b \{p(x)\psi_i'(x)\psi_j'(x) + q(x)\psi_i(x)\psi_j(x)\}dx \\ &= \sum_{k=1}^{n} \int_{x_{k-1}}^{x_k} \{p(x)\psi_i'(x)\psi_j'(x) + q(x)\psi_i(x)\psi_j(x)\}dx. \end{aligned}$$

Es ist offenbar $[\psi_i, \psi_j] = 0$ für $|i-j| \geq 4$, denn es gilt $\psi_i(x) \neq 0, \quad x \in [x_{i-2}, x_{i+2}] \cap [a,b]$, während dort $\psi_j(x)$ gerade verschwindet wenn $|i-j| \geq 4$. Die Matrix A ist daher eine *Bandmatrix*, bei der in der i-ten Zeile, $4 \leq i \leq n-2$, nur 7 Elemente

$$a_{i,i-3},\ a_{i,i-2},\ a_{i,i-1},\ a_{ii},\ a_{i,i+1},\ a_{i,i+2},\ a_{i,i+3}$$

nicht verschwinden. Schematisch dargestellt, hat A folgende Struktur

$$A = \begin{bmatrix} * & * & * & * & & & & & & & & 0 \\ * & * & * & * & * & & & & & & & \\ * & * & * & * & * & * & & & & & & \\ * & * & * & * & * & * & * & & & & & \\ & * & * & * & * & * & * & * & & & & \\ & & & \cdots & \cdots & \cdots & \cdots & \cdots & & & & \\ & & & & & * & * & * & * & * & * & * \\ & & & & & & * & * & * & * & * & * \\ & & & & & & & * & * & * & * & * \\ 0 & & & & & & & & * & * & * & * \end{bmatrix},$$

wobei die nichtverschwindenden Elemente durch $*$ gekennzeichnet sind. Die Matrix ist außerdem symmetrisch und positiv definit, das durch Anwendung des Ritz-Verfahrens entstehende Gleichungssystem $A\alpha = b$ kann daher z.B. mit dem Cholesky-Verfahren gelöst werden. Bei feinerer Unterteilung des Intervalls $[a,b]$ ist es ein großes Gleichungssystem, dessen Aufstellung oft schon erhebliche Mühe bereitet.

15.4.3 Fehlerordnung. Ergänzungen

Wir wollen jetzt kurz auf die Frage nach dem Fehler einer mit dem Ritzschen Verfahren berechneten Näherungslösung eingehen und dabei insbesondere die Methode der finiten Elemente betrachten.

Den Funktionenraum D normieren wir durch die Norm $\|w\|_{V^1(a,b)}$. Sei y die exakte Lösung des Randwertproblems (15.36) und $u^* \in D$ eine Näherungslösung, so suchen wir eine Abschätzung des Fehlers

$$\|u^* - y\|_{V^1(a,b)}.$$

Für den Ansatz mit kubischen Splinefunktionen ist auch die Abschätzung von $\|u^* - y\|_\infty$ möglich. Dabei ist

$$\|u^* - y\|_\infty := \max_{x \in [a,b]} |u^*(x) - y(x)|.$$

Dazu benötigen wir zunächst den

Hilfssatz 15.9. Unter den Voraussetzungen (15.37) gilt mit geeigneten Konstanten

$$0 < \gamma_{2,1} < \Gamma_{2,1}, \qquad 0 < \gamma_\infty < \Gamma_\infty$$

$$\left.\begin{array}{llll} \gamma_\infty \|u\|_\infty^2 & \le [u,u] & \le \Gamma_\infty \|u'\|_\infty^2 & \forall u \in V^2(a,b), \\ \gamma_{2,1} \|u\|_{V^1(a,b)}^2 & \le [u,u] & \le \Gamma_{2,1} \|u\|_{V^1(a,b)}^2 & \forall u \in V^1(a,b). \end{array}\right\} \tag{15.59}$$

Zum *Beweis* des Satzes vergleiche man etwa [72, S. 199 f.]. □

Eine Aussage über den Fehler beim Ritzschen Verfahren liefert dann der

Satz 15.9. *Es sei y die exakte Lösung des Randwertproblems (15.36) und $v^* \in D_M$ die mit dem Ritzschen Verfahren bestimmte Näherung für y. Dann gilt für jedes $v \in D_M$ die Abschätzung*

$$\left.\begin{array}{lll} \|v^* - y\|_{V^1(a,b)} & \le (\Gamma_{2,1}/\gamma_{2,1})^{1/2} \, \|v - y\|_{V^1(a,b)} & \text{für } D_M \subset V^1(a,b), \\ \|v^* - y\|_\infty & \le (\Gamma_\infty/\gamma_\infty)^{1/2} \, \|v' - y'\|_\infty & \text{für } D_M \subset V^2(a,b) \end{array}\right\} \tag{15.60}$$

mit den Konstanten aus Hilfssatz 15.9.

Beweis: *Nach (15.43) gilt für alle $v \in V^1(a,b)$, also auch für alle $v \in D_M \subset D = V^1(a,b)$*

$$[v - y, v - y] = I[v] + [y, y].$$

Weiter ist nach (15.53)

$$\min_{v \in D_M} [v - y, v - y] = \min_{v \in D_M} I[v] + [y, y] = I[v^*] + [y, y] = [v^* - y, v^* - y].$$

Daher besteht für jedes $v \in D_M$ die Ungleichung

$$[v - y, v - y] \ge [v^* - y, v^* - y].$$

Wegen $v - y \in V^1(a,b)$ für $D_M \subset V^1(a,b)$ und $v - y \in V^2(a,b)$ für $D_M \subset V^2(a,b)$ folgt aus (15.59) die Behauptung. □

Wir verwenden die Aussage des Satzes, um eine Fehlerordnung bei der Methode der finiten Elemente anzugeben. Dabei machen wir uns die Tatsache zunutze, daß (15.60) für jedes $v \in D_M$ gilt.

Zunächst wählen wir als Raum D_M den Raum $P_h^1(a,b)$ der stückweise linearen Funktionen S_h mit $S_h(a) = S_h(b) = 0$. Ferner sei v_h die eindeutig bestimmte Funktion aus $P_h^1(a,b)$, die den Bedingungen

$$v_h(x_i) = y(x_i), \qquad i = 0, 1, \ldots, n,$$

genügt, sie lautet nach (12.2) mit $y(x_0) = y(a) = y(b) = y(x_n) = 0$:

$$v_h(x) = \frac{y(x_{i+1}) - y(x_i)}{h}(x - x_i) + y(x_i), \qquad x \in [x_i, x_{i+1}], \quad i = 0, 1, \ldots, n-1.$$

Dann gilt für $y \in C^2([a,b])$ nach (12.3) die Abschätzung

$$\|v_h' - y'\|_\infty \leq 2Lh, \qquad \|v_h - y\|_\infty \leq Lh^2$$

mit der dort angegebenen Konstanten L, und nach Einsetzen dieses Ausdrucks in (15.60) folgt

$$\|v^* - y\|_{V^1(a,b)} \leq (\Gamma_{2,1}/\gamma_{2,1})^{1/2}\|v_h - y\|_{V^1(a,b)} \leq (\Gamma_{2,1}/\gamma_{2,1})^{1/2} L(b-a)h(4+h^2)^{1/2}. \tag{15.61}$$

Der Fehler, gemessen in der V^1-Norm, ist also mindestens proportional zu h, das Verfahren konvergiert für $h \to 0, \quad n \to \infty, \quad nh = b - a$, von der Ordnung 1. Es scheint daher vergleichsweise weniger genau als das in Abschnitt 15.2 untersuchte Differenzenverfahren (vgl. Satz 15.4) zu sein. Dies täuscht jedoch, da in V^1 ja auch der Fehler in der Approximation der Ableitung gemessen wird. Man kann z.B. zeigen, daß

$$\|v^* - y\|_{V^0(a,b)} = \mathcal{O}(h^2).$$

Wir wählen jetzt als D_M den Raum $P_h^3(a,b) \subset V^2(a,b)$ der kubischen Splines und $v_h(x)$ als den Spline, der die Bedingungen

$$v_h(x_i) = y(x_i), \qquad i = 0, 1, \ldots, n, \tag{15.62}$$

und weiter (12.27), in unserem Fall also

$$v_h'(a) = y'(a), \qquad v_h'(b) = y'(b) \tag{15.63}$$

erfüllt. Durch (15.62), (15.63) ist $v_h(x)$ eindeutig bestimmt und es gilt nach Satz 12.3, (12.30) die Abschätzung

$$\|v_h' - y'\|_\infty \leq M_1 N L h^3$$

mit den dort angegebenen Konstanten M_1, N, L. Nach (15.60) folgt hieraus

$$\max_{x \in [a,b]} |v^*(x) - y(x)| = \|v^* - y\|_\infty \leq M_1 N L \sqrt{\frac{\Gamma_\infty}{\gamma_\infty}}\, h^3 = \mathcal{O}(h^3). \tag{15.64}$$

Hier ist der Fehler mindestens proportional zu h^3, das Verfahren konvergiert für $h \to 0$ von der Ordnung 3 und ist damit genauer als das in Abschnitt 15.2 beschriebene Differenzenverfahren, obgleich die Abschätzung (15.64) auch hier noch verbessert werden kann. Allerdings sind die Vorschriften des Differenzenverfahrens wesentlich leichter aufzustellen; dies gilt auch für verbesserte Differenzenverfahren von höherer Konvergenzordnung, auf die wir hier nicht eingehen können.

Allgemein kann man als Ansatzfunktionen φ_i beim Ritzschen Verfahren im Prinzip stückweise Polynome beliebigen Grades verwenden. Man erreicht damit eine entsprechend hohe Konvergenzordnung. In der Regel lohnt es jedoch den beträchtlichen Aufwand nicht, stückweise Polynome von höherem als drittem Grad zu verwenden.

Es sei abschließend bemerkt, daß die Methode der finiten Elemente im Prinzip für die numerische Lösung aller sachgemäß gestellten linearen Randwertprobleme 2. Ordnung geeignet ist. Sie läßt sich darüber hinaus auf die Lösung von nichtlinearen Randwertproblemen und auf solche höherer Ordung ausdehnen, wenn die vorliegende Differentialgleichung Eulersche Gleichung eines Variationsproblems ist. Wir verweisen auf die Literatur, etwa auf [7], [58].

Man kann auch auf dem Weg über das Variationsproblem zu Differenzenverfahren gelangen, etwa auf folgende Weise: Mit der bisherigen Unterteilung des Intervalls $[a,b]$ in n gleiche Teile der Länge h ersetzt man zunächst das Integral $I[u]$ durch die einfachste Gaußsche Quadraturformel ($n=0$) und erhält

$$\begin{aligned} I[u] &= \int_a^b \{p(x)u'(x)^2 + q(x)u(x)^2 - 2g(x)u(x)\}dx \\ &= h\sum_{i=0}^{n-1}\{p(x_i+\tfrac{h}{2})u'(x_i+\tfrac{h}{2})^2 + q(x_i+\tfrac{h}{2})u(x_i+\tfrac{h}{2})^2 - 2g(x_i+\tfrac{h}{2})u(x_i+\tfrac{h}{2})\} \\ &\quad + \mathcal{O}(h^2). \end{aligned}$$

Ersetzt man hierin wiederum $u'(x_i+h/2)$ durch den zentralen Differenzenquotienten, ferner $u(x_i+h/2)$ durch $1/2(u(x_i+h)+u(x_i))$, so entsteht wegen der Beschränktheit von p,q und g insgesamt wieder ein Fehler der Ordnung $\mathcal{O}(h^2)$, es gilt also

$$\begin{aligned} I[u] &= h\sum_{i=0}^{n-1}\Big\{p(x_i+\tfrac{h}{2})\frac{(u(x_i+h)-u(x_i))^2}{h^2} + q(x_i+\tfrac{h}{2})\frac{(u(x_i+h)+u(x_i))^2}{4} \\ &\quad - g(x_i+\tfrac{h}{2})(u(x_i+h)+u(x_i))\Big\} + \mathcal{O}(h^2). \end{aligned}$$

Lassen wir das Restglied $\mathcal{O}(h^2)$ fort und ersetzen die Werte $u(x_k)$ durch die Werte v_k^h, $k=0,1,\ldots,n$, einer Gitterfunktion, wobei $v_0^h = u(a) = 0$, $v_n^h = u(b) = 0$ zu setzen ist, so erhält man für das Variationsproblem $I[u] = \min$ das diskrete Ersatzproblem

$$\begin{aligned} I_h[v^h] &= h\sum_{i=0}^{n-1}\Big\{p(x_i+\tfrac{h}{2})\frac{(v_{i+1}^h-v_i^h)^2}{h^2} + q(x_i+\tfrac{h}{2})\frac{(v_{i+1}^h+v_i^h)^2}{4} \\ &\quad - g(x_i+\tfrac{h}{2})(v_{i+1}^h+v_i^h)\Big\} = \min. \end{aligned}$$

Daraus folgt notwendig das lineare Gleichungssystem

$$\frac{\partial I_h[v^h]}{\partial v_i} = 0, \qquad i = 1,2,\ldots,n-1,$$

dessen Matrix symmetrisch und positiv definit ist, wie man zeigen kann. Es läßt sich daher eindeutig nach

$$v^h = [v_1^h, \ldots, v_{n-1}^h]^T$$

auflösen, womit man die gesuchten Werte der Gitterfunktion als Näherungen der exakten Lösungswerte $y(x_k)$, $k = 1, \ldots n-1$, gefunden hat.

15.5 Schießverfahren

Man kann die Lösung einer Randwertaufgabe auf die Lösung von Anfangswertproblemen zurückführen. Auf dieser Idee beruhen die Schießverfahren. Man unterscheidet dabei Einfach- und Mehrfachschießverfahren.

Diese Verfahren haben sich u.a. bei der numerischen Lösung von Problemen der Kontrolltheorie und bei einigen Aufgaben der Raumfahrt besonders bewährt und es gibt hierüber eine umfangreiche Literatur. Wir können hier nur eine kurze Einführung geben, wobei wir uns im wesentlichen auf eine lineare Randwertaufgabe und auf Einfachschießverfahren beschränken. Bezüglich einer ausführlichen Darstellung vgl. man etwa [72] und [77] sowie die dort angegebene Literatur.

15.5.1 Einfachschießverfahren

Wir betrachten das lineare Randwertproblem (15.11), das wir in der Form schreiben:

$$\begin{aligned} Ly &= y' - A(x)y = g(x), \qquad a < x < b, \\ Ry &= B_1 y(a) + B_2 y(b) = r. \end{aligned} \tag{15.65}$$

Dabei ist $A(x)$ eine $n \times n$–Matrix, deren Elemente auf $[a, b]$ stetige Funktionen von x sind, und B_1, B_2 sind konstante $n \times n$–Matrizen. Auf ein solches Randwertproblem eines linearen Systems von Differentialgleichungen 1. Ordnung läßt sich jedes lineare Randwertproblem höherer Ordnung zurückführen, wie wir in Abschnitt 15.1.3 gesehen haben.

Das Prinzip des Schießverfahrens ist dann das folgende: Für einen Parametervektor $s = [s_1, \ldots, s_n]^T$ berechnen wir die Lösung $z = z(x; s)$ des Anfangswertproblems

$$Lz = g, \qquad z(a) = s \tag{15.66}$$

und versuchen dann, die Komponenten von s so zu bestimmen, daß z auch die Randbedingungen erfüllt, daß also

$$Rz = B_1 z(a; s) + B_2 z(b; s) = r \tag{15.67}$$

gilt. Indem wir s richtig wählen, *treffen* wir sozusagen die Randwerte, woraus der Name des Verfahrens abgeleitet ist.

Unter dem Einfachschießverfahren versteht man dann folgenden Algorithmus:

1. Man bestimme $z^0(x)$ so, daß

$$Lz^0 = g, \qquad z^0(a) = 0. \tag{15.68}$$

2. Man berechne ein Fundamentalsystem von Lösungen $z^i(x)$, $i = 1, \ldots, n$, mit $z^i(a) = e_i$ von $Lz = 0$, wobei e_i wie üblich der i–te Einheitsvektor ist. Sei

$$Z(x) = [z^1(x), \ldots, z^n(x)] \tag{15.69}$$

die Matrix, deren Spaltenvektoren gerade die $z^i(x)$ sind, so bildet man

$$z(x; s) = z^0(x) + Z(x) \cdot s = z^0(x) + \sum_{i=1}^{n} s_i z^i(x). \tag{15.70}$$

3. Sei $B_1 + B_2 Z(b)$ nichtsingulär, so berechne man s aus dem Gleichungssystem

$$[B_1 + B_2 Z(b)] \cdot s = [r - B_2 z^0(b)]. \tag{15.71}$$

Für dieses s ist (15.70) die Lösung $z^*(x)$ des Randwertproblems (15.65). Denn zunächst ist (15.70) die Lösung des Anfangswertproblems (15.66), da

$$\begin{aligned} Lz &= Lz^0 + \sum_{i=1}^{n} s_i L z^i = g + 0 = g, \\ z(a; s) &= z^0(a) + \sum_{i=1}^{n} s_i z^i(a) = 0 + \sum_{i=1}^{n} s_i e_i = s \end{aligned}$$

gilt. Weiter ergibt sich aus der Forderung $Rz = r$:

$$\begin{aligned} r = R(z^0 + Zs) &= B_1[z^0(a) + Z(a)s] + B_2[z^0(b) + Z(b)s] \\ &= [B_1 + B_2 Z(b)]s + B_2 z^0(b), \end{aligned}$$

also die Forderung (15.71).

Damit ist die Lösung der Randwertaufgabe (15.65) in der Tat auf die Lösung von $n+1$ Anfangswertaufgaben zurückgeführt. Eine von ihnen ist (15.68), die restlichen n sind

$$Lz^i = 0, \qquad z^i(a) = e_i, \qquad i = 1, \ldots, n, \tag{15.72}$$

deren Lösungen gerade das in 2. definierte spezielle Fundamentalsystem liefern.

Beispiel 15.6. *Wir betrachten das Randwertproblem*

$$\begin{aligned} &y'' - y = x^2 - 2, \qquad 0 < x < 1, \\ &y(0) - y(1) = 0, \qquad y'(0) - y'(1) = 1. \end{aligned}$$

Das äquivalente Randwertproblem für ein System 1. Ordnung lautet dann

$$\begin{aligned} \boldsymbol{y}' - \begin{bmatrix} 0 & 1 \\ 1 & 0 \end{bmatrix} \boldsymbol{y} &= \begin{bmatrix} 0 \\ x^2 - 2 \end{bmatrix}, \qquad 0 < x < 1, \\ \boldsymbol{y}(0) - \boldsymbol{y}(1) &= \begin{bmatrix} 0 \\ 1 \end{bmatrix}. \end{aligned}$$

Es gilt also $\boldsymbol{A} = \begin{bmatrix} 0 & 1 \\ 1 & 0 \end{bmatrix}$, $\boldsymbol{B}_1 = -\boldsymbol{B}_2 = \begin{bmatrix} 1 & 0 \\ 0 & 1 \end{bmatrix} = \boldsymbol{I}$.

Ein Polynomansatz liefert zunächst

$$\boldsymbol{z}^0(x) = \begin{bmatrix} -x^2 \\ -2x \end{bmatrix} \quad \textit{mit } \boldsymbol{z}(0) = \begin{bmatrix} 0 \\ 0 \end{bmatrix}.$$

Die Eigenwerte der Matrix $\boldsymbol{A}$ *sind* $\lambda_1 = 1$, $\lambda_2 = -1$, *zu ihnen gehören, bis auf einen konstanten Faktor jeweils eindeutig, die Eigenvektoren* $[1,1]^T$ *und* $[1,-1]^T$.

Die allgemeine Lösung von

$$\boldsymbol{y}' - \begin{bmatrix} 0 & 1 \\ 1 & 0 \end{bmatrix} \boldsymbol{y} = 0$$

ist daher

$$\boldsymbol{y} = \begin{bmatrix} c_1 e^x + c_2 e^{-x} \\ c_1 e^x - c_2 e^{-x} \end{bmatrix}.$$

Um hieraus das Fundamentalsystem $\boldsymbol{z}^1, \boldsymbol{z}^2$ *zu gewinnen, fordern wir*

$$\boldsymbol{z}^1(0) = \begin{bmatrix} c_{11} + c_{12} \\ c_{11} - c_{12} \end{bmatrix} = \mathbf{e}_1 = \begin{bmatrix} 1 \\ 0 \end{bmatrix}, \qquad \boldsymbol{z}^2(0) = \begin{bmatrix} c_{21} + c_{22} \\ c_{21} - c_{22} \end{bmatrix} = \boldsymbol{e}_2 = \begin{bmatrix} 0 \\ 1 \end{bmatrix},$$

und erhalten

$$c_{11} = c_{12} = \tfrac{1}{2}, \qquad c_{21} = -c_{22} = \tfrac{1}{2}.$$

Daher ergibt sich

$$\boldsymbol{z}^1(x) = \tfrac{1}{2}\begin{bmatrix} e^x + e^{-x} \\ e^x - e^{-x} \end{bmatrix} = \begin{bmatrix} \cosh x \\ \sinh x \end{bmatrix}, \qquad \boldsymbol{z}^2(x) = \tfrac{1}{2}\begin{bmatrix} e^x - e^{-x} \\ e^x + e^{-x} \end{bmatrix} = \begin{bmatrix} \sinh x \\ \cosh x \end{bmatrix}.$$

Es ist dann weiter

$$\begin{aligned} \boldsymbol{Z}(x) &= \begin{bmatrix} \cosh x & \sinh x \\ \sinh x & \cosh x \end{bmatrix}, \qquad \det \boldsymbol{Z}(x) = 1, \\ \boldsymbol{B}_1 + \boldsymbol{B}_2 \boldsymbol{Z}(1) &= \begin{bmatrix} 1 - \cosh 1 & -\sinh 1 \\ -\sinh 1 & 1 - \cosh 1 \end{bmatrix}. \end{aligned}$$

Das Gleichungssystem (15.71) lautet somit, wenn wir $\cosh 1 = \alpha$, $\sinh 1 = \beta$ *setzen,*

$$\begin{aligned} (1-\alpha)s_1 - \beta s_2 &= -1 \\ -\beta s_1 + (1-\alpha)s_2 &= -1 \end{aligned}$$

mit der Lösung

$$s_1^* = s_2^* = \tfrac{\alpha-\beta+1}{2\beta} = \gamma = 0.58198 \; .$$

Die gesuchte Lösung des Randwertproblems ist nach (15.70) daher

$$z(x; s^*) = z^*(x) = \begin{bmatrix} -x^2 + \gamma \cdot (\cosh x + \sinh x) \\ -2x + \gamma \cdot (\sinh x + \cosh x) \end{bmatrix}.$$

Diese Lösung erfüllt auch die Randbedingung $z^*(0) - z^*(1) = [0,1]^T$. □

15.5.2 Das numerische Einfachschießverfahren

In der Regel wird man die genannten $n+1$ Anfangswertprobleme jedoch nicht exakt lösen können; von sehr einfachen Ausnahmen abgesehen, ist man auf numerische Verfahren angewiesen. Dabei kann man etwa folgendermaßen vorgehen:

Man berechnet in weitgehender Analogie zum Verfahren in Abschnitt 15.5.1 mit einem der in Kapitel 14 beschriebenen Einschritt- oder Mehrschrittverfahren Näherungslösungen, also Vektoren

$$z_j^{hi} = [z_{1j}^{hi}, \ldots, z_{nj}^{hi}]^T, \quad j = 0, 1, \ldots, N; \quad i = 0, 1, \ldots, n, \tag{15.73}$$

mit den Anfangswerten

$$z_0^{h0} = 0, \quad z_0^{hi} = e_i, \quad i = 1, 2, \ldots, n.$$

Dabei sind die z_j^{h0} in den Gitterpunkten x_j, $j = 0, 1, \ldots, N$, die numerisch berechneten Näherungen des Anfangswertproblems (15.68), während die z_j^{hi}, $i = 1, \ldots, n$, diejenigen der homogenen Anfangswertprobleme (15.72) sind. Entsprechend der oben in Schritt 2 des Algorithmus durch (15.69) definierten Matrix $Z(x)$ bilden wir jetzt an jedem Gitterpunkt x_j die Matrizen

$$Z_j^h = [z_j^{h1}, \ldots, z_j^{hn}], \qquad j = 0, 1, \ldots, N, \tag{15.74}$$

d.h. Matrizen, deren Spaltenvektoren gerade die z_j^{hi} sind.

Bezeichnen wir das verwendete Einschritt- oder Mehrschrittverfahren mit (V), so lautet der Algorithmus wie folgt:

1. Man bestimme mit Hilfe von (V) die Vektoren

$$z_j^{h0} \quad \text{mit} \quad z_0^{h0} = 0, \qquad j = 0, 1, \ldots, N.$$

2. Man berechne zu $z_0^{hi} = e_i$ mit Hilfe von (V) die Vektoren z_j^{hi}, $i = 1, \ldots, n$; $j = 1, \ldots, N$, und setze

$$z_j^h = z_j^{h0} + Z_j^h s^h = z_j^{h0} + \sum_{i=1}^{n} s_i^h z_j^{hi}. \tag{15.75}$$

3. Sei $B_1 + B_2 Z_N^h$ nichtsingulär, so löse man das System

$$[B_1 + B_2 Z_N^h] s^{h*} = [r - B_2 z_N^{h0}] \tag{15.76}$$

nach s^{h*} auf. Für dieses s^{h*} ist (15.75) in den Gitterpunkten x_j, $j = 0, 1, \ldots, N$, eine Näherungslösung z_j^{h*} der exakten Lösung $z^*(x_j)$ des Randwertproblems (15.65).

In der Tat erfüllt die damit definierte Gitterfunktion die Randbedingungen $B_1 z_0^{h*} + B_2 z_N^{h*} = r$, es gilt:

$$r = B_1[z_0^{h0} + Z_0^h s^h] + B_2[z_N^{h0} + Z_N^h s^h],$$

also wegen $z_0^{h0} = 0$ und $Z_0^h = I$ auch (15.76).

Ist das verwendete Einschritt- oder Mehrschrittverfahren von der Ordnung p, so gilt auch

$$z^*(x_j) - z_j^{h*} = \mathcal{O}(h^p), \quad j = 0, 1, \ldots, N, \tag{15.77}$$

wie man zeigen kann; das Schießverfahren ist also auch konvergent von der Ordnung p.

Beispiel 15.7. *Wir betrachten wieder das Problem in Beispiel 15.6, d.h. das Randwertproblem*

$$\begin{aligned} y' - \begin{bmatrix} 0 & 1 \\ 1 & 0 \end{bmatrix} y &= \begin{bmatrix} 0 \\ x^2 - 2 \end{bmatrix}, \qquad 0 < x < 1, \\ y(0) - y(1) &= \begin{bmatrix} 0 \\ 1 \end{bmatrix}. \end{aligned}$$

Bei Verwendung des Polygonzugverfahrens ($p = 1$) *erhält man für* $h = 0.125$, *also* $N = 8$*:*

1.

$$z_{j+1}^{h0} = z_j^{h0} + 0.125 \begin{bmatrix} 0 & 1 \\ 1 & 0 \end{bmatrix} z_j^{h0} + 0.125 \begin{bmatrix} 0 \\ (0.125j)^2 - 2 \end{bmatrix}, \quad j = 0, 1, \ldots, 7,$$
$$z_0^{h0} = 0.$$

Hieraus errechnet man rekursiv:

j	1	2	3	4
z_{1j}^{h0}	0	−0,03125	−0.06226	−0.15528
z_{2j}^{h0}	−0.25000	−0.49805	−0.74414	−0.98434

j	5	6	7	8
z_{1j}^{h0}	−0.27832	−0.43113	−0.61344	−0.82494
z_{2j}^{h0}	−1.22250	−1.45846	−1.69204	−1.92302

2.

$$z_{j+1}^{hi} = z_j^{hi} + 0.125 \begin{bmatrix} 0 & 1 \\ 1 & 0 \end{bmatrix} z_j^{hi}, \quad i = 1, 2, \quad z_0^{h1} = \begin{bmatrix} 1 \\ 0 \end{bmatrix}, \quad z_0^{h2} = \begin{bmatrix} 0 \\ 1 \end{bmatrix}.$$

Ist $z_k^{h1} = \left[z_{1k}^{h1}, z_{2k}^{h1}\right]^T$, *so folgt hieraus, wie man leicht bestätigt,* $z_k^{h2} = \left[z_{2k}^{h1}, z_{1k}^{h1}\right]^T$.

j	1	2	3	4
$z_{1j}^{h1} = z_{2j}^{h2}$	1	1.01563	1.04688	1.09400
$z_{2j}^{h1} = z_{1j}^{h2}$	0.12500	0.25000	0.37695	0.50781

j	5	6	7	8
$z_{1j}^{h1} = z_{2j}^{h2}$	1.15748	1.23805	1.33671	1.45471
$z_{2j}^{h1} = z_{1j}^{h2}$	0.64456	0.78925	0.94401	1.11110

3. *Es ist das Gleichungssystem*

$$[B_1 + B_2 Z_8^h] s^{h*} = [r - B_2 z_8^{h0}],$$

d.h.

$$\left[I - \begin{bmatrix} 1.45471 & 1.11110 \\ 1.11110 & 1.45471 \end{bmatrix}\right] \begin{bmatrix} s_1^{h*} \\ s_2^{h*} \end{bmatrix} = \left[\begin{bmatrix} 0 \\ 1 \end{bmatrix} + \begin{bmatrix} -0.82494 \\ -1.92302 \end{bmatrix}\right]$$

zu lösen. Man erhält

$$s_1^{h*} = 0.63288, \qquad s_2^{h*} = 0.48345 .$$

Die Lösungen (15.70) sind dann

$$z_j^{h*} = z_j^{h0} + s_1^{h*} z_j^{h1} + s_2^{h*} z_j^{h2}, \qquad z_0^{h1} = +s^{h*} = \begin{bmatrix} 0.63288 \\ 0.48345 \end{bmatrix}.$$

j	1	2	3	4
z_{1j}^{h*}	0.69331	0.92313	0.78253	0.78259
z_{2j}^{h*}	0.31256	0.15118	0.00054	−0.13406

j	5	6	7	8
z_{1j}^{h*}	0.76584	0.73397	0.68892	0.63288
z_{2j}^{h*}	−0.25499	−0.36042	−0.44836	−0.51673

Die Randbedingung ist (näherungsweise) erfüllt, es gilt

$$z_0^{h*} - z_8^{h*} = [0,\ 1.00018]^T.$$

Hier wirken sich Rundungsfehler aus.

Der Vergleich von $z^*(1) = [0.58198,\ -0.41802]^T$ zeigt, daß die numerischen Ergebnisse recht ungenau sind, was im wesentlichen durch das verwendete Verfahren 1. Ordnung bedingt ist. Außerdem ist die Schrittweite $h = 0.125$ im Hinblick auf dieses Verfahren sehr groß. Es ist daher empfehlenswert, ein Verfahren höherer Ordnung, etwa ein Runge–Kutta–Verfahren, zu verwenden. □

Eine ausführliche Darstellung über Schießverfahren, auch der Mehrfachschießverfahren, findet man u.a. in [72, S. 154-191] und [77].

15.5.3 Das Schießverfahren für nichtlineare Randwertaufgaben

Die in den Abschnitten 15.5.1 und 15.5.2 besprochene Zurückführung der Lösung einer Zweipunktrandwertaufgabe auf die Lösung von $n+1$ Anfangswertaufgaben und die Lösung eines linearen Gleichungssystems gestaltete sich aus zwei Gründen einfach. Zum einen ist bei einer linearen Randwertaufgabe die Existenz der Lösung der Anfangswertaufgabe

$$y' - A(x)y = g(x), \qquad y(a) = s$$

für jedes $s \in \mathbb{R}^n$ und $a \leq x \leq b$ gesichert, solange $A \in C[a,b]$. Zum zweiten gibt es ein Fundamentalsystem $Z(x)$, das die allgemeine Lösung der homogenen Anfangswertaufgabe beschreibt. Beides ist bei einer nichtlinearen Zweipunktrandwertaufgabe nicht gegeben. Wir beschreiben nur kurz den Ansatz zur Lösung dieses allgemeinen Falles.

Sei also

$$\begin{aligned} y' &= F(x,y), \\ R(y(a), y(b)) &= 0 \end{aligned}$$

mit $F : [a,b] \times \mathbb{R}^n \to \mathbb{R}^n$, $R : \mathbb{R}^n \times \mathbb{R}^n \to \mathbb{R}^n$ zu lösen. Wie in Abschnitt 15.5.1 betrachten wir die zugeordnete Anfangswertaufgabe

$$\begin{aligned} y' &= F(x,y), \\ y(a) &= s \end{aligned} \tag{15.78}$$

und setzen voraus, daß deren Lösung auf ganz $[a,b]$ existiert. Hängt F differenzierbar von y ab, dann existiert diese Lösung jedenfalls in einem hinreichend kleinen Intervall $[a, a+\delta]$. Die Differenzierbarkeit von F setzen wir im folgenden ebenfalls voraus. Dann ist die Lösung von (15.78) eine Funktion auch von s, die differenzierbar auch von s abhängt. Dies notieren wir durch $y = y(x;s)$ und es ist also ($(\cdot)'$ bezeichnet die Differentiation bzgl. x)

$$y'(x;s) = F(x, y(x;s)), \quad y(a;s) = s.$$

Zu lösen ist somit das in der Regel nichtlineare Gleichungssystem

$$R\Big(y(a;s), y(b;s)\Big) = R(s, y(b;s)) = 0$$

bezüglich s, wobei $y(b;s)$ die Lösung von (15.78) an der Stelle b bedeutet. Dieses nichtlineare Gleichungssystem mit n Gleichungen in n Unbekannten wird man in der Regel nur mit dem gedämpften Newton–Verfahren oder Modifikationen (siehe Band 1, Abschnitt 7.3.1) lösen können. Setzen wir

$$G(s) := R(s, y(b;s)),$$

so benötigen wir die Jacobi-Matrix $\frac{\partial}{\partial s}G(s)$, um das gedämpfte Newton-Verfahren durchzuführen. Prinzipiell ist diese Matrix ebenfalls mittels eines Anfangswertproblems berechenbar, es ist jedoch einfacher und in der Praxis auch üblich, sie durch einfache Differenzenapproximationen anzunähern, etwa durch

$$\frac{\partial}{\partial s}G(s) \approx \frac{1}{\tau}\Big(G(s+\tau e_1) - G(s), \ldots, G(s+\tau e_n) - G(s)\Big).$$

Um den Funktionswert $G(s)$ und diese Näherung für $\frac{\partial}{\partial s}G(s)$ zu berechnen, muß man also ganz analog zum Vorgehen in Abschnitt 15.5.2 $n+1$ Anfangswertprobleme (15.78) mit den Anfangswerten s, $s+\tau e_1, \ldots, s+\tau e_n$ lösen.

Ein Schritt des gedämpften Newton-Verfahrens liefert dann einen verbesserten Wert für s, mit dem der Vorgang wiederholt wird usf. In der Praxis wird man in der Regel keinen sehr guten Startwert $s^{(0)}$ für das eigentlich gesuchte s^* mit $G(s^*) = 0$ besitzen. Dann tritt das Problem auf, daß $y(x; s^{(k)})$ für ein k nicht auf ganz $[a, b]$ existiert, sondern nur auf einem Intervall $[a, a+\delta]$ mit $\delta < b$.

Beispiel 15.8. *Wir betrachten die einfache Zweipunktrandwertaufgabe*

$$y'' + (y')^2 = 0,$$
$$y(0) = 1, \quad y(1) = -4$$

mit der exakten Lösung

$$y(x) = \ln(s^* x + 1) + 1, \qquad s^* = -1 + \exp(-5)$$

und

$$y'(x) = \frac{s^*}{s^* x + 1},$$

also

$$y'(0) = s^*.$$

Die Anfangswertaufgabe

$$y'' + (y')^2 = 0, \quad y(0) = 1, \quad y'(0) = s$$

hat die Lösung

$$y(x; s) = 1 + \ln(s\,x + 1),$$

also

$$\begin{aligned} y(1; -0.99) &= -3.6052, \\ y(1; -0.993262053\ldots) &= -4, \\ y(1; -0.999) &= -5.9078, \end{aligned}$$

während für $s \leq -1$ die Lösung der Anfangswertaufgabe nur auf dem Intervall $[0, -1/s]$ existiert. □

Weil mit $x_i \in [a,b]$ die Lösung der Anfangswertaufgabe

$$\boldsymbol{y}' = \boldsymbol{F}(x,\boldsymbol{y}), \quad \boldsymbol{y}(x_i) = \boldsymbol{s}^i$$

in einem Intervall $x_i - \delta_i < x < x_i + \delta_i$ existiert, kann man dieses Problem durch Aufteilung in Teilprobleme umgehen. Zu einer Zerlegung

$$a = x_0 < x_1 < x_2 < \cdots < x_m = b$$

und geeignet vorgegebenen Anfangswerten $\boldsymbol{s}^i \in \mathrm{R}^n$ an den Stellen x_i definiert man Teillösungen $\boldsymbol{y}_{[i]}(x;\boldsymbol{s}^i)$ durch

$$\begin{aligned} \boldsymbol{y}'_{[i]}(x;\boldsymbol{s}^i) &= \boldsymbol{F}(x;\boldsymbol{y}_{[i]}(x;\boldsymbol{s}^i)), \qquad x_i \le x \le x_{i+1}, \\ \boldsymbol{y}_{[i]}(x_i;\boldsymbol{s}^i) &= \boldsymbol{s}^i, \qquad i = 0,\ldots,m-1. \end{aligned}$$

Es entspricht dann $\boldsymbol{y}_{[0]}(a;\boldsymbol{s}^0)$ dem Wert $\boldsymbol{y}(a)$. Die Teillösungen gehen stetig differenzierbar ineinander über, wenn

$$\boldsymbol{y}_{[i]}(x_{i+1};\boldsymbol{s}^i) = \boldsymbol{s}^{i+1}, \quad i = 0,\ldots,m-1, \tag{15.79}$$

wobei $\boldsymbol{s}^m$ dem Wert $\boldsymbol{y}(b)$ entspricht, und die so zusammengesetzte Lösung löst die Randwertaufgabe, wenn

$$\boldsymbol{R}(\boldsymbol{s}^0,\boldsymbol{s}^m) = 0. \tag{15.80}$$

Dies sind zusammen $m+1$ n–komponentige Gleichungen für die $m+1$ n–komponentigen Unbekannten $\boldsymbol{s}^0,\ldots,\boldsymbol{s}^m$, deren gemeinsame Lösung die Lösung der Randwertaufgabe liefert. Dies ist der Ansatz des Mehrfachschießverfahrens. Das durch (15.79) und (15.80) definierte nichtlineare Gleichungssystem löst man wieder mit einem geeignet modifizierten gedämpften Newton–Verfahren. Auf die technischen Details wollen wir hier jedoch nicht eingehen.

15.6 Differenzenverfahren zur Lösung einfacher Eigenwertprobleme

15.6.1 Das Eigenwertproblem

Es sei wie in den Abschnitten 15.3 und 15.4

$$Ly \equiv -\frac{d}{dx}\Big(p(x)\frac{dy}{dx}\Big) + q(x)y, \tag{15.81}$$

ferner λ ein zunächst unbestimmter Parameter. Dann nennt man das Randwertproblem

$$Ly = \lambda y, \qquad R_1[y] = R_2[y] = 0, \tag{15.82}$$

wobei $R_1[y]$, $R_2[y]$ durch (15.4) definiert sind, ein *Eigenwertproblem* mit der Differentialgleichung $Ly = \lambda y$. Gesucht sind dabei alle Werte von λ, für die das Problem (15.82) Lösungen $y \not\equiv 0$ besitzt, und eben diese Lösungen. Die gesuchten Werte von λ heißen *Eigenwerte*, die zugehörigen Lösungen des Randwertproblems *Eigenlösungen.*

Eigenwertprobleme gewöhnlicher Differentialgleichungen treten z.B. in der Elastizitätstheorie und bei Schwingungsproblemen auf, allerdings sind diese oft von höherer als zweiter Ordnung. Ein einfaches Beispiel für ein Eigenwertproblem zweiter Ordnung ist das Problem der Knickung eines an einem Ende eingespannten Stabes der Länge l von konstantem Querschnitt unter der Einwirkung einer tangential nachfolgenden Kraft P. (siehe Abb. 15.5)

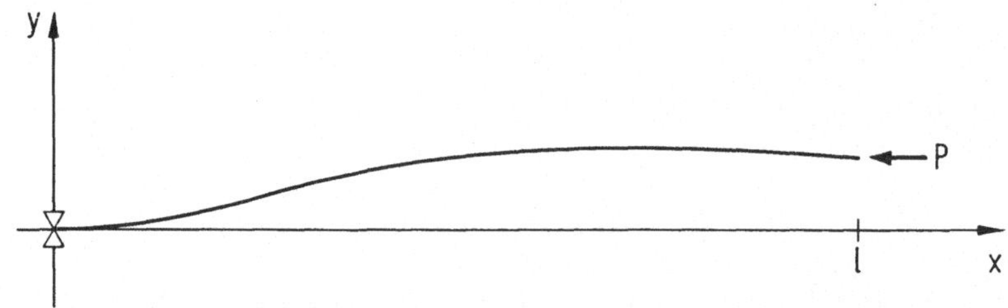

Abbildung 15.5: Stabknickung

Ist E der Elastizitätsmodul des Stabmaterials und I das axiale Flächenträgheitsmoment des Stabes, so lautet die Differentialgleichung der elastischen Linie

$$y'' = -\frac{P}{IE}y.$$

Ist der Stab an der linken Seite eingespannt und soll an der rechten Seite die 1. Ableitung der elastischen Linie verschwinden, so hat man die Randbedingungen

$$y(0) = y'(l) = 0. \tag{15.83}$$

Setzen wir $\frac{P}{IE} = \lambda > 0$, so stellt die Differentialgleichung

$$y'' = -\lambda y \tag{15.84}$$

zusammen mit den Randbedingungen (15.83) ein Eigenwertproblem dar, das sogar exakt gelöst werden kann. Die allgemeine Lösung von (15.84) ist zunächst

$$y = c_1 \cos\sqrt{\lambda}\, x + c_2 \sin\sqrt{\lambda}\, x.$$

Aus $y(0) = 0$ folgt $c_1 = 0$, aus $y'(l) = \sqrt{\lambda}\, c_2 \cos\sqrt{\lambda}\, l = 0$ ergeben sich die Möglichkeiten:

a) $c_2 = 0$, die Lösung ist $y(x) \equiv 0$; sie ist uninteressant.

b) $\sqrt{\lambda} l = (2n-1)\frac{\pi}{2}$, $n = 1, 2, \ldots$. Wegen $\sqrt{\lambda} > 0$ sind diese Werte die einzigen, für die $\cos \sqrt{\lambda}\, l$ verschwindet.

Die Eigenwerte sind dann

$$\lambda_n = \frac{(2n-1)^2\pi^2}{4l^2}, \qquad n = 1, 2, \ldots, \tag{15.85}$$

die Knicklasten errechnen sich wegen $P = IE\lambda$ zu

$$P_n = IE\Big(\frac{(2n-1)\pi}{2l}\Big)^2, \qquad n = 1, 2, \ldots.$$

Die zu den Eigenwerten λ_n gehörigen Eigenfunktionen beschreiben dann jeweils die Form der elastischen Linie.

15.6.2 Das Differenzenverfahren

Von den zahlreichen Methoden zur Lösung von Eigenwertproblemen wollen wir hier nur das einfachste Differenzenverfahren betrachten, und zwar für das Eigenwertproblem (15.82) mit den Randbedingungen

$$R_1[y] = y(a) = 0, \qquad R_2[y] = y(b) = 0. \tag{15.86}$$

Dazu setzen wir die Gültigkeit von

$$p \in C^3[a,b], \quad q \in C^2[a,b], \quad p(x) \geq p_0 > 0, \quad q(x) \geq 0 \quad \text{für } x \in [a,b]$$

voraus und unterteilen das Intervall $[a,b]$ in N Teilintervalle der Länge h. Die Stützstellen sind dann

$$x_0 = a, \quad x_i = x_0 + ih, \quad i = 0, \ldots, N, \quad x_N = b.$$

Wegen (15.81), (15.82) gilt dann zunächst im Punkt $x = x_i$

$$-\frac{p(x_i + \frac{h}{2})y'(x_i + \frac{h}{2}) - p(x_i - \frac{h}{2})y'(x_i - \frac{h}{2})}{h} + q(x_i)y(x_i) = \lambda y(x_i) + \mathcal{O}(h^2),$$

und weiter, wenn $y'(x_i + \frac{h}{2}), y'(x_i - \frac{h}{2})$ durch zentrale Differenzenquotienten ersetzt werden,

$$\begin{aligned} -\frac{p(x_i + \frac{h}{2})[y(x_{i+1}) - y(x_i)] - p(x_i - \frac{h}{2})[y(x_i) - y(x_{i-1})]}{h^2} + q(x_i)y(x_i) \\ = \lambda y(x_i) + \mathcal{O}(h^2), \qquad i = 1, \ldots, N-1. \end{aligned}$$

Läßt man das Restglied fort, ersetzt die $y(x_k)$ durch die Werte y_k^h einer Gitterfunktion mit $y(a) = y_0^h = y(b) = y_N^h = 0$, ferner λ durch λ^h, so erhält man nach Multiplikation mit h^2 das lineare Gleichungssystem

$$-p(x_i - \tfrac{h}{2})y_{i-1}^h + \left[p(x_i - \tfrac{h}{2}) + p(x_i + \tfrac{h}{2}) + h^2 q(x_i)\right] y_i^h - p(x_i + \tfrac{h}{2})y_{i+1}^h = h^2 \lambda^h y_i^h,$$
$$i = 1, \ldots, N-1. \tag{15.87}$$

Mit

$$\left.\begin{aligned} \alpha_i &= p(x_i - \tfrac{h}{2}) + p(x_i + \tfrac{h}{2}) + h^2 q(x_i), \\ \beta_i &= -p(x_i + \tfrac{h}{2}), \end{aligned}\right\} \quad i = 1, \ldots, N-1,$$

$$A = \begin{bmatrix} \alpha_1 & \beta_1 & & & 0 \\ \beta_1 & \alpha_2 & \beta_2 & & \\ & \ddots & \ddots & \ddots & \\ & & \ddots & \ddots & \beta_{N-2} \\ 0 & & & \beta_{N-2} & \alpha_{N-1} \end{bmatrix},$$

und

$$y^h = \left[y_1^h, \ldots, y_{N-1}^h\right]^T,$$

lautet es

$$Ay^h = h^2 \lambda^h y^h. \tag{15.88}$$

Bei Anwendung des Differenzenverfahrens erhält man als Ersatzproblem für (15.82) das algebraische Eigenwertproblem (15.88). Die Matrix A ist hierbei symmetrisch und tridiagonal, ferner strikt ($q > 0$) oder irreduzibel ($q \geq 0$) diagonaldominant. Da sie außerdem die Struktur einer L–Matrix besitzt, ist sie eine Stieltjes–Matrix, also positiv definit. Die Bestimmung der Eigenwerte von A kann etwa mit dem in Abschnitt 10.3 aus Band 1 beschriebenen Intervallhalbierungsverfahren erfolgen. Man erhält die Eigenwertnäherung μ_i^h für λ_i^h mit sehr hoher Genauigkeit und mit dem Wielandtverfahren (Abschnitt 10.1, Band 1) dann ebenfalls sehr genaue Näherungen für die Eigenvektoren $y^h(i)$ zu λ_i^h. Dabei ist

$$y^h(i) = \left[y_1^h(i), \ldots, y_{N-1}^h(i)\right]^T$$

zu setzen. Die λ_i^h werden als Näherungen der Eigenwerte von (15.82), die $y_k^h(i)$ als Näherungen der zugehörigen Werte der Eigenfunktionen $y_i(x_k)$ angesehen. Man kann zeigen, daß diese Annahmen unter den angegebenen Voraussetzungen berechtigt sind. Allerdings gilt dies nur für die p kleinsten Eigenwerte, wenn $p \in \mathbb{N}$ beliebig, aber fest gewählt ist und $h \to 0$, d.h. $N \to \infty$ geht. Es macht also keinen Sinn, alle Eigenwerte von A als Näherungen für Eigenwerte von (15.82) zu betrachten.

Auf ganz ähnliche Weise wendet man Differenzenverfahren auch auf kompliziertere Eigenwertprobleme mit anderen Randbedingungen und auf solche höherer Ordnung an. Dabei wird das vorgelegte Eigenwertproblem stets durch ein algebraisches Eigenwertproblem ersetzt.

Sind etwa an Stelle von (15.86) die Randbedingungen

$$y(a) = 0, \qquad y'(b) = 0$$

gegeben, so ist wie bisher $y_0^h = 0$ zu setzen, während $y'(b)$ durch den Differenzenquotienten

$$\frac{y_N - y_{N-1}}{h} = 0$$

ersetzt wird, woraus $y_N = y_{N-1}$ resultiert. Die letzte Gleichung (15.87) lautet dann mit $i = N-1$

$$-p(x_{N-1} - \tfrac{h}{2})y_{N-2}^h + \left[p(x_{N-1} - \tfrac{h}{2}) + h^2 q(x_{N-1})\right] y_{N-1}^h = h^2 \lambda^h y_{N-1}^h. \tag{15.89}$$

Entsprechend ändert sich nur das letzte Diagonalelement der Matrix $\boldsymbol{A}$.

Beispiel 15.9. *Wir betrachten das Eigenwertproblem (15.84), (15.83), wobei* $p(x) \equiv 1, \quad q(x) = 0$ *gilt. Die Gleichung (15.89) lautet hier*

$$-y_{N-2}^h + y_{N-1}^h = h^2 \lambda^h y_{N-1}^h,$$

und die Matrix $\boldsymbol{A}$ *hat die entsprechende Gestalt*

$$\boldsymbol{A} = \begin{bmatrix} 2 & -1 & & & 0 \\ -1 & 2 & -1 & & \\ & \ddots & \ddots & \ddots & \\ & & -1 & 2 & -1 \\ 0 & & & -1 & 1 \end{bmatrix}.$$

Sie ist wieder eine $(N-1) \times (N-1)$*–Matrix, ihre Eigenwerte lassen sich berechnen:*

$$\begin{aligned} h^2 \lambda_j^h &= 2\left(1 - \cos \frac{(2j-1)\pi}{2N-1}\right) \\ &= \frac{(2j-1)^2 \pi^2}{(2N-1)^2} - \frac{2}{4!} \frac{(2j-1)^4 \pi^4}{(2N-1)^4} + \cdots \quad . \end{aligned}$$

Für großes N *und* $j \ll N$ *gilt daher wegen* $Nh = l$

$$\lambda_j^h \approx \frac{(2j-1)^2 \pi^2}{(2N-1)^2 h^2} = \frac{(2j-1)^2 \pi^2}{(2l-h)^2}.$$

Die exakten Eigenwerte sind dagegen nach (15.85)

$$\lambda_j = \frac{(2j-1)^2\pi^2}{(2l)^2},$$

sie stimmen für kleines h mit λ_j^h *gut überein.* □

Über Eigenwertprobleme bei Differentialgleichungen und deren numerische Lösung gibt es eine umfangreiche Literatur. Wir verweisen etwa auf [15], [62] und die dort zu findenden Literaturverzeichnisse.

15.7 Ergänzungen

15.7.1 Elementares Beispiel bei Anwendung nichtäquidistanter Gitter

Wir betrachten die Randwertaufgabe

$$\varepsilon y'' + y' = 0, \quad y(0) = 0, \quad y(x) \to 1 \quad \text{für } x \to \infty,$$

$\varepsilon > 0$, mit der exakten Lösung $y(x) = 1 - e^{-x/\varepsilon}$. Diese zeigt ein sogenanntes Grenzschichtverhalten, indem sie im Intervall $[0, 10\varepsilon]$ von 0 auf 0.9999546, d.h. praktisch den Endwert, anwächst. Für $\varepsilon \to 0$ ist die Aufgabe nicht mehr lösbar, man spricht von einem singulären Störungsproblem. Aufgaben dieser Art treten z.B. in der Hydrodynamik auf, wo ε die Viskosität bedeutet und oft sehr klein ist. Die Randvorschrift im Unendlichen wird man hier durch eine Randvorschrift für ein „großes" x ersetzen, z.B. $x = 10$. Wenn wir dann unsere Standarddiskretisierung aus Abschnitt 15.2 anwenden, müßten wir $h \leq 2\varepsilon$ wählen, um zu brauchbaren Ergebnissen zu kommen, also z.B. bei $\varepsilon = 0.01$ und $y^h(10) \stackrel{!}{=} 1$ mit 500 Unbekannten (mindestens) arbeiten. In dieser Situation ist es wesentlich besser, eine nichtäquidistante Gittereinteilung zu wählen. Es gilt auf einem nichtäquidistanten Gitter mit

$$x_{-1} < x_0 < x_1 < x_2 < \cdots, \quad x_j = x_{j-1} + h_{j-1}, \quad j = 1, 2, \ldots$$

allgemein

$$\frac{\left(\frac{h_{j-1}}{h_j}\right)(y_{j+1} - y_j) - \left(\frac{h_j}{h_{j-1}}\right)(y_{j-1} - y_j)}{h_j + h_{j-1}} = y'(x_j) + \mathcal{O}(h_{\max}^2). \tag{15.90}$$

Eine ähnliche Formel erhält man für $y''(x_j)$, wenn man das Interpolationspolynom vom Höchstgrad 4 durch die 5 Punkte $(x_{j-2}, y_{j-2}), \ldots, (x_{j+2}, y_{j+2})$ zweimal differenziert und die Ableitung bei x_j berechnet. Dies ergibt die Formel

$$\begin{aligned} f''(x_j) &= 2f[x_{j+1}, x_j, x_{j-1}] + 2(h_{j-1} - h_j)f[x_{j+1}, x_j, x_{j-1}, x_{j-2}] \\ &\quad +2\big((h_{j-1} - h_j)(h_{j-1} + h_{j-2}) - h_{j-1}h_j\big)f[x_{j+2}, x_{j+1}, x_j, x_{j-1}, x_{j-2}] \\ &\quad + \mathcal{O}(h_{\max}^3). \end{aligned}$$

Diese ist anzuwenden für $y(x) = f(x)$. Wenn man die dividierten Differenzen wieder linear durch die Funktionswerte ausdrückt und die Differentialgleichung für $j = 1, \ldots, N-1$ ausnutzt, erhält man $N-1$ Gleichungen mit einer Pentadiagonalstruktur. Für $j = 0$ und $j = N$ muß man ebenfalls noch die Differentialgleichung diskretisieren, aber mit unsymmetrischer Anordnung:

$$\begin{aligned} f''(x_0) &= 2f[x_1, x_0, x_{-1}] + 2(h_{-1} - h_0)f[x_2, x_1, x_0, x_{-1}] + \mathcal{O}(h_{\max}^2) \\ f''(x_N) &= 2f[x_{N+1}, x_N, x_{N-1}] + 2(h_{N-1} - h_N)f[x_{N+1}, x_N, x_{N-1}, x_{N-2}] + \mathcal{O}(h_{\max}^2). \end{aligned}$$

Bei separierten linearen Randbedingungen erhält man dann ein Gleichungssystem in $N+3$ Unbekannten $y_{-1}^h, \ldots, y_{N+1}^h$ mit Pentadiagonalstruktur.

Bei dem vorliegenden Problem verwendet man zweckmäßig eine progressive Gitterstruktur,

$$h_j = c\, h_{j-1},$$

wobei man h_{-1} in der Größenordnung $\varepsilon/10$ und $c > 1$ so wählt, daß

$$\frac{c^{M+1} - 1}{c - 1} = \frac{l}{h_{-1}}$$

mit einem angemessenen Wert für M, etwa $M = 10$, wobei l die geschätzte Breite der Grenzschicht bezeichnet. Wenn man sich mit Formeln erster Ordnung begnügt, kann man die Approximation

$$\begin{aligned} y'(x_0) &= \frac{y_1 - y_0}{h_0} + \mathcal{O}(h_{\max}), \qquad y'(x_N) = \frac{y_N - y_{N-1}}{h_{N-1}} + \mathcal{O}(h_{\max}), \\ y''(x_j) &= \frac{2}{h_{j-1}(h_j + h_{j-1})} y_{j-1} - \frac{2}{h_{j-1}h_j} y_j + \frac{2}{h_j(h_j + h_{j-1})} y_{j+1} + \mathcal{O}(h_{\max}) \end{aligned}$$

verwenden und erhält mit (15.90) ein tridiagonales Gleichungssystem.

15.7.2 Differentialgleichung 4. Ordnung

Ein elastisch gelagerter Balken werde mit einer differentiellen Last $p(x)$ belastet. Die Biegesteifigkeit des Balkens sei $\alpha(x)$ und die Federkraft des Untergrundes $k(x)$. Dann genügt die Durchbiegung y des Balkens der Differentialgleichung

$$(\alpha(x)y'')'' + k(x)y = -p(x), \qquad 0 < x < L.$$

Hinzu kommen die vier Randbedingungen, die die verschiedenen Lagerungen des Balkens beschreiben. Eine Einspannung am rechten Ende $x = L$ wird z.B. beschrieben durch

$$y(L) = 0, \qquad y'(L) = 0,$$

ein Stützlager am linken Ende durch

$$y(0) = 0, \qquad y''(0) = 0.$$

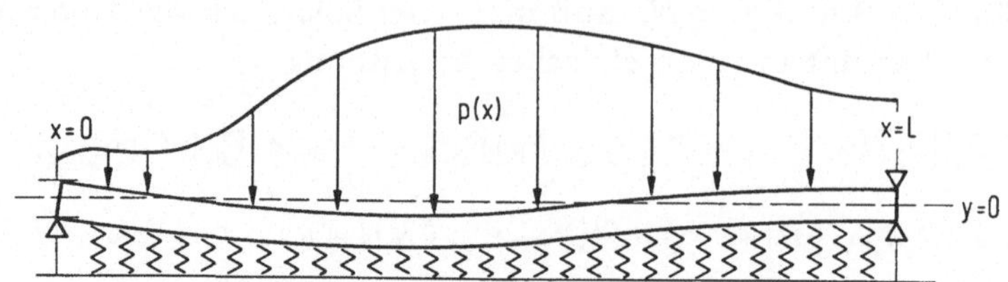

Abbildung 15.6

Im folgenden benutzen wir diese Randbedingungen. Für $\alpha(x) \equiv 1$ kann man den symmetrischen Differenzenquotienten vierter Ordnung verwenden (äquidistantes Gitter):

$$y^{(4)}(x_j) = \frac{1}{h^4}(y_{j-2} - 4y_{j-1} + 6y_j - 4y_{j+1} + y_{j+2}) + \mathcal{O}(h^2).$$

Bei nichtkonstantem α benutzt man die Differenzapproximation

$$\begin{aligned}(\alpha(x)y''(x))''_{|x=x_j} &= \frac{1}{h^4}\Big(y_{j-2}\alpha_{j-1} - 4y_{j-1}\frac{\alpha_j + \alpha_{j-1}}{2} + 6y_j\frac{\alpha_{j-1} + 4\alpha_j + \alpha_{j+1}}{6} \\ &\quad -4y_{j+1}\frac{\alpha_j + \alpha_{j+1}}{2} + y_{j+2}\alpha_{j+1}\Big) + \mathcal{O}(h^2).\end{aligned}$$

Diese Gleichungen werden für $j = 1, \dots, N-1 \quad (x_j = jh, \quad h = L/N)$ aufgestellt. Hinzu kommen die Diskretisierungen der Randbedingungen. Im obigen Fall z.B.

$$\begin{aligned} y''(0) = 0 &\;\hat{=}\; y_{-1}^h - 2y_0^h + y_1^h = 0, \\ y(0) = 0 &\;\hat{=}\; y_0 = y_0^h = 0, \\ y(L) = 0 &\;\hat{=}\; y_N = y_N^h = 0, \\ y'(L) = 0 &\;\hat{=}\; y_{N+1}^h - y_{N-1}^h = 0. \end{aligned}$$

Im Falle

$$\alpha(x) \equiv 1, \qquad k(x) \equiv 0$$

liefert dies mit der Elimination von $y_{-1}^h, y_0^h, y_N^h, y_{N+1}^h$ aus den Randbedingungen das Gleichungssystem

$$\frac{1}{h^4}\begin{bmatrix} 5 & -4 & 1 & & & & \\ -4 & 6 & -4 & 1 & & & \\ 1 & -4 & 6 & -4 & 1 & & \\ & \ddots & \ddots & \ddots & \ddots & \ddots & \\ & & \ddots & \ddots & \ddots & -4 & 1 \\ & & & 1 & -4 & 6 & -4 \\ & & & & 1 & -4 & 7 \end{bmatrix} \begin{bmatrix} y_1^h \\ \vdots \\ \vdots \\ \vdots \\ \vdots \\ \vdots \\ y_{N-1}^h \end{bmatrix} = \begin{bmatrix} -p_1 \\ \vdots \\ \vdots \\ \vdots \\ \vdots \\ \vdots \\ -p_{N-1} \end{bmatrix}.$$

Die Matrix des Gleichungssystems ist in diesem Fall symmetrisch und positiv definit mit einer Konditionszahl von $\mathcal{O}(1/h^4)$. Das Gleichungssystem wird also sehr schnell außerordentlich schlecht konditioniert.

Eine andere Möglichkeit zur Lösung der Balkengleichung besteht in der Aufspaltung in zwei Gleichungen zweiter Ordnung, wo dann das Biegemoment $M(x)$ als neue Unbekannte auftritt:

$$\left.\begin{array}{rcl} -\alpha(x)y'' & = & M(x), \\ -M'' + k(x)y & = & -p(x), \end{array}\right\} \; 0 < x < L.$$

Wendet man nun die übliche Diskretisierung für Gleichungen zweiter Ordnung an, und numeriert man die Unbekannten $y_j^h, M_j^h \hat{=} M(x_j)$ in der Reihenfolge

$$M_1^h, y_1^h, M_2^h, y_2^h, \ldots, M_N^h,$$

dann entsteht ein Gleichungssystem der Ordnung $2N-1$ mit symmetrischer Fünfbandmatrix (im Falle $\alpha(x) \equiv 1, \quad k(x) \equiv 0$), die aber nun *indefinit ist.* Dafür ist ihre Konditionszahl nur $\mathcal{O}(1/h^2)$. Dieses System lautet

$$\boldsymbol{A}\boldsymbol{z} = \boldsymbol{f}$$

mit

$$\boldsymbol{z} = [M_1^h, y_1^h, \ldots, M_{N-1}^h, y_{N-1}^h, M_N^h]^T,$$

$$\boldsymbol{f} = [0, -p_1, \ldots, 0, -p_{N-1}, 0]^T,$$

$$\boldsymbol{A} = \frac{1}{h^2}\left[\begin{array}{cccccccccccccc}
-h^2 & 2 & 0 & -1 & & & & & & & & & \\
2 & 0 & -1 & 0 & 0 & & & & & & & & \\
0 & -1 & -h^2 & 2 & 0 & -1 & & & & & & & \\
-1 & 0 & 2 & 0 & -1 & 0 & 0 & & & & & & \\
 & 0 & 0 & -1 & -h^2 & 2 & 0 & -1 & & & & & \\
 & & -1 & 0 & 2 & 0 & -1 & 0 & & & & & \\
 & & & 0 & 0 & -1 & -h^2 & 2 & \vdots & & & & \\
 & & & & -1 & 0 & 2 & 0 & \vdots & & & & \\
 & & & & & 0 & 0 & -1 & \vdots & -1 & & & \\
 & & & & & & -1 & 0 & \vdots & 0 & 0 & & \\
 & & & & & & & 0 & \vdots & 2 & 0 & -1 & \\
 & & & & & & & & \vdots & 0 & -1 & 0 & 0 \\
 & & & & & & & & \vdots & -1 & -h^2 & 2 & 0 \\
 & & & & & & & & \vdots & 0 & 2 & 0 & -1 \\
 & & & & & & & & & & 0 & -1 & -\frac{1}{2}h^2
\end{array}\right].$$

Dabei entsteht die letzte Gleichung aus

$$\begin{aligned} y_{N-1} &= y_N - hy'_N + \tfrac{h^2}{2}y''_N + \mathcal{O}(h^3) \\ &= -\tfrac{h^2}{2}M_N + \mathcal{O}(h^3) \end{aligned}$$

wegen $y_N = y'_N = 0$.

Aufgaben

A 15.1 Man führe das Randwertproblem

$$L\,y \equiv x^2y'' + 2y' - x^4y = \mathrm{e}^x, \qquad y(0) - 2y'(0) = 1, \quad y(1) - y'(1) = -1$$

auf ein solches mit homogenen Randbedingungen zurück.

A 15.2 Man bringe die Differentialgleichung

$$L\,y \equiv y'' - (x^2 \cos x)y' + (\sin x)y = 0$$

auf eine selbstadjungierte Form.

A 15.3 Man löse das Randwertproblem

$$L\,y \equiv y'' - x\,y' + y = 1, \qquad 0 < x < 1, \quad y(0) = y'(1) = 1$$

numerisch durch das in Abschnitt 15.2 beschriebene Differenzenverfahren und setze dabei $h = 0.2$. Anschließend bestimme man die exakte Lösung und vergleiche deren Werte mit den erhaltenen Näherungen.

A 15.4 Man untersuche, ob das Randwertproblem in Aufgabe A 15.3 die Voraussetzungen des Satzes 15.1 erfüllt.

A 15.5 Es sei das Randwertproblem

$$-\frac{d}{dx}\left(-x\frac{dy}{dx}\right) + 16xy = 4\cos 4x, \qquad 0 < x < \frac{\pi}{4}, \quad y(0) = y(\pi/4) = 0,$$

vorgelegt.

a) Man löse es näherungsweise mit dem Ritzschen Verfahren und verwende dabei die Ansatzfunktionen

$$\varphi_i(x) = x^i, \quad i = 0, \ldots, 4.$$

b) Mit Hilfe eines periodischen Ansatzes löse man das Randwertproblem exakt und vergleiche die Lösung mit der in a) erhaltenen Näherung.

A 15.6 Man löse das Randwertproblem aus Aufgabe A 15.5 näherungsweise

a) mit dem Differenzenverfahren,

b) mit der Methode der finiten Elemente bei Verwendung von stückweise linearen Ansatzfunktionen.

In beiden Fällen wähle man $h = \pi/32$ und vergleiche die Ergebnisse an den Stellen $x_i = ih, \quad i = 1, \ldots, 7$, miteinander.

A 15.7 Man löse das Randwertproblem aus Aufgabe A 15.5 mit der Methode der finiten Elemente bei Verwendung kubischer Splines und wähle $h = \pi/8$.

A 15.8 Mit dem Differenzenverfahren löse man näherungsweise das Eigenwertproblem

$$-y'' + y = -\lambda y, \qquad y(0) = y'(1) = 0,$$

und wähle $h = 0.2$.

A 15.9 Für das Randwertproblem

$$\begin{aligned} y'' &= q(x)y + r(x), \qquad x \in [a,b], \\ y(a) &= 0, \\ y(b) &= 0, \end{aligned}$$

benutze man ein Differenzenverfahren der Form

$$\begin{aligned} y_{j+1}^h - 2y_j^h + y_{j-1}^h &= h^2 \left\{\alpha_1 q_{j+1} y_{j+1}^h + \alpha_0 q_j y_j^h + \alpha_{-1} q_{j-1} y_{j-1}^h\right\} \\ &+ h^2 \left\{\alpha_1 r_{j+1} + \alpha_0 r_j + \alpha_{-1} r_{j-1}\right\}, \\ & j = 1, \ldots, N, \end{aligned}$$

mit $q_j = q(x_j)$, $r_j = r(x_j)$, $y_0^h = y_{N+1}^h = 0$ und $h = \dfrac{b-a}{N+1}$. Man bestimme die Koeffizienten $\alpha_1, \alpha_0, \alpha_{-1}$ so, daß das Verfahren von 4. Ordnung konsistent ist.

A 15.10 Es sei

$$\begin{aligned} F(x, y', y'') &= 0 \\ y(a) &= y_a \\ y'(b) &= z_b \end{aligned}$$

vorgelegt. Man gebe Diskretisierungen für y' und y'' an, die diese Ableitungen von 2. Ordnung genau approximieren. Ferner formuliere man hinreichende Bedingungen an die Funktion

$$F \ : \ [a,b] \times \mathbb{R}^2 \to \mathbb{R},$$

die garantieren, daß das entstehende nichtlineare Gleichungssystem für hinreichend kleine Schrittweiten h, $0 < h < h_0$, iterativ lösbar ist. Man bestimme ein geeignetes h_0 und schlage ein konvergentes Iterationsverfahren zur Lösung des nichtlinearen Gleichungssystems vor.

A 15.11 Sei $y \in C^6([a,b])$ die Lösung des Randwertproblems

$$\begin{aligned} Ly(x) &= -y''(x) + p(x)y'(x) + q(x)y(x) = r(x), \qquad x \in (a,b), \\ y(a) &= \alpha, \\ y(b) &= \beta, \end{aligned}$$

mit

$$|p(x)| \le p_*, \quad 0 < q^* \le |q(x)|, \qquad x \in [a,b].$$

Man zeige, daß die Näherungslösung $y_j^h = y^h(x_j;h)$, die der Standard-Differenzenoperator L_h zu L liefert, für $h < \dfrac{2}{p_*}$ der Fehlerentwicklung

$$y(x_j) - y^h(x_j;h) = e(x_j)h^2 + \mathcal{O}(h^4), \qquad j = 0, \ldots, N+1,$$

mit $h = \dfrac{b-a}{N+1}$ genügt, wobei $e(x)$ die von h unabhängige Lösung des Randwertproblems

$$\begin{aligned} Le(x) &= \phi(x) = -\frac{1}{12}y^{(4)}(x) + \frac{1}{6}p(x)y^{(3)}(x), \qquad x \in (a,b), \\ e(a) &= 0, \\ e(b) &= 0 \end{aligned}$$

ist.

A 15.12 Zur Lösung der Randwertaufgabe

$$\begin{aligned} y'' - (1+x^2)y &= 0, \qquad -1 < x < 1, \\ y(-1) &= 1, \\ y(1) &= 1 \end{aligned}$$

verwende man das Verfahren von Ritz. Man wähle einen Ansatz $\phi_i(x) = x^i(x^2-1)$ $(i = 0,1,2)$ zur Lösung des halbhomogenen Problems.

A 15.13 Man kann zeigen, daß die Lösung der Randwertaufgabe

$$\begin{aligned} y'' &= f(x,y), \\ y(0) &= 0, \qquad y'(1) + p'(y(1)) = 0 \end{aligned}$$

das Minimum des nichtlinearen Funktionals

$$F(u) := \int_0^1 \{\frac{1}{2}(u'(x))^2 + g(x,u(x))\}dx + p(u(1))$$

auf

$$D := \{u \in C^2[0,1] : u(0) = 0\}$$

liefert und daß umgekehrt die Minimalstelle dieses Funktionals die Randwertaufgabe löst, falls gilt:

$$\partial_2 g(x,u(x)) = f(x,u(x)), \qquad \partial_2 f(x,u) \geq 0, \qquad p''(w) \geq 0, \quad w \in \mathbb{R}.$$

Man approximiere die Lösung der Randwertaufgabe nach der Methode aus Abschnitt 15.4.3. Welche Approximationen für das Integral und für u' sind aufgrund der Eigenschaften von $u \in D$ sinnvoll? Wie lautet das Gleichungssystem explizit im Falle $h = 0.2$, $f(x,y) = y^3$, $p(w) = w^2$?

A 15.14 Man nähere die Lösung des Randwertproblems

$$\begin{aligned} -y'' + y &= t, \qquad t \in [0,1], \\ y(0) &= 0, \\ y(1) &= 0 \end{aligned}$$

mit der Methode der finiten Elemente und stückweise linearen Ansatzfunktionen mit $h = 1/4$ an. Man vergleiche mit der exakten Lösung.

A15.15

a) Es sei die lineare Randwertaufgabe

$$(1) \qquad Ly \equiv -(py')' + qy = g, \qquad y(a) = \alpha, \qquad y(b) = \beta$$

mit $p \in C^1([a,b])$, $g, q \in C([a,b])$, $\alpha \geq 0$ oder $\beta \geq 0$, $p(x) \geq p_0 > 0$ und $q(x) > 0$ für $x \in [a,b]$ vorgelegt. Man zeige, daß für die Lösung z von (1) mit $g \equiv 0$ gilt:

$$\max\{z(x) \mid a \leq x \leq b\} = \max\{z(a), z(b)\}.$$

b) Der Differenzenoperator T sei durch

$$(Tu)_j \quad := \quad -b_j u_{j-1} + a_j u_j - c_j u_{j+1}$$

für $u \in \mathbb{R}^{n+2}, j = 1, \ldots, n$ mit $b_j > 0$, $c_j > 0$ und $a_j \geq b_j + c_j$ definiert. Man zeige, daß die Gitterfunktion $V = \{V_j\}_{j=0,\ldots,n+1}$ mit $(TV)_j \leq 0$ für $j = 1, \ldots, n$ und $\max\{V_j \mid j = 0, \ldots, n+1\} \geq 0$ dem folgenden Maximumprinzip genügt:

$$\max\{V_j \mid j = 0, \ldots, n+1\} = \max\{V_0, V_{n+1}\}.$$

A15.16 Vorgelegt sei das lineare Randwertproblem

$$(1) \qquad \left\{ \begin{array}{rcll} y''(x) & = & 110\, y(x) + y'(x), & 0 \leq x \leq 10, \\ y(0) & = & 1, & \\ y(10) & = & 1. & \end{array} \right\}$$

a) Man schreibe (1) in ein lineares System von Differentialgleichungen 1. Ordnung (2) um, und bestimme dessen allgemeine Lösung, (d.h. ohne Einarbeitung der Randdaten).

b) Sei $\boldsymbol{y}(x; \boldsymbol{s})$ die Lösung von (2) zu der Anfangsbedingung

$$[y_1(0), y_2(0)]^T = s.$$

Man bestimme $\boldsymbol{y}(x; \boldsymbol{s})$ explizit.

c) Man bestimme die spezielle Lösung von (1) und den exakten Vektor $\bar{s}$.

d) Bei der Berechnung von $\bar{s}$ in 10–stelliger Gleitpunktarithmetik erhält man statt $\bar{s}$ bestenfalls einen Näherungswert $\tilde{s}$ der Form

$$\tilde{s} = \begin{pmatrix} 1(1+\varepsilon_1) \\ -10(1+\varepsilon_2) \end{pmatrix}$$

mit $|\varepsilon_i| \leq \varepsilon = 10^{-10}$.
Man bestimme $y_1(10; \tilde{s})$ mit $\tilde{s} = [1, -10 + 10^{-9}]^T$ und gebe eine Darstellung der Form

$$\|\boldsymbol{y}(10; \bar{s}) - \boldsymbol{y}(10; \tilde{s})\| \;\leq\; C \|\bar{s} - \tilde{s}\|$$

an.

A 15.17

a) Man löse das lineare Randwertproblem

$$\begin{aligned} y'' &= 10y - 9y' + t, \quad 0 < t < 1, \\ y(0) &= y(1) = 0. \end{aligned}$$

b) Man bestimme gemäß Satz 15.6 den Hauptteil der asymptotischen Entwicklung des globalen Diskretisierungsfehlers.

Teil VII

Numerische Lösung von partiellen Differentialgleichungen

Zahlreiche technische und physikalische Aufgaben lassen sich mathematisch als partielle Differentialgleichungsprobleme formulieren. Da es jedoch – von einfachsten und oft uninteressanten Fällen abgesehen – kaum praktisch brauchbare Methoden gibt, ihre Lösung exakt zu bestimmen, ist man auf numerische Verfahren angewiesen.

Es gibt eine große Zahl von Verfahren, die für spezielle Klassen von Differentialgleichungsproblemen entwickelt wurden, jedoch nicht allgemein verwendbar sind. Auf solche Verfahren soll hier nicht eingegangen werden. Überwiegend verwendet man heute sogenannte Diskretisierungsverfahren wie z.B. Differenzenverfahren und die Methode der finiten Elemente. Sie sind im Prinzip bei allen partiellen Differentialgleichungsproblemen anwendbar und liefern als numerisches Ersatzproblem ein algebraisches Problem, wie wir dies bei der numerischen Lösung gewöhnlicher Differentialgleichungen bereits kennengelernt haben. Diese Verfahren lassen sich auch den Erfordernissen von Vektor- und Parallelrechnern anpassen. Aus diesen Gründen wollen wir uns fast ausschließlich mit ihnen beschäftigen.

Weiter wollen wir uns darauf beschränken, das Prinzip der Verfahren an relativ einfachen Klassen von linearen und nichtlinearen partiellen Differentialgleichungsproblemen zu beschreiben. Wer ein Diskretisierungsverfahren an einem einfachen Modell studiert hat, kann sich in der Regel anhand der Literatur auch in die Anwendung des Verfahrens bei schwierigeren Problemen einarbeiten. Gerade in der Technik sind unkonventionelle und komplizierte Differentialgleichungsprobleme nicht selten.

Häufig führen naturwissenschaftliche und technische Fragestellungen auch auf Integralgleichungen und Integrodifferentialgleichungen, die dann in der Regel ebenfalls numerisch gelöst werden müssen. Hierauf gehen wir in Kapitel 20 kurz ein.

16 Differenzenverfahren zur numerischen Lösung von Anfangs- und Anfangs-Randwertproblemen bei hyperbolischen und parabolischen Differentialgleichungen

16.1 Klassifizierung. Charakteristiken

16.1.1 Lineare, halblineare und quasilineare Gleichungen 2. Ordnung

Als *partielle Differentialgleichung zweiter Ordnung* bei n unabhängigen Veränderlichen $x_1, \ldots, x_n$ für eine gesuchte Funktion $u(x_1, \ldots, x_n)$ bezeichnet man die Gleichung

$$F(x_1, \ldots, x_n, u, u_{x_1}, \ldots, u_{x_n}, u_{x_1x_1}, u_{x_1x_2}, \ldots, u_{x_nx_n}) = 0, \quad n \geq 2.$$

Es treten in ihr also außer $x_1, \ldots, x_n$ und u erste und zweite Ableitungen der Funktion u nach den Veränderlichen $x_1, \ldots, x_n$ auf, und zwar im allgemeinen Fall nichtlinear. Die in Technik und Naturwissenschaft auftretenden Differentialgleichungen 2. Ordnung sind jedoch fast immer quasilinear, halblinear oder linear und lassen sich in der Form

$$Lu = \sum_{i,k=1}^{n} A_{ik} u_{x_i x_k} = f \tag{16.1}$$

darstellen. Eine Differentialgleichung der Gestalt (16.1) nennt man

a) *quasilinear*, wenn mindestens einer der Koeffizienten A_{ik} eine Funktion von mindestens einer der Variablen u, $u_{x_1}, \ldots, u_{x_n}$ ist,

b) *halblinear*, wenn die A_{ik} höchstens Funktionen von $x_1, \ldots, x_n$ sind, f jedoch nichtlinear von mindestens einer der Variablen u, $u_{x_1}, \ldots, u_{x_n}$ abhängt,

c) *linear*, wenn die A_{ik} wie in b) sind und f die Gestalt

$$\sum_{i=1}^{n} A_i u_{x_i} + Au + B$$

hat.

Dabei können im Fall c) die A_i, A, B noch Funktionen der unabhängigen Veränderlichen $x_1, \ldots, x_n$ sein. Quasilineare, halblineare und lineare Differentialgleichungen haben gemeinsam, daß die höchsten Ableitungen linear auftreten. In unserem Fall von Differentialgleichungen zweiter Ordnung treten alle zweiten Ableitungen linear auf, bei Differentialgleichungen von höherer als zweiter Ordnung kann die Definition entsprechend erweitert werden.

16.1.2 Typeneinteilung

Für die weitere Klassifizierung ordnen wir dem nach (16.1) gebildeten Differentialoperator L die quadratische Form

$$Q = \sum_{i,k=1}^{n} A_{ik} p_i p_k \tag{16.2}$$

mit den Variablen p_j, $j = 1, \ldots, n$, zu. Definieren wir die reelle $n \times n$-Matrix $\boldsymbol{A} = [A_{ik}]$ und den Vektor $\boldsymbol{p} = [p_1, \ldots, p_n]^T$, so kann (16.2) auch in der Gestalt

$$Q = \boldsymbol{p}^T \boldsymbol{A} \boldsymbol{p}$$

geschrieben werden. Dabei wird $\boldsymbol{A}$ als symmetrisch vorausgesetzt; sonst kann die Matrix $\bar{\boldsymbol{A}} = [\bar{A}_{ik}]$ mit $\bar{A}_{ik} = \bar{A}_{ki} = \frac{1}{2}(A_{ik} + A_{ki})$ gebildet werden, und diese ist symmetrisch mit $\boldsymbol{p}^T \boldsymbol{A} \boldsymbol{p} = \boldsymbol{p}^T \bar{\boldsymbol{A}} \boldsymbol{p}$.

Wir nehmen nun an, daß in einem Bereich $B \subset \mathrm{R}^n$ eine Lösung $u(x_1, \ldots, x_n) = u(\boldsymbol{x})$ existiert. Im quasilinearen Fall denken wir uns diese Lösung in die A_{ik} eingesetzt, so daß in allen drei Fällen die Matrix $\boldsymbol{A}$ höchstens noch von $x_1, \ldots, x_n$, d.h. vom Punkt $\boldsymbol{x} \in \mathrm{R}^n$, $\boldsymbol{x} = [x_1, \ldots, x_n]^T$, abhängt.

Wegen der Symmetrie von $\boldsymbol{A}$ gibt es eine Orthonormalmatrix $\boldsymbol{T}$, so daß

$$\boldsymbol{T}^T \boldsymbol{A} \boldsymbol{T} = \boldsymbol{B} \tag{16.3}$$

eine reelle Diagonalmatrix mit den Diagonalelementen B_i, $i = 1, \ldots, n$, ist. Diese sind gerade die Eigenwerte von $\boldsymbol{A}$. Setzen wir $\boldsymbol{q} = \boldsymbol{T}^T \boldsymbol{p}$, so gilt wegen $\boldsymbol{T}^{-1} = \boldsymbol{T}^T$ nach (16.3)

$$Q = \boldsymbol{p}^T \boldsymbol{A} \boldsymbol{p} = \boldsymbol{p}^T \boldsymbol{T} \boldsymbol{B} \boldsymbol{T}^T \boldsymbol{p} = \boldsymbol{q}^T \boldsymbol{B} \boldsymbol{q} = \sum_{i=1}^{n} B_i q_i^2. \tag{16.4}$$

Man bezeichnet

a) die Anzahl der negativen B_i als den *Trägheitsindex* τ,

b) die Anzahl der verschwindenden B_i als den *Defekt* δ
der quadratischen Form Q.

Definition 16.1. *Im festen Punkt* $\boldsymbol{x} \in B \subset \mathsf{R}^n$ *heißt die Differentialgleichung (16.1) (im quasilinearen Fall bezüglich der eingesetzten Lösung* $u(\boldsymbol{x})$*!)*

a) **hyperbolisch,** *wenn dort* $\delta = 0, \quad \tau = 1$ *oder* $\tau = n - 1$,

b) **parabolisch,** *wenn dort* $\delta > 0$,

c) **elliptisch,** *wenn dort* $\delta = 0, \quad \tau = 0$ *oder* $\tau = n$,

d) **ultrahyperbolisch,** *wenn dort* $\delta = 0, \quad 1 < \tau < n - 1$

ist. □

Diese Klassifizierung der Differentialgleichungen 2. Ordnung ist geometrischer Art, denn

$$\sum_{i=1}^{n} B_i x_i^2 = c$$

mit der positiven reellen Zahl c ist im Falle a) ein *Hyperboloid,* im Falle b) ein *Paraboloid* und im Falle c) ein *Ellipsoid* im R^n. Ultrahyperbolische Gleichungen gibt es offenbar nur für $n \geq 4$.

Die obige Klassifizierung kann im allgemeinen jeweils nur für einen Punkt erfolgen, sie ist daher lokal. Sind alle A_{ik} Konstante, so erhalten wir eine globale Klassifizierung. Man beachte auch die Schwierigkeit, daß der Typ einer quasilinearen Differentialgleichung nicht nur von der Stelle $\boldsymbol{x} \in B \subset \mathsf{R}^n$, sondern auch von der eingesetzten Lösung abhängt. So ist z.B. die quasilineare Differentialgleichung

$$u_{x_1 x_1} + u u_{x_2 x_2} = 0$$

an einer Stelle $\boldsymbol{x}$ hyperbolisch, parabolisch oder elliptisch, je nachdem, ob die Lösung $u(\boldsymbol{x})$ dort negativ, null oder positiv ist. Daß der Typ einer Differentialgleichung auch von der jeweils betrachteten Stelle abhängen kann, sieht man am Beispiel der linearen Differentialgleichung

$$u_{x_1 x_1} - x_2 u_{x_2 x_2} = 0.$$

Sie ist hyperbolisch für $x_2 > 0$, parabolisch für $x_2 = 0$ und elliptisch für $x_2 < 0$.

Wir untersuchen weiter nur noch den Fall $n = 2$, setzen x, y statt x_1, x_2 und betrachten die Differentialgleichung

$$Lu = a u_{xx} + 2b u_{xy} + c u_{yy} = f, \tag{16.5}$$

wobei wir a, b, c an die Stelle der Koeffizienten A_{11}, A_{12}, A_{22} gesetzt haben. Die Matrix $\boldsymbol{A}$ lautet dann

$$\boldsymbol{A} = \begin{bmatrix} a & b \\ b & c \end{bmatrix},$$

ihre Eigenwerte sind

$$\lambda_{1,2} = \frac{a+c}{2} \pm \tfrac{1}{2}\sqrt{(a+c)^2 - 4(ac-b^2)}.$$

Offenbar gilt

$$\begin{array}{lll} \operatorname{sign}\lambda_1 = -\operatorname{sign}\lambda_2 & \text{für} & ac-b^2<0, \\ \lambda_1 = a+c, \quad \lambda_2 = 0 & \text{für} & ac-b^2=0, \\ \operatorname{sign}\lambda_1 = \operatorname{sign}\lambda_2 & \text{für} & ac-b^2>0. \end{array}$$

Da die B_i in (16.4) gerade die Eigenwerte von A sind, folgt somit aus der Definition 16.1 unmittelbar die

Definition 16.2. *Die Differentialgleichung (16.5) ist im festen Punkt* $(x,y) \in \mathbb{R}^2$

hyperbolisch, wenn dort $ac - b^2 < 0$,

parabolisch, wenn dort $ac - b^2 = 0$,

elliptisch, wenn dort $ac - b^2 > 0$

gilt. □

Bei den gewöhnlichen Differentialgleichungen haben wir als Differentialgleichungsprobleme Anfangswertprobleme und Randwertprobleme (mit Einschluß der Eigenwertprobleme) betrachtet. Für eine Differentialgleichung zweiter Ordnung etwa waren dies sachgemäß gestellte Probleme. Bei den partiellen Differentialgleichungen hängt die Frage, welches Differentialgleichungsproblem sachgemäß gestellt ist, zusätzlich vom Typ der Gleichung ab. Die Typeneinteilung ist nicht zuletzt auch für die numerische Lösung unentbehrlich. Wir werden das im Verlauf dieses Abschnittes noch eingehend erläutern.

Bezüglich aller Fragen, die mit der Klassifizierung von Differentialgleichungsproblemen beliebiger Ordnung zusammenhängen, vergleiche man etwa die ausführliche Darstellung in [62, S. 150 ff.].

16.1.3 Charakteristiken

Die bisherige Klassifizierung erforderte nur algebraische und geometrische Hilfsmittel, der Differentialgleichung wurde eine quadratische Form zugeordnet. Im Gegensatz dazu ordnen wir jetzt der Differentialgleichung (16.5) die partielle Differentialgleichung erster Ordnung

$$a\varphi_x^2 + 2b\varphi_x\varphi_y + c\varphi_y^2 = 0 \tag{16.6}$$

zu. Dabei ist im quasilinearen Fall wieder eine Lösung u der Differentialgleichung (16.5) in die Koeffizienten a, b, c einzusetzen. Wir suchen die reellen Lösungen von (16.6), die der Nebenbedingung

$$\varphi_x^2 + \varphi_y^2 > 0 \tag{16.7}$$

genügen. Sei φ eine solche Lösung, so wird durch $\varphi(x,y) = c$ mit willkürlichen Konstanten c eine Kurvenschar im $\mathbb{R}^2$ gegeben. Die Kurven dieser Schar heißen *Charakteristiken* der Differentialgleichung (16.5).

Wegen (16.7) verschwinden φ_x und φ_y nicht gleichzeitig. Angenommen, es gilt $\varphi_y \neq 0$, so folgt aus $\varphi(x,y) = c$ die Gleichung

$$\frac{dx}{dy} = -\frac{\varphi_x}{\varphi_y}.$$

Dividieren wir (16.6) durch $\varphi_y^2 \neq 0$ und setzen diesen Ausdruck ein, so ergibt sich die quadratische Gleichung

$$a\left(\frac{dy}{dx}\right)^2 - 2b\,\frac{dy}{dx} + c = 0$$

mit den beiden Wurzeln

$$\begin{aligned} \frac{dy}{dx} &= \tfrac{1}{a}\left(b + \sqrt{-(ac-b^2)}\right), \\ \frac{dy}{dx} &= \tfrac{1}{a}\left(b - \sqrt{-(ac-b^2)}\right). \end{aligned} \tag{16.8}$$

Die reellen Lösungen dieser beiden gewöhnlichen Differentialgleichungen sind die Charakteristiken. Man erkennt, daß elliptische Differentialgleichungen $(ac - b^2 > 0)$ keine Charakteristiken besitzen, da die rechten Seiten von (16.8) komplexe Funktionen sind. Bei parabolischen Differentialgleichungen erhält man dagegen eine, bei hyperbolischen Differentialgleichungen zwei Scharen von Charakteristiken. Ihre Richtungen, die *charakteristischen Richtungen*, sind durch (16.8) gegeben.

Beispiel 16.1. a) *Für die Differentialgleichung*

$$u_t - u_{xx} = 0,$$

bei der eine der unabhängigen Variablen die Zeit t ist, gilt $a = -1$, $b = c = 0$ und somit $ac - b^2 = 0$. Sie ist daher parabolisch, ihre charakteristische Richtung ist nach (16.8)

$$\frac{dt}{dx} = 0,$$

die Charakteristikenschar demnach durch

$$t = \alpha$$

gegeben, wobei α eine beliebige reelle Konstante ist. Die Charakteristiken sind daher die Parallelen zur x–Achse.

b) Die Differentialgleichung

$$u_{xx} - u_{tt} = 0$$

ist hyperbolisch, denn wegen $a = 1,\quad b = 0,\quad c = -1$ *gilt* $ac - b^2 = -1 < 0$. *Die charakteristischen Richtungen sind nach (16.8)*

$$\frac{dt}{dx} = 1, \qquad \frac{dt}{dx} = -1,$$

die beiden Charakteristikenscharen werden also durch

$$t = -x + \alpha_1, \qquad t = x + \alpha_2 \tag{16.9}$$

gegeben, wobei α_1, α_2 *beliebige Konstante sind. Die beiden Scharen schneiden die* x*–Achse unter den Winkeln* $\pi/4$ *und* $3\pi/4$*, sich selbst unter dem Winkel* $\pi/2$. □

Aus (16.8) folgt noch allgemein, daß die Charakteristikenscharen bei konstanten a, b, c stets Geradenscharen sind.

16.2 Lineare und halblineare hyperbolische Anfangswertprobleme zweiter Ordnung

16.2.1 Normalform und Anfangswertproblem

Wenn ein Anfangswertproblem einer hyperbolischen Differentialgleichung zweiter Ordnung zur Lösung vorgelegt ist, empfiehlt sich im allgemeinen der Versuch, dieses auf ein Anfangswertproblem eines Systems von partiellen Differentialgleichungen erster Ordnung zu reduzieren. Bei zwei unabhängigen Veränderlichen ist die Reduktion stets möglich. Mit Anfangswertproblemen solcher Systeme und ihrer numerischen Lösung werden wir uns in Kapitel 17 befassen.

Einfache Anfangswertprobleme von linearen und halblinearen Differentialgleichungen zweiter Ordnung kann man direkt mit einem Differenzenverfahren numerisch lösen. Wir wollen in diesem Abschnitt ein solches Verfahren beschreiben. Dabei zeigen sich auch allgemeinere Aspekte der numerischen Lösung hyperbolischer Anfangswertprobleme.

Zunächst kann man jede lineare und halblineare hyperbolische Differentialgleichung zweiter Ordnung in zwei unabhängigen Veränderlichen x, t, wobei t in der Regel die Zeit bedeutet, durch eine einfache Koordinatentransformation in die Gestalt

$$u_{tt} - u_{xx} = f(x, t, u, u_x, u_t) \tag{16.10}$$

überführen. Man vergleiche hierzu etwa [62, S.166 ff.]. Die Gestalt (16.10) einer hyperbolischen Gleichung bezeichnet man auch als ihre *Normalform.* Mit der ursprünglichen Differentialgleichung ist auch (16.10) linear und somit f von der Gestalt

$$f(x,t,u,u_x,u_t) = a_1(x,t)u_x + a_2(x,t)u_t + a(x,t)u + g(x,t).$$

Auch die Grundform

$$u_{xt} = h(x,t,u,u_x,u_t)$$

läßt sich für die genannte Klasse von Differentialgleichungen, ebenfalls mit Hilfe einer Koordinatentransformation, stets erreichen. Wir werden uns jedoch nur mit (16.10) befassen.

Das Anfangswertproblem dieser Gleichung lautet dann: Gesucht ist für $a \leq x \leq b$ eine Lösung der Differentialgleichung (16.10), die außerdem den Anfangsbedingungen

$$u(x,0) = f_0(x), \qquad u_t(x,0) = f_1(x), \qquad a \leq x \leq b,$$

genügt. Dabei sind f_0, f_1 auf $[a,b]$ definierte vorgegebene Funktionen.

Unter bestimmten Voraussetzungen über f, f_0, f_1, die wir hier aber nicht erörtern wollen, gibt es genau eine Lösung dieses Anfangswertproblems, und zwar in dem Rhombus mit den Ecken $(a,0)$, $(b,0)$, $((b+a)/2,(b-a)/2)$, $((b+a)/2,-(b-a)/2)$.

Die Charakteristiken der Differentialgleichung (16.10) sind nach (16.9) die Scharen

$$t = -x + \alpha_1, \qquad t = x + \alpha_2,$$

die vier durch die genannten Ecken hindurchgehenden Charakteristiken sind demnach

$$t = \pm(x-a), \qquad t = \pm(x-b).$$

Sie schneiden aus der (x,t)-Ebene gerade den Rhombus heraus, in dem die Lösung des Anfangswertproblems eindeutig bestimmt ist. Setzt man die Funktionen f_0, f_1 über das Intervall $[a,b]$ hinaus fort, so haben ihre Werte dort keinen Einfluß auf die Lösung in dem genannten Bereich. Man sieht dies unmittelbar ein für $f = 0$, wo die eindeutige Lösung bekanntlich

$$u(x,t) = \tfrac{1}{2}\left\{f_0(x+t) + f_0(x-t) + \int_{x-t}^{x+t} f_1(\xi)d\xi\right\} \qquad (16.11)$$

lautet. Setzt man etwa

$$(x,t) = \left(\tfrac{b+a}{2}, \tfrac{b-a}{2}\right),$$

so folgt aus (16.11)

$$u\left(\tfrac{b+a}{2}, \tfrac{b-a}{2}\right) = \tfrac{1}{2}\left\{f_0(a) + f_0(b) + \int_a^b f_1(\xi)d\xi\right\}.$$

Die Lösung im Eckpunkt $(\frac{b+a}{2}, \frac{b-a}{2})$ des besagten Bereichs hängt in der Tat nur von den Anfangswerten auf $[a,b]$ ab. Allgemeiner erkennt man aus (16.11), daß die

Lösung im Punkt (ξ,τ) nur von den Anfangsdaten auf demjenigen Teil der x-Achse abhängt, der von den durch (ξ,τ) gehenden Charakteristiken ausgeschnitten wird, also vom Intervall

$$\tau-\xi \leq x \leq \tau+\xi.$$

Ändert man daher außerhalb dieses Intervalls die Funktionen $f_0(x)$, $f_1(x)$ ab, so hat dies auf die Lösung des Anfangswertproblems innerhalb und auf dem Rand des beschriebenen Bereiches keinen Einfluß.

Wir betrachten jetzt das Anfangswertproblem

$$u_{tt}-u_{xx}=f(x,t,u), \qquad u(x,0)=f_0(x), \quad u_t(x,0)=f_1(x), \tag{16.12}$$

$$a \leq x \leq b,$$

und nehmen an, daß es im abgeschlossenen Rhombus $\bar{G}$ mit den Eckpunkten

$$(a,0), \quad (b,0), \quad \left(\tfrac{b+a}{2},\tfrac{b-a}{2}\right), \quad \left(\tfrac{b+a}{2},-\tfrac{b-a}{2}\right)$$

genau eine Lösung besitzt. Dies setzt gewisse Eigenschaften von f, f_0, f_1 voraus, auf die wir an dieser Stelle jedoch nicht eingehen wollen.

16.2.2 Das Differenzenverfahren

Um zu Differenzenverfahren zu gelangen, überziehen wir $\bar{G}$ mit einem quadratischen Gitter G_h (siehe Abb. 16.1) der Maschenweite h.

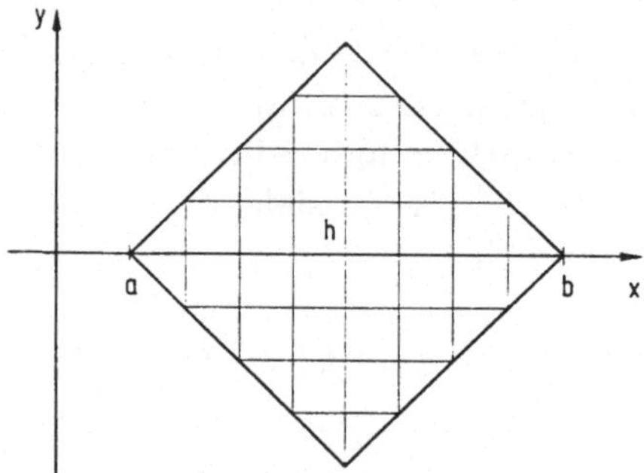

Abbildung 16.1: Das Gitter G_h

Das Gitter besteht aus allen Gitterpunkten, die innerhalb und auf dem Rande von $\bar{G}$ liegen. Es ist daher

$$\begin{aligned} G_h=\Big\{(x_i,t_j)\in\bar{G} \quad &: x_i=a+ih, \quad i=1,\ldots,2N;\\ &t_j=\pm jh, \quad j=0,1,\ldots,i \quad \text{für } i\leq N,\\ &j=0,1,\ldots,2N-i \quad \text{für } i\geq N\Big\}.\end{aligned}$$

Dabei ist $x_{2N} = a + 2Nh = b$.

Sei nun $u(x,t)$ die hinreichend oft differenzierbare Lösung des Anfangswertproblems (16.12), sei ferner auch f bezüglich u hinreichend oft differenzierbar. Dann gilt

$$\frac{u(x_i,t_{j+1}) - 2u(x_i,t_j) + u(x_i,t_{j-1})}{h^2} - \frac{u(x_{i+1},t_j) - 2u(x_i,t_j) + u(x_{i-1},t_j)}{h^2}$$
$$= f(x_i,t_j,u(x_i,t_j)) + \mathcal{O}(h^2),$$

falls alle benutzten Punkte in G_h liegen, wie man durch Taylorentwicklung sofort bestätigt. Löst man diese Gleichung nach $u(x_i,t_{j+1})$ auf, so erhält man für $j \geq 1$ die Rekursion

$$u(x_i,t_{j+1}) = u(x_{i-1},t_j) + u(x_{i+1},t_j) - u(x_i,t_{j-1}) + h^2 f(x_i,t_j,u(x_i,t_j)) + \mathcal{O}(h^4), \tag{16.13}$$

und aus den Anfangsvorgaben in (16.12) folgt entsprechend

$$u(x_i,0) = f_0(x_i), \quad u(x_i,h) - u(x_i,0) = hf_1(x_i) + \mathcal{O}(h^2),$$

also

$$u(x_i,0) = f_0(x_i), \quad u(x_i,h) = f_0(x_i) + hf_1(x_i) + \mathcal{O}(h^2). \tag{16.14}$$

Wir lassen nun die Restglieder $\mathcal{O}(h^4)$ und $\mathcal{O}(h^2)$ fort und ersetzen die Werte $u(x_k,t_l)$, $(x_k,t_l) \in G_h$, durch Werte $u^h_{k,l}$ einer auf G_h definierten Gitterfunktion. Beschränken wir uns zunächst auf den oberen Teil von G_h ($j \geq 0$), so ergeben sich damit aus (16.13), (16.14) die Gleichungen

$$u^h_{i,j+1} = u^h_{i-1,j} + u^h_{i+1,j} - u^h_{i,j-1} + h^2 f(x_i,t_j,u^h_{i,j}), \qquad j \geq 1, \tag{16.15}$$

$$u^h_{i,0} = f_0(x_i), \qquad u^h_{i,1} = f_0(x_i) + hf_1(x_i). \tag{16.16}$$

Dabei ist jeweils $(x_i,t_{j+1}) \in G_h$, $j \geq 1$, zu fordern. Dann liegen auch offenbar alle anderen benutzten Punkte (x_{i-1},t_j), (x_{i+1},t_j), (x_i,t_j), (x_i,t_{j-1}), $(x_i,0)$, (x_i,h), auf G_h.

Das Problem (16.15), (16.16) ist ein partielles Differenzen-Anfangswertproblem. Es ist bei vorgegebenen Funktionen $f_0(x), f_1(x)$ eindeutig lösbar. Denn (16.16) liefert zunächst die Anfangswerte $u^h_{i,0}$ und $u^h_{i,1}$, daraufhin erhält man aus (16.15) die Werte

$$u^h_{i,2} = u^h_{i+1,1} + u^h_{i-1,1} - u^h_{i,0} + h^2 f(x_i,t_1,u^h_{i,1}).$$

Setzt man die Rechnung gemäß (16.15) fort und berechnet nacheinander die $u^h_{i,3}$, $u^h_{i,4},\ldots,u^h_{N,N}$, so erhält man in jedem Punkt $(x_i,t_j) \in G_h$ eindeutig den Wert $u^h_{i,j}$.

Wenn die rechte Seite f der Differentialgleichung in (16.12) noch von u_x, u_t abhängt, so sind diese Größen durch entsprechende Differenzenquotienten zu ersetzen. Dabei muß darauf geachtet werden, daß alle verwendeten Punkte (x_i,t_j) auch auf G_h liegen. Ein Restglied von der gleichen Ordnung $\mathcal{O}(h^4)$ wie in (16.13) wird man jedoch nur erhalten, wenn u_x, u_t durch zentrale Differenzenquotienten ersetzt werden. Bei der Approximation von u_t tritt dann jedoch der gesuchte Wert $u^h_{i,j+1}$ auf, und zwar nichtlinear, wenn f in u_t nichtlinear ist. Die (16.15) entsprechende Gleichung ist dann eine nichtlineare Gleichung in $u^h_{i,j+1}$ und muß im allgemeinen iterativ gelöst werden.

Aufgrund der Herleitung des Verfahrens ist sofort zu ersehen, wie im Falle $j \leq 0$ vorgegangen werden muß.

Die Frage, mit welcher Genauigkeit die Näherungen $u^h_{i,j}$ die exakten Lösungswerte $u(x_i, t_j)$ approximieren, soll in einem anderen Zusammenhang erst in Kapitel 17 genauer untersucht werden. Man kann jedoch unter zusätzlichen Voraussetzungen zeigen, daß mit einer von h unabhängigen Konstanten C und für alle h mit $0 < h \leq h_0$ die Abschätzung

$$\left|u^h_{i,j} - u(x_i, t_j)\right| \leq C\, h^2, \qquad (x_i, t_j) \in G_h,$$

gilt. Dabei ist h_0 eine hinreichend kleine Konstante.

Bei den bisherigen Betrachtungen haben wir ein quadratisches Gitter G_h, d.h. ein solches mit quadratischen Maschen, zugrundegelegt. Das ist immer dann möglich, wenn die Differentialgleichung in der Normalform (16.10) gelöst wird und stellt in diesem Falle auch die beste Gitterwahl dar. Notwendig ist die Zugrundelegung eines quadratischen Gitters jedoch nicht, man kann auch rechteckige Gitter verwenden.

Wir wollen das an einem einfachen Anfangswertproblem der Wellengleichung, und zwar an

$$u_{tt} - c^2 u_{xx} = 0, \qquad u(x,0) = f_0(x), \quad u_t(x,0) = f_1(x), \quad 0 \leq x \leq 1, \qquad (16.17)$$

mit der Konstanten c untersuchen. Die Charakteristiken der Differentialgleichung $u_{tt} - c^2 u_{xx}$ berechnen sich nach (16.17) zu

$$t = \pm\tfrac{1}{c}x + \alpha,$$

wobei α eine willkürliche reelle Konstante bedeutet. Es gilt somit

$$\left|c\frac{dt}{dx}\right| = 1.$$

Durch die Anfangsvorgaben auf $[0,1]$ ist die Lösung eindeutig bestimmt in dem Parallelogramm $\bar{G}$, das von den durch die Punkte $(0,0)$, $(1,0)$, hindurchgehenden vier Charakteristiken aus der (x,t)–Ebene herausgeschnitten wird (siehe Abb. 16.2).

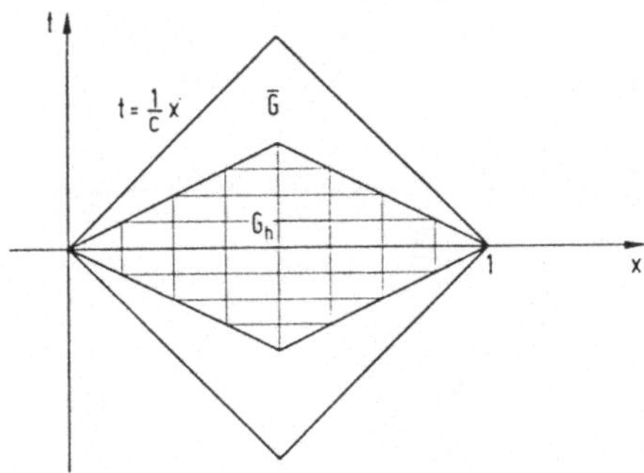

Abbildung 16.2: $\bar{G}$ und Gitter G_h für $|c\frac{\Delta t}{\Delta x}| < 1$

Das entsprechend (16.15), (16.16) gebildete Differenzen-Anfangswertproblem lautet, wenn

$$\Delta x = x_{i+1} - x_i, \qquad \Delta t = t_{j+1} - t_j, \qquad \frac{\Delta t}{\Delta x} = \lambda = \text{const},$$

gesetzt wird,

$$\begin{aligned} u^h_{i,j+1} &= 2\Big[1 - \Big(c\frac{\Delta t}{\Delta x}\Big)^2\Big]u^h_{i,j} + \Big(c\frac{\Delta t}{\Delta x}\Big)^2\Big(u^h_{i-1,j} + u^h_{i+1,j}\Big) - u^h_{i,j-1}, \\ u^h_{i,0} &= f_0(x_i), \qquad u^h_{i,1} = f_0(x_i) + hf_1(x_i). \end{aligned}$$

Das zugrundegelegte Gitter mit der Maschenweite Δx, Δt bezeichnen wir hier und im folgenden wieder mit G_h, um die umständlichere Schreibweise $G_{\Delta t}$ oder $G_{\Delta x}$ zu vermeiden. Es genügt in allen Fällen, h mit der Schrittweite Δt zu identifizieren. Die *Steigung* des Gitters G_h ist $\frac{\Delta t}{\Delta x}$ (vgl. Abb. 16.2), während die Steigung der Charakteristiken $\frac{dt}{dx} = \frac{1}{c}$ ist. Wählt man nun

$$\Big|c\frac{\Delta t}{\Delta x}\Big| \le 1,$$

so liegt G_h ganz im Existenzbereich $\bar{G}$ der Lösung, wie dies in Abb. 16.2 eingezeichnet ist (für $\left|c\frac{\Delta t}{\Delta x}\right| < 1$). Es ist dann $\left|\frac{\Delta t}{\Delta x}\right| \le \left|\frac{dt}{dx}\right| = \frac{1}{c}$. Man kann somit erwarten, daß in diesem Falle die berechneten $u^h_{i,j}$ in der Tat Approximationen der $u(x_i, t_j)$ sind. Wählt man dagegen $\left|c\frac{\Delta t}{\Delta x}\right| > 1$, so ist $\left|\frac{\Delta t}{\Delta x}\right| > \left|\frac{dt}{dx}\right| = \frac{1}{c}$, und das Gitter hat die in Abb. 16.3 skizzierte Gestalt.

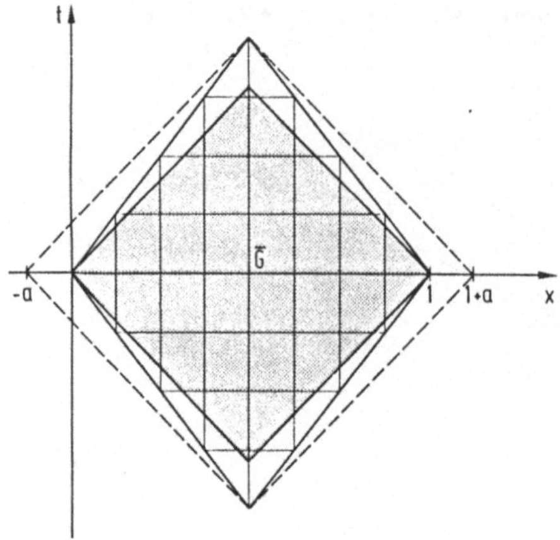

Abbildung 16.3: Das Gitter G_h für $|c\frac{\Delta t}{\Delta x}| > 1$

Es liegt nicht mehr ganz im Existenz- und Eindeutigkeitsbereich der Lösung. So hängt z.B. der exakte Lösungswert $u(x_N, t_N)$ nicht von den Anfangswerten auf $[0,1]$, sondern von den Anfangsvorgaben auf dem Intervall $[-a, 1+a]$, $a = \frac{1}{2}\left(|c\Delta t/\Delta x| - 1\right)$ ab, das von den durch (x_N, t_N) gehenden, in Abb. 16.3 gestrichelt gezeichneten Charakteristiken ausgeschnitten wird.

Um diesen Wert berechnen zu können, müßte man also das Anfangswertproblem (16.17) auf $-a \le x \le 1 + a$ erweitern. Man kann in diesem Fall daher auch nicht erwarten, daß der nur aus den Anfangsvorgaben auf $[0,1]$ berechnete Wert $u^h_{N,N}$ den Lösungswert $u(x_N, t_N)$ approximiert, was in der Regel auch nicht der Fall ist. Man hat daher stets $\left|c\frac{\Delta t}{\Delta x}\right| \le 1$ zu wählen. Für $c = 1$ ist $\Delta t = \Delta x$ stets zulässig, allgemein ist das optimale Gitter durch $\Delta x = c\Delta t$ gekennzeichnet.

Auf das Problem der geeigneten Wahl der Gitterkonstanten Δt, Δx werden wir in Kapitel 17 bei der numerischen Lösung von hyperbolischen Systemen erster Ordnung zurückkommen.

16.3 Explizite Differenzenverfahren für lineare parabolische Anfangs–Randwertprobleme zweiter Ordnung

16.3.1 Problemstellung

In Abschnitt 16.1 haben wir die Differentialgleichung

$$Lu = \sum_{i,k=1}^{n} A_{ik} u_{x_i x_k} = f$$

als parabolisch bezeichnet, wenn der Defekt der mit $A = [A_{ik}]$ gebildeten quadratischen Form positiv ist. Dies ist gleichbedeutend damit, daß A mindestens einen verschwindenden Eigenwert besitzt, also singulär ist.

Bei den parabolischen Differentialgleichungen, die in naturwissenschaftlichen und technischen Bereichen auftreten, ist eine der unabhängigen Veränderlichen meistens die Zeit t. Lineare parabolische Gleichungen haben dann in der Regel die Gestalt

$$Lu \equiv u_t - \sum_{i,k=1}^{n} a_{ik}(\boldsymbol{x},t)u_{x_i x_k} - \sum_{i=1}^{n} a_i(\boldsymbol{x},t)u_{x_i} - a(\boldsymbol{x},t)u = f(\boldsymbol{x},t).$$

Sie beschreiben Vorgänge der Wärmeleitung und Diffusion sowie gewisse chemische Reaktionen. Für $n = 1$ und mit

$$x_1 = x, \qquad a_{11} = a, \qquad a_1 = b, \qquad a = c$$

erhält man

$$Lu \equiv u_t - a(x,t)u_{xx} - b(x,t)u_x - c(x,t)u = f(x,t).$$

Sachgemäß gestellte Probleme mit parabolischen Differentialgleichungen sind Anfangs-Randwertprobleme und reine Anfangswertprobleme. Wir werden uns jedoch nur mit der numerischen Lösung der für die Anwendungen wichtigeren Anfangs–Randwertprobleme befassen.

Ein typisches Beispiel hierfür ist die Abkühlung eines Drahtes oder dünnen Stabes der Länge l, der zur Zeit $t = 0$ eine Anfangs–Temperaturverteilung $u(x,0) = u_0(x)$ besitzt und dessen Enden auf der konstanten Temperatur $u = 0$ gehalten werden.

Da die Differentialgleichung hier in der einfachen Gestalt $u_t - a\,u_{xx} = 0$ mit der positiven Konstanten a angenommen werden kann, wird dieser Abkühlvorgang durch folgendes Anfangs–Randwertproblem beschrieben:

Gesucht ist für $0 < x < l$ und $t > 0$ eine Lösung der Differentialgleichung

$$Lu \equiv u_t - a\,u_{xx} = 0, \quad a > 0,$$

die der Anfangsbedingung

$$u(x,0) = u_0(x), \qquad 0 \le x \le l,$$

und der Randbedingung

$$u(0,t) = u(l,t) = 0, \qquad t \ge 0,$$

genügt.

Wir werden künftig die Lösungen parabolischer Gleichungen nur bis zu einer endlichen Zeit $t = T$ berechnen und betrachten das Gebiet

$$G(T): \; 0 < x < l; \quad 0 < t < T.$$

Gelöst werden soll dann das Anfangs–Randwertproblem

$$\begin{aligned} Lu \equiv u_t - a(x,t)u_{xx} - b(x,t)u_x - c(x,t)u &= f(x,t) && (x,t) \in G(T), \\ u(x,0) &= u_0(x), && 0 \le x \le l, \\ u(0,t) &= \varphi(t), && \\ u(l,t) &= \psi(t), && 0 \le t \le T. \end{aligned} \tag{16.18}$$

Dieses Problem besitzt genau eine Lösung u, wenn a, b, c, $f \in C^0(\bar{G}(T))$, $u_0 \in C^0([0,l])$, φ, $\psi \in C^0([0,T])$, $u_0(0) = \varphi(0)$, $u_0(l) = \psi(0)$. Dabei ist $\bar{G}(T) = G(T) \cup \dot{G}(T)$, also gleich dem abgeschlossenen Bereich, der aus $G(T)$ durch Hinzunahme seines Randes $\dot{G}(T)$ entsteht. Die Lösung ist in $G(T)$ bezüglich t einmal, bezüglich x zweimal stetig differenzierbar und geht stetig in die vorgeschriebenen Anfangs- und Randvorgaben $u_0(x)$, $\varphi(t)$, $\psi(t)$ über.

16.3.2 Ein explizites Einschritt–Differenzenverfahren

Zur Konstruktion von Differenzenverfahren überziehen wir den abgeschlossenen Bereich $\bar{G}(T)$ mit einem Rechteckgitter $\bar{G}_h(T)$[1]. Die Maschenweiten dieses Gitters seien Δx und Δt und es gelte $l = M\Delta x$, $T = N\Delta t$ mit ganzzahligen M, N. (siehe Abb. 16.4)

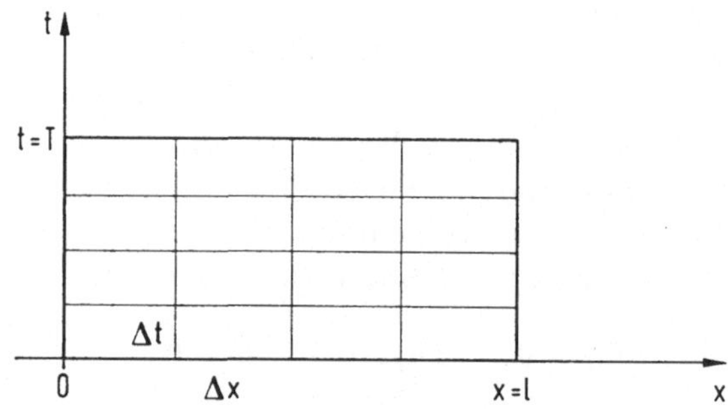

Abbildung 16.4: Das Gitter $\bar{G}_h(T)$.

Das Gitter $\bar{G}_h(T)$ besteht daher aus den Punkten

$$(x_i, t_j) = (i\Delta x, j\Delta t), \qquad i = 0, \ldots, M, \quad j = 0, \ldots, N.$$

Die Gesamtheit aller in $G(T)$ liegenden Punkte seien $G_h(T)$, ferner setzen wir stets voraus, daß das Verhältnis von Δt zu $(\Delta x)^2$ konstant ist:

$$\frac{\Delta t}{(\Delta x)^2} = \lambda > 0.$$

[1]Dabei kann h sowohl mit Δt als auch mit Δx identifiziert werden, wir vermeiden damit die Schreibweisen $\bar{G}_{\Delta t}(T)$, $\bar{G}_{\Delta x}(T)$.

Auf $G_h(T)$ approximieren wir nun die Differentialgleichung in (16.18) durch eine Differenzengleichung

$$L_h u^h_{i,j} = f(x_i, t_j) \tag{16.19}$$

mit

$$\begin{aligned} L_h u^h_{i,j} &= \tfrac{1}{\Delta t}(u^h_{i,j+1} - u^h_{i,j}) - a(x_i,t_j)\tfrac{1}{(\Delta t)^2}(u^h_{i+1,j} - 2u^h_{i,j} + u^h_{i-1,j}) \\ &\quad - b(x_i,t_j)\tfrac{1}{2\Delta t}(u^h_{i+1,j} - u^h_{i-1,j}) - c(x_i,t_j)u^h_{i,j}, \\ &\quad i = 1, \ldots M-1, \quad j = 0, \ldots, N-1. \end{aligned} \tag{16.20}$$

Dabei sind die $u^h_{r,s}$ die Werte einer auf $\bar{G}_h(T)$ definierten Gitterfunktion u^h. Der Ausdruck (16.20) läßt sich umschreiben zu

$$\begin{aligned} \Delta t L_h u^h_{i,j} &= u^h_{i,j+1} - \Big(\lambda a(x_i,t_j) - \tfrac{1}{2}\sqrt{\lambda\Delta t}\, b(x_i,t_j)\Big)u^h_{i-1,j} \\ &\quad - \Big(1 - 2\lambda a(x_i,t_j) + \Delta t c(x_i,t_j)\Big)u^h_{i,j} \\ &\quad - \Big(\lambda a(x_i,t_j) + \tfrac{1}{2}\sqrt{\lambda\Delta t}\, b(x_i,t_j)\Big)u^h_{i+1,j}. \end{aligned} \tag{16.21}$$

Sollen die Lösungen von (16.19) Näherungen der exakten Lösungswerte sein, so muß die Differenzengleichung in geeigneter Weise die Differentialgleichung approximieren. Wie man durch Taylorentwicklung in (x_i, t_j) bestätigt, gilt hier für jede hinreichend oft differenzierte Funktion w

$$L_h w(x_i,t_j) - (Lw)_{(x_i,t_j)} = \mathcal{O}(\Delta t), \qquad \Delta t \to 0, \quad (x_i,t_j) \in G_h(T). \tag{16.22}$$

Wir sagen deshalb, der Differenzenoperator L_h ist auf $G_h(T)$ *konsistent* zum Differentialoperator L, oder kürzer, L_h sei konsistent.

Aus (16.19) und (16.21) erhält man

$$\begin{aligned} u^h_{i,j+1} &= \Big(\lambda a(x_i,t_j) - \tfrac{1}{2}\sqrt{\lambda\Delta t}\, b(x_i,t_j)\Big)u^h_{i-1,j} \\ &\quad + \Big(1 - 2\lambda a(x_i,t_j) + \Delta t c(x_i,t_j)\Big)u^h_{i,j} \\ &\quad + \Big(\lambda a(x_i,t_j) + \tfrac{1}{2}\sqrt{\lambda\Delta t}\, b(x_i,t_j)\Big)u^h_{i+1,j} + \Delta t\, f(x_i,t_j) \end{aligned} \tag{16.23}$$

mit den Anfangs- und Randbedingungen gemäß (16.18)

$$\begin{aligned} u^h_{r,0} &= u_0(x_r), & r &= 0, \ldots, M, \\ u^h_{0,s} &= \varphi(t_s), & s &= 0, \ldots, N, \\ u^h_{M,s} &= \psi(t_s), & s &= 0, \ldots, N. \end{aligned} \tag{16.24}$$

Das Problem (16.23), (16.24) ist ein explizites lineares Differenzen–Anfangs–Randwertproblem. Es ist eindeutig lösbar: Für $j = 0$ sind wegen (16.24) alle Größen auf der rechten Seite von (16.23) bekannt. Die $u^h_{i,1}$, $i = 1, \ldots, M-1$, sind daher eindeutig bestimmt. Offenbar gilt das rekursiv auch für alle $u^h_{i,j+1}$.

Beispiel 16.2. *Wir betrachten das Anfangs–Randwertproblem*

$$Lu \equiv u_t - au_{xx} = 0 \quad (x,t) \in G(T), \qquad u(x,0) = u_0(x), \quad 0 \le x \le 1,$$
$$u(0,t) = \varphi(t), \qquad u(l,t) = \psi(t), \qquad 0 \le t \le T.$$

Dabei ist a eine positive Konstante.

Hier gilt $b \equiv c \equiv f \equiv 0$. *Das Differenzenverfahren (16.19), (16.20) lautet daher*

$$u^h_{i,j+1} = \lambda a\Big(u^h_{i-1,j} + u^h_{i+1,j}\Big) + (1 - 2\lambda a)u^h_{i,j}. \tag{16.25}$$

Setzt man insbesondere $\lambda a = a(\Delta t/(\Delta x)^2) = \frac{1}{2}$, *so entsteht das sehr einfache Verfahren*

$$u^h_{i,j+1} = \tfrac{1}{2}\Big(u^h_{i-1,j} + u^h_{i+1,j}\Big). \tag{16.26}$$

□

16.3.3 Konvergenz des Verfahrens

Wir wollen jetzt versuchen, die Differenz

$$\varepsilon^h_{i,j} = u^h_{i,j} - u(x_i, t_j), \qquad (x_i, t_j) \in G_h(T)$$

für $\Delta t \to 0$ (also auch für $\Delta x \to 0$) abzuschätzen, d.h. die Frage nach der Konvergenz des Verfahrens zu beantworten.

Der durch (16.19), (16.20) definierte Differenzenoperator L_h kann auf alle Gitterfunktionen angewendet werden, die auf $\bar{G}_h(T)$ definiert sind. Der Definitionsbereich von L_h ist daher die Menge aller auf $\bar{G}_h(T)$ definierten Gitterfunktionen.

Wir führen nun noch in Analogie zu $G(T), \bar{G}(T), \dot{G}(T)$ die Mengen $G(\tau), \bar{G}(\tau), \dot{G}(\tau)$, $0 < \tau < T$, ein. Es ist also

$$G(\tau): \quad 0 < x < l; \quad 0 < t < \tau.$$

Entsprechend definieren wir $\bar{G}(\tau) = G(\tau) \cup \dot{G}(\tau)$. Die Menge aller Gitterpunkte in $G(\tau)$ bzw. $\bar{G}(\tau)$ bzw. $\dot{G}(\tau)$ bezeichnen wir wieder mit $G_h(\tau)$ bzw. $\bar{G}_h(\tau)$ bzw. $\dot{G}_h(\tau)$. Ferner sei $G^0(\tau): \ 0 < x < l; \ \ 0 \le t < \tau$ und $G^0_h(\tau)$ die Menge der Gitterpunkte in dieser Menge. Schließlich sei $\Gamma(\tau)$ der Teil des Randes $\dot{G}(\tau)$, der aus der Strecke $t = 0$, $x \in [0, l]$ und den beiden Vertikalen $x = 0$ und $x = l$ für $0 \le t \le \tau$ besteht, die entsprechende Menge der Gitterpunkte nennen wir $\Gamma_h(\tau)$.

Definition 16.3. *Der Differenzenoperator* L_h *heißt* stabil, *wenn es eine nicht von* Δt *abhängende Konstante* $R > 0$ *gibt, so daß für jedes Gitter* $\bar{G}_h(T)$ *mit* $\Delta t > 0$, $\Delta t/(\Delta x)^2 = \lambda$ *und jede dort definierte Gitterfunktion* w^h *die Ungleichung*

$$|w^h_{i,j}| \le R\Big\{\max_{(x_k,t_l)\in\Gamma_h(T)} |w^h_{k,l}| + \max_{(x_r,t_s)\in G^0_h(T)} |L_h w^h_{r,s}|\Big\}, \qquad (x_i, t_j) \in G_h(T), \tag{16.27}$$

gilt. □

Ist der Differenzenoperator L_h stabil, so gilt für die Lösung von (16.19), (16.20) die Abschätzung

$$|u_{i,j}^h| \le R\Big\{\max_{(x_k,t_l)\in\Gamma_h(T)} |u_{k,l}^h| + \max_{(x_r,t_s)\in G_h^0(T)} |f(x_r,t_s)|\Big\}, \quad (x_i,t_j)\in G_h(T).$$

Die Werte der Lösung von (16.19), (16.20) in $G_h(T)$ hängen also stetig von den Randwerten und von den Werten der rechten Seite der Differenzengleichung ab. Eine kleine Änderung der Randwerte oder der rechten Seite bewirkt auch nur eine entsprechend kleine Änderung der Lösung der Differenzengleichung.

Definition 16.4. *Es sei $u(x,t)$ die Lösung des Anfangs-Randwertproblems (16.18). Ein durch (16.19) gegebenes Differenzenverfahren mit vorgegebenen Werten auf $\Gamma_h(T)$ gemäß (16.24) heißt* konvergent, *wenn für jedes $(x_r,t_s)\in G_h(T)$*

$$\lim_{\substack{\Delta t\to 0\\ N\to\infty\\ (r\Delta x,s\Delta t)\to(x,t)}} u_{r,s}^h = u(x,t), \qquad (x,t)\in G(T),$$

gilt. Es heißt darüber hinaus konvergent von der Ordnung $p>0$, *wenn*

$$\max_{(x_r,t_s)\in G_h(T)} |u_{r,s}^h - u(x_r,t_s)| \le K(\Delta t)^p$$

mit einer positiven Konstanten K gilt. □

Wir nehmen jetzt an, daß die Lösung $u(x,t)$ von (16.18) viermal nach x und zweimal nach t stetig differenzierbar ist. Dann besitzt $u(x,t)$ die in (16.21) vorausgesetzten Eigenschaften, und es gilt der

Satz 16.1. *L_h sei stabil. Dann ist das durch (16.19), (16.20) gegebene Differenzenverfahren konvergent von der Ordnung 1.*

Beweis: *Wegen der Glattheitseigenschaften von $u(x,t)$ folgt mit (16.18) aus (16.21)*

$$L_h u(x_i,t_j) - (Lu)_{(x_i,t_j)} = L_h u(x_i,t_j) - f(x_i,t_j) = \mathcal{O}(\Delta t), \qquad (x_i,t_j)\in G_h(T),$$

und daher mit $\varepsilon_{i,j}^h = u_{i,j}^h - u(x_i,t_j)$ und wegen (16.19)

$$L_h u_{i,j}^h - L_h u(x_i,t_j) = L_h \varepsilon_{i,j}^h = \mathcal{O}(\Delta t).$$

Nun ist L_h nach Voraussetzung stabil, es gilt $\varepsilon_{k,l}^h = 0$ für $(x_k,t_l)\in\Gamma_h(T)$, und es gibt eine positive Konstante S, so daß $|\mathcal{O}(\Delta t)| \le S\Delta t$. Nach (16.27) erhält man daher mit $w_{i,j}^h = \varepsilon_{i,j}^h$

$$|\varepsilon_{i,j}^h| \le RS\Delta t, \qquad (x_i,t_j)\in G_h(T),$$

und hieraus die Behauptung des Satzes. □

Beispiel 16.3. *Wir betrachten wieder das Anfangs-Randwertproblem aus Beispiel 16.2. Der zu (16.25) gehörige Differenzenoperator ist gegeben durch*

$$\Delta t L_h u_{i,j}^h \equiv u_{i,j+1}^h - \lambda a u_{i-1,j}^h - (1-2\lambda a)u_{i,j}^h - \lambda a u_{i+1,j}^h.$$

Er ist stabil, wenn

$$\lambda \le \frac{1}{2a} \tag{16.28}$$

gilt. Für $2\lambda a = 1$ entsteht, wie in Beispiel 16.2 dargelegt, das sehr einfache Verfahren (16.26); wegen der Stabilität des zugehörigen Differenzenoperators ist es konvergent. Ist insbesondere $a = 1$, so folgt aus (16.28) $\lambda = \Delta t/(\Delta x)^2 = \frac{1}{2}$.

Explizite Verfahren sind besonders einfach, ihr Nachteil ist jedoch, daß die Zeitschrittweite Δt oft sehr klein gewählt werden muß. So ist z.B. in (16.28) $\Delta t \le (\Delta x)^2/2$ für $a = 1$ zu setzen. Mit $\Delta x = 10^{-1}$ ergibt sich hieraus $\Delta t \le 10^{-2}/2$. Wählen wir zur Erzielung höherer Genauigkeit $\Delta x = 10^{-2}$, so ist $\Delta t \le 10^{-4}/2$. Diesen Nachteil vermeiden die in Abschnitt 16.4 zu untersuchenden impliziten Verfahren, allerdings bei im allgemeinen höherem Rechenaufwand pro Schritt. □

Parabolische Anfangs–Randwertprobleme mit konstanten Koeffizienten lassen sich *exakt* lösen. Betrachten wir etwa das einfache Anfangs–Randwertproblem

$$\begin{aligned} Lu \equiv u_t - u_{xx} &= 0, && (x,t) \in G(T), \\ u(x,0) &= u_0(x), && 0 \le x \le l, \\ u(0,t) &= u(l,t) = 0, && t \ge 0, \end{aligned}$$

so erhält man mit Hilfe des üblichen Separationsansatzes die Lösung

$$u(x,t) = \sum_{n=1}^{\infty} c_n \, e^{-(\frac{n\pi}{l})^2 t} \sin(\tfrac{n\pi}{l}x), \qquad c_n = \tfrac{2}{l}\int_0^l u_0(x)\sin(\tfrac{n\pi}{l}x)dx. \tag{16.29}$$

Für qualitative Betrachtungen ist diese Darstellung nützlich. Benötigt man aber Zahlenwerte der Lösung an bestimmten Punkten, so ist deren Berechnung nach (16.29) unzweckmäßig. Dazu müßte man nämlich die Reihe nach einem bestimmten $n = N$ abbrechen und

$$u_N(x,t) = \sum_{n=1}^{N} c_n \, e^{-(\frac{n\pi}{l})^2 t} \sin(\tfrac{n\pi}{l}x)$$

als Näherung für $u(x,t)$ betrachten. Die c_n müssen dabei im allgemeinen numerisch mit Hilfe einer Quadraturformel berechnet werden. Nicht zuletzt ist auch die Konvergenzgeschwindigkeit der Reihe zu berücksichtigen.

Es ist daher vorzuziehen, Näherungswerte der Lösung mit einem Differenzenverfahren zu berechnen, etwa mit dem sehr einfachen Verfahren (16.26). Dieses Verfahren ist konvergent von der Ordnung 1, der Fehler ist proportional zu Δt.

Man kann zeigen, daß für das Anfangs–Randwertproblem aus Beispiel 16.2 die Bedingung

$$\lambda = \frac{\Delta t}{(\Delta x)^2} \leq \frac{1}{2a}$$

sogar notwendig für die Konvergenz des Verfahrens ist. Um dies zu demonstrieren, betrachten wir das folgende Beipiel, das wir [62, S. 282] entnehmen.

Beispiel 16.4.

$$\begin{array}{rcll} Lu \equiv u_t - u_{xx} & = & 0, & (x,t) \in G(1), \\ u(x,0) & = & 4\cos\frac{\pi}{2}x, & 0 \leq x \leq 1, \\ u(0,t) & = & 4\,\mathrm{e}^{-\frac{\pi^2}{4}t}, & 0 \leq t \leq 1, \\ u(1,t) & = & 0, & 0 \leq t \leq 1. \end{array}$$

Die Lösung dieses Anfangs–Randwertproblems ist

$$u(x,t) = 4\,\mathrm{e}^{-\frac{\pi^2}{4}t}\cos\frac{\pi}{2}x.$$

Wir lösen es außerdem näherungsweise mit dem Differenzenverfahren nach der Vorschrift

$$u^h_{i,j+1} = \lambda u^h_{i-1,j} + (1-2\lambda)u^h_{i,j} + \lambda u^h_{i+1,j}$$

und setzen

a) $\lambda = \frac{1}{2}$, $\Delta t = 0.02$, *also* $\Delta x = \sqrt{2\Delta t} = 0.2$,

b) $\lambda = 2$, $\Delta t = 0.02$, *also* $\Delta x = \sqrt{\Delta t/2} = 0.1$.

Dann erhält man z.B. an den Stellen $x = 0.4$ *und* $x = 0.6$ *folgende Zahlenwerte der Näherungen im Falle a) und b) sowie der exakten Lösung*

$x = 0.4$			
t	Näherungen (a)	Näherungen (b)	ex. Lösung
0	3.23606	3.23606	3.23606
0.2	1.96670	$-2.298 \cdot 10^{3}$	1.97561
0.4	1.19965	$-4.586 \cdot 10^{11}$	1.20611
0.6	0.73259	$-8.741 \cdot 10^{19}$	0.73633
0.8	0.44703	$-1.758 \cdot 10^{28}$	0.44953
1.0	0.27291	$-3.648 \cdot 10^{36}$	0.27443

	$x = 0.6$		
t	*Näherungen (a)*	*Näherungen (b)*	*ex. Lösung*
0	2.35113	2.35113	2.35113
0.2	1.42740	$-3.966 \cdot 10^2$	1.43536
0.4	0.87038	$-2.702 \cdot 10^{11}$	0.87629
0.6	0.53124	$-7.062 \cdot 10^{19}$	0.53497
0.8	0.32431	$-1.609 \cdot 10^{28}$	0.32660
1.0	0.19799	$-3.515 \cdot 10^{36}$	0.19939

Im Falle (a) ist der Differenzenoperator stabil, das zugehörige Differenzenverfahren liefert Näherungen der exakten Lösungswerte. Im Fall (b) ist wegen $\lambda = 2$ die Bedingung $\lambda \leq 1/2$ verletzt, das Differenzenverfahren liefert völlig unsinnige Werte, es ist mit Sicherheit nicht konvergent. □

16.4 Implizite Differenzenverfahren für lineare parabolische Anfangs–Randwertprobleme zweiter Ordnung

16.4.1 Konstruktion der Verfahren

Bei den folgenden Betrachtungen beschränken wir uns auf Anfangs–Randwertprobleme der Gestalt

$$\begin{aligned} Lu \equiv u_t - u_{xx} - bu &= f(x,t), \qquad (x,t) \in G(T), \\ u(x,0) &= u_0(x), \qquad 0 \leq x \leq l, \\ u(0,t) &= \varphi(t), \\ u(l,t) &= \psi(t), \qquad 0 \leq t \leq T. \end{aligned} \tag{16.30}$$

Dabei ist b eine Konstante. Jede homogene parabolische Differentialgleichung mit konstanten Koeffizienten läßt sich im Falle von zwei unabhängigen Veränderlichen x, t auf die Gestalt $Lu = 0$ transformieren. In den Anwendungen treten daher oft Anfangs–Randwertprobleme der Gestalt (16.30) auf.

Die impliziten Differenzenverfahren liefern die gesuchten Näherungswerte jeweils als Lösungen eines linearen Gleichungssystems. Der damit verbundene höhere Rechenaufwand führt nicht unbedingt zu höherer Genauigkeit. Der Vorteil der impliziten Verfahren liegt vielmehr darin, daß das Verhältnis $\Delta t/\Delta x^2 = \lambda$ im Gegensatz zu den expliziten Verfahren weitgehend frei gewählt werden kann. Bei unseren Betrachtungen verwenden wir die Bezeichnungen aus Abschnitt 16.3.

Auf $G_h(T)$ approximieren wir die Differentialgleichung in (16.30) durch eine Differenzengleichung

$$L_h u_{i,j}^h = f(x_i, t_j + \alpha \Delta t), \qquad 0 < \alpha \leq 1, \tag{16.31}$$

mit

$$\Delta t L_h u_{i,j}^h \equiv \sum_{\nu=-1}^{1} \left\{ p_\nu^{(1)}(\Delta t) u_{i+\nu,j+1}^h - p_\nu^{(0)}(\Delta t) u_{i+\nu,j}^h \right\}, \quad i = 1, \ldots, M-1. \qquad (16.32)$$

Dazu verlangen wir, daß jede hinreichend glatte Funktion w die Konsistenzbedingung

$$L_h w(x_i, t_j) - (Lw)_{(x_i, t_j + \alpha\Delta t)} = \mathcal{O}(\Delta t), \qquad (x_i, t_j) \in G_h(T), \qquad (16.33)$$

erfüllt. Die Taylorentwicklung des auf der linken Seite von (16.33) stehenden Ausdruckes liefert dann an der Stelle $(x_i, t_j + \alpha\Delta t) \in G(T)$ nach elementarer Rechnung

$$\begin{aligned} L_h w - Lw \;=\; & \left\{ \frac{1}{\Delta t} \sum_{\nu=-1}^{1} \left(p_\nu^{(1)}(\Delta t) - p_\nu^{(0)}(\Delta t) \right) + b \right\} w \\ & + \left\{ \frac{\Delta x}{\Delta t} \sum_{\nu=-1}^{1} \nu \left(p_\nu^{(1)}(\Delta t) - p_\nu^{(0)}(\Delta t) \right) \right\} w_x \\ & + \left\{ \sum_{\nu=-1}^{1} \left((1-\alpha) p_\nu^{(1)}(\Delta t) + \alpha p_\nu^{(0)}(\Delta t) \right) - 1 \right\} w_t \\ & + \left\{ \frac{\Delta x^2}{2\Delta t} \sum_{\nu=-1}^{1} \nu^2 \left(p_\nu^{(1)}(\Delta t) - p_\nu^{(0)}(\Delta t) \right) + 1 \right\} w_{xx} \\ & + \left\{ \Delta x \sum_{\nu=-1}^{1} \nu \left((1-\alpha) p_\nu^{(1)}(\Delta t) + \alpha p_\nu^{(0)}(\Delta t) \right) \right\} w_{xt} \\ & + \left\{ \frac{\Delta x^3}{6\Delta t} \sum_{\nu=-1}^{1} \nu^3 \left(p_\nu^{(1)}(\Delta t) - p_\nu^{(0)}(\Delta t) \right) \right\} w_{xxx} + \mathcal{O}(\Delta t). \end{aligned}$$

Die Konsistenzbedingung (16.33) ist daher erfüllt, wenn

$$\sum_{\nu=-1}^{1} \nu^r \left(p_\nu^{(1)}(\Delta t) - p_\nu^{(0)}(\Delta t) \right) = \left\{ \begin{array}{rl} -\Delta t b, & r = 0 \\ 0, & r = 1 \\ -2\lambda, & r = 2 \end{array} \right\}, \qquad (16.34)$$

$$\sum_{\nu=-1}^{1} \nu^s \left((1-\alpha) p_\nu^{(1)}(\Delta t) + \alpha p_\nu^{(0)}(\Delta t) \right) = \left\{ \begin{array}{ll} 1, & s = 0 \\ 0, & s = 1 \end{array} \right\} \qquad (16.35)$$

gilt. Dies sind fünf Gleichungen für die sechs Unbekannten $p_\nu^{(1)}$, $p_\nu^{(0)}$, $\nu = -1, 0, 1$. Wählen wir als Parameter $p = p_1^{(0)}(\Delta t)$, so lautet die Lösung des Gleichungssystems (16.34), (16.35)

$$\begin{aligned} & p_{-1}^{(1)}(\Delta t) = p_1^{(1)}(\Delta t) = -\lambda + p, && p_0^{(1)}(\Delta t) = 1 - \alpha\Delta t b + 2\lambda - 2p, \\ & p_{-1}^{(0)}(\Delta t) = p_1^{(0)}(\Delta t) = p, && p_0^{(0)}(\Delta t) = 1 + (1-\alpha)\Delta t b - 2p. \end{aligned} \qquad (16.36)$$

Hieraus ergibt sich mit (16.31), (16.32) eine Klasse von impliziten Differenzenverfahren, bei der die Parameter α und p mit der Einschränkung $0 \leq \alpha \leq 1$ und $p \neq \lambda$ noch frei wählbar sind. Für $p = \lambda$ bekommt man eine Klasse von expliziten Differenzenverfahren.

Aus (16.36) erhält man insbesondere die beiden impliziten Verfahren

(a) $\alpha = \frac{1}{2}, \quad p = \frac{\lambda}{2}$:

$$\begin{aligned} p_{-1}^{(1)}(\Delta t) &= p_1^{(1)}(\Delta t) = -\tfrac{\lambda}{2}, & p_0^{(1)}(\Delta t) &= 1 - \tfrac{\Delta t}{2} b + \lambda, \\ p_{-1}^{(0)}(\Delta t) &= p_1^{(0)}(\Delta t) = \tfrac{\lambda}{2}, & p_0^{(0)}(\Delta t) &= 1 + \tfrac{\Delta t}{2} b - \lambda, \end{aligned} \tag{16.37}$$

(b) $\alpha = 1, \quad p = 0$:

$$\begin{aligned} p_{-1}^{(1)}(\Delta t) &= p_1^{(1)}(\Delta t) = -\lambda, & p_0^{(1)}(\Delta t) &= 1 - \Delta t b + 2\lambda, \\ p_{-1}^{(0)}(\Delta t) &= p_1^{(0)}(\Delta t) = 0, & p_0^{(0)}(\Delta t) &= 1. \end{aligned} \tag{16.38}$$

Setzt man die Ausdrücke (16.36) in (16.31), (16.32) ein, so entsteht ein lineares Gleichungssystem in den Größen $u_{k,j+1}^h, \quad k = 1, \ldots, M-1$.

Dabei gilt $u_{0,j}^h = \varphi(j\Delta t), \quad u_{M,j}^h = \psi(j\Delta t), \quad j = 0, 1, \ldots, N$.

Wir wollen dieses Gleichungssystem genauer untersuchen und setzen

$$p_{-1}^{(\nu)} = p_1^{(\nu)} = r^{(\nu)}, \qquad p_0^{(\nu)} = s^{(\nu)}, \quad \nu = 0, 1,$$

ferner

$$\begin{aligned} \boldsymbol{u}_j^h &= \left[u_{1,j}^h, \ldots, u_{M-1,j}^h\right]^T \\ \boldsymbol{k}_j^{(\nu)} &= r^{(\nu)}\left[\varphi(j\Delta t), 0, \ldots, 0, \psi(j\Delta t)\right]^T, \\ \boldsymbol{f}(t_j + \alpha\Delta t) &= \left[f(\Delta x, t_j + \alpha\Delta t), \ldots, f((M-1)\Delta x, t_j + \alpha\Delta t)\right]^T, \end{aligned} \tag{16.39}$$

$$\boldsymbol{P}^{(\nu)} = \begin{bmatrix} s^{(\nu)} & r^{(\nu)} & & & 0 \\ r^{(\nu)} & s^{(\nu)} & r^{(\nu)} & & \\ & \ddots & \ddots & \ddots & \\ & & r^{(\nu)} & s^{(\nu)} & r^{(\nu)} \\ 0 & & & r^{(\nu)} & s^{(\nu)} \end{bmatrix}. \tag{16.40}$$

Dann lautet das Gleichungssystem (16.31), (16.32)

$$\boldsymbol{P}^{(1)}\boldsymbol{u}_{j+1}^h = \boldsymbol{P}^{(0)}\boldsymbol{u}_j^h - \left(\boldsymbol{k}_{j+1}^{(1)} - \boldsymbol{k}_j^{(0)}\right) + \Delta t\, \boldsymbol{f}(t_j + \alpha\Delta t). \tag{16.41}$$

Ist $\boldsymbol{P}^{(1)}$ nichtsingulär, so läßt sich der Vektor $\boldsymbol{u}_{j+1}^h$ hieraus eindeutig bestimmen.

Nun ist jedoch

$$s^{(1)} = 1 - \alpha\Delta t b + 2(\lambda - p), \qquad r^{(1)} = -(\lambda - p), \tag{16.42}$$

und es gilt offenbar der

Satz 16.2. *Es sei $p \leq \lambda$ und $\Delta t < 1/(\alpha b)$ im Falle $b > 0$. Dann ist $\boldsymbol{P}^{(1)}$ eine strikt diagonaldominante symmetrische Tridiagonalmatrix.* □

Unter den Voraussetzungen des Satzes 16.2 ist $\boldsymbol{P}^{(1)}$ also nichtsingulär, das Gleichungssystem (16.30) kann darüber hinaus zuverlässig mit einem der in Band 1, Teil II, beschriebenen direkten oder iterativen Verfahren gelöst werden. Insbesondere ist das SOR–Verfahren geeignet, wobei wegen der Struktur der vorliegenden Matrix der optimale Relaxationsparameter ω_b verwendet werden kann (vgl. Band 1, Abschnitt 6.6).

Bei der iterativen Lösung von (16.41) wird man als Ausgangsnäherung für die u_{j+1}^h die bereits berechneten u_j^h auf der Gitterschicht $t = j\Delta t$ wählen, d.h. $(u_{j+1}^h)^{(0)} = u_j^h$. Bei nicht zu großem Δt wird die Differenz $\|u_j^h - u_{j+1}^h\|$ klein sein, d.h. man hat nur wenige Iterationen auf einer Zeitschicht durchzuführen. Dann konvergieren auch die Relaxationsverfahren schnell genug, ja selbst das Jacobi–Verfahren kann schnell konvergieren, wie folgendes Beispiel zeigt.

Beispiel 16.5. *Es sei $b \leq 0$, $\alpha = 1/2$, $p = \lambda/2$, nach (16.42) also*

$$s^{(1)} = 1 - \frac{t}{2}b + \lambda, \qquad r^{(1)} = -\frac{\lambda}{2}.$$

Die Iterationsmatrix des Jacobi–Verfahrens ist $\boldsymbol{B} = \boldsymbol{D}^{-1}(\boldsymbol{L} + \boldsymbol{U})$ vgl. Band 1, Abschnitt 6.2). Wählen wir etwa $\lambda = 1$, so gilt unter den obigen Annahmen unabhängig von Δt

$$\varrho(B) \leq \|D^{-1}(L + U)\|_\infty \leq \tfrac{1}{2}.$$

In Band 1, Abschnitt 6.6, wurde die mittlere Konvergenzgeschwindigkeit als

$$R(B) = -\log_{10}\varrho(B)$$

eingeführt. In unserem Fall ergibt sich $R(B) \approx 0.3010$. Wählen wir, wie oben vorgeschlagen, $(u_{j+1}^h)^{(0)} = u_j^h$, so können wir etwa fordern, daß die Iterationen abgebrochen werden, wenn

$$\|(u_{j+1}^h)^{(k)} - u_{j+1}^h\|_\infty \leq 10^{-2}\|(u_j^h)^{(k)} - u_{j+1}^h\|_\infty.$$

Wegen

$$k \geq \frac{-\log_{10} 10^{-2}}{R(B)} \approx \frac{2}{0.3010} \approx 6.65$$

errechnet man $k \geq 7$. Man darf daher erwarten, daß man unabhängig von Δt und M, d.h. auch unabhängig von der Größe des Gleichungssystems, mit etwa 7 Iterationen auf jeder Gitterschicht auskommt. Das SOR–Verfahren mit optimalem ω konvergiert noch wesentlich schneller. □

Die beiden Verfahren (16.37) und (16.38) erfüllen die Voraussetzungen des Satzes 16.2. Das Verfahren (16.37) wird in der Literatur als *Crank–Nicolson–Verfahren* bezeichnet. Eine detaillierte Untersuchung zeigt, daß es bessere Konsistenzeigenschaften besitzt als die anderen Verfahren der durch (16.36) gegebenen Klassen.

16.4.2 Konvergenz der Verfahren

Es sei u eine hinreichend glatte Lösung der Differentialgleichung aus (16.30), es gelte also

$$Lu(x,t) = f(x,t).$$

Aus (16.33) folgt dann

$$L_h u(x_i,t_j) - f(x_i, t_j + \alpha\Delta t) = \mathcal{O}(\Delta t), \quad \Delta t \to 0, \quad (x_i,t_j) \in G_h(T).$$

Mit (16.31) und

$$\varepsilon_{i,j}^h = u_{i,j}^h - u(x_i,t_j)$$

erhält man daraus

$$L_h \varepsilon_{i,j}^h = \mathcal{O}(\Delta t).$$

Bildet man in Analogie zu (16.39) den Vektor $\boldsymbol{\varepsilon}_j^h$, berücksichtigt ferner $\varepsilon_{0,k}^h = \varepsilon_{M,k}^h = 0, \quad k = 0,1,\dots,N$, so erhält man analog zu (16.41) das Gleichungssystem

$$\boldsymbol{P}^{(1)}\boldsymbol{\varepsilon}_{j+1}^h = \boldsymbol{P}^{(0)}\boldsymbol{\varepsilon}_j^h + \Delta t^2 \boldsymbol{\eta}_j.$$

Dabei ist $\boldsymbol{\eta}_j$ ein $(M-1)$-komponentiger Vektor, dessen Komponenten gleichmäßig beschränkt sind für alle j. Hieraus folgt wiederum

$$\boldsymbol{\varepsilon}_{j+1}^h = (\boldsymbol{P}^{(1)})^{-1}\boldsymbol{P}^{(0)}\boldsymbol{\varepsilon}_j^h + \Delta t^2 (\boldsymbol{P}^{(1)})^{-1}\boldsymbol{\eta}_j. \tag{16.43}$$

Mit $(\boldsymbol{P}^{(1)})^{-1}\boldsymbol{P}^{(0)} = \boldsymbol{Q}, \quad (\boldsymbol{P}^{(1)})^{-1}\boldsymbol{\eta}_j = \boldsymbol{\xi}_j$ und unter Berücksichtigung von $\boldsymbol{\varepsilon}_0^h = 0$ errechnet man dann mit Hilfe vollständiger Induktion aus (16.43) allgemein

$$\boldsymbol{\varepsilon}_k^h = \boldsymbol{Q}^k \boldsymbol{\varepsilon}_0^h + \Delta t^2 \Big\{\sum_{\nu=0}^{k-1} \boldsymbol{Q}_\nu^\nu \boldsymbol{\xi}_\nu\Big\} = \Delta t^2 \Big\{\sum_{\nu=0}^{k-1} \boldsymbol{Q}_\nu^\nu \boldsymbol{\xi}_\nu\Big\}.$$

Sei $\|\cdot\|_2$ die euklidische Vektornorm bzw. Spektralnorm für Matrizen, so folgt mit $1/\sqrt{M}\|\boldsymbol{\xi}_\nu\|_2 \le C\|\boldsymbol{P}^{(1)-1}\|_2$ hieraus weiter die Abschätzung

$$\frac{1}{\sqrt{M}}\|\boldsymbol{\varepsilon}_k^h\|_2 \le C\Delta t^2 \Big\{\sum_{\nu=0}^{k-1} \|\boldsymbol{Q}\|_2^\nu\Big\} \|\boldsymbol{P}^{(1)-1}\|_2. \tag{16.44}$$

Wegen (16.40), (16.42) ist

$$\boldsymbol{P}^{(1)} = (1-\alpha\Delta t b)\boldsymbol{I} + (\lambda - p)\boldsymbol{B}, \qquad \boldsymbol{P}^{(0)} = (1 + (1-\alpha)\Delta t b)\boldsymbol{I} - p\boldsymbol{B} \tag{16.45}$$

mit der schon häufiger untersuchten Tridiagonalmatrix

$$\boldsymbol{B} = \begin{bmatrix} 2 & -1 & 0 & \cdots & 0 \\ -1 & 2 & -1 & \ddots & \vdots \\ 0 & \ddots & \ddots & \ddots & 0 \\ \vdots & \ddots & -1 & 2 & -1 \\ 0 & \cdots & 0 & -1 & 2 \end{bmatrix}.$$

Als Eigenwerte dieser Matrix haben wir bereits früher die Zahlen

$$\beta_j = 4\sin^2\Big(\frac{\pi\cdot j}{2\cdot M}\Big), \qquad j = 1,\dots,M-1,$$

kennengelernt. Seien σ_j die Eigenwerte von $P^{(1)}$, τ_j die von $P^{(0)}$, so folgt daher nach (16.45)

$$\begin{aligned} \sigma_j &= 1 - \alpha\Delta tb + (\lambda - p)\beta_j, \\ & \qquad\qquad\qquad\qquad j = 1,\dots,M-1. \\ \tau_j &= 1 + (1-\alpha)\Delta tb - p\beta_j, \end{aligned}$$

Die Matrizen $(P^{(1)})^{-1}$ und $P^{(0)}$ sind symmetrisch, somit ist $Q = (P^{(1)})^{-1}P^{(0)}$ immer dann symmetrisch, wenn $(P^{(1)})^{-1}P^{(0)} = P^{(0)}(P^{(1)})^{-1}$ gilt, die Matrizen $(P^{(1)})^{-1}$ und $P^{(0)}$ also vertauschbar sind. Dann berechnen sich die Eigenwerte μ_j von Q zu

$$\mu_j = \frac{\tau_j}{\sigma_j}, \qquad j = 1,\dots,M. \tag{16.46}$$

Ist Q symmetrisch, so ist ihre Spektralnorm gleich dem Spektralradius $\varrho(Q)$, es gilt also

$$\|Q\|_2 = \varrho(Q) = \max_j |\mu_j|. \tag{16.47}$$

Wir zeigen jetzt die Symmetrie von Q: Wegen

$$P^{(0)} = (1 + (1-\alpha)\Delta tb)I - pB = P^{(1)} - \lambda B + \Delta tbI$$

gilt mit (16.45)

$$Q = (P^{(1)})^{-1}P^{(0)} = I - \big[(1-\alpha\Delta tb)I + (\lambda - p)B\big]^{-1}(\lambda B - \Delta tbI).$$

Da B symmetrisch ist, gibt es eine orthonormale Matrix T, so daß

$$B = T^TDT,$$

wobei die Diagonalmatrix D in der Hauptdiagonalen gerade die Eigenwerte von B enthält. Wegen $T^T = T^{-1}$ ist weiter

$$\begin{aligned} Q &= I - \Big[(1-\alpha\Delta tb)I + (\lambda - p)T^TDT\Big]^{-1}(\lambda T^TDT - \Delta tbI) \\ &= T^T\Big\{I - \Big[(1-\alpha\Delta tb)I + (\lambda - p)D\Big]^{-1}(\lambda D - \Delta tbI)\Big\}T. \end{aligned}$$

Da Diagonalmatrizen vertauschbar sind, ist Q in der Tat symmetrisch, ihre Eigenwerte sind nach (16.46)

$$\begin{aligned} \mu_j &= \frac{\tau_j}{\sigma_j} = \frac{1 + (1-\alpha)\Delta tb - p\beta_j}{1 - \alpha\Delta tb + (\lambda - p)\beta_j} \\ &= 1 - \frac{\lambda\beta_j - \Delta tb}{1 + (\lambda - p)\beta_j + \alpha\Delta tb}, \qquad j = 1,\dots,M-1. \end{aligned}$$

Nach (16.47) ist dann

$$\begin{aligned} \|Q\|_2 &= \varrho(Q) = \max_j |\mu_j| = \max_j \left|1 - \frac{\lambda\beta_j - \Delta t b}{1 + (\lambda - p)\beta_j + \alpha\Delta t b}\right| \\ &\le \max_j \left|1 - \frac{\lambda\beta_j}{1 + (\lambda - p)\beta_j + \alpha\Delta t b}\right| + \max_j \Delta t \left|\frac{b}{1 + (\lambda - p)\beta_j + \alpha\Delta t b}\right|. \end{aligned} \tag{16.48}$$

Wir betrachten weiter nur solche Verfahren, für die bei beliebigem $\lambda = \Delta t/\Delta x^2$

$$p \le \frac{\lambda}{2} \tag{16.49}$$

gilt. Dann ist wegen $\beta_j > 0$ und $\alpha\Delta t\,|b| < 1$

$$\begin{aligned} 0 &< \frac{\lambda\beta_j}{1 + (\lambda - p)\beta_j + \alpha\Delta t b} < \frac{\lambda\beta_j}{\frac{\lambda}{2}\beta_j} = 2, \\ &\max_j \left|1 - \frac{\lambda\beta_j}{1 + (\lambda - p)\beta_j + \alpha\Delta t b}\right| < 1. \end{aligned}$$

Weiter wählen wir die Zahl $(\Delta t)_0$ so klein, daß

$$1 - \alpha(\Delta t)_0|b| = q > 0. \tag{16.50}$$

Dann gilt wegen $(\lambda - p)\beta_j > 0$ für alle $\Delta t \le (\Delta t)_0$ die Abschätzung

$$\max_j \Delta t \left|\frac{b}{1 + (\lambda - p)\beta_j + \alpha\Delta t b}\right| < \frac{|b|}{q}\Delta t,$$

und somit wegen (16.48)

$$\varrho(Q) < 1 + \frac{|b|}{q}\Delta t < 1 + L\Delta t \quad \text{für jedes feste } L > \frac{|b|}{q}.$$

Somit folgt mit (16.44) die Abschätzung

$$\begin{aligned} \frac{1}{\sqrt{M}}\|\varepsilon_k^h\|_2 &< C\Delta t^2 \left\{\sum_{\nu=0}^{k-1}(1 + L\Delta t)^\nu\right\} \|P^{(1)-1}\|_2 \\ &= C\Delta t^2 \frac{(1 + L\Delta t)^k - 1}{L\Delta t} \|P^{(1)-1}\|_2 \le \tfrac{C}{L}\Delta t(\mathrm{e}^{LC\Delta t} - 1)\, \|P^{(1)-1}\|_2 \\ &\le \tfrac{C}{L}\Delta t(\mathrm{e}^{LT} - 1)\, \|P^{(1)-1}\|_2. \end{aligned}$$

Schließlich ist wegen $\alpha\Delta t \le \alpha\Delta t|b| \le \alpha(\Delta t)_0|b| = 1 - q$ und $\lambda - p \ge \lambda/2 > 0$

$$\|P^{(1)-1}\|_2 \le \frac{1}{1 - q}.$$

Daher ist

$$\frac{1}{\sqrt{M}}\|\varepsilon_k^h\|_2 = \mathcal{O}(\Delta t), \qquad \Delta t \to 0,$$

und wir haben damit folgende Aussage bewiesen:

Satz 16.3. *Für die durch (16.36) definierte Klasse von konsistenten Differenzenverfahren gelte (16.49) und im Fall $b \neq 0$ sei $\Delta t \leq (\Delta t)_0$, wobei $(\Delta t)_0$ der Bedingung (16.50) genüge. Dann gilt bezüglich der euklidischen Vektornorm für den Fehlervektor ε_k^h, $k = 1, 2, \ldots, N$,*

$$\frac{1}{\sqrt{M}}\|\varepsilon_k^h\|_2 = \mathcal{O}(\Delta t), \qquad \Delta t \to 0.$$

□

Man beachte, daß wegen $\lambda = \Delta t/\Delta x^2$ fest mit Δt auch Δx gegen Null und damit M gegen unendlich geht. $\frac{1}{\sqrt{M}}\|\varepsilon_k^h\|_2$ ist eine Näherung für $(\int_0^1 (u^h(x, k\Delta t) - u(x, k\Delta t))^2 dx)^{1/2}$, wobei z.B. $u^h(x, k\Delta t)$ die stetige stückweise lineare Interpolierende der $u_{i,k}^h$, $i = 0, \ldots, M$, ist. Die durch (16.37) und (16.38) gegebenen Verfahren erfüllen die Voraussetzungen des Satzes 16.3. Für das Verfahren (16.37), das Crank–Nicolson–Verfahren, liefert eine genaue Analyse sogar

$$\frac{1}{\sqrt{M}}\|\varepsilon_k^h\|_2 = \mathcal{O}(\Delta t^2) + \mathcal{O}(\Delta x^2).$$

Wie bereits im Anschluß an das Beispiel 16.3 in Abschnitt 16.3.3 angekündigt, gibt es also in der Tat implizite Verfahren, die für beliebige Wahl von $\lambda = \Delta t/\Delta x^2$ konvergieren. Dies ist der entscheidende Vorteil impliziter Verfahren, er wird erkauft durch einen in der Regel etwas höheren Rechenaufwand. Da man jedoch die entstehenden großen linearen Gleichungssysteme zuverlässig und schnell lösen kann, werden in der Praxis heute überwiegend implizite Verfahren verwendet.

16.4.3 Nichtlineare Probleme

Im Prinzip kann man auch jedes sachgemäß gestellte nichtlineare parabolische Anfangs–Randwertproblem durch Differenzenverfahren numerisch lösen. Dabei ersetzt man alle auftretenden Differentialquotienten durch entsprechende Differenzenquotienten einer Gitterfunktion. Bei impliziten Verfahren erhält man dann ein nichtlineares Gleichungssystem zur Bestimmung der gesuchten Näherungswerte.

Wir erläutern das Verfahren am Beispiel des Anfangs-Randwertproblems

$$\begin{aligned} u_t - F(x,t,u,u_x,u_{xx}) &= 0, && (x,t) \in G(T),\\ u(x,0) &= u_0(x), && 0 \leq x \leq l,\\ u(0,t) &= \varphi(t), && \\ u(l,t) &= \psi(t), && 0 \leq t \leq T. \end{aligned} \tag{16.51}$$

Dabei soll F von mindestens einer der Variablen u, u_x, u_{xx} nichtlinear abhängen, die Differentialgleichung (16.51) also nichtlinear sein.

Ersetzt man die Ableitungen in nun schon gewohnter Weise durch passende Differenzenquotienten einer Gitterfunktion, setzt wieder bei festgehaltenem $t_j = j\Delta t$ wie in (16.39)

$$\boldsymbol{u}_j^h = \left[u_{1,j}^h, \ldots, u_{M-1,j}^h\right]^T, \qquad j = 0, 1, \ldots, N,$$

so erhält man für jede Zeitstufe t_j ein nichtlineares Gleichungssystem der Gestalt

$$\Phi_i(\boldsymbol{u}_{j+1}^h) = 0, \qquad i = 1, \ldots, M-1, \quad j = 0, \ldots N-1, \tag{16.52}$$

mit den vorgegebenen Anfangs- und Randwerten

$$\begin{aligned} u_{r,0}^h &= u_0(x_r), \qquad r = 0, \ldots, M, \\ u_{0,s}^h &= \varphi(t_s), \\ u_{M,s}^h &= \psi(t_s), \qquad s = 0, \ldots, N. \end{aligned} \tag{16.53}$$

Nehmen wir an, daß diese Systeme Lösungen besitzen, so müssen sie jeweils durch ein geeignetes konvergentes Iterationsverfahren bestimmt werden. Hierbei sind nach den Ausführungen in Band 1, Kapitel 8, die Eigenschaften der Funktionalmatrix

$$\left(\frac{\partial \Phi_i}{\partial u_k}\right), \qquad i, k = 1, \ldots, M-1,$$

von Bedeutung.

Um etwas Konkretes vor Augen zu haben, betrachten wir die Differentialgleichung in (16.51) an der Stelle (x_i, t_{j+1}) und ersetzen

$$\begin{aligned} u_t(x_i, t_{j+1}) &\quad \text{durch} \quad \frac{u_{i,j+1}^h - u_{i,j}^h}{\Delta t}, \\ u_x(x_i, t_{j+1}) &\quad \text{durch} \quad \frac{u_{i+1,j+1}^h - u_{i-1,j+1}^h}{2\Delta x}, \\ u_{xx}(x_i, t_{j+1}) &\quad \text{durch} \quad \frac{u_{i+1,j+1}^h - 2u_{i,j+1}^h + u_{i-1,j+1}^h}{\Delta x^2}. \end{aligned}$$

Setzt man diese Ausdrücke in (16.51) ein, so erhält man die Systeme

$$\begin{aligned} \Phi_i(\boldsymbol{u}_{j+1}^h) &= \frac{u_{i,j+1}^h - u_{i,j}^h}{\Delta t} \\ &\quad - F\left(x_i, t_{j+1}, u_{i,j+1}^h, \frac{u_{i+1,j+1}^h - u_{i-1,j+1}^h}{2\Delta x}, \frac{u_{i+1,j+1}^h - 2u_{i,j+1}^h + u_{i-1,j+1}^h}{\Delta x^2}\right) \\ &= 0, \qquad i = 1, \ldots, M-1, \quad j = 0, 1, \ldots, N-1, \end{aligned} \tag{16.54}$$

mit den Nebenbedingungen (16.53).

Die Elemente der Funktionalmatrix sind

$$\begin{aligned}
\left(\frac{\partial \Phi_i(\boldsymbol{u}_{j+1}^h)}{\partial u_k}\right) &= 0, \qquad k \neq i-1, i, i+1, \\
\left(\frac{\partial \Phi_i(\boldsymbol{u}_{j+1}^h)}{\partial u_{i-1}}\right) &= F_{u_x} \cdot \frac{1}{2\Delta x} - F_{u_{xx}} \cdot \frac{1}{\Delta x^2}, \\
\left(\frac{\partial \Phi_i(\boldsymbol{u}_{j+1}^h)}{\partial u_i}\right) &= \frac{1}{\Delta t} - F_u + F_{u_{xx}} \cdot \frac{2}{\Delta x^2}, \\
\left(\frac{\partial \Phi_i(\boldsymbol{u}_{j+1}^h)}{\partial u_{i+1}}\right) &= -F_{u_x} \cdot \frac{1}{2\Delta x} - F_{u_{xx}} \cdot \frac{1}{\Delta x^2}.
\end{aligned}$$

Dabei sind in die $F_u, F_{u_x}, F_{u_{xx}}$ die Argumente aus (16.54) einzusetzen.

Die Funktionalmatrix ist daher eine Tridiagonalmatrix und im allgemeinen nicht symmetrisch. Unter gewissen Voraussetzungen ist sie jedoch für hinreichend kleines Δx eine M-Matrix. Darüber gilt der

Satz 16.4. *Es gelte für alle nach (16.54) auftretenden Argumente*

$$F_{u_{xx}} > 0, \qquad F_u \leq 0. \tag{16.55}$$

Ferner sei die positive Zahl $(\Delta x)_0$ so klein gewählt, daß

$$\frac{(\Delta x)_0}{2} \cdot |F_{u_x}| \leq F_{u_{xx}}. \tag{16.56}$$

Dann ist die Funktionalmatrix für alle $\Delta x < (\Delta x)_0$ eine strikt diagonaldominante L–Matrix, also eine M–Matrix.

Beweis: *Unter den genannten Voraussetzungen gilt*

$$\frac{\partial \Phi_i(\boldsymbol{u}_{j+1}^h)}{\partial u_{i-1}}, \frac{\partial \Phi_i(\boldsymbol{u}_{j+1}^h)}{\partial u_{i+1}} \leq 0, \qquad \frac{\partial \Phi_i(\boldsymbol{u}_{j+1}^h)}{\partial u_i} > 0,$$

die Funktionalmatrix ist also eine L–Matrix. Weiter gilt wegen (16.55), (16.56)

$$\begin{aligned}
\frac{\partial \Phi_i(\boldsymbol{u}_{j+1}^h)}{\partial u_i} &= \frac{1}{\Delta t} - F_u + F_{u_{xx}} \cdot \frac{2}{\Delta x^2} \geq \frac{1}{\Delta t} + F_{u_{xx}} \cdot \frac{2}{\Delta x^2} \\
&> F_{u_{xx}} \cdot \frac{2}{\Delta x^2} = \left|\frac{\partial \Phi_i(\boldsymbol{u}_{j+1}^h)}{\partial u_{i-1}}\right| + \left|\frac{\partial \Phi_i(\boldsymbol{u}_{j+1}^h)}{\partial u_{i+1}}\right|,
\end{aligned}$$

d.h. die Funktionalmatrix ist strikt diagonaldominant. Damit ist der Satz bewiesen. □

Beispiel 16.6. *Wir betrachten die Differentialgleichung*

$$u_t - u_{xx} + e^u = 0.$$

Hier ist

$$\begin{aligned} F &= u_{xx} - e^u, \quad \text{und es folgt} \\ F_{u_{xx}} &= 1, \quad F_u = -e^u, \quad F_{u_x} \equiv 0. \end{aligned}$$

Die in Satz 16.4 genannten Voraussetzungen sind hier sogar stets erfüllt. Dagegen genügt die Differentialgleichung $u_t - u_{xx} - e^u = 0$ nicht der Voraussetzung $F_u \leq 0$. □

Auch im allgemeinen Fall sind die Bedingungen (16.55) des Satzes 16.4 sinnvoll. Die Forderung $F_{u_{xx}} > 0$ sichert die eigentliche Parabolizität der Differentialgleichung, $F_u \leq 0$ ist neben anderen Bedingungen hinreichend dafür, daß jede Lösung der Differentialgleichung $u_t - F = 0$ ein Randmaximum–Prinzip erfüllt. Dieses sichert neben anderen Eigenschaften wiederum die Eindeutigkeit der Lösung des Anfangs–Randwertproblems.

Da unter den Voraussetzungen des Satzes 16.4 die Funktionalmatrix eine M–Matrix ist, kann das nichtlineare Gleichungssystem (16.54) etwa mit dem in Band 1, Abschnitt 8.1, beschriebenen SOR–Newton–Verfahren oder ähnlichen dort angegebenen Iterationsprozessen gelöst werden.

16.5 Die Linienmethode

16.5.1 Das Prinzip des Verfahrens

Die Methodenvielfalt zur numerischen Lösung von parabolischen Anfangs–Randwertproblemen ist groß. Allgemein lassen sich die Verfahren auf folgende Art konstruieren:

Zunächst wird die Differentialgleichung nur bezüglich der Raumvariablen diskretisiert. Das kann – wie bisher – durch Differenzapproximationen erfolgen, möglich ist jedoch auch ein *Finite–Elemente–Ansatz.* Es entsteht dann ein Anfangswertproblem eines großen Systems gewöhnlicher Differentialgleichungen 1. Ordnung in der Variablen t, das in einem 2. Schritt mit einem der in Kapitel 14 beschriebenen Verfahren numerisch gelöst wird. Da man dies auf jeder „Linie“ (x_k, t), $0 \leq t$, $x_k = k\Delta x$, $k = 1, 2, \ldots$, anzuwenden hat, bezeichnet man eine solche numerische Methode auch als *Linienmethode.*

In der Regel ist das genannte Differentialgleichungssystem steif, weshalb die in Abschnitt 14.7 beschriebenen Methoden zur Verwendung kommen. Wir erläutern die Linienmethode an dem Anfangs–Randwertproblem

$$\begin{gathered} u_t = u_{xx} + b\,u + f(x,t), \quad (x,t) \in G(T), \\ u(x,0) = u_0(x), \quad 0 \le x \le l, \quad u(0,t) = \varphi(t), \quad u(l,t) = \psi(t), \quad 0 \le t \le T. \end{gathered} \tag{16.57}$$

Die Gitterpunkte in x–Richtung seien $x_j = jh, \quad j = 0, \ldots, M, \ x_M = l$. Mit der üblichen Approximation für $u_{xx}(x_j,t)$ bezüglich x ergibt sich dann

$$\begin{aligned} u_t(x_j,t) &= -\frac{1}{h^2}\Big(-u(x_{j+1},t) + (2 - h^2 b)u(x_j,t) - u(x_{j-1},t)\Big) \\ &\quad + f(x_j,t) + \mathcal{O}(h^2), \qquad j = 1, \ldots, M-1. \end{aligned}$$

Wir lassen das Restglied $\mathcal{O}(h^2)$ jeweils fort, ersetzen $u(x_k,t)$ durch $u_k^h(t)$ und erhalten in der Tat das Anfangswertproblem

$$\dot{u}_j^h(t) = -\frac{1}{h^2}\Big(-u_{j+1}^h(t) + (2 - h^2 b)u_j^h(t) - u_{j-1}^h(t)\Big) + f(x_j,t), \qquad j = 1, \ldots, M-1,$$

mit den Anfangswerten

$$u_j^h(0) = u_0(x_j), \qquad j = 1, \ldots, M-1.$$

Dabei ist noch $u_0^h(t) = \varphi(t), \quad u_M^h(t) = \psi(t)$ zu berücksichtigen.

Setzen wir noch

$$\begin{aligned} \boldsymbol{u}^h(t) &= [u_1^h(t), \ldots, u_{n-1}^h(t)]^T, \qquad \boldsymbol{u}_0^h = [u_0(x_1), \ldots, u_0(x_{n-1})]^T, \qquad (16.58) \\ \boldsymbol{g}(t) &= [f(x_1,t) + \varphi(t), f(x_2,t), \ldots, f(x_{M-1},t), f(x_M,t) + \psi(t)]^T \\ \boldsymbol{A} &= -\frac{1}{h^2}\begin{bmatrix} 2 - h^2 b & -1 & & & \\ -1 & 2 - h^2 b & -1 & & \\ & \ddots & \ddots & \ddots & \\ & & -1 & 2 - h^2 b & -1 \\ & & & -1 & 2 - h^2 b \end{bmatrix}, \end{aligned}$$

so lautet das obige Anfangswertproblem

$$\dot{\boldsymbol{u}}^h = \boldsymbol{A}\,\boldsymbol{u}^h(t) + \boldsymbol{g}(t), \quad \boldsymbol{u}^h(0) = \boldsymbol{u}_0, \quad 0 \le t \le T. \tag{16.59}$$

Es handelt sich also, wie oben bemerkt, um das Anfangswertproblem eines linearen gewöhnlichen Differentialgleichungssystem 1. Ordnung mit $M - 1$ Gleichungen. Dabei ist M in der Regel ja eine große Zahl.

Aufgrund der Diskretisierung 2. Ordnung bezüglich x können wir erwarten, daß

$$|u_j^h(t) - u(x_j,t)| \le K\,h^2, \qquad j = 0, 1, \ldots, M,$$

gilt. Es bleibt, das Problem (16.59) mit einem geeigneten Verfahren numerisch zu lösen.

Die symmetrische Matrix A besitzt die Eigenwerte

$$\mu_j = -\tfrac{4}{h^2}\sin^2\tfrac{j\pi}{2M} + b, \qquad j = 1,\dots,M-1. \tag{16.60}$$

Für $b < 4$ und hinreichend kleines h sind alle Eigenwerte negativ, der kleinste ist

$$\mu_{M-1} = -\tfrac{4}{h^2}\sin^2\tfrac{M-1}{2M}\pi + b,$$

der größte

$$\mu_1 = -\tfrac{4}{h^2}\sin^2\tfrac{\pi}{2M} + b.$$

Nach (14.73) errechnet sich für das Steifheitsmaß

$$S = \mu_{M-1} \quad = \quad = -\tfrac{4}{h^2}\sin^2\tfrac{M-1}{2M}\pi + b.$$

Für große M gilt daher

$$S \approx -\tfrac{4}{h^2}.$$

Bereits für $h = 0.01$ gilt $S \approx -40000$, das System (16.59) ist daher gemäß den Betrachtungen in Abschnitt 14.7 steif.

16.5.2 Lösung der gewöhnlichen Differentialgleichungssysteme

Wegen der Steifheit des Systems (16.59) kommen die in Abschnitt 14.7 beschriebenen numerischen Verfahren zur Anwendung. Exemplarisch betrachten wir hier nur das implizite Euler–Verfahren (*Euler–rückwärts–Verfahren*).

Dazu teilen wir das Intervall $[0,T]$ in N gleiche Teile der Länge $\tau = t_{j+1} - t_j$, $j = 0,\dots,N-1$, so daß also $T = N\tau$, $t_j = j\tau$, $j = 0,\dots,N$. Häufig ist auch eine Schrittweitensteuerung, d.h. die Verwendung variabler Schrittweiten, sinnvoll. Sei $\boldsymbol{u}_k^{h,\tau}$ die gesuchte Näherung für die Lösung $\boldsymbol{u}^h(t_k)$ im Punkt $t = t_k$, so lautet das Verfahren

$$\boldsymbol{u}_{k+1}^{h,\tau} = \boldsymbol{u}_k^{h,\tau} + \tau(\boldsymbol{A}\,\boldsymbol{u}_{k+1}^{h,\tau} + \boldsymbol{g}(t_{k+1}))$$

und daher

$$(\boldsymbol{I} - \tau\boldsymbol{A})\boldsymbol{u}_{k+1}^{h,\tau} = \boldsymbol{u}_k^{h,\tau} + \tau\boldsymbol{g}(t_{k+1}), \qquad k = 0,\dots,N-1, \tag{16.61}$$

mit der Tridiagonalmatrix

$$\boldsymbol{I} - \tau\boldsymbol{A} = \begin{bmatrix} 1+2\lambda-\tau b & -\lambda & & & \\ -\lambda & 1+2\lambda-\tau b & -\lambda & & \\ & \ddots & \ddots & \ddots & \\ & & -\lambda & 1+2\lambda-\tau b & -\lambda \\ & & & -\lambda & 1+2\lambda-\tau b \end{bmatrix}$$

und $\lambda = \tau/h^2$. Diese Matrix ist für $b < 0$ oder $\tau|b| < 1$ strikt, für $\tau|b| \leq 1$ irreduzibel diagonaldominant, ihre Eigenwerte sind

$$\mu_j = 1 + 4\lambda \sin^2 \tfrac{j\pi}{2M} - \tau b, \qquad j = 1, \ldots, M-1. \tag{16.62}$$

Wie in Abschnitt 14.7 erläutert wurde, ist das implizite Euler–Verfahren zur numerischen Lösung von steifen Differentialgleichungssystemen geeignet, von wenigen Ausnahmen abgesehen. Bei fester Schrittweite τ ergibt sich das gleiche Verfahren wie durch (16.38) beschrieben. Eine Schrittweitensteuerung erlaubt die Vergrößerung von τ bei glatter werdendem u.

16.5.3 Nichtlineare parabolische Differentialgleichungen

Auch auf das in Abschnitt 16.4.3 beschriebene nichtlineare parabolische Anfangs–Randwertproblem

$$\begin{gathered} u_t - F(x, t, u, u_x, u_{xx}) = 0, \quad (x, t) \in G(T), \\ u(x, 0) = u_0(x), \quad 0 \leq x \leq l, \quad u(0, t) = \varphi(t), \quad u(l, t) = \psi(t), \quad 0 \leq t \leq T, \end{gathered} \tag{16.63}$$

ist die Linienmethode als numerisches Lösungsverfahren anwendbar. Das Differenzenverfahren führt hier in Analogie zu den Betrachtungen in Abschnitt 16.5.1 auf das nichtlineare gewöhnliche Differentialgleichungssystem

$$\dot{u}_j^h(t) = F(x_j, u_j^h(t), \tfrac{1}{2h}\{u_{j+1}^h(t) - u_{j-1}^h(t)\}, \tfrac{1}{h^2}\{u_{j+1}^h(t) - 2u_j^h(t) + u_{j-1}^h(t)\})$$

mit den Anfangswerten $u_j^h(0) = u_0(x_j)$, $j = 1, \ldots, M-1$, wobei auch $u_0^h(t) = \varphi(t)$, $u_M^h(t) = \psi(t)$ zu setzen ist.

Dieses System erweist sich wiederum als steif, es muß daher mit den in Abschnitt 14.7 beschriebene Verfahren numerisch gelöst werden, etwa mit dem impliziten Euler–Verfahren. In diesem Zusammenhang benutzt man auch gerne das BDF–Verfahren der Schrittzahl und Ordnung 2 mit Schrittweitensteuerung.

16.6 Ergänzungen

16.6.1 Parabolische Probleme in 2 und 3 Raumvariablen

Die in den technischen und naturwissenschaftlichen Anwendungen auftretenden Wärmeleitprobleme, Diffusionsprobleme etc. sind oft zwei– oder sogar dreidimensional. Dabei treten noch sehr unterschiedliche Randbedingungen auf. Probleme dieser Art müssen in der Regel numerisch gelöst werden.

Wir beschränken uns hier auf die Untersuchung der einfachsten Wärmeleitvorgänge

$$u_t = u_{x_1x_1} + u_{x_2x_2}, \qquad t \geq 0, \quad 0 \leq x_i \leq l_i, \quad i = 1, 2, \tag{16.64}$$

$$u_t = u_{x_1x_1} + u_{x_2x_2} + u_{x_3x_3}, \qquad t \geq 0, \quad 0 \leq x_i \leq l_i, \quad i = 1, 2, 3. \tag{16.65}$$

Auf die Angabe der Randbedingungen verzichten wir und fassen uns auch sonst kurz, da die numerische Lösung von (16.64), (16.65) analog wie im eindimensionalen Fall erfolgt.

Die zweiten Ableitungen $u_{x_i x_i}$ werden durch die symmetrischen zweiten Differenzenquotienten der Gitterfunktionswerte $u_{i,j}(t)$ bzw. $u_{i,j,k}(t)$ in den Gitterpunkten (ih_1, jh_2) bzw. (ih_1, jh_2, kh_3) ersetzt. Dabei ist $0 \leq i \leq M_1$, $0 \leq j \leq M_2$, $0 \leq k \leq M_3$ und $h_i = l_i/M_i$. So ersetzen wir z.B.

$$u_{x_3x_3}(ih_1, jh_2, kh_3, t) \quad \text{durch} \quad \tfrac{1}{h_3^2}\Big(u_{i,j,k+1}(t) - 2u_{i,j,k}(t) + u_{i,j,k-1}(t)\Big).$$

Wie im eindimensionalen Fall entsteht ein Anfangswertproblem eines Systems gewöhnlicher Differentialgleichungen

$$\dot{\boldsymbol{u}}^h(t) = \boldsymbol{A}\, \boldsymbol{u}^h(t), \qquad \boldsymbol{u}^h(0) = \boldsymbol{u}_0. \tag{16.66}$$

Dabei ist $\boldsymbol{A}$ im p–dimensionalen Fall eine

$$\prod_{i=1}^{p}(M_i - 1) \times \prod_{i=1}^{p}(M_i - 1)\text{–Matrix}, \quad p = 2, 3.$$

Das System (16.66) ist sehr steif, im zweidimensionalen Fall und bei der üblichen zeilenweisen Numerierung (1,1), ..., $(M_1,1)$, (1,2), ... , ist $\boldsymbol{A}$ eine Block–Tridiagonalmatrix der Gestalt

$$\boldsymbol{A} = \begin{bmatrix} \boldsymbol{A}_{11} & \boldsymbol{A}_{12} & 0 & \cdots & 0 \\ \boldsymbol{A}_{21} & \boldsymbol{A}_{22} & \boldsymbol{A}_{23} & \ddots & \vdots \\ 0 & \ddots & \ddots & \ddots & 0 \\ \vdots & \ddots & \boldsymbol{A}_{M_2-2,M_2-3} & \boldsymbol{A}_{M_2-2,M_2-2} & \boldsymbol{A}_{M_2-2,M_2-1} \\ 0 & \cdots & 0 & \boldsymbol{A}_{M_2-1,M_2-2} & \boldsymbol{A}_{M_2-1,M_2-1} \end{bmatrix}$$

mit den $(M_1 - 1) \times (M_1 - 1)$–Matrizen $\boldsymbol{A}_{ij}$. Bezeichnet man die $(M_1 - 1) \times (M_1 - 1)$–Einheitsmatrix mit $\boldsymbol{I}$, so gilt

$$\boldsymbol{A}_{i,i+1} = \boldsymbol{A}_{j+1,j} = \tfrac{1}{h_2^2}\boldsymbol{I}, \qquad i, j = 1, \ldots, M_2 - 2,$$

$$\boldsymbol{A}_{ii} = \begin{bmatrix} -2(h_1^{-2} + h_2^{-2}) & h_1^{-2} & 0 & \cdots & 0 \\ h_1^{-2} & -2(h_1^{-2} + h_2^{-2}) & h_1^{-2} & \ddots & \vdots \\ 0 & \ddots & \ddots & \ddots & 0 \\ \vdots & \ddots & h_1^{-2} & -2(h_1^{-2} + h_2^{-2}) & h_1^{-2} \\ 0 & \cdots & 0 & h_1^{-2} & -2(h_1^{-2} + h_2^{-2}) \end{bmatrix}.$$

Verwendet man zur numerischen Lösung wieder das implizite Euler–Verfahren, so folgt entsprechend (16.61) das Gleichungssystem

$$(\boldsymbol{I} - \tau \boldsymbol{A})\boldsymbol{u}_{k+1}^{h,\tau} = \boldsymbol{u}_k^{h,\tau}, \qquad k = 0, 1, \dots, N-1.$$

Man kann auch ein genaueres Verfahren wählen: Es gilt

$$\frac{\boldsymbol{u}^h(t_{k+1}) - \boldsymbol{u}^h(t_k)}{\tau} = \boldsymbol{A}\frac{\boldsymbol{u}^h(t_{k+1}) + \boldsymbol{u}^h(t_k)}{2} + \mathcal{O}(\tau^2),$$

und dies führt auf das Differenzenverfahren

$$(\boldsymbol{I} - \tfrac{\tau}{2}\boldsymbol{A})\boldsymbol{u}_{k+1}^{h,\tau} = (\boldsymbol{I} + \tfrac{\tau}{2}\boldsymbol{A})\boldsymbol{u}_k^{h,\tau}. \tag{16.67}$$

Dabei bedeutet, analog zu (16.58), $\boldsymbol{u}_j^{h,\tau}$ die gesuchte Näherung für $\boldsymbol{u}(t_j)$. Für jeden Zeitschritt, d.h. für jedes k, ist ein großes lineares Gleichungssystem zu lösen. Sind sehr viele Zeitschritte durchzuführen, so wird der Rechenaufwand extrem hoch. Das gilt natürlich erst recht im dreidimensionalen Fall.

Einen Ausweg bieten *Faktorisierungsverfahren*, von denen wir eines, nur für den zweidimensionalen Fall, hier kurz beschreiben wollen. Dabei setzen wir voraus, daß $u(x_1, x_2, t)$ nach allen Veränderlichen genügend oft differenzierbar ist.

Sei

$$\begin{aligned}
\delta_{x_1x_1}\, u_{i,j}(t) &= \tfrac{1}{h_1^2}\Big(u_{i-1,j}(t) - 2u_{i,j}(t) + u_{i+1,j}(t)\Big), \\
\delta_{x_2x_2}\, u_{i,j}(t) &= \tfrac{1}{h_2^2}\Big(u_{i,j-1}(t) - 2u_{i,j}(t) + u_{i,j+1}(t)\Big), \\
\boldsymbol{u}(t) &= \Big[u_{11}(t), \dots, u_{M_1-1,1}(t), u_{12}(t), \dots, u_{M_1-1,M_2-1}(t)\Big]^T,
\end{aligned} \tag{16.68}$$

dann hat das Differentialgleichungssystem (16.66) in unmittelbar verständlicher Schreibweise die Gestalt

$$\dot{\boldsymbol{u}}^h(t) = (\delta_{x_1x_1} + \delta_{x_2x_2})\boldsymbol{u}^h(t). \tag{16.69}$$

Dabei ist der Differenzenoperator $\delta_{x_1x_1} + \delta_{x_2x_2}$ jeweils auf alle Komponenten von $\boldsymbol{u}^h(t)$ anzuwenden.

Zur numerischen Integration von (16.69) verwenden wir wieder das Verfahren (16.67), gehen aber aus von

$$\dot{\boldsymbol{u}}^h(t_k + \tfrac{\tau}{2}) = (\delta_{x_1x_1} + \delta_{x_2x_2})\boldsymbol{u}^h(t_k + \tfrac{\tau}{2}).$$

Dann gilt

$$\frac{\boldsymbol{u}^h(t_{k+1}) - \boldsymbol{u}^h(t_k)}{\tau} = (\delta_{x_1x_1} + \delta_{x_2x_2})\frac{\boldsymbol{u}^h(t_k) + \boldsymbol{u}^h(t_{k+1})}{2} + \mathcal{O}(\tau^2),$$

oder

$$u^h(t_{k+1}) = u^h(t_k) + \tfrac{\tau}{2}(\delta_{x_1x_1} + \delta_{x_2x_2})(u^h(t_k) + u^h(t_{k+1})) + \mathcal{O}(\tau^3). \tag{16.70}$$

Weiter ist $u^h(t_k) - u^h(t_{k+1}) = \mathcal{O}(\tau)$ bezüglich x_i viermal stetig differenzierbar, so daß auch

$$\delta_{x_2x_2}(\delta_{x_1x_1}(u^h(t_k) - u^h(t_{k+1}))) = \mathcal{O}(\tau). \tag{16.71}$$

Aus (16.70) und (16.71) folgt dann offensichtlich

$$\begin{aligned} u^h(t_{k+1}) &= u^h(t_k) + \tfrac{\tau}{2}(\delta_{x_1x_1} + \delta_{x_2x_2})(u^h(t_k) + u^h(t_{k+1})) + \\ &\quad + \tfrac{\tau^2}{4}\delta_{x_2x_2}(\delta_{x_1x_1}(u^h(t_k) - u^h(t_{k+1}))) + \mathcal{O}(\tau^3), \end{aligned}$$

was sich auch in der Gestalt

$$(1 - \tfrac{\tau}{2}\delta_{x_1x_1})(1 - \tfrac{\tau}{2}\delta_{x_2x_2})u^h(t_{k+1}) = (1 + \tfrac{\tau}{2}\delta_{x_2x_2})(1 + \tfrac{\tau}{2}\delta_{x_1x_1})u^h(t_k) + \mathcal{O}(\tau^3) \tag{16.72}$$

schreiben läßt. Die Anwendung der Differenzenoperatoren $1 \pm \frac{\tau}{2}\delta_{x_1x_1}$, $1 \pm \frac{\tau}{2}\delta_{x_2x_2}$ entspricht wegen (16.68) der Multiplikation des entsprechend numerierten Vektors mit Tridiagonalmatrizen. In (16.68) wurde der Vektor u nach Zeilen numeriert. Die Permutationsmatrix P_2 sei definiert durch

$$P_2 u = [u_{1,1}, u_{1,2}, \ldots, u_{1,M_2-1}, u_{2,1}, \ldots, u_{2,M_2-1}, \ldots, u_{M_1-1,M_2-1}]^T.$$

Dann kann man (16.72) auch in der Form

$$(I - \tfrac{\tau}{2}T_1)P_2^T(I - \tfrac{\tau}{2}T_2)P_2 u^h(t_{k+1}) = P_2^T(I + \tfrac{\tau}{2}T_2)P_2(I + \tfrac{\tau}{2}T_1)u^h(t_k) + \mathcal{O}(\tau^3) \tag{16.73}$$

schreiben. Dabei ist I die Einheitsmatrix und T_1, T_2 sind Tridiagonalmatrizen, so daß auch $I \pm \frac{\tau}{2}T_1$, $I \pm \frac{\tau}{2}T_2$ Tridiagonalmatrizen sind. Die Matrizen $(I - \frac{\tau}{2}T_1)$, $(I - \frac{\tau}{2}T_2)$ sind symmetrische und strikt diagonaldominante L–Matrizen, also Stieltjes–Matrizen und somit positiv definit, die Spektralradien ihrer Inversen sind kleiner als eine feste positive Zahl α. Es gilt daher

$$u^h(t_{k+1}) = P_2^T(I - \tfrac{\tau}{2}T_2)^{-1}P_2(I - \tfrac{\tau}{2}T_1)^{-1}P_2^T(I + \tfrac{\tau}{2}T_2)P_2(I + \tfrac{\tau}{2}T_1)u^h(t_k) + \mathcal{O}(\tau^3). \tag{16.74}$$

Schließlich errechnet man auf etwas mühsame Art mit Hilfe der Taylorentwicklung, daß

$$\begin{aligned} &(I - \tfrac{\tau}{2}T_1)^{-1}P_2^T(I + \tfrac{\tau}{2}T_2)P_2(I + \tfrac{\tau}{2}T_1)u^h(t_k) = \\ &= P_2^T(I + \tfrac{\tau}{2}T_2)P_2(I - \tfrac{\tau}{2}T_1)^{-1}(I + \tfrac{\tau}{2}T_1)u^h(t_k) + \mathcal{O}(\tau^3). \end{aligned} \tag{16.75}$$

Mit (16.75) können wir (16.74) daher auch in der Form

$$u^h(t_{k+1}) = P_2^T(I-\tfrac{\tau}{2}T_2)^{-1}(I+\tfrac{\tau}{2}T_2)P_2(I-\tfrac{\tau}{2}T_1)^{-1}(I+\tfrac{\tau}{2}T_1)u^h(t_k)+\mathcal{O}(\tau^3) \quad (16.76)$$

schreiben.

Wir lassen nun wieder das Restglied $\mathcal{O}(\tau^3)$ fort, ersetzen $u^h(t_j)$ durch $u_j^{h,\tau}$, und erhalten aus (16.76)

$$u_{k+1}^{h,\tau} = P_2^T(I-\tfrac{\tau}{2}T_2)^{-1}(I+\tfrac{\tau}{2}T_2)P_2(I-\tfrac{\tau}{2}T_1)^{-1}(I+\tfrac{\tau}{2}T_1)u_k^{h,\tau}, \quad (16.77)$$

wobei $u_k^{h,\tau}$, $u_{k+1}^{h,\tau}$ die gesuchten Näherungen für $u(t_k)$, $u(t_{k+1})$ sind. Hierdurch wird folgendes Verfahren nahegelegt: Man löst zunächst das lineare Gleichungssystem

$$(I-\tfrac{\tau}{2}T_1)u_{k+\frac{1}{2}}^{h,\tau} = (I+\tfrac{\tau}{2}T_1)u_k^{h,\tau} \quad (16.78)$$

nach $u_{k+\frac{1}{2}}^{h,\tau}$ und dann das System

$$\begin{aligned} (I-\tfrac{\tau}{2}T_2)\tilde{u}_{k+1}^{h,\tau} &= (I+\tfrac{\tau}{2}T_2)P_2u_{k+\frac{1}{2}}^{h,\tau} \\ u_{k+1}^{h,\tau} &= P_2^T\tilde{u}_{k+1}^{h,\tau} \end{aligned} \quad (16.79)$$

nach $u_{k+1}^{h,\tau}$ auf. In der Tat erhält man hierdurch wieder (16.77). Das Verfahren wird in der Literatur häufig als ADI–Verfahren (ADI= Alternating Direction Implizit) bezeichnet, da man sozusagen einmal ein System in x_1–Richtung, einmal in x_2–Richtung löst.

Man hat jetzt nicht mehr N Gleichungssysteme (16.67) mit der Block–Tridiagonalmatrix $I-\tau A$ zu lösen, sondern nur $2N$ Gleichungssysteme mit tridiagonalen Stieltjes-Matrizen $(I-\frac{\tau}{2}T_1)$, $(I-\frac{\tau}{2}T_2)$, was den Rechenaufwand erheblich reduziert. Die Zahl der benötigten Rechenoperationen ist hierbei, auch ohne Berücksichtigung der Symmetrie, nach Band 1, Seite 151,

$$2N\cdot(5(M_1-1)(M_2-1)-4).$$

Das ADI–Verfahren gehört zu den Faktorisierungsverfahren, die bei der numerischen Lösung von komplizierten zeitabhängigen partiellen Differentialgleichungsproblemen, auch bei drei Ortsvariablen, erfolgreich angewendet werden. Sie wurden u.a. von Douglas und Gunn [25] sowie von Gourlay [34] untersucht.

16.6.2 Differentialgleichungen in der Strömungsmechanik

Die meisten Phänomene in der Strömungsmechanik können hinreichend genau durch die Navier–Stokes–Gleichungen beschrieben werden. Diese stellen ein kompliziertes

System von nichtlinearen partiellen Differentialgleichungen dar. Die unterschiedlichen Strömungsvorgänge werden durch Anpassung der noch freien Parameter in diesen Gleichungen, vor allem aber durch die zugehörigen Rand- und Anfangsbedingungen mathematisch modelliert.

So werden z.B. zweidimensionale, kompressible, laminare, instationäre Strömungen durch folgendes System der Navier–Stokes–Gleichungen beschrieben:

$$\frac{\partial}{\partial t}\begin{bmatrix} \varrho u \\ \varrho v \\ \varrho E \\ \varrho \end{bmatrix} + \frac{\partial}{\partial x}\begin{bmatrix} \varrho u^2 + p - \frac{1}{\mathrm{Re}}\tau_{xx} \\ \varrho uv - \frac{1}{\mathrm{Re}}\tau_{xy} \\ (\varrho E + p)u - \frac{1}{\mathrm{Re}}(u\tau_{xx} + v\tau_{xy} + \frac{x}{\mathrm{Pr}}\cdot\frac{\partial e}{\partial x}) \\ \varrho u \end{bmatrix} +$$

$$\frac{\partial}{\partial y}\begin{bmatrix} \varrho uv - \frac{1}{\mathrm{Re}}\tau_{xy} \\ \varrho v^2 + p - \frac{1}{\mathrm{Re}}\tau_{yy} \\ (\varrho E + p)v - \frac{1}{\mathrm{Re}}(u\tau_{xy} + v\tau_{yy} + \frac{y}{\mathrm{Pr}}\cdot\frac{\partial e}{\partial y}) \\ \varrho v \end{bmatrix} = 0, \quad (16.80)$$

mit

$$\begin{aligned} \tau_{xx} &= \frac{2\mu}{3}\left(2\frac{\partial u}{\partial y} - \frac{\partial v}{\partial y}\right), \\ \tau_{xy} &= \mu\left(\frac{\partial u}{\partial y} + \frac{\partial v}{\partial x}\right) \\ \tau_{yy} &= \frac{2\mu}{3}\left(2\frac{\partial u}{\partial y} - \frac{\partial u}{\partial x}\right). \end{aligned}$$

Dabei sind u, v sind die Geschwindigkeitskomponenten der Strömung, ϱ ihre Dichte, p ihr Druck, E ihre Gesamt- und e ihre innere Energie. Auf die Bedeutung der auftretenden Konstanten wollen wir hier nicht eingehen.

Man erkennt, daß die ersten 3 Gleichungen quasilineare partielle Differentialgleichungen 2. Ordnung vom parabolischen Typ sind. Dagegen ist die letzte Gleichung eine partielle Differentialgleichung 1. Ordnung und gemäß unserer Definition in Abschnitt 17.1 als hyperbolisch zu bezeichnen. Das Gesamtsystem (16.80) kann daher nicht einheitlich klassifiziert werden, man bezeichnet es oft als *unvollständig parabolisch.*

Die Navier–Stokes–Gleichungen können mit verschiedenen Verfahren numerisch gelöst werden. Dazu zählen auch die Differenzenverfahren, die sich besonders bewährt haben. Eine Übersicht und Literaturhinweise findet man u.a. in [32], [57]; man vgl. auch [42].

Es liegt auf der Hand, daß die numerische Lösung der Navier–Stokes–Gleichungen schwierig und sehr aufwendig ist. Besondere Aufmerksamkeit erfordert dabei auch das zugrunde zu legende Gitter G_h, das oft als ungleichmäßiges Gitter gewählt werden muß. Mit Hilfe von Transformationen können zwar auch gleichmäßige Gitter im Rechengebiet erhalten werden, doch durch diese werden die Navier–Stokes–Gleichungen noch komplizierter.

Es gibt jedoch zahlreiche Approximationsstufen dieser Gleichungen, die meist aus vereinfachten physikalischen Annahmen resultieren. Am bekanntesten unter ihnen sind wohl die Prandtlschen Grenzschichtgleichungen, die auch sehr genau theoretisch untersucht worden sind. Die wesentliche physikalische Grundlage ist hierbei die Annahme, daß sich die Reibungseffekte in der Strömung lediglich in unmittelbarer Nähe des angeströmten Gegenstandes – in einer Grenzschicht der Dicke δ – auswirken. Außerhalb dieser Grenzschicht kann die Strömung als reibungsfrei angenommen und etwa durch die Potentialgleichung $\Delta u = 0$ als Potentialströmung beschrieben werden. Hierzu kommen noch andere Annahmen.

Für die zweidimensionale stationäre Strömung lauten die Prandtlschen Grenzschichtgleichungen

$$\begin{aligned} u\, u_x + v\, u_y - U\, U_x - \nu\, u_{yy} &= 0, \\ u_x + v_y &= 0. \end{aligned} \tag{16.81}$$

Dabei sind u, v die Geschwindigkeitskomponenten in x, y–Richtung, $U(x)$ ist die nur von x abhängende äußere reibungsfreie Potentialströmung und ν die kinematische Zähigkeit. Die Körperkontur soll dabei mit der x–Achse zusammenfallen. Die Grenzschichtgleichungen bleiben gültig, solange die Krümmung der Kontur gering ist.

Der Einfachheit halber betrachten wir die Strömung längs einer ebenen Wand. Dann ist x die Bogenlänge der Wandlinie und y der senkrechte Abstand dazu.

Die Grenzschichtgleichungen stellen ebenfalls ein halblineares unvollständig parabolisches System dar. Ihre numerische Lösung vereinfacht sich, wenn aus der zweiten Gleichung (16.81), der Kontinuitätsgleichung, die Geschwindigkeitskomponente v eliminiert wird:

$$v(x,y) = -\int_0^y u_x(x,\eta)\, d\eta.$$

Setzt man diesen Ausdruck in die erste Gleichung von (16.81) ein, so folgt

$$u\, u_x - u_y \int_0^y u_x(x,t)\, dt - U\, U_x - \nu\, u_{yy} = 0 \tag{16.82}$$

als nunmehr einzige Gleichung. Die zugehörige Anfangsbedingung ist

$$u(0,y) = u_0(y),$$

sie liefert ein Geschwindigkeits–Anfangsprofil. An der Wand soll die Strömung haften, was zur Randbedingung $u(x,0) = 0$ führt. Schließlich soll $u(x,\infty) = U(x)$ gelten.

Bei der numerischen Rechnung muß diese Bedingung durch $u(x,y_E) = U(x)$ ersetzt werden. Dabei ist y_E diejenige Entfernung von der Wand, für die „fast" die Grenzschichtgeschwindigkeit mit der Geschwindigkeit der reibungsfreien Strömung übereinstimmt. y_E läßt sich während der Rechnung ermitteln.

Gleichung (16.82) mit den beschriebenen Anfangs- und Randbedingungen kann jetzt durch ein Differenzenverfahren, verbunden mit einer numerischen Quadratur, numerisch gelöst werden. Dabei wird ein rechteckiges Gitter mit den Maschenweiten Δx, Δy und $\Delta x/(\Delta y)^2 = \lambda$ mit konstantem λ zugrunde gelegt. Die Gitterpunkte seien

$$(i\Delta x, j\Delta y), \quad i = 0,\dots,M, \quad j = 0,\dots,N, \quad N\Delta y = y_E.$$

Für jedes feste i erhält man durch Ersetzen der Ableitungen durch entsprechende Differenzenquotienten zunächst das nichtlineare Gleichungssystem

$$\begin{aligned} u_{i,j}\frac{u_{i,j}-u_{i-1,j}}{\Delta x} - \frac{u_{i,j+1}-u_{i,j-1}}{2\Delta y}\cdot\frac{\Delta y}{\Delta x}\cdot\sum_{k=1}^{j}\alpha_{jk}(u_{i,k}-u_{i-1,k}) \\ -U(x_i)U_x(x_i) - \nu\frac{u_{i,j+1}-2u_{i,j}+u_{i,j-1}}{(\Delta y)^2} = 0, \qquad (16.83) \\ j = 1,\dots,N-1. \end{aligned}$$

Dabei gilt

$$u_{i,0} = 0, \quad u_{i,N} = U_i, \quad u_{0,j} = u_0(y_j).$$

Die verwendete Quadraturformel ist die summierte Trapez–Regel, d.h.

$$\alpha_{jk} = \begin{cases} 1, & k < j \\ \frac{1}{2}, & k = j \\ 0, & \text{sonst.} \end{cases}$$

(Unter der Summe fehlt wegen $u_{i,0} = u_{i-1,0} = 0$ der Summand mit $k = 0$).

Multipliziert man jede Gleichung (16.83) mit Δx, so entsteht das System

$$\begin{aligned} u_{i,j}^2 - u_{i,j}\,u_{i-1,j} - \tfrac{1}{2}(u_{i,j+1}-u_{i,j-1})\cdot\sum_{k=1}^{j}\alpha_{jk}(u_{i,k}-u_{i-1,k}) \\ -\Delta x\,U(x_i)\,U_x(x_i) - \nu\lambda(u_{i,j+1}-2u_{i,j}+u_{i,j-1}) = 0, \\ j = 1,\dots,N-1. \end{aligned}$$

Für jedes i ist dieses nichtlineare Gleichungssystem zu lösen, es hat mit $u_i^h = [u_{i,1}, \ldots, u_{i,N-1}]^T$ die Form

$$F(u_i^h) = 0. \tag{16.84}$$

Eine genaue Analyse ergibt, daß die Funktionalmatrix $F'(u_i^h)$ eine M-Matrix ist und daher das System (16.84) z.B. mit dem Gauß-Seidel-Newton-Verfahren iterativ gelöst werden kann (vgl. Band 1, S. 243). Allerdings ist $F'(u_i^h)$ keine Bandmatrix, sondern eine untere Hessenberg-Matrix.

Aufgaben

A 16.1 Man stelle fest, von welchem Typ folgende Differentialgleichungen sind:

a) $(x+y)\,u_{xx} + 2\,u_{xy} + (x-y)\,u_{yy} - e^u = 0,$

b) $(1+u_x^2)\,u_{yy} - (1+u_y^2)\,u_{xx} = 0,$

c) $x^2 u_{xx} - 2xy\,u_{xy} + y^2 u_{yy} - \sin u_x = 0.$

A 16.2 Mit dem Differenzenverfahren aus Abschnitt 16.2.2 und $\Delta x = 1/8$ löse man folgendes Anfangswertproblem numerisch:

$$u_{tt} - 4u_{xx} - 2u_x - x^2 = 0, \qquad u(x,0) = \sin \pi x, \quad u_t(x,0) = \cos \pi x, \quad 0 \le x \le 1.$$

Welche Werte von u sind durch die Anfangsvorgaben bestimmt?
Wie groß darf Δt höchstens gewählt werden?

A 16.3 Es sei das Anfangs-Randwertproblem

$$u_t - u_{xx} - e^{-t} \sin \pi x = 0, \qquad u(x,0) = \frac{\sin \pi x}{\pi^2 - 1}, \quad 0 \le x \le 1,$$

$$u(0,t) = u(1,t) = 0$$

vorgelegt. Man löse es für $0 \le t \le 1$ mit $\Delta x = 1/8$ numerisch, und zwar

a) Mit dem expliziten Differenzenverfahren (16.23),

b) mit dem impliziten Differenzenverfahren (16.37).

Wie groß darf im Fall a) die Schrittweite Δt höchstens gewählt werden?

A 16.4 Welche Eigenschaften von F sichern die Konsistenzordnung $\mathcal{O}(\Delta t)$ des durch (16.54) gegebenen impliziten Differenzenverfahrens, wenn $\Delta t/(\Delta x)^2 = \lambda$ gesetzt wird?

A 16.5 Gegeben sei das Anfangs– Randwertproblem

$$\left.\begin{array}{rcll} u_t &=& (e^u u_x)_x, & (x,t) \in (0,1) \times (0,T), \\ u(x,0) &=& 1, & x \in [0,1], \\ u(0,t) &=& 0, & t \in (0,T], \\ u(1,t) &=& 0, & t \in (0,T]. \end{array}\right\} \quad (1)$$

a) Man diskretisiere das Problem (1) zu den Schrittweiten Δt und Δx.

b) Man bestimme die Jacobische Funktionalmatrix J_F des entstehenden Gleichungssystems und diskutiere deren Eigenschaften.

c) Man zerlege J_F in einen symmetrischen und einen schiefsymmetrischen Anteil.

A 16.6 Gegeben sei die 2–dimensionale Wärmeleitungsgleichung mit den Anfangs– und Randbedingungen

$$\begin{array}{rcll} u_t &=& \frac{1}{32}(u_{xx} + u_{yy}), & x,y \in (0,1), t \in (0,T), \\ u(x,0,t) &=& 0, & x \in [0,1], t \in [0,T], \\ u(x,1,t) &=& 500t, & x \in [0,1], t \in [0,T], \\ u_x(0,y,t) &=& -12800y(1-y), & y \in [0,1], t \in [0,T], \\ u_x(1,y,t) &=& 0, & y \in [0,1], t \in [0,T], \\ u(x,y,0) &=& 0, & x,y \in [0,1]. \end{array}$$

a) Man diskretisiere das Anfangs– Randwertproblem mit den Schrittweiten $\Delta x = \Delta y = h$ und Δt. Man verwende ein explizites Einschritt–Verfahren.

b) Für $T = 1, h = 0.25 = \Delta t$ berechne man eine Näherungslösung zu u.

c) Man untersuche das Verhalten der Näherungslösung für feinere Gitter.

d) Man berechne mit $h = \Delta t = 0.25$ eine Näherungslösung mit dem Faktorisierungsverfahren (16.78), (16.79).

A 16.7 Man zeige, daß das Verfahren

$$\frac{1}{12}\frac{u^h_{j+1,n+1} - u^h_{j+1,n}}{\Delta t} + \frac{5}{6}\frac{u^h_{j,n+1} - u^h_{j,n}}{\Delta t} + \frac{1}{12}\frac{u^h_{j-1,n+1} - u^h_{j-1,n}}{\Delta t} = \frac{1}{2}\frac{\delta^2_{j,n+1} - \delta^2_{j,n}}{(\Delta t)^2}$$

mit $\delta^2_{j,n} = u^h_{j+1,n} - 2u^h_{j,n} + u^h_{j-1,n}$ zur Wärmeleitungsgleichung

$$u_t = u_{xx}$$

konsistent von der Ordnung $\mathcal{O}((\Delta t)^2)$, ist für $\Delta t/(\Delta x)^2 = \lambda$ fest.

A 16.8 Die Burgers–Differentialgleichung mit Anfangs- und Randbedingungen

$$\begin{aligned} u_t + uu_x &= u_{xx}, \qquad (x,t) \in (0,1) \times (0,L), \\ u(0,t) &= u(1,t) = 0, \quad t \in [0,T], \quad u(x,0) = f(x), \quad x \in [0,1], \end{aligned}$$

soll durch das implizite Differenzenverfahren

$$\frac{u^h_{j,n+1} - u^h_{j,n}}{\Delta t} + u^h_{j,n+1} \cdot \frac{u^h_{j+1,n+1} - u^h_{j-1,n+1}}{2\Delta x} = \frac{u^h_{j-1,n+1} - 2u^h_{j,n+1} + u^h_{j+1,n+1}}{(\Delta x)^2}$$

diskretisiert werden.

a) Man bestimme die Konsistenzordnung des Differenzenverfahrens.

b) Die angegebene Diskretisierung führt auf ein nichtlineares Gleichungssystem pro Zeitschicht:

$$F(u^h_n) = 0, \qquad n = 1(1)N, \quad N\Delta t = T,$$

mit $u^h_n = [u^h_{1,n}, \ldots, u^h_{M,n}]^T$, $M\Delta x = 1$. Man gebe dieses System und die dazu gehörige Funktionalmatrix an. Welche Eigenschaften besitzt die Funktionalmatrix?

c) Man bestimmen (mit einem geeigneten Näherungsverfahren für die Gleichungssysteme aus b.) die Näherungen für $\Delta x = \Delta t = 0.1$, für $f(x) = \sin \pi x$ und $T = 1$.

17 Hyperbolische Systeme 1. Ordnung

Systeme von partiellen Differentialgleichungen 1. Ordnung sind von besonderer Bedeutung für die Theorie partieller Differentialgleichungen. In vielen Fällen nämlich lassen sich Anfangswertprobleme von Differentialgleichungen höherer Ordnung und Systemen von solchen auf Anfangswertprobleme von Systemen 1. Ordnung zurückführen. Bei zwei unabhängigen Veränderlichen kann sogar jedes Anfangswertproblem auf diese Weise reduziert werden, eine Tatsache, die man sich auch bei der numerischen Lösung von Anfangswertproblemen zunutze macht.

Hyperbolische Systeme 1. Ordnung beschreiben u.a. Strömungsvorgänge im Überschallbereich. Wegen ihrer Bedeutung gehen wir ausführlich auf die numerische Lösung von Anfangswertproblemen quasilinearer hyperbolischer Systeme 1. Ordnung ein.

17.1 Einige Grundlagen der Theorie

17.1.1 Klassifizierung

Ein Gleichungssystem der Form

$$F_i(\boldsymbol{x}, \boldsymbol{u}, \boldsymbol{u}_{x_1}, \ldots, \boldsymbol{u}_{x_p}) = 0, \qquad i = 1, 2, \ldots, m, \tag{17.1}$$

wobei wir

$$\boldsymbol{x} = [x_1, \ldots, x_p]^T, \qquad \boldsymbol{u} = [u^1, \ldots, u^n]^T$$

gesetzt haben, heißt *System partieller Differentialgleichungen 1. Ordnung* bei p unabhängigen Veränderlichen $x_1, \ldots, x_p$ für n gesuchte Funktionen $u^1, \ldots, u^n$ dieser Veränderlichen. Lösung des Systems (17.1) ist jede nach allen Veränderlichen $x_1, \ldots, x_p$ stetig differenzierbare Vektorfunktion

$$\boldsymbol{u} = \boldsymbol{u}(\boldsymbol{x})$$

mit den Komponenten

$$u^i(\boldsymbol{x}) = u^i(x_1, \ldots, x_p), \qquad i = 1, \ldots, n,$$

welche das System (17.1) identisch erfüllt. Das System heißt *bestimmt* für $m = n$, *überbestimmt* für $m > n$ und *unterbestimmt* für $m < n$.

Wir befassen uns nur mit dem Fall $m = n$ und außerdem nur mit linearen oder quasilinearen Systemen. Sie haben die Gestalt

$$Lu \equiv \sum_{i=1}^{p} A_i u_{x_i} - b = 0. \tag{17.2}$$

Dabei sind die A_i $n \times n$–Matrizen und b ist ein n–komponentiger Vektor.

Definition 17.1. *Das System (17.2) heißt*

a) quasilinear, *wenn die Elemente $a_{jk}^{(i)}$ der Matrizen A_i und die Komponenten b_k des Vektors b Funktionen von x und u sind.*

b) halblinear *oder* fastlinear, *wenn die Elemente der Matrizen A_i und die Komponenten von b Funktionen von x sind und außerdem mindestens eine der Komponenten von b nichtlinear von mindestens einer der Größen $u^1, \ldots, u^n$ abhängt.*

c) linear, *wenn die Elemente der Matrizen A_i Funktionen von x sind und b die Gestalt $A(x)u + c(x)$ hat.*

□

Wir wollen weiter nur noch Systeme bei zwei unabhängigen ($p = 2$) Veränderlichen betrachten, d.h.Systeme der Gestalt

$$Lu \equiv A_1 u_x + A_2 u_y - b = 0, \tag{17.3}$$

wobei wir anstatt mit x_1, x_2 die unabhängigen Veränderlichen mit x, y bezeichnet haben.

Es sei nun $u(x, y) = [u^1(x, y), \ldots, u^n(x, y)]^T$ irgendeine Lösung von (17.3), die wir uns im quasilinearen Fall in A_1, A_2, b eingesetzt denken. Ferner sei (x_0, y_0) ein fester Punkt der Ebene und dort eine der Matrizen A_1, A_2 nichtsingulär. Ohne Einschränkung der Allgemeinheit nehmen wir an, daß dies für A_2 gilt und ordnen dem System (17.3) das Polynom

$$P(\lambda) = \det(\lambda A_2 - A_1)$$

zu.

Definition 17.2. *In (x_0, y_0) heißt das System (17.3) (im quasilinearen Fall bezüglich einer Lösung $u(x, y)$)*

a) hyperbolisch, *wenn $P(\lambda)$ nur reelle Nullstellen hat, die Matrix $A_2^{-1} A_1$ genau n linear unabhängige Eigenvektoren besitzt und mindestens zwei Nullstellen von $P(\lambda)$ voneinander verschieden sind.*

b) parabolisch, *wenn* $P(\lambda)$ *genau* k, $1 \leq k \leq n-1$, *reelle Nullstellen hat,*

c) elliptisch, *wenn* $P(\lambda)$ *keine reelle Nullstelle hat.*

□

17.1.2 Normalform

Die Nullstellen von $P(\lambda)$ sind die Eigenwerte der Matrix $A_2^{-1}A_1$, im hyperbolischen Fall besitzt diese Matrix n linear unabhängige Eigenvektoren. Sie ist daher, wie aus der linearen Algebra bekannt, *diagonalisierbar*, d.h. durch eine Ähnlichkeitstransformation läßt sie sich auf Diagonalgestalt transformieren. Sei A^{-1} diejenige Matrix, welche als Spaltenvektoren gerade n linear unabhängige Eigenvektoren von $A_2^{-1}A_1$ enthält, so gilt

$$A_2^{-1}A_1 = A^{-1}CA$$

mit der Diagonalmatrix C, die in der Hauptdiagonalen gerade die Eigenwerte $c_1, \ldots, c_n$ von $A_2^{-1}A_1$ als Elemente besitzt. Setzen wir weiter $AA_2^{-1}b = d$, so erhalten wir nach Multiplikation der Gleichung (17.3) mit AA_2^{-1}

$$AA_2^{-1}A_1u_x + AA_2^{-1}A_2u_y - AA_2^{-1}b = Au_y + CAu_x - d = 0.$$

Man nennt

$$Au_y + CAu_x - d = 0$$

die *Normalform* des Systems (17.3). Mit

$$A = [a_{ij}], \qquad C = [\delta_{ij}c_i], \qquad d = [d_1, \ldots, d_n]^T, \quad i,j = 1, \ldots, n,$$

lautet sie ausführlich

$$\sum_{j=1}^{n} a_{ij}\left(u_y^j + c_i u_x^j\right) - d_i = 0, \qquad i = 1, \ldots, n. \tag{17.4}$$

Sie kann stets hergestellt werden, wenn A_2 nichtsingulär ist. Ist das nicht der Fall und ist A_1 nichtsingulär, so kann man analog die Normalform

$$Au_x + CAu_y - d = 0 \tag{17.5}$$

erreichen.

Beispiel 17.1. *Wir betrachten das System von partiellen Differentialgleichungen 1. Ordnung*

$$\begin{aligned} 4u_x^1 - u_y^2 &= 0 \\ u_y^1 - u_x^2 &= 0. \end{aligned}$$

Hier ist

$$A_1 = \begin{bmatrix} 4 & 0 \\ 0 & -1 \end{bmatrix}, \qquad A_2 = \begin{bmatrix} 0 & -1 \\ 1 & 0 \end{bmatrix},$$

und A_1 ist wegen $\det A_1 = -4$ *nichtsingulär. Aus*

$$P(\lambda) = \det(\lambda A_1 - A_2) = \begin{vmatrix} 4\lambda & 1 \\ -1 & -\lambda \end{vmatrix} = -4\lambda^2 + 1 = 0$$

erhält man

$$\lambda_{1,2} = \pm\frac{1}{2}.$$

$P(\lambda)$ hat also die beiden reellen Nullstellen $\lambda_{1,2} = \pm\frac{1}{2}$, das System ist somit hyperbolisch.

Wir stellen nun die Normalform her: Es ist

$$A_1^{-1}A_2 = \begin{bmatrix} \frac{1}{4} & 0 \\ 0 & -1 \end{bmatrix} \cdot \begin{bmatrix} 0 & -1 \\ 1 & 0 \end{bmatrix} = \begin{bmatrix} 0 & -\frac{1}{4} \\ -1 & 0 \end{bmatrix},$$

und diese Matrix besitzt zu den beiden Eigenwerten $\pm\frac{1}{2}$ etwa die linear unabhängigen Eigenvektoren $[-1,2]^T$, $[1,2]^T$. Daher ist

$$A^{-1} = \begin{bmatrix} -1 & 1 \\ 2 & 2 \end{bmatrix}$$

und somit

$$A = \begin{bmatrix} -\frac{1}{2} & \frac{1}{4} \\ \frac{1}{2} & \frac{1}{4} \end{bmatrix}, \quad CA = \begin{bmatrix} \frac{1}{2} & 0 \\ 0 & -\frac{1}{2} \end{bmatrix} \cdot \begin{bmatrix} -\frac{1}{2} & \frac{1}{4} \\ \frac{1}{2} & \frac{1}{4} \end{bmatrix} = \begin{bmatrix} -\frac{1}{4} & \frac{1}{8} \\ -\frac{1}{4} & -\frac{1}{8} \end{bmatrix}.$$

Die Normalform lautet daher wegen $b = d = 0$

$$\begin{aligned} -\tfrac{1}{2}u_x^1 + \tfrac{1}{4}u_x^2 - \tfrac{1}{4}u_y^1 + \tfrac{1}{8}u_y^2 &= 0 \\ \tfrac{1}{2}u_x^1 + \tfrac{1}{4}u_x^2 - \tfrac{1}{4}u_y^1 - \tfrac{1}{8}u_y^2 &= 0. \end{aligned}$$

Sie entspricht der Normalform (17.5). □

17.1.3 Charakteristiken

Die Eigenwerte c_i der Matrix $A_2^{-1}A_1$ bezeichnet man in der Theorie der hyperbolischen Systeme als *charakteristische Richtungen.* In der i–ten Gleichung des Systems (17.4) treten Richtungsableitungen in den Richtungen $(c_i\tau, \tau)$ durch (x, y), d.h. in Richtung der Charakteristik zu c_i im Punkt (x, y)

$$\frac{du^j}{d\tau} = u_y^j + c_i u_x^j, \qquad j = 1, \ldots, n,$$

auf. Bei linearen und halblinearen hyperbolischen Systemen hängen die c_i nur von x, y ab. Man nennt dann die Lösungen der gewöhnlichen Differentialgleichungen

$$\frac{dx}{dy} = c_i(x,y), \qquad i = 1, \ldots n,$$

Charakteristiken des Systems (17.4). Wenn sämtliche c_i voneinander verschieden sind, gibt es somit genau n Scharen von Charakteristiken, die ein für allemal festgelegt sind. Bei mehrfachen Eigenwerten von $\boldsymbol{A}_2^{-1}\boldsymbol{A}_1$ gibt es entsprechend weniger Charakteristiken–Scharen.

Ist das System (17.4) quasilinear, so hängen die c_i außer von x, y im allgemeinen auch noch von $\boldsymbol{u}$ ab. Denken wir uns irgendeine Lösung $\boldsymbol{u} = \boldsymbol{u}(x,y)$ eingesetzt, so bezeichnen wir wieder die Lösungen der Differentialgleichungen

$$\frac{dx}{dy} = c_i(x,y,\boldsymbol{u}(x,y)), \qquad i = 1, \ldots, n,$$

als Charakteristiken des quasilinearen hyperbolischen Systems 1. Ordnung (17.4). Die Charakteristiken liegen in diesem Fall also nicht fest, ihr Verlauf hängt noch von der in die c_i eingesetzten Lösung ab.

17.1.4 Das Anfangswertproblem

Wir betrachten wieder das hyperbolische System

$$\boldsymbol{A}\boldsymbol{u}_y + \boldsymbol{C}\boldsymbol{A}\boldsymbol{u}_x - \boldsymbol{d} = 0 \tag{17.6}$$

und suchen eine Lösung (Lösungsvektor), die der Anfangsbedingung

$$\boldsymbol{u}(x,0) = \boldsymbol{f}(x), \qquad a \le x \le b, \tag{17.7}$$

mit der vorgegebenen n–komponentigen Vektorfunktion $\boldsymbol{f}(x) = [f_1(x), \ldots, f_n(x)]^T$ genügt.

Man kann übrigens ein Anfangswertproblem des Systems (17.6) mit den allgemeineren Anfangsbedingungen

$$\boldsymbol{u}(x,\varphi(x)) = \boldsymbol{g}(x), \qquad \alpha \le x \le \beta,$$

wobei $y = \varphi(x)$ eine stetig differenzierbare Kurve ist, unter wenig einschränkenden Voraussetzungen auf (17.6), (17.7) zurückführen. Der Kürze wegen soll hier jedoch nicht darauf eingegangen werden.

Die Antwort auf die Frage, wann und in welcher Umgebung des Anfangsintervalls $I : \ a \le x \le b$ die gesuchte Lösung eindeutig existiert, ist schwierig und erfordert erheblich mehr Raum, als uns hier zur Verfügung steht. Man kann die

Existenz und Eindeutigkeit der Lösung in einer Umgebung des Anfangsintervalls I auch für quasilineare Systeme nachweisen, wenn die Elemente von $\boldsymbol{A}$, $\boldsymbol{C}$ und die Komponenten von $\boldsymbol{d}$, $\boldsymbol{f}$ gewisse Differenzierbarkeitseigenschaften besitzen.

Um den Bereich $\bar{G}$, in dem die Lösung des Anfangswertproblems eindeutig existiert, genauer beschreiben zu können, betrachten wir ein lineares System (17.6) und nehmen an, daß es genau n verschiedene charakteristische Richtungen, d.h. auch n verschiedene Scharen von Charakteristiken besitzt. Durch jeden Punkt des Anfangsintervalls mögen genau n Charakteristiken hindurchgehen, was unter wenig einschränkenden Voraussetzungen sichergestellt ist. Dann gehen insbesondere durch die Punkte $(a, 0)$ und $(b, 0)$ jeweils genau n Charakteristiken, welche eindeutige Lösungen der Anfangswertprobleme

$$\frac{dx}{dy} = c_i(x, y), \quad x(0) = a \quad \text{bzw.} \quad x(0) = b, \quad i = 1, \dots, n,$$

sind, sich also etwa in der Gestalt

$$x = \varphi_i(y; a), \quad \text{bzw.} \quad x = \psi_i(y; b), \qquad i = 1, \dots, n,$$

darstellen lassen. Der Bereich $\bar{G}$, in dem die Lösung des Anfangswertproblems (17.6), (17.7) eindeutig existiert, wird dann wie in Abb. 17.1 durch Charakteristiken ausgeschnitten.

Unter den durch $(a, 0)$ gehenden Charakteristiken gibt es eine, die mit der positiven Richtung der x–Achse einen kleinsten, unter den durch $(b, 0)$ gehenden Charakteristiken eine, die mit ihr einen größten Winkel ($< \pi$) einschließt. Der von beiden Charakteristiken ausgeschnittene Teil oberhalb der x–Achse ist der obere Teil von G. Entsprechend konstruiert man den unteren Teil von $\bar{G}$.

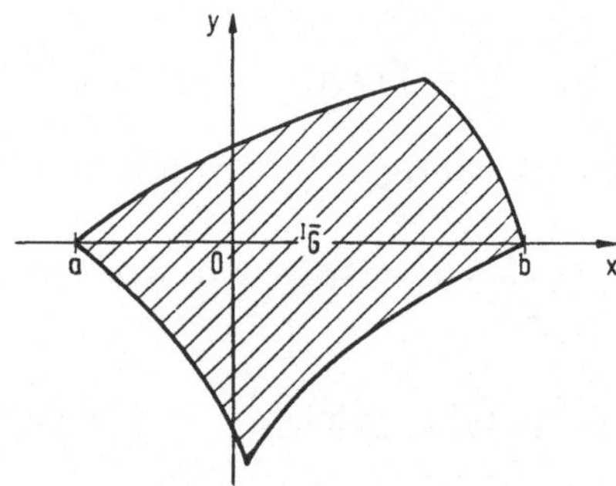

Abbildung 17.1: Der Bereich $\bar{G}$

Bei quasilinearen Systemen liegen die Charakteristiken nicht von vornherein fest, man kann im allgemeinen die Existenz der Lösung nur in einem kleinen Streifen $S:\ a + \tau|y| \le x \le b - \tau|y|,\ -\varepsilon \le y \le \varepsilon$, längs I nachweisen und nicht in einem $\bar{G}$ entsprechenden Bereich.

Den Bereich $\bar{G}$ nennt man den *Bestimmtheitsbereich* des Intervalls I. Ändert man außerhalb von I die Werte von $f(x)$ ab, so hat dies keinen Einfluß auf die Lösung in $\bar{G}$. Andererseits ist die Vorgabe der Anfangswerte $f(x)$ auf ganz I erforderlich, um die Lösung in $\bar{G}$ eindeutig zu bestimmen. Dies ist auch bei der numerischen Lösung zu berücksichtigen.

Wie bereits erwähnt, läßt sich im Fall $n = 2$ jede partielle Differentialgleichung auf ein System von partiellen Differentialgleichungen 1. Ordnung zurückführen. Wir erläutern das an folgendem

Beispiel 17.2. *Mit $u_x = p$, $u_y = q$, $u_{xx} = r$, $u_{xy} = s$, $u_{yy} = t$ betrachten wir die Differentialgleichung 2. Ordnung*

$$F(x, y, u, p, q, r, s, t) = 0$$

und nehmen an, daß F bezüglich aller Veränderlichen einmal stetig differenzierbar ist. Differentiation nach y liefert dann

$$F_y + F_u q + F_p p_y + F_q q_y + F_r r_y + F_s s_y + F_t t_y = 0.$$

Nimmt man noch die Gleichungen

$$u_y = q, \quad p_y = s, \quad q_y = t, \quad r_y = s_x, \quad s_y = t_x$$

hinzu, setzt

$$u = u^1, \quad p = u^2, \quad q = u^3, \quad r = u^4, \quad s = u^5, \quad t = u^6,$$

ferner

$$\boldsymbol{u} = [u^1, \ldots, u^6]^T,$$

so hat man bereits das gewünschte System erster Ordnung. Man stellt leicht fest, daß es höchstens quasilinear ist. □

17.1.5 Beispiele hyperbolischer Systeme 1. Ordnung in der Strömungsmechanik

Wie bereits erwähnt, werden wichtige Strömungsvorgänge durch hyperbolische Systeme 1. Ordnung beschrieben, die in vielen Fällen quasilinear sind. Um Anfangswertprobleme solcher Gleichungen zu lösen, wird man ausschließlich auf geeignete numerische Verfahren zurückgreifen müssen.

Da wir uns bei der numerischen Lösung auf Probleme mit zwei unabhängigen Veränderlichen beschränken wollen, geben wir hier auch nur entsprechende Beispiele. Oft wird man jedoch auch Anfangswertprobleme in zwei oder drei Ortskoordinaten und gegebenenfalls einer Zeitkoordinate, d.h. zwei oder dreidimensionale stationäre oder instationäre Probleme, lösen müssen.

Die hier betrachteten hyperbolischen Systeme 1. Ordnung beschreiben die Eigenschaften reibungsfreier, d.h. mehr oder weniger idealisierter Strömungen. In der Literatur werden sie als *Eulersche Gleichungen* bezeichnet.

A. Dreidimensionale stationäre drehsymmetrische reibungsfreie Strömung

$$\begin{aligned}
&w(v_r - w_x) - \frac{a^2}{\kappa(\kappa-1)} s_x = 0,\\
&v(v_r - w_x) + \frac{a^2}{\kappa(\kappa-1)} s_r = 0,\\
&(a^2 - v^2)v_x - vw(v_r + w_x) + (a^2 - w^2)w_r = -a^2 \tfrac{w}{r}.
\end{aligned} \tag{17.8}$$

Die gesuchten Lösungen sind die beiden Geschwindigkeitskomponeneten $v(x,r)$, $w(x,r)$ sowie die Entropie $s(x,r)$. Die Schallgeschwindigkeit $a(v,w)$ hat die Gestalt

$$a(v,w) = (a_0^2 - \frac{\kappa - 1}{2}(v^2 + w^2))^{1/2},$$

wobei $a(0,0) = a_0$ eine vorgegebene Konstante ist und $\kappa = c_P/c_V$ das Verhältnis der spezifischen Wärmen bei konstantem Druck bzw. konstantem Volumen bedeutet.

Mit $\boldsymbol{u} = (v,w,s)^T$ und

$$\boldsymbol{A}_1 = \begin{bmatrix} 0 & -w & -\frac{a^2}{\kappa(\kappa-1)} \\ 0 & -v & 0 \\ a^2 - v^2 & -vw & 0 \end{bmatrix}, \quad \boldsymbol{A}_2 = \begin{bmatrix} w & 0 & 0 \\ v & 0 & \frac{a^2}{\kappa(\kappa-1)} \\ -vw & a^2 - w^2 & 0 \end{bmatrix},$$

$$\boldsymbol{b} = [0, 0, -a^2 \tfrac{w}{r}]^T$$

hat das System (17.8) die Gestalt

$$\boldsymbol{A}_1 \boldsymbol{u}_x + \boldsymbol{A}_2 \boldsymbol{u}_r - \boldsymbol{b} = 0.$$

Es gilt weiter

$$\det \boldsymbol{A}_2 = -\frac{wa^2(a^2 - w^2)}{\kappa(\kappa - 1)} \neq 0 \quad \text{für} \quad a^2 \neq w^2$$

und

$$P(\lambda) = \det(\lambda \boldsymbol{A}_2 - \boldsymbol{A}_1) = \frac{a^2}{\kappa(\kappa-1)}[\lambda w - v][\lambda^2(w^2 - a^2) - 2\lambda vw + v^2 - a^2].$$

Daher hat $P(\lambda)$ die Nullstellen

$$\begin{aligned}
c_1 &= -\frac{1}{a^2 - w^2}\left(vw - a\sqrt{v^2 + w^2 - a^2}\right),\\
c_2 &= -\frac{1}{a^2 - w^2}\left(vw + a\sqrt{v^2 + w^2 - a^2}\right),\\
c_3 &= \frac{v}{w}.
\end{aligned}$$

Diese charakteristischen Richtungen hängen von den Geschwindigkeitskomponenten v, w, aber nicht von der Entropie s ab. Sie sind reell und voneinander verschieden für

$$v^2 + w^2 > a^2,$$

d.h. für den Fall der Überschallströmung. In diesem Fall ist das System (17.8) hyperbolisch.

B. Eindimensionale reibungsfreie instationäre Gasströmung

Sie wird durch folgendes Gleichungssystem beschrieben:

$$\begin{aligned} v_t + vv_x + \tfrac{1}{\varrho}p_x &= 0, \\ p_t + \varrho a^2 v_x + vp_x &= 0, \\ s_t + vs_x &= 0. \end{aligned} \tag{17.9}$$

Dabei ist v die Geschwindigkeit, p der Druck, $\varrho = \varrho(p, s)$ die Dichte und s die Entropie. Die Schallgeschwindigkeit wird wieder durch a gekennzeichnet. Setzt man

$$\boldsymbol{u} = [v, p, s]^T, \qquad \boldsymbol{A}_1 = \begin{bmatrix} v & \frac{1}{\varrho} & 0 \\ \varrho a^2 & v & 0 \\ 0 & 0 & v \end{bmatrix}, \qquad \boldsymbol{A}_2 = \boldsymbol{I},$$

so lautet das System

$$\boldsymbol{u}_t + \boldsymbol{A}_1 \boldsymbol{u}_x = 0.$$

Die Eigenwerte von $\boldsymbol{A}_1$, die charakteristischen Richtungen, sind

$$c_1 = v + a, \qquad c_2 = v - a, \qquad c_3 = v.$$

Sie sind reell, zu ihnen gehören die linear unabhängigen Eigenvektoren

$$\begin{bmatrix} 1 \\ \varrho a \\ 0 \end{bmatrix}, \quad \begin{bmatrix} 1 \\ -\varrho a \\ 0 \end{bmatrix}, \quad \begin{bmatrix} 0 \\ 0 \\ 1 \end{bmatrix}.$$

Um die Normalform des stets hyperbolischen Systems (17.9) herzustellen, haben wir

$$\boldsymbol{A}^{-1} = \begin{bmatrix} 1 & 1 & 0 \\ \varrho a & -\varrho a & 0 \\ 0 & 0 & 1 \end{bmatrix}, \quad \text{somit} \quad \boldsymbol{A} = \begin{bmatrix} \frac{1}{2} & \frac{1}{2\varrho a} & 0 \\ \frac{1}{2} & -\frac{1}{2\varrho a} & 0 \\ 0 & 0 & 1 \end{bmatrix} \tag{17.10}$$

zu bilden. Die Normalform ist dann

$$\boldsymbol{A}\boldsymbol{u}_t + \boldsymbol{C}\boldsymbol{A}\boldsymbol{u}_x = 0$$

mit

$$C = \begin{bmatrix} v+a & 0 & 0 \\ 0 & v-a & 0 \\ 0 & 0 & v \end{bmatrix}, \tag{17.11}$$

oder ausführlich, nach Multiplikation der ersten beiden Gleichungen mit $2\varrho a$,

$$\begin{aligned} \varrho a[v_t + (v+a)v_x] + [p_t + (v+a)p_x] &= 0, \\ \varrho a[v_t + (v-a)v_x] - [p_t + (v-a)p_x] &= 0, \\ s_t + v s_x &= 0. \end{aligned} \tag{17.12}$$

17.2 Charakteristikenverfahren

17.2.1 Das Prinzip

Es soll nun das Anfangswertproblem (17.6), (17.7) d.h.

$$\sum_{j=1}^{n} a_{ij}(u_y^j + c_i u_x^j) - d_i = 0, \quad u^i(x,0) = f_i(x), \quad i = 1,\ldots,n, \quad a \le x \le b, \tag{17.13}$$

numerisch gelöst werden. In jeder Gleichung des Systems von Differentialgleichungen (17.13) treten die Richtungsableitungen in Richtung $(c_i\tau, \tau)$ der Tangente an die Charakteristik zu c_i im Punkt (x, y)

$$\frac{du^j}{d\tau} = u_y^j + c_i u_x^j, \qquad i,j = 1,\ldots,n, \tag{17.14}$$

auf. Bei einem linearen oder halblinearen hyperbolischen System hängen die c_i nur von den unabhängigen Veränderlichen x, y ab, liegen also ein für allemal fest. Ist das System jedoch quasilinear, so sind die c_i außerdem noch Funktionen von $u^1, \ldots, u^n$. Die numerische Lösung von Anfangswertproblemen quasilinearer Systeme ist daher oft eine schwierige und recht komplizierte Aufgabe.

Die hier zu untersuchenden Charakteristikenverfahren erhält man dadurch, daß die Richtungsableitungen durch passende Differenzenquotienten in einer Gitterfunktion ersetzt werden. Wir wollen hier nur einfachste Verfahren dieser Art betrachten, bezüglich genauerer Charakteristikenverfahren vergleiche man etwa [55] und die dort angegebene Literatur.

17.2.2 Der lineare Fall

Zunächst betrachten wir für $n = 2$ den Fall eines linearen Systems (17.13), die a_{ij}, c_i, d_i hängen also nur von x, y ab. Gemäß Definition 17.2 ist dann $c_1(x,y) \neq c_2(x,y)$.

Um die Richtungsableitungen (17.14) durch Differenzenquotienten approximieren zu können, unterteilen wir das Intervall I in N Teilintervalle $[x_k, x_{k+1}]$, $k = 0, 1, \ldots, N-1$, $x_0 = a$, $x_N = b$, die nicht notwendig von gleicher Länge sind, und es sei

$$h = \max_{k=0,1,\ldots,N-1} \{x_{k+1} - x_k\}.$$

Wir bestimmen dann zunächst durch Lösung der Anfangswertprobleme

$$\frac{dx}{dy} = c_1(x,y), \quad \frac{dx}{dy} = c_2(x,y), \quad x(0) = x_k, \quad k = 0, \ldots, N, \tag{17.15}$$

die Charakteristiken durch die Punkte x_k. Im allgemeinen wird man dies numerisch mit einer Methode aus Kapitel 14 durchführen müssen. Man erhält dann die Charakteristiken in der Gestalt

$$x = \psi_1^{(k)}(y), \quad x = \psi_2^{(k)}(y), \quad k = 0, \ldots, N.$$

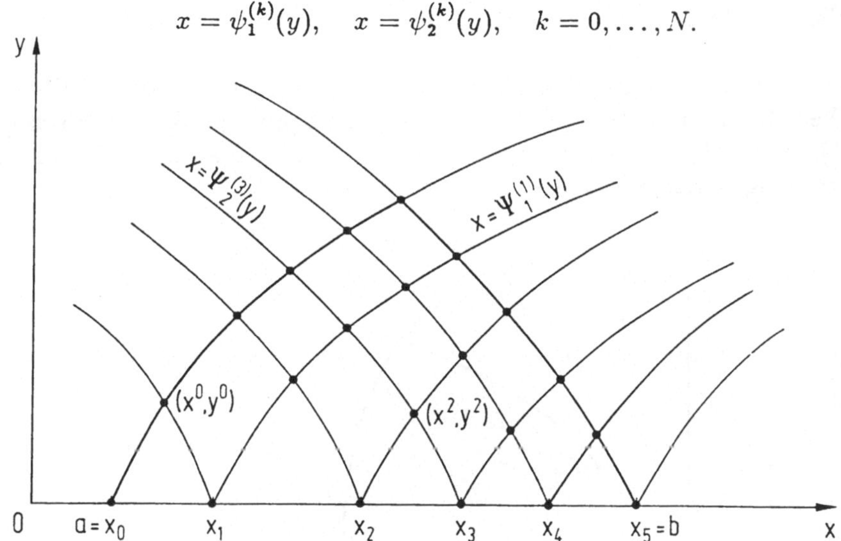

Abbildung 17.2: Das charakteristische Gitter

Bei numerischer Lösung von (17.15) bestimmt man sich diese Kurven aus den berechneten diskreten Näherungen etwa durch Interpolation geeigneter Ordnung. Die so erhaltenen Charakteristiken bilden ein *charakteristisches Gitter*, das etwa die in Abb. 17.2 skizzierte Gestalt hat. Man beachte, daß sich zwei Charakteristiken der gleichen Schar, d.h. zu ψ_1 bzw. zu ψ_2, niemals schneiden dürfen.

Der Existenz- und Eindeutigkeitsbereich der Lösung des Anfangswertproblems wird durch die beiden Charakteristiken $x = \psi_1^{(0)}(y)$ und $x = \psi_2^{(N)}(y)$ und durch das Anfangsintervall begrenzt. In den Gitterpunkten des charakteristischen Gitters sollen Näherungswerte der exakten Lösung berechnet werden. Dabei gehen wir wie folgt vor:

Wir beschreiben zunächst die Konstruktion des ersten Punktgitters über der x-Achse. Es sei (x^l, y^l) der Schnittpunkt der beiden Charakteristiken $x = \psi_1^{(l)}(y)$

und $x = \psi_2^{(l+1)}(y)$. Wir ersetzen dann das System in (17.13) unter Verwendung von (17.14) für $n = 2$ durch das folgende System von Differenzengleichungen in den Werten u^{hj} einer Gitterfunktion:

$$\begin{aligned} \sum_{j=1}^{2} a_{1j}(x^l, y^l)\frac{(u^j)^h(x^l, y^l) - (u^j)^h(x_l, 0)}{y^l} - d_1(x^l, y^l) &= 0, \\ \sum_{j=1}^{2} a_{2j}(x^l, y^l)\frac{(u^j)^h(x^l, y^l) - (u^j)^h(x_{l+1}, 0)}{y^l} - d_2(x^l, y^l) &= 0. \end{aligned} \tag{17.16}$$

Weiter setzen wir

$$(u^i)^h(x_k, 0) = f_i(x_k), \qquad i = 1, 2; \quad k = 0, \ldots, N.$$

Dann sind die $(u^i)^h(x_l, 0)$, $(u^j)^h(x_{l+1}, 0)$ bekannt und (17.16) ist ein inhomogenes lineares Gleichungssystem, aus dem die $(u^j)^h(x^l, y^l)$, $j = 1, 2$, eindeutig bestimmt werden können, denn die Matrix $A = [a_{ij}]$ des Systems ist nach Voraussetzung nichtsingulär.

Mit Hilfe der so berechneten Näherungen $(u^j)^h(x^l, y^l)$, $l = 0, \ldots, N-1$, kann man das Verfahren fortsetzen. Sei etwa $(\bar{x}^l, \bar{y}^l)$ der Schnittpunkt der durch (x^l, y^l), (x^{l+1}, y^{l+1}) hindurchgehenden Charakteristiken, so löst man das folgende System von Differenzengleichungen (siehe Abb. 17.3):

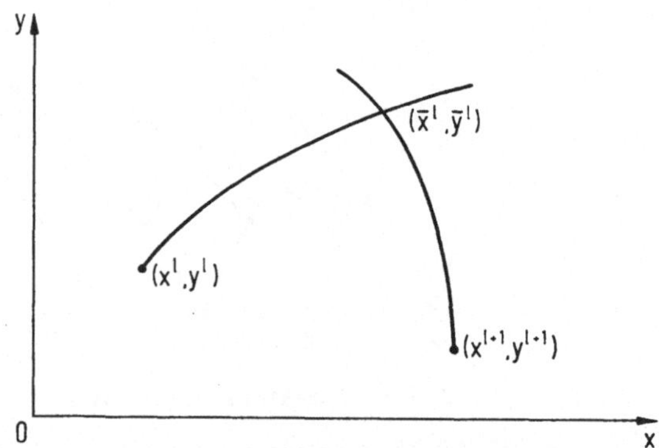

Abbildung 17.3: Zum Charakteristiken-Verfahren

$$\begin{aligned} \sum_{j=1}^{2} a_{1j}(\bar{x}^l, \bar{y}^l)\frac{(u^j)^h(\bar{x}^l, \bar{y}^l) - (u^j)^h(x^l, y^l)}{\bar{y}^l - y^l} - d_1(\bar{x}^l, \bar{y}^l) &= 0, \\ \sum_{j=1}^{2} a_{2j}(\bar{x}^l, \bar{y}^l)\frac{(u^j)^h(\bar{x}^l, \bar{y}^l) - (u^j)^h(x^{l+1}, y^{l+1})}{\bar{y}^l - y^{l+1}} - d_2(\bar{x}^l, \bar{y}^l) &= 0. \end{aligned}$$

Hierdurch sind wiederum die Werte $(u^j)^h(\bar{x}^l, \bar{y}^l)$, $j = 1, 2$, eindeutig bestimmt. Es ist unmittelbar klar, wie das Verfahren fortgesetzt wird.

17.2.3 Der allgemeine quasilineare Fall

Wir betrachten nun das allgemeine quasilineare Anfangswertproblem (17.13) und wollen dieses durch ein einfaches Charakteristikenverfahren numerisch lösen.

Schwierigkeiten entstehen dabei vor allem aus der Abhängigkeit der Charakteristiken von der Lösung $u(x,y)$ des Systems. Das charakteristische Netz kann daher nicht vorab explizit berechnet werden, man muß eine Näherungskonstruktion hierfür verwenden.

Dazu unterteilen wir das Anfangsintervall I wie bisher in Teilintervalle. In den Punkten $(x_l, 0)$ und $(x_{l+1}, 0)$ denken wir uns die dort bekannten charakteristischen Richtungen $c_i(x, 0, f_1(x), \ldots, f_n(x)) = \bar{c}_i(x)$, $i = 1, \ldots, n$, eingezeichnet. Unter den Richtungen $\bar{c}_i(x_l)$ gibt es dann eine, die mit der (im mathematisch positiven Sinne gerichteten) x–Achse einen kleinsten, unter den $\bar{c}_i(x_{l+1})$ eine, die mit ihr einen größten Winkel einschließt. Den Schnittpunkt der durch diese Richtungen bestimmten Geraden bezeichnen wir mit (x^l, y^l) (siehe Abb. 17.4).

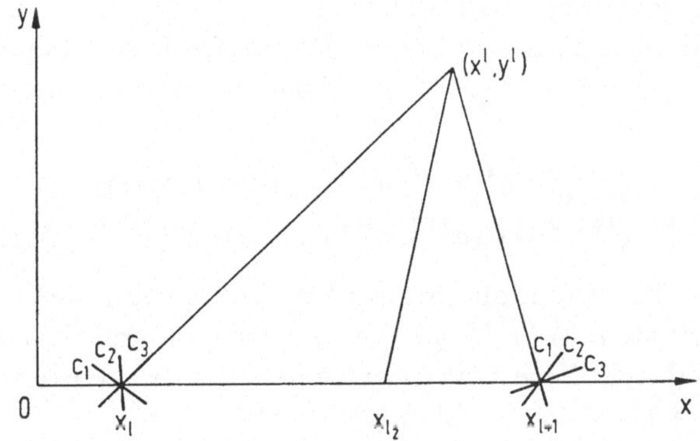

Abbildung 17.4: Näherungskonstruktion des Gitters für $n = 3$

Wir nehmen an, daß die genannten extremen charakteristischen Richtungen gerade $\bar{c}_n(x_l)$ und $\bar{c}_1(x_{l+1})$ sind, andernfalls kann dies durch Umordnung der Gleichungen des Systems (17.13) stets erreicht werden. Die restlichen Charakteristiken durch (x^l, y^l) werden daraufhin durch die Geradenstücke mit den Richtungen

$$\tfrac{1}{2}(\bar{c}_j(x_l) + \bar{c}_j(x_{l+1})), \qquad j = 2, \ldots, n-1,$$

ersetzt. Diese mögen I in den Punkten $(x_{lj}, 0)$, $j = 2, \ldots, n-1$, schneiden (siehe Abb. 17.4).

Mit der Schreibweise

$$x_l = x_{l1}, \quad x_{l+1} = x_{ln}$$

und

$$a_{ij}^{lk} \;=\; a_{ij}(x_{lk}, 0, u^1(x_{lk}, 0), \ldots, u^n(x_{lk}, 0))$$

$$= \quad a_{ij}(x_{lk}, 0, f_1(x_{lk}), \ldots, f_n(x_{lk})), \qquad k = 1, \ldots, n,$$

und entsprechender Definition von d_i^{lk} ersetzen wir dann das System (17.13) durch das System von Differenzengleichungen

$$\sum_{j=1}^{n} a_{1j}^{lk} \frac{(u^j)^h(x^l, y^l) - (u^j)^h(x_{li}, 0)}{y^l} - d_i^{lk} = 0, \qquad i = 1, \ldots, n. \tag{17.17}$$

Wegen

$$(u^j)^h(x_{li}, 0) = u^j(x_{li}, 0) = f_j(x_{li})$$

sind die a_{ij}^{lk}, d_i^{lk} und $(u^j)^h(x_{li}, 0)$ bekannte Größen, (17.17) ist somit ein lineares Gleichungssystem, aus dem wegen $\det A \neq 0$ die $(u^j)^h(x^l, y^l)$, $j = 1, \ldots, n$, für $l = 0, 1, \ldots, N-1$ eindeutig bestimmt werden können. Diese werden als Näherungen für die exakten Lösungswerte $u^j(x^l, y^l)$ angesehen, was natürlich noch einer Rechtfertigung bedarf.

Nach Berechnung der $(u^j)^h(x^l, y^l)$ kann das Verfahren in fast derselben Weise fortgesetzt werden, wobei lediglich zu berücksichtigen ist, daß die Punkte (x^l, y^l), $l = 0, 1, \ldots, N-1$, im allgemeinen nicht mehr auf einer Geraden und erst recht nicht auf einer Geraden parallel zur x-Achse liegen. Es empfiehlt sich folgendes Vorgehen:

In den Punkten (x^l, y^l) und (x^{l+1}, y^{l+1}) berechnet man die charakteristischen Richtungen

$$c_i(x^l, y^l, (u^1)^h(x^l, y^l), \ldots, (u^n)^h(x^l, y^l)),$$
$$c_i(x^{l+1}, y^{l+1}, (u^1)^h(x^{l+1}, y^{l+1}), \ldots, (u^n)^h(x^{l+1}, y^{l+1})).$$

In (x^l, y^l) gibt es eine Richtung, die mit der Verbindungslinie der Punkte (x^l, y^l) und (x^{l+1}, y^{l+1}) einen kleinsten, in (x^{l+1}, y^{l+1}) eine solche, die mit ihr einen größten Winkel einschließt. Die durch diese beiden extremen Richtungen bestimmten Geraden mögen sich im Punkt $(\bar{x}^l, \bar{y}^l)$ schneiden (siehe Abb. 17.5).

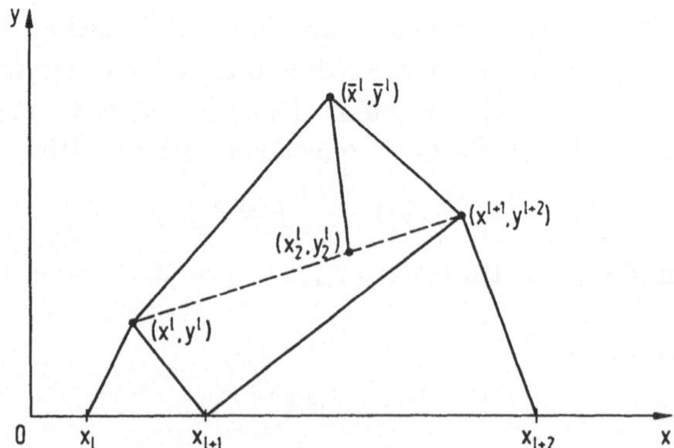

Abbildung 17.5: Zum Charakteristiken-Verfahren im quasilinearen Fall für $n = 3$

Die restlichen Charakteristiken durch $(\bar{x}^l, \bar{y}^l)$ werden dann durch die Geradenstücke mit den gemittelten charakteristischen Richtungen aus (x^l, y^l) und (x^{l+1}, y^{l+1}) ersetzt. Sie mögen die Verbindungslinie dieser beiden Punkte in den Punkten $(\bar{x}_{li}, \bar{y}_{li})$, $i = 2, \ldots, n-1$, schneiden. $x^l = \bar{x}_{l1}$, $y^l = \bar{y}_{l1}, x^{l+1} = \bar{x}_{ln}$, $y^{l+1} = \bar{y}_{ln}$ vervollständigen diese Definition. In diesen Punkten sind nun aber keine Näherungswerte der u^j bekannt, man kann diese etwa durch einen linearen Interpolationsausdruck in den Näherungen $(u^j)^h(x^l, y^l)$, $(u^j)^h(x^{l+1}, y^{l+1})$ ersetzen, also durch

$$
\begin{aligned}
(\bar{u}^j)^h(x_{li}, y_{li}) &= R_i^{l,l+1}(u^j)^h(x^l, y^l) + (1 - R_i^{l,l+1})(u^j)^h(x^{l+1}, y^{l+1}), \\
R_i^{l,l+1} &= \sqrt{\frac{(x^{l+1} - \bar{x}_{li})^2 + (y^{l+1} - \bar{y}_{li})^2}{(x^{l+1} - x^l)^2 + (y^{l+1} - y^l)^2}} .
\end{aligned}
$$

Das Differentialgleichungssystem aus (17.13) kann nun durch ein (17.17) analoges Differenzengleichungssystem ersetzt werden, aus dem die gesuchten Näherungswerte $(u^j)^h(\bar{x}^l, \bar{y}^l)$ eindeutig bestimmt werden können. Entsprechend wird das Verfahren fortgesetzt.

Die Charakteristikenverfahren haben den Nachteil, daß die Näherungen in den Gitterpunkten des unregelmäßigen charakteristischen Gitters berechnet werden müssen. Dies führt zu einer gewissen Unübersichtlichkeit des Verfahrens. Im Falle $n = 2$ kann durch eine Transformation der Charakteristiken ein gleichmäßiges charakteristisches Gitter erreicht werden, doch hat man dafür andere Nachteile in Kauf zu nehmen. Man vgl. hierzu etwa [53].

Unter zusätzlichen Voraussetzungen läßt sich nachweisen, daß bei fortlaufender Verfeinerung des charakteristischen Gitters die berechneten Näherungswerte gegen die entsprechenden Werte der exakten Lösung konvergieren. Auf die mit der Konvergenz zusammenhängenden recht schwierigen Fragen kann hier jedoch nicht eingegangen werden. Man kann zeigen, daß das hier beschriebene Verfahren von erster Ordnung in h konvergiert. h bezeichnet dabei den größten Abstand zweier benachbarter Punkte im charakteristischen Gitter. Voraussetzung ist dabei eine hinreichend hohe Differenzierbarkeit der in (17.13) auftretenden Koeffizientenfunktionen und Startwerte bezüglich sämtlicher Variablen.

Schließlich sei noch erwähnt, daß man auch Charakteristikenverfahren bei Anfangswertproblemen in mehr als zwei unabhängigen Veränderlichen konstruieren kann. Die Rechenvorschriften sind dabei entsprechend aufwendiger, komplizierter und notwendigerweise unübersichtlicher.

17.3 Differenzenverfahren in Rechteckgittern

17.3.1 Das Anfangswertproblem

Die Charakteristikenverfahren wird man zur numerischen Lösung hyperbolischer Anfangswertprobleme vorwiegend dann verwenden, wenn außer der Lösung selbst noch die Charakteristiken berechnet werden sollen. Auch wenn die Lösung $\boldsymbol{u}$ sehr steile Gradienten besitzt (z.B. Schockwellen), sind sie zweckmäßig. Bei Problemen in der Gasdynamik z.B. ist dies oft der Fall. Andererseits haben wir in Abschnitt 17.2 erkannt, daß das Rechnen in charakteristischen Gittern auch erhebliche Nachteile mit sich bringt und die Rechnung sich unter Umständen recht unübersichtlich gestaltet.

Die nun zu untersuchenden Differenzenverfahren in Rechteckgittern vermeiden diesen Nachteil. Sie lassen sich auch leichter auf mehrdimensionale Probleme übertragen.

Wir gehen wieder aus von dem quasilinearen Anfangswertproblem (17.6), (17.7), das wir der Vollständigkeit halber hier noch einmal wiederholen:

$$\begin{aligned} A(x,y,\boldsymbol{u})\boldsymbol{u}_y + C(x,y,\boldsymbol{u})\, A(x,y,\boldsymbol{u})\boldsymbol{u}_x - \boldsymbol{d}(x,y,\boldsymbol{u}) &= 0, \\ \boldsymbol{u}(x,0) = \boldsymbol{f}(x), \qquad a \le x &\le b. \end{aligned} \tag{17.18}$$

Dabei ist

$$\boldsymbol{u} = [u^1, \dots, u^n]^T, \qquad \boldsymbol{f} = [f_1, \dots, f_n]^T. \tag{17.19}$$

Bevor wir uns mit Differenzenverfahren in Rechteckgittern befassen, muß noch geklärt werden, in welchem Bereich die exakte Lösung des vorliegenden Anfangswertproblems überhaupt existiert. Denn man kann nicht erwarten, daß die numerische Rechnung Näherungswerte der exakten Lösung liefert, wenn man mit einem Gitter arbeitet, dessen Punkte , wenn auch nur teilweise, außerhalb des in Abschnitt 17.1.4 definierten Bestimmtheitsbereiches von I liegen.

Die sehr komplizierte Formulierung eines Existenz- und Eindeutigkeitssatzes kann hier nicht wiedergegeben werden. Im wesentlichen hat man vorauszusetzen, daß die Elemente von $\boldsymbol{A}$, $\boldsymbol{C}$ und die Komponenten von $\boldsymbol{d}$ bezüglich aller Veränderlichen $x, y, u^1, \dots, u^n$ p-mal stetig differenzierbar sind, $p \ge 2$, und daß die Komponenten von $\boldsymbol{f}$ bezüglich x, y entsprechende Differenzierbarkeitseigenschaften haben. Weiter mögen sämtliche charakteristische Richtungen beschränkt sein, es gelte etwa

$$|c_i(x,y,\boldsymbol{u})| \le \tau, \qquad i = 1, \dots, n,$$

für

$$\max_{j=1,\dots,n} \left| u^j - f_j\left(\frac{a+b}{2}\right) \right| \le \alpha, \qquad (x,y) \in R(\delta), \tag{17.20}$$

wobei α eine feste positive Zahl und $R(\delta)$ das Rechteck

$$\{(x,y)|\quad a \leq x \leq b, \quad 0 \leq y \leq \delta\}$$

bedeutet. Unter zusätzlichen Voraussetzungen kann man dann zeigen (vgl. etwa [62, S.227] und die dort angegebene Literatur), daß die p-mal stetig differenzierbare Lösung des Anfangswertproblems (17.18) in dem trapezförmigen Bereich

$$\bar{G} = \bar{G}(\tau,\delta) = \{(x,y)|\, a + \tau y \leq x \leq b - \tau y, \quad 0 \leq y \leq \delta\}$$

existiert und dort eindeutig ist (vgl. Abb. 17.6).

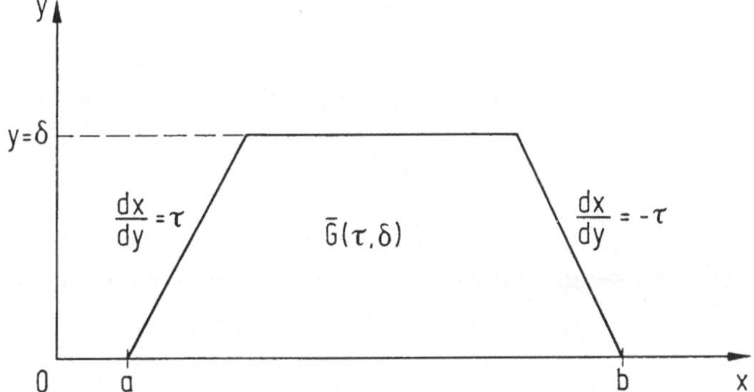

Abbildung 17.6: Der Existenzbereich $\bar{G}$ der Lösung

Bei der numerischen Lösung des Anfangswertproblems haben wir darauf zu achten, daß sämtliche Gitterpunkte des verwendeten Rechteckgitters innerhalb oder auf dem Rande dieses Existenzbereiches liegen. Da man aber eine Schranke τ für die charakteristischen Richtungen, die ja im hier betrachteten quasilinearen Fall noch Funktionen der Lösung $\boldsymbol{u}(x,y) = [u^1(x,y),\ldots,u^n(x,y)]^T$ sind, im allgemeinen nicht bestimmen kann, führt die Realisierung dieser Forderung zunächst auf Schwierigkeiten. Wir werden später sehen, wie man sich hierbei behelfen kann.

17.3.2 Das Differenzenverfahren

Wir nehmen zunächst an, daß wir den trapezförmigen Bereich $\bar{G} = \bar{G}(\tau,\delta)$ kennen und überziehen ihn mit einem Rechteckgitter, das in Richtung der y–Achse die Maschenweite $\Delta y = h$ und in Richtung der x–Achse die Maschenweite $\Delta x = h/\lambda$ besitzt. Dabei wählen wir die positive Konstante λ so, daß $\lambda\tau \leq 1$ gilt (siehe Abb. 17.7)

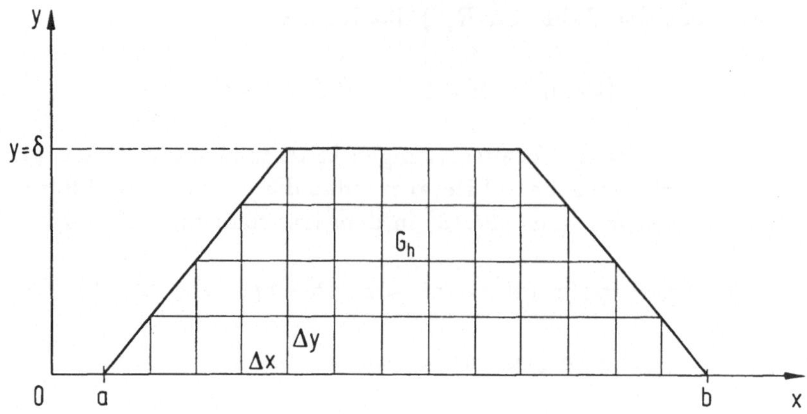

Abbildung 17.7: Das Recheckgitter G_h

Die Menge aller Gitterpunkte bezeichnen wir mit G_h, die Menge der Gitterpunkte auf der Geraden $y = l\,h$ mit $\Sigma_h(lh)$, $l = 0, 1, \ldots, N$. Die Gitterpunkte sind

$$(x_k, y_l) = (a + kh/\lambda, lh), \qquad k = l, \ldots, M - l, \quad l = 0, \ldots, N,$$

und es sei $Mh/\lambda = b - a$, $\quad Nh = \delta$. Wir ersetzen dann das System (17.18) durch ein System von Differenzengleichungen, das im einfachsten Fall folgende Gestalt hat:

$$\frac{1}{h}\Big\{A(x_k, y_l, u^h_{k,l})u^h_{k,l+1} - \sum_{\mu=-1}^{1} S_\mu(x_k, y_l, u^h_{k,l})A(x_k, y_l, u^h_{k,l})u^h_{k+\mu,l}\Big\} - d(x_k, y_l, u^h_{k,l}) = 0. \tag{17.21}$$

Dabei bedeutet $u^h_{k,l} = [(u^1)^h_{k,l}, \ldots, (u^n)^h_{k,l}]^T$ die gesuchte Näherung für die exakte Lösung $u(x_k, y_l) = [u^1(x_k, y_l), \ldots, u^n(x_k, y_l)]^T$ und die S_μ sind noch zu bestimmende Diagonalmatrizen. Weiter setzen wir

$$u^h_{k,0} = f(x_k). \tag{17.22}$$

Ist nun $A(x_k, 0, f(x_k))$ nichtsingulär, was wir voraussetzen, so können die $u^h_{k,1}$, $k = 1, \ldots, M - 1$, d.h. die Näherungen auf der Gitterschicht $\Sigma_h(h)$ aus (17.21) eindeutig bestimmt werden. Ist daraufhin auch $A(x_k, h, u^h_{k,1})$, $\quad k = 1, \ldots M - 1$, nichtsingulär, so können wiederum die $u^h_{k,2}$, $k = 2, \ldots, M - 2$, aus (17.21) berechnet werden, und so fort. Man kann also nacheinander die Näherungen auf den Gitterschichten $\Sigma_h(h), \Sigma_h(2h), \ldots, \Sigma_h(Nh)$ eindeutig bestimmen, wenn jeweils $\det A \neq 0$ gilt.

Natürlich muß das System von Differenzengleichungen (17.21) das System von Differentialgleichungen auf dem Gitter G_h in geeigneter Weise approximieren. Wir müssen also, ähnlich wie bei den bisher betrachteten Differenzenverfahren, Konsistenz von (17.21) zum System (17.18) verlangen: Setzt man die Werte einer Lösung des Systems (17.18) in das System der Differenzengleichungen (17.21) ein, so soll dieses bis auf einen zu h proportionalen Defekt erfüllt sein. Auf der rechten Seite von (17.21) soll als Defekt also ein n-komponentiger Vektor stehen, dessen Elemente von der Ordnung $\mathcal{O}(h)$ sind. Für $h \to 0$ konvergiert dieser Vektor daher gegen den Nullvektor. Durch eine etwas umständliche aber elementare Taylorentwicklung zeigt man, daß hierfür folgende Eigenschaften der Diagonalmatrizen S_μ hinreichend sind:

$$\begin{aligned} &1. \quad \sum_{\mu=-1}^{1} S_\mu(x,y,u) \equiv I, \quad \text{(Einheitsmatrix)} \\ &2. \quad \sum_{\mu=-1}^{1} \mu S_\mu(x,y,u) \equiv -\lambda C(x,y,u). \end{aligned} \tag{17.23}$$

Dabei soll die Identität für alle x, y, u gelten. Da dies nur Bedingungen für die Diagonalmatrizen S_μ sind, können jetzt leicht Differenzenverfahren konstruiert werden. Wählt man etwa S_0 als *Parametermatrix*, so folgt aus (17.23), wenn die Argumente x, y, u fortgelassen werden

$$\begin{aligned} S_{-1} &= \tfrac{1}{2}(I + \lambda C - S_0), \\ S_1 &= \tfrac{1}{2}(I - \lambda C - S_0). \end{aligned} \tag{17.24}$$

Wir kommen jetzt auf die Frage zurück, wie die Schranke τ für die charakteristischen Richtungen zumindest näherungsweise ermittelt werden kann. Es liegen offenbar nur dann sämtliche Punkte von G_h in $\bar{G}$, wenn

$$\lambda = \frac{\Delta y}{\Delta x} \le \frac{1}{\tau}, \tag{17.25}$$

oder, wie oben schon gefordert, $\lambda\tau \le 1$ gilt. Daher ist bei der Konstruktion des Gitters, d.h. bei der Wahl von $\Delta y/\Delta x$, zumindest die Kenntnis der Größenordnung von τ notwendig.

Hierzu kann man auf folgende Weise gelangen: Man berechnet zunächst

$$\tau_0 = \max\Big\{\max_{i=1,\dots,n} |c_i(x_k, 0, f(x_k))| \quad : \ (x_k, 0) \in \Sigma_h(0)\Big\}$$

und wählt

$$\frac{\Delta y}{\Delta x} = \lambda_0 < \frac{1}{\tau_0}.$$

Dabei wird man λ_0 hinreichend klein wählen, um möglichst während der gesamten Rechnung das Gitter unverändert beibehalten zu können. Zur Kontrolle berechnet man nacheinander die Größen

$$\tau_l = \max\Big\{\max_{i=1,\dots,n} |c_i(x_k, y_l, u^h_{k,l})| \quad : \ (x_k, y_l) \in \Sigma_h(lh)\Big\}$$

und prüft, ob jeweils $\lambda_0 \tau_l \leq 1$ gilt. Ist das der Fall, so kann für die weitere Rechnung das durch λ_0 definierte Gitter verwendet werden. Gilt jedoch $\lambda_0 \tau_l > 1$, für ein $l \geq 1$ so muß bei der Berechnung der Näherungen auf der Gitterschicht $\Sigma_h((l+1)h)$ auf ein $\lambda_1 < \lambda_0$ mit $\lambda_1 \tau_l \leq 1$ (bzw. $\lambda_1 \tau_l < 1$) übergegangen werden. Dazu behält man die Schrittweite Δx bei und verkleinert lediglich die Schrittweite Δy (siehe Abb. 17.8).

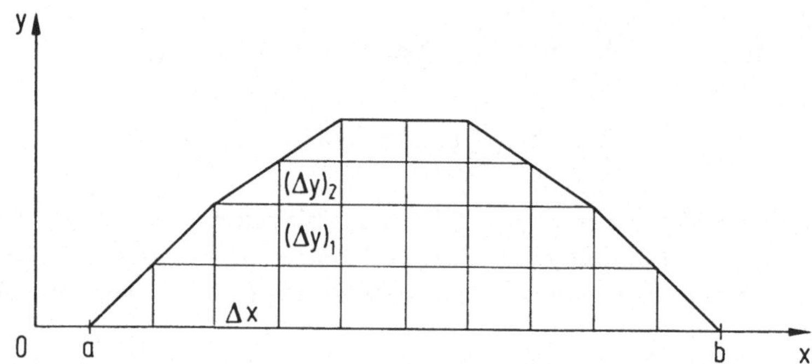

Abbildung 17.8: Verkleinerung von Δy bei der Rechnung

Man kann dann alle auf $\Sigma_h(lh)$ bereits berechneten Näherungen für die weitere Rechnung verwenden.

Die Notwendigkeit dieses Vorgehens zeigt einen in manchen Fällen schwerwiegenden Nachteil von Differenzenverfahren in Rechteckgittern auf: Oft muß Δy extrem klein gewählt werden, was wiederum zur Folge hat, daß die Rechnung nur in einem schmalen Streifen längs des Anfangsintervalls I durchgeführt werden kann. Allerdings sichert die Theorie Existenz und Eindeutigkeit der Lösung im allgemeinen auch nur in einer hinreichend kleinen Umgebung von I.

17.3.3 Zwei spezielle Verfahren

In der Klasse der durch (17.24) definierten Differenzenverfahren in Rechteckgittern gibt es zwei, die sich sowohl durch Einfachheit als auch durch günstige numerische Eigenschaften auszeichnen; wir werden dies in Abschnitt 17.3.4 noch genauer begründen.

Zunächst betrachten wir das Verfahren von Courant, Isaacson und Rees [18] und schreiben dazu die Diagonalmatrix C als Summe zweier Diagonalmatrizen C^+ und C^-:

$$C(x_k, y_l, u^h_{k,l}) = C^+(x_k, y_l, u^h_{k,l}) + C^-(x_k, y_l, u^h_{k,l}).$$

Dabei enthalte C^+ nur positive Elemente von C und es sei $C^- = C - C^+$.

Setzt man dann

$$S_{-1} = \lambda C^+, \quad S_0 = I - \lambda C^+ + \lambda C^-, \quad S_1 = -\lambda C^-, \tag{17.26}$$

so sind die Konsistenzbedingungen (17.23) bzw. (17.24) erfüllt. Man kann das Verfahren auch erhalten, indem man in der i-ten Gleichung des Systems (17.18), also in

$$\sum_{j=1}^{n} a_{ij}\left(u_y^j + c_i u_x^j\right) - d_i = 0, \tag{17.27}$$

die Ableitungen u_y^j, u_x^j an der Stelle (x_k, y_l) wie folgt ersetzt:

$$u_y^j(x_k, y_l) \quad \text{durch} \quad \frac{(u^j)_{k,l+1}^h - (u^j)_{k,l}^h}{h},$$

$$u_x^j(x_k, y_l) \quad \text{durch} \quad \begin{cases} \dfrac{(u^j)_{k,l}^h - (u^j)_{k-1,l}^h}{h/\lambda}, & c_i(x_k, y_l, u_{k,l}^h) > 0, \\[2ex] \dfrac{(u^j)_{k+1,l}^h - (u^j)_{k,l}^h}{h/\lambda}, & c_i(x_k, y_l, u_{k,l}^h) < 0. \end{cases}$$

Der Fall $c_i(x_k, y_l, u_{k,l}^h) = 0$ ist trivial. Je nachdem also, ob die charakteristischen Richtungen positiv oder negativ sind, ersetzt man u_x^j durch den rückwärts oder vorwärts genommenen Differenzenquotienten.

Das zweite Differenzenverfahren wird in der Literatur als *Friedrichs-Verfahren* bezeichnet [29]. Man erhält es, indem man in (17.24) $S_0 = 0$ setzt und somit

$$S_{-1} = \tfrac{1}{2}(I + \lambda C), \quad S_0 = 0, \quad S_1 = \tfrac{1}{2}(I - \lambda C) \tag{17.28}$$

wählt. Man gelangt auch direkt zu diesem Verfahren, indem man

$$\begin{aligned} u_y^j(x_k, y_l) \quad &\text{durch} \quad \frac{(u^j)_{k,l+1}^h - \frac{1}{2}((u^j)_{k+1,l}^h + (u^j)_{k-1,l}^h)}{h}, \\ u_x^j(x_k, y_l) \quad &\text{durch} \quad \frac{(u^j)_{k+1,l}^h - (u^j)_{k-1,l}^h}{2h/\lambda} \end{aligned} \tag{17.29}$$

ersetzt.

Schreibt man kürzer $A_{k,l}$ statt $A(x_k, y_l, u_{k,l}^h)$, definiert entsprechend $C_{k,l}$, $C_{k,l}^+$, $C_{k,l}^-$, $d_{k,l}$, so erhält man nach Einsetzen von (17.26) in (17.21) das Verfahren von Courant, Isaacson und Rees in der bereits aufgelösten Form

$$\begin{aligned} u_{k,l+1}^h = {} & \lambda A_{k,l}^{-1} C_{k,l}^+ A_{k,l} u_{k-1,l}^h + \left[I - \lambda A_{k,l}^{-1}(C_{k,l}^+ - C_{k,l}^-) A_{k,l}\right] u_{k,l}^h \\ & - \lambda A_{k,l}^{-1} C_{k,l}^- A_{k,l} u_{k+1,l}^h + h A_{k,l}^{-1} d_{kl}. \end{aligned}$$

Entsprechend erhält man durch Einsetzen von (17.28) in (17.21) das Verfahren von Friedrichs in der Form

$$\begin{aligned} u^h_{k,l+1} &= \tfrac{1}{2}\left[I + \lambda A^{-1}_{k,l} C_{k,l} A_{k,l}\right] u^h_{k-1,l} \\ &\quad + \tfrac{1}{2}\left[I - \lambda A^{-1}_{k,l} C_{k,l} A_{k,l}\right] u^h_{k+1,l} + h A^{-1}_{k,l} d_{kl}. \end{aligned} \tag{17.30}$$

Bemerkung 17.1. *Man könnte auf die Idee kommen, die Diskretisierung (17.29) durch die „einfachere"*

$$\begin{aligned} u^j_y(x_k, y_l) &\approx \left((u^j)^h_{k,l+1} - (u^j)^h_{k,l}\right)/h \\ u^j_x(x_k, y_l) &\approx \lambda\left((u^j)^h_{k+1,l} - (u^j)^h_{k-1,l}\right)/(2h) \end{aligned}$$

zu ersetzen. Dieses „naive" Verfahren ist jedoch instabil für $\dfrac{\Delta y}{\Delta x} \geq c > 0$ *und nicht konvergent.* □

17.3.4 Konvergenz der Differenzenverfahren

Wir wollen uns nun der Frage zuwenden, wann die betrachteten Differenzenverfahren in Rechteckgittern für $h \to 0$ konvergent sind, wann also die berechneten Näherungswerte bei fortlaufender Schrittverkleinerung gegen die exakten Lösungswerte konvergieren.

Da wir diese Frage, die bei allen nichtlinearen Differentialgleichungsproblemen zu beträchtlichen Schwierigkeiten führt, hier nicht allgemein diskutieren können, wollen wir uns auf die Betrachtung einer wichtigen Klasse der Differenzenverfahren beschränken, nämlich auf die Klasse der Differenzenverfahren *vom positiven Typ*. Die Definitionen hierfür sind in der Literatur nicht einheitlich.

Definition 17.3. *Ein durch (17.21) gegebenes Differenzenverfahren heißt* vom positiven Typ, *wenn sämtliche Diagonalmatrizen*

$$S_\mu(x, y, u),\ \mu = -1, 0, 1,$$

$$\text{für } (x, y) \in \bar{G}(\tau, \delta) \text{ und } \max_{j=1,\ldots,n} \left| u^j - f_j\left(\frac{a+b}{2}\right)\right| \leq \alpha$$

(vgl. (17.20)) nur nichtnegative Elemente besitzen. □

Es gilt dann

Satz 17.1. *Ein durch (17.21) gegebenes Differenzenverfahren erfülle die Konsistenzbedingungen (17.22) und sei vom positiven Typ. Dann gibt es einen festen*

Bereich $D \subset \bar{G}(\tau, \delta)$, *so daß für alle* $(x_k, y_l) \in D$ *und alle* h, $0 \leq h \leq h_0$, *mit hinreichend kleinem* h_0, *die Ungleichung*

$$\|\boldsymbol{u}_{k,l}^h - \boldsymbol{u}(x_k, y_l)\|_\infty = \max_{j=1,\ldots,n} |(u^j)_{k,l}^h - u^j(x_k, y_l)| \leq Kh$$

gilt. Dabei ist K *eine von* h *unabhängige Konstante.*

Zum Beweis *dieses Satzes vgl. man [76] und die dort angegebene Literatur.* □

Der Bereich D liegt immer innerhalb $\bar{G}(\tau, \delta)$, er kann erheblich kleiner sein als dieser. Sind die Elemente von $\boldsymbol{A}$, $\boldsymbol{C}$ und die Komponenten von $\boldsymbol{d}$, $\boldsymbol{f}$ jedoch bezüglich aller $n+2$ Veränderlichen mindestens dreimal stetig differenzierbar, so läßt sich zeigen, daß D nur unwesentlich kleiner als $\bar{G}(\tau, \delta)$ ist [76].

Wir wollen feststellen, ob und unter welchen Voraussetzungen die Verfahren von Courant, Isaacson, Rees und Friedrichs vom positiven Typ sind. Darüber gilt der

Satz 17.2. *Die durch (17.26) und (17.28) gegebenen Differenzenverfahren sind vom positiven Typ, wenn* $\lambda = \Delta y / \Delta x$ *so klein gewählt wird, daß*

$$\lambda \tau \leq 1. \tag{17.31}$$

Beweis: *Wegen (17.20) und auf Grund der Konstruktion des Gitters* G_h *gilt mit (17.31)*

$$\lambda \max_{i=1,\ldots,n} |c_i(x, y, \boldsymbol{u})| \leq \lambda\tau \leq 1. \tag{17.32}$$

Die Diagonalmatrix

$$\boldsymbol{S}_0 = \boldsymbol{I} - \lambda \boldsymbol{C}^+ + \lambda \boldsymbol{C}^-$$

enthält in der Hauptdiagonalen die Elemente $1 - \lambda|c_i|$, $i = 1, \ldots, n$, *und diese sind wegen (17.32) nicht negativ, d.h.* $\boldsymbol{S}_0$ *besitzt nur nichtnegative Elemente. Da* $\boldsymbol{S}_{-1} = \lambda \boldsymbol{C}^+$ *und* $\boldsymbol{S}_1 = -\lambda \boldsymbol{C}^-$ *nach Konstruktion nur nichtnegative Elemente besitzen, ist das durch (17.26) gegebene Verfahren von Courant, Isaacson, Rees vom positiven Typ.*

Beim durch (17.28) gegebenen Verfahren von Friedrichs sind die Diagonalelemente von $\boldsymbol{S}_{-1} = \frac{1}{2}(\boldsymbol{I} + \lambda \boldsymbol{C})$ *und* $\boldsymbol{S}_1 = \frac{1}{2}(\boldsymbol{I} - \lambda \boldsymbol{C})$ *größer oder gleich*

$$\tfrac{1}{2}(1 - \lambda|c_i|)$$

und daher wegen (17.32) nichtnegativ. Daher ist auch dieses Verfahren vom positiven Typ, wie zu zeigen war. □

Wie wir in Abschnitt 17.3.2 (17.25) festgestellt haben, muß aber für jedes Gitter G_h notwendig $\lambda\tau \leq 1$ gelten. Die Verfahren von Courant, Isaacson, Rees und von Friedrichs sind unter diesen Voraussetzungen auch bereits vom positiven Typ. In dieser Hinsicht sind beide Verfahren also optimal und erscheinen für die numerische Lösung der betrachteten Anfangswertprobleme als besonders geeignet, worauf weiter oben schon kurz hingewiesen wurde.

Beispiel 17.3. *Wir betrachten die Gleichungen (17.9) für die eindimensionale Gasströmung. Wegen (17.10), (17.11) gilt*

$$A^{-1}CA = \begin{bmatrix} v & \frac{1}{\varrho} & 0 \\ \varrho a^2 & v & 0 \\ 0 & 0 & v \end{bmatrix}.$$

Bezeichnen wir die Näherungen der Werte $v(x_k,t_l), p(x_k,t_l), s(x_k,t_l), a(x_k,t_l), \varrho(x_k,t_l)$ *mit* $v^h_{k,l}$, $p^h_{k,l}$, $s^h_{k,l}$, $a^h_{k,l}$, $\varrho^h_{k,l}$, *so lautet in diesem Fall das Verfahren von Friedrichs (17.30), wie man nach kurzer Rechnung bestätigt*

$$\begin{aligned}
v^h_{k,l+1} &= \tfrac{1}{2}\left(v^h_{k+1,l} + v^h_{k-1,l}\right) - \tfrac{1}{2}\lambda v_{k,l}\left(v^h_{k+1,l} - v^h_{k-1,l}\right) \\
&\quad -\tfrac{1}{2}\cdot\frac{\lambda}{\varrho^h_{k,l}}\cdot\left(p^h_{k+1,l} - p^h_{k-1,l}\right), \\
p^h_{k,l+1} &= \tfrac{1}{2}\left(p^h_{k+1,l} + p^h_{k-1,l}\right) - \tfrac{1}{2}\lambda\varrho^h_{k,l}\left(a^h_{k,l}\right)^2\left(v^h_{k+1,l} - v^h_{k-1,l}\right) \\
&\quad -\tfrac{1}{2}\lambda v^h_{k,l}\left(p^h_{k+1,l} - p^h_{k-1,l}\right), \\
s^h_{k,l+1} &= \tfrac{1}{2}\left(s^h_{k+1,l} + s^h_{k-1,l}\right) - \lambda v^h_{k,l}\left(s^h_{k+1,l} - s^h_{k-1,l}\right).
\end{aligned}$$

□

Bemerkung 17.2. *Neben den hier besprochenen Verfahren wird für hyperbolische Systeme in der Praxis auch gerne das Lax–Wendroff–Verfahren benutzt. Wenn in (17.6)* $d = 0$ *ist und* A, C *konstante Matrizen sind, lautet es mit*

$$\begin{aligned}
B &:= A^{-1}\,C\,A \\
u^h_{k,l+1} &= u^h_{k,l} + \frac{\lambda}{2}B\,(u^h_{k+1,l} - u^h_{k-1,l}) + \tfrac{1}{2}\lambda^2 B^2(u^h_{k+1,l} - 2u^h_{k,l} + u^h_{k-1,l}).
\end{aligned}$$

Für $\lambda\varrho(B) \le 1$ *ist es von zweiter Ordnung konvergent.*

Gilt $B = B(x)$, *so muß man die Vorschrift ändern in*

$$\begin{aligned}
u^h_{k,l+1} = u^h_{k,l} + \frac{\lambda}{2}B(x_k)\,(u^h_{k+1,l} - u^h_{k-1,l}) + \tfrac{1}{2}\lambda^2 B(x_k)\Big(B(x_k + \Delta x/2)(u^h_{k+1,l} - u^h_{k,l}) \\
-B(x_k - \Delta x/2)(u^h_{k,l} - u^h_{k-1,l})\Big).
\end{aligned}$$

Die Stabilitäts– und Konvergenzbedingung ist dann

$$\lambda\varrho(B(x)) \le 1 \quad \text{für alle } x.$$

Für allgemeine Fälle in (17.6) muß man die Diskretisierung abändern, um die Konsistenzordnung 2 beizubehalten, vgl. z.B. [53, S. 391]. □

Aufgaben

A 17.1 Man zeige, daß das System $A_1 u_x + A_2 u_y - b = 0$ mit

$$A_1 = \begin{bmatrix} 1 & 4 \\ 4 & 1 \end{bmatrix}, \quad A_2 = \begin{bmatrix} 1 & -2 \\ -2 & 1 \end{bmatrix}, \quad b = \begin{bmatrix} 1 \\ 0 \end{bmatrix}$$

hyperbolisch ist und stelle eine Normalform auf.

A 17.2 Man berechne die Charakteristikenscharen des hyperbolischen Systems aus Aufgabe A 17.1.

A 17.3 Mit Hilfe der in Aufgabe A 17.2 berechneten Charakteristiken bestimme man den Existenzbereich der Lösung des Systems aus Aufgabe A 17.1, wenn $I = [1,2]$ gewählt wird.

A 17.4 Man reduziere die Differentialgleichung 2. Ordnung

$$(a^2 - u_x^2)\, u_{xx} + (a^2 - u_y^2)\, u_{yy} - 2u_x u_y u_{xy} = 0,$$

wobei a^2 eine Funktion von $u_x^2 + u_y^2$ bedeutet, auf ein System 1. Ordnung. Wann ist dieses hyperbolisch?

A 17.5 Man stelle die Rechenvorschriften des Charakteristikenverfahrens für das System (17.12) auf.

A 17.6 Man stelle die Rechenvorschriften des Verfahrens von Courant, Isaacson und Rees für das System (17.9) auf.

A 17.7 Mit dem Verfahren von Courant, Isaacson und Rees für $\Delta x = 0.1$ löse man numerisch das in Aufgabe A 17.1, A 17.3 beschriebene Anfangswertproblem für $y > 0$, wenn als Anfangswerte

$$u^1(x,0) = x^2, \qquad u^2(x,0) = 1 - x, \quad 1 \le x \le 2,$$

vorgegeben sind.

A 17.7 Man löse nach Transformation auf ein System 1. Ordnung die folgende Anfangswertaufgabe mit dem Charakteristikenverfahren.

$$\begin{aligned} x^2 u_{tt} &= u_{xx} - 1, && 0 < x < 1.5, t > 0, \\ u(x,0) &= x^2 + 1, && 0 \le x \le 1.5, \\ u_t(x,0) &= x^3 + 1, && 0 \le x \le 1.5\,. \end{aligned}$$

Der Abstand der verwendeten Charakteristiken werde auf der x–Achse zu $h = 0.5$ gewählt.

A 17.8 Man berechne nach Transformation auf ein System 1. Ordnung die Charakteristiken der Differentialgleichungen

a) $x^2 u_{xx} - u_{yy} = -2x, \qquad x, y > 0,$

b) $u_{xx} + u_{xy} = 1,$

und gebe jeweils den Bestimmtheitsbereich von $\Gamma := \{(x,y) : x \in [0,1],\ y = 0\}$ an.

A 17.9 Gegeben sei das Anfangsrandwertproblem

$$(1) \qquad \begin{cases} u_t &= -\alpha u_x, & \alpha > 0 \ \text{konstant}, \ x, t > 0, \\ u(x,0) &= f(x), & x \geq 0, \\ u(0,t) &= g(t), & t \geq 0, \end{cases}$$

mit $g(0) = f(0)$.

a) Man zeige, daß die Charakteristiken von (1) die Höhenlinien der Lösung sind.

b) Man bestimme die Konsistenzordnung der folgenden Differenzenverfahren zur Approximation der Differentialgleichung (1) ($\mu := a\dfrac{\Delta t}{\Delta x} = \alpha\lambda$):

b1) (Thommeè)
$(1+\mu)(u^h_{j+1,n+1} - u^h_{j,n}) + (1-\mu)(u^h_{j,n+1} - u^h_{j+1,n}) = 0,$

b2) $u^h_{j,n+1} = u^h_{j,n} - \dfrac{\mu}{2}(u^h_{j+1,n} - u^h_{j-1,n}),$

b3) (Friedrichs)
$u^h_{j,n+1} = \frac{1}{2}[(1-\mu)u^h_{j+1,n} + (1+\mu)u^h_{j-1,n}],$

b4) (Lax–Wendroff)
$$u^h_{j,n+1} = u^h_{j,n} - \frac{\mu}{2}(u^h_{j+1,n} - u^h_{j-1,n}) + \frac{\mu^2}{2}(u^h_{j+1,n} - 2u^h_{j,n} + u^h_{j-1,n}),$$

b5) (leap–frog)
$u^h_{j,n+1} = u^h_{j,n-1} - \mu(u^h_{j+1,n} - u^h_{j-1,n}).$

c) Man untersuche die Stabilität der Verfahren (b2) und (b3) mittels des Ansatzes ($\mathrm{i}^2 = -1$)
$$u^h_{j,n} = \lambda^n \mathrm{e}^{\mathrm{i}j\varphi}, \qquad 0 < |\varphi| \leq \pi,$$
zur Bestimmung der Lösung der Differenzengleichung. Welche Bedingung ist an $\lambda := \dfrac{\Delta t}{\Delta x}$ zu stellen, damit Konvergenz für $\Delta t \to 0$, und $0 \leq t \leq T, \quad T > 0$ fest, vorliegen kann?

A 17.10 Man transformiere das Anfangswertproblem

$$\begin{aligned} u_{tt} &= u_{xx}, \qquad (x,t) \in \mathbb{R} \times [0,T], \\ u(x,0) &= f(x), \quad x \in \mathbb{R}, \\ u_t(x,0) &= g(x), \quad x \in \mathbb{R}, \end{aligned}$$

in ein Anfangswertproblem eines Systems 1. Ordnung der Form

$$\partial_2 \boldsymbol{v} = A\partial_1 \boldsymbol{v} + \boldsymbol{g}$$

und zeige, daß das Verfahren von Friedrichs

$$\boldsymbol{u}^h_{j,n+1} = \tfrac{1}{2}(\boldsymbol{u}^h_{j+1,n} + \boldsymbol{u}^h_{j-1,n}) + \tfrac{\lambda}{2} A(\boldsymbol{u}^h_{j+1,n} - \boldsymbol{u}^h_{j-1,n})$$

für $\Delta t \to 0$, $\lambda := \dfrac{\Delta t}{\Delta x} \in (0,1]$ konstant eine in $\|\cdot\|_\infty$ von 1. Ordnung konvergente Folge $\{\boldsymbol{u}^h_{i,j}\}$ liefert.

18 Randwertprobleme elliptischer Differentialgleichungen zweiter Ordnung

Randwertprobleme elliptischer Differentialgleichungen treten bei zahlreichen technischen und physikalischen Fragestellungen auf, so u.a. in der Elektrotechnik, der Strömungsmechanik und der Statik. Auch Fragen der Diffusion und des Neutronentransportes führen teilweise auf solche Randwertprobleme. Dabei sind die Differentialgleichungen häufig nichtlinear, wie etwa bei den Randwertproblemen quasilinearer Potentialgleichungen.

Da man bei der Lösung dieser Differentialgleichungsprobleme in der Regel auf numerische Verfahren angewiesen ist, gibt es eine umfangreiche Literatur über numerische Methoden zur Lösung elliptischer Randwertprobleme. Dies um so mehr, als in den technischen und physikalischen Anwendungen Randwertprobleme sehr unterschiedlicher Art vorkommen, für deren numerische Lösung oft spezielle Verfahren entwickelt wurden.

Daher können wir hier nur auf die wichtigsten, nämlich auf Differenzenverfahren und einfache Variationsmethoden, eingehen. Unter den Variationsmethoden hat wiederum die Methode der finiten Elemente die größte Bedeutung. Wir beschränken uns ferner im wesentlichen auf solche elliptische Differentialgleichungen, die Eulersche Gleichungen eines Variationsproblems sind, womit wir jedoch eine für die Anwendungen besonders wichtige Klasse betrachten. Im linearen Fall sind dies die selbstadjungierten Differentialgleichungen. Schließlich beschränken wir uns darauf, nur die wesentlichen mathematischen Aspekte der genannten Verfahren bei zweidimensionalen Problemen zu untersuchen. Für weitergehende Studien werden wir an geeigneter Stelle jeweils auf die reichlich vorhandene Literatur, insbesondere auf Lehrbücher, verweisen.

18.1 Elliptische Randwertprobleme

18.1.1 Formulierung der Randwertprobleme

Wir betrachten die lineare, halblineare oder quasilineare partielle Differentialgleichung

$$Lu = \sum_{i,k=1}^{n} A_{ik} u_{x_i x_k} = f.$$

Gemäß Definition 16.1 heißt sie im festen Punkt $\boldsymbol{x} \in \mathbb{R}^n$ *elliptisch* (im quasilinearen Fall bezüglich einer eingesetzten Lösung $u(\boldsymbol{x})$), wenn dort der Defekt δ verschwindet und für den Trägheitsindex $\tau = 0$ oder $\tau = n$ gilt. Dies bedeutet, daß in der quadratischen Form (16.4) sämtliche B_i positiv oder negativ sind und damit die Matrix $A = [A_{ik}]$ an der Stelle $\boldsymbol{x} \in \mathbb{R}^n$ definit ist.

Bei hyperbolischen Differentialgleichungen sind Anfangswertprobleme, bei parabolischen Anfangs–Randwertprobleme *sachgemäß gestellt.* Unter gewissen Voraussetzungen sind solche Aufgaben eindeutig lösbar. Allerdings können auch Anfangs–Randwertprobleme hyperbolischer und reine Anfangswertprobleme parabolischer Differentialgleichungen unter zusätzlichen Bedingungen sachgemäß gestellt sein.

Bei elliptischen Differentialgleichungen sind im allgemeinen Randwertprobleme sachgemäß gestellt. Um die wichtigsten Randbedingungen einfach und anschaulich formulieren zu können, betrachten wir den Fall $n = 2$ und setzen x, y statt x_1, x_2. Weiter betrachten wir in der (x, y)–Ebene ein beschränktes (offenes) Gebiet G mit dem stetigen Rand $\dot{G}$. Ist dieser sogar eine stetig differenzierbare Kurve, so besitzt er in jedem Punkt (x, y) eine eindeutig bestimmte äußere Normale $\nu(x, y)$ (siehe Abb. 18.1).

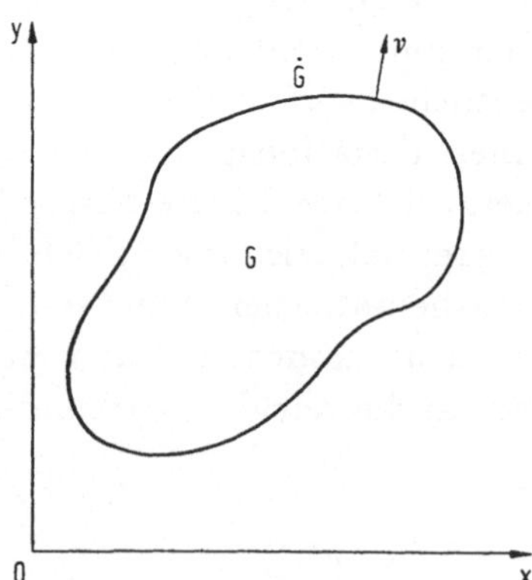

Abbildung 18.1: Das Gebiet G mit dem Rand $\dot{G}$

Seien schließlich α, β, γ vorgegebene stetige Funktionen auf $\bar{G}$, so können die wichtigsten Randwertprobleme (RWP) wie folgt formuliert werden:

1. RWP

$$Lu = f, \quad (x,y) \in G, \quad u(x,y) = \gamma(x,y), \quad (x,y) \in \dot{G}. \tag{18.1}$$

2. RWP

$$Lu = f, \quad (x,y) \in G, \quad \frac{\partial u(x,y)}{\partial \nu} = \gamma(x,y), \quad (x,y) \in \dot{G}. \tag{18.2}$$

3. RWP

$$Lu = f, \quad (x,y) \in G, \quad \alpha(x,y)u(x,y) - \beta(x,y)\frac{\partial u(x,y)}{\partial \nu} = \gamma(x,y), \quad (x,y) \in \dot{G}. \tag{18.3}$$

Dabei bedeutet $\partial u(x,y)/\partial \nu$ die Ableitung von u in Richtung der äußeren Normalen ν. Sind $\nu_1 = \partial x/\partial \nu, \quad \nu_2 = \partial y/\partial \nu$ die Komponenten der Normalen ν, so gilt

$$\frac{\partial u(x,y)}{\partial \nu} = \frac{\partial u(x,y)}{\partial x}\nu_1(x,y) + \frac{\partial u(x,y)}{\partial y}\nu_2(x,y).$$

Die Randwertprobleme sind so zu verstehen: Gesucht ist eine Funktion $u \in C^2(G) \cap C^1(\bar{G})$, die in G Lösung der Differentialgleichung ist und auf $\dot{G}$ die vorgegebenen Randbedingungen erfüllt.

Man nennt die Probleme (18.1) bis (18.3) präziser auch innere Randwertprobleme, weil die Lösung im Innern von G gesucht wird. Bei äußeren Randwertproblemen, mit denen wir uns hier nicht befassen, ist die Lösung außerhalb von G bei vorgegebenen Randbedingungen auf $\dot{G}$ zu bestimmen.

Die oben an $\dot{G}$ und die Funktionen α, β, γ gestellten Voraussetzungen können abgeschwächt werden, was auch in einigen Fällen der Praxis von Bedeutung ist. Wir können hierauf jedoch nicht eingehen. Auch die Frage, wann eine Lösung der hier betrachteten Randwertprobleme existiert und eindeutig ist, kann nicht erörtert werden. Ihr ist eine große Zahl von meist schwierigen mathematischen Untersuchungen gewidmet. Wir werden im folgenden stets annehmen, daß eine Lösung des vorgelegten Problems mit den verlangten Eigenschaften existiert. Bei Aufgaben in der Technik kann zudem die Frage der Existenz der Lösung manchmal aufgrund anderer Argumente beantwortet werden.

18.1.2 Randwertprobleme und Variationsprobleme

Wir betrachten jetzt in G die lineare Differentialgleichung

$$Lu = -a_{11}u_{xx} - 2a_{12}u_{xy} - a_{22}u_{yy} - a_1u_x - a_2u_y + au = f.$$

Dabei sind a_{ik}, a_i, a, f, für $i,k = 1,2$, Funktionen von x,y. Ist $a_{ik} \in C^2(G)$, $a_i \in C^1(G)$, $i,k = 1,2$, so bezeichnet man den Operator

$$L^*u = -(a_{11}u)_{xx} - 2(a_{12}u)_{xy} - (a_{22}u)_{yy} + (a_1u)_x + (a_2u)_y + au$$

als den zu L *adjungierten Differentialoperator*. Gilt $Lu = L^*u$ für alle $u \in C^2(G)$, so heißt L dort *selbstadjungierter Operator*, die Differentialgleichung $Lu = f$ dort *selbstadjungierte Differentialgleichung*. Man rechnet leicht aus, daß ein selbstadjungierter Operator stets die Gestalt

$$Lu = -(a_{11}u_x)_x - (a_{12}u_x)_y - (a_{12}u_y)_x - (a_{22}u_y)_y + au \tag{18.4}$$

besitzt.

Gilt insbesondere $a_{11} \equiv a_{22} \equiv 1$, $a_{12} \equiv a \equiv 0$, so reduziert sich (18.4) auf den Laplace–Operator

$$Lu = -\Delta_2 u = -u_{xx} - u_{yy}.$$

Ähnlich wie bei gewöhnlichen Differentialgleichungen besteht nun ein enger Zusammenhang zwischen Randwertproblemen selbstadjungierter Differentialgleichungen und Variationsproblemen (vgl. Abschnitt 15.3.1). Wir wollen dies im folgenden erläutern und betrachten das Randwertproblem

$$Lu = f \text{ in } G, \qquad u = 0 \text{ auf } \dot{G}, \tag{18.5}$$

wobei L den selbstadjungierten Differentialoperator (18.4) bezeichnet.

Der Definitionsbereich des Operators L ist die Menge aller auf $\bar{G} = G \cup \dot{G}$ definierten stetigen und in G zweimal stetig differenzierbaren Funktionen, die auf dem Rand $\dot{G}$ verschwinden:

$$\mathcal{D} = \{v \in C^0(\bar{G}) \cap C^2(G);\ v = 0 \text{ auf } \dot{G}\}.$$

Das Randwertproblem (18.5) kann daher auch einfacher so formuliert werden:

Gesucht wird eine Lösung von

$$Lv = f, \qquad v \in \mathcal{D}. \tag{18.6}$$

Sei weiter $L^2(G)$ der Raum der über G quadratisch integrierbaren Funktionen. Ähnlich wie in Abschnitt 15.3.1 definieren wir für diesen Raum das skalare Produkt

$$(v, w) = \int_G v(x, y)\, w(x, y)\, dx\, dy, \qquad v, w \in L^2(G)$$

und die Norm

$$\|v\|_2 = (v, v)^{\frac{1}{2}}.$$

Über $Lu = f$ setzen wir künftig voraus:

$$\begin{aligned}
&1. \quad a_{ik} \in C^2(\bar{G}), && i, k = 1, 2, \\
&2. \quad a, f \in C^0(\bar{G}), && \\
&3. \quad a(x, y) \geq 0, && (x, y) \in \bar{G}, \\
&4. \quad \sum_{i,k=1}^{2} a_{ik}(x, y)\xi_i\, \xi_k \geq \alpha \sum_{i=1}^{2} \xi_i^2, && (x, y) \in \bar{G}, \quad \xi_1, \xi_2 \in \mathbf{R}.
\end{aligned} \tag{18.7}$$

Dabei ist $\alpha > 0$ eine feste von ξ_1, ξ_2 unabhängige Zahl.

In der Theorie der elliptischen Differentialgleichungen wird gezeigt, daß ein selbstadjungierter Differentialoperator L unter den Voraussetzungen (18.7) symmetrisch und positiv definit ist:

Für alle $v, w \in \mathcal{D}$ gilt

$$\begin{aligned} &1. \quad (v, Lw) = (Lv, w), \\ &2. \quad (Lv, v) > 0, \quad v \neq 0. \end{aligned} \tag{18.8}$$

Dabei bedeutet $v \neq 0$, daß v ungleich dem Nullelement in $\mathcal{D}$ ist, d.h. nicht die auf $\bar{G}$ identisch verschwindende Funktion ist. Mit Hilfe partieller Integration bestätigt man ferner die Darstellung

$$\begin{aligned} (v, Lw) &= (Lv, w) \\ &= \int_G (a_{11} v_x w_x + a_{12}(v_x w_y + v_y w_x) + a_{22} v_y w_y + avw) dx\, dy, \end{aligned}$$

insbesondere gilt also

$$(Lu, u) = \int_G \left(a_{11} u_x^2 + 2a_{12} u_x u_y + a_{22} u_y^2 + au^2\right) dx\, dy.$$

Aus dieser Darstellung folgt wegen $a \geq 0$ und der positiven Definitheit der Matrix $[a_{ij}]$ unmittelbar die zweite Aussage (18.8).

Dann gilt folgender

Satz 18.1. *$u \in \mathcal{D}$ ist genau dann Lösung der Randwertaufgabe (18.6) mit dem selbstadjungierten elliptischen Differentialoperator L, wenn unter den Voraussetzungen (18.7) und mit $I[v] = (v, Lv) - 2(v, f)$*

$$I[u] = \min_{v \in \mathcal{D}} I[v]$$

gilt. □

Nach diesem Satz kann man die Lösung des Randwertproblems (18.5) bzw. (18.6) finden, indem man das Variationsproblem

$$\begin{aligned} (v, Lv) - 2(v, f) &= \int_G \left(a_{11} v_x^2 + 2a_{12} v_x v_y + a_{22} v_y^2 + av^2 - 2vf\right) dx\, dy \\ &= \min, \qquad v \in \mathcal{D}, \end{aligned} \tag{18.9}$$

löst. Da dies in der Regel nicht *exakt* möglich ist, wird man sich auf eine näherungsweise Lösung beschränken. Auf geeignete Methoden werden wir in den Abschnitten 18.2 und 18.3 eingehen.

Dabei ist die Tatsache wichtig, daß das Integral (18.8) nicht nur für $v, w \in \mathcal{D}$ existiert, sondern für eine größere Klasse von Funktionen. Unter diesen betrachten wir im Hinblick auf spätere Anwendungen nur den Funktionenraum $V(G)$ mit folgenden Eigenschaften:

Genau dann ist $v \in V(G)$, wenn

a) $v \in C^0(\bar{G})$,

b) v auf $\bar{G}$ bezüglich x, y stückweise differenzierbar ist,

c) $v_x, v_y \in L^2(G)$, d.h.

$$\|v\|_{V(G)} = \left\{\int_G \left[v(x,y)^2 + v_x(x,y)^2 + v_y(x,y)^2\right] dx\, dy\right\}^{\frac{1}{2}} < \infty .$$

Man bestätigt leicht, daß $\|\cdot\|_{V(G)}$ eine Norm ist. Es sei dann entsprechend (15.40)

$$D = \{v \in V(G); \quad v = 0 \text{ auf } \dot{G}\}. \tag{18.10}$$

Weiter definieren wir für $v, w \in D$ die symmetrische Bilinearform

$$[v, w] = \int_G \left[a_{11} v_x w_x + a_{12}(v_x w_y + v_y w_x) + a_{22} v_y w_y + a v w\right] dx\, dy. \tag{18.11}$$

Offenbar ist $\mathcal{D} \subset D$ und $[v, w] = (Lv, w), \quad v, w \in \mathcal{D}$.

Dann gilt der folgende

Satz 18.2. *Es sei $u \in \mathcal{D}$ die Lösung des Randwertproblems (18.6). Dann gilt für jedes $v \in D$*

$$I[u] \leq I[v].$$

Dabei ist

$$I[v] = [v, v] - 2(v, f), \qquad v \in D.$$

□

18.1.3 Allgemeine Variationsprobleme und Randwertprobleme

Man nennt $Lu = f$ die zum Variationsproblem $I[v] = (v, Lv) - 2(v, f) = \min$ gehörige *Eulersche Differentialgleichung.* Sie wird von jeder Lösung $u \in \mathcal{D}$ des Variationsproblems erfüllt. Entsprechendes gilt auch für die Lösungen allgemeinerer Variationsprobleme, mit denen wir uns jetzt kurz befassen wollen.

Es sei G ein offenes beschränktes Gebiet der (x, y)-Ebene mit dem Rand $\dot{G}$. Der Rand bestehe aus den beiden Teilrändern $\dot{G}_1, \dot{G}_2$, es sei also $\dot{G} = \dot{G}_1 \cup \dot{G}_2$. Dabei soll $\dot{G}_2$ aus mindestens einem Punkt bestehen, während $\dot{G}_1$ auch leer sein kann.

Wir betrachten dann folgendes Variationsproblem:

$$\begin{aligned} I[v] &= \int_G F(x,y,v,v_x,v_y)dx\,dy + \int_{\dot{G}_1} \Phi(x,y,v)ds = \min \\ v(x,y) &= \varphi(x,y), \qquad (x,y) \in \dot{G}_2 = \dot{G}\backslash\dot{G}_1. \end{aligned} \tag{18.12}$$

Dabei sind F, Φ und φ Funktionen der angegebenen Argumente und s bedeutet die Bogenlänge , ds das entsprechende Differential. Ist F bezüglich aller fünf Argumente zweimal stetig differenzierbar und $\partial\Phi/\partial\nu$ stetig, ist ferner

$$u \in C^2(G) \cap C^1(\bar{G}) \tag{18.13}$$

oder

$$u \in C^2(G) \cap C^0(\bar{G}), \text{ wenn } \dot{G}_1 \text{ leer oder } \Phi \equiv 0 \text{ ist,} \tag{18.14}$$

so löst, wie in der Variationsrechnung gezeigt wird, u folgendes Randwertproblem:

$$-\frac{\partial}{\partial x}F_{u_x}(x,y,u,u_x,u_y) - \frac{\partial}{\partial y}F_{u_y}(x,y,u,u_x,u_y) + F_u(x,y,u,u_x,u_y) = 0,\ (x,y) \in G, \tag{18.15}$$

$$F_{u_x}(x,y,u,u_x,u_y)\cos(\nu,x) + F_{u_y}(x,y,u,u_x,u_y)\cos(\nu,y) + \Phi_u(x,y,u) = 0, (x,y) \in \dot{G}_1, \tag{18.16}$$

$$u(x,y) = \varphi(x,y), \quad (x,y) \in \dot{G}_2.$$

Dabei bedeuten F_{u_x}, F_{u_y}, F_u, Φ_u die partiellen Ableitungen von F bzw. Φ nach u_x, u_y, u und ν ist die äußere Normale an $\dot{C}$. $\cos(\nu,x)$ ist der Cosinus des Winkels zwischen ν und der x–Achse. $\cos(\nu,y)$ ist entsprechend zu verstehen. Dann ist die Differentialgleichung (18.15) die zu (18.12) gehörige *Eulersche Differentialgleichung* und man bestätigt durch Ausrechnen, daß sie stets linear, halblinear oder quasilinear ist.

Unter den Voraussetzungen (18.13) oder (18.14) wird sie notwendig von jeder Lösung des Variationsproblems erfüllt.

Beispiel 18.1.

a) *Es sei* $F = a_{11}v_x^2 + 2a_{12}v_xv_y + a_{22}v_y^2 + av^2 - 2fv$.
Die zugehörige Eulersche Differentialgleichung ist linear und lautet, wie wir oben schon auf anderem Wege gefunden haben,

$$\begin{aligned} 2(Lu - f) &= -\frac{\partial}{\partial x}F_{u_x} - \frac{\partial}{\partial y}F_{u_y} + F_u \\ &= -\frac{\partial}{\partial x}(2a_{11}u_x + 2a_{12}u_y) - \frac{\partial}{\partial y}(2a_{12}u_x + 2a_{22}u_y) + 2au - 2f = 0. \end{aligned}$$

Dabei ist L der durch (18.4) definierte Differentialoperator.

b) $F = v_x^2 + v_y^2 - 2fv$. *Dies ist ein Spezialfall von a) mit* $a_{11} \equiv a_{22} \equiv 1$, $a_{12} \equiv a \equiv 0$. *Man erhält nach Multiplikation mit* $\frac{1}{2}$ *als zugehörige Eulersche Gleichung*

$$-\Delta_2 u - f = -u_{xx} - u_{yy} - f = 0.$$

c) $F = \sqrt{1 + v_x^2 + v_y^2}$. *Man errechnet als zugehörige Eulersche Differentialgleichung*

$$-\left[\frac{\partial}{\partial x} F_{u_x} + \frac{\partial}{\partial y} F_{u_y} - F_u\right] = -2 \cdot \frac{(1 + u_y^2)u_{xx} - 2u_x u_y u_{xy} + (1 + u_x^2)u_{yy}}{(\sqrt{1 + u_x^2 + u_y^2})^3} = 0.$$

Diese Differentialgleichung ist quasilinear, sie beschreibt die sogenannten *Minimalflächen.* Gibt man etwa auf dem Rand $\dot{K}$ eines Kreises K in der (x, y)–Ebene die Randwerte $\varphi(x, y)$ vor, so wird das glatte Flächenstück über K, das auf $\dot{K}$ die vorgegebenen Randwerte annimmt und minimalen Flächeninhalt über K besitzt, durch obige Differentialgleichung beschrieben. Man bezeichnet sie deshalb auch als *Minimalflächengleichung.* Das dazugehörige Variationsproblem lautet

$$I[v] = \int_K \sqrt{1 + v_x^2 + v_y^2}\, dx\, dy = \min, \qquad v(x, y) = \varphi(x, y), \quad (x, y) \in \dot{K}.$$

$I[v]$ stellt aber gerade die Oberfläche eines glatten Flächenstückes $v = v(x, y)$ über K dar. □

Löst man das Variationsproblem durch eine Funktion u mit den Eigenschaften (18.13) oder (18.14), so löst man damit das Randwertproblem (18.15), (18.16). Dies macht man sich auch bei der numerischen Lösung von Randwertproblemen zunutze, denn es ist häufig leichter, das zugehörige Variationsproblem numerisch zu lösen.

Sehr schwierig ist die Frage zu beantworten, wann eine Lösung eines allgemeineren Variationsproblems überhaupt existiert, weshalb wir uns mit ihr nicht beschäftigen wollen. Man vergleiche hierzu und bezüglich anderer Fragen der Variationsrechnung etwa [62] und die dort angegebene Literatur.

18.2 Differenzenverfahren

Zur numerischen Lösung von Randwertproblemen elliptischer Differentialgleichungen verwendet man heute fast ausschließlich Differenzenverfahren und sog. Galerkin–Verfahren, welche als Spezialfall das Ritzsche Verfahren enthalten, mit dem wir uns in Abschnitt 18.3 befassen werden. Die Differenzenverfahren zeichnen sich durch besondere Einfachheit aus, zumindest dann, wenn sie von niederer Konsistenzordnung sind.

Dementsprechend erreicht man im allgemeinen keine hohe Genauigkeit der berechneten diskreten Näherungslösung, doch ist diese für technische Belange oft ausreichend. Die Bedeutung der Differenzenverfahren zur numerischen Lösung von

Randwertproblemen ist durch die verstärkte Anwendung der Methode der finiten Elemente, einer speziellen Galerkin-Methode, insgesamt etwas zurückgegangen. Auf die Methode der finiten Elemente gehen wir ebenfalls in Abschnitt 18.3 ein.

18.2.1 Das Modellproblem

Wir betrachten zunächst das einfache Randwertproblem

$$\begin{aligned} -\Delta_2 u = -u_{xx} - u_{yy} = f(x,y), \qquad (x,y) \in G:\ 0 < x < 1;\ 0 < y < 1, \\ u(x,y) = 0, \qquad (x,y) \in \dot{G}. \end{aligned} \tag{18.17}$$

Dabei setzen wir $f \in C^0(\bar{G})$ voraus. Die numerische Lösung dieses Randwertproblems zeigt bereits die typischen Eigenschaften der numerischen Lösung elliptischer Randwertprobleme schlechthin, weshalb wir (18.17) als Modellproblem bezeichnen wollen.

Wir überziehen das Quadrat $\bar{G} = G \cup \dot{G}$ mit einem quadratischen Gitter $\bar{G}_h = G_h \cup \dot{G}_h$ der Maschenweite $\Delta x = \Delta y = h$, wobei G_h die Gesamtheit der inneren Punkte, $\dot{G}_h$ die der Randpunkte bedeutet (vgl. Abb. 18.2).

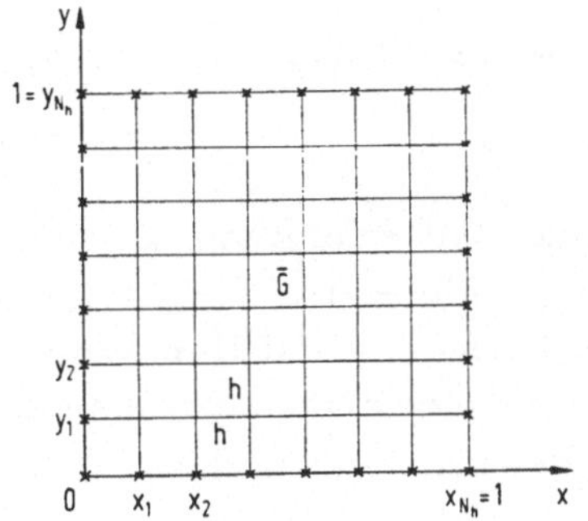

Abbildung 18.2: $\bar{G}$ und das Gitter $\bar{G}_h$

Die Punkte von $\bar{G}_h$ sind $(x_i, y_k) = (ih, kh)$, $i,k = 0,\ldots,N_h$, $N_h h = 1$. Man beachte, daß N_h wegen $N_h = 1/h$ in der Tat von h abhängt. An den Stellen (x_i, y_k), $i,k = 1,\ldots,N_h - 1$, d.h. in den Punkten von G_h, sollen Näherungen $u_{i,k}^h$ der exakten Lösungswerte $u(x_i, y_k)$ von (18.17) berechnet werden, wobei $u_{r,s}^h = 0$ für $(x_r, y_s) \in \dot{G}_h$ (in Abb. 18.2 durch * gekennzeichnet) zu setzen ist. Zur Bestimmung der $u_{i,k}^h$ konstruieren wir nun ein Differenzenverfahren.

Dazu nehmen wir an, daß $u = u(x,y)$ eine Lösung der Differentialgleichung in (18.17) ist, die nicht notwendig auf dem Rand von G verschwindet, und es gelte $u \in C^4(\bar{G})$. Dann ist, wie man durch Taylor-Entwicklung an der Stelle $(x_i, y_k) \in G_h$

leicht bestätigt,

$$\begin{aligned} u_{xx}(x_i, y_k) &= \frac{1}{h^2}\Big(u(x_{i+1}, y_k) - 2u(x_i, y_k) + u(x_{i-1}, y_k)\Big) + \varepsilon_{i,k}(h), \\ u_{yy}(x_i, y_k) &= \frac{1}{h^2}\Big(u(x_i, y_{k+1}) - 2u(x_i, y_k) + u(x_i, y_{k-1})\Big) + \eta_{i,k}(h) \end{aligned} \tag{18.18}$$

mit

$$\begin{aligned} \varepsilon_{i,k}(h) &= \frac{h^2}{12}\Big(\frac{\partial^4 u}{\partial x^4}\Big)(x_i + \vartheta_1 h, y_k), \quad -1 \le \vartheta_1 \le 1, \\ \eta_{i,k}(h) &= \frac{h^2}{12}\Big(\frac{\partial^4 u}{\partial y^4}\Big)(x_i, y_k + \vartheta_2 h), \quad -1 \le \vartheta_2 \le 1. \end{aligned} \tag{18.19}$$

Setzt man (18.18), (18.19) in die Differentialgleichung (18.17) ein, so folgt zunächst

$$\begin{aligned} &(-\Delta_2 u)(x_i, y_k) - f(x_i, y_k) = \\ &\quad \frac{1}{h^2}\big[4u(x_i, y_k) - u(x_{i-1}, y_k) - u(x_{i+1}, y_k) - u(x_i, y_{k-1}) - u(x_i, y_{k+1})\big] - \\ &\quad - f(x_i, y_k) - \varepsilon_{i,k}(h) - \eta_{i,k}(h) = 0. \end{aligned} \tag{18.20}$$

Wir lassen nun das Restglied $\varepsilon_{i,k}(h) + \eta_{i,k}(h) = \mathcal{O}(h^2)$ fort und berechnen die gesuchten Näherungswerte $u^h_{i,k}$ aus dem linearen Gleichungssystem

$$\begin{aligned} -\big(L_h u^h\big)_{i,k} = \frac{1}{h^2}\Big(4u^h_{i,k} - u^h_{i-1,k} - u^h_{i+1,k} - u^h_{i,k-1} - u^h_{i,k+1}\Big) = f(x_i, y_k), \\ i, k = 1, 2, \ldots, N_h - 1. \end{aligned} \tag{18.21}$$

Dabei sind die $u^h_{i,k}$ Werte einer Gitterfunktion $\boldsymbol{u}^h$, die wir in Form eines Vektors mit den Komponenenten $u^h_{i,k}$, $i, k = 1, \ldots, N_h - 1$, darstellen können. In jeder Gleichung von (18.21) treten höchstens fünf Unbekannte auf.

Hier tritt die Frage auf, in welcher Reihenfolge man die $u^h_{i,k}$ als Komponenten des Vektors $\boldsymbol{u}^h$ wählen soll. Aus bestimmten, gleich zu erläuternden Gründen definieren wir $\boldsymbol{u}^h$ wie folgt:

$$\boldsymbol{u}^h = \big[u^h_{1,1}, u^h_{2,1}, u^h_{1,2}, \ldots u^h_{l-1,1}, u^h_{l-2,2}, \ldots, u^h_{1,l-1}, \ldots, u^h_{N_h-1,N_h-1}\big]^T. \tag{18.22}$$

Wir wählen also folgende Reihenfolge für die $u^h_{i,k}$: Nach u^h_{11} folgen nacheinander Blöcke der $u^h_{i,k}$ mit $i + k = 3, 4, \ldots, 2N_h - 2$, wobei innerhalb des Blockes mit $i + k = l$ die Reihenfolge

$$u^h_{l-1,1}, u^h_{l-2,2}, \ldots, u^h_{1,l-1}, \quad l = 3, 4, \ldots, 2N_h - 2,$$

lautet. Man erhält diese Reihenfolge also, wenn man die Gitterpunkte wie in Abb. 18.3 in Diagonalen durchläuft.

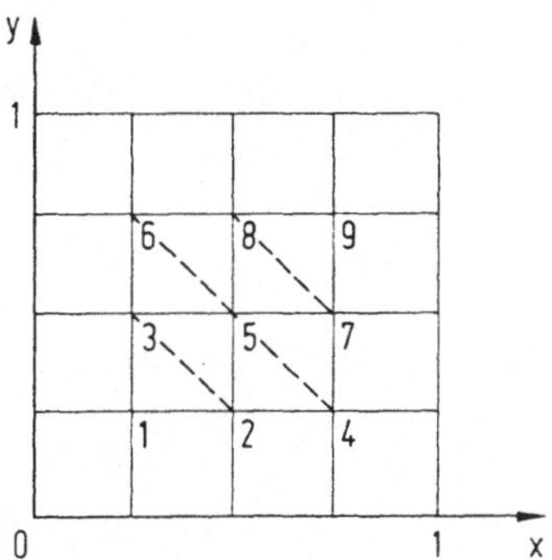

Abbildung 18.3: Zur Reihenfolge der $u_{i,k}^h$

Nach Multiplikation mit h^2 hat dann das Gleichungssystem (18.21) die Gestalt

$$A(h)u^h = b(h). \tag{18.23}$$

Dabei hängen die $(N_h-1)^2 \times (N_h-1)^2$-Matrizen $A(h)$ und der $(N_h-1)^2$-komponentige Vektor $b(h)$ noch von h ab. Wir denken uns vorläufig aber die Gitterkonstante h fest gewählt, so daß $A(h)$ bzw. $b(h)$ eine konstante Matrix bzw. ein konstanter Vektor ist.

Über die Matrix $A(h)$, deren Eigenschaften ja entscheidend für die Lösbarkeit des Gleichungssystems (18.23) und für die Wahl des zur Lösung zu verwendenden Verfahrens sind, gilt dann der

Satz 18.3.

a) *$A(h)$ ist eine Stieltjes-Matrix.*

b) *$A(h)$ ist eine Block-Tridiagonalmatrix der Form*

$$A(h) = \begin{bmatrix} D_1 & H_1 & & & 0 \\ H_1 & D_2 & H_2 & & \\ & \ddots & \ddots & \ddots & \\ & & H_{s-2} & D_{s-1} & H_{s-1} \\ 0 & & & H_{s-1} & D_s \end{bmatrix}. \tag{18.24}$$

Dabei sind die D_i quadratische Diagonalmatrizen verschiedener Größe der Gestalt

$$D_i = \begin{bmatrix} 4 & & 0 \\ & 4 & \\ & & \ddots & \\ 0 & & & 4 \end{bmatrix}, \qquad i = 1, \ldots, s. \tag{18.25}$$

Wir wollen diesen Satz nicht allgemein beweisen, sondern seine Gültigkeit im Spezialfall $N_h = 4$ nachprüfen. In der gewählten Form (18.22) lautet der Vektor $\boldsymbol{u}^h$ (siehe Abb. 18.3)

$$\boldsymbol{u}^h = \left[u^h_{1,1},\ u^h_{2,1},\ u^h_{1,2},\ u^h_{3,1},\ u^h_{2,2},\ u^h_{1,3},\ u^h_{3,2},\ u^h_{3,2},\ u^h_{3,3}\right]^T. \tag{18.26}$$

Gemäß (18.21) (nach Multiplikation mit h^2) ist dann

$$A(h) = \left[\begin{array}{c|cc|ccc|cc|c}
4 & -1 & -1 & 0 & 0 & 0 & 0 & 0 & 0 \\ \hline
-1 & 4 & 0 & -1 & -1 & 0 & 0 & 0 & 0 \\
-1 & 0 & 4 & 0 & -1 & -1 & 0 & 0 & 0 \\ \hline
0 & -1 & 0 & 4 & 0 & 0 & -1 & 0 & 0 \\
0 & -1 & -1 & 0 & 4 & 0 & -1 & -1 & 0 \\
0 & 0 & -1 & 0 & 0 & 4 & 0 & -1 & 0 \\ \hline
0 & 0 & 0 & -1 & -1 & 0 & 4 & 0 & -1 \\
0 & 0 & 0 & 0 & -1 & -1 & 0 & 4 & -1 \\ \hline
0 & 0 & 0 & 0 & 0 & 0 & -1 & -1 & 4
\end{array}\right]. \tag{18.27}$$

Mit $s = 5$ und

$$D_1 = D_5 = [4], \quad D_2 = D_4 = \begin{bmatrix} 4 & 0 \\ 0 & 4 \end{bmatrix}, \quad D_3 = \begin{bmatrix} 4 & 0 & 0 \\ 0 & 4 & 0 \\ 0 & 0 & 4 \end{bmatrix}$$

ergibt sich in der Tat eine Block–Tridiagonalmatrix der Gestalt (18.24), (18.25) und somit die Behauptung b) des Satzes 18.3.

Außerdem ist, wie man unmittelbar einsieht, $A(h)$ eine symmetrische, irreduzible, schwach diagonaldominante L–Matrix mit strikter Diagonaldominanz in den Zeilen 1 und 9, also eine symmetrische M–Matrix und daher eine Stieltjes–Matrix. Der Satz ist daher im Fall $N_h = 4$ richtig, und mit etwas Aufwand, aber auf elementarem Wege, läßt sich seine Richtigkeit auch allgemein beweisen. □

Da wir das Gleichungssystem mit h^2 multipliziert haben, gilt somit

$$\boldsymbol{b}(h) = h^2\left[f(h,h),\ f(2h,h),\ f(h,2h),\dots,f((N_h-1)h,(N_h-1)h)\right]^T. \tag{18.28}$$

Der Vektor $\boldsymbol{b}(h)$ besitzt die Komponenten $h^2 f(ih,kh)$ in der gleichen Numerierung wie der Vektor $\boldsymbol{u}^h$.

Da die Matrix $A(h)$ als Stieltjes–Matrix positiv definit ist, kann das Gleichungssystem (18.23) etwa mit dem in Band 1, Abschnitt 6.3 beschriebenen SOR–Verfahren für $0 < \omega < 2$ gelöst werden. Zudem haben wir in Band 1, Abschnitt 6.4 gesehen, daß eine Matrix der Gestalt (18.24), (18.25) konsistent geordnet ist. In

diesem Fall gibt es ein optimales ω_b, dessen Verwendung die optimale Konvergenzgeschwindigkeit des SOR–Verfahrens sichert. In Abschnitt 6.4 wurde die Berechnung von ω_b beschrieben. Ebenso ist Blockrelaxation (siehe Band 1, Abschnitt 6.7) oder die Anwendung des präkonditionierten cg–Verfahrens (Band 1, Abschnitt 6.8) sinnvoll.

Mit der in (18.22) festgelegten Anordnung der Komponenten von $\boldsymbol{u}^h$ erreichen wir also, daß die Matrix $\boldsymbol{A}(h)$ des Gleichungssystems (18.23) konsistent geordnet ist und sich damit ein optimaler Relaxationsparameter ω_b berechnen läßt. Neben der gewählten Reihenfolge (18.22) gibt es noch andere, die ebenfalls zu einem System mit konsistent geordneter Matrix führen. Man vgl. hierzu und auch bezüglich der praktischen Berechnung von ω_b etwa [53].

Neben iterativen Verfahren kann zur Lösung von (18.23) auch das in Band 1, Abschnitt 5.3 beschriebene direkte Verfahren zur Lösung von großen und schwach besetzten linearen Gleichungssystemen verwendet werden. Man vgl. hierzu etwa [53, S. 330-368] und die dort angegebene Literatur. Besonders schnell konvergieren die in Kapitel 19 zu untersuchenden Mehrgitterverfahren. Allerdings sind sie nicht so einfach zu implementieren wie die SOR–Verfahren oder der Cholesky–Algorithmus und ähnliche Methoden.

Das System (18.23) ist zwar ein schwach besetztes, aber in der Regel großes lineares Gleichungssystem. Denn wählt man etwa $h = 0.01$, was für technische Probleme oft ausreicht, so ist $N_h = 100$, und man erhält ein System mit $(N_h - 1)^2 = 99^2 = 9801$ Gleichungen.

Man kann schließlich nachweisen (vgl. etwa [53, S. 186]), daß $\boldsymbol{A}(h)$ bezüglich der Spektralnorm die Konditionszahl

$$k(h) = \|\boldsymbol{A}(h)^{-1}\|_2 \, \|\boldsymbol{A}(h)\|_2 = \mathcal{O}(h^{-2}) = \mathcal{O}(N_h^2)$$

besitzt. Für kleine h wird $k(h)$ sehr groß, das Gleichungssystem ist daher gemäß Band 1, Abschnitt 4.4.2 schlecht konditioniert, seine Auflösung bereitet die dort geschilderten Schwierigkeiten.

18.2.2 Konvergenz des Differenzenverfahrens

Es sei jetzt $u = u(x, y)$ die exakte Lösung von (18.17), wobei wir wieder $u \in C^4(\bar{G})$ voraussetzen. Weiter definieren wir den Vektor

$$\boldsymbol{u}(h) = \Big[u(h,h),\ u(2h,h),\ u(h,2h), \ldots, u((N_h-1)h,(N_h-1)h)\Big]^T,$$

wobei die gleiche Reihenfolge wie in (18.26) und (18.28) eingehalten wird, sowie den Fehlervektor

$$\varepsilon^h = \boldsymbol{u}^h - \boldsymbol{u}(h). \tag{18.29}$$

Mit (18.20) und wegen $\varepsilon_{i,k}(h) + \eta_{i,k}(h) = \mathcal{O}(h^2)$, $i, k = 1, \ldots, N_h - 1$, gilt dann entsprechend (18.23)

$$A(h)u(h) = b(h) + h^2\mathcal{O}(h^2). \tag{18.30}$$

Man beachte, daß (18.30) das mit h^2 multiplizierte System (18.20) darstellt.

Subtrahiert man (18.30) von (18.23), so folgt

$$A(h)\varepsilon^h = h^2\mathcal{O}(h^2),$$

und weiter

$$\varepsilon^h = h^2 A(h)^{-1}\mathcal{O}(h^2). \tag{18.31}$$

$\mathcal{O}(h^2)$ ist ein $(N_h - 1)^2$-komponentiger Vektor, dessen Komponenten durch Ch^2 abgeschätzt werden können. Angenommen, es wäre

$$\|A(h)^{-1}\|_\infty \leq Kh^{-2} \tag{18.32}$$

mit einer von h unabhängigen Konstanten K, so folgt aus (18.31)

$$\|\varepsilon^h\|_\infty \leq Ch^2K = Mh^2 \tag{18.33}$$

mit einer von h unabhängigen Konstanten M. Aus (18.33) ergäbe sich dann auch für $h \to 0$

$$\left|u_{i,k}^h - u(x_i, y_k)\right| = \left|u_{i,k}^h - u(ih, kh)\right| \leq Mh^2, \qquad i, k = 1, \ldots, N_h - 1,$$

d.h. das Verfahren wäre konvergent von der Ordnung 2, die Fehler würden also für $h \to 0$ wie h^2 gegen Null konvergieren.

Die Eigenschaft (18.32) der Matrix $A(h)^{-1}$ läßt sich in der Tat nachweisen, man vergleiche dazu etwa [53, S.182-213], sowie [16] und [55]. Es gilt daher der

Satz 18.4. *Für die Lösung u des Randwertproblems (18.17) gelte $u \in C^4(\bar{G})$. Dann ist das durch (18.21) gegebene Differenzenverfahren konvergent von der Ordnung 2, es gilt für $h \to 0$*

$$u_{i,k}^h - u(x_i, y_k) = \mathcal{O}(h^2), \qquad i, k = 1, \ldots, N_h - 1.$$

□

18.2.3 Krummlinig berandete Gebiete

Wir betrachten jetzt den Fall, daß G ein beschränktes, offenes, krummlinig berandetes Gebiet mit dem stetigen Rand $\dot{G}$ ist (vgl. $A(h)$ Abb. 18.4). Außerdem soll G so beschaffen sein, daß mit zwei Punkten auch deren Verbindungslinie in G liegt.

Man nennt ein solches Gebiet konvex.

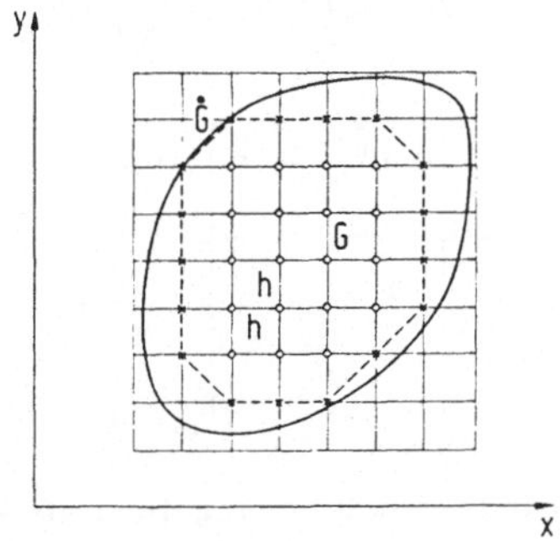

Abbildung 18.4: $\bar{G}$ und das Gitter $\bar{G}_h$

Über $\bar{G}$ können wir ein Rechteckgitter mit den Maschenweiten Δx, Δy legen. Der Einfachheit halber verwenden wir jedoch wieder speziell ein quadratisches Gitter G_h mit dem Rand $\dot{G}_h$, setzen also $\Delta x = \Delta y = h$.

Bei krummlinig berandeten Gebieten liegen die Punkte von $\dot{G}_h$ im allgemeinen nicht auf $\dot{G}$, denn nur in Ausnahmefällen wird $(x_r, y_s) \in \dot{G}$ mit ganzen Zahlen r, s gelten. Die Menge der Randpunkte $\dot{G}_h$, die den *numerischen Rand* festlegt, muß also erst konstruiert werden.

Dazu bezeichnen wir fünf Punkte $(x_i, y_k), (x_{i-1}, y_k), (x_{i+1}, y_k), (x_i, y_{k-1}), (x_i, y_{k+1})$ als einen *Stern* mit dem Mittelpunkt (x_i, y_k). Die Menge aller Gitterpunkte, die Mittelpunkte von ganz in $\bar{G}$ gelegenen Sternen sind, ist dann das Gitter G_h. Die Menge $\dot{G}_h$ der Randpunkte besteht dagegen aus allen Gitterpunkten, die ganz in $\bar{G}$ gelegenen Sternen angehören, aber keine Mittelpunkte solcher Sterne sind. In Abb. 18.4 sind die Punkte von G_h mit $\circ$, die von $\dot{G}_h$ mit $\times$ bezeichnet. Der oben erwähnte numerische Rand entsteht etwa dadurch, daß man jeweils zwei benachbarte Punkte von $\dot{G}_h$ durch eine gerade Linie verbindet.

Man kann jetzt das Randwertproblem (18.17) mit dem gleichen Differenzenverfahren wie in Abschnitt 18.2.1 auf dem Gitter G_h numerisch lösen, wobei man $u^h_{r,s} = 0$ für $(x_r, y_s) \in \dot{G}_h$ verlangt. Diese Randwerte sind natürlich mit Fehlern behaftet, wenn $(x_r, y_s) \notin \dot{G}$.

Man überlegt sich mit Hilfe der Taylor–Entwicklung leicht, daß diese Fehler proportional h sind, d.h. die exakten Randwerte in den Punkten von $\dot{G}_h$ sind von der Größenordnung $\mathcal{O}(h)$.

Genauere numerische Randwerte erhält man durch lineare Interpolation. Wir betrachten dabei die auf einer Geraden gelegenen Punkte (siehe Abb. 18.5)

$$(x_{i-1}, y_k) \in G_h, \quad (x_i, y_k) \in \dot{G}_h, \quad (x, y_k) \in \dot{G}, \quad x > x_i.$$

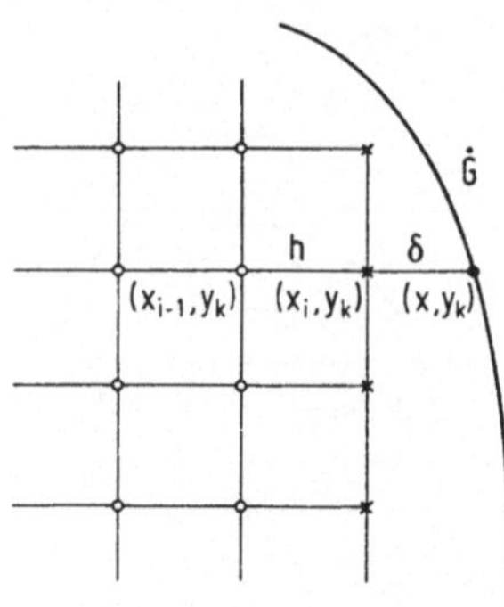

Abbildung 18.5: Randwertbestimmung durch lineare Interpoltion

Mit $x - x_i = \delta < h$ und wegen $u(x, y_k) = 0$ erhält man durch lineare Interpolation zunächst

$$u(x_i, y_k) - \frac{\delta}{h+\delta} u(x_{i-1}, y_k) = \frac{h}{h+\delta} u(x, y_k) + \mathcal{O}(h^2) = \mathcal{O}(h^2). \tag{18.34}$$

Wir lassen nun das Restglied $\mathcal{O}(h^2)$ fort und verwenden die Näherungsgleichung

$$u_{i,k}^h - \frac{\delta}{h+\delta} u_{i-1,k}^h = 0, \qquad (x_i, y_k) \in \dot{G}_h.$$

Nun braucht der Rand $\dot{G}$ natürlich nicht die in Abb. 18.5 beschriebene Lage zum Gitter $\bar{G}_h$ zu haben. Man sieht aber unmittelbar ein, daß die Interpolation stets eine der vier Näherungsgleichungen

$$\begin{aligned} & u_{i,k}^h - \frac{\delta_{ik}}{h+\delta_{ik}} u_{i\pm1,k}^h = 0, \\ & \qquad\qquad (x_i, y_k),\ (x_{i\pm1}, y_k),\ (x_i, y_{k\pm1}) \in G_h, \\ & u_{i,k}^h - \frac{\delta_{ik}}{h+\delta_{ik}} u_{i,k\pm1} = 0, \end{aligned} \tag{18.35}$$

liefert. Dabei ist $\delta_{ik} < h$ der positive Abstand des Punktes $(x_i, y_k) \in \dot{G}_h$ von demjenigen Punkt auf $\dot{G}$, der auf der durch (x_i, y_k), $(x_{i\pm1}, y_k)$ bzw. (x_i, y_k), $(x_i, y_{k\pm1})$ definierten Geraden liegt.

In (18.35) sind aber sowohl $u_{i,k}^h$ als auch $u_{i\pm1,k}^h$, $u_{i,k\pm1}^h$ unbekannt, für jeden Punkt aus $\dot{G}_h$ erhalten wir somit eine zusätzliche Gleichung. Nehmen wir an, daß G_h genau M_h, $\dot{G}_h$ genau $\dot{M}_h$ Punkte enthält, so liefert das Differenzenverfahren zusammen mit der linearen Interpolation der Randwerte ein Gleichungssystem mit $M_h + \dot{M}_h$ Gleichungen. Der damit verbundene höhere Rechenaufwand sichert jedoch genauere numerische Randwerte, ihr Fehler ist wegen (18.34) proportional zu h^2.

Durch die Hinzunahme von (18.35) verliert die Matrix des entstehenden Gleichungssystems im allgemeinen ihre Symmetrie, sie ist jedoch nach wie vor eine M–Matrix. Wir wollen dies nicht allgemein nachweisen, sondern nur an einem Beispiel belegen.

Beispiel 18.2. *Es werde das in Abb. 18.6 beschriebene Gitter $\bar{G}_h$ verwendet.*

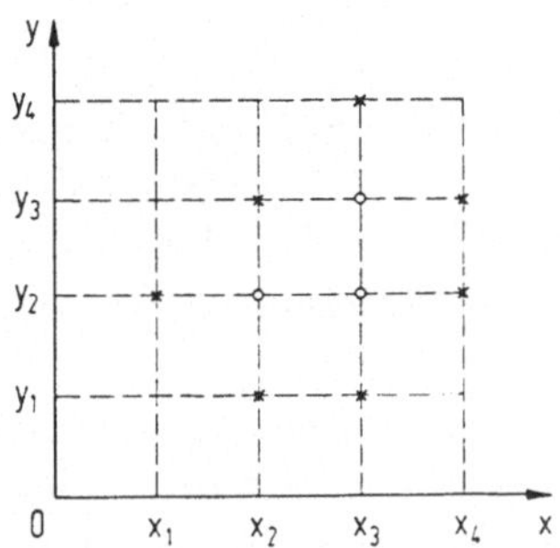

Abbildung 18.6: Zum Beispiel 18.2

Wenn wir wieder die bisherige Reihenfolge der Komponenten von $\boldsymbol{u}^h$ einhalten und berücksichtigen, daß die Randwerte jetzt ebenfalls unbekannt sind, so ist

$$\boldsymbol{u}^h = \left[u_{2,1}^h,\ u_{1,2}^h,\ u_{3,1}^h,\ u_{2,2}^h,\ u_{3,2}^h,\ u_{2,3}^h,\ u_{4,2}^h,\ u_{3,3}^h,\ u_{4,3}^h,\ u_{3,4}^h\right]^T.$$

Für jeden Punkt $(x_i, y_k) \in \bar{G}_h$ ist dann eine Gleichung hinzuschreiben, und zwar (18.21) (nach Multiplikation mit h^2), wenn $(x_i, y_k) \in G_h$, (18.35), wenn $(x_i, y_k) \in \dot{G}_h$. Die Matrix $\boldsymbol{A}(h)$ des entstehenden Gleichungsystems hat also die Gestalt

$$\boldsymbol{A}(h) = \begin{bmatrix} 1 & 0 & 0 & \frac{-\delta_{21}}{(h+\delta_{21})} & 0 & 0 & 0 & 0 & 0 & 0 \\ 0 & 1 & 0 & \frac{-\delta_{12}}{(h+\delta_{12})} & 0 & 0 & 0 & 0 & 0 & 0 \\ 0 & 0 & 1 & 0 & \frac{-\delta_{31}}{(h+\delta_{31})} & 0 & 0 & 0 & 0 & 0 \\ -1 & -1 & 0 & 4 & -1 & -1 & 0 & 0 & 0 & 0 \\ 0 & 0 & -1 & -1 & 4 & 0 & -1 & -1 & 0 & 0 \\ 0 & 0 & 0 & \frac{-\delta_{23}}{(h+\delta_{23})} & 0 & 1 & 0 & 0 & 0 & 0 \\ 0 & 0 & 0 & 0 & \frac{-\delta_{42}}{(h+\delta_{42})} & 0 & 1 & 0 & 0 & 0 \\ 0 & 0 & 0 & 0 & -1 & -1 & 0 & 4 & -1 & -1 \\ 0 & 0 & 0 & 0 & 0 & 0 & 0 & \frac{-\delta_{43}}{(h+\delta_{43})} & 1 & 0 \\ 0 & 0 & 0 & 0 & 0 & 0 & 0 & \frac{-\delta_{34}}{(h+\delta_{34})} & 0 & 1 \end{bmatrix}. \qquad (18.36)$$

Wegen $0 \leq \delta_{ik} < h$ ist $\boldsymbol{A}(h)$ eine schwach diagonaldominante L–Matrix mit strenger Diagonaldominanz z.B. in Zeile 1, mit etwas Mühe kann man außerdem ihre Irreduzibilität nachweisen. Daher ist $\boldsymbol{A}(h)$ in der Tat eine M–Matrix. □

Wir wollen noch untersuchen, wie das dritte Randwertproblem durch ein Differenzenverfahren gelöst werden kann und betrachten dazu

$$\begin{aligned} -\Delta_2 u \equiv -u_{xx} - u_{yy} &= f(x,y), \qquad (x,y) \in G, \\ \alpha(x,y)u(x,y) - \beta(x,y)\frac{\partial u(x,y)}{\partial \nu} &= \gamma(x,y), \qquad (x,y) \in \dot{G}. \end{aligned} \tag{18.37}$$

Wie bisher sei $u = u(x,y)$ die Lösung des Randwertproblems, wir setzen $u \in C^4(\bar{G})$ und außerdem $\alpha, \beta, \gamma \in C^1(\bar{G})$ voraus. Das Gebiet G sei konvex mit glattem Rand $\dot{G}$ und wir verwenden auch wieder das oben beschriebene (siehe Abb. 18.4) Gitter $\bar{G}_h$. Für jeden Punkt $(x_r, y_s) \in G_h$ erhalten wir dann zunächst eine Gleichung (18.21).

Größere Schwierigkeiten bereitet dagegen manchmal die Bestimmung der numerischen Randbedingungen. Eine Möglichkeit dazu bietet das folgende Vorgehen:

Von einem Punkt $(x_i, y_k) \in \dot{G}_h$ aus fällen wir das Lot ν auf die Randkurve $\dot{G}$, welche über diesen Punkt hinaus die Verbindungslinie von zwei Punkten aus G_h im Punkt (x_{i-1}, y) schneidet (siehe Abb. 18.7).

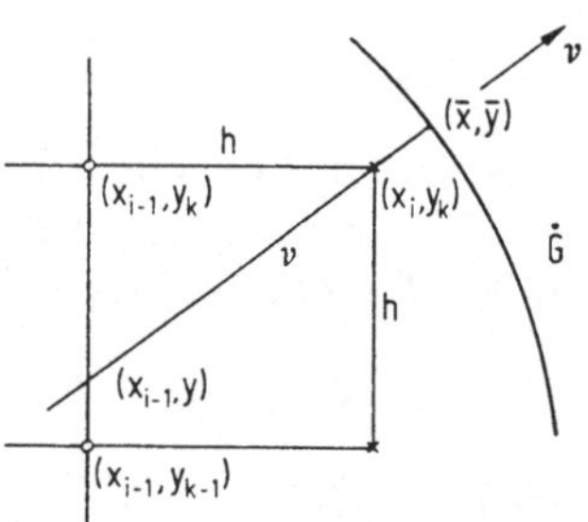

Abbildung 18.7: Zum dritten Randwertproblem

Dann gilt

$$\left(\frac{\partial u}{\partial \nu}\right)_{(x_i,y_k)} = \frac{u(x_i,y_k) - u(x_{i-1},y)}{\sqrt{h^2 + (y-y_k)^2}} + \mathcal{O}(h) \tag{18.38}$$

und weiter, wie man mit Hilfe des Restgliedes der linearen Interpolation leicht einsieht

$$u(x_{i-1},y) = \frac{y - y_{k-1}}{h} u(x_{i-1},y_k) + \frac{y_k - y}{h} u(x_{i-1},y_{k-1}) + \mathcal{O}(h^2). \tag{18.39}$$

Sei $(\bar{x}, \bar{y})$ der Punkt, in dem die Normale ν die Kurve $\dot{G}$ schneidet (siehe Abb. 18.7), so gilt wegen $\alpha, \beta, \gamma \in C^1(\bar{G})$ schließlich noch

$$\begin{aligned} &\alpha(x_i, y_k)\, u(x_i, y_k) - \beta(x_i, y_k)\Big(\frac{\partial u}{\partial \nu}\Big)_{(x_i,y_k)} - \gamma(x_i, y_k) \\ &= \alpha(\bar{x}, \bar{y})\, u(\bar{x}, \bar{y}) - \beta(\bar{x}, \bar{y})\Big(\frac{\partial u}{\partial \nu}\Big)_{(\bar{x},\bar{y})} - \gamma(\bar{x}, \bar{y}) + \mathcal{O}(h) = \mathcal{O}(h), \end{aligned} \tag{18.40}$$

denn auf $\dot{G}$ ist ja die Randbedingung aus (18.37) erfüllt.

Setzt man (18.39) in (18.38) und danach diesen Ausdruck wiederum in (18.40) ein, berücksichtigt man ferner, daß der Wurzelausdruck im Nenner von (18.38) von der Größenordnung $\mathcal{O}(h)$ ist, so ergibt sich

$$\begin{aligned} \alpha(x_i, y_k)\, u(x_i, y_k) + \frac{\beta(x_i, y_k)}{\sqrt{h^2 + (y - y_k)^2}} \Big[\frac{y - y_{k-1}}{h} u(x_{i-1}, y_k) + \\ + \frac{y_k - y}{h} u(x_{i-1}, y_{k-1}) - u(x_i, y_k)\Big] = \gamma(x_i, y_k) + \mathcal{O}(h). \end{aligned} \tag{18.41}$$

Wir lassen das Restglied $\mathcal{O}(h)$ fort und ersetzen $u(x_i, y_k)$, $u(x_{i-1}, y_k)$, $u(x_{i-1}, y_{k-1})$ durch $u^h_{i,k}$, $u^h_{i-1,k}$, $u^h_{i-1,k-1}$. Zur Abkürzung setzen wir weiter

$$\tau_k(y)h = \sqrt{h^2 + (y - y_k)^2}, \quad \varrho_k(y) = \frac{y - y_{k-1}}{h}, \quad \sigma_k(y) = \frac{y_k - y}{h},$$

es gilt demnach

$$\tau_k(y) \geq 1, \quad \varrho_k(y) + \sigma_k(y) = 1.$$

Es ist dann wegen (18.41) nach Multiplikation mit $-\tau_k(y)h$

$$\begin{aligned} \big[\beta(x_i, y_k) - \tau_k(y)h\, \alpha(x_i, y_k)\big] u^h_{i,k} - \varrho_k(y)\, \beta(x_i, y_k) u^h_{i-1,k} - \sigma_k(y)\, \beta(x_i, y_k) u^h_{i-1,k-1} = \\ -\tau_k(y)h\, \gamma(x_i, y_k). \end{aligned} \tag{18.42}$$

Für jeden Randpunkt $(x_i, y_k) \in \dot{G}_h$ ist eine solche oder – bei anderer Lage des Randes – entsprechende Gleichung aufzustellen, wobei die $u^h_{i,k}$, $u^h_{i-1,k}$, $u^h_{i-1,k-1}$ Unbekannte sind. Bei beliebiger Lage des Randes $\dot{G}$ zum Gitter $\bar{G}_h$ ist das Konstruktionsprinzip immer das gleiche: Durch jeden Punkt $(x_i, y_k) \in \dot{G}_h$ wird das Lot auf $\dot{G}$ gefällt und dann wie oben eine (18.42) entsprechende Gleichung aufgestellt.

Die Gesamtheit der Gleichungen (18.21) und (18.42) stellt dann das Gleichungssystem zur Berechnung der Näherungen $u^h_{i,k}$ in den Punkten $(x_i, y_k) \in \bar{G}_h$ dar. Man kann zeigen, daß die Matrix dieses Systems wieder eine M–Matrix ist, wenn

$$\beta(x, y) \geq 0, \quad \alpha(x, y) \leq 0, \quad \alpha^2 + \beta^2 \neq 0 \quad (x, y) \in \bar{G}, \tag{18.43}$$

gilt. Wegen $\varrho_k(y) + \sigma_k(y) = 1$ sieht man unmittelbar ein, daß unter diesen Voraussetzungen die Matrix zumindest eine schwach diagonaldominante L–Matrix ist.

Gilt anstelle von (18.43) $\beta(x,y) \leq 0, \quad \alpha(x,y) \geq 0$, so multipliziert man (18.42) mit -1.

Über Differenzenverfahren zur numerischen Lösung linearer elliptischer Randwertprobleme gibt es umfassende Untersuchungen. Man vgl. hierzu, insbesondere im Hinblick auf weitergehende praktische und theoretische Fragen, [2, S. 25-28] und die dort angegebene Literatur.

18.2.4 Variationsprobleme und nichtlineare Randwertaufgaben

In den Abschnitten 18.1.2 und 18.1.3 haben wir den Zusammenhang zwischen Variationsproblemen und gewissen Randwertproblemen beschrieben. Liegt ein solches Randwertproblem zur Lösung vor, so ist es in der Regel vorzuziehen, wie bereits am Schluß von Abschnitt 18.1.3 bemerkt, das zugehörige Variationsproblem numerisch zu lösen. Im folgenden soll untersucht werden, wie dies durch ein geeignetes Differenzenverfahren erfolgen kann.

Es sei

$$G: 0 < x < 1; \quad 0 < y < 1,$$

und wir betrachten das Variationsproblem

$$\begin{aligned} I[u] &= \int_G F(x,y,u,u_x,u_y)\,dx\,dy = \min, \\ u(x,y) &= f(x,y), \quad (x,y) \in \dot{G}. \end{aligned} \tag{18.44}$$

Es handelt sich hierbei um das Problem (18.12), wenn dort $\dot{G}_1$ leer ist. Die Funktion F sei bezüglich aller fünf Veränderlichen zweimal stetig differenzierbar, f sei auf $\dot{G}$ stetig und die Matrix

$$A = \begin{bmatrix} F_{u_x u_x} & F_{u_x u_y} \\ F_{u_x u_y} & F_{u_y u_y} \end{bmatrix},$$

deren Elemente noch von x, y, u, u_x, u_y abhängen können, sei stets positiv definit. Dann ist die zugehörige Eulersche Differentialgleichung (18.15) elliptisch, wie man nach Ausdifferenzieren dieser Gleichung bestätigt.

Zur numerischen Lösung des Variationsproblems (18.44) gehen wir so vor: Zunächst wird das Integral $I[u]$ durch eine numerische Kubaturformel ersetzt, anschließend werden die Differentialquotienten durch passende Differenzenquotienten in einer Gitterfunktion u^h approximiert, woraufhin schließlich noch die Minimalforderung $I[u] = \min$ numerisch realisiert wird.

Wir überziehen $\bar{G}$ wieder mit dem gleichen quadratischen Gitter wie in Abschnitt 18.2.1, wobei wie dort $hN_h = 1$ gelte. Als Kubaturformel wählen wir die zusammengesetzte Schwerpunktregel. Für $\Phi \in C^2(\bar{G})$ gilt also

$$\int_G \Phi(x,y)dx\,dy = h^2 \sum_{r,s=0}^{N_h-1} \Phi\left(x_r + \tfrac{h}{2}, y_s + \tfrac{h}{2}\right) + \mathcal{O}(h^2).$$

Daher folgt zunächst in abgekürzter, leicht verständlicher Schreibweise

$$I[u] = h^2 \sum_{r,s=0}^{N_h-1} \Big\{F(x,y,u,u_x,u_y)\Big\}_{(x_r+\frac{h}{2},y_s+\frac{h}{2})} + \mathcal{O}(h^2). \qquad (18.45)$$

Hier treten noch die Funktionswerte u, u_x, u_y an der Stelle $(x_{r+\frac{1}{2}}, y_{s+\frac{1}{2}}) = (x_r + \frac{h}{2}, y_s + \frac{h}{2})$ auf, und es gilt

$$\begin{aligned} u_x(x_{r+\frac{1}{2}}, y_{s+\frac{1}{2}}) &= \frac{1}{2h}\Big[u(x_{r+1},y_{s+1}) - u(x_r,y_{s+1}) + u(x_{r+1},y_s) - u(x_r,y_s)\Big] + \mathcal{O}(h^2) \\ &= D_x u(x_r,y_s) + \mathcal{O}(h^2), \end{aligned} \qquad (18.46)$$

$$\begin{aligned} u_y(x_{r+\frac{1}{2}}, y_{s+\frac{1}{2}}) &= \frac{1}{2h}\Big[u(x_{r+1},y_{s+1}) - u(x_{r+1},y_s) + u(x_r,y_{s+1}) - u(x_r,y_s)\Big] + \mathcal{O}(h^2) \\ &= D_y u(x_r,y_s) + \mathcal{O}(h^2), \end{aligned} \qquad (18.47)$$

$$\begin{aligned} u(x_{r+\frac{1}{2}}, y_{s+\frac{1}{2}}) &= \frac{1}{4}\Big[u(x_{r+1},y_{s+1}) + u(x_{r+1},y_s) + u(x_r,y_{s+1}) + u(x_r,y_s)\Big] + \mathcal{O}(h^2) \\ &= M\, u(x_r,y_s) + \mathcal{O}(h^2). \end{aligned}$$

Setzt man diese Ausdrücke in (18.45) ein, so erhält man wegen der Differenzierbarkeitseigenschaften von F und wegen $h^2 N_h^2 = 1$ als Restglied einen Ausdruck der Größenordnung $\mathcal{O}(h^2)$. Läßt man das Restglied fort und ersetzt die Werte $u(x_{r+i}, y_{s+j})$, $i,j = 0,1$, durch die Komponenten $u^h_{r+i,s+j}$ der Gitterfunktion u^h, so ergibt sich aus (18.45) das *diskrete Variationsproblem*

$$I_h[u^h] = h^2 \sum_{r,s=0}^{N_h-1} F\Big(x_r + \tfrac{h}{2}, y_s + \tfrac{h}{2}, M\, u^h_{r,s}, D_x u^h_{r,s}, D_y u^h_{r,s}\Big) = \min.$$

Es stellt sozusagen das Ersatzproblem zu (18.44) dar. Die Minimalforderung führt dann auf das Gleichungssystem

$$\Big(T_h u^h\Big)_{i,k} = \frac{\partial I_h[u^h]}{\partial u_{i,k}} = 0, \qquad i,k = 1,\ldots,N_h - 1. \qquad (18.48)$$

Für $r = 0$ und $s = 0$ bzw. $r = N_h - 1$ oder $s = N_h - 1$ treten hierbei noch Werte der Gitterfunktion auf $\dot{G}$ auf, für die man die Randbedingungen aus (18.44) einsetzt. Dieses ist ein großes und im allgemeinen nichtlineares schwach besetztes Gleichungssystem von $(N_h - 1)^2$ Gleichungen mit ebensovielen Unbekannten $u^h_{i,k}$. Genauer läßt sich zeigen, daß das System (18.48) linear bzw. nichtlinear ist, wenn die zum Variationsproblem gehörige Eulersche Differentialgleichung linear bzw. nichtlinear ist. In jeder Gleichung treten jedoch nur wenige Unbekannte auf, d.h. das Gleichungssystem ist schwach besetzt. Wenn wir zur Abkürzung

$$F\Big(x_r + \tfrac{h}{2}, y_s + \tfrac{h}{2}, M\, u^h_{r,s}, D_x u^h_{r,s}, D_y u^h_{r,s}\Big) = \psi^h_{r,s}$$

setzen, so tritt die Komponente $u_{i,k}^h$ von u^h nämlich nur in $\psi_{i,k}^h, \psi_{i-1,k}^h, \psi_{i,k-1}^h, \psi_{i-1,k-1}^h$ auf, wie man unmittelbar übersieht. Es gilt also

$$\begin{aligned} \left(T_h u^h\right)_{i,k} &= \frac{\partial I_h[u^h]}{\partial u_{i,k}} \\ &= h^2 \cdot \frac{\partial}{\partial u_{i,k}} \left[\psi_{i,k}^h + \psi_{i-1,k}^h + \psi_{i,k-1}^h + \psi_{i-1,k-1}^h\right] = 0, \\ & \qquad i, k = 1, \ldots, N_h - 1. \end{aligned} \tag{18.49}$$

Da die vier Ausdrücke $\psi_{i-\varrho,k-\sigma}^h$, $\varrho, \sigma = 0, 1$, genau die neun Komponenten $u_{i+\lambda,k+\kappa}^h$, $\lambda, \kappa = -1, 0, 1$, enthalten, die $u_{0,s}^h, u_{r,0}^h, u_{N_h,s}^h, u_{r,N_h}^h$, $r, s = 0, \ldots, N_h$, aber bekannte Randwerte sind, treten in jeder Gleichung (18.48) bzw. (18.49) höchstens neun Unbekannte auf.

Beispiel 18.3. *Es sei*

$$F = u_x^2 + u_y^2,$$

die zugehörige Eulersche Differentialgleichung ist gemäß (18.15)

$$-\Delta_2 u = -u_{xx} - u_{yy} = 0,$$

also eine lineare Differentialgleichung. Entsprechend ist das Gleichungssystem (18.49) linear, wie wir sehen werden.

Es ist in unserem Fall

$$\psi_{r,s}^h = \left(D_x u_{r,s}^h\right)^2 + \left(D_y u_{r,s}^h\right)^2$$

und somit

$$\frac{\partial \psi_{r,s}^h}{\partial u_{i,k}} = 2\left[D_x u_{r,s}^h \frac{\partial (D_x u_{r,s}^h)}{\partial u_{i,k}} + D_y u_{r,s}^h \frac{\partial (D_y u_{r,s}^h)}{\partial u_{i,k}}\right]. \tag{18.50}$$

Nach (18.46), (18.47) gilt

$$\frac{\partial (D_x u_{i,k}^h)}{\partial u_{i,k}} = \frac{\partial (D_y u_{i,k}^h)}{\partial u_{i,k}} = \frac{\partial (D_x u_{i,k-1}^h)}{\partial u_{i,k}} = \frac{\partial (D_y u_{i-1,k}^h)}{\partial u_{i,k}} = -\frac{1}{2h},$$

$$\frac{\partial (D_x u_{i-1,k}^h)}{\partial u_{i,k}} = \frac{\partial (D_y u_{i,k-1}^h)}{\partial u_{i,k}} = \frac{\partial (D_x u_{i-1,k-1}^h)}{\partial u_{i,k}} = \frac{\partial (D_y u_{i-1,k-1}^h)}{\partial u_{i,k}} = \frac{1}{2h}.$$

Daraus und mit (18.49), (18.50) folgt somit

$$\begin{aligned} \frac{1}{2h}\left(T_h u^h\right)_{i,k} &= \tfrac{1}{2}\Big\{-D_x u_{i,k}^h + D_x u_{i-1,k}^h - D_x u_{i,k-1}^h + D_x u_{i-1,k-1}^h \\ &\qquad - D_y u_{i,k}^h - D_y u_{i-1,k}^h + D_y u_{i,k-1}^h + D_y u_{i-1,k-1}^h\Big\} \\ &= 4u_{i,k}^h - u_{i+1,k+1}^h - u_{i-1,k+1}^h - u_{i+1,k-1}^h - u_{i-1,k-1}^h = 0, \\ & \qquad i, k = 1, \ldots, N_h - 1. \end{aligned}$$

Dieses lineare Gleichungssystem kann man auch erhalten, indem man $-\Delta_2 u = 0$ *direkt durch ein Differenzenverfahren löst. Dazu hat man in (18.20) lediglich noch folgende lineare Interpolationen vorzunehmen:*

$$\begin{aligned}\frac{1}{h^2}u(x_{i\pm1},y_k) &= \frac{1}{2h^2}\Big[u(x_{i\pm1},y_{k+1})+u(x_{i\pm1},y_{k-1})\Big]-\tfrac{1}{2}u_{yy}(x_{i\pm1},y_k)+\mathcal{O}(h^2),\\ \frac{1}{h^2}u(x_i,y_{k\pm1}) &= \frac{1}{2h^2}\Big[u(x_{i+1},y_{k\pm1})+u(x_{i-1},y_{k\pm1})\Big]-\tfrac{1}{2}u_{xx}(x_i,y_{k\pm1})+\mathcal{O}(h^2).\end{aligned}$$

Das Restglied bleibt dabei von der Ordnung $\mathcal{O}(h^2)$. *Man kann auch mit der hier betrachteten Methode zu den Gleichungen (18.20) gelangen, wenn man eine andere Approximation der* u, u_x, u_y *an der Stelle* $(x_r + \frac{h}{2}, y_s + \frac{h}{2})$ *verwendet.* □

Ist das Gleichungssystem (18.48) nichtlinear, so muß es mit einem geeigneten Iterationsverfahren für große nichtlineare schwach besetzte Gleichungssysteme gelöst werden. In Band 1, Kapitel 7 und 8 wurde dargelegt, daß entscheidend für die Konvergenz solcher Verfahren die Eigenschaften der Funktionalmatrix

$$T'(u^h) = \left[\frac{\partial^2 I_h[u^h]}{\partial u_{i,k}\partial u_{j,l}}\right], \qquad i,j,k,l = 1,\dots,N_h-1,$$

sind. Offenbar ist diese Matrix symmetrisch. Darüberhinaus kann man nachweisen, daß sie unter den angegebenen Voraussetzungen auch stets positiv definit ist. Das nichtlineare Gleichungssystem (18.48) kann daher mit den in Band 1, Kapitel 8 beschriebenen Verfahren gelöst werden, insbesondere mit dem in Abschnitt 8.1 beschriebenen SOR–Newton–Verfahren für $0 < \omega < 2$, wobei allerdings im nichtlinearen Fall Werte für $\omega > 1$ nur lokal, d.h. bei guten Startnäherungen, anwendbar sind.

Ist das Gebiet G krummlinig berandet, so kann man im Prinzip wie in Abschnitt 18.2.3 vorgehen. Es ist im allgemeinen jedoch zweckmäßiger, die flexiblere Methode der finiten Elemente, die wir in den Abschnitten 18.3.2 und 18.3.3 untersuchen werden, zu verwenden.

Schließlich sei noch bemerkt, daß das hier beschriebene Verfahren unter etwas stärkeren Voraussetzungen für $h \to 0$ von der Ordnung 2 konvergiert. Auf diese bei den hier betrachteten Variationsproblemen schon recht schwierigen Fragen der Konvergenz können wir nicht eingehen. Differenzenverfahren werden ihrer Einfachheit wegen bei dreidimensionalen Problemen aus der Technik oft den anderen Verfahren vorgezogen.

18.3 Das Ritzsche Verfahren und die Methode der finiten Elemente

18.3.1 Das Ritzsche Verfahren

Wir kehren jetzt zu den Betrachtungen in Abschnitt 18.1.2 zurück. Nach Satz 18.1 ist das Randwertproblem (18.6) gelöst, wenn man unter den angegebenen Voraussetzungen eine Funktion $u = u(x, y)$ gefunden hat, für die

$$I[u] = \min_{v \in \mathcal{D}} I[v] = \min_{v \in \mathcal{D}} \{(v, Lv) - 2(v, f)\} \tag{18.51}$$

gilt. Dabei ist gemäß (18.9)

$$(v, Lv) - 2(v, f) = \int_G \left(a_{11} v_x^2 + 2a_{12} v_x v_y + a_{22} v_y^2 + a v^2 - 2vf\right) dx\, dy.$$

Beim nun zu erörternden Ritzschen Verfahren wird $I[v]$ näherungsweise minimiert. Das Verfahren selbst kann ganz ähnlich wie das in Abschnitt 15.3.2 beschriebene Ritz-Verfahren für Randwertaufgaben gewöhnlicher Differentialgleichungen durchgeführt werden. Man wählt wie dort einen passenden M-dimensionalen Unterraum $D_M \subset D$, wobei D durch (18.10) definiert ist, und spannt ihn durch ein System linear unabhängiger Basisfunktionen $\varphi_j, \quad j = 1, \ldots, M$, auf. Jede Funktion $v \in D_M$ hat dann die Gestalt

$$v = \sum_{\mu=1}^{M} \alpha_\mu \varphi_\mu, \tag{18.52}$$

wobei die α_μ reelle Zahlen sind. Bildet man hiermit das Funktional $I[v]$, so erhält man wörtlich wie bei (15.45)

$$\begin{aligned} I[v] &= [v, v] - 2(v, f) = \Phi(\alpha_1, \ldots, \alpha_M) \\ &= \left[\sum_{\mu=1}^{M} \alpha_\mu \varphi_\mu, \sum_{\nu=1}^{M} \alpha_\nu \varphi_\nu\right] - 2\left(\sum_{\mu=1}^{M} \alpha_\mu \varphi_\mu, f\right) \\ &= \sum_{\mu,\nu=1}^{M} [\varphi_\mu, \varphi_\nu] \alpha_\mu \alpha_\nu - 2\sum_{\mu=1}^{M} (\varphi_\mu, f) \alpha_\mu. \end{aligned}$$

Die Forderung $I[v] = \Phi[\alpha_1, \ldots, \alpha_M] = \min$ führt wie in Abschnitt 15.3.2 auf das lineare Gleichungssystem

$$\frac{1}{2} \cdot \frac{\partial \Phi(\alpha_1, \ldots, \alpha_M)}{\partial \alpha_i} = \sum_{j=1}^{M} [\varphi_i, \varphi_j] \alpha_j - (\varphi_i, f) = 0, \qquad i = 1, \ldots, M, \tag{18.53}$$

dessen Herleitung wörtlich mit der in Abschnitt 15.3.2 für das System (15.46) übereinstimmt. Wie dort setzen wir auch

$$S = [[\varphi_i, \varphi_j]], \quad (\varphi_i, f) = b_i, \quad b = [b_1, \ldots, b_M]^T, \quad \alpha = [\alpha_1, \ldots, \alpha_M]^T.$$

Dann lautet das Gleichungssystem (18.53) kürzer

$$S\alpha = b. \tag{18.54}$$

Wie in (15.34) schließt man weiter, daß die symmetrische Matrix S positiv definit ist, das Gleichungssystem (18.54) also eine eindeutige Lösung $\alpha^* = [\alpha_1^*, \ldots, \alpha_M^*]^T$ besitzt. Zur Lösung kann etwa das in Band 1, Abschnitt 5.1.3, beschriebene Cholesky–Verfahren verwendet werden.

Weiter zeigt man wörtlich wie in Abschnitt 15.3.2, daß $\Phi(\alpha^*) \leq \Phi(\alpha)$ und damit

$$I[v^*] = \min_{v \in D_M} I[v]$$

mit

$$v^*(x,y) = \sum_{\mu=1}^{M} \alpha_\mu^* \varphi_\mu(x,y)$$

gilt.

Die Wahl der Funktionen φ_μ, d.h. die Wahl des Unterraums D_M, bereitet in den meisten Fällen Schwierigkeiten. Außerdem müssen die Doppelintegrale $s_{ij} = [\varphi_i, \varphi_j]$, $b_i = (\varphi_i, f)$ in der Regel mit Hilfe geeigneter Kubaturformeln näherungsweise berechnet werden. Klassische Basisfunktionen sind Polynome in x und y, insbesondere Orthogonalpolynome oder trigonometrische Polynome. Allgemeine Regeln für die Wahl der Basisfunktionen lassen sich kaum aufstellen, es ist insbesondere die Größe und die Gestalt des Gebietes G und natürlich die Art des vorgelegten Problems zu berücksichtigen. Die Matrix des Gleichungssystems (18.54) ist im allgemeinen voll besetzt, was zusammen mit den notwendigen numerischen Kubaturen oft einen erheblichen Rechenaufwand bedingt, auch wenn M nicht zu groß gewählt wird. Bezüglich der Anwendung des Ritzschen Verfahrens vergleiche man etwa [16], [53], [62].

Einen Teil der genannten Schwierigkeiten kann man vermeiden, wenn man $\bar{G}$ in kleine Teilbereiche unterteilt und Basisfunktionen φ_μ wählt, die jeweils nur auf wenigen Teilbereichen nicht identisch verschwinden. Dies führt zu einer heute überwiegend verwendeten Variante des Ritzschen Verfahrens, der *Methode der finiten Elemente* (FEM).

18.3.2 Die einfachste Methode der finiten Elemente

Über die Methode der finiten Elemente gibt es eine umfangreiche Literatur, die sich sowohl mit ihrer praktischen Anwendung bei technischen und naturwissenschaftlichen Problemen als auch mit ihrer mathematischen Grundlegung und Theorie befaßt. Es ist hier nur der Platz, auf den einfachsten Fall dieser Methode einzugehen.

Die Unterteilung von $\bar{G}$ in kleine Teilbereiche kann auf vielerlei Art erfolgen, besonders bewährt hat sich die Unterteilung in abgeschlossene Dreiecke, d.h. die

Triangulierung von $\bar{G}$. Um etwas Konkretes vor Augen zu haben, nehmen wir wie in Abschnitt 18.2.3 an, daß G ein beschränktes, offenes, konvexes Gebiet mit stetigem Rand $\dot{G}$ ist. Er kann durch einen stetigen, ganz in $\bar{G}$ verlaufenden Polygonzug $\dot{G}_h$ approximiert werden, dessen Eckpunkte auf $\dot{G}$ liegen. Dieser Polygonzug ist der Rand eines Gebietes G_h.

Wir triangulieren nun den Bereich $\bar{G}$ wie in Abb. 18.8, so daß er als Vereinigungsmenge von endlich vielen abgeschlossenen Dreiecken D_i, $\quad i = 1, \ldots, N$, dargestellt werden kann:

$$\bar{G}_h = \bigcup_{i=1}^{N} D_i.$$

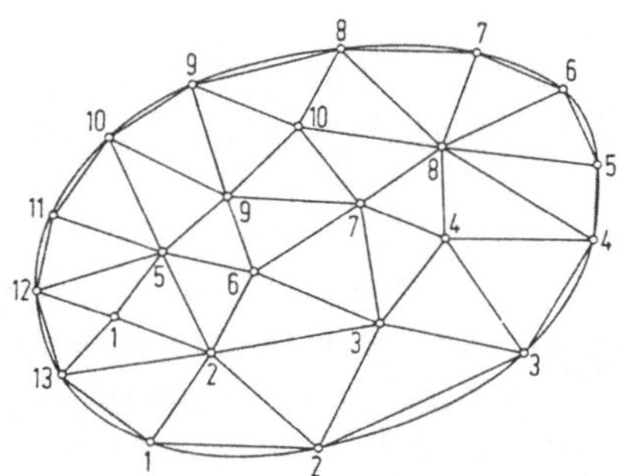

Abbildung 18.8: Triangulierung von $\bar{G}$

Die Triangulierung soll so erfolgen, daß zwei beliebige Dreiecke D_i und D_j entweder

- keinen gemeinsamen Punkt oder
- genau eine zu beiden Dreiecken gehörende vollständige Seite oder
- genau eine Ecke

gemeinsam haben. Es kann daher nicht auftreten, daß ein Eckpunkt von D_i auf einer Seite von D_j liegt und kein Eckpunkt dieses Dreiecks ist. Sei h_i der Maximalabstand zweier Eckpunkte von D_i und

$$h = \max_{j=1,\ldots,N} \{h_j\}, \tag{18.55}$$

so hängen in der Regel $\dot{G}_h$ und damit $\bar{G}_h$ noch von h ab. Wir werden eine bestimmte Abhängigkeit gleich sogar fordern. Denn man kann $\dot{G}$ um so besser durch $\dot{G}_h$ approximieren, je kleiner h gewählt wird. Ebenso hängt M, die Anzahl der Ansatzfunktionen, noch von h ab. Da wir hier jedoch ein beliebiges aber festes h und damit eine feste Triangulierung betrachten, wollen wir auf eine besondere Kennzeichnung verzichten.

Die Eckpunkte der D_i heißen *Knotenpunkte*, die Menge der verschiedenen Knotenpunkte in G_h bezeichnen wir mit R, die auf $\dot{G}_h$ mit $\dot{R}$. Denn unter den gegebenen Voraussetzungen kann $\dot{G}_h$ so konstruiert werden, daß alle Knotenpunkte auf $\dot{G}_h$ auch auf $\dot{G}$ liegen, wir fordern also $\dot{R} \subset \dot{G}$. Eine Änderung von h bedingt daher im allgemeinen auch eine Änderung des Randes $\dot{G}_h$. R enthalte genau M, $\dot{R}$ genau $\dot{M}$ Knotenpunkte, die wir jeweils nach einer bestimmten Ordnung numerieren (vgl. Abb. 18.8) und mit (x_j, y_j), $j = 1, \ldots, M$, $(\dot{x}_k, \dot{y}_k)$, $k = 1, \ldots, \dot{M}$, bezeichnen. Die Basisfunktionen (Ansatzfunktionen) φ_i, $i = 1, \ldots, M$, wählen wir dann wie folgt:

1. $\varphi_i \in C^0(\bar{G}_h)$,
2. $\varphi_i(x, y)$ ist auf jedem Dreieck D_l, $l = 1, \ldots, N$, ein Polynom ersten Grades in x, y,
3. $\varphi_i(x_j, y_j) = \delta_{ij}$, $i, j = 1, \ldots, M$,
4. $\varphi_i(\dot{x}_k, \dot{y}_k) = 0$, $i = 1, \ldots, M$; $k = 1, \ldots, \dot{M}$.

(18.56)

Durch diese vier Forderungen sind die Funktionen φ_i, $i = 1, \ldots, M$, eindeutig bestimmt. Im Punkt (x_i, y_i) hat φ_i den Wert 1, in allen anderen den Wert 0. Da φ_i über jedem Teildreieck D_l eine lineare Funktion ist, verschwindet diese Ansatzfunktion nur auf den Teildreiecken aus $\bar{G}_h$ nicht identisch, welche die gemeinsame Ecke (x_i, y_i) besitzen. Abb. 18.9 zeigt die Gestalt von φ_i.

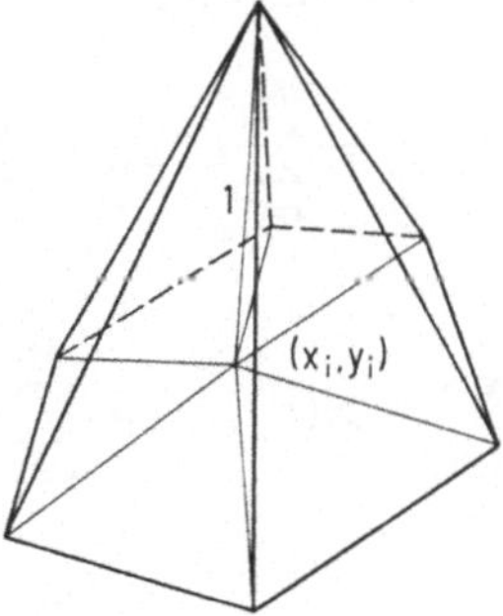

Abbildung 18.9: Die Funktion $\varphi_i(x, y)$

Die φ_i sind Elemente des in Abschnitt 18.1.2 definierten Raumes $V(G_h)$, es können also die durch (18.11) definierten Bilinearformen $[\varphi_i, \varphi_j]$ gebildet werden, wenn dort G durch G_h ersetzt wird. Denn die φ_i sind über jedem Teildreieck D_l, $l = 1, \ldots, N$, nach x und y differenzierbar, ihre Ableitungen sind dort Konstanten. Das Integral (18.11) kann dann in der Form

$$\int_{G_h} = \sum_{i=1}^{N} \int_{D_i}$$

dargestellt werden.

Die Funktionen φ_i, $i = 1, \ldots, M$, sind auf $\bar{G}_h$ linear unabhängig. Wäre das nicht der Fall, so müßte eine Gleichung

$$\sum_{i=1}^{M} \alpha_i \varphi_i(x,y) = 0, \qquad (x,y) \in \bar{G}_h \tag{18.57}$$

gelten, wobei die Konstanten α_i nicht sämtlich verschwinden. Nun ist aber nach 3. in (18.56)

$$\sum_{i=1}^{M} \alpha_i \varphi_i(x_j, y_j) = \sum_{i=1}^{M} \alpha_i \delta_{ij} = \alpha_j = 0, \qquad j = 1, \ldots, M,$$

d.h. aus (18.57) folgt notwendig das Verschwinden der α_i, $i = 1, \ldots, M$. Die Funktionen φ_i spannen als Basisfunktionen daher einen Raum D_M auf, und zwar den Raum derjenigen auf $\bar{G}_h$ definierten stetigen Funktionen, die über jedem Dreieck D_l, $l = 1, \ldots N$, affin-linear sind und auf $\dot{G}_h$ verschwinden.

Durch eine Funktion aus dem Raum D_M wollen wir jetzt die Lösung des Variationsproblems (18.51) und damit die Lösung des Randwertproblems (18.6) approximieren. Es leuchtet ein, daß dies im allgemeinen um so genauer möglich ist, je kleiner h gewählt wird, je feiner also die Triangulierung erfolgt. Dabei wird ja nach den obigen Ausführungen auch der Rand $\dot{G}$ durch $\dot{G}_h$ besser approximiert. Die Methode der finiten Elemente wird dann als Ritzsches Verfahren weitergeführt, der Ansatz (18.52) führt auf die Näherungslösung

$$v^*(x,y) = \sum_{i=1}^{M} \alpha_i^* \varphi_i(x,y). \tag{18.58}$$

Dabei gilt

$$v^*(x_j, y_j) = \sum_{i=1}^{M} \alpha_i^* \varphi_i(x_j, y_j) = \sum_{i=1}^{M} \alpha_i^* \delta_{ij} = \alpha_j^*,$$

(18.58) hat daher die Gestalt

$$v^*(x,y) = \sum_{i=1}^{M} v^*(x_i, y_i) \varphi_i(x,y).$$

Die Matrix S des Gleichungssystems (18.53) bzw. (18.54) ist jetzt aber eine schwach besetzte Matrix. Denn es ist nach (18.11) mit G_h statt G

$$\begin{aligned}[\varphi_i, \varphi_j] \;=\; & \int_{G_h} \Big[a_{11} (\varphi_i)_x (\varphi_j)_x + a_{12} \{ (\varphi_i)_x (\varphi_j)_y + (\varphi_i)_y (\varphi_j)_x \} + \\ & a_{22} (\varphi_i)_y (\varphi_j)_y + a \varphi_i \varphi_j \Big] dx\, dy.\end{aligned}$$

Das Produkt $\varphi_i \varphi_j$ und damit das Produkt der Ableitungen von φ_i und φ_j verschwinden offenbar identisch, wenn (x_i, y_i) und (x_j, y_j) keine Nachbarpunkte sind. Gibt es genau k_i Dreiecke mit dem Eckpunkt (x_i, y_i), d.h. genau k_i Nachbarpunkte zu diesem Punkt, so besitzt demnach die Matrix S mit den Elementen $[\varphi_i, \varphi_j]$ in der i-ten Zeile genau $k_i + 1$ nicht verschwindende Elemente. S ist in der Tat schwach besetzt. Das Gleichungssystem $S\alpha = b$ besitzt andererseits ebensoviel Gleichungen wie die Menge R Punkte, es ist also in der Regel ein großes Gleichungssystem mit M Gleichungen. Daher liegen ähnliche Verhältnisse vor wie beim Differenzenverfahren.

Wie unter den genannten Voraussetzungen bei jedem in Abschnitt 18.3.1 betrachteten Ritzschen Verfahren ist die Matrix S jedoch symmetrisch und positiv definit. Das Gleichungssystem $S\alpha = b$ kann daher mit dem in Band 1, Kapitel 6 beschriebenen SOR–Verfahren oder mit dem cg–Verfahren gelöst werden. Besonders schnell konvergieren auch Mehrgitterverfahren (vgl. Kapitel 19). Bei direkten Verfahren bevorzugt man die Frontlösungsmethode aus Band 1, Abschnitt 5.4.2.

Bei ungleichmäßiger Triangulierung kann die Aufstellung des Gleichungssystems $S\alpha = b$ schon recht mühevoll sein. Hierfür gibt es allerdings zahlreiche automatische Programmsysteme. Man versucht daher, so zu triangulieren, daß die Dreiecke D_i sich nach Gestalt und Flächeninhalt nicht zu sehr unterscheiden. Bei krummlinig berandeten Gebieten G wird man in der Nähe des Randes jedoch unterschiedliche Dreiecke wählen müssen. Die Tatsache, daß man bei der Triangulierung weitgehende Freizügigkeit hat, ist ein Grund für die größere Flexibilität der Methode der finiten Elemente gegenüber dem Differenzenverfahren.

Im Innern von G kann man oft eine gleichmäßige Triangulierung erreichen, bei der x_i und y_i ganzzahlige Vielfache von h sind, etwa

$$x_i = m_i h, \qquad y_i = n_i h. \tag{18.59}$$

Die Ansatzfunktionen können dann sogar explizit angegeben werden. In diesem Fall gibt es zu jedem Punkt (x_i, y_i) genau sechs benachbarte Dreiecke $D_{i_1}, \ldots, D_{i_6}$ (siehe Abb. 18.10) und man ermittelt aus (18.56) leicht folgende Darstellung der Ansatzfunktion φ_i:

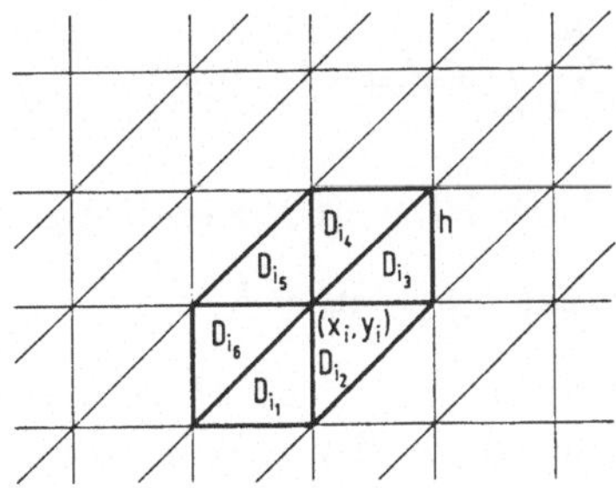

Abbildung 18.10: Gleichmäßige Triangulierung

$$\varphi_i(x,y) = \left\{ \begin{array}{ll} 1 - n_i + \frac{y}{h} & \text{auf } D_{i_1}, \\ 1 + m_i - n_i - \frac{x-y}{h} & \text{auf } D_{i_2}, \\ 1 + m_i - \frac{x}{h} & \text{auf } D_{i_3}, \\ 1 + n_i - \frac{y}{h} & \text{auf } D_{i_4}, \\ 1 - m_i + n_i + \frac{x-y}{h} & \text{auf } D_{i_5}, \\ 1 - m_i + \frac{x}{h} & \text{auf } D_{i_6}, \\ 0 & \text{sonst.} \end{array} \right\} \tag{18.60}$$

Die Doppelintegrale $[\varphi_i, \varphi_j]$ und (φ_i, f) wird man wieder mit Hilfe einer geeigneten Kubaturformel näherungsweise berechnen, wenn die a_{ik}, a und f kompliziertere Funktionen sind. Ausreichende Genauigkeit liefert in diesem Zusammenhang schon die zusammengesetzte Schwerpunktregel, die wir auch bereits in Abschnitt 18.2.4 verwendet haben. Es können jedoch andere Kubaturformeln günstiger sein, insbesondere, wenn die Triangulierung unregelmäßig ist.

18.3.3 Die praktische Aufstellung des FE–Gleichungssystems

Der einfacheren Beschreibung wegen betrachten wir jetzt das Randwertproblem

$$Lu = -u_{xx} - u_{yy} = f \quad \text{in } G, \quad u = 0 \quad \text{auf } \dot{G}, \tag{18.61}$$

d.h. das Variationsproblem

$$I[v] = \int_G (v_x^2 + v_y^2 - 2vf)\, dx\, dy = \min, \quad v = 0 \quad \text{auf } \dot{G}. \tag{18.62}$$

Wir nehmen weiter an, daß $\bar{G} = \bigcup_{i=1}^{N} D_i$, so daß aus (18.62)

$$I[v] = \sum_{i=1}^{N} \int_{D_i} (v_x^2 + v_y^2 - 2vf)\, dx\, dy = \min \tag{18.63}$$

folgt. Über jedem Teildreieck D_i ist v eine affin–lineare Funktion:

$$v(x,y) = a_i + b_i x + c_i y, \quad v_x = b_i, \quad v_y = c_i, \quad (x,y) \in D_i.$$

Die Eckpunkte von D_i seien $(x_{i,k}, y_{i,k})$, $k = 1,2,3$. Bezeichnen wir die Werte der FE–Approximation $v(x,y)$ an den Stellen $(x_{i,k}, y_{i,k})$ mit $v_{i,k}$, so hat man

$$v(x_{i,k}, y_{i,k}) = v_{i,k} = a_i + b_i x_{i,k} + c_i y_{i,k}, \quad k = 1,2,3,$$

und aus diesem Gleichungssystem erhält man eindeutig a_i, b_i, c_i als Funktionen der $x_{i,k}, y_{i,k}$ und $v_{i,k}$. Daher lautet (18.63) für die FE–Näherung $v(x,y)$

$$I[v] = \sum_{i=1}^{N} \int_{D_i} \left(b_i^2 + c_i^2 - 2f(x,y)[a_i + b_i x + c_i y]\right) dx\, dy = \min. \tag{18.64}$$

Bezeichnen wir die Werte der Funktion v in den M Knotenpunkten (x_j, y_j), $j = 1, \dots, M$, mit v_j, so ist offenbar

$$I[v] = \Phi[v_1, \dots, v_M].$$

Der Wert v_j, $1 \leq j \leq M$, kommt unter den Werten $v_{i,k}$, $i = 1, \dots, N$, $k = 1, 2, 3$, L_j mal vor, wenn der Knotenpunkt (x_j, y_j) Eckpunkt von L_j Dreiecken ist. Setzen wir noch

$$\boldsymbol{v}^h = [v_1, \dots, v_M]^T,$$

so errechnet man mit der $M \times M$–Matrix $\boldsymbol{S}$ und dem M–komponentigen Vektor $\boldsymbol{b}$, daß

$$\Phi[v_1, \dots, v_M] = [\boldsymbol{v}^h]^T \boldsymbol{S} \boldsymbol{v}^h - 2[\boldsymbol{v}^h]^T \boldsymbol{b}$$

gilt. Die Forderung $\Phi = \min$ führt dann auf das Gleichungssystem

$$\boldsymbol{S}\boldsymbol{v}^h = \boldsymbol{b}. \tag{18.65}$$

Die Matrix $\boldsymbol{S}$ heißt *Gesamtsteifigkeitsmatrix.*

Die Berechnung von $\boldsymbol{S}$ und des Vektors $\boldsymbol{b}$ ist zumindest etwas umständlich, weil über jedes einzelne Dreieck gesondert integriert werden muß. Man vermeidet dies durch Einführung des *Referenzdreiecks.* Durch eine umkehrbar eindeutige Koordinatentransformation kann jedes D_i in das Dreieck mit den Eckpunkten (0,0), (1,0), (0,1), eben in das Referenzdreieck, übergeführt werden (siehe Abb. 18.11).

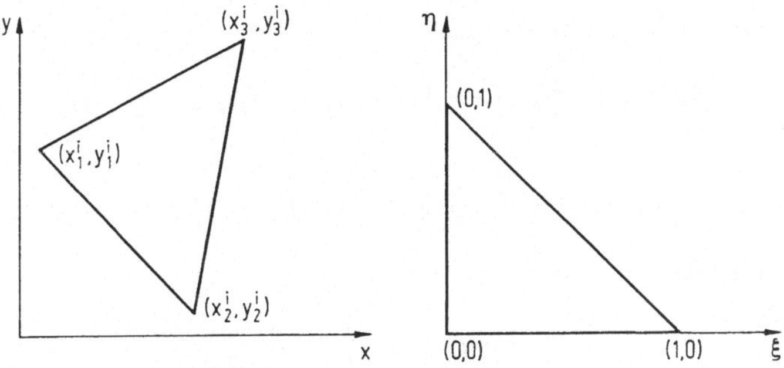

Abbildung 18.11: Referenzdreieck

Dies erfolgt mit der folgenden Transformation:

$$\begin{aligned} x &= \alpha_i(\xi,\eta) = x_{i,1} + (x_{i,2} - x_{i,1})\xi + (x_{i,3} - x_{i,1})\eta, \\ y &= \beta_i(\xi,\eta) = y_{i,1} + (y_{i,2} - y_{i,1})\xi + (y_{i,3} - y_{i,1})\eta. \end{aligned} \tag{18.66}$$

Die Eckpunkte $(x_{i,k}, y_{i,k})$, $k = 1,2,3$, gehen im (ξ,η)–System dann in die Eckpunkte (0,0), (1,0), (0,1) (in dieser Reihenfolge) über. Wir bezeichnen das Referenzdreieck mit D_0 und setzen

$$v(x,y) = v(\alpha_i(\xi,\eta), \beta_i(\xi,\eta)) = w_i(\xi,\eta), \quad (\xi,\eta) \in D_0.$$

Dann ist $w_i(\xi,\eta)$ auf D_0 ebenfalls affin–linear und es ist

$$w_i(\xi,\eta) = c_{i,0} + c_{i,1}\xi + c_{i,2}\eta.$$

Die $c_{i,j}$ sind leicht zu berechnen: Es gilt

$$w_i(0,0) = c_{i,0}, \quad w_i(1,0) = c_{i,0} + c_{i,1}, \quad w_i(0,1) = c_{i,0} + c_{i,2},$$

und hieraus folgt

$$c_{i,0} = w_i(0,0), \quad c_{i,1} = w_i(1,0) - w_i(0,0), \quad c_{i,2} = w_i(0,1) - w_i(0,0).$$

Daher ergibt sich

$$w_i(\xi,\eta) = (1 - \xi - \eta)\, w_i(0,0) + \xi\, w_i(1,0) + \eta\, w_i(0,1).$$

Für die Aufstellung der FE–Gleichungen könnte man nun von (18.64) ausgehen. Wir wollen einen etwas anderen Weg wählen.

Es war ja gefordert, daß

$$\sum_{i=1}^{N} \int_{D_i} \left[v_x^2(x,y) + v_y^2(x,y) - 2v(x,y)\, f(x,y) \right] dx\, dy = \min.$$

Nun gilt, wenn wir im Moment einmal

$$v_x^2(x,y) + v_y^2(x,y) - 2v(x,y)\, f(x,y) = F(x,y)$$

setzen

$$\int_{D_i} F(x,y)\, dx\, dy = \int_{D_0} F(\alpha_i(\xi,\eta), \beta_i(\xi,\eta)) \Delta_i(\xi,\eta)\, d\xi\, d\eta$$

mit der Funktionaldeterminante

$$\Delta_i(\xi,\eta) = \det \begin{bmatrix} \alpha_{i,\xi}(\xi,\eta) & \beta_{i,\xi}(\xi,\eta) \\ \alpha_{i,\eta}(\xi,\eta) & \beta_{i,\eta}(\xi,\eta) \end{bmatrix} = \det \begin{bmatrix} x_\xi & y_\xi \\ x_\eta & y_\eta \end{bmatrix}.$$

Die Ableitungen von α_i, β_i lassen sich nach (18.66) sofort berechnen und man erhält

$$\Delta_i(\xi,\eta) = (x_{i,2} - x_{i,1})(y_{i,3} - y_{i,1}) - (x_{i,3} - x_{i,1})(y_{i,2} - y_{i,1}).$$

Die Funktionaldeterminante hat daher für jedes i einen konstanten Wert: $\Delta_i(\xi,\eta) = \Delta_i$.

Die Transformation (18.66) kann eindeutig umgekehrt werden, man erhält

$$\begin{aligned} \xi &= \gamma_i(x,y) = \frac{1}{\Delta_i}\Big[(x - x_{i,1})(y_{i,3} - y_{i,1}) - (y - y_{i,1})(x_{i,3} - x_{i,1})\Big], \\ \eta &= \delta_i(x,y) = \frac{1}{\Delta_i}\Big[-(x - x_{i,1})(y_{i,2} - y_{i,1}) + (y - y_{i,1})(x_{i,2} - x_{i,1})\Big]. \end{aligned} \tag{18.67}$$

Weiter gilt wegen $v(x,y) = w_i(\xi,\eta)$ für $(x,y) \in D_i$

$$v_x = w_{i,\xi}\,\xi_x + w_{i,\eta}\,\eta_x, \qquad v_y = w_{i,\xi}\,\xi_y + w_{i,\eta}\,\eta_y.$$

Mit Hilfe von (18.67) errechnet man weiter

$$\begin{aligned} \xi_x &= \frac{1}{\Delta_i}(y_{i,3} - y_{i,1}), & \eta_x &= -\frac{1}{\Delta_i}(y_{i,2} - y_{i,1}), \\ \xi_y &= -\frac{1}{\Delta_i}(x_{i,3} - x_{i,1}), & \eta_y &= \frac{1}{\Delta_i}(x_{i,2} - x_{i,1}). \end{aligned}$$

Daher haben wir schließlich

$$\begin{aligned} I_i[v] &= \int_{D_i} [v_x^2(x,y) + v_y^2(x,y) - 2v(x,y)f(x,y)]\, dx\, dy \\ &= \Delta_i \int_{D_0} \Big\{ \Big[w_{i,\xi}\frac{y_{i,3} - y_{i,1}}{\Delta_i} - w_{i,\eta}\frac{y_{i,2} - y_{i,1}}{\Delta_i}\Big]^2 + \Big[-w_{i,\xi}\frac{x_{i,3} - x_{i,1}}{\Delta_i} + w_{i,\eta}\frac{x_{i,2} - x_{i,1}}{\Delta_i}\Big]^2 \\ &\quad -2w_i\, h_i(\zeta,\eta)\Big\}\, d\zeta\, d\eta. \end{aligned} \tag{18.68}$$

Dabei wurde $f(\alpha_i(\xi,\eta), \beta_i(\xi,\eta)) = h_i(\xi,\eta)$ gesetzt. Nun gilt

$$\begin{aligned} w_{i,\xi} &= c_{i,1} = w_i(1,0) - w_i(0,0) = v(x_{i,2}, y_{i,2}) - v(x_{i,1}, y_{i,1}) = v_{i,2} - v_{i,1}, \\ w_{i,\eta} &= c_{i,2} = w_i(0,1) - w_i(0,0) = v(x_{i,3}, y_{i,3}) - v(x_{i,1}, y_{i,1}) = v_{i,3} - v_{i,1}, \\ w_i &= c_{i,0} + c_{i,1}\xi + c_{i,2}\eta = v_{i,1} + (v_{i,2} - v_{i,1})\xi + (v_{i,3} - v_{i,1})\eta. \end{aligned}$$

Setzt man diese Ausdrücke in (18.68) ein, so ergibt sich

$$\begin{aligned} I_i[v] &= \frac{1}{\Delta_i}\int_{D_0} \Big\{[(v_{i,2} - v_{i,1})(y_{i,3} - y_{i,1}) - (v_{i,3} - v_{i,1})(y_{i,2} - y_{i,1})]^2 \\ &\quad +[(v_{i,3} - v_{i,1})(x_{i,2} - x_{i,1}) - (v_{i,2} - v_{i,1})(x_{i,3} - x_{i,1})]^2 \\ &\quad -2\Delta_i^2[v_{i,1} + (v_{i,2} - v_{i,1})\xi + (v_{i,3} - v_{i,1})\eta]\, h_i(\xi,\eta)\Big\}\, d\xi\, d\eta. \end{aligned} \tag{18.69}$$

Aus

$$\sum_{i=1}^{N} I_i[v] = \min$$

berechnen sich dann die gesuchten Werte von v in den Knotenpunkten. Wir stellen das dazu gehörige FE–Gleichungssystem auf.

Zuerst berechnen wir $I_i[v]$, im allgemeinen durch numerische Integration. Die ersten beiden eckigen Klammern unter dem Integral in (18.69) liefern, wenn wir noch

$$\boldsymbol{v}^i = [v_{i,1}, v_{i,2}, v_{i,3}]^T$$

setzen, einen konstanten Ausdruck der Gestalt

$$[\boldsymbol{v}^i]^T(\bar{S}_1^{(i)} + \bar{S}_2^{(i)})\boldsymbol{v}^i = [\boldsymbol{v}^i]^T\bar{S}^{(i)}\boldsymbol{v}^i = \sum_{l,m=1}^{3} \bar{s}_{lm}^{(i)} v_{i,l} v_{i,m}.$$

Wir wollen als Beispiel $[\boldsymbol{v}^i]^T\bar{S}_1^{(i)}\boldsymbol{v}^i$ explizit berechnen. Nach Umformung der ersten Klammer erhält man

$$\begin{aligned}
[\boldsymbol{v}^i]^T\bar{S}_1^{(i)}\boldsymbol{v}^i &= (y_{i,2} - y_{i,3})^2(v_{i,1})^2 + (y_{i,3} - y_{i,1})^2(v_{i,2})^2 + (y_{i,2} - y_{i,1})^2(v_{i,3})^2 \\
&\quad -2(y_{i,3} - y_{i,1})(y_{i,3} - y_{i,2})v_{i,1}v_{i,2} - 2(y_{i,2} - y_{i,1})(y_{i,2} - y_{i,3})v_{i,1}v_{i,3} \\
&\quad -2(y_{i,3} - y_{i,1})(y_{i,2} - y_{i,1})v_{i,2}v_{i,3}.
\end{aligned}$$

Die symmetrische Matrix $\bar{S}_1^{(i)}$ lautet also

$$\bar{S}_1^{(i)} = \begin{bmatrix} (y_{i,2} - y_{i,3})^2 & -(y_{i,3} - y_{i,1})(y_{i,3} - y_{i,2}) & -(y_{i,2} - y_{i,1})(y_{i,2} - y_{i,3}) \\ -(y_{i,3} - y_{i,1})(y_{i,3} - y_{i,2}) & (y_{i,3} - y_{i,1})^2 & -(y_{i,3} - y_{i,1})(y_{i,2} - y_{i,1}) \\ -(y_{i,2} - y_{i,1})(y_{i,2} - y_{i,3}) & -(y_{i,3} - y_{i,1})(y_{i,2} - y_{i,1}) & (y_{i,2} - y_{i,1})^2 \end{bmatrix}.$$

Entsprechend berechnet sich $\bar{S}_2^{(i)}$. Setzen wir $(1/\Delta_i)\bar{S}^{(i)} = S^{(i)}$ und berücksichtigen

$$\int_{D_0} d\xi\, d\eta = 1/2,$$

so folgt zunächst

$$I_i[v] = \tfrac{1}{2}[\boldsymbol{v}^i]^T S^{(i)}\boldsymbol{v}^i - 2\Delta_i \int_{D_0} [v_{i,1} + (v_{i,2} - v_{i,1})\xi + (v_{i,3} - v_{i,1})\eta]\, h_i(\xi, \eta)\, d\xi\, d\eta.$$

Das hier auftretende Integral berechnen wir näherungsweise mit der einfachsten Gauß–Kubaturformel (vgl. Abschnitt 13.5):

$$\int_{D_0} F(\xi, \eta)\, d\xi\, d\eta \approx \tfrac{1}{2}F(\tfrac{1}{3}, \tfrac{1}{3}).$$

Nach kurzer Rechnung erhält man, wenn wir die Näherung von $I_i[v]$ mit $\tilde{I}_i[v]$ bezeichnen,

$$\tilde{I}_i[v] = \tfrac{1}{2}[\boldsymbol{v}^i]^T \boldsymbol{S}^{(i)} \boldsymbol{v}^i - \frac{\Delta_i}{3} h_i(\tfrac{1}{3}, \tfrac{1}{3})\,(v_{i,1} + v_{i,2} + v_{i,3}).$$

Mit $\boldsymbol{S}^{(i)} = (s_{lm}^{(i)}), \quad l, m = 1, 2, 3$, ist dann weiter

$$\begin{aligned} I[v] \approx \tilde{I}[v] &= \sum_{i=1}^{N} \tilde{I}_i[v] = \tfrac{1}{2} \sum_{i=1}^{N} [(\boldsymbol{v}^i)^T \boldsymbol{S}^{(i)} \boldsymbol{v}^i - 2(\boldsymbol{b}^i)^T \boldsymbol{v}^i] \\ &= \tfrac{1}{2} \sum_{i=1}^{N} \left[\sum_{l,m=1}^{3} s_{lm}^{(i)}\, v_{i,l}\, v_{i,m} - \frac{2\Delta_i}{3} h_i(\tfrac{1}{3}, \tfrac{1}{3})(v_{i,1} + v_{i,2} + v_{i,3}) \right]. \end{aligned} \tag{18.70}$$

Die Forderung $\tilde{I}[v] = \min$ führt auf das Gleichungssystem

$$\frac{\partial \tilde{I}[v]}{\partial v_k} = 0, \qquad k = 1, \ldots, M.$$

Dabei sind die v_k die oben definierten Werte von v in den Knoten (x_k, y_k). Man nennt sie deshalb auch *Knotenvariablen.*

Setzen wir

$$\frac{\partial v_{i,j}}{\partial v_k} = \delta_k^{(j,i)} = \begin{cases} 0, & v_{i,j} \neq v_k, \\ 1, & v_{i,j} = v_k, \end{cases}$$

so errechnet man

$$\frac{\partial \tilde{I}[v]}{\partial v_k} = \tfrac{1}{2} \sum_{i=1}^{N} \Big[\sum_{l,m=1}^{3} s_{lm}^{(i)} (\delta_k^{(l,i)} v_{i,m} + \delta_k^{(m,i)} v_{i,l}) - \frac{2\Delta_i}{3} h_i(\tfrac{1}{3}, \tfrac{1}{3})(\delta_k^{(1,i)} + \delta_k^{(2,i)} + \delta_k^{(3,i)}) \Big] = 0.$$

Das FE–Gleichungssystem lautet somit

$$\tfrac{1}{2} \sum_{i=1}^{N} \sum_{l,m=1}^{3} s_{lm}^{(i)} (\delta_k^{(l,i)} v_{i,m} + \delta_k^{(m,i)} v_{i,l}) = \sum_{i=1}^{N} b_k^{(i)}, \qquad k = 1, \ldots, M, \tag{18.71}$$

mit

$$b_k^{(i)} = \frac{2\Delta_i}{3} h_i(\tfrac{1}{3}, \tfrac{1}{3})\,(\delta_k^{(1,i)} + \delta_k^{(2,i)} + \delta_k^{(3,i)}).$$

Dieses System hat die Form

$$\boldsymbol{S}\boldsymbol{v}^h = \boldsymbol{b}, \qquad \boldsymbol{v}^h = [v_1, \ldots, v_M]^T.$$

Die rechte Seite $\boldsymbol{b}$ ist hierbei leicht zu berechnen. Dagegen ist es zumindest mühsam, aus (18.71) auch die Elemente von $\boldsymbol{S}$ zu bestimmen. Deshalb betrachten wir noch einmal (18.70) und legen die Numerierung der Knotenvariablen $v_k, \quad k = 1, \ldots, M$, fest. Diese identifizieren wir mit denjenigen $v_{i,j}$, $i = 1, \ldots, N$, $j = 1, 2, 3$, die keine Randwerte sind. Jedes $v_{i,j}$ ist gleich einer Knotenvariablen v_k. Natürlich kann es mehrere solche $v_{i,j}$ geben. Angenommen, der Knotenpunkt (x_k, y_k) ist gemeinsamer Eckpunkt der Dreiecke $D_1, \ldots, D_r$, und zwar jeweils mit der Numerierung 1, so sind z.B. $v_{i,1} = v_k$, $i = 1, \ldots, r$.

Da in den Randpunkten $v_{i,j} = 0$ gilt, läßt sich (18.70) schreiben als

$$\tilde{I}[v] = \frac{1}{2} \sum_{k,l=1}^{M} s_{kl} v_k v_l - \sum_{k=1}^{M} b_k v_k, \qquad b_k = \sum_{i=1}^{N} b_k^{(i)}.$$

Hieraus kann die *Gesamtsteifigkeitsmatrix* $S = (s_{kl})$ leicht abgelesen werden. Ihre Elemente sind offenbar Summen von Elementen der *Elementsteifigkeitsmatrizen* $S^{(i)}$.

18.3.4 Ansatzfunktionen höherer Ordnung

Bei vielen technischen Problemen wird die Approximation durch stückweise lineare Funktionen hinreichend genau sein. Bei höheren Genauigkeitsansprüchen jedoch muß die Approximation verbessert werden.

Dazu bieten sich in erster Linie Funktionen an, die über den einzelnen Dreiecken D_i stückweise Polynome höheren Grades sind. Man verwendet zweckmäßigerweise vollständige Polynome n–ten Grades, d.h. solche, in denen jedes der Glieder $x^i y^j$ mit $i + j = 0, 1, 2, \ldots, n$ auftritt.

Als Beispiel für eine Ansatzfunktion höherer Ordnung betrachten wir über D_i ein vollständiges Polynom 2. Grades.

$$v(x,y) = \sum_{j+l=0}^{2} a_{jl}^{(i)} x^j y^l, \quad (x,y) \in D_i. \tag{18.72}$$

Seine Koeffizienten sind natürlich durch die Werte in den Ecken von D_i allein noch nicht bestimmt. Gibt man aber zusätzlich in den Seitenmittelpunkten Funktionswerte vor, so besteht ein eindeutiger Zusammenhang zwischen den zugehörigen 6 Funktionswerten und den freien Parametern $a_{jl}^{(i)}$ (siehe Abb. 18.12)

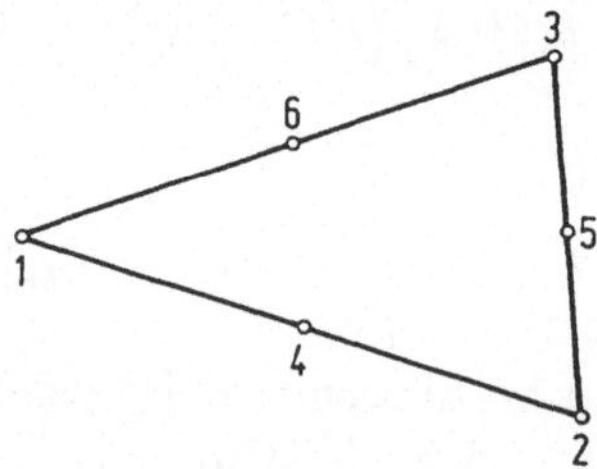

Abbildung 18.12: Knotenpunkte auf D_i

Aus dem Gleichungssystem

$$v(x_{i,k}, y_{i,k}) = v_{i,k} = \sum_{j+l=0}^{2} a_{jl}^{(i)} x_{i,k}^{j} y_{i,k}^{l}, \qquad k = 1, \ldots, 6,$$

lassen sich die $a_{jl}^{(i)}$ eindeutig als Funktionen der $v_{i,k}, x_{i,k}, y_{i,k}$ bestimmen. Das weitere Vorgehen entspricht dann weitgehend dem bei linearen Ansatzfunktionen. Insbesondere kann wieder jedes Teildreieck auf das Referenzdreieck transformiert werden.

Durch die Transformation (18.66) geht $v(x,y)$ in $w(\xi,\eta)$ über mit $v(x,y) = w(\xi,\eta)$ und

$$w(\xi,\eta) = \sum_{j+l=0}^{2} \alpha_{jl}\xi^{j}\eta^{l}. \tag{18.73}$$

Insbesondere gilt

$$\left.\begin{aligned}
w_1 &= w(0,0) &&= \alpha_{00} \\
w_2 &= w(1,0) &&= \alpha_{00} + \alpha_{10} + \alpha_{20} \\
w_3 &= w(0,1) &&= \alpha_{00} + \alpha_{01} + \alpha_{02} \\
w_4 &= w(0.5,0) &&= \alpha_{00} + 0.5\alpha_{10} + 0.25\alpha_{20} \\
w_5 &= w(0.5,0.5) &&= \alpha_{00} + 0.5\alpha_{10} + 0.5\alpha_{01} + 0.25\alpha_{20} + 0.25\alpha_{11} + 0.25\alpha_{02} \\
w_6 &= w(0,0.5) &&= \alpha_{00} + 0.5\alpha_{01} + 0.25\alpha_{02}\ .
\end{aligned}\right\} \tag{18.74}$$

Setzen wir $\alpha = [\alpha_{00}, \ldots, \alpha_{02}]^T$, $w = [w_1, \ldots, w_6]^T$, so ergibt sich $w = A^{-1}\alpha$, d.h. $\alpha = Aw$ mit der Matrix

$$A = \begin{bmatrix} 1 & 0 & 0 & 0 & 0 & 0 \\ -3 & -1 & 0 & 4 & 0 & 0 \\ -3 & 0 & -1 & 0 & 0 & 4 \\ 2 & 2 & 0 & -4 & 0 & 0 \\ 4 & 0 & 0 & -4 & 4 & -4 \\ 2 & 0 & 2 & 0 & 0 & -4 \end{bmatrix}. \tag{18.75}$$

Jetzt kann wie bei linearen Elementen vorgegangen werden, wobei jedoch eine Kubaturformel zu verwenden ist, die mindestens jedes Polynom 2. Grades exakt integriert.

Wenngleich bei der Verwendung von Ansatzfunktionen höherer Ordnung und damit von finiten Elementen höherer Ordnung kaum neue mathematische Schwierigkeiten auftreten, so ist doch der technische Aufwand zur Aufstellung der FE-Gleichungen beträchtlich.

Es sind zahlreiche Elemente höherer Ordnung konstruiert worden, teilweise für spezielle Anwendungen. Dabei werden nicht nur die Funktionswerte $v(x_{i,k}, y_{i,k}) =$

$v_{i,k}$ in den Knotenpunkten vorgegeben, es können auch ihre ersten oder sogar zweiten partiellen Ableitungen zusätzlich als Knotenvariable definiert werden. Man vgl. hierzu die zahlreich vorhandene Literatur, etwa [66, S. 54 ff].

18.3.5 Isoparametrische Elemente

Bisher haben wir angenommen, daß sich das Gebiet G durch ein Gebiet G_h gut approximieren läßt, das vollständig in Dreiecke zerlegbar ist. Bei starken Krümmungen der Gebietsberandung muß diese Unterteilung dann jedoch in unerwünschtem Ausmaß fein gewählt werden, oder man muß einen großen „Randfehler" einkalkulieren. Das gilt umso mehr, wenn finite Elemente höherer Ordnung verwendet werden, auch schon für quadratische Elemente.

Eine wirksame Abhilfe bieten hier *isoparametrische Elemente.* Ihre Wirkungsweise besteht darin, daß am Rand oder sogar im ganzen Gebiet G die Dreiecke in krummlinig berandete Dreiecke verzerrt werden, um sie dem Verlauf der Randkurve besser anzupassen. Diese Verzerrung kann mit Hilfe einer lokalen oder globalen Koordinatentransformation erfolgen. Dabei müssen die Ansatzfunktionen ebenfalls auf die neuen Koordinaten transformiert werden.

Wir beschreiben diese Koordinatentransformation am Beispiel von quadratischen Elementen. Dazu betrachten wir ein krummliniges Dreieck D_i mit den Knotenpunkten $P_1^i, \ldots, P_6^i$ gemäß Abbildung 18.13. P_k^i besitze die Koordinaten $(x_{i,k}, y_{i,k})$, $k = 1, \ldots, 6$.

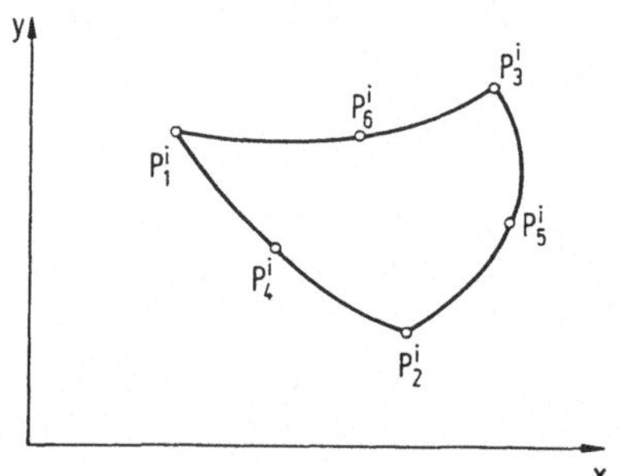

Abbildung 18.13: Krummliniges Dreieck

Das Referenzdreieck wollen wir auf dieses Dreieck abbilden und zwar mit Hilfe der quadratischen Koordinatentransformation

$$x = \sum_{j+l=0}^{2} \beta_{jl}^{(i)} \xi^j \eta^l, \qquad y = \sum_{j+l=0}^{2} \gamma_{jl}^{(i)} \xi^j \eta^l. \tag{18.76}$$

Wir fordern, daß 6 Punkte des Referenzdreiecks wie folgt in die 6 Knotenpunkte abgebildet werden:

$$\begin{array}{lll} (0,0) \to P_1^i, & (1,0) \to P_2^i, & (0,1) \to P_3^i, \\ (0.5,0) \to P_4^i, & (0.5,0.5) \to P_5^i, & (0,0.5) \to P_6^i. \end{array} \tag{18.77}$$

Hieraus ergibt sich folgendes Gleichungssystem

$$\begin{aligned} x_{i,1} &= \beta_{00}^{(i)} \\ x_{i,2} &= \beta_{00}^{(i)} + \beta_{10}^{(i)} + \beta_{20}^{(i)} \\ x_{i,3} &= \beta_{00}^{(i)} + \beta_{01}^{(i)} + \beta_{02}^{(i)} \\ x_{i,4} &= \beta_{00}^{(i)} + 0.5\beta_{10}^{(i)} + 0.25\beta_{20}^{(i)} \\ x_{i,5} &= \beta_{00}^{(i)} + 0.5\beta_{10}^{(i)} + 0.5\beta_{01}^{(i)} + 0.25\beta_{20}^{(i)} + 0.25\beta_{11}^{(i)} + 0.25\beta_{02}^{(i)} \\ x_{i,6} &= \beta_{00}^{(i)} + 0.5\beta_{01}^{(i)} + 0.25\beta_{02}^{(i)}. \end{aligned}$$

Ein entsprechendes System mit den $\gamma_{jl}^{(i)}$ statt $\beta_{jl}^{(i)}$ erhält man für die y–Koordinaten. Setzt man

$$\begin{aligned} \boldsymbol{x}^i &= [x_{i,1}, \ldots, x_{i,6}]^T, \\ \boldsymbol{y}^i &= [y_{i,1}, \ldots, y_{i,6}]^T, \\ \boldsymbol{\beta}^i &= [\beta_{00}^{(i)}, \ldots, \beta_{02}^{(i)}]^T, \\ \boldsymbol{\gamma}^i &= [\gamma_{00}^{(i)}, \ldots, \gamma_{02}^{(i)}]^T, \end{aligned}$$

so errechnet man

$$\boldsymbol{\beta}^i = \boldsymbol{A}\boldsymbol{x}^i, \qquad \boldsymbol{\gamma}^i = \boldsymbol{A}\boldsymbol{y}^i \tag{18.78}$$

mit der Matrix $\boldsymbol{A}$ gemäß (18.75).

Die Abbildung des Referenzdreiecks D_0 auf das krummlinige Dreieck D_i erfolgt daher mit einer Transformation, die gleiche Parameter wie die Ansatzfunktion besitzt. Daraus ist die Bezeichnung „isoparametrisch“ entstanden.

Die auf den Seiten des krummlinigen Dreiecks gelegenen Punkte P_4^i, P_5^i, P_6^i können im Prinzip beliebig gewählt werden. Ihre Lage beeinflußt die Güte der Approximation des Gebietes durch die krummlinigen Dreiecke. Allerdings gibt es für die Wahl dieser Punkte im allgemeinen keinen Algorithmus, man ist oft auf Probieren angewiesen.

Die Koordinaten der 6 Knotenpunkte auf D_0 (vgl. (18.77)) bezeichnen wir für den Moment mit (ξ_k, η_k), $\quad k = 1, \ldots, 6$. Wir definieren dann auf D_0 die *Formfunktionen* $\psi_j(\xi, \eta)$, $\quad j = 1, \ldots, 6$, wie folgt:

1. $\psi_j(\xi, \eta)$ ist vollständiges Polynom 2. Grades in ξ, η

2. $\psi_j(\xi_k, \eta_k) = \delta_{ik} = \begin{cases} 1, & j = k, \\ 0, & j \neq k, \end{cases} \quad j, k = 1, \ldots, 6.$

Hierdurch sind die Formfunktionen eindeutig bestimmt und es gilt auf D_0

$$w(\xi, \eta) = \sum_{j=1}^{6} w_j \psi_j(\xi, \eta).$$

Mit Hilfe unserer bisherigen Ergebnisse können wir die Formfunktionen auch noch auf eine andere einfache Weise bestimmen. Dazu setzen wir

$$\boldsymbol{z} = [1, \xi, \eta, \xi^2, \xi\eta, \eta^2]^T \qquad \boldsymbol{\alpha} = [\alpha_{00}, \alpha_{10}, \alpha_{01}, \alpha_{20}, \alpha_{11}, \alpha_{02}]^T.$$

Dann gilt wegen $\boldsymbol{\alpha} = \boldsymbol{A}\boldsymbol{w}$ und wegen (18.73)

$$w(\xi, \eta) = \boldsymbol{\alpha}^T \boldsymbol{z} = \boldsymbol{w}^T \boldsymbol{A}^T \boldsymbol{z} = \sum_{j=1}^{6} w_j \psi_j(\xi, \eta). \tag{18.79}$$

Daher sind die Komponenten von $\boldsymbol{A}^T \boldsymbol{z}$ gerade die Formfunktionen $\psi_j(\xi, \eta)$. Man errechnet

$$\begin{aligned} \psi_1(\xi, \eta) &= (1 - \xi - \eta)(1 - 2\xi - 2\eta), & \psi_2(\xi, \eta) &= \xi(2\xi - 1), \\ \psi_3(\xi, \eta) &= \eta(2\eta - 1), & \psi_4(\xi, \eta) &= 4\xi(1 - \xi - \eta), \\ \psi_5(\xi, \eta) &= 4\xi\eta, & \psi_6(\xi, \eta) &= 4\eta(1 - \xi - \eta). \end{aligned}$$

Setzen wir außerdem

$$\boldsymbol{\psi}(\xi, \eta) = [\psi_1(\xi, \eta), \ldots, \psi_6(\xi, \eta)]^T,$$

so kann (18.79) auch in der Form geschrieben werden

$$w(\xi, \eta) = \boldsymbol{\alpha}^T \boldsymbol{z} = \boldsymbol{w}^T \boldsymbol{A}^T \boldsymbol{z} = \boldsymbol{w}^T \boldsymbol{\psi}(\xi, \eta). \tag{18.80}$$

Diese Formeln sind nun jeweils für D_i anzuwenden. Mit

$$\boldsymbol{\beta}^i = [\beta_{00}^{(i)}, \ldots, \beta_{02}^{(i)}]^T, \qquad \boldsymbol{\gamma}^i = [\gamma_{00}^{(i)}, \ldots, \gamma_{02}^{(i)}]^T$$

und (18.76), (18.78) und (18.80) folgt weiter

$$\begin{aligned} x &= (\boldsymbol{\beta}^i)^T \boldsymbol{z} = (\boldsymbol{x}^i)^T \boldsymbol{A}^T \boldsymbol{z} = (\boldsymbol{x}^i)^T \boldsymbol{\psi}(\xi, \eta), \\ y &= (\boldsymbol{\gamma}^i)^T \boldsymbol{z} = (\boldsymbol{y}^i)^T \boldsymbol{A}^T \boldsymbol{z} = (\boldsymbol{y}^i)^T \boldsymbol{\psi}(\xi, \eta). \end{aligned} \tag{18.81}$$

Dann gilt

$$\begin{aligned} I_i[v] &= \int_{D_i} (v_x^2 + v_y^2 - 2vf)\, dx\, dy \\ &= \int_{D_0} [(w_{i,\xi}\xi_x + w_{i,\eta}\eta_x)^2 + (w_{i,\xi}\xi_y + w_{i,\eta}\eta_y)^2 - 2w_i h_i]\, \Delta_i(\xi, \eta)\, d\xi\, d\eta \end{aligned}$$

mit der Funktionaldeterminante $\Delta_i(\xi,\eta)$, die sich mit (18.81) folgendermaßen schreiben läßt:

$$\Delta_i(\xi,\eta) = \det\begin{bmatrix} x_\xi & y_\xi \\ x_\eta & y_\eta \end{bmatrix} = \det\begin{bmatrix} (\boldsymbol{x}^i)^T\boldsymbol{\psi}_\xi & (\boldsymbol{y}^i)^T\boldsymbol{\psi}_\xi \\ (\boldsymbol{x}^i)^T\boldsymbol{\psi}_\eta & (\boldsymbol{y}^i)^T\boldsymbol{\psi}_\eta \end{bmatrix}.$$

Mit

$$w_{i,\xi} = (\boldsymbol{w}^i)^T\boldsymbol{\psi}_\xi, \quad w_{i,\eta} = (\boldsymbol{w}^i)^T\boldsymbol{\psi}_\eta$$

erhalten wir dann zunächst

$$\begin{aligned} I_{1,i} &= \int_{D_0} [(w_{i,\xi}\xi_x + w_{i,\eta}\eta_x)^2 + (w_{i,\xi}\xi_y + w_{i,\eta}\eta_y)^2]\,\Delta_i(\xi,\eta)\,d\xi\,d\eta \\ &= \int_{D_0} [((\boldsymbol{w}^i)^T\boldsymbol{\psi}_\xi\xi_x + (\boldsymbol{w}^i)^T\boldsymbol{\psi}_\eta\eta_x)^2 + ((\boldsymbol{w}^i)^T\boldsymbol{\psi}_\xi\xi_y + (\boldsymbol{w}^i)^T\boldsymbol{\psi}_\eta\eta_y)^2]\,\Delta_i(\xi,\eta)\,d\xi\,d\eta. \end{aligned} \tag{18.82}$$

Mit $\boldsymbol{h}^i = \boldsymbol{\psi}_\xi\xi_x + \boldsymbol{\psi}_\eta\eta_x, \quad \boldsymbol{k}^i = \boldsymbol{\psi}_\xi\xi_y + \boldsymbol{\psi}_\eta\eta_y$ errechnet man

$$\begin{aligned} ((\boldsymbol{w}^i)^T\boldsymbol{h}^i)^2 &= ((\boldsymbol{w}^i)^T\boldsymbol{h}^i)((\boldsymbol{h}^i)^T\boldsymbol{w}^i) = (\boldsymbol{w}^i)^T(\boldsymbol{h}^i(\boldsymbol{h}^i)^T)\boldsymbol{w}^i, \\ ((\boldsymbol{w}^i)^T\boldsymbol{k}^i)^2 &= ((\boldsymbol{w}^i)^T\boldsymbol{k}^i)((\boldsymbol{k}^i)^T\boldsymbol{w}^i) = (\boldsymbol{w}^i)^T(\boldsymbol{k}^i(\boldsymbol{k}^i)^T)\boldsymbol{w}^i, \end{aligned}$$

wobei $\boldsymbol{h}^i(\boldsymbol{h}^i)^T$ und $\boldsymbol{k}^i(\boldsymbol{k}^i)^T$ symmetrische Matrizen sind. Da $\boldsymbol{w}^i$ ein konstanter Vektor ist, folgt somit aus (18.82)

$$\begin{aligned} I_{1,i} &= (\boldsymbol{w}^i)^T\Big\{\int_{D_0} [\boldsymbol{\psi}_\xi\xi_x + \boldsymbol{\psi}_\eta\eta_x][\boldsymbol{\psi}_\xi\xi_x + \boldsymbol{\psi}_\eta\eta_x]^T \\ &\qquad + [\boldsymbol{\psi}_{i,\xi}\xi_y + \boldsymbol{\psi}_\eta\eta_y][\boldsymbol{\psi}_\xi\xi_y + \boldsymbol{\psi}_\eta\eta_y]^T\,\Delta_i(\xi,\eta)\,d\xi\,d\eta\Big\}\boldsymbol{w}^i \\ &= (\boldsymbol{w}^i)^T\Big\{\int_{D_0} \{\boldsymbol{h}^i(\boldsymbol{h}^i)^T + \boldsymbol{k}^i(\boldsymbol{k}^i)^T\}\Delta_i(\xi,\eta)\,d\xi\,d\eta\Big\}\boldsymbol{w}^i \\ &= \tfrac{1}{2}(\boldsymbol{w}^i)^T\boldsymbol{S}^{(i)}\boldsymbol{w}^i. \end{aligned}$$

Die in den geschweiften Klammern stehende Matrix ist die zum Element über dem krummlinig berandeten Dreieck D_i gehörige 6×6 Elementsteifigkeitsmatrix $\frac{1}{2}\boldsymbol{S}^{(i)}$. Wegen $v(x,y) = w(\xi,\eta)$ gilt $v(x_{i,k},y_{i,k}) = w(\xi_k,\eta_k)$ und somit $\boldsymbol{v}^i = \boldsymbol{w}^i$. Daher ist auch $I_{1,i} = \frac{1}{2}(\boldsymbol{w}^i)^T\boldsymbol{S}^{(i)}\boldsymbol{w}^i = \frac{1}{2}(\boldsymbol{v}^i)^T\boldsymbol{S}^{(i)}\boldsymbol{v}^i$.

Zur Aufsstellung des FE–Gleichungssystems ist noch

$$I_{2,i} = 2\int_{D_0} w_i(\xi,\eta)\,h_i(\xi,\eta)\,\Delta_i(\xi,\eta)\,d\xi\,d\eta,$$

im allgemeinen numerisch, zu berechnen, was nach den vorhergehenden Überlegungen dem Leser überlassen bleiben kann. $I_{2,i}$ hat dann die Gestalt $(\boldsymbol{b}^i)^T\boldsymbol{w}^i = (\boldsymbol{b}^i)^T\boldsymbol{v}^i$. Wir erhalten daher eine zu (18.70) analoge Darstellung

$$\tilde{I}[v^h] = \tfrac{1}{2}\sum_{i=1}^{N}(\boldsymbol{v}^i)^T\boldsymbol{S}^{(i)}\boldsymbol{v}^i - (\boldsymbol{b}^i)^T\boldsymbol{v}^i$$

und hieraus ergibt sich, wie für stückweise lineare Ansatzfunktionen beschrieben, das FE–Gleichungssystem.

Für eine ausführliche Darstellung über die wichtigen und oft verwendeten isoparametrischen Elemente fehlt hier der Platz. Wir verweisen etwa auf [66, S. 100ff] und die dort angegebene Literatur.

18.3.6 Die Methode der finiten Elemente bei nichtlinearen Problemen

Die Methode der finiten Elemente kann auch zur numerischen Lösung des Variationsproblems (18.44), dessen Eulersche Differentialgleichung im allgemeinen quasilinear ist, herangezogen werden. Das Prinzip des Verfahrens soll im folgenden kurz geschildert werden.

Es sei G wieder das in Abschnitt 18.3.2 beschriebene Gebiet und wir betrachten das Variationsproblem

$$I[u] = \int_G F(x,y,u,u_x,u_y)dx\,dy = \min, \qquad u(x,y) = f(x,y), \quad (x,y) \in \dot{G}. \tag{18.83}$$

Dabei sei die Funktion F bezüglich aller fünf Veränderlichen zweimal stetig differenzierbar und f sei eine auf $\dot{G}$ definierte stetige Funktion. Ferner sei die Matrix

$$A = \begin{bmatrix} F_{u_x u_x} & F_{u_x u_y} \\ F_{u_x u_y} & F_{u_y u_y} \end{bmatrix}$$

für alle Argumente x, y, u, u_x, u_y, $(x,y) \in \bar{G}$, positiv definit. Die zugehörige Eulersche Differentialgleichung (vgl. (18.15))

$$-\frac{\partial}{\partial x}F_{u_x} - \frac{\partial}{\partial y}F_{u_y} + F_u = 0 \quad \text{in } G$$

ist dann überall elliptisch.

Wir wollen die Lösung des Variationsproblems (18.83) und damit die Lösung des zugehörigen Randwertproblems der Eulerschen Gleichung wieder durch eine stückweise affin–lineare Funktion approximieren. Dabei ist jedoch zu berücksichtigen, daß die Lösung auf $\dot{G}$ nicht mehr verschwindet, sondern der inhomogenen Randbedingung

$$u(x,y) = f(x,y), \qquad (x,y) \in \dot{G},$$

genügen muß.

Dazu konstruieren wir wieder das Gebiet G_h mit dem Rand $\dot{G}_h$ und triangulieren $\bar{G}_h$ wie in Abschnitt 18.3.2. Weiter bezeichnen wir den Raum derjenigen auf $\bar{G}_h$ definierten stetigen Funktionen, die über jedem Dreieck D_l, $l = 1, \ldots, N$, affin–linear sind, mit

$$S = \{v \in C^0(\bar{G}_h), \quad v \text{ ist auf } D_l \text{ affin–linear für jedes } l\}.$$

Wie bereits in Abschnitt 18.3.2 ausdrücklich betont wurde, hängen G_h, N und alle anderen Größen, die durch die Triangulierung bestimmt sind, noch von dem Parameter h ab.

Insbesondere gilt dies auch für den Funktionenraum S, der deshalb genauer etwa mit S_h bezeichnet werden müßte. Da wir aber eine feste Triangulierung zugrunde legen, kann auf eine besondere Kennzeichnung verzichtet werden.

Wie in Abschnitt 18.3.2 enthalte bei fester Triangulierung die Menge R der inneren Knotenpunkte genau M, die Menge $\dot{R}$ der Randknotenpunkte genau $\dot{M}$ Elemente. Die Punkte der Menge $\bar{R} = R \cup \dot{R}$ numerieren wir ebenfalls nach einer festen Ordnung und bezeichnen sie mit $(\bar{x}_i, \bar{y}_i)$, $i = 1, \ldots, M + \dot{M}$. Die Numerierung ist im Prinzip beliebig, wir wollen hier jedoch zuerst die Punkte von R in der alten Numerierung von 1 bis M und dann die von $\dot{R}$, ebenfalls in der alten Reihenfolge, von $M + 1$ bis $M + \dot{M}$ zählen. Der Raum S hat dann die Basis

$$B = \{\varphi_i \in S, \quad i = 1, \ldots, M + \dot{M}, \quad \varphi_i(\bar{x}_j, \bar{y}_j) = \delta_{ij}, \quad (\bar{x}_j, \bar{y}_j) \in \bar{R}\}.$$

Die Basisfunktionen $\varphi_i(x, y)$, $i = 1, \ldots, M + \dot{M}$, spannen also den Raum S auf, jede Funktion $v \in S$ hat somit die Darstellung

$$v(x, y) = \sum_{i=1}^{M+\dot{M}} \alpha_i \varphi_i(x, y). \tag{18.84}$$

Dabei gilt, wie man sofort verifiziert

$$\alpha_i = v(\bar{x}_i, \bar{y}_i), \quad (\bar{x}_i, \bar{y}_i) \in \bar{R}. \tag{18.85}$$

In Abschnitt 18.3.2 hatten wir $(\dot{x}_j, \dot{y}_j) \in \dot{G}$ vorausgesetzt, in unserem Fall soll die exakte Lösung $u(x, y)$ des Rand– bzw. Variationsproblems außerdem die Werte $f(x, y)$ annehmen. Wir erhalten deshalb

$$\alpha_{j+M} = v(\dot{x}_j, \dot{y}_j) = f(\dot{x}_j, \dot{y}_j), \quad (\dot{x}_j, \dot{y}_j) \in \dot{R}. \tag{18.86}$$

Setzen wir (18.84) in (18.83) ein, so erhält man das Ersatzproblem

$$\begin{aligned} I[v] &= \sum_{j=1}^{N} \int_{D_j} F(x, y, v, v_x, v_y)dx\, dy = \min, && v \in S, \\ v(\dot{x}_k, \dot{y}_k) &= f(\dot{x}_k, \dot{y}_k), && (\dot{x}_k, \dot{y}_k) \in \dot{R}. \end{aligned} \tag{18.87}$$

Da F bezüglich aller Veränderlichen zweimal stetig differenzierbar ist und v_x, v_y über jedem Dreieck D_i konstante Werte annehmen, existieren die Doppelintegrale über D_j, $j = 1, \ldots, N$, in (18.87). Treten die x, y, u in F nicht explizit auf, gilt also $F = F(u_x, u_y)$, wie dies bei vielen Problemen aus den Anwendungen der Fall ist, so können die Integrationen in (18.87) sofort ausgeführt werden, da mit v_x, v_y

auch $F(v_x, v_y)$ über jedem Dreieck D_j konstant ist. Andernfalls müssen numerische Kubaturformeln verwendet werden, etwa die Schwerpunktformel (13.46). Sei g_j der Flächeninhalt und (p_j, q_j) der Schwerpunkt von D_j, $j = 1, \ldots, N$, so gilt wegen (13.47) nach (18.87)

$$I[v] = \sum_{j=1}^{N} g_j F(p_j, q_j, v(p_j, q_j), v_x(p_j, q_j), v_y(p_j, q_j)) + \mathcal{O}(h^2), \quad h \to 0.$$

Dabei sind die p_j und q_j durch (13.48) gegeben. Setzen wir für $v(p_j, q_j)$, $v_x(p_j, q_j)$, $v_y(p_j, q_j)$ die nach (18.84) sich ergebenden Ausdrücke ein und lassen das Restglied $\mathcal{O}(h^2)$ fort, so erhalten wir schließlich mit (18.86) ein Ersatzproblem der Gestalt

$$\tilde{I}[v] = H(\alpha_1, \ldots, \alpha_M; f(\dot{x}_1, \dot{y}_1), \ldots, f(\dot{x}_{\dot{M}}, \dot{y}_{\dot{M}})) = \min$$

mit $(\dot{x}_k, \dot{y}_k) = (\bar{x}_{M+k}, \bar{y}_{M+k})$, $k = 1, \ldots, \dot{M}$. Hieraus resultiert das im allgemeinen nichtlineare Gleichungssystem

$$\frac{\partial H}{\partial \alpha_i} = 0, \qquad i = 1, \ldots, M. \tag{18.88}$$

Angenommen, es besitze die Lösung $\alpha^* = [\alpha_1^*, \ldots, \alpha_M^*]^T$, so lautet die gesuchte stückweise lineare Näherungslösung des Variationsproblems nach (18.84)

$$v^*(x, y) = \sum_{i=1}^{M} \alpha_i^* \varphi_i(x, y) + \sum_{j=M+1}^{M+\dot{M}} f(\bar{x}_j, \bar{y}_j) \varphi_j(x, y),$$

wobei nach (18.85)

$$\alpha_i^* = v^*(x_i, y_i), \qquad (x_i, y_i) \in R,$$

gilt. Die α_i^* sind also die Werte der gesuchten Näherungslösung in den Knotenpunkten von G_h.

Unter den angegebenen Voraussetzungen läßt sich zeigen, daß die Funktionalmatrix

$$\left[\frac{\partial^2 H}{\partial \alpha_i \partial \alpha_j}\right], \qquad i, j = 1, \ldots, M,$$

überall symmetrisch und positiv definit ist. Zur Lösung des im allgemeinen nichtlinearen schwach besetzten Gleichungssystem (18.88) können daher die in Band 1, Kapitel 8 beschriebenen SOR– und cg–Verfahren verwendet werden.

Ist die Triangulierung wenigstens im Innern von G gleichmäßig im Sinne von (18.59), so haben die Ansatzfunktionen dort wieder die Gestalt (18.60). Trotzdem ist die Aufstellung des nichtlinearen Gleichungssystems (18.88) in der Regel wesentlich aufwendiger und mit mehr Detailarbeit verbunden als die des linearen Gleichungssystems in Abschnitt 18.3.2.

18.3.7 Ergänzungen

Das große und für Ingenieure, Naturwissenschaftler und Mathematiker wichtige Gebiet der finiten Elemente konnte hier nur kurz und einführend behandelt werden. Die folgenden Bemerkungen sollen auf Anwendungen dieser Methode bei weitergehenden Aufgaben und entsprechende Literaturquellen hinweisen.

Die Anwendung der Methode der finiten Elemente ist nicht auf Variationsprobleme beschränkt, die zu einem elliptischen Randwertproblem 2. Ordnung gehören. Zudem können auch wesentlich allgemeinere Randbedingungen zugelassen werden. So sind zahlreiche Elemente für Randwertprobleme der *Plattengleichung*

$$\Delta\Delta u = \frac{\partial^4 u}{\partial x^4} + 2\frac{\partial^4 u}{\partial x^2 \partial y^2} + \frac{\partial^4 u}{\partial y^4} = f(x,y)$$

und ähnliche Gleichungen entwickelt worden. Allgemein wird die Methode der finiten Elemente als wichtigste numerische Lösungsmethode bei zwei- und dreidimensionalen Problemen der Elastomechanik, aber auch in der Mechanik inelastischer Materialien, eingesetzt. Hierbei werden u.a. im zweidimensionalen Fall Scheiben- und Plattenelemente, im dreidimensionalen Tetraederelemente, Parallelepipedelemente und ähnliche verwendet. Hierüber gibt es eine umfangreiche Literatur, z.B. [66], [80], wo auch viele Hinweise auf weitere Arbeiten zu finden sind.

Bisher haben wir die Existenz eines Extremalprinzips vorausgesetzt (Ritz–Verfahren), es war ein Variationsintegral mit Randbedingungen zu minimieren. Die Methode der finiten Elemente ist auch auf den Fall ausdehnbar, daß ein solches Extremalprinzip nicht vorliegt. Die gesuchte Näherungslösung des Differentialgleichungsproblems wird dabei, wie beim Ritz–Verfahren, in der Gestalt

$$v = \varphi_0 + \sum_{\mu=1}^{M} \alpha_\mu \varphi_\mu$$

angesetzt, wobei φ_0 die inhomogenen Randbedingungen erfüllt, während die φ_μ, $\mu = 1, \ldots, M$, den homogenen Randbedingungen genügen, so daß v alle Randbedingungen erfüllt. Setzt man v in die Differentialgleichung $Lu = f$ ein, so ergibt sich $Lv = f + r$ mit dem Residuum r, das noch von den Parametern α_μ, $\mu = 1, \ldots, M$, abhängt, und das in G möglichst klein werden soll. Bei der Methode der *gewichteten Residuen* wird dann gefordert, daß die Integrale

$$\int_G r\, w_i dx\, dy, \qquad i = 1, \ldots, M,$$

verschwinden. Es entstehen (evtl. nach Umformung) M Gleichungen, aus denen die α_μ bestimmt werden können.

Beim *Galerkin-Verfahren* wählt man $w_i = \varphi_i, \quad i = 1, \ldots, M$. Dieses Verfahren liefert im Falle, daß ein Extremalprinzip besteht, dieselben Bestimmungsgleichungen für die α_μ wie das Ritz–Verfahren. Man vgl. etwa [66, S. 40 ff] und die dort angegebene Literatur.

Die Methode der gewichteten Residuen ist eine im Prinzip bei allen Randwert- und Anfangs–Randwertproblemen anwendbare Methode, auch bei Systemen von Differentialgleichungen. So werden oft zeitabhängige Anfangs–Randwertprobleme numerisch gelöst, indem man mit Hilfe dieser Methode eine Semidiskretisierung bezüglich der Ortsvariablen durchführt. In dem entstehenden Gleichungssystem treten dann noch Ableitungen nach der Zeit t auf, d.h. man erhält ein – im allgemeinen großes und steifes – gewöhnliches Differentialgleichungssystem oder Algebro–Differentialgleichungssystem. Letzteres ist ein System, das aus Differentialgleichungen und (algebraischen) Gleichungen, die keine Ableitungen nach der Zeit enthalten, besteht. Dieses Vorgehen entspricht im Prinzip der in Abschnitt 16.5 für Differenzenverfahren beschriebenen Methode. Man vgl. hierzu etwa [52], [80].

Denkt man sich die Unterteilung von G – etwa im zweidimensionalen Fall die Triangulierung – fortlaufend verfeinert, so entsteht die Frage der Konvergenz der FE–Näherungen v gegen die exakte Lösung u des Differentialgleichungsproblems. Diese mathematisch oft schwierige Frage ist in zahlreichen Arbeiten untersucht worden, eine umfassende mathematische Darstellung findet sich z.B. in [14]. Ein typisches Resultat ist etwa

Satz 18.5. *Gegeben sei das Problem (18.5) mit den Voraussetzungen (18.7). $\bar{G}$ sei exakt triangulierbar, d.h. der Rand von G sei polygonal. Die Triangulierung sei für alle h so gewählt, daß $\bar{G}_h = \bar{G}$ für alle betrachteten h. Ferner bezeichne h die längste und $h_{\min}$ die kürzeste aller auftretenden Dreiecksseiten. Es gelte*

$$\frac{h}{h_{\min}} \leq C_1 < \infty \quad \text{für} \quad h \to 0.$$

v^h bezeichne die mit stetigen, stückweise affin–linearen Funktionen berechnete FE–Näherungslösung für u.

Dann gilt

$$\begin{aligned} \|u - v^h\|_{V(G)} &\leq C_2 h \quad \text{für} \quad h \to 0, \quad C_2 \text{ unabhängig von } h, \\ \|u - v^h\|_{L^2(G)} &\leq C_3 h^2 \quad \text{für} \quad h \to 0, \quad C_3 \text{ unabhängig von } h. \end{aligned}$$

□

Dies ist also ein zu Satz 15.7 analoges Resultat. Die Voraussetzung an die Triangulierung besagt, daß die längste auftretende Dreiecksseite höchstens um einen festen Faktor länger ist als die kürzeste und daß alle auftretenden Dreieckswinkel beim Grenzübergang $h \to 0$ gleichmäßig $\geq \varphi_0 > 0$ sind, daß also kein Dreieck entartet.

Aufgaben

A 18.1 Man gebe die zum Variationsproblem

$$I[u] = \int_G (u_x^2 + u_y^2 + 2\sqrt{x^2+y^2}\, u_x u_y + x^2 y^2 u^2 - 2x^2 u)\, dx\, dy = \min$$

gehörige Eulersche Differentialgleichung an und stelle fest, wo diese elliptisch, parabolisch und hyperbolisch ist.

A 18.2 Man berechne ω_b für die Matrix (18.27).

A 18.3 Es sei $\bar{G}: \; x^2 + y^2 \leq 1$. Mit $h = 0.25$ konstruiere man wie in Abschnitt 18.2.3 die Punktmenge $\dot{G}_h$. Auf dem dadurch definierten Gitter $\bar{G}_h$ löse man dann unter Verwendung der Randinterpolation das Randwertproblem

$$-u_{xx} - u_{yy} = -(x^2 + y^2), \quad u(x,y) = \tfrac{1}{12}(x^4 + y^4), \quad (x,y) \in \dot{G},$$

numerisch mit dem Differenzenverfahren.

A 18.4 Es sei $G: \; 0 < x < 1, \; 0 < y < 1$. Man stelle die Gleichungen (18.49) des Differenzenverfahrens zur Lösung des Variationsproblems

$$I[u] = \int_G \sqrt{1 + u_x^2 + u_y^2}\, dx\, dy = \min, \qquad u(x,y) = x^2, \quad (x,y) \in \dot{G},$$

wie in Abschnitt 18.2.4 für h=0.25 auf.

A 18.5 Man trianguliere den Bereich $\bar{G}$ aus Aufgabe A 18.4 gleichmäßig nach (18.59) mit $h = 0.5$. Unter Verwendung der Ansatzfunktionen (18.60) löse man dann das Randwertproblem aus Aufgabe A 18-3 numerisch mit der in Abschnitt 18.3.2 beschriebenen einfachsten Methode der finiten Elemente.

A 18.6 Mit dem gleichen Bereich $\bar{G}$ und der gleichen Triangulierung wie in Aufgabe A 18.5 löse man das Variationsproblem aus Aufgabe A 18.4 numerisch mit der in Abschnitt 18.3.6 beschriebenen Methode der finiten Elemente.

A 18.7 Man verwende das Verfahren von Ritz, um das folgende Randwertproblem näherungsweise zu lösen.

$$\begin{aligned} \Delta u &= 4, & (x,y) &\in G, \\ u(x,y) &= 0, & (x,y) &\in \dot{G}, \end{aligned}$$

$G := (0,1) \times (0,1)$. Man wähle als Ansatzfunktionen

$$\begin{aligned} \phi_0(x,y) &= (1-x)(1-y)xy, \\ \phi_1(x,y) &= x^2(1-x)(1-y)y, \\ \phi_2(x,y) &= xy^2(1-x)(1-y). \end{aligned}$$

A 18.8 Das elliptische Randwertprobleme

$$\left.\begin{array}{rcll} -\Delta u &=& 2, & (x,y) \in G := (0,1) \times (0,1) \\ u &=& 0, & (x,y) \in \dot{G} \end{array}\right\} \quad (1)$$

soll numerisch gelöst werden (exakte Lösung?).
Man diskretisiere (1) mit $h = 0.25$ und der folgenden Numerierung der Unbekannten:

$$\begin{bmatrix} 1 & 8 & 4 \\ 9 & 3 & 6 \\ 2 & 7 & 5 \end{bmatrix} .$$

Wie lautet die Koeffizientenmatrix des entstehenden linearen Gleichungssystems?

A 18.9 Man stelle das Gleichungssystem für die Standarddiskretisierung des Randwertproblems

$$\begin{array}{rcll} -\Delta u + au_x + bu_y &=& 2, & (x,y) \in G := (0,1) \times (0,1), \\ u &=& 0, & (x,y) \in \dot{G}, \end{array}$$

mit $h = 0.25$ explizit auf. Für welche h kann man eindeutige Lösbarkeit der diskretisierten Gleichungen garantieren?

A 18.10 Das Randwertproblem

$$\begin{array}{rcll} -\Delta u &=& -2y, & (x,y) \in G := \{(x,y) \in \mathbb{R}^2 |\ 0 < x,y < 1,\ x+y < 1\}, \\ u &=& 1, & (x,y) \in \Gamma_1 := \{(x,y) \in \dot{G} |\ xy = 0\}, \\ \dfrac{\partial u}{\partial n} &=& \sqrt{2}\,xy + \dfrac{1}{\sqrt{2}}x^2, & (x,y) \in \Gamma_2 := \dot{G} \backslash \Gamma_1, \end{array} \quad (2)$$

soll mit $h = 0.25$ diskretisiert werden; man ordne dazu zunächst die Unbekannten nach „x–Schichten".

a) Man approximiere die Randbedingung (2) in $p_i \in \Gamma_2$ durch eine Taylor–Entwicklung für $u(p_i)$ in Richtung $-\nu$ von der Ordnung $\mathcal{O}(h)$.
(ν bezeichnet den äußeren Normalenvektor.)

b) Man löse das durch Differenzenapproximation entstandene Gleichungssystem und vergleiche die gefundene Näherungslösung mit der exakten Lösung $u(x) = 1 + x^2 y$.

A 18.11 Gegeben sei das Randwertproblem

$$\begin{aligned} -\Delta u - b u_{xy} &= f, \qquad (x,y) \in G, \\ u &= 0, \qquad (x,y) \in \dot{G}, \end{aligned}$$

mit $G := (0,1) \times (0,1)$, $b \in C^\infty(\bar{G})$, $|b(x,y)| < 1$. Die partielle Differentialgleichung soll in der folgenden Weise diskretisiert werden:

$$\begin{aligned} (L_h u)_{i,j} \equiv \frac{1}{h^2}\{4u_{i,j} - u_{i+1,j+1} - u_{i-1,j+1} - u_{i+1,j-1} - u_{i-1,j-1} \\ - b_{i,j}(u_{i+1,j+1} - u_{i-1,j+1} - u_{i+1,j-1} + u_{i-1,j-1})\} \quad = \quad f_{i,j} \end{aligned}$$

für $i,j = 1,\ldots,n-1$, $h = \dfrac{1}{n}$.

a) Man zeige, daß für den Differenzenoperator L_h das diskrete Maximumprinzip

$$(L_h u)_{i,j} \leq 0 \implies \max\{u_{i,j}|\ (x_i,y_j) \in \overline{G}\} = \max\{u_{i,j}|\ (x_i,y_j) \in \dot{G}\}$$

gilt. Man folgere hieraus, daß die Matrix A des zugehörigen linearen Gleichungssystems nichtsingulär ist.

b) Man zeige, daß A eine M-Matrix ist.

19 Lösung diskretisierter Randwertprobleme durch iterative Mehrgitterverfahren

Bei der numerischen Lösung elliptischer Randwertprobleme durch Differenzenverfahren oder die Methode der finiten Elemente entstehen große schwach besetzte Gleichungssysteme. Wie wir in Kapitel 18 gesehen haben, besitzen diese in der Regel eine bestimmte Struktur. Im linearen Fall etwa sind die Matrizen oft symmetrisch und positiv definit oder strikt bzw. irreduzibel diagonaldominante L-Matrizen oder sogar beides. Zu ihrer Lösung sind daher besonders die in Band 1, Kapitel 6, beschriebenen Iterationsverfahren geeignet.

Wir haben aber auch schon darauf hingewiesen, daß diese Verfahren im allgemeinen nur langsam konvergieren, wenn das Gleichungssystem sehr groß und nicht stark diagonaldominant ist. Dies gilt sogar für den Fall, daß mit einem optimalen Relaxationsparameter $\omega = \omega_b$ gerechnet wird. Wir werden hierauf noch zurückkommen.

Besitzt das zu lösende lineare Gleichungssystem mit Bandmatrix n Gleichungen, so ist bei den meisten dieser Verfahren die Zahl der benötigten Rechenoperationen proportional n^2.

Bereits in den Jahren 1961 und 1964 wurde von R. P. Federenko ein Verfahren vorgeschlagen, dessen Rechenaufwand proportional n ist. Es basiert auf dem sogenannten Mehrgitterprinzip. Dieses Prinzip wurde inzwischen in viele Richtungen hin und für zahlreiche Diskretisierungsverfahren ausgebaut. Auch zur numerischen Lösung nichtlinearer Probleme gibt es inzwischen effiziente Mehrgitterverfahren. Man darf sicher sagen, daß die Mehrgitterverfahren derzeit zu den schnellsten Verfahren zur numerischen Lösung der genannten diskretisierten elliptischen Randwertprobleme gehören. Diese Verfahren können auch auf Anfangs-Randwertprobleme angewendet werden. Ein umfassendes Literaturverzeichnis bis zum Jahr 1985 befindet sich in [40].

Hier kann nur auf sehr einfache Mehrgitterverfahren und ihre Eigenschaften eingegangen werden. In erster Linie soll das Prinzip dieser Verfahren erklärt werden. Wir beschränken uns dabei auf die Betrachtung von einfachen ein- und zweidimensionalen Modellproblemen und auf Differenzenverfahren.

19.1 Das eindimensionale Modellproblem

Zur numerischen Lösung von Randwertproblemen mit Differenzenverfahren oder der Methode der finiten Elemente verwendet man Gitter. Bei den iterativen Mehrgitterverfahren werden mehrere ineinander geschachtelte Gitter benötigt. Dabei ist jeder Gitterpunkt der jeweils gröberen Gitter auch Gitterpunkt eines feineren. Es ist klar, daß diese Forderung bei ungleichmäßigen Gittern, etwa bei Triangulierungen mit stark unterschiedlichen Dreiecken, zu Schwierigkeiten führen kann. Um die Lösung des diskretisierten Differentialgleichungsproblems auf dem feinsten Gitter zu berechnen, werden Teile jedes Iterationsschrittes (nur) auf den gröberen Gittern durchgeführt. Sei etwa $\boldsymbol{x}^*$ die exakte Lösung des diskretisierten Randwertproblems, d.h. des linearen bzw. nichtlinearen Gleichungssystems und $\boldsymbol{x}^{(k)}$ eine Näherung, so sollte ein Iterationsschritt den Fehlervektor

$$\boldsymbol{v}^{(k)} = \boldsymbol{x}^{(k)} - \boldsymbol{x}^*$$

möglichst stark und gleichmäßig reduzieren. Es zeigt sich aber, daß dies im allgemeinen nicht der Fall ist. Vielmehr ist diese Fehlerreduktion umso schlechter, je weniger sich die Gitterwerte des Fehlers in benachbarten Knoten unterscheiden, d.h. je „glatter“ der Fehlervektor ist. Durch die meisten der in Band 1, Kapitel 6, beschriebenen Relaxationsverfahren werden die Fehler schnell geglättet und gedämpft, obwohl diese Verfahren langsam konvergieren. Dies hängt auch von der Feinheit des Gitters ab.

Die Idee der iterativen Mehrgitterverfahren besteht nun darin, die Fehleranteile verschiedener Frequenz auf jeweils „geeigneten“ Gittern zu dämpfen. Auf den feineren Gittern wird ein Relaxationsverfahren nur zur Fehlerglättung verwendet, um die hochfrequenten Anteile zu dämpfen.

19.1.1 Das Modellproblem

Wir betrachten jetzt das Randwertproblem (Modellproblem)

$$-u''(x) = f(x), \quad x \in (0,1), \quad u(0) = u(1) = 0. \tag{19.1}$$

Auf einem Gitter G_h mit den Punkten $x_i = ih$, $i = 0, \ldots, 2M$, $2Mh = 1$, definieren wir die Gitterfunktionen

$$\begin{aligned} \boldsymbol{u}_h &= [u_h(h), u_h(2h), \ldots, u_h(1-h)]^T, \\ \boldsymbol{f}_h &= [f(h), f(2h), \ldots, f(1-h)]^T. \end{aligned}$$

Abweichend von der bisher benutzten Notation dient jetzt h als unterer Index, um die Schreibweise übersichtlich zu halten. Die übliche Differenzapproximation von $u''(x)$ (vgl. Abschnitt 15.2.1) liefert dann das Gleichungssystem

$$\boldsymbol{A}_h \boldsymbol{u}_h = \boldsymbol{f}_h \tag{19.2}$$

mit der Matrix

$$A_h = \frac{1}{h^2}\begin{bmatrix} 2 & -1 & & & 0 \\ -1 & 2 & -1 & & \\ & \ddots & \ddots & \ddots & \\ & & -1 & 2 & -1 \\ 0 & & & -1 & 2 \end{bmatrix}. \tag{19.3}$$

Sei $D_h = \operatorname{diag} A_h$, $A_h = D_h - P_h$, so lautet die Iterationsvorschrift des Jacobi-Verfahrens (J-Verfahren, vgl. Band 1, Abschnitt 6.2.1)

$$\begin{aligned} u_h^{(j+1)} &= D_h^{-1}(P_h u_h^{(j)} + f_h) = D_h^{-1}((D_h - A_h)u_h^{(j)} + f_h) \\ &= u_h^{(j)} - D_h^{-1}(A_h u_h^{(j)} - f_h). \end{aligned}$$

Von Interesse ist noch das JOR-Verfahren (vgl. Band 1, Abschnitt 6.2.1)

$$u_h^{(j+1)} = u_h^{(j)} - \bar{\omega} D_h^{-1}(A_h u_h^{(j)} - f_h), \quad 0 < \bar{\omega} \leq 1.$$

Da die Elemente von D_h^{-1} sämtlich gleich $h^2/2$ sind, setzen wir $\omega = \bar{\omega}/2$ und erhalten die Verfahrensvorschrift

$$u_h^{(j+1)} = u_h^{(j)} - \omega h^2 (A_h u_h^{(j)} - f_h), \quad 0 < \omega \leq \tfrac{1}{2}.$$

Mit der Iterationsmatrix (Jacobi-Matrix)

$$B_h = B_h(\omega) = I - \omega h^2 A_h$$

kann dies auch in der Form

$$u_h^{(j+1)} = B_h u_h^{(j)} + g_h$$

geschrieben werden. Die explizite Abhängigkeit der Matrizen vom Parameter ω wird im folgenden nicht angegeben, um die Schreibweise übersichtlich zu halten.

Sei u_h^* die exakte Lösung von (19.2), so gilt wegen $u_h^* = B_h u_h^* + g_h$ für den Fehlervektor $v_h^{(j)} = u_h^{(j)} - u_h^*$

$$v_h^{(j+1)} = B_h u_h^{(j)} + g_h - B_h u_h^* - g_h = B_h v_h^{(j)}.$$

Die Eigenwerte von B_h sind wegen (19.3) und [81, S. 230 ff.]

$$\lambda_{i,h}(\omega) = 1 - 4\omega \sin^2\left(\frac{i\pi h}{2}\right), \quad i = 1, \ldots, 2M-1.$$

Als zugehörige Eigenvektoren errechnet man

$$w_h^i = [\sqrt{2h}\sin(i\pi h), \sqrt{2h}\sin(2i\pi h), \ldots, \sqrt{2h}\sin((2M-1)i\pi h)]^T. \tag{19.4}$$

Für den Spektralradius von B_h gilt offenbar

$$\varrho_\omega(B_h) = \left|1 - 4\omega \sin^2 \frac{\pi h}{2}\right| = 1 - \omega\pi^2 h^2 + \mathcal{O}(h^4). \tag{19.5}$$

19.1.2 Glättende Iterationen

Wie wir in Band 1, Abschnitt 6.3.4 und 6.6.1, gesehen haben, ist die Größe $\varrho_\omega(B_h)$ ein direktes Maß für die Konvergenzgeschwindigkeit des Jacobi–Verfahrens. Für sehr kleines h liegt $\varrho_\omega(B_h)$ nach (19.5) in der Nähe von 1, die Konvergenzgeschwindigkeit ist in diesem Fall sehr gering. Für größeres h nimmt die Konvergenzgeschwindigkeit zu. Für $h = \frac{1}{2}$ reduziert sich das Gleichungssystem auf eine einzige Gleichung. In diesem Fall gilt $\varrho_\omega(B_h) = 1 - 2\omega$, die Konvergenzgeschwindigkeit ist für ω in der Nähe von $1/2$ also sehr hoch.

Wichtig ist die Beobachtung, daß die Konvergenz des Verfahrens nicht in allen Komponenten der Lösung gleichmäßig gut ist. Um das einzusehen, betrachten wir die Darstellung des Fehlers

$$v_h^{(0)} = u_h^{(0)} - u_h^* = \sum_{i=1}^{2M-1} \alpha_{i,h} w_h^i,$$

wobei die w_h^i wieder die oben angegebenen Eigenvektoren von B_h bezeichnen. Da diese eine Orthonormalbasis bilden, gibt es eine solche Darstellung. Wegen $v_h^{(j)} = (B_h)^j v_h^{(0)}$ gilt dann

$$v_h^{(j)} = \sum_{i=1}^{2M-1} \alpha_{i,h}(B_h)^j w_h^i = \sum_{i=1}^{2M-1} \alpha_{i,h}(\lambda_{i,h}(\omega))^j w_h^i = \sum_{i=1}^{2M-1} \beta_{i,j,h}(\omega) w_h^i$$

mit

$$\beta_{i,j,h}(\omega) = (\lambda_{i,h}(\omega))^j \alpha_{i,h} = \left[1 - 4\omega \sin^2\left(\frac{i\pi h}{2}\right)\right]^j \alpha_{i,h}.$$

Für niedrige Frequenzen, d.h. für kleine i, gilt $\alpha_{i,h} \approx \beta_{i,j,h}(\omega)$. Für hohe Frequenzen dagegen ist $|\beta_{i,j,h}(\omega)| \ll |\alpha_{i,h}|$, die entstehenden hochfrequenten Eigenvektoren werden schon nach wenigen Iterationen stark gedämpft, ihr Einfluß auf die Größe des Fehlervektors nimmt daher schnell ab. Dies bedeutet insgesamt eine Glättung des Fehlervektors.

Beispiel 19.1. *Es sei* $h = 10^{-2}$, $2Mh = 1$, *d.h.* $M = 50$, $\omega = \frac{1}{4}$.

A. *Zunächst sei* $i = 5$, $j = 3$. *Man erhält*

$$\beta_{5,3,h}(\tfrac{1}{4}) = \left[1 - \sin^2\left(\frac{5\pi 10^{-2}}{2}\right)\right]^3 \alpha_{5,h} \approx 0.982 \cdot \alpha_{5,h} \approx \alpha_{5,h}.$$

B. *Sei jetzt* $i = 80$, $j = 3$, *so errechnet man*

$$\beta_{80,3,h}(\tfrac{1}{4}) = \left[1 - \sin^2\left(\frac{80\pi 10^{-2}}{2}\right)\right]^3 \alpha_{80,h} \approx 0.871 \cdot 10^{-3} \cdot \alpha_{80,h} \ll \alpha_{80,h}.$$

Nach 3 Iterationen sind die niederfrequenten Anteile des Fehlers nur wenig reduziert, während die hochfrequenten stark gedämpft sind. Dies ist bei großen Gleichungssystemen in noch stärkerem Maße der Fall. □

Zusammenfassend kann gesagt werden, daß das gedämpfte Jacobi–Verfahren zwar sehr langsam konvergiert, daß es den Fehlervektor aber schnell glättet.

Man kann zeigen, daß auch andere einfache Iterationsverfahren stark glättend im oben beschriebenen Sinne sind. Wir nennen u.a. das SOR–Verfahren, insbesondere das Gauß–Seidel–Verfahren, und das cg–Verfahren. Man vergleiche hierzu die Darstellung in [40].

19.1.3 Ein Zweigitterverfahren

Bevor wir allgemein das Mehrgitterverfahren beschreiben, wollen wir ein Zweigitterverfahren betrachten. Mehrgitterverfahren lassen sich mit Hilfe von Zweigitterverfahren definieren.

Dazu nehmen wir an, daß das durch

$$u_h^{(j+1)} = S_h u_h^{(j)} + g_h \tag{19.6}$$

gegebene Iterationsverfahren die oben diskutierte Glättungseigenschaft besitzt. Beim gedämpften Jacobi–Verfahren ist $S_h = B_h = I - \omega h^2 A_h, \quad g_h = \omega h^2 f_h$. Wir wählen bei diesem Verfahren $\omega = \frac{1}{4}$. (Im folgenden wird immer dieser Wert verwendet.)

Es sei nun $u_h^m, \quad m \geq 0$, eine (m–te) Näherung der Lösung von

$$A_h u_h = f_h. \tag{19.7}$$

Mit u_h^m als Ausgangsnäherung führen wir einige Iterationen nach (19.6) durch und erhalten einen Vektor $\bar{u}_h^m$, für den

$$A_h \bar{u}_h^m = f_h + d_h \tag{19.8}$$

gilt. Aufgrund der Glättungseigenschaften von (19.6) ist der Fehlervektor $v_h^m = \bar{u}_h^m - u_h^*$ „glatter“ als $u_h^m - u_h^*$. Subtrahiert man (19.7) von (19.8), so erhält man

$$A_h v_h^m = d_h. \tag{19.9}$$

Da es sich bei v_h^m um eine glatte Gitterfunktion handelt, ist es nach den obigen Überlegungen sinnvoll, das System (19.9) auf einem gröberen Gitter näherungsweise zu lösen. Um etwas Konkretes vor Augen zu haben, nehmen wir an, daß das gröbere Gitter G_{2h} die Maschenweite $2h$ hat. Die Gitterpunkte von G_{2h} sind $y_i = 2ih, \quad i = 0, 1, \ldots, M$, und wir lösen auf diesem Gitter das lineare Gleichungssystem

$$A_{2h} v_{2h}^m = d_{2h}. \tag{19.10}$$

Dabei ist A_{2h} die $(M-1)\times(M-1)$–Matrix

$$A_{2h} = \frac{1}{4h^2}\begin{bmatrix} 2 & -1 & & & 0 \\ -1 & 2 & -1 & & \\ & \ddots & \ddots & \ddots & \\ & & -1 & 2 & -1 \\ 0 & & & -1 & 2 \end{bmatrix}$$

und v_{2h}^m die $(M-1)$–komponentige Gitterfunktion

$$v_{2h}^m = [v_{2h}^m(2h), v_{2h}^m(4h), \ldots, v_{2h}^m(1-2h)]^T.$$

Es ist aber noch die rechte Seite d_{2h} von (19.10) geeignet zu wählen. Und zwar wird d_{2h} durch eine „Restriktion“ von d_h auf das gröbere Gitter G_{2h} in der Form $d_{2h} = Rd_h$ definiert, wobei R eine $(M-1)\times(2M-1)$–Matrix bedeutet. Für die Wahl von R gibt es mehrere Möglichkeiten. So könnte man z.B. fordern, daß $d_{2h}(x) = d_h(x), \quad x \in G_{2h}$. Dies führt zu

$$R = \begin{bmatrix} 0 & 1 & 0 & & & & & 0 \\ & & 0 & 1 & 0 & & & \\ & & & & \ddots & & & \\ 0 & & & & & 0 & 1 & 0 \end{bmatrix}.$$

Als geeigneter hat sich eine andere, etwas aufwendigere Restriktion erwiesen, und zwar

$$d_{2h}(x) = \tfrac{1}{4}(d_h(x-h) + 2d_h(x) + d_h(x+h)), \qquad x \in G_{2h},$$

und somit

$$R = \tfrac{1}{4}\begin{bmatrix} 1 & 2 & 1 & & & & & 0 \\ & & 1 & 2 & 1 & & & \\ & & & & \ddots & & & \\ 0 & & & & & 1 & 2 & 1 \end{bmatrix}. \tag{19.11}$$

Dann wird

$$\begin{aligned} d_{2h}(2h) &= \tfrac{1}{4}[d_h(h) + 2d_h(2h) + d_h(3h)] \\ d_{2h}(4h) &= \tfrac{1}{4}[d_h(3h) + 2d_h(4h) + d_h(5h)] \\ \vdots \quad &\ \ \vdots \quad\quad \vdots \\ d_{2h}(1-2h) &= \tfrac{1}{4}[d_h(1-3h) + 2d_h(1-2h) + d_h(1-h)]. \end{aligned}$$

Angenommen, wir lösen (19.10) auf G_{2h}, erhalten somit $v_{2h}^m = A_{2h}^{-1}d_{2h}$, so muß diese Gitterfunktion wieder auf das feinere Gitter G_h „prolongiert“ werden. Das Ergebnis dieser Prolongation sei

$$\bar{v}_h^m = P\, v_{2h}^m \tag{19.12}$$

mit der $(2M-1)\times(M-1)$–Matrix $\boldsymbol{P}$. Eine geeignete und bewährte Prolongation zu (19.11) ist

$$\bar{v}_h^m(x) = \begin{cases} v_{2h}^m(x), & x \in G_{2h}, \\ \frac{1}{2}[v_{2h}^m(x-h) + v_{2h}^m(x+h)], & x \in G_h \backslash G_{2h}. \end{cases}$$

Die Matrix $\boldsymbol{P}$ ist daher

$$\boldsymbol{P} = \frac{1}{2}\begin{bmatrix} 1 & & & 0 \\ 2 & & & \\ 1 & 1 & & \\ & 2 & & \\ & 1 & & \\ & & \ddots & \\ & & & \ddots \\ & & & 1 \\ 0 & & & 2 \\ & & & 1 \end{bmatrix}.$$

Dabei ist $v_{2h}^m(0) = v_{2h}^m(1) = 0$ berücksichtigt.

Wegen $\boldsymbol{d}_{2h} = \boldsymbol{R}\boldsymbol{d}_h$ und (19.9), (19.10) gilt:

$$\boldsymbol{v}_{2h}^m = \boldsymbol{A}_{2h}^{-1}\boldsymbol{d}_{2h} = \boldsymbol{A}_{2h}^{-1}\boldsymbol{R}\,\boldsymbol{d}_h = \boldsymbol{A}_{2h}^{-1}\boldsymbol{R}\,(\boldsymbol{A}_h\bar{\boldsymbol{u}}_h^m - \boldsymbol{f}_h).$$

Nun ist $\bar{\boldsymbol{v}}_h^m$ eine Näherung von $\boldsymbol{v}_h^m = \bar{\boldsymbol{u}}_h^m - \boldsymbol{u}_h^*$ und somit $\bar{\boldsymbol{u}}_h^m - \bar{\boldsymbol{v}}_h^m$ eine Näherung der exakten Lösung $\boldsymbol{u}_h^*$. Wir bezeichnen sie mit $\boldsymbol{u}_h^{m+1}$ und erhalten mit (19.12)

$$\boldsymbol{u}_h^{m+1} = \bar{\boldsymbol{u}}_h^m - \boldsymbol{P}\boldsymbol{A}_{2h}^{-1}\boldsymbol{R}\,(\boldsymbol{A}_h\bar{\boldsymbol{u}}_h^m - \boldsymbol{f}_h). \tag{19.13}$$

Damit kann der *Zweigitteralgorithmus (ZGA)* wie folgt beschrieben werden:

Ausgehend von $\boldsymbol{u}_h^0$ verwende man den folgenden Algorithmus:

$m = 0, 1, 2, \ldots$

1. ν–malige Iteration mit dem Glätter:

$$\begin{aligned} \boldsymbol{u}_h^{m(0)} &= \boldsymbol{u}_h^m, \\ \boldsymbol{u}_h^{m(j+1)} &= \boldsymbol{u}_h^{m(j)} - \frac{h^2}{4}(\boldsymbol{A}_h\boldsymbol{u}_h^{m(j)} - \boldsymbol{f}_h), \quad j = 0, \ldots, \nu-1, \\ \boldsymbol{u}_h^{m(\nu)} &= \bar{\boldsymbol{u}}_h^m. \end{aligned}$$

2. Berechnung des Defekts $\boldsymbol{d}_h = \boldsymbol{A}_h\bar{\boldsymbol{u}}_h^m - \boldsymbol{f}_h$.

3. Restriktion von d_h auf G_{2h} : $d_{2h} = Rd_h$.

4. Lösung von $A_{2h}v_{2h}^m = d_{2h}$ auf G_{2h}.

5. Prolongation von v_{2h}^m auf G_h und Berechnung der $(m+1)$-ten Iterierten: $u_h^{m+1} = \bar{u}_h^m - P\,v_{2h}^m$. □

Die Zahl der Zweigitteriterationen kann im allgemeinen klein gewählt werden, wie wir noch sehen werden.

Wir wollen uns nun der Frage der Konvergenz des Zweigitterverfahrens zuwenden. Wie anfangs erwähnt, handelt es sich bei den Mehrgitterverfahren um sehr schnell konvergierende Methoden. Wie wir bei der Betrachtung der Iterationsverfahren in Band 1, Kapitel 6, gesehen haben, lassen sich diese in der allgemeinen Form

$$u_h^{m+1} = M_h u_h^m + N_h f_h$$

schreiben. Entscheidend für die Konvergenzgeschwindigkeit des Verfahrens ist dann der Spektralradius $\varrho(M_h)$ der Iterationsmatrix M_h. Dieser hängt jedoch bei den SOR- und Jacobi-Verfahren noch von der Größe h und damit von der Größe des betrachteten Gleichungssystems ab. Man kann zeigen, daß im allgemeinen dann $\varrho(M_h) = 1 - |\mathcal{O}(h^2)|$ gilt. Für große Gleichungssysteme liegt der Spektralradius daher nur wenig unter 1, die Konvergenzgeschwindigkeit ist entsprechend gering. Für das SOR-Verfahren unter Verwendung des optimalen Relaxationsparameters ω_b (vgl. Band 1, Abschnitt 6.4) gilt $\varrho(M_h) = 1 - |\mathcal{O}(h)|$, was für sehr kleine h immer noch unbefriedigend ist.

Die Abhängigkeit von h ist in der Tat gravierend, denn die kleinste von h unabhängige obere Schranke von $\varrho(M_h)$ bei dem SOR- und Jacobi-Verfahren ist 1 und somit für Konvergenzbetrachtungen unbrauchbar. Viel günstiger wäre es, wenn für ein Iterationsverfahren die Abschätzung $\varrho(M_h) \le \varrho_0 - |\mathcal{O}(h^p)|$, $\varrho_0 < 1$ und damit $\varrho(M_h) \le \varrho_0 < 1$ gelten würde. Gerade diese Eigenschaft besitzen aber die Zweigitterverfahren und allgemeiner die Mehrgitterverfahren.

Bei den Zweigitterverfahren hängen die Matrizen M_h und N_h noch von der Zahl ν der durchgeführten Glättungsiterationen ab:

$$u_h^{m+1} = M_h(\nu)u_h^m + N_h(\nu)f_h.$$

Wir berechnen die Matrizen $M_h(\nu)$ und $N_h(\nu)$:

Es ist für $j = 0, 1, \ldots, \nu - 1$

$$u_h^{m(j+1)} = (I - \tfrac{h^2}{4}A_h)u_h^{m(j)} + \tfrac{h^2}{4}f_h = S_h u_h^{m(j)} + \tfrac{h^2}{4}f_h.$$

Durch vollständige Induktion bestätigt man, daß hieraus

$$\bar{u}_h^m = u_h^{m(\nu)} = S_h^\nu u_h^m + \tfrac{h^2}{4}\Big(\sum_{i=0}^{\nu-1} S_h^i\Big)f_h \tag{19.14}$$

folgt. Der Spektralradius von S_h ist kleiner als 1 und daher $S_h - I$ nichtsingulär. Somit gilt

$$\sum_{i=0}^{\nu-1} S_h^i = (S_h - I)^{-1}(S_h^\nu - I).$$

Daher hat (19.14) auch die Gestalt

$$\bar{u}_h^m = S_h^\nu u_h^m + \tfrac{h^2}{4}(S_h - I)^{-1}(S_h^\nu - I)f_h.$$

Setzen wir dies in (19.13) ein, so ergibt sich

$$\begin{aligned} u_h^{m+1} &= (I - PA_{2h}^{-1}RA_h)\left\{S_h^\nu u_h^m + \tfrac{h^2}{4}(S_h - I)^{-1}(S_h^\nu - I)f_h\right\} \\ &\quad + PA_{2h}^{-1}Rf_h \\ &= (I - PA_{2h}^{-1}RA_h)S_h^\nu u_h^m \\ &\quad + \left\{\tfrac{h^2}{4}(I - PA_{2h}^{-1}RA_h)(S_h - I)^{-1}(S_h^\nu - I) + PA_{2h}^{-1}R\right\} f_h. \end{aligned}$$

Hieraus folgt

$$\begin{aligned} M_h &= (I - PA_{2h}^{-1}RA_h)S_h^\nu, \\ N_h &= \tfrac{h^2}{4}(I - PA_{2h}^{-1}RA_h)(S_h - I)^{-1}(S_h^\nu - I) + PA_{2h}^{-1}R. \end{aligned}$$

Um die Konvergenz nachzuweisen und die Konvergenzgeschwindigkeit abschätzen zu können, benötigen wir Aussagen über den Spektralradius $\varrho(M_h(\nu))$. Diese liefert der

Satz 19.1. *Mit den nur von ν abhängenden Konstanten*

$$\begin{aligned} \varrho_\nu &= \max_{0 \le r \le \frac{1}{2}} [r(1-r)^\nu + (1-r)r^\nu] < 1, \\ \sigma_\nu &= \max_{0 \le s \le \frac{1}{2}} [2\{s^2(1-s)^{2\nu} + (1-s)^2 s^{2\nu}\}]^{1/2} < 1 \end{aligned}$$

gilt

$$\begin{aligned} \varrho(M_h(\nu)) &= \varrho_\nu - |\mathcal{O}(h^2)|, \\ \|M_h(\nu)\|_2 &= \sigma_\nu - |\mathcal{O}(h^2)|. \end{aligned}$$

Zum genauen Beweis dieses Satzes vergleiche man [40, S. 25 ff.].

Hier soll der Beweisgang nur kurz skizziert werden. Man beachte im folgenden $S_h = B_h$. Die Matrizen B_h und A_h besitzen bei verschiedenen Eigenwerten die gleichen Eigenvektoren w_h^i gemäß (19.4). Es gilt

$$\|w_h^i\|_2^2 = 2h \sum_{\nu=1}^{2M-1} \sin^2(\nu i \pi h) = 2hM = 1$$

und $[\boldsymbol{w}_h^i]^T \boldsymbol{w}_h^k = 0$, $i \neq k$. Daher bilden die $\boldsymbol{w}_h^i$ ein Orthonormalsystem. Entsprechendes gilt für $\boldsymbol{w}_{2h}^i$ auf dem Gitter G_{2h}. Wir definieren dann die unitären $(2M-1) \times (2M-1)$–Matrizen

$$\boldsymbol{W}_h = [\boldsymbol{w}_h^1, \boldsymbol{w}_h^{2M-1}, \boldsymbol{w}_h^2, \boldsymbol{w}_h^{2M-2}, \ldots, \boldsymbol{w}_h^{M-1}, \boldsymbol{w}_h^{M+1}, \boldsymbol{w}_h^M],$$

deren Spalten gerade die orthonormalen Eigenvektoren $\boldsymbol{w}_h^i$ in der angegebenen Reihenfolge sind. Weiter sei

$$\boldsymbol{W}_{2h} = [\boldsymbol{w}_{2h}^1, \boldsymbol{w}_{2h}^2, \ldots, \boldsymbol{w}_{2h}^{M-1}],$$

wobei hier die Eigenvektoren von $\boldsymbol{A}_{2h}$ in der natürlichen Reihenfolge als Spaltenvektoren auftreten. Wir setzen dann

$$\begin{aligned}
\boldsymbol{W}_h^T \boldsymbol{A}_h \boldsymbol{W}_h &= \bar{\boldsymbol{A}}_h, \\
\boldsymbol{W}_{2h}^T \boldsymbol{A}_{2h} \boldsymbol{W}_{2h} &= \bar{\boldsymbol{A}}_{2h}, \\
\boldsymbol{W}_h^T \boldsymbol{B}_h \boldsymbol{W}_h &= \bar{\boldsymbol{B}}_h, \\
\boldsymbol{W}_h^T \boldsymbol{P} \, \boldsymbol{W}_{2h} &= \bar{\boldsymbol{P}}, \\
\boldsymbol{W}_{2h}^T \boldsymbol{R} \, \boldsymbol{W}_h &= \bar{\boldsymbol{R}}.
\end{aligned}$$

Mit $\sin\left(\frac{\mu\pi h}{2}\right) = s_\mu$, $\cos\left(\frac{\mu\pi h}{2}\right) = c_\mu$ bestätigt man:
$\bar{\boldsymbol{B}}_h$ ist eine Block–Diagonalmatrix mit den Blöcken

$$\bar{\boldsymbol{B}}_h^{(\mu)} = \begin{bmatrix} c_\mu^2 & 0 \\ 0 & s_\mu^2 \end{bmatrix}, \quad \mu = 1, \ldots, M-1; \quad \bar{\boldsymbol{B}}_h^{(M)} = \tfrac{1}{2},$$

$\bar{\boldsymbol{A}}_h$ ist eine Block–Diagonalmatrix mit den Blöcken

$$\bar{\boldsymbol{A}}_h^{(\mu)} = \frac{4}{h^2} \begin{bmatrix} s_\mu^2 & 0 \\ 0 & c_\mu^2 \end{bmatrix} = \frac{4}{h^2}(\boldsymbol{I} - \bar{\boldsymbol{B}}_h^{(\mu)}), \quad \mu = 1, \ldots, M-1; \quad \bar{\boldsymbol{A}}_h^{(M)} = \frac{2}{h^2},$$

$\bar{\boldsymbol{A}}_{2h}$ ist eine Block–Diagonalmatrix mit den 1×1 Blöcken

$$\bar{\boldsymbol{A}}_{2h}^{(\mu)} = \frac{4}{h^2} s_\mu^2 c_\mu^2, \quad \mu = 1, \ldots, M-1.$$

Die transformierten Prolongations– und Restriktionsmatrizen $\bar{\boldsymbol{P}}$ und $\bar{\boldsymbol{R}}$ haben die Gestalt

$$\bar{\boldsymbol{P}} = \begin{bmatrix} \bar{\boldsymbol{P}}^{(1)} & & \\ & \ddots & \\ & & \bar{\boldsymbol{P}}^{(M-1)} \\ \cdots & \cdots & \cdots \\ & 0 & \end{bmatrix}, \quad \bar{\boldsymbol{R}} = \begin{bmatrix} \bar{\boldsymbol{R}}^{(1)} & & & \vdots & \\ & \ddots & & \vdots & 0 \\ & & \bar{\boldsymbol{R}}^{(M-1)} & \vdots & \end{bmatrix}.$$

Dabei ist $\bar{P}$ eine $(2M-1)\times(M-1)$-Matrix, $\bar{R}$ eine $(M-1)\times(2M-1)$-Matrix und es gilt

$$\bar{P}^{(\mu)}=\sqrt{2}\,[c_\mu^2,-s_\mu^2]^T,\quad \bar{R}^{(\mu)}=\frac{1}{\sqrt{2}}[c_\mu^2,-s_\mu^2],\quad \mu=1,\ldots,M-1.$$

Bildet man nun

$$\bar{M}_h(\nu)=W_h^T M_h(\nu) W_h,$$

so zeigt sich, daß auch $\bar{M}_h(\nu)$ eine Block-Diagonalmatrix mit den Blöcken

$$\bar{M}_h^{(\mu)}(\nu)=\begin{bmatrix} s_\mu^2 & c_\mu^2 \\ s_\mu^2 & c_\mu^2\end{bmatrix}\begin{bmatrix} c_\mu^2 & 0 \\ 0 & s_\mu^2\end{bmatrix}^\nu,\quad \mu=1,\ldots,M-1;\quad \bar{M}_h^{(M)}(\nu)=2^{-\nu}$$

ist. Weiter gilt

$$\begin{aligned}\varrho(M_h(\nu)) &= \varrho(\bar{M}_h(\nu))=\max_\mu\{\varrho(\bar{M}_h^{(\mu)}(\nu)\},\quad \mu=1,\ldots,M,\\ \|M_h(\nu)\|_2 &= \|\bar{M}_h(\nu)\|_2=\max_\mu\{\|\bar{M}_h^{(\mu)}(\nu)\|_2\},\quad \mu=1,\ldots,M.\end{aligned}$$

Die Eigenwerte der $\bar{M}_h^{(\mu)}(\nu)$ und $[\bar{M}_h^{(\mu)}(\nu)]^T\bar{M}_h^{(\mu)}(\nu)$ sind aber leicht zu berechnen, und hieraus resultiert die Aussage des Satzes 19.1. □

Das wichtigste Ergebnis des Satzes 19.1 ist, daß die von h unabhängigen Abschätzungen

$$\varrho(M_h(\nu))\le\varrho_\nu,\quad \|M_h(\nu)\|_2\le\sigma_\nu$$

gelten. Wegen $\varrho_\nu<1$ ist das Zweigitterverfahren konvergent. Für ϱ_ν und σ_ν errechnen sich folgende Werte (vgl. [40, S. 28]):

ν	1	2	3	4	5
ϱ_ν	0.5	0.25	0.125	0.0832	0.0671
σ_ν	0.5	0.25	0.150	0.1159	0.0947

Schon bei wenigen Glättungsschritten konvergiert das Zweigitterverfahren, unabhängig von der Größe des Gleichungssystems, daher recht schnell. Schon bei jeweils 2 Glättungsiterationen gilt danach

$$\|u_h^\mu-u_h^*\|_2\le\frac{1}{4^\mu}\|u_h^0-u_h^*\|_2.$$

Vergleichen wir damit die Konvergenzgeschwindigkeit des SOR-Verfahrens mit optimalem $\omega=\omega_b$ (vgl. Band 1, S. 179 ff.) und setzen dazu

$$\|u_h^\mu-u_h^*\|_2\le\alpha_\mu(h)\,\|u_h^0-u_h^*\|_2,$$

so errechnet man

$$\alpha_\mu(0.1) = 0.524^\mu, \quad \alpha_\mu(0.01) = 0.933^\mu, \quad \alpha_\mu(0.001) = 0.996^\mu.$$

So gilt etwa für das Zweigitterverfahren nach $\mu = 10$ Iterationen und für $\nu = 2$

$$\|\boldsymbol{u}_h^{10} - \boldsymbol{u}_h^*\|_2 \le 10^{-6}\|\boldsymbol{u}_h^0 - \boldsymbol{u}_h^*\|_2,$$

und diese Abschätzung errechnet sich für das SOR–Verfahren für $h = 0.01$ (99 Gleichungen) nach 200, für $h = 0.001$ (999 Gleichungen) sogar erst nach 3447 Iterationen.

Nun hängt der gesamte Rechenaufwand von der Zahl der zur Erreichung einer vorgeschriebenen Genauigkeit benötigten Rechenoperationen und nicht nur von der Konvergenzgeschwindigkeit des verwendeten Iterationsverfahrens ab. Hierauf gehen wir später bei der Untersuchung der Mehrgitterverfahren ein.

19.1.4 Mehrgitterverfahren

Wir legen weiter das Modellproblem (19.1) bis (19.3) zugrunde und betrachten jetzt eine Folge von Gittern G_{h_l} mit den Gitterparametern

$$h_0 > h_1 > h_2 \cdots > h_l > \cdots.$$

Dabei sei

$$h_l = 2^{-(l+1)}, \quad l = 0, 1, \dots, \quad N_l \cdot h_l = 1. \tag{19.15}$$

Der übersichtlicheren Schreibweise wegen bezeichnen wir die Gitter G_{h_l} künftig mit G_l. Außer den beiden Randpunkten, in denen die Lösung von (19.1) vorgegeben ist, besteht das Gitter G_0 nur aus dem einen Punkt 1/2. Allgemein besteht das Gitter G_l aus den inneren Punkten $s\,h_l$, $s = 1, \dots, 2^{l+1} - 1$. Auf G_l erhalten wir durch die in Abschnitt 19.1.2 beschriebene Diskretisierung das Gleichungssystem

$$\boldsymbol{A}_l \boldsymbol{u}_l = \boldsymbol{f}_l$$

mit den Gitterfunktionen

$$\begin{aligned} \boldsymbol{u}_l &= [u_l(h_l), u_l(2h_l), \cdots, u_l(1 - h_l)]^T \\ \boldsymbol{f}_l &= [f(h_l), f(2h_l), \dots, f(1 - h_l)]^T \end{aligned}$$

und der $(N_l - 1) \times (N_l - 1)$–Matrix

$$\boldsymbol{A}_l = \frac{1}{h_l^2} \begin{bmatrix} 2 & -1 & & & 0 \\ -1 & 2 & -1 & & \\ & \ddots & \ddots & \ddots & \\ & & -1 & 2 & -1 \\ 0 & & & -1 & 2 \end{bmatrix}. \tag{19.16}$$

Wegen (19.15) gilt $N_l = 2^{l+1}$.

Wir wenden auf dieses Problem zunächst das in Abschnitt 19.1.4 beschriebene Zweigitterverfahren an, und zwar bis zum 3. Schritt einschließlich. Wegen der unterschiedlichen Schreibweise wiederholen wir dies noch einmal:

Ausgehend von $\boldsymbol{u}_l^m$, $m = 0, 1, 2, \ldots$, verwende man den folgenden Algorithmus:

1. ν_l–malige Iteration mit dem Glätter:

$$\begin{aligned} \boldsymbol{u}_l^{m(0)} &= \boldsymbol{u}_l^m, \\ \boldsymbol{u}_l^{m(j+1)} &= \boldsymbol{u}_l^{m(j)} - \frac{h^2}{4}(A_l \boldsymbol{u}_l^{m(j)} - \boldsymbol{f}_l), \quad j = 0, \ldots, \nu_l - 1, \\ \bar{\boldsymbol{u}}_l^m &= \boldsymbol{u}_l^{m(\nu_l)}. \end{aligned}$$

2. Berechnung des Defektes $\boldsymbol{d}_l = \boldsymbol{A}_l \bar{\boldsymbol{u}}_l^m - \boldsymbol{f}_l$.

3. Restriktion von $\boldsymbol{d}_l^m$ auf G_{l-1} : $\boldsymbol{d}_{l-1}^m = \boldsymbol{R}\boldsymbol{d}_l^m$.

Wir betrachten dann auf G_{l-1} das Gleichungssystem

$$\boldsymbol{A}_{l-1} \boldsymbol{v}_{l-1}^m = \boldsymbol{d}_{l-1}^m. \tag{19.17}$$

Dabei ist die Matrix $\boldsymbol{A}_{l-1}$ entsprechend (19.16) für $h_{l-1} = 2h_l$ definiert.

Beim Zweigitterverfahren mußte (19.17) exakt gelöst werden. Nun kann dieses System noch groß sein, so daß die Lösung einen hohen Rechenaufwand erfordert. Man kann aber offensichtlich (19.17) wieder mit dem Zweigitterverfahren lösen, und zwar unter Verwendung der Gitter G_{l-1} und G_{l-2}. So entsteht ein Dreigitterverfahren. Das auf G_{l-2} zu lösende Gleichungssystem, das (19.17) entspricht, kann nun wieder mit einem Zweigitterverfahren gelöst werden, usw. Mit Hilfe des Zweigitterverfahrens werden auf diese Weise *Mehrgitterverfahren* definiert.

Da diese Mehrgitterverfahren vor allem für mehrdimensionale Probleme von Bedeutung sind, wollen wir sie im folgenden an Differenzenverfahren zur numerischen Lösung der zweidimensionalen Poisson–Gleichung erläutern.

19.2 Randwertprobleme der Poisson–Gleichung

Bereits in Abschnitt 18.2 haben wir das Differenzenverfahren zur numerischen Lösung von Randwertproblemen der Poisson–Gleichung betrachtet. Dabei erhielten wir das lineare Gleichungssystem (18.21). Aber auch alle anderen Diskretisierungen, ob auf der Basis der Differenzenverfahren oder der Methode der finiten Elemente, führen auf Gleichungssysteme dieser Art mit schwach besetzter Matrix.

Bei den klassischen Iterationsverfahren, wie z.B. den SOR–Verfahren, ist es von untergeordneter Bedeutung, welches Verfahren und damit welches Gitter verwendet wurde. Wichtig sind allein die Eigenschaften der Matrix. Bei den Zwei– und Mehrgitterverfahren ist wegen der erforderlichen Restriktionen und Prolongationen das Gitter von besonderer Bedeutung für die Konstruktion und die Eigenschaften des Verfahrens. So leuchtet es z.B. ein, daß die Implementierung eines Mehrgitterverfahrens für eine unregelmäßige Triangulierung schwieriger ist als für ein gleichmäßiges Rechteckgitter.

Wir wollen uns hier, um etwas Konkretes vor Augen zu haben, auf das Randwertproblem (18.17) und das in Abschnitt 18.2 beschriebene einfache Differenzenverfahren beziehen. Die Mehrgitterverfahren für kompliziertere lineare Randwertprobleme und allgemeinere Diskretisierungsverfahren sind im Prinzip die gleichen, ihre Anwendung wird allerdings durch zusätzliche Probleme und durch die notwendige Lösung von Detailfragen oft wesentlich schwieriger.

19.2.1 Glättende Iterationen

Wir betrachten (18.17), also das Randwertproblem

$$\begin{aligned} -\Delta_2 u = -u_{xx} - u_{yy} = f(x,y) \quad &\text{in } G:\ 0<x<1;\ 0<y<1, \\ u(x,y) = 0, \quad &(x,y) \in \dot{G}. \end{aligned} \tag{19.18}$$

Die Diskretisierung unter Verwendung des üblichen 5–Punkte Differenzensterns führt auf dem feinsten Gitter G_l auf ein Gleichungssystem

$$\boldsymbol{A}_l \boldsymbol{u}_l = \boldsymbol{f}_l.$$

Dabei ist $\boldsymbol{A}_l$ eine $(N_l-1)^2 \times (N_l-1)^2$–Matrix, etwa der Gestalt (18.24). Wie in Abschnitt 18.2 ausgeführt wurde, hängt die Struktur der Matrix von der Wahl der Numerierung der Gitterpunkte ab. Wir werden darauf gleich zurückkommen.

Im Prinzip ist das Zweigitterverfahren dann das gleiche wie das in Abschnitt 19.1.3 beschriebene für den eindimensionalen Fall. Allerdings muß neu festgelegt werden, wie die Glättungsiterationen sowie die Prolongationen und Restriktionen vorzunehmen sind.

Die Glättung kann etwa wieder mit dem gedämpften Jacobi–Verfahren durchgeführt werden, es lautet hier in leicht verständlicher Schreibweise mit $\boldsymbol{A}_l = \boldsymbol{D}_l - \boldsymbol{L}_l - \boldsymbol{U}_l$

$$\boldsymbol{u}_l^{(j+1)} = \boldsymbol{u}_l^{(j)} - \bar{\omega} \boldsymbol{D}_l^{-1}(\boldsymbol{A}_l \boldsymbol{u}_l^{(j)} - \boldsymbol{f}_l), \quad j = 0,1,\dots \quad . \tag{19.19}$$

Nun gilt

$$\boldsymbol{D}_l = \frac{4}{h_l^2}\boldsymbol{I}, \quad \boldsymbol{D}_l^{-1} = \frac{h_l^2}{4}\boldsymbol{I},$$

d.h. (19.19) hat die Gestalt

$$u_l^{(j+1)} = u_l^{(j)} - \frac{\bar{\omega} h_l^2}{4}(A_l u_l^{(j)} - f_l). \tag{19.20}$$

Setzen wir noch

$$\omega = \bar{\omega}/4, \quad B_l = I - \omega h_l^2 A_l, \quad g_l = \omega h_l^2 f_l,$$

so können wir (19.20) auch in der Form schreiben

$$u_l^{(j+1)} = B_l u_l^{(j)} + g_l.$$

Hier erhebt sich die Frage nach einem geeigneten Dämpfungsfaktor ω. Oft wird (vgl. [40, S. 52f])

$$\omega = \omega_l = \frac{1}{h_l^2} \|A_l\|_2^{-1}$$

gewählt und somit

$$B_l = I - \|A_l\|_2^{-1} A_l,$$

was allerdings nur dann praktikabel ist, wenn $\|A_l\|_2$ hinreichend genau ermittelt werden kann. In unserem Falle einer symmetrischen Matrix ist natürlich $\|A_l\|_2 = \varrho(A_l)$.

Einfacher ist die Wahl $\bar{\omega} = 1/2$, d.h. $\omega = 1/8$, was der Wahl von ω beim eindimensionalen Problem in Abschnitt 19.1.3 entspricht. Im Gegensatz zum eindimensionalen Fall können hier die Glättungseigenschaften der Iterationsverfahren von der Numerierung der Gitterpunkte abhängen. Beim betrachteten Jacobi-Verfahren als Gesamtschrittverfahren ist dies zwar nicht der Fall, dagegen hängt der Glättungseffekt beim Gauß-Seidel-Verfahren als Einschrittverfahren in der Tat von dieser Numerierung ab.

Das Gauß-Seidel-Verfahren lautet (vgl. Band 1, S. 171 f.)

$$\begin{aligned} u_l^{(j+1)} &= H_l u_l^{(j)} + g_l, \\ H_l &= (D_l - L_l)^{-1} U_l, \\ g_l &= (D_l - L_l)^{-1} f_l. \end{aligned}$$

In dieser Form wird es allerdings nicht angewendet, vielmehr iteriert man komponentenweise (vgl. Band 1, S. 171 (6.30)).

Auch die Gauß-Seidel-Iteration besitzt gute Glättungseigenschaften, wobei allerdings die oben erwähnte Abhängigkeit von der Numerierung der Gitterpunkte besteht. Erfolgt die Diskretisierung durch den üblichen einfachen "5-Punkte-Stern" (18.21), so ist die sogenannte „Schachbrettordnung“ günstig. Hierbei teilt man das

Gitter G_l in zwei disjunkte Teilmengen, entsprechend den weißen und schwarzen Feldern auf dem Schachbrett:

$$\begin{aligned} G_l^{(1)} &= \{(\mu h, \nu h) \in G_l,\ \mu + \nu \text{ gerade }\}, \\ G_l^{(2)} &= \{(\mu h, \nu h) \in G_l,\ \mu + \nu \text{ ungerade }\}. \end{aligned}$$

Dann werden zuerst zeilen– bzw. spaltenweise sämtliche Punkte von $G_l^{(1)}$ und daraufhin die von $G_l^{(2)}$ durchnumeriert (siehe Abb. 19.1)

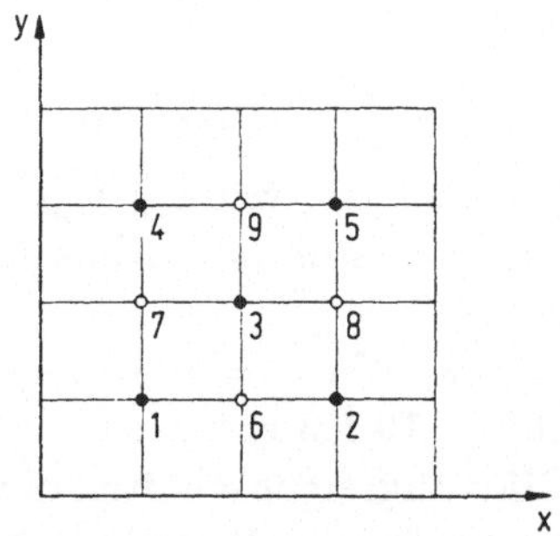

Abbildung 19.1: Schachbrettordnung

Man erhält für jedes N_l ein Gleichungssystem $\boldsymbol{A}_l \boldsymbol{u}_l = \boldsymbol{f}_l$ mit einer Matrix der Gestalt

$$\boldsymbol{A}_l = \begin{bmatrix} \boldsymbol{D}_{l_1} & \boldsymbol{B}_{l_1} \\ \boldsymbol{B}_{l_2} & \boldsymbol{D}_{l_2} \end{bmatrix}.$$

Dabei sind $\boldsymbol{D}_{l_1}$ und $\boldsymbol{D}_{l_2}$ quadratische Diagonalmatrizen mit positiven Diagonalelementen.

Beispiel 19.2. *Es sei $N_l = 4$ (siehe Abb. 19.1). Dann lautet die 9×9–Matrix $\boldsymbol{A}_l$*

in schematischer Darstellung, in der nur die Nicht–Nullelemente eingetragen sind:

	1	2	3	4	5	6	7	8	9	
	4					-1	-1			u_{11}
		4				-1		-1		u_{31}
			4			-1	-1	-1	-1	u_{22}
$\frac{1}{h^2}$				4			-1		-1	u_{13}
					4			-1	-1	u_{33}
	-1	-1	-1			4				u_{21}
	-1		-1	-1			4			u_{12}
		-1	-1		-1			4		u_{32}
			-1	-1	-1				4	u_{23}

□

19.2.2 Restriktion und Prolongation

Besitzt das quadratische Gitter G_l die Maschenweite h_l, so besitze das nächst gröbere Gitter G_{l-1} die Maschenweite $h_{l-1} = 2h_l$. Mit $h_0 = 1/2$ bedeutet dies $h_l = 2^{-(l+1)}$, $N_l = 2^{l+1}$. Diese Annahme dient der Vereinfachung der Beschreibung, es können jedoch durchaus andere Gitterkonstruktionen vorgezogen werden, was manchmal vorteilhaft ist. Allerdings sollten alle Gitterpunkte von G_{l-1} auch solche von G_l sein, $l = 1, 2, \ldots$. Man kann aber auch bei manchen Aufgaben ungleichmäßige Gittervergröberungen vornehmen.

Wenn, wie in unserem Fall, die Differentialgleichung von 2. Ordnung ist, sind Restriktion und Prolongation leicht zu definieren.

Es sei z_l eine Gitterfunktion auf G_l. Die einfachste Restriktion von z_l auf G_{l-1} ist dann

$$z_{l-1}(x,y) = z_l(x,y), \qquad (x,y) \in G_{l-1}.$$

Besser sind Restriktionen, welche auch die Werte von z_l in der Umgebung von (x,y) berücksichtigen, etwa in der Gestalt

$$z_{l-1}(x,y) = \sum_{i,j=-1}^{1} r_{i,j} z_l(x + ih_l, y + jh_l)$$

mit geeignet gewählten $r_{i,j}$. Diese Koeffizienten können in dem Schema

$$\boldsymbol{r} = \begin{bmatrix} r_{-1,1} & r_{0,1} & r_{1,1} \\ r_{-1,0} & r_{0,0} & r_{1,0} \\ r_{-1,-1} & r_{0,-1} & r_{1,-1} \end{bmatrix}$$

zusammengefaßt werden. Bewährt haben sich u.a. die Restriktionen

$$\boldsymbol{r} = \frac{1}{16}\begin{bmatrix} 1 & 2 & 1 \\ 2 & 4 & 2 \\ 1 & 2 & 1 \end{bmatrix} \quad \text{und} \quad \boldsymbol{r} = \frac{1}{8}\begin{bmatrix} 0 & 1 & 1 \\ 1 & 2 & 1 \\ 1 & 1 & 0 \end{bmatrix}. \tag{19.21}$$

Mit der $(N_{l-1}-1)^2 \times (N_l - 1)^2 = (2^{l-1}-1)^2 \times (2^l - 1)^2$–Restriktionsmatrix $\boldsymbol{R}_l$ ist dann

$$\boldsymbol{z}_{l-1} = \boldsymbol{R}_l \boldsymbol{z}_l.$$

Beispiel 19.3. $N_l = N_1 = 2^{l+1} = 2^2$, *$G_1$ enthält $(2^2-1)^2 = 9$ innere Punkte, G_0 daher $(2^1-1)^2 = 1$ inneren Punkt. Bei der natürlichen Anordnung der Gitterpunkte (Numerierung von links unten nach rechts oben) erhält man dann für die erste Restriktion (19.21) die* 1×9*–Matrix*

$$\boldsymbol{R}_2 = \tfrac{1}{16}[1,\ 2,\ 1,\ 2,\ 4,\ 2,\ 1,\ 2,\ 1].$$

Für die Schachbrettordnung ergibt sich

$$\boldsymbol{R}_2 = \tfrac{1}{16}[1,\ 1,\ 4,\ 1,\ 1,\ 2,\ 2,\ 2,\ 2].$$

□

Auch die Prolongation läßt sich einfach beschreiben als stückweise lineare Interpolation. Man beachte, daß die Randwerte der Gitterfunktion 0 sind. So kann man z.B. $\boldsymbol{z}_{l-1}$ wie folgt auf G_l prolongieren: Für $(x,y) \in G_{l-1}$ sei

$$\begin{aligned} z_l(x,y) &= z_{l-1}(x,y), \\ z_l(x,y+h) &= \tfrac{1}{2}(z_{l-1}(x,y) + z_{l-1}(x,y+2h)), \\ z_l(x+h,y) &= \tfrac{1}{2}(z_{l-1}(x,y) + z_{l-1}(x+2h,y)), \\ z_l(x+h,y+h) &= \tfrac{1}{4}(z_{l-1}(x,y) + z_{l-1}(x+2h,y) \\ &\quad + z_{l-1}(x,y+2h) + z_{l-1}(x+2h,y+2h)). \end{aligned}$$

Hierdurch ist die $(N_l-1)^2 \times (N_{l-1}-1)^2 = (2^{l+1}-1)^2 \times (2^l-1)^2$–Prolongationsmatrix eindeutig bestimmt, es gilt

$$\boldsymbol{z}_l = \boldsymbol{P}_l \boldsymbol{z}_{l-1},$$

wobei $z_k(x,0) = z_k(0,x) = z_k(x,1) = z_k(1,x) = 0, \quad k = l, l-1$ zu berücksichtigen ist.

Beispiel 19.4. *Sei wieder $N_l = N_1 = 2^2$, so wird bei der Schachbrettanordnung*

$$\boldsymbol{P}_2 = \tfrac{1}{4}[1,\ 1,\ 4,\ 1,\ 1,\ 2,\ 2,\ 2,\ 2]^T.$$

Es gilt mit der zweiten Restriktionsmatrix in Beispiel 19.3

$$\boldsymbol{P}_2 = 4\boldsymbol{R}_2^T.$$

□

19.2.3 Mehrgitterverfahren

Der Zweigitteralgorithmus für das hier betrachtete Differenzenverfahren zur numerischen Lösung des Randwertproblems (19.18) entspricht dem in Abschnitt 19.1.3 beschriebenen, wenn dort die Indizes $h, 2h$ durch $l, l-1$ ersetzt werden. Deshalb formulieren wir hier, wie angekündigt, gleich Mehrgitteralgorithmen, wobei wir allerdings teilweise eine andere Schreibweise wählen.

Beim Zweigitteralgorithmus erhalten wir $\boldsymbol{u}_l^{m+1} = \bar{\boldsymbol{u}}_l^m - \boldsymbol{P}_l\boldsymbol{v}_{l-1}^m$. Man könnte auch zunächst $\tilde{\boldsymbol{u}}_l = \bar{\boldsymbol{u}}_l^m - \boldsymbol{P}\boldsymbol{v}_{l-1}^m$ setzen, $\tilde{\boldsymbol{u}}_l$ dann noch durch einige Glättungsschritte verbessern und das Resultat mit $\boldsymbol{u}_l^{m+1}$ bezeichnen. Dies kann man bei Mehrgitteralgorithmen auf jedem Gitter vornehmen. Wir werden der Einfachheit halber annehmen, daß beim „Abstieg" auf die gröberen Gitter jeweils ν_1 mal, beim „Aufstieg" auf die feineren Gitter jeweils ν_2 mal geglättet wird.

Auf jedem Gitter G_{l-i} sind demnach beim Mehrgitterverfahren einige Iterationen als Glättungsschritte durchzuführen. Diese können bei vorgegebener Ausgangsnäherung auch als Iteration zur genäherten Lösung eines Gleichungssystems angesehen werden. Sei dieses System etwa $\boldsymbol{A}_{l-i}\boldsymbol{u}_{l-i} = \boldsymbol{f}_{l-i}$, so beschreiben wir diese Iterationen kurz durch „ν Glättungsschritte bzgl. $\boldsymbol{A}_{l-i}\boldsymbol{u}_{l-i} = \boldsymbol{f}_{l-i}$ mit $\boldsymbol{u}_{l-i}^{(0)} = \cdots$". Der *Algorithmus* für das *Mehrgitterverfahren (MGA)* lautet dann:

Es sei $\boldsymbol{u}_l^m$, $0 \le m$, bekannt.

1. Man führe ν_1 Glättungsschritte bzgl. $\boldsymbol{A}_l\boldsymbol{u}_l = \boldsymbol{f}_l$ mit $\boldsymbol{u}_l^{(0)} = \boldsymbol{u}_l^m$ durch.
   Resultat $\bar{\boldsymbol{u}}_l$.

2. Für $i = 0, 1, \ldots, L-1$ berechne man $\boldsymbol{d}_{l-i} = \boldsymbol{A}_{l-i}\bar{\boldsymbol{u}}_{l-i} - \boldsymbol{f}_{l-i}$, $\boldsymbol{f}_{l-i-1} = \boldsymbol{R}_{l-i}\boldsymbol{d}_{l-i}$. Für $i < L-1$ führe man ν_1 Glättungsschritte bzgl. $\boldsymbol{A}_{l-i-1}\boldsymbol{u}_{l-i-1} = \boldsymbol{f}_{l-i-1}$ mit $\boldsymbol{u}_{l-i-1}^{(0)} = 0$ durch.
   Resultat $\bar{\boldsymbol{u}}_{l-i-1}$.

3. Man löse (näherungsweise) $\boldsymbol{A}_{l-L}\boldsymbol{u}_{l-L} = \boldsymbol{f}_{l-L}$ auf dem Gitter G_{l-L}.
   Resultat $\bar{\bar{\boldsymbol{u}}}_{l-L}$.

4. Man setze für $k = 1, 2, \ldots, L$

$$\tilde{u}_{l-L+k} = \bar{u}_{l-L+k} - P_{l-L+k}\bar{\bar{u}}_{l-L+k-1}$$

und führe ν_2 Glättungsschritte bzgl. $A_{l-L+k}u_{l-L+k} = f_{l-L+k}$ mit $u^{(0)}_{l-L+k} = \tilde{u}_{l-L+k}$ durch.
Resultat $\bar{\bar{u}}_{l-L+k}$.

5. Man setze $u_l^{m+1} = \bar{\bar{u}}_l$.

Der Algorithmus geht vom feinsten Gitter aus direkt zum gröbsten und von dort wieder direkt zum feinsten. Er durchläuft sozusagen einen V–Zyklus (siehe Abb. 19.2).

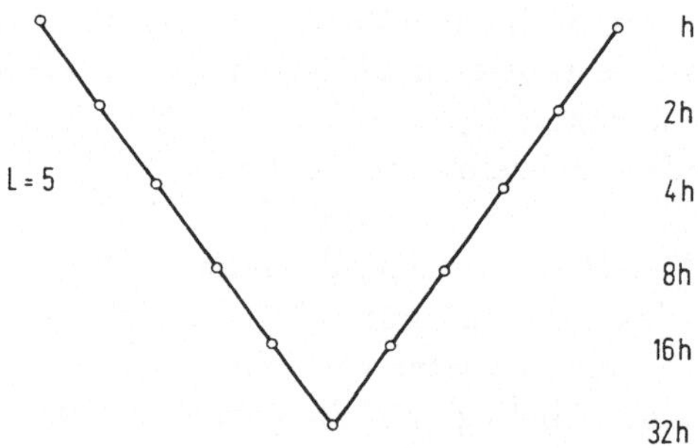

Abbildung 19.2: V–Zyklus

Der beschriebene Algorithmus ist aber nur einer von vielen möglichen. U.a. benutzt man den W–Zyklus und Varianten, (siehe Abb. 19.3).

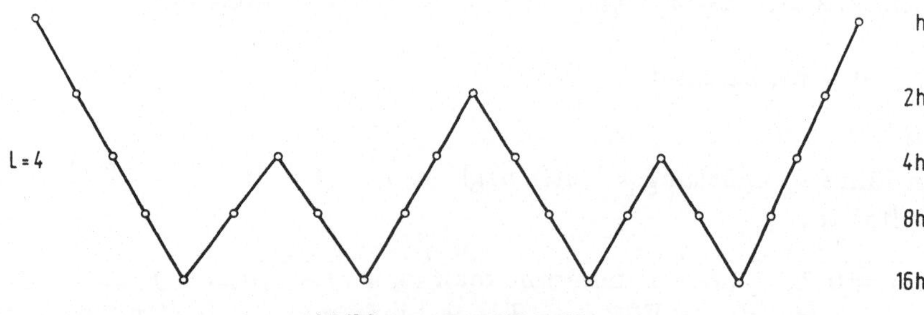

Abbildung 19.3: W–Zyklus

Eine interessante Variante der Mehrgitterverfahren erhält man, wenn man das feinste Gitter nicht a priori festlegt. Demnach beginnt man den Algorithmus auch nicht auf diesem Gitter, sondern auf einem gröberen oder dem gröbsten. Bezüglich dieser Varianten („Nested iteration", „full multi–grid method") vgl. man [40, S. 98 ff].

19.2.4 Rechenaufwand

Entscheidend für die Effizienz eines Verfahrens ist die Zahl der benötigten Rechenoperationen. Als Rechenoperation (RO) haben wir in Band 1, S. 150 das Ausführen einer Multiplikation und einer Addition definiert.

Bei den hier betrachteten schwach besetzten Gleichungssystemen ist nun die Zahl der RO proportional der Zahl n der Gleichungen. Es handelt sich daher um außerordentlich schnelle Verfahren. Man kann nämlich ausrechnen, daß die Zahl der benötigten Rechenoperationen bei den direkten Vefahren und bei den Relaxationsverfahren bei vergleichbarer Genauigkeit proportional n^2 ist. Lediglich beim SOR-Verfahren mit optimalen $\omega = \omega_b$ ist sie proportional $\sqrt{n^3}$.

Wir wollen die Zahl der benötigten Rechenoperationen für den einfachen V-Zyklus abschätzen. Dazu betrachten wir das Modellproblem (19.18) und die in Abschnitt 19.2.2 definierte Gitterfolge. Der überwiegende Rechenaufwand resultiert aus den Glättungsiterationen. Wir vernachlässigen daher die zur Lösung von $A_{l-L}u_{l-L} = f_{l-L}$ auf dem gröbsten Gitter und die zum Abstieg und Aufstieg zu gröberen und feineren Gittern erforderlichen Rechenoperationen.

Man kann zeigen, daß bei der Glättung mit dem Jacobi- oder dem Gauß-Seidel-Verfahren auf dem Gitter G_l $4(N_l-1)^2$ Rechenoperationen pro Schritt erforderlich sind. Daher erfordert ν-malige Glättung auf G_l insgesamt $4\nu(N_l-1)^2$ RO. Beim hier beschriebenen V-Zyklus wird auf $G_l, G_{l-1}, \ldots, G_{l-(L-1)}$ jeweils 2 mal geglättet, und zwar beim Abstieg mit ν_1, beim Aufstieg mit ν_2 Iterationen. Daher ist, mit den angegebenen Vernachlassigungen, die Zahl r_L der erforderlichen Rechenoperationen bei einem Iterationsschritt des Mehrgitterverfahrens:

$$r_L \le 4(\nu_1+\nu_2)\sum_{i=0}^{L-1}(N_{l-i}-1)^2 = 4(\nu_1+\nu_2)(N_l-1)^2\sum_{i=0}^{L-1}\frac{(N_{l-i}-1)^2}{(N_l-1)^2}.$$

Nun gilt aber

$$N_{l-i} = N_l/2^i, \quad (N_l/2^i-1)^2 \le (N_l-1)^2/2^{2i}, \quad i=0,\ldots,L-1.$$

Daher erhalten wir die Abschätzungen

$$r_L \le 4(\nu_1+\nu_2)(N_l-1)^2\sum_{i=0}^{L-1}\frac{1}{2^{2i}} = 4(\nu_1+\nu_2)(N_l-1)^2\frac{1-(1/4)^L}{3/4}.$$

Eine von L unabhängige Abschätzung ist daher

$$r_L < 4(\nu_1+\nu_2)\,4/3\,(N_l-1)^2 \text{ RO pro Iteration.} \tag{19.22}$$

(Diese Abschätzung ist natürlich umso besser, je größer L ist.) Man erkennt hieran, daß die Zahl der erforderlichen Rechenoperationen für einen Iterationsschritt des

Mehrgitterverfahrens nur $4/3(\nu_1 + \nu_2)$ mal der Zahl der Rechenoperationen für eine Jacobi- bzw. Gauß–Seidel–Iteration beträgt.

In Abschnitt 19.1.4 haben wir beim eindimensionalen Modellproblem gesehen, daß schon das Zweigitterverfahren bei wenigen Glättungsiterationen außerordentlich schnell konvergiert. Beim Mehrgitterverfahren fallen Spektralradius und Spektralnorm der Iterationsmatrix noch kleiner aus als beim Zweigitterverfahren, d.h. die Konvergenzgeschwindigkeit ist noch größer. Analoges gilt im zweidimensionalen Fall. Daher handelt es sich bei den Mehrgitterverfahren in der Tat um sehr schnelle Iterationsverfahren. Eine genaue Untersuchung zeigt: Fordert man im hier betrachteten ein– oder zweidimensionalen Fall als Abbruchkriterium für die Mehrgitteriteration (vgl. Band 1, S. 186)

$$\|u_l^M - u_l^*\|_2 \le \delta \, \|u_l^{(0)} - u_l^*\|_2$$

mit vorgegebenem δ ($\delta = 10^{-p}$), so ist die Zahl der erforderlichen Rechenoperationen proportional der Zahl n der Gleichungen des Systems $A_l u_l = f_l$. Wie wir oben erwähnt haben, ist diese Zahl bei den Relaxationsverfahren in der Regel proportional n^2. Ganz grob gesprochen sind die Mehrgitterverfahren also n mal so schnell wie die Relaxationsverfahren.

19.2.5 Schlußbemerkungen

Wie bereits im Laufe dieses Kapitels mehrfach gesagt, gehören die Mehrgitterverfahren zu den derzeit schnellsten Verfahren zur numerischen Lösung diskretisierter Rand– und Anfangs–Randwertprobleme. Ihr Anwendungsbereich ist im Vergleich zu Relaxationsverfahren ähnlich groß oder noch größer. Oft gelingt es nur durch Anwendung dieser Methoden, extrem große Gleichungssysteme in akzeptabler Zeit zu lösen.

Mehrgitterverfahren sind auch für die Methode der finiten Elemente und andere Diskretisierungen ausgebaut worden. Dabei liegt es auf der Hand, daß unregelmäßige Gitter – wie bei der Methode der finiten Elemente – hierbei zu Schwierigkeiten bei der praktischen Anwendung führen. Man vgl. etwa [40, S. 66 ff.].

Auch zur numerischen Lösung von großen schwach besetzten Gleichungssystemen, die aus der Diskretisierung von nichtlinearen Rand– und Anfangsrandwertproblemen resultieren, sind Mehrgitterverfahren konstruiert und theoretisch untersucht worden. Hierbei erweist es sich manchmal als schwierig, geeignete Glätter zu finden. Oft verwendet man in Analogie zum linearen Fall Jacobi–Newton oder Jacobi–Gauß–Seidel–Verfahren als Glätter (vgl. Band 1, S. 243 ff.). Genauer untersucht werden solche Verfahren u.a. auf dem Gebiet der numerischen Lösung von Differentialgleichungen der Strömungsmechanik (Navier–Stokes–Gleichungen). Trotzdem gibt es hier noch viele offene Fragen sowohl hinsichtlich der Theorie als auch der praktischen Anwendung von Mehrgitterverfahren.

Ein gewichtiger Nachteil der Mehrgitterverfahren etwa gegenüber den Relaxationsverfahren ist ihre aufwendige und oft schwierige Implementierung. Dies gilt natürlich im besonderen Maße für komplizierte Differentialgleichungsprobleme. Es gibt daher Versuche, Verfahren zu entwickeln, die einfacher zu implementieren sind, aber doch eine ähnliche Effizienz wie die Mehrgitterverfahren aufweisen. Der Speicherbedarf bei den Mehrgitterverfahren ist dagegen ähnlich gering wie bei den Relaxationsverfahren.

Aufgaben

A 19.1 Das Modellproblem (19.2) mit (19.3) soll durch das beschriebene Zweigitterverfahren so gelöst werden, daß

$$\|u_h^\mu - u_h^*\|_2 \leq 10^{-4}\|u_h^0 - u_h^*\|_2$$

gilt.

a) Wieviel Zweigitteriterationen müssen durchgeführt werden, wenn die Rechnung mit jeweils 1, 2, 3 und 4 Glättungsiterationen durchgeführt wird?

b) Wie groß ist dabei die Zahl der erforderlichen Rechenoperationen? (Man gehe wie in Abschnitt 19.2.4 vor.)

A 19.2

a) Für das Modellproblem berechne man $B_h = I - \omega h^2 A_h$ mit $\omega = \frac{1}{h^2}\|A_h\|_2^{-1}$ und A_h nach (19.3).

b) Mit dieser Jacobi-Matrix B_h berechne man das Beispiel 19.1 und stelle fest, ob sich die Glättungseigenschaften durch die Wahl von ω nach a) wesentlich ändern.

A 19.3 Für $M = 5$ berechne man für das Modellproblem die Matrix $M_h(2)$, ihren Spektralradius $\varrho(M_h(2))$ und die Norm $\|M_h(2)\|_2$. Man vergleiche die Ergebnisse mit den Aussagen von Satz 19.1.

20 Hinweise zu weiteren Verfahren zur Lösung elliptischer Randwertprobleme und zur Lösung von Integralgleichungen

20.1 Kollokationsverfahren

Das Kollokationsverfahren beruht auf folgender einfacher Idee:
Für die gesuchte Lösung u der Differentialgleichung macht man einen Ansatz

$$u(x,y) \approx w(x,y) := \sum_{i=1}^{n} \alpha_i \varphi_i(x,y)$$

mit Basisfunktionen φ_i, die so oft stetig differenzierbar sind wie es der Ordnung der Differentialoperators entspricht. Den Ansatz setzt man nun in die Differentialgleichung und die Randbedingungen ein und fordert Gleichheit an n Punkten von $\bar{G}$, den Kollokationspunkten, davon n_1 Punkte in G und $n - n_1$ Punkte auf $\dot{G}$. Man erhält so ein lineares (oder nichtlineares) Gleichungssystem für die α_i, das man löst. Die Methode ist von ihrer Durchführung her äußerst einfach. Ihr Erfolg hängt allerdings wesentlich von der geeigneten Wahl der Basisfunktionen und der Kollokationspunkte ab. Im folgenden betrachten wir ein gleichmäßig elliptisches Randwertproblem, bei dem die Lösung u ein Maximum- Minimum-Prinzip erfüllt:

$$\begin{aligned} Lu(x,y) &= -\partial_1(a_1(x,y)\partial_1 u(x,y)) - \partial_2(a_2(x,y)\partial_2 u(x,y)) + c(x,y)u(x,y) \\ &= q(x,y), \qquad (x,y) \in G, \\ u(x,y) &= \psi(x,y), \qquad (x,y) \in \dot{G}, \end{aligned} \tag{20.1}$$

$c(x,y) \geq 0, \quad (x,y) \in \bar{G}, \quad a_1(x,y), a_2(x,y) \geq \alpha > 0, \quad (x,y) \in \bar{G}, \quad q \geq 0$ (bzw. ≤ 0). Die Lösung u dieses Problems erfüllt folgendes Maximum-Minimum-Prinzip:

Satz 20.1. *Ist $q(x,y) \geq 0$ (bzw. $q(x,y) \leq 0$) für alle $(x,y) \in \bar{G}$, so nimmt jede nichtkonstante Lösung u von (20.1) ihr Minimum auf dem Rand von G und nicht in G an, falls es negativ ist (bzw. ihr Maximum, falls es positiv ist).* □

Satz 20.2. *Ist u die eindeutig bestimmte Lösung von (20.1), sowie $q(x,y) \geq 0$ auf $\bar{G}$ und $\psi(x,y) \geq 0$ auf $\dot{G}$, dann gilt*

$$u(x,y) \geq 0 \quad \text{auf} \quad \bar{G}$$

und

$$|u(x,y)| \leq \max\{|\psi(\xi,\eta)| : (\xi,\eta) \in \dot{G}\} + K \max\{|q(x,y)| : (x,y) \in \bar{G}\}$$

mit einer geeigneten Konstanten K.

Zum Beweis dieser Sätze vergleiche bei [53]. □

Unsere obige Vorgehensweise führt zu dem Gleichungssystem

$$\begin{aligned} Lw(x_k, y_k) &= q(x_k, y_k), \qquad & k &= 1, ..., n_1, \\ w(x_k, y_k) &= \psi(x_k, y_k), \qquad & k &= n_1 + 1, ..., n, \end{aligned}$$

wobei $(x_k, y_k) \in G, \quad k = 1, ..., n_1$, bzw. $(x_k, y_k) \in \dot{G}, \quad k = n_1 + 1, ..., n$. Ausgeschrieben ist dies

$$\boldsymbol{A}\,\boldsymbol{a} = \boldsymbol{b}$$

mit

$$\boldsymbol{A} = \begin{bmatrix} L\varphi_1(x_1, y_1) & \cdots & L\varphi_n(x_1, y_1) \\ \vdots & \vdots & \vdots \\ L\varphi_1(x_{n_1}, y_{n_1}) & \cdots & L\varphi_n(x_{n_1}, y_{n_1}) \\ \varphi_1(x_{n_1+1}, y_{n_1+1}) & \cdots & \varphi_n(x_{n_1+1}, y_{n_1+1}) \\ \vdots & \vdots & \vdots \\ \varphi_1(x_n, y_n) & \cdots & \varphi_n(x_n, y_n) \end{bmatrix},$$

$$\boldsymbol{b} = \begin{bmatrix} q(x_1, y_1) \\ \vdots \\ q(x_{n_1}, y_{n_1}) \\ \psi(x_{n_1+1}, y_{n_1+1}) \\ \vdots \\ \psi(x_n, y_n) \end{bmatrix},$$

$$\boldsymbol{a} = [\alpha_1, ..., \alpha_n]^T.$$

Folgende spezielle Fälle sind für die Praxis besonders interessant:

1. **Randkollokation:**
   Es ist $q(x,y) = 0$ und $L\varphi_j(x,y) = 0, \quad j = 1, ..., n, \quad (x,y) \in G$.

(Insbesondere für $Lu = -\Delta u$ ist die Angabe geeigneter Funktionen φ_j leicht (harmonische Funktionen!))
In diesem Fall werden alle Punkte auf $\dot{G}$ gelegt, man braucht lediglich die Funktionen φ_j und ψ auszuwerten und das Gleichungssystem zu lösen.
Dies ist der bei weitem angenehmste Fall.

2. Gebietskollokation:
Es gilt $\psi \equiv 0$ und $\varphi_j \equiv 0$ für $j = 1, \ldots, n$ auf $\dot{G}$.
(bei krummlinig berandeten Gebieten ist dies schwer, allenfalls approximativ zu erreichen). In diesem Fall werden alle Punkte ins Innere von G gelegt.

A-priori Fehlerabschätzungen wie bei Differenzen- und Finite-Element-Verfahren sind hier nur in speziellen Fällen bekannt. Wesentlich einfacher ist die Ausnutzung des Maximum- Minimum-Prinzips, Satz 20.1.
Sei dazu

$$\begin{array}{rcll} \varepsilon(x,y) &=& u(x,y) - w(x,y), & (x,y) \in \bar{G} \quad \text{„Approximationsfehler“}, \\ r(x,y) &=& q(x,y) - Lw(x,y), & (x,y) \in G \quad \text{„Einsetzfehler“ in der DGL}, \\ \delta(x,y) &=& \psi(x,y) - w(x,y), & (x,y) \in \dot{G} \quad \text{„Fehler auf dem Rand“}. \end{array}$$

Dann gilt

$$\begin{array}{rcll} L\varepsilon(x,y) &=& r(x,y), & (x,y) \in G, \\ \varepsilon(x,y) &=& \delta(x,y), & (x,y) \in \dot{G}. \end{array}$$

Im Falle der Randkollokation ist

$$r(x,y) = 0,$$

also nach Satz 20.2 für $(x,y) \in \bar{G}$:

$$\min_{(x,y)\in\dot{G}} \{\delta(x,y), 0\} \le \varepsilon(x,y) \le \max_{(x,y)\in\dot{G}} \{0, \delta(x,y)\}.$$

Damit genügt es, den Fehler auf dem Rand abzuschätzen. Der Rand von G bestehe aus endlich vielen glatten Kurvenstücken, evtl. mit höherer Differenzierbarkeit. Im folgenden sei $\dot{G}$ glatt und zweimal stetig differenzierbar

$$\begin{bmatrix} x \\ y \end{bmatrix} \in \dot{G}: \quad \begin{bmatrix} x \\ y \end{bmatrix} = \begin{bmatrix} \gamma_1(t) \\ \gamma_2(t) \end{bmatrix}, \qquad 0 \le t \le L,$$

$\gamma_1, \gamma_2 \in C^2[0, L]$. (Bei mehreren glatten Stücken muß man entsprechend stückweise vorgehen). Man berechnet dann zunächst punktweise den Randfehler

$\bar{\delta}(t) := \delta(\gamma_1(t), \gamma_2(t))$ für $t = ih$, $h = \frac{L}{N}$, $i = 0, ..., N-1$ (N groß).
Nach dem Taylorschen Satz ist

$$\bar{\delta}(t) = \bar{\delta}(t_i) + \bar{\delta}'(t_i)(t - t_i) + \frac{1}{2}(t - t_i)^2 \bar{\delta}''(t^*), \quad t^* \in [t_i, t_{i+1}]$$

und für $|t - t_i| \le h$

$$|\bar{\delta}(t) - \bar{\delta}(t_i) - \bar{\delta}'(t_i)(t - t_i)| \le \frac{h^2}{2} \max_{t \in [0,L]} |\bar{\delta}''(t)|.$$

Für kleines h genügt nun eine grobe Abschätzung von $\bar{\delta}''$, um eine strenge a-posteriori Fehlerabschätzung für die errechnete Lösung w zu erhalten. Sei etwa $\max_{t \in [0,L]} |\bar{\delta}''(t)| \le K$. Dann wird

$$|\bar{\delta}(t)| \le \max_{t \in [t_i, t_{i+1}]} |\bar{\delta}(t_i) + \bar{\delta}'(t_i)(t - t_i)| + \frac{h^2}{2} K.$$

Die Werte $\bar{\delta}(t_i)$ und $\bar{\delta}'(t_i)$ sind berechenbar aus ψ, w, γ_1 und γ_2. Im Falle der Gebietskollokation ist der Randfehler $\delta \equiv 0$. Nun gibt es Funktionen $\tilde{u}(x, y) \in C^2(\bar{G})$ mit

$$\begin{aligned} L\tilde{u}(x,y) &\ge 1, \qquad (x,y) \in G, \\ \tilde{u}(x,y) &\ge 0, \qquad (x,y) \in \bar{G}, \end{aligned}$$

z.B. kann man auf dem Gebiet $G = (0,1) \times (0,1)$

$$\tilde{u}(x,y) = \mathrm{e}^{2(\beta+1)} - \mathrm{e}^{(\beta+1)(x+y)}$$

mit α aus (20.1)

$$\beta = \Big(\max\{\tfrac{1}{2}, |\partial_1 a_1(x,y)|, |\partial_2 a_2(x,y)| : \quad (x,y) \in \bar{G}\}\Big)\alpha^{-1}$$

wählen. Dann ist wegen

$$0 \le x + y \le 2$$

offensichtlich

$$\tilde{u}(x,y) \ge 0 \quad \text{auf } \bar{G}$$

und für $(x, y) \in G$

$$\begin{aligned} -a_1(x,y)\, \partial_1^2 \tilde{u}(x,y) - \partial_1 a_1(x,y)\, \partial_1 \tilde{u}(x,y) - a_2(x,y)\, \partial_2^2 \tilde{u}(x,y) \\ -\partial_2 a_2(x,y)\, \partial_2 \tilde{u}(x,y) + c(x,y)\, \tilde{u}(x,y) \\ \ge 2\alpha\Big((\beta+1)^2 - \beta(\beta+1)\Big)\, \mathrm{e}^{(\beta+1)(x+y)} \ge 2\alpha(\beta+1) \ge 1. \end{aligned}$$

Nun setze man

$$\varrho := \max_{(x,y)\in\bar{G}} |r(x,y)|.$$

Dann wird wegen $L\varepsilon = r$

$$\begin{aligned} L(\varepsilon + \varrho\tilde{u})(x,y) &\geq 0, \qquad (x,y) \in G, \\ (\varepsilon + \varrho\tilde{u})(x,y) &\geq 0, \qquad (x,y) \in \dot{G}, \end{aligned}$$

(beachte $\varepsilon_{|\dot{G}} = \delta = 0$).
Also ist nach dem Monotonieprinzip Satz 20.2

$$(\varepsilon + \varrho\tilde{u})(x,y) \geq 0, \qquad (x,y) \in \bar{G},$$

d.h.

$$\varepsilon(x,y) \geq -\varrho\tilde{u}(x,y)$$

und analog mit

$$\begin{aligned} L(\varepsilon - \varrho\tilde{u}) &\leq 0, \qquad (x,y) \in G, \\ (\varepsilon - \varrho\tilde{u}) &\leq 0, \qquad (x,y) \in \dot{G}, \\ \varepsilon(x,y) &\leq \varrho\tilde{u}(x,y). \end{aligned}$$

Die Abschätzung von ε reduziert sich somit auf die Konstruktion von $\tilde{u}$ und die Abschätzung der bekannten Funktion

$$q(x,y) - \sum_{j=1}^{n} \alpha_j L\varphi_j(x,y)$$

auf $\bar{G}$.

Beispiele geeigneter Funktionsansätze:
$G =$ Einheitskreis , Polarkoordinaten $x = r\cos t,\quad y = r\sin t,$
$\{\varphi_j\} \subset \{r^{j-1}\cos((j-1)t),\quad r^j\sin(jt),\quad j \in \mathbb{N}\}.$
$G =$ Kreisring, Polarkoordinaten,
$\{\varphi_j\} \subset \{\ln r,\quad r^j\cos(jt),\quad j \in \mathbb{Z},\quad r^j\sin(jt)\quad (j \neq 0)\quad j \in \mathbb{Z}\}.$
□

In jedem Fall muß man die Singularitätenfunktionen, die ein (eventuelles) singuläres Verhalten von u am Rand von G beschreiben, mit in den Funktionenansatz aufnehmen.
Wie man aus Beispielrechnungen weiß, hängt der Erfolg der Kollokationsmethode wesentlich von der Auswahl der Kollokationspunkte ab. Das ist in viel geringerem Maß der Fall bei der Fehlerquadratmethode, die sich von der Kollokationsmethode dadurch unterscheidet , daß man $N \gg n$ Punkte auswählt und nun die Koeffizienten α_i des Ansatzes so bestimmt, daß

$$\sum_{i=1}^{N_1}(Lw(x_i,y_i) - q(x_i,y_i))^2 + \sum_{i=N_1+1}^{N} (w(x_i,y_i) - \psi(x_i,y_i))^2$$

minimal wird bezüglich $\alpha_1, ..., \alpha_n$ $\quad (w(x,y) = \sum_{j=1}^{n} \alpha_j \varphi_j(x,y))$.

20.2 Die Randelementmethode

Die Randelementmethode (Boundary Element Method: BEM) beruht auf einer Transformation der Differentialgleichung + Randbedingungen in eine Integralgleichung auf dem Rand des Gebietes. Wir zeigen dies nur für den Fall des Dirichletproblems der Laplace–Gleichung:

$$\begin{aligned} -\Delta u &= 0, \qquad (x,y) \in G, \quad G \text{ einfach zusammenhängend,} \\ u_{|\partial G} &= \psi. \end{aligned}$$

Dabei sei $\dot{G} \subset \mathbb{R}^2$ eine glatte doppelpunktfreie Kurve

$$\begin{bmatrix} x \\ y \end{bmatrix} = \begin{bmatrix} \xi_1(t) \\ \xi_2(t) \end{bmatrix}, \qquad 0 \le t \le 2\pi.$$

Für die unbekannte Lösung u machen wir den Ansatz

$$u(x,y) = \int_0^{2\pi} \mu(t) \ln \sqrt{(x - \xi_1(t))^2 + (y - \xi_2(t))^2}\, dt \tag{20.2}$$

mit der unbekannten Randverteilung $\mu(t)$. Dieser Ansatz beruht auf folgender Überlegung:

1. Für $(x,y) \neq (x_0, y_0)$ ist $\ln \sqrt{(x-x_0)^2 + (y-y_0)^2}$ eine Lösung von $\Delta u = 0$.
2. Jede stetige Funktion μ in (20.2) erzeugt eine in $\bar{G}$ stetige Funktion u, die in G harmonisch ist (d.h. $-\Delta u = 0$).

Die Randbedingung liefert die Gleichung

$$\int_0^{2\pi} \mu(t) \ln \sqrt{(x - \xi_1(t))^2 + (y - \xi_2(t))^2}\, dt = \psi(x,y), \qquad (x,y) \in \dot{G}. \tag{20.3}$$

Dies ist eine lineare Fredholmsche Integralgleichung erster Art mit (schwach) singulärem Kern (man beachte, daß $(x,y) \in \dot{G}$, d.h. für einen Wert von t wird das Argument von ln Null).
Das numerische Vorgehen besteht nun darin, die Randkurve zu diskretisieren, d.h. wir setzen

$$t_j = (j-1)\frac{2\pi}{n}, \qquad j = 1, ..., n.$$

Das Integral wird durch eine Quadraturformel angenähert. Weil die Stelle, an der im Integranden eine Singularität auftritt, mit $(x,y) \in \dot{G}$ wandert, müssen wir für jeden Knoten auf $\dot{G}$ auch eine eigene Quadraturformel angeben:

$$\int_0^{2\pi} f(t) \ln \sqrt{(\xi_1(t_j) - \xi_1(t))^2 + (\xi_2(t_j) - \xi_1(t))^2}\, dt = \sum_{k=1}^{n} w_{jk} f(t_k) + R_j(f), \quad j = 1, \ldots, n.$$

Üblicherweise fordert man, daß $R_j(f)$ auf einer gewissen Funktionenmenge (der Dimension n) null wird, z.B. mit geradem $n = 2m$

$$R_j(f) = 0 \quad \text{für} \quad f \in \{1, \cos t, \cos 2t, \ldots, \cos(mt), \sin t, \sin 2t, \ldots, \sin((m-1)t)\}.$$

Nach der Berechnung der Gewichte w_{jk} verbleibt dann noch die Lösung des linearen Gleichungssystems

$$\sum_{k=1}^{n} w_{jk} \tilde{\mu}(t_k) = \psi(\xi_1(t_j), \xi_2(t_j)), \qquad j = 1, \ldots, n$$

für die Näherungswerte $\tilde{\mu}(t_k)$ für $\mu(t_k)$. Die Näherung $\tilde{u}$ für u ist dann (bei Verwendung der Trapezregel; man beachte, daß der Integrand periodisch ist)

$$\tilde{u}(x,y) := \frac{2\pi}{n} \sum_{k=1}^{n} \tilde{\mu}(t_k) \ln \sqrt{(x - \xi_1(t_k))^2 + (y - \xi_2(t_k))^2}\,.$$

Diese Formel liefert natürlich nur für Punkte (x,y), die nicht zu nahe am Rand von G liegen, brauchbare Näherungen für $u(x,y)$, weil nur dann der Quadraturfehler der Trapezformel klein ist.

Für (x,y) nahe bei $\dot{G}$ ist ja $\int_0^{2\pi} \mu(t) \ln \sqrt{(x - \xi_1(t))^2 + (y - \xi_2(t))^2}\, dt$ selbst (nahezu) singulär, so daß wiederum spezielle Maßnahmen für die Auswertung dieses Integrals getroffen werden müssen.

Bei der numerischen Lösung der Integralgleichung kann man nun wiederum die Methode der finiten Elemente einsetzen, indem man fordert, daß bei der Bestimmung der Gewichte w_{jk} der Quadraturfehler auf der Basis eines FEM–Ansatzes zu null wird. (BEM)

Der offensichtliche Vorteil der Methode beruht in der Reduktion der Dimension des Problems und damit der Anzahl der Unbekannten in den zu lösenden Gleichungssystemen. Dies gilt allerdings nur, wenn die Anzahl der Oberflächenknoten einer Struktur klein ist gegenüber der Anzahl der bei einem FEM–Ansatz zu berücksichtigenden Knoten im ganzen.

Dagegen ist (wegen der singulären Integrale) die Aufstellung des Gleichungssystems wesentlich aufwendiger. Auch sind die entstehenden Gleichungssysteme bei dem hier beschriebenen Vorgehen unsymmetrisch und voll besetzt. Am offensichtlichsten sind die Vorteile von BEM bei Außenrandproblemen, etwa wenn G das Äußere einer glatten Oberfläche ist.

Der hier beschriebene Ansatz heißt *indirekte Methode*, weil die unbekannte gesuchte Funktion u mittels der ebenfalls unbekannten Funktion μ ausgedrückt und zuerst μ berechnet wird.

Man kennt auch direkte Ansätze, bei denen die Unbekannten die Werte von u bzw. der Richtungsableitung von u auf $\dot{G}$ sind.

Dies beruht auf der Green'schen Formel

$$\int_G (f\Delta g - g\Delta f)dV = \int_{\dot{G}} (f\frac{\partial g}{\partial \nu} - g\frac{\partial f}{\partial \nu})do\,.$$

Hierin bedeutet ν die äußere Normale auf der Oberfläche $\dot{G}$ von G, do das Oberflächenelement auf $\dot{G}$ und dV das Volumenelement auf G. Hierin nehmen wir nun unter der Voraussetzung $u \in C^2(\bar{G})$

$$f \equiv u, \quad \text{d.h.} \quad \Delta f \equiv 0 \quad \text{auf } G$$

und

$$g = g(\boldsymbol{x};\boldsymbol{y}) = \frac{1}{2\pi}\ln(\frac{1}{\|\boldsymbol{x}-\boldsymbol{y}\|_2}), \qquad \boldsymbol{x} \neq \boldsymbol{y} \text{ falls } G \subset \mathbf{R}^2,$$

bzw.

$$g = g(\boldsymbol{x};\boldsymbol{y}) = \frac{1}{4\pi}\frac{1}{\|\boldsymbol{x}-\boldsymbol{y}\|_2}, \qquad \boldsymbol{x} \neq \boldsymbol{y} \text{ falls } G \subset \mathbf{R}^3,$$

also die Fundamentallösung von $\Delta w = 0$ auf $\mathbf{R}^2\backslash\boldsymbol{x}$ bzw. $\mathbf{R}^3\backslash\boldsymbol{x}$. Die Greensche Formel kann dann nur auf einem Gebiet betrachtet werden, das Punkte $\boldsymbol{y}$ mit $\|\boldsymbol{x}-\boldsymbol{y}\|_2 \geq \varepsilon$ enthält:

$$0 = \int_{G\backslash S_\varepsilon} (u\Delta g - g\Delta u)dV = \int_{\dot{G}+\dot{S}_\varepsilon} (u\frac{\partial g}{\partial \nu} - g\frac{\partial u}{\partial \nu})do.$$

Dabei ist S_ε die Kugel um $\boldsymbol{x}$ vom Radius ε.

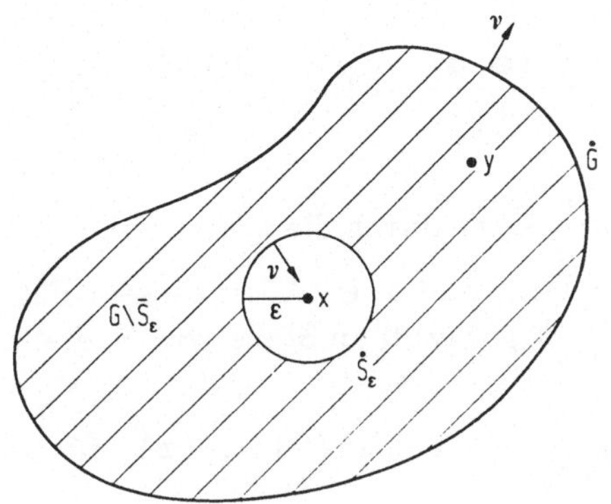

Abbildung 20.1

Da u stetig ist auf $\dot{S}_\varepsilon$ und $\int_{\dot{S}_\varepsilon} \frac{\partial g}{\partial \nu} do$ existiert, gilt:

$$\lim_{\varepsilon \to 0} \int_{\dot{S}_\varepsilon} u \frac{\partial g}{\partial \nu} do = u(\boldsymbol{x}) \lim_{\varepsilon \to 0} \int_{\dot{S}_\varepsilon} \frac{\partial g}{\partial \nu} do.$$

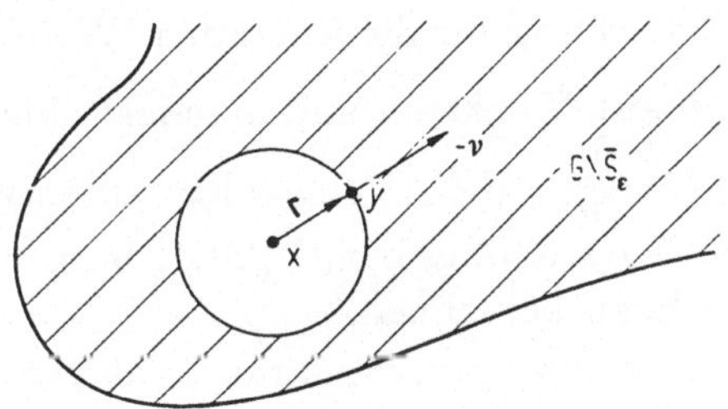

Abbildung 20.2

Es hängt aber g nur von $r = \|\boldsymbol{x} - \boldsymbol{y}\|_2$ ab und es ist $\frac{\partial}{\partial \nu} = -\frac{\partial}{\partial r}$ auf $\dot{S}_\varepsilon$, d.h.

$$\begin{aligned} \frac{\partial g}{\partial \nu} &= -\frac{\partial}{\partial r}\left(\frac{1}{4\pi r}\right) = \frac{1}{4\pi r^2}, \qquad G \subset \mathbb{R}^3, \\ \int_{\dot{S}_\varepsilon} \frac{\partial g}{\partial \nu} do &= \frac{1}{4\pi \varepsilon^2} \int_{\dot{S}_\varepsilon} do = 1, \end{aligned}$$

bzw.

$$\frac{\partial g}{\partial \nu} = -\frac{\partial}{\partial r}\left(\frac{1}{2\pi} \ln \frac{1}{r}\right) = \frac{1}{2\pi r}, \qquad G \subset \mathbb{R}^2,$$

und wiederum

$$\int_{\dot{S}_\varepsilon} \frac{\partial g}{\partial \nu} do = 1.$$

D.h. für $\varepsilon \to 0$ (beachte, daß $\int_{\dot{S}_\varepsilon} g \frac{\partial u}{\partial \nu} do \to 0$ wegen der Stetigkeit von $\frac{\partial u}{\partial \nu}$) wird

$$u(\boldsymbol{x}) = \int_{\dot{G}} \{-u(\boldsymbol{y}) \frac{\partial g(\boldsymbol{x}, \boldsymbol{y})}{\partial \nu(\boldsymbol{y})} + g(\boldsymbol{x}, \boldsymbol{y}) \frac{\partial u(\boldsymbol{y})}{\partial \nu(\boldsymbol{y})}\} do(\boldsymbol{y}) \quad \text{für } \boldsymbol{x} \in G. \tag{20.4}$$

Somit sind die Werte von u in G durch die Werte von u und $\frac{\partial u}{\partial \nu}$ auf $\dot{G}$ bestimmbar. Wir betrachten nun den Fall, daß $\boldsymbol{x} \in \dot{G}$. In diesem Fall haben wir alle Formeln dahingehend zu modifizieren, überall an Stelle von S_ε die Menge $S_\varepsilon \cap G$ einzusetzen. Sei

$$\lim_{\varepsilon \to 0} \int_{\dot{S}_\varepsilon \cap G} \frac{\partial g}{\partial \nu}(\boldsymbol{x}, \boldsymbol{y}) do(\boldsymbol{y}) =: c(\boldsymbol{x}) \quad \text{für } \boldsymbol{x} \in \dot{G}.$$

Die Funktion $c(\boldsymbol{x})$ muß zur praktischen Lösung des Problems berechenbar sein. Falls $\dot{G}$ glatt ist, gilt $c(\boldsymbol{x}) \equiv \frac{1}{2}$ auf $\dot{G}$. Dann ergibt sich analog

$$c(\boldsymbol{x})u(\boldsymbol{x}) + \int_{\dot{G}} u(\boldsymbol{y}) \frac{\partial g(\boldsymbol{x}, \boldsymbol{y})}{\partial \nu(\boldsymbol{y})} do(\boldsymbol{y}) = \int_{\dot{G}} g(\boldsymbol{x}, \boldsymbol{y}) \frac{\partial u(\boldsymbol{y})}{\partial \nu(\boldsymbol{y})} do(\boldsymbol{y}) \quad \text{für } \boldsymbol{x} \in \dot{G}. \tag{20.5}$$

Dies ist nun eine Integralgleichung für die fehlenden Werte u bzw. $\frac{\partial u}{\partial \nu}$ auf $\dot{G}$. Beim Dirichletproblem ist z.B. u auf $\dot{G}$ bekannt und man löst obige Gleichung (Fredholm–Integralgleichung 1. Art) für $\frac{\partial u}{\partial \nu}$ auf $\dot{G}$. Danach kann man wieder u für jeden Punkt von G mittels der obigen Darstellungsformel (20.4) bestimmen. In jedem Fall hat man uneigentliche Integrale zu berechnen.

Alle bisherigen Überlegungen beruhen darauf, daß eine lineare Differentialgleichung mit konstanten Koeffizienten und bekannter Fundamentallösung vorlag. Man kennt aber inzwischen auch Ausdehnungen der Methode auf recht allgemeine nichtlineare Probleme, vgl. hierzu bei [56] und die neuere Zeitschriftenliteratur.

20.3 Hinweise zur Lösung von Integralgleichungen

Im Zusammenhang mit der Randintegralmethode sind wir bereits auf die Aufgabe gestoßen, eine Integralgleichung, also eine Gleichung für eine gesuchte Funktion, die als Integrand eines Integrals auftritt, lösen zu müssen. So lautet etwa (20.3) ausgeschrieben mit der Parametrisierung

$$\begin{bmatrix} x \\ y \end{bmatrix} = \begin{bmatrix} \xi_1(t) \\ \xi_2(t) \end{bmatrix}, \qquad t \in [0, 2\pi], \tag{20.6}$$

für die Randkurve von G und mit den Abkürzungen

$$\begin{aligned} k(s,t) &= \ln(((\xi_1(s)-\xi_1(t))^2+(\xi_2(s)-\xi_2(t))^2)^{1/2}), \\ v(s) &= \psi(\xi_1(s),\xi_2(s)), \\ \int_0^{2\pi} \mu(t)\, k(s,t)\, dt &= v(s), \qquad s\in[0,2\pi]. \end{aligned} \tag{20.7}$$

Dies ist eine sogenannte *lineare Fredholmsche Integralgleichung* erster Art mit schwach singulärem Kern. Man kann zeigen, daß (20.7) eindeutig lösbar ist [44].

Ist $n=2$ und wiederum (20.6) die Darstellung der Randkurve von G, dann wird (20.5) im Falle des Dirichletproblem, d.h. für

$$u(x,y)=\psi(x,y), \qquad (x,y)\in\dot{G},$$

mit den Abkürzungen

$$\begin{aligned} r(t,s) &= ((\xi_1(s)-\xi_1(t))^2+(\xi_2(s)-\xi_2(t))^2)^{1/2}, \\ v(s) &= \psi(\xi_1(s),\xi_2(s)), \\ \mu(t) &= \frac{\partial u}{\partial n}(x,y) \quad \text{mit} \quad \begin{bmatrix} x \\ y \end{bmatrix} = \begin{bmatrix} \xi_1(t) \\ \xi_2(t) \end{bmatrix} \in \dot{G} \end{aligned}$$

zu

$$\tfrac{1}{2}v(s)+\tfrac{1}{2\pi}\int_0^{2\pi} v(t)\frac{1}{r(s,t)}dt = -\tfrac{1}{2\pi}\int_0^{2\pi} \ln(r(s,t))\,\mu(t)dt, \qquad 0\le s\le 2\pi.$$

Also liegt wiederum eine lineare Fredholmsche Integralgleichung erster Art mit schwach singulärem Kern für die gesuchte Funktion μ vor.

Die numerische Lösung Fredholmscher Integralgleichungen erster Art ist ein besonders diffiziles Gebiet, insbesondere wenn die Kernfunktion glatt ist, also z.B. bei

$$\int_a^b \left\{\frac{1}{1+(s-t)^2}+\frac{1}{1+(s+t)^2}\right\} x(t)dt = f(s), \qquad a\le s\le b,$$

mit gegebenem f.

Tritt die gesuchte Funktion auch außerhalb des Integrals auf, so spricht man von einer Gleichung zweiter Art, also z.B.

$$\int_a^b k(s,t)\, x(t)dt = \lambda x(s)+f(s), \qquad a\le s\le b, \tag{20.8}$$

für geeignete gegebene Werte von $\lambda>0$ und gegebenes f.

Für den Fall, daß λ *kein* Eigenwert des Integraloperators in (20.8) ist, d.h. die Gleichung

$$\int_a^b k(s,t)\, x(t)dt = \lambda x(s), \qquad a\le s\le b, \tag{20.9}$$

hat nur die Lösung $x(s) \equiv 0$, und wenn $k(s,t)$ zumindest stetig ist, kann man (20.8) mit Methoden der numerischen Quadratur erfolgreich angehen. Man ersetzt dazu das Integral durch eine Quadraturformel und verlangt die Gleichung (20.8) nur auf der Menge der Quadraturknoten. Dies ergibt ein Gleichungssystem

$$\sum_{j=1}^{n} w_j k(t_i,t_j)\, x^h(t_j)dt = \lambda x^h(t_i) + f(t_i), \qquad i = 1,\dots,n,$$

durch das Näherungwerte $x^h(t_i)$ für $x(t_i)$ definiert sind.

Falls λ die angegebene Voraussetzung erfüllt, ist dieses Gleichungssystem für genügend großes n eindeutig lösbar. In Verbindung z.B. mit der Simpsonregel und dem Knotenabstand $h = \frac{b-a}{n}$, n gerade, ist dann auch

$$|x^h(t_i) - x(t_i)| = \mathcal{O}(h^4).$$

Fredholmgleichungen erster Art mit stetigen Kernfunktionen $k(s,t)$ können mit solchen Quadraturmethoden nicht behandelt werden.

Tritt in der Integralgleichung die Variable als obere Grenze auf, so liegt eine sogenannte *Volterrasche Integralgleichung* vor.

Die Gleichung

$$x(s) - \int_a^s k(s,t;x(t))dt = f(s), \qquad a \le s \le b, \tag{20.10}$$

bezeichnet man als Volterrasche Integralgleichung zweiter Art. Hierin kann k auch nichtlinear von x abhängen. Falls f stetig, k in s und t stetig und bezüglich x lipschitzstetig ist, ist (20.10) eindeutig lösbar. (20.10) hat einen unmittelbaren Zusammenhang mit gewöhnlichen Differentialgleichungen: Im Falle

$$k(s,t;x(t)) = F(t,x(t)) \qquad \text{unabhängig von } s$$

erhalten wir durch Differentiation von (20.10) die Anfangswertaufgabe

$$\begin{aligned} \dot{x}(s) - F(s,x(s)) &= \dot{f}(s), \qquad a \le s \le b, \\ x(a) &= f(a). \end{aligned}$$

Dementsprechend gibt es auch Integrationsmethoden zur direkten Lösung von (20.10), wobei Näherungen $x^h(t_i)$ Schritt für Schritt erzeugt werden. Da das Integral stets von a bis s zu nehmen ist, sind diese Verfahren aber naturgemäß komplizierter als im Falle einer gewöhnlichen Differentialgleichung, bei der die Integration in der Regel über einem Intervall der Breite h mit $h \to 0$ auszuführen ist.

Eine Volterra–Gleichung erster Art, etwa

$$\int_a^s k(s,t)\, x(t)dt = f(s)$$

ist schwieriger zu lösen als eine solche zweiter Art, doch gibt es auch dafür stabile Integrationsmethoden.

Eine ausführliche Darstellung der numerischen Behandlung von Integralgleichungen findet man bei [5], [3], [22], [23], [39].

Aufgaben

A 20.1 Die Lösung der Randwertaufgabe

$$\begin{aligned} -\frac{\partial}{\partial x}[(1+x^2+y^2)\frac{\partial}{\partial x}u(x,y)] - \frac{\partial}{\partial y}[(1+x^2+y^2)\frac{\partial}{\partial y}u(x,y)] &= 1, \quad (x,y)\in G, \\ u(x,y) &= 0, \quad (x,y)\in \dot{G}, \end{aligned}$$

mit $G=(0,1)\times(0,1)$ soll mittels Gebietskollokation mit den Ansatzfunktionen

$$\varphi_{ij}(x,y) = (x(1-x))^i(y(1-y))^j, \qquad i,j=1,2,$$

und den Kollokationspunkten

$$(\tfrac{1}{4},\tfrac{1}{4}),\quad (\tfrac{3}{4},\tfrac{1}{4}),\quad (\tfrac{3}{4},\tfrac{3}{4}),\quad (\tfrac{1}{4},\tfrac{3}{4})$$

(und falls nötig $(\frac{1}{2},\frac{1}{2})$) angenähert werden. Man bestimme die Näherung, und gebe eine Fehlerabschätzung an.

A 20.2 Man stellen Sie das lineare Gleichungssystem in $\tilde{\mu}(t_k)$ auf, das bei der Approximation der Randwertaufgabe

$$\begin{aligned} -\Delta u(x,y) &= 0, \quad (x,y)\in G=(0,1)\times(0,1), \\ u(x,y) &= xy, \quad (x,y)\in\dot{G}, \end{aligned}$$

durch den indirekten Ansatz der Randelementmethode entsteht. Als Knotenpunkte sollen dann die Eckpunkte von G, als Quadraturformel die summierte Mittelpunktregel mit Schrittweite 1 und als Kurvenparameter die Bogenlänge von $\dot{G}$ verwendet werden.

A 20.3 Die Lösung der Randwertaufgabe

$$\begin{aligned} -\Delta u(x,y) &= 0, \quad (x,y)\in K=\{(x,y): x^2+y^2<1\}, \\ u(x,y) &= x+y, \quad (x,y)\in\dot{K}, \end{aligned}$$

soll durch den direkten Ansatz der Randelementmethode näherungsweise bestimmt werden. Man stelle dazu das Gleichungssystem für

$$f_i \approx f(t_i) := \frac{\partial u}{\partial \nu}(\cos t_i, \sin t_i), \qquad t_i = \frac{\pi}{4}(2i-1), \quad i=1(1)4,$$

auf, das durch Approximation der Integralgleichung für die Werte von u bzw. $\dfrac{\partial u}{\partial \nu}$ in $P_i \in \{(\pm 1, 0), (0, \pm 1)\}$ durch die summierte Mittelpunktregel mit der Schrittweite $\dfrac{\pi}{2}$ entsteht.

Literaturverzeichnis

1 Ahlberg, J. H., Nilson, E. N., Walsh, J. L.: *The Theory of Splines and their Applications.* New York and London: Academic Press 1967.

2 Ames, W. F.: *Numerical methods for partial differential equations.* London: Nelson 1969.

3 Atkins, K. E.: A survey of numerical methods for the solution of Fredholm integral equations of the first kind. *SIAM publications, Philadelphia* , (1976).

4 Bailey, P. B., Shampine, L. F., Waltman, P. E.: *Nonlinear two point boundary value problems.* New York, London: Academic Press 1968.

5 Baker, C. T. H.: *The Numerical Treatment of Integral Equations.* Oxford: Clarendon Press 1976.

6 Boggs, P., Byrd, R., Schnabel, R.: A stable and efficient algorithm for nonlinear orthogonal distance regression. *SIAM J. Sci.Stat. Comp.* 8, 1052–1078 (1987).

7 Böhmer, K.: *Spline-Funktionen.* Stuttgart: Teubner 1974.

8 Bulirsch, R.: Bemerkungen zur Romberg-Integration. *Num. Math.* 6, 6–16 (1964).

9 Bulirsch, R.: *Interpolation und numerische Quadratur. In: Mathematische Hilfsmittel des Ingenieurs III, Sauer, R.; Szabó, I. (Hrsg).* Berlin, Heidelberg, New York: Springer 1969.

10 Burrage, K., Hundsdorfer, W. H.: The order of algebraically stable Runge-Kutta-methods. *BIT27* , 62–71 (1987).

11 Butcher, J. C.: The nonexistence of ten stage eigth order Runge-Kutta methods. *BIT 25* , 521–540 (1985).

12 Butcher, J. C.: On Runge-Kutta processes of high order. *Austr. Math. Soc.* 4, 179–194 (1964).

13 Calvo, M., Lisbona, F., Montijano, J.: On the stability of variable step size Cordsieck BDF methods. *SINUM24* , 844–854 (1987).

14 Ciarlet, P.: The finite element method for elliptic problems. *North Holland* (1978).

15 Collatz, L.: *Eigenwertaufgaben mit technischen Anwendungen.* Leipzig: Akad. Verlagsges. Geest and Portig, 2 ed. 1963.

16 Collatz, L.: *The numerical treatment of differential equations.* Berlin, Heidelberg, New York: Springer 1966.

17 Constantini, P.: An algorithm for computing shape-preserving interpolating splines of arbitrary degree. *Comp. Appl. Math.* **22**, 89–136 (1988).

18 Courant, R., Isaacson, E., Rees, M.: On the solution of nonlinear hyperbolic differential equations by finite differences. *Comm. Pure Appl. Math.* **5**, 243–255 (1952).

19 Crouzeix, M., Lisbona, E. J.: The convergence of variable stepsize variable formula multistep methods. *J. SIAM Numer. Anal.* **21**, 512–534 (1984).

20 Davis, P. J., Rabinowitz, P.: *Methods of numerical integration.* New York, London: Academic Press 1975.

21 de Boor, C.: *A practical guide to splines.* New York, Heidelberg, Berlin: Springer 1985.

22 Delves, L. M., Mohamed, J. L.: *Computational methods for Integral Equations.* Cambridge: University Press 1985.

23 Delves, L. M., Walsh, J.: *The Numerical Solution of Integral Equations.* Oxford: Clarendon Press 1974.

24 Dormand, J. R., Prince, P. J.: A family of embedded Runge-Kutta-formulae. *Comp. Appl. Math.* **6**, 19–26 (1980).

25 Douglas, J., Gunn, I. E.: A general formulation of alternating direction methods, part I: parabolic and hyperbolic problems. *Numer. Anal. 19* , 871–885 (1982).

26 Duchon, J.: Interpolation des functions de deux variables suivant le principe de la flexion des plaques minces. *RAIRO Anal. Numer.* **10**, 5–12 (1976).

27 Forsythe, G., Malcolm, M., Moler, C.: *Computer methods for mathematical computations.* Englewood Cliffs: Prentice Hall 1977.

28 Frank, R., Schneid, J., Überhuber, C. W.: Stability properties of implicit Runge-Kutta methods. *J. SIAM Numer. Anal.* **22**, 497–514 (1985).

29 Friedrichs, K. O.: Symmetric hyperbolic linear differential equations. *Comm. Pure Applied Math.* **7**, 345–392 (1954).

30 Gear, C. W., Tu, K. W.: The effect of variable mesh size on the stability of multistep methods. *J. SIAM Numer. Anal.* **11**, 1025–1043 (1974).

31 Gear, C. W., Watanabe, D. S.: Stability and convergence of variable order multistep methods. *J. SIAM Numer. Anal.* **11**, 1044–1058 (1974).

32 Glowinsky, R., Perieux, J.: *Finite element, least squares and domain decomposition methods for the numerical solution of nonlinear problems in fluid dynamics. In: Brezzi, F. (ed): Numerical methods in fluid dynamics; LNM 1127.* Berlin: Springer 1985.

33 Gottwald, B. A., Wanner, G.: A reliable Rosenbrock integrator for stiff differential equations. *Computing* **26**, 355–360 (1981).

34 Gourlay, A.: *Splitting methods for time dependent partial differential equations. In: Jacobs, D.(ed): The state of art in numerical analysis.* London: Academic Press 1977.

35 Griepentrog, E., März, R.: Differential algebraic equations and their numerical treatment. *Teubner Texte zur Mathematik* **88**, Leipzig (1986).

36 Grigorieff, R. D.: *Numerik gewöhnlicher Differentialgleichungen.* Vol. I. Stuttgart: Teubner 1972.

37 Grigorieff, R. D.: *Numerik gewöhnlicher Differentialgleichungen.* Vol. II. Stuttgart: Teubner 1977.

38 Grigorieff, R. D.: Stability of multistep methods on variable grids. *Num. Math* **42**, 359–377 (1983).

39 Hackbusch, W.: *Integralgleichungen. Theorie und Numerik.* Stuttgart: Teubner 1989.

40 Hackbusch, W.: *Multi-grid methods and applications.* New York, Heidelberg, Berlin: Springer 1985.

41 Hairer, E., Norsett, S. P., Wanner, G.: *Solving Ordinary Differential Equations I. Nonstiff Problems.* Berlin, Heidelberg, New York: Springer 1987.

42 Heinrich, B.: *Finite difference methods on irreglar networks.* Basel, Boston, Stuttgart: Birkhäuser 1987.

43 Isaacson, E., Keller, H. B.: *Analyse numerischer Verfahren.* Zürich, Frankfurt/M.: Harri Deutsch 1973.

44 Jawson, M. A.: Integral equation methods in potential theory. *I. Proc. R. Soc.* Vol. A, **275**, 23–32 (1963).

45 Kahaner, D. K., Rechard, O. W.: Twodqd, an adaptive routine for twodimensional integration. *J. Comp. Appl. Math. 17* , 215–234 (1987).

46 Kaps, P., Rentrop, P.: Generalized Runge Kutta methods of order 4 with stepsize control for stiff ODE's. *Numer. Math.* **33**, 55–68 (1979).

47 Kaps, P., Wanner, G.: A study of Rosenbrock methods of high order. *Numer. Math.* **38**, 279–298 (1982).

48 Kreiss, H. O.: Difference methods for stiff differential equations. *SINUM* **15**, 21–58 (1978).

49 Kreuzer, M.: Glatte Abweichung verstreuter R2-Daten. *THD FB4 (Diplomarbeit)* (1989).

50 Krylov, V. I.: *Approximate calculation of integrals.* New York, London: McMillan 1962.

51 Lötstedt, P., Petzold, L.: Numerical solution of nonlinear differential equations with algebraic constraints I. convergence results for backward differentiation formulas. *Math. Comp.* **46**, 491–516 (1986).

52 Marsal, D.: *Die numerische Lösung partieller Differentialgleichungen in Wissenschaft und Technik.* Mannheim, Wien, Zürich: Bibliographisches Institut 1976.

53 Meis, T., Marcowitz, U.: *Numerische Behandlung partieller Differentialgleichungen.* Berlin, Heidelberg, New York: Springer 1978.

54 Micchelli, C.: Interpolation of scattered data: Distance matrices and conditionally positive definite functions: Approximation theory and spline functions. *PROC NATO Adv. Study NATO AS,* C **136**, 143–145 (1984).

55 Mitchell, A. R.: *Computational methods in partial differential equations.* London, New York: Wiley and Sons 1969.

56 Noye, J.: Computational techniques for differential equations. *North Holland Math. Studies* **83** (1984).

57 Peyret, R., Taylor, T.: *Computational methods for fluid flow.* New York: Springer 1983.

58 Prenter, P. M.: *Splines and variational methods.* London, New York: Wiley and Sons 1975.

59 Reinsch, C.: Smoothing by spline functions. *Num. Math.* **10**, 177–183 (1967).

60 Ritz, W.: Über eine neue Methode zur Lösung gewisser Variationsprobleme der mathematischen Physik. *J. reine angew. Math.* **135** (1908).

61 Romberg, W.: Vereinfachte numerische Integration. *Det. Kong. Norske Videnskabers Selskab Forhandlinger, Trondheim* 28(7) (1955).

62 Sauer, R., Szabó, I. H. (Hrsg.): *Mathematische Hilfsmittel des Ingenieurs II.* Berlin, Heidelberg, New York: Springer 1969.

63 Schäfke, F. W.: *Spezielle Funktionen. In: Mathem. Hilfsmittel des Ingenieurs I.* Berlin, Heidelberg, New York: Springer 1968.

64 Schneid, J.: A new approach to optimal B-convergence. *Computing* **38**, 33–42 (1987).

65 Schwarz, H. R.: Elementare Darstellung der schnellen Fouriertransformation. *Computing 18* , 107–116 (1977).

66 Schwarz, H. R.: *Methode der finiten Elemente.* Stuttgart: Teubner 1985.

67 Schwarz, H. R.: *Numerische Mathematik.* Stuttgart: Teubner 1986.

68 Shampine, L. F., Gordon, M.: *Computer solution of ordinary differential equations.* : Freeman 1975.

69 Späth, H.: *Spline-Algorithmen zur Konstruktion glatter Kurven und Flächen.* München: Oldenbourg 1973.

70 Stoer, J.: *Einführung in die Numerische Mathematik.* Vol. I. Berlin, Heidelberg, New York: Springer, 4. ed. 1980.

71 Stoer, J.: *Extrapolation methods for the solution of initial value problems and their practical realization.* Berlin, Heidelberg, New York: LNM 362, Springer 1972.

72 Stoer, J., Bulirsch, R.: *Einführung in die Numerische Mathematik.* Vol. II. Berlin, Heidelberg, New York: Springer, 1. ed. 1973.

73 Stroud, A. H.: *Approximate calculation of multiple Integrals.* Englewood Cliffs: Prentice Hall 1971.

74 Stummel, F., Hainer, K.: *Praktische Mathematik.* Stuttgart: Teubner, 2 ed. 1982.

75 Szekeres, G.: Fractional iteration of exponentially growing functions. *J. Austral. Math. Soc. 2* , 301–320 (1961).

76 Törnig, W., Ziegler, M.: Bemerkungen zur Konvergenz von Differenzenapproximationen für quasilineare hyperbolische Anfangswertprobleme in zwei unabhängigen Veränderlichen. *ZAMM 46* , 201–210 (1966).

77 Wallisch, M., Walter und Hermann: *Schießverfahren zur Lösung von Rand- und Eigenwertaufgaben.* Leipzig: Teubner 1985.

78 Werner, H., Schaback, R.: *Praktische Mathematik.* Vol. II. Berlin, Heidelberg, New York: Springer 1972.

79 Winograd, S.: On computing the discrete Fourier transform. *Math. Comp. 32*, 175–199 (1978).

80 Zienkiewicz, O. C.: *Methode der finiten Elemente.* München: Hanser 1975.

81 Zurmühl, R., Falk, S: *Matrizen.* Berlin, Göttingen, Heidelberg: Springer, 5 ed. 1986.

Index

E

F

G

M

N

O

S

T

U

V